中国机械工程学科教程配套系列教材
教育部高等学校机械类专业教学指导委员会规划教材

机械CAD技术基础

主　编　李凯岭
副主编　李　萌　于明宝　王丽丽
参　编　练军峰　黄绍格

清华大学出版社
北京

内 容 简 介

本书系统地阐述了机械CAD技术的基本内容、原理和方法，包括CAD技术与系统构成、几何造型、曲面造型、参数化设计技术、图形几何变换、图形技术基础、CAD常用数据结构、设计数据资料的程序处理、工程数据库技术等，简要介绍了基于AutoCAD、SolidWorks平台进行专用CAD功能的二次开发技术和方法，总结了典型商品化CAD软件的发展情况，以SolidWorks三维实体设计软件建模技术和CAXA 3D实体设计软件为例介绍了目前机械CAD软件的实用水平，结合章节内容提供了相关的开发编程实例等内容。

本书既可作为高等院校工科各专业计算机辅助设计课程的教学用书，也可作为从事CAD应用系统软件开发和使用人员的参考书。

图书在版编目(CIP)数据

机械CAD技术基础/李凯岭主编. —北京：清华大学出版社，2021.12

中国机械工程学科教程配套系列教材　教育部高等学校机械类专业教学指导委员会规划教材

ISBN 978-7-302-57663-1

Ⅰ. ①机…　Ⅱ. ①李…　Ⅲ. ①机械设计－计算机辅助设计－AutoCAD软件－高等职业教育－教材　Ⅳ. ①TH122

中国版本图书馆CIP数据核字(2021)第039650号

责任编辑：冯　昕　赵从棉
封面设计：常雪影
责任校对：赵丽敏
责任印制：沈　露

出版发行：清华大学出版社
网　　址：http://www.tup.com.cn，http://www.wqbook.com
地　　址：北京清华大学学研大厦A座　　**邮　　编**：100084
社 总 机：010-62770175　　**邮　　购**：010-62786544
投稿与读者服务：010-62776969，c-service@tup.tsinghua.edu.cn
质量反馈：010-62772015，zhiliang@tup.tsinghua.edu.cn
印 装 者：三河市金元印装有限公司
经　　销：全国新华书店
开　　本：185mm×260mm　　**印　　张**：27.75　　**字　　数**：671千字
版　　次：2022年2月第1版　　**印　　次**：2022年2月第1次印刷
定　　价：69.80元

产品编号：079546-01

中国机械工程学科教程配套系列教材
教育部高等学校机械类专业教学指导委员会规划教材

编 委 会

丛书序言
PREFACE

我曾提出过高等工程教育边界再设计的想法，这个想法源于社会的反应。常听到工业界人士提出这样的话题：大学能否为他们进行人才的订单式培养。这种要求看似简单、直白，却反映了当前学校人才培养工作的一种尴尬：大学培养的人才还不是很适应企业的需求，或者说毕业生的知识结构还难以很快适应企业的工作。

当今世界，科技发展日新月异，业界需求千变万化。为了适应工业界和人才市场的这种需求，也即是适应科技发展的需求，工程教学应该适时地进行某些调整或变化。一个专业的知识体系、一门课程的教学内容都需要不断变化，此乃客观规律。我所主张的边界再设计即是这种调整或变化的体现。边界再设计的内涵之一即是课程体系及课程内容边界的再设计。

技术的快速进步，使得企业的工作内容有了很大变化。如自20世纪90年代以来，信息技术相继成为很多企业进一步发展的瓶颈，因此不少企业纷纷把信息化作为一项具有战略意义的工作。但是业界人士很快发现，在毕业生中很难找到这样的专门人才。计算机专业的学生并不熟悉企业信息化的内容、流程等，管理专业的学生不熟悉信息技术，工程专业的学生可能既不熟悉管理、也不熟悉信息技术。我们不难发现，制造业信息化其实就处在某些专业的边缘地带。那么对那些专业而言，其课程体系的边界是否要变？某些课程内容的边界是否有可能变？目前不少课程的内容不仅未跟上科学研究的发展，也未跟上技术的实际应用。极端情况下，甚至存在有些地方个别课程还在讲授已多年弃之不用的技术。若课程内容滞后于新技术的实际应用好多年，则是高等工程教育的落后甚至是悲哀。

课程体系的边界在哪里？某一门课程内容的边界又在哪里？这些实际上是业界或人才市场对高等工程教育提出的我们必须面对的问题。因此可以说，真正驱动工程教育边界再设计的是业界或人才市场，当然更重要的是大学如何主动响应业界的驱动。

当然，教育理想和社会需求是有矛盾的，对通才和专才的需求是有矛盾的。高等学校既不能丧失教育理想、丧失自己应有的价值观，又不能无视社会需求。明智的学校或教师都应该而且能够通过合适的边界再设计找到适合自己的平衡点。

我认为，长期以来，我们的高等教育其实是“以教师为中心”的。几乎所有的教育活动都是由教师设计或制定的。然而，更好的教育应该是“以学生为中心”的，即充分挖掘、启发学生的潜能。尽管教材的编写完全是由教师完成的，但是真正好的教材需要教师在编写时常怀“以学生为中心”的教育理念。如此，方得以产生真正的“精品教材”。

教育部高等学校机械设计制造及其自动化专业教学指导分委员会、中国机械工程学会与清华大学出版社合作编写、出版了《中国机械工程学科教程》，规划机械专业乃至相关课程的内容。但是“教程”绝不应该成为教师们编写教材的束缚。从适应科技和教育发展的需求而言，这项工作应该不是一时的，而是长期的，不是静止的，而是动态的。《中国机械工程学科教程》只是提供一个平台。我很高兴地看到，已经有多位教授努力地进行了探索，推出了新的、有创新思维的教材。希望有志于此的人们更多地利用这个平台，持续、有效地展开专业的、课程的边界再设计，使得我们的教学内容总能跟上技术的发展，使得我们培养的人才更能为社会所认可，为业界所欢迎。

是以为序。

2009 年 7 月

前言

FOREWORD

机械CAD技术使机械产品设计的质量和水平发生了根本性变革，彻底改变了产品设计的方式和方法，推动了机械设计制造领域的设计革命。目前，CAD技术已经普遍应用在各个领域各个企业的产品设计中，CAD技术不仅提高了产品的开发速度和设计精度，同时也提高了企业自身的技术素质，增强了企业的市场响应能力和竞争能力。

我国机械CAD技术应用已经十分广泛和普及，在机械设计制造领域取得了巨大成就，同时，国内CAD技术的应用与开发还很不平衡，需要继续培养大批具有CAD理论基础和掌握CAD技术新方法的工程技术人才，以提升我国机械产品设计的整体水平。

本教材的内容组织和结构体系，充分考虑了计算机硬件技术和软件技术的发展、从事机械CAD技术领域工作的产品开发技术人才所需的CAD开发技术和知识体系，以适应新时期CAD教学和CAD技术人才培养的需要。

本书共分13章，第1章介绍了CAD技术发展概况、CAD系统的硬件和软件组成；第2章对CAD系统的基本功能、典型的商品化软件及CAD技术最新发展趋势作了介绍；第3章对几何造型概念、理论与技术作了详细介绍；第4章简要介绍了曲面造型理论与技术；第5章介绍了参数化特征造型技术；第6章介绍了图形几何变换理论；第7章介绍图形技术基础；第8章对CAD系统中常用的数据结构作了详细介绍；第9章介绍了CAD工程数据库；第10章详细讲述了工程设计数据资料的程序处理方法；第11章讲述了专用CAD功能的开发基本方法；第12章简要介绍了SolidWorks软件的三维建模技术；第13章介绍了CAXA 3D软件实体设计基本建模技术。

本书内容体系完整，既可作为高等院校工科各专业高年级学生和研究生的教学用书，也可作为从事CAD应用系统软件开发的工程技术人员的参考用书。

全书由李凯岭主编，其中第1、2章由李萌编写，第3、4、12章由于明宝编写，第5、11章由王丽丽编写，第6～10章由李凯岭编写，第13章由练军峰、黄绍格编写。全书由赵正旭主审，王丽丽、于明宝、李萌在全书通稿和定稿过程中做了大量工作。书中内容均为作者从事机械CAD教学、应用与开发编程科研工作的总结和体会，难免存在不足之处，敬请读者斧正。

作　者

2021年10月

目　录
CONTENTS

第1章

CAD概述

1.1 CAD技术

计算机辅助设计(computer aided design,CAD)的基本含义是指在产品设计开发过程中,工程技术人员在计算机硬件、软件系统的支持下,根据产品设计开发流程完成产品设计的一项技术,是人类智慧与计算机系统硬件和软件功能的巧妙结合。CAD系统是以计算机为辅助工具平台进行产品设计、工程开发的系统。

CAD技术在机械产品设计开发中的应用是现代工程技术领域中发展最迅速、最引人注目的一项高级工程应用技术,它的发展水平已成为衡量一个国家科学技术现代化和工业现代化的重要标志之一;它是提高工程和产品开发技术水平、实现设计自动化和智能化、缩短新产品设计开发周期、促进标准化技术应用和发展的重要手段;它在提高企业创新能力和管理水平,增强企业产品市场竞争能力方面,发挥着重要作用;它是计算机辅助制造(computer aided manufacturing,CAM)、计算机集成制造系统(computer integrated manufacturing system,CIMS)发展的重要基础。CAD技术的应用及发展促进了产品工程设计与制造领域深刻的技术革命,并对产品结构、产业结构、企业结构、管理结构、生产方式以及人才知识结构带来巨大影响。

早期的CAD也就是代替图板的计算机辅助绘图(computer aided drawing,CAD)工具,以完成图形的设计与绘制工作为主。伴随着计算机硬件技术的发展及其性能的突飞猛进,计算机辅助设计技术运用了计算机图形学、虚拟现实技术、数字仿真技术、工程数学、物理、力学、人工智能等基础学科的理论成果,以及优化设计、可靠性设计、有限元分析和系统工程等知识。CAD技术改变了传统的设计方式、工程开发的思维逻辑,提出了新的设计理念,把设计人员从繁琐、机械的设计工作中解脱出来,使其将精力和聪明才智转移到创造性的设计过程中,大大提高了产品设计的精确度和可靠性,缩短了产品设计周期,减少了产品开发中的样机实验验证环节,降低了新产品的开发成本。

在工程实践中,不同专业领域的CAD系统的硬件和软件的配置与组织也不尽相同。在本书中,主要集中在机械领域的CAD技术方面进行专门的讨论。

机械CAD技术本身是一项综合性、技术复杂的系统工程,涉及许多学科领域,如计算机科学和工程、计算数学、几何造型、计算机图形显示、数据结构和数据库、仿真和人工智能技术以及与产品设计制造有关的专业知识等。机械CAD技术的普及应用对改造传统产业、发展新兴产业、提高劳动生产率、降低材料消耗、增强WTO环境下的产品国际竞争能力均有巨大推动作用,CAD技术及其应用水平已经成为衡量一个国家科学技术和工业现代化水平的重要标志。

1.2 CAD技术的发展

20世纪40年代，世界上第一台计算机问世，在之后的十多年间，计算机主要用于科学分析计算。尽管当时计算机系统已经开始配备图形显示器，由于计算机图形学理论还没有形成，显示器性能差，尚未具备人机交互功能。美国麻省理工学院的“旋风号”计算机就是这样的系统。20世纪50年代末期，美国麻省理工学院林肯实验室研制的空中防御系统能将雷达信号转换为显示器上的图形，操作者用光笔在显示屏上拾取所需信息，这种功能的出现预示着交互图形生成技术的诞生。

1963年，美国麻省理工学院的I. E. Sutherland在他的博士论文中提出了SKETCHPAD系统。该系统采用计算机TX2，用光笔在图形显示器上实现选择、定位等交互功能；计算机可根据光笔指定的点画直线，或者按光笔指定的圆心和半径画圆等。该系统对符号和图案的存储采用分层数据结构，即一幅完整复杂的图形可以通过分层调用各个有关子图来合成。尽管该系统比较原始，但是这些基本理论和技术至今仍是CAD技术的基础。因此，这种SKETCHPAD系统被公认为对图形交互生成和显示技术的发展奠定了基础。

无论是在产品设计还是工程设计过程中，要以二维图形或者三维模型显示各个阶段的设计结果。所以，计算机图形学和图形显示技术是CAD技术的重要基础之一。

交互图形生成技术的出现，促进了CAD技术的迅速发展。20世纪60年代中期以后，美国一些大公司投入相当多的资金对CAD技术进行研究和开发，研制了一些CAD系统。如IBM公司的SMS、SLT/MST设计自动化系统；洛克希德公司的主要用于二维绘图的CADAM系统；美国通用汽车公司为设计汽车车身和外形而开发的CAD-1系统，该系统在大型计算机上运行，成为该公司设计轿车和卡车必不可少的工具；美国CDC公司开发了Digigraphic CAD系统。这一时期CAD系统的特点是：软、硬件一体化，以大型计算机为主机，规模庞大，价格昂贵。只有经济实力雄厚和技术力量强大的大型企业和研究单位才能问津，给研究和应用CAD技术戴上了“贵族”面纱。

从20世纪60年代末期至20世纪70年代中期，CAD技术的发展促进了商品化硬件和软件的出现。这一时期计算机硬件的性价比不断提升，图形输入板、大容量磁盘存储器和低价存储管显示器以及数据管理系统等相继出现，以小型和超小型计算机为主机的CAD系统成为市场主流，并相继出现一批专门经营CAD系统硬件和软件的公司，如Intergraph、Calma、Application等。这些CAD系统的硬件和软件配套齐全，被称为“交钥匙”系统(turnkey system)。与大型计算机CAD系统相比，其价格相对便宜，使用和维护相对简单，使CAD技术的应用范围得到扩展。这一时期CAD系统应用领域主要集中在航空、电子和机械工业部门，同时对三维几何造型技术的研究也已经开始。

20世纪70年代末，集成电路芯片制造技术的发展，以及32位工作站和微型计算机的出现，对CAD技术的发展产生了极大的推动作用。32位工作站计算机系统具有响应速度快、工作站之间可以联网以达到系统内资源共享和发挥各台计算机的特点，特别适用于CAD系统硬件平台，用户可以根据工作需要和经济条件以及CAD技术的发展逐步投资，逐步发展扩大 CAD 系统的功能和规模。20 世纪 80 年代中期之后，这种以工作站为基础的 CAD 计算机硬件系统功能达到甚至超过传统的小型机系统。这种系统的硬件制造商只提供计算机硬件和 CAD 系统软件，而应用软件则由专门的软件公司研制和销售。在我国市场上销售这类硬件产品的公司主要有 IBM、HP、SUN、COMPAQ、联想、浪潮、长城、DELL 等公司。

进入 20 世纪 80 年代，随着计算机硬件制造技术的飞速发展，微型个人计算机(PC)的性能价格比快速提高，大多数 CAD 软件开发商都提供以 PC 机为主机的 CAD 系统。这类系统虽然容量小、处理速度慢，但价格便宜，应用软件丰富，便于学习和维护。微机版本 CAD 软件系统的出现成为普及 CAD 技术的直接推动力。早期微机版本的 CAD 软件系统有 Cimatron90、AutoCAD、MasterCAM、SurfaceCAM、CADkey 等。随着网络技术的发展，PC 机可以共享系统资源，并可以替代工作站完成大部分的 CAD 作业，很适合中、小企业和刚开始应用 CAD 技术的单位。

我国在 CAD 技术方面的研究开始于 20 世纪 70 年代中期，当时主要研究单位是高等学校，主要研究开发二维绘图软件，并利用绘图机输出二维图形。20 世纪 80 年代初，我国有些大型企业和设计院成套引进 CAD 系统，在此基础上进行开发和应用，取得了一定成果。随着改革开放和商品经济的发展，在 20 世纪 80 年代中后期，我国 CAD 技术有了较大发展，CAD 技术被更多人所注意。进入 20 世纪 90 年代后，国家科委、各工业部门十分重视 CAD 技术的发展，并有计划、有步骤地在全国各地 CAD 培训基地对有关人员进行 CAD 技术培训，提高有关人员的 CAD 素质和技能。“九五”期间，国家科委颁布了《1995—2000 年我国 CAD 应用工程发展纲要》，原机械部颁发了《机械工业 1995—2000 年推广应用 CAD/CAM 技术发展规划》，并把 1997 年定为“CAD 推广年”，把 CAD 推广工作作为重中之重的项目。在我国，CAD 技术是科研单位提高自主研究开发能力、企业提高应变能力和提高劳动生产率的重要条件，是促进传统技术发生革命性变化的重要手段，是缩短与发达国家差距、把国民经济搞上去、实现社会主义现代化建设目标的重要措施。航空、汽车和造船工业是应用 CAD 技术较早的部门，产品技术水平得到显著的提升。

CAD 技术作为当代最杰出的工程技术之一，已经在机械制造、建筑工程、轻工化纺、船舶汽车、航空航天等各个领域广泛应用，在产品设计中带来了明显的经济效益。例如，美国的波音 747 飞机比英国的三叉戟飞机晚开工，但由于波音公司采用了 CAD 技术，比英国提早一年完成；美国的 GM 公司在汽车设计中应用 CAD 技术，使新型汽车的设计周期由 5 年缩短到 3 年，新产品的可信度由 20%提高到 60%；日本东洋运搬机株式会社生产叉车设备，用户有新要求，需要更改设计，因为采用了 CAD 技术，在 15 日内即可交货，工作效率比一般企业高出近 100 倍；美国一家医疗仪器公司，采用 CAD 技术，把一个本来需要两个月以上的复杂电子心脏定调器的设计周期缩短到两周内完成；美国、法国、日本等国家利用 CAD 技术进行车辆冲撞分析研究，帮助设计人员选择车辆的材料及结构，以确保乘客的安全，获得很好的效果。波音公司 1990 年在设计和制造 777 型飞机时，全面采用 CAD/CAM 技术，机上 13 万多种专门设计的零件、全机总数 300 多万件零件使用数字化设计，实现了人们多年来追求的理想——“无图化设计”。

1.3 CAD系统的软件组成

在整个CAD系统中，计算机硬件、CAD软件系统是CAD系统基本组成部分。典型的CAD系统除计算机主机、外部设备、图形终端外，还应包括CAD软件系统和掌握CAD技术的工程技术人员，如图1-1所示。

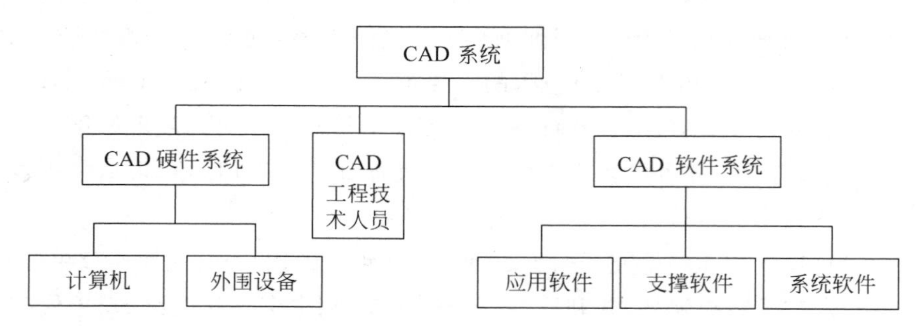

图1-1 CAD系统的基本结构

当今世界已经进入高技术革命的信息时代，我们正面临一场高科技竞争和新技术革命的挑战。谁拥有一流科技工程技术人才，谁就会在市场竞争中占有优势。新兴制造和加工业的挑战，实际上是对人才培养的挑战。

CAD系统的软件部分可分为操作系统软件、支撑软件和应用软件三个层次，它们之间的关系如图1-2所示。

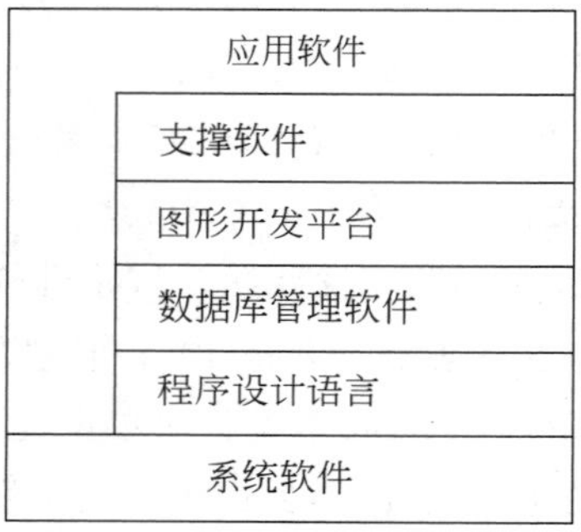

应用软件
支撑软件
图形开发平台
数据库管理软件
程序设计语言
系统软件

图1-2 CAD软件系统的层次结构

1.3.1 系统软件

系统软件是使用、管理、控制计算机运行的程序集合，是用户与计算机硬件的连接纽带。系统软件首先为用户使用计算机提供一个简洁实用的友好界面，其次尽可能使计算机系统的各种资源得到充分合理的利用。系统软件有两个特点：一个是通用性，不同领域的用户都可以使用它；另一个是基础性，即系统软件是支撑软件和应用软件的基础，应用软件要借助系统软件编制与实现。系统软件主要包括两部分：操作系统和语言编译系统。

1. 操作系统

操作系统是系统软件的核心，是管理计算机软件、硬件资源的程序集合，是指挥计算机运行和管理用户作业的软件系统，是用户与计算机硬件之间的接口。它具有五项基本功能，即内存分配管理、文件管理、外部设备管理、作业管理和中断管理。操作系统密切依赖计算机系统硬件,把计算机硬件组织成为一个协调一致的整体。它对计算机资源实施有效的管理和控制,提供良好的操作环境,使用户的任务能有效完成。如Windows支持绝大多数应用软件,或者说绝大多数应用软件都是在这一平台上运行的。用户通过操作系统使用计算机,任何程序需要经过操作系统分配必要的资源才能执行。

操作系统按照功能和工作方式分为单用户、实时、分时、网络和分布式、批处理操作系统六类。微机上使用的DOS(disk operating system)就是一种单用户、单任务的操作系统,Windows是一种单用户多任务管理系统。工作站上一般使用UNIX,是一种多用户分时操作系统,用户以会话的方式工作,因此又称为多用户交互式操作系统。实时操作系统是较少由人工干预的监控系统,其特点是事件驱动设计,要求足够快的速度、足够高的可靠性完成对事件的处理,尤其是对信息的处理和过程的监控。分布式操作系统管理由多台计算机组成的分布式的系统资源。批处理操作系统是把要执行的程序和所需要的数据一起输入计算机,然后逐步执行,努力使作业流程自动化。

用于小型机的操作系统有UNIX和XENIX。用于微机和工作站的操作系统较多,现在最常用的有Windows、UNIX等。

2. 语言编译系统

语言编译系统用于将高级语言程序翻译成计算机能够直接执行的机器语言指令。从功能角度,可以将高级语言划分为程序设计语言、数据库语言、仿真语言、人工智能语言等。

(1) 程序设计语言。常用的程序设计语言有VB、VC、C++、Delphi、FoxPro等。

(2) 数据库语言。数据库语言主要包括数据描述语言(data description language, DDL)、数据操纵语言(data manipulation language, DML)以及一组例行程序。

(3) 仿真语言。常用的仿真语言有GPSS(general purpose simulation system)、SLAM(simulation language for analogue modelling)和SIMSCRIPT等。GPSS是对离散时间系统的一种仿真语言,仿真模型采用一组标准方块图来表示逻辑结构,根据流程写出相应的GPSS源程序。SLAM是适用于离散事件系统、连续系统和离散-连续混合系统的仿真语言,它将事件调度和进程交互两种策略结合形成统一的建模框架,目前应用十分广泛。SIMSCRIPT是一种非语言建模仿真语言,仿真模型由前言、主程序和事件进程子程序三部分组成,采用自然式句法定义模型,程序易于表达和阅读。

(4) 人工智能语言。人工智能语言是知识处理语言,用于决策、规划、预测、诊断等,常用语言有逻辑程序语言(programming in logic, PROLOG)和符号处理语言(list processing, LISP)等,其特点是数据和程序结构统一、允许递归。

1.3.2 支撑软件

CAD系统的功能和效率在很大程度上取决于支撑软件的性能。CAD系统的支撑软件是CAD系统的核心技术,它不针对具体设计对象,为用户提供工具或开发环境。不同的支撑软件依赖特定操作系统,是各类应用软件的基础。支撑软件是由软件开发商提供的CAD基本功能软件,通常可从软件市场买到。支撑软件包括以下功能软件。

1. 二维绘图软件

二维绘图软件侧重于二维图形绘制工作。AutoCAD 软件属于这一类支撑软件。它提供各类二维绘图所需要的功能命令支持,并提供强大的二次开发工具供不同专业开发应用软件。

2. 三维几何造型建模软件

三维几何造型建模软件为用户提供一个完整、准确描述和显示三维几何形体的方法和工具,具有消隐、着色、浓淡处理、实体参数计算、质量特性计算等功能。微机版本的三维几何建模软件系统有 Cimatron、SolidWorks、MDT、Inventor、SolidEdge 等。

3. 有限元分析软件

有限元分析软件是利用有限元法进行结构分析的软件,可以进行静态、动态、热特性分析,通常包括前置处理(单元自动划分、显示有限元网格等)、计算分析以及后置处理(将计算结果形象化为变形图、应力应变色彩图以及应力曲线图等)几部分。目前商业化有限元分析软件系统有 NASTRAN、ANSYS、SAP、ABAQUS 等。

4. 优化设计软件

优化设计软件将优化设计理论和技术用于工程设计领域。优化设计软件综合各种优化设计计算方法,为解数学模型提供强有力的数学求解工具,使工程人员可以选择最优方案,取得最优解。

5. 数据库系统软件

数据库系统在 CAD 系统中占有极为重要的地位,是有效存储、管理、使用数据的软件系统。在集成化 CAD/CAM 系统中,数据库管理系统能够支持各个子系统间的数据传递与共享。工程数据库系统是 CAD/CAM 系统和 CIMS 系统中的重要组成部分。目前比较流行的数据库管理系统有 SQL Server、Oracle、FoxPro、Access 等。

6. 系统运动学/动力学模拟仿真软件

仿真技术是一种建立真实系统的计算机虚拟模型技术。利用模型分析系统,在产品设计时,实时模拟产品生产或机构运行全过程,预测产品性能、产品制造过程和产品可制造性。动力学模型可以仿真、分析、计算在质量特性和力学特性作用下,系统运动和力的动态特性;运动学模型可以根据系统的机械运动关系来仿真计算系统的运动特性。这类软件和模块插件在 CAD/CAE 技术领域得到广泛应用,如 ADAMS 机械系统动力学自动分析软件。

7. CAD/CAM 集成软件

CAD/CAM 集成软件是一种将几何建模、三维绘图、有限元分析、产品装配、公差分析、机构运动学分析、动力学分析、NC 辅助编程等功能系统集成为一体的集成软件系统。整个软件系统各个模块之间由数据库系统进行统一的数据管理和传送,使各个分系统之间全相关，支持并行工程，并且提供产品数据管理功能，从文件管理到过程管理都纳入有效的管理机制，为用户建造一个统一界面风格、统一数据结构、统一操作方式的工程设计环境，协助用户完成大部分工作，而不用担心各个功能分系统间的数据传输闲置、结构不统一等问题。这类软件功能极其强大，规模宏大，价格昂贵，但由于其具有集成性、先进性、可靠性，受到越来越普遍的重视。著名的CAD/CAM集成软件系统有UG、CATIA、Pro/Engineer、I-DEAS、Cimatron等。

8. 支持网上远程协同设计软件系统

局域网、因特网的技术发展和安全性技术研究，推动了远程网络系统、人力资源在异地CAD工程应用中的协同设计制造技术的使用。目前，已经有多种软件系统推出协同设计功能软件系统和工具，如SolidWorks推出的e-Drawing工具等。

1.3.3 应用软件

应用软件是在系统软件和支撑软件的基础上，用高级语言进行编程，针对某一个专门应用领域而开发的标准、高效、专业的功能软件。这类软件专业性强、内容丰富，也是在CAD系统建设中研究、开发应用投入最多的方面。由于它的针对性强，要求较高的、扎实的专业应用基础技术和知识，因此最早期的商品化应用软件不是很多，而且价格特别昂贵。此项工作通常称为软件的二次开发。随着CAD软件技术的发展，应用软件与支撑软件之间的界限渐渐模糊，软件开发商往往集合起来各个专业化领域中的工程技术人员共同参与CAD软件系统的开发，逐渐丰富和完善商品化CAD软件的专业功能，使得商品化集成CAD软件系统的功能更加接近用户的需要。

机械CAD系统是工程技术与计算机技术相结合的综合性产物。机械CAD软件系统的应用软件应具有以下功能：

(1) 能够切实可行解决具体工程问题，给出直接用于设计的最终结果；

(2) 符合规范、标准和工程设计中的习惯；

(3) 充分利用计算机系统的软件资源，具有较高的效率；

(4) 具有较好的设备无关性和数据存储无关性，便于运行各类硬件环境，并可与不同软件连接；

(5) 使用方便，具有良好的人机交互界面；

(6) 运行可靠、维护简单、便于扩充，具有良好的再开发性。

1.4 CAD系统硬件平台的演变

由于使用要求不同，CAD系统基本配置有所不同。CAD系统的类型可按系统功能分，也可按系统硬件配置分。按系统功能一般分为通用型和专用型CAD系统。通用型CAD系统功能适用范围广，其硬件和软件配置丰富。而专用型CAD系统是实现某些特殊功能的系统，其硬件和软件配置相对简单，但要符合特殊功能的要求。

硬件系统是 CAD 系统的物质基础和技术保证，软件系统是它的核心和灵魂，它决定了系统所具有的功能。CAD 技术的发展与计算机硬件技术的发展水平息息相关。CAD 系统作为计算机应用系统的一个重要分支，伴随着计算机和网络硬件技术的发展而演变了多种类型的系统平台。网络技术的发展为 CAD 技术和功能的扩展提供了广阔的发展空间。

1.4.1 CAD 硬件系统的演变

按组成 CAD 系统所用的计算机系统的发展阶段，CAD 系统经历了以下几种类型的演变：

1. 大型机 CAD 系统

早些年的 CAD 软件系统只有采用大容量存储器和强大计算功能的大型通用计算机系统作为主机，别无选择。一台计算机主机连接几十台甚至几百台图形终端、字符终端及其他图形输入设备构成的工作终端，如图 1-3 所示，这类 CAD 系统称为 CAD 主机系统。该系统采用功能较强的大型计算机为主机，配置多个图形终端，供多用户使用，用户之间可实现资源共享。其具有一个大规模数据库，可以对整个系统的数据实行综合管理和维护。但是如果主机 CPU 失效，则所有用户都不能工作，随着计算机总负荷的增加，系统响应速度也会明显降低。

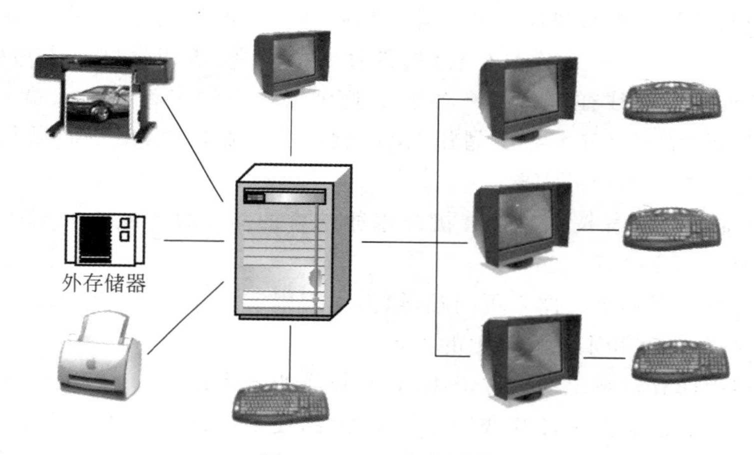

图 1-3 CAD 主机系统

大型机主机系统硬件成本很高，一般中小型企业难以承受，作为 CAD 系统的最早期的用户都是飞机制造、汽车制造和船舶制造等大型公司。早期有代表性的 CAD 主机有：DEC 公司的 VAX8800 和 VAX9000 系列，IBM 公司的 43XX 和 3090E 系列大型机。这类系统往往装备功能强大的 CAD/CAM 系统应用软件。早期有代表性的 CAD 系统应用软件有美国洛克希德公司的 CADAM、美国麦道与道格拉斯公司的 UGII 以及法国达索公司的 CATIA 等。

2. 小型机 CAD 系统

伴随着小型计算机系统的出现，CAD 系统采用小型通用计算机作为主机，分时控制各个工作终端,如图 1-4 所示为小型机系统的工作场景。生产、制造这类系统的厂商很多,如美国的 CV、Intergraph、Calma、Application、Autotrol、Unigraphics 等公司。这类系统大致分为两种类型:CV 公司开发了一种全封闭系统,其硬件和软件紧密捆绑,CADDS 4 系统就是其典型代表。随着计算机硬件技术的发展,另有一些厂商,如 Intergraph、Application、Unigraphics、Calma 等公司,采用与 CV 公司不同的策略:它们选择小型通用计算机作为 CAD 系统的硬件平台,如 VAX 和 Micro-VAX 计算机等,同时它们自行研制和生产配套一些专用图形处理设备和高性能的图形显示器。为这类系统安装 CAD 系统软件移植性好,用户有较大的主动权,因而,软件研制者不必在硬件生产上分散精力。这种理念成为后来 CAD 系统开发应用的趋势,带动了几乎所有的 CAD 软件开发公司向具有兼容性的硬件环境、软硬分离的方向发展。

随着这类小型机 CAD 系统的深入使用,人们逐渐发现其存在的局限性,如系统计算能力差、扩充能力受到限制,不同系统的数据存储格式影响不同系统间的数据交换。20 世纪 80 年代中期,分布式工作站的问世和异种机之间联网技术的发展,促进了这种独立系统向开放式系统发展,而系统使用的软件也逐步向工业标准方向靠拢。

图 1-4　小型机 CAD 系统的工作场景

3. 工作站级 CAD 系统

随着计算机硬件技术的进一步发展,20 世纪 80 年代初,32 位的工作站问世。以工作站为基础的 CAD 系统与分时系统的小型机 CAD 系统不同,一台工作站只能一人使用,并且具有联网功能。其处理速度很快,一般能赶上或超过传统的小型和中型计算机的速度,如 Sun Sparc 系列工作站的 CPU(central processing unit)处理速度达到 28.5MIPS(million instructions per second,MIPS 为单位,表示每秒处理百万个指令),它比 IBM 4381 和 VAX780 小型机的处理速度高几倍到几十倍。当前某些高档工作站的处理速度更高,已经达到甚至超过早期小巨型机的水平。这类工作站一般都采用 RISC 技术和开放系统的设计原则,用 UNIX 作为操作系统。

工作站级 CAD 系统的结构模式如图 1-5 所示,系统为单用户单任务环境。通常配置一个图形终端——高分辨率图形显示器,以保证对操作命令的快速响应。随着网络技术的发展,工作站级 CAD 系统长盛不衰,成为 CAD 系统的主力机型,在中小型企业中得到了广泛的应用。

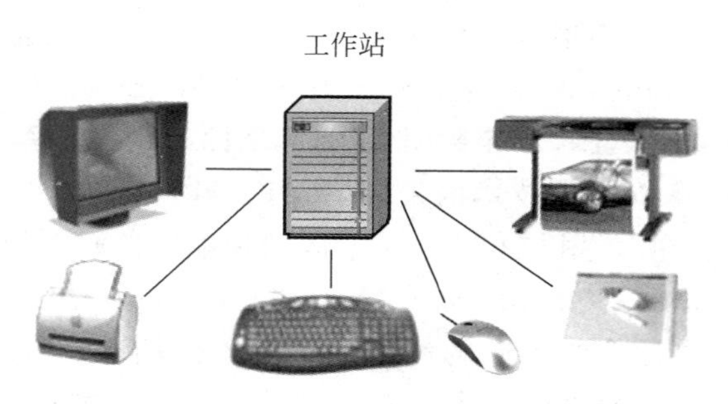

图 1-5　工作站级 CAD 系统

4. 微型个人计算机(PC)级 CAD 系统

随着硬件技术的飞速发展,微型个人计算机性能不断提高,硬件价格大幅度下降,成为用户群最广泛的机种;随之而来的网络技术向实用化发展,以微机组成的 CAD 系统受到低端用户的青睐。Intel 公司奔腾系列 CPU 芯片的出现,使微机的运行速度大大提高,而且内存芯片容量不断扩大,图形显示器分辨率日益增加,硬盘速度和容量急速扩大。早期的奔腾系列微机,配上相应的微机版 CAD 软件与图形输入/输出设备(如图 1-6 所示),构成一套功能可观的微机 CAD 系统。Cimatron 95 率先在 486 微型计算机上实现了 CAD/CAM 功能开发和运行,标志着 CAD 微机化时代的到来,使得 CAD 应用技术快速地在很多领域中得到普及。

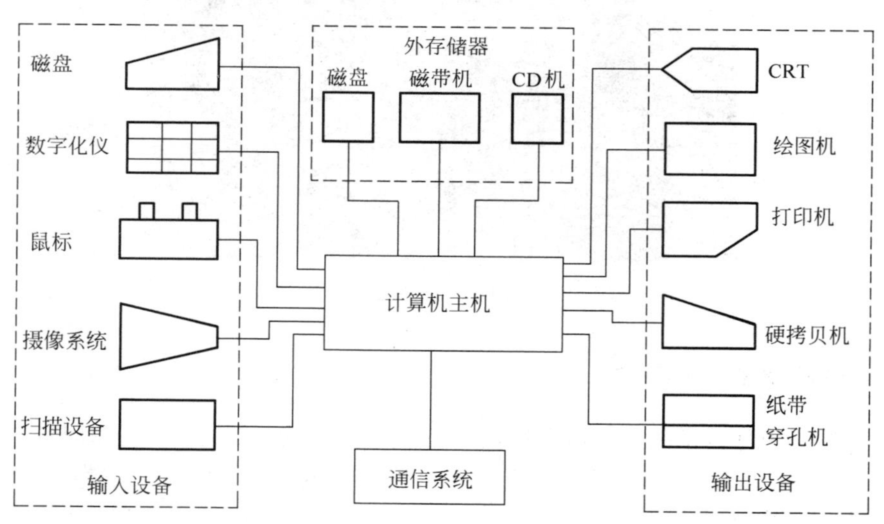

图 1-6　微型机 CAD 系统

随着微机性能的不断提高,尤其是高性能 CPU 的问世,微型计算机的速度、性能等各方面指标得到了极大提升,且价格越来越低。基于微机的丰富 CAD 软件资源为 CAD 用户提供了强有力的技术支持。

5. 局域网络(虚拟网联)CAD 系统

网络技术的开发,LAN 和 WAN 网络、Internet 和 Intranet 技术的实用化发展,使微机用户与远程大型机、小型机和工作站用户联网成为可能，每个 CAD 用户成为整个虚拟 CAD 网络中的一个节点，大家可以共享整个网络中大型机、工作站、服务器和存储系统等资源。这样，大型机系统、工作站系统和微机系统不再相互割裂，而成为有机整体，在网络中发挥各自优势，使原来要在小型机和工作站上进行的 CAD/CAM 工作可由微机来完成。

自工作站问世以来，绝大多数用户都趋向采用工作站网络系统来代替主机式 CAD 系统。工作站网络系统以开放式标准化的功能向用户提供有效的网络接口，操作系统也包含了完整的网络功能，工作站与各类计算机连接共同工作。建立企业局域网络系统，可以摆脱机器实际位置的束缚，无论用户在什么地方，都可以通过网络连接，实现网络资源共享，既方便使用又节省投资。图 1-7 是局域网络系统结构示意图。

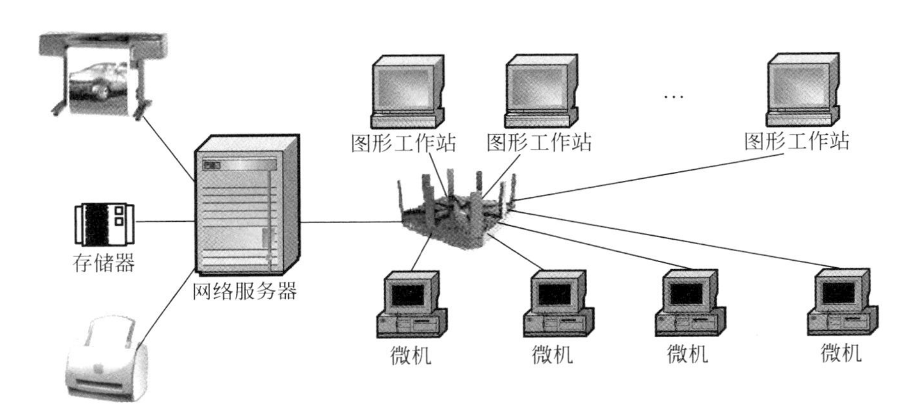

图 1-7　局域网络 CAD 系统结构示意图

随着互联网(Internet)的蓬勃发展，CAD 系统的硬件结构也跨入了一个新阶段。Internet 使计算机间的通信更加便捷，从而实现了在更广阔时空范围内的计算机资源共享，使跨地域、跨国界的 CAD/CAM 技术合作成为现实、全球化虚拟设计制造工厂的建立得以实现。可以预见，未来产品设计参与者已经不局限于专业的产品设计工程师，而用户本人可以利用联网的终端设计软件将自己的设想和要求、甚至是设计完美的产品图样和模型传递给网上的接待处理中心，由该中心负责对客户的设计和构想进行可行性判断，对生产和供货进行全球范围内的调度，产品的制造在整个虚拟制造空间中完成。

1.4.2　网络结构

CAD 作业时常分散在不同单位进行，各自独立的工作站及其孤岛式的工作方式无法进行设计信息的即时交流，各种作业之间无法协调一致地工作。单个工作站的单用户性质及其站上资源的局限性导致系统资源的整体优势得不到充分利用。CAD 系统的网络经常采用局域网，网上设备通过传输媒介(网线)相互连接传递信息。常见网络形式有 3 种，如图 1-8 所示。

(1) 星网。网的中心是一台计算机，也称服务器，一般采用大中型机或超级小型机，周围是若干台无外存工作站，也称无盘节点。星网的优点是所有网上用户均能使用中心计算

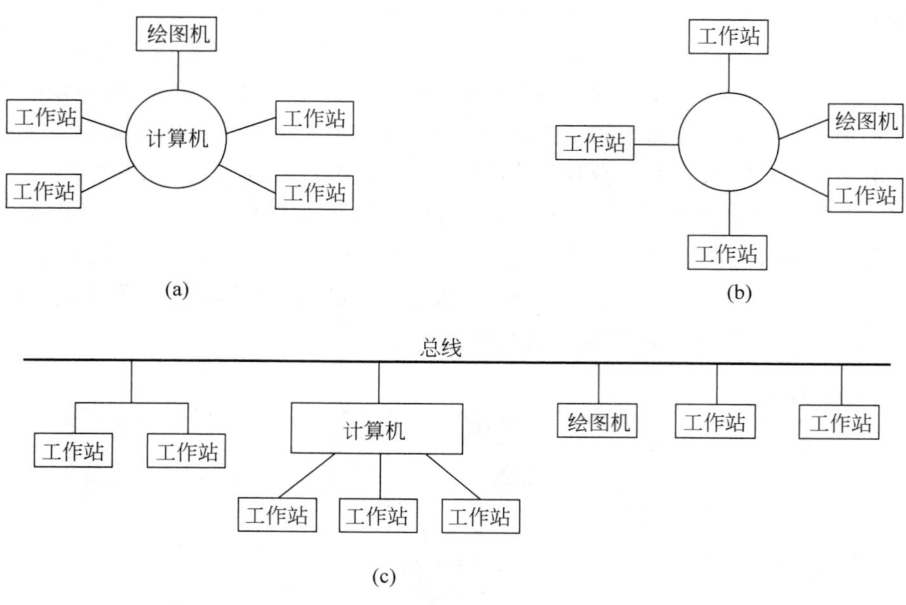

图 1-8　三种局域网形式

机上的数据库；缺点是一旦中心计算机出故障，则整个系统不能工作，如图 1-8 (a)所示。

(2) 环网。适用于工程工作站或微机连网。它的优点是网内用户共享任一点上的数据库或文件；此外，当某接点发生故障时，其余节点可照常工作，如图 1-8 (b)所示。

(3) 总线网。适用于将差别较大的设备连入网中。公共总线可长达 2.5km，可接 1024 个设备，不够时用中继器再接一条，形成分叉的树形结构。以太网就是一种典型的总线网，在网上可以连接各种不同类型的工程工作站、微机、外设及终端等，如图 1-8 (c)所示。

还可将不同类型的局域网组合成复杂的网络，例如将环网接到总线网上，如图 1-9 所示。

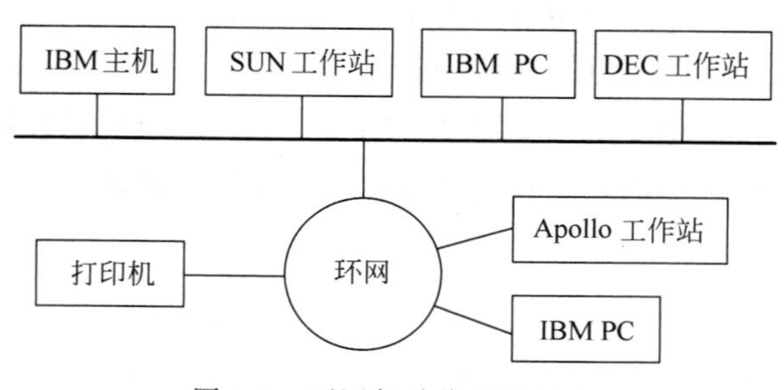

图 1-9　环网与总线网的组合

网络性能的好坏要看它的传输速度、支持的操作系统以及网络协议。所谓网络协议是网上传输信息所用的格式，必须采用标准网络协议，常用的是 TCP/IP 协议，它支持各种操作系统，如 UNIX、VMS、Windows 及 MS-DOS。在 TCP/IP 基础上制定的网络文件系统(network file system，NFS)协议使网络内用户有透明文件共享功能，使不同结构、操作系统的计算机共同工作。

1.5　CAD 系统计算机及外围设备

CAD 系统的功能与计算机硬件系统的技术水平直接相关。

1.5.1　计算机主机

计算机主机由中央处理器(central processing unit，CPU)和主存储器(也称内存)两部分组成，如图 1-10 所示。

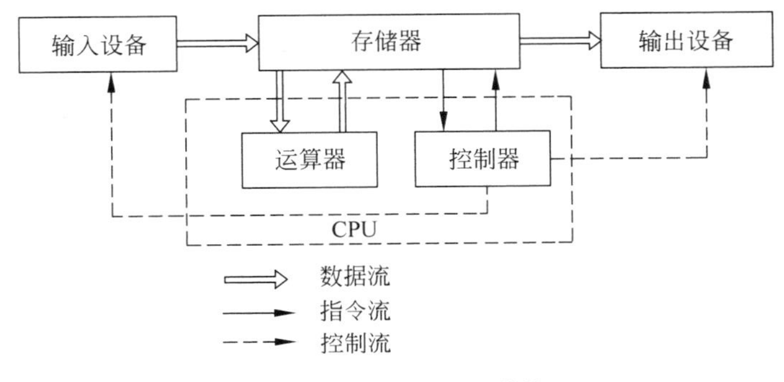

图 1-10　计算机主机结构

1. CPU 包括控制器和运算器

(1) 控制器指挥和协调整个计算机的工作，具体功能是提取主存储器内的指令，分析指令的操作类型，然后接通各有关线路，实现各种动作，控制数据在各部分之间的传送。

(2) 运算器执行指令要求的计算和逻辑操作，输出计算结果及逻辑操作结果。在控制器和运算器中有寄存器作为暂时信息写入与取出的地方，存取速度均比从主存储器中存取要快。

(3) 主机性能的重要指标是速度，其有以下几种表示方法。

① 时钟频率(或称主频)：单位 MHz(兆赫)。由此确定的一个脉冲周期称为周期，它与执行一个指令周期的关系如图 1-11 所示，图中 M_1、M_2 及 M_3 表示完成某种操作的机器周期。一个指令周期由若干个机器周期组成，表示完成一个指令(工作循环)的时间。因此频率越高，周期 T 就越短，指令周期也短，执行指令所花的时间就越少。

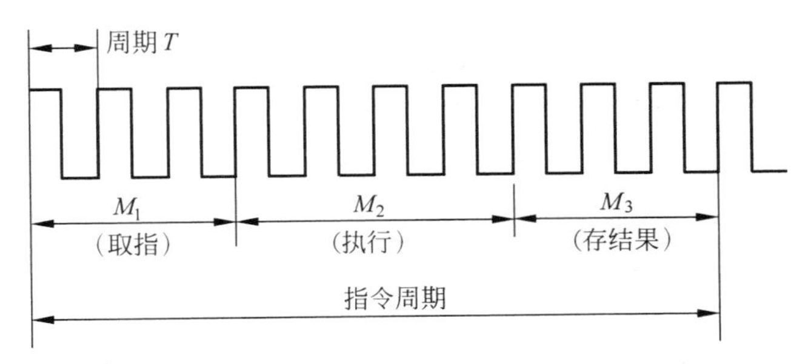

图 1-11　指令周期示意图

② 存取周期：主存储器中读写数据的时间，单位 μs(微秒)。如 SUN3/260 的存取周期为 120μs。

③ MIPS：表示每秒处理指令的平均数，即定点运算中加、减、乘、除运算次数的平均值。MIPS 本身就是一种单位，表示每秒处理百万个指令。

2. 主存储器

主存储器用来存放指令、数据及运算结果(也包括中间结果)，制成存储器芯片。主存储器一般包括：

(1) 随机读写存储器(RAM)，存放各种输入/输出数据及中间结果，与外存储器交换信息，RAM 既可读，也可写。

(2) 只读存储器(ROM)，信息只能读出，不可写入，故信息不变，断电也不丢失，一般用来存放固定程序，如管理、监控、汇编、诊断程序等。

3. 外存储器

CAD 系统需要存储的信息量很大，仅使用内存远远不够。外存储器用来存放暂时不用或等待调用的程序、数据等信息。当使用这些信息时，由操作系统根据命令调入内存。外存储器的特点是容量大，常达到数千 TB(太字节，$1TB=10^{12}B$)，但存取速度慢。常见种类如下：

(1) 磁带机。磁带机容量大，使用灵活、可靠，价格便宜，分 1/2in 与 1/4in(1in＝2.54cm)带宽，当前在大中小型计算机系统中仍有广泛的应用。图 1-12 是一种常用中高速数字磁带机——真空积带箱式磁带机简图，带速可达 200in/s，记录密度为 6250 位/in。磁带记录的信息按照顺序存放，因此只能顺序存取，多用于存档信息的储存。为了存取某一信息往往要卷带或倒带，速度慢，故一般不适用于随机存取。

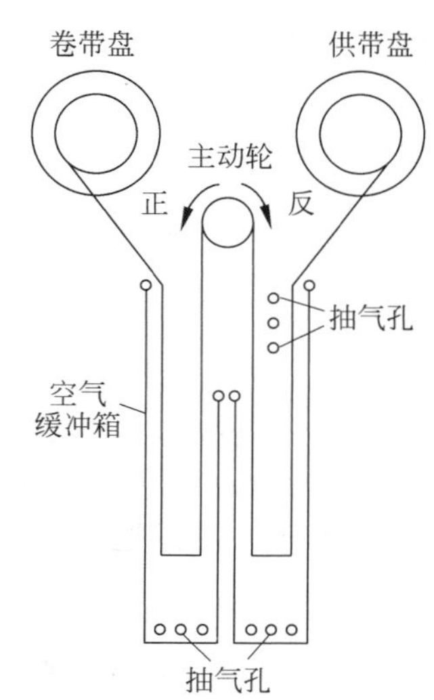

图 1-12 磁带机原理图

常见的普通数据磁带机产品如图 1-13 所示，专业的应用场合往往采用大型磁带库产品，如图 1-14 所示为一种磁带库产品。磁带库为 CAD 用户提供了一种合理性价比、高可靠性和节省空间的自动化数据存储管理解决方案。磁带库具有很强的扩展性，机柜单元可从 1 个扩充到 16 个，或者 62 个。磁带输送装置可从 1 个扩充到 32 个；盒式磁带数可从 160 个扩充到 6240 个。双机械手每小时最快可安装或拆卸 610 盘盘式磁带。

图 1-13 磁带机

图 1-14 磁带库

（2）磁盘。磁盘是与唱片相似的圆盘，分软磁盘与硬磁盘两种。软磁盘是一张塑料胶片，直径规格有3.5in、5.25in及8in三种，现已不常使用；硬磁盘常用铝合金制作，直径有5.25in、8in或14in。它们分别由软盘驱动器及硬盘驱动器驱动并进行数据的随机存取。

磁盘表面有许多同心磁道，每英寸有50～200条。图1-15为磁盘驱动器的工作原理图。硬盘驱动器主要由磁盘组、定位机构和读写磁头等组成，磁盘组有多片磁盘，磁盘的直径通常为14in、8in、5.25in、3.5in，每片厚1～2mm，两片之间有10～20mm间隔，由一同轴电机拖动磁盘组一起旋转。硬盘容量大，一般微机上配置几百GB，其他机型外接磁盘容量达几百TB，甚至更大。硬盘可作随机存取，虽然速度不及内存，但比磁带要快，是当前CAD系统最普遍的外存设备。固态硬盘的出现，进一步提高了外存设备的访问速度和容量。

（3）U盘。U盘存储介质为集成电路芯片，又称为移动式磁盘，采用如图1-16所示封装结构，存取速度快、可靠性高、寿命长、方便灵活，为数据存取提供一种新的存取手段。它的实质与磁盘完全一样，只是它可以非常灵活地在不同机器间进行数据转送。其容量可达几个TB，可靠性高，存取速度快，携带方便，是一种目前普遍使用的信息便携存放装置。

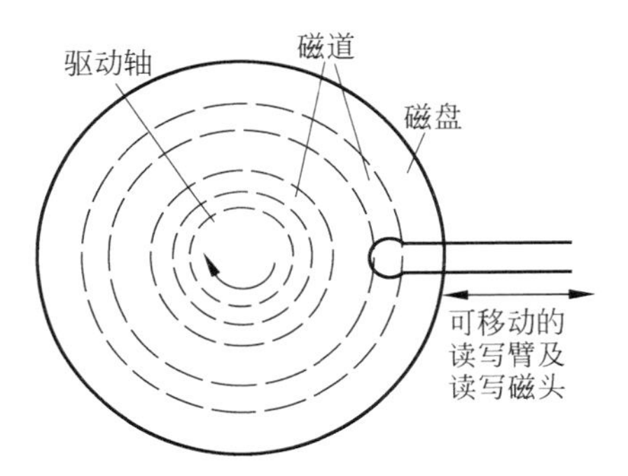

图1-15　磁盘驱动器工作原理图

图1-16　移动磁盘

（4）光盘。光盘存取速度与硬盘相当，采用激光技术进行海量信息存储。如图1-17所示高性能大容量光盘塔和光盘库系统，在大、中型CAD系统中得到广泛应用。

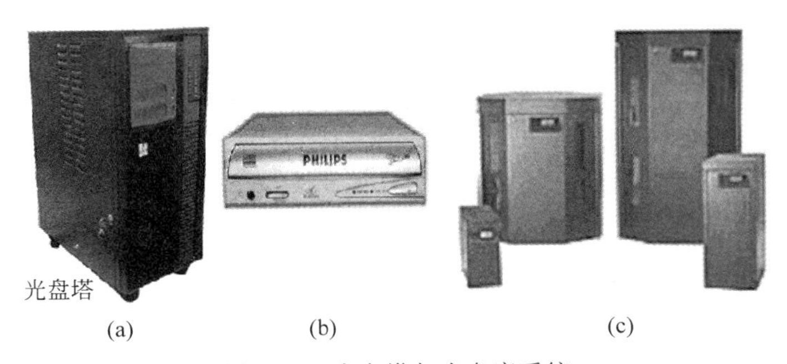

图1-17　光盘塔与光盘库系统

(a) 光盘塔；(b) 光盘机；(c) 光盘库系统

4. 输入/输出设备

（1）鼠标器(mouse)。鼠标器(简称鼠标)作为定位输入设备在20世纪60年代后期才出现，由于它能十分方便地操纵图标菜单，加之体积小、使用灵活以及价格低廉，因此应用十分普遍。鼠标是计算机系统中的定位设备，显示器屏幕上的光标跟随鼠标一起运动，用于拾取坐标点和选择菜单命令等。它是CAD系统中最常用的图形输入设备。

鼠标有单键和多键，如按下规定的一个键，就将光标对准的位置送入计算机，由此实现定位、选择等多种交互操作。鼠标其余按键可用程序定义，使它们按下时实现不同操作功能。按其结构形式分为机械鼠标和光电鼠标，如图1-18所示。

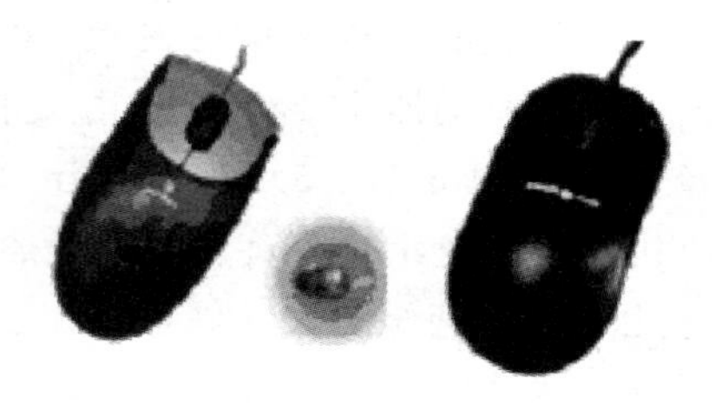

图1-18 鼠标

① 机械鼠标。它的底部装有一对轴线相互垂直的金属滚动球，当在桌面上移动鼠标时，在摩擦力作用下，滚动球与鼠标体之间发生相对滚动，与滚动球啮合的机械装置根据滚动球的相对滚动量，测出鼠标在X、Y方向上的移动量的数值并记录下来，该信息输入计算机后，屏幕上的光标也相应地移动一定的距离。

② 光电鼠标。光电鼠标的底部装有可发送和接收光信息的光电二极管和感光二极管，当光电鼠标在能够反光的专用鼠标板上移动时，板上反射的光的强度交替变化，感光二极管测得这一变化量，采用光束调制及光学编码技术，测出鼠标移动量，经转换后送入计算机，就可以控制光标在屏幕上的移动。

(2) 字符终端。用于程序的调试与显示。在屏幕上可显示24行字符，每行80列。

(3) 键盘。键盘上设字符键、功能键及控制键等。字符键输入数据和程序；功能键输入命令或执行程序；控制键对屏幕和程序进行特殊处理。适用于CAD系统的键盘与鼠标一体化键盘如图1-19所示。

图1-19 适用于CAD系统的键盘与鼠标一体化键盘

1.5.2 图形输入设备

图形输入设备是CAD中实现人机交互的重要工具。图形输入设备有三种类型。第一类是定位设备，操作方式是控制屏幕上的光标并确定它的位置。在窗口及图标菜单环境下，定位设备除了定位功能外，还兼有拾取目标、选择对象、跟踪录入图形及徒手画草图等功能。具体的物理设备有图形输入板及其触笔、光笔、鼠标、操纵杆及跟踪球等，如图1-20所示。第二类是数字化仪，能将放在上面的图形或物体用游标器指点摘取大量点，进行数字化后存储起来。第三类是图形输入设备，如摄像机、录像机、扫描仪等，如图 1-21 所示，图形经图像数字化及图像处理后输出，这类输入手段将成为 CAD 系统的重要输入方式。

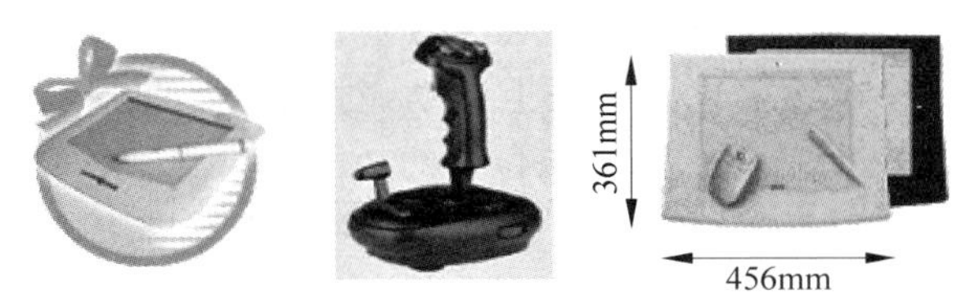

图 1-20　图形输入定位设备

图 1-21　数字摄像机与三维数字化仪

下面简要介绍目前常用的几种图形输入设备的工作原理。

1. 数字化仪(digitizer)和图形输入板

将图纸上的图形输入计算机中是一件极其繁琐的工作，人工读取图纸上的坐标点时又极易出错，因此用数字化仪来拾取图形坐标和输入图形，可大大简化这项工作。

数字化仪和图形输入板工作原理相同，前者台面大，常见尺寸为 900mm×1200mm 及 1200mm×1800mm，分辨率和精度分别可达 0.025mm 和 0.076mm；后者尺寸为 280mm×280mm 及 900mm × 900mm；分辨率低，一般为 0.13mm。所用定位工具有两种：一种是细长的触笔(stylus)，另一种是带有十字叉丝的游标器。图 1-22(a)所示为数字化仪与游标器，图(b)为图形输入板与触笔。操作原理是触笔或游标叉丝对准某一点，并按下按钮，这时靠某种耦合产生信号，经 A/D 转换为坐标值，送给计算机，如图 1-23 所示。

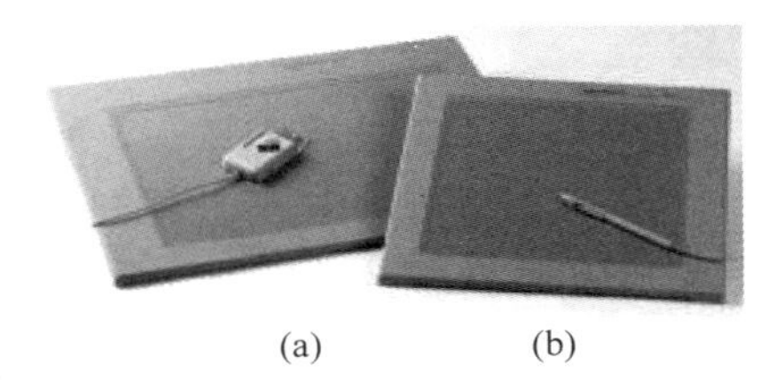

(a)　(b)

图 1-22　数字化图形输入设备

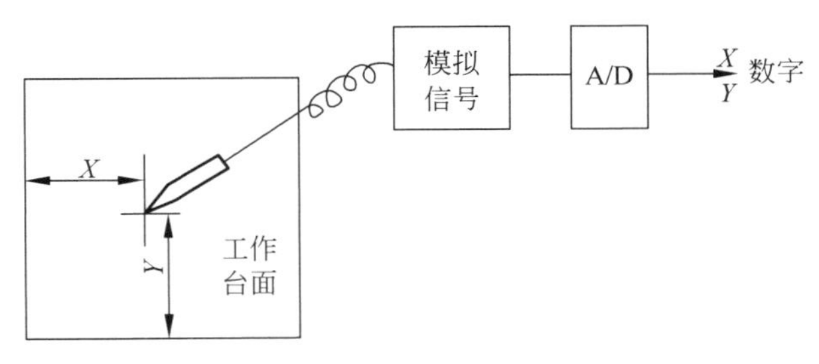

图 1-23　取出点的坐标

数字化仪是一种图形数据采集装置，它由一块平板和游标定位器组成，游标也可用感应触笔替代。目前使用的数字化仪都是电磁感应式的，平板下覆盖了一层网状金属线，构成感应阵列。游标上有一检测线圈，当游标在平板上移动时，平板下的金属网线在游标线圈产生的磁场的作用下，将产生感应电压，由于不同的金属线代表了各自 X、Y 坐标位置，当金属线上的感应电压信号输入到计算机系统，就获得了相应游标所在的精确位置，同时对应地将光标显示在屏幕上。将游标在数字化仪平板上移动，对准图纸的某一个位置，按动游标的按钮，则可将该点的坐标送入计算机或选择该位置的功能菜单。

在 CAD 系统中，数字化仪常用来摘取放在它上面的工程图上的大量点，经数字化后存储起来，以此作为图形输入的一种手段。图形输入板则更多地用于交互设计，使用时划出一个台板图形区，其余部分放置菜单，称为菜单区。台板图形区与显示屏之间存在一种映射关系，如图 1-24 所示，这种映射关系用专门软件一次性自动建立起来。一旦建立了这种关系，屏幕光标将随触笔或游标的移动而移动，如移出了台板图形区范围，屏幕光标随之消失。

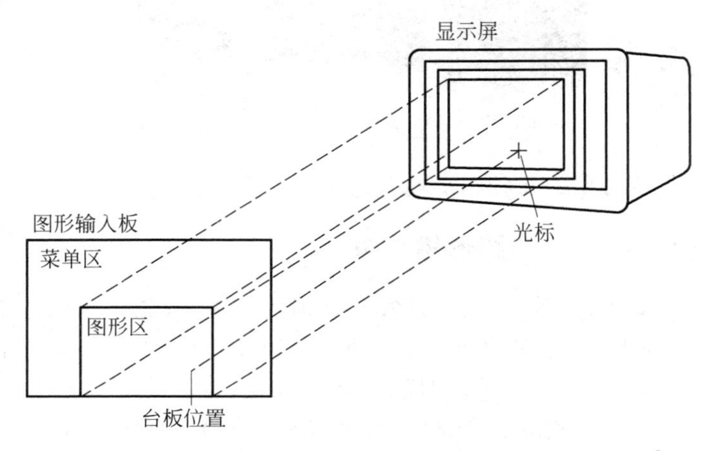

图 1-24　图形区与显示屏之间的映射关系

图形输入板的使用方式有 3 种：

(1) 将图形变成数字化信息。

(2) 拾取台板菜单区的菜单项，即取出拾取点的坐标，算出该菜单项的代码并转入相应程序运行。

(3) 选择输出坐标数据的方式。该方式共有 4 种：第 1 种为点方式，即先拾取一个点，接着输出该点的坐标；第 2 种为连续方式，即随着定位工具的移动，连续输出点的坐标；第 3 种为开关连续方式，即当定位工具移动且同时按下开关时才能连续输出点的坐标；第 4 种为增量方式，这时拾取点的坐标以相对于上次拾取点的增量坐标形式输出。以上 4 种方式可通过选择图形输入板上的有关按钮来决定。

2. 光笔

光笔的结构如图 1-25 所示，外形如一只笔，其中有电子线路和光导纤维，用来检测屏幕上图形的光强，并将相应光信号转换放大成脉冲信号，信号在经过放大整形后输送给显示控制器，计算机就可知道光笔所指位置。

光笔有两个基本功能：一是拾取，取出光笔在屏幕上所指的那个点的所有状态参数；二是跟踪，使屏幕上的光标(由硬件或软件产生)跟着光笔一起移动。这些功能使它能增、删

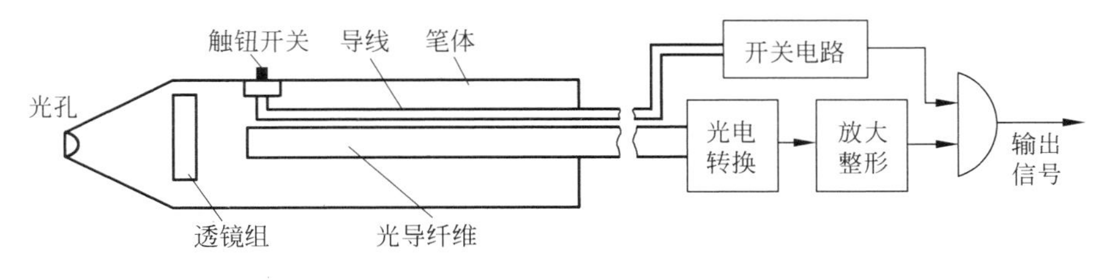

图 1-25 光笔结构示意图

图形元素，拾取菜单以及在屏幕上自由作图等。

光笔可直接利用屏幕，无需另加输入板；但是这种操作方式分辨率低、精度差，长时间在屏幕上进行近距离操作，容易疲劳，射线对人体有害，因此 CAD 设计中逐渐减少应用光笔。

3. 图形扫描仪(scanner)

扫描仪是将图形(如工程图样)或图像(如照片、画片)经扫描进行光电转换后输入计算机中得到光栅图像，经过图形或图像识别技术，获得数字化信息图形，输入 CAD 系统进行进一步的数字模型处理。

扫描仪分单色和彩色扫描仪，一般彩色扫描仪都可进行单色扫描。按扫描仪的结构和操作方式可分为滚筒式、平板式和手持式三种。经济型平板式扫描仪是常见的扫描设备，最大能扫描 A3 号幅面的图纸及文件。图 1-26 所示为常见的工程图形扫描设备，大型扫描仪能扫描 A0 号幅面的图纸。滚筒式扫描仪的可扫描幅面为 A0 加长幅面的图纸。

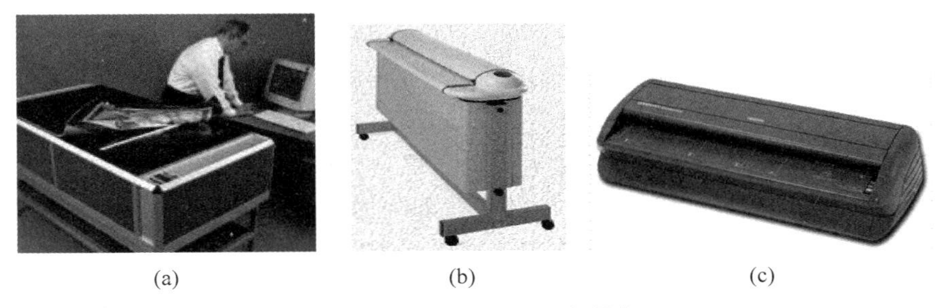

(a) (b) (c)

图 1-26 常见工程图形扫描仪

目前有各种各样的扫描输入系统。根据所输出的性质可分两大类，一类输出矢量化图形，另一类输出光栅图形。第一类扫描输入系统的工作流程图如图 1-27 所示。系统工作时，首先用扫描仪扫描图纸，得到一个光栅文件，接着进行矢量化处理，变成一种格式紧凑的二进制矢量文件，即 MIB 格式文件，然后再针对某种 CAD 系统，进行矢量文件的格式转换，变成该 CAD 系统可接受的文件格式，最后输出矢量图。显然采用这种系统可以快速地将大量图纸输入计算机，比其他录入方法节省了大量人力与时间。

扫描仪的主要技术指标有：①扫描幅面尺寸。②扫描分辨率，指扫描对象每英寸上取样点数(dots per inch，dpi)，每英寸能分辨的像素点，它是用垂直分辨率和水平分辨率相乘来表示，其单位为“像素/in^2”；目前市面上销售的扫描仪的光学分辨率一般在 600(水平)～1200(垂直)dpi，对于专业级图像扫描仪的光学分辨率可达 2400×4800dpi。③图像的颜色数量与灰度等级，颜色数量表示彩色扫描仪所能产生颜色的范围。通常用表示每个像素点

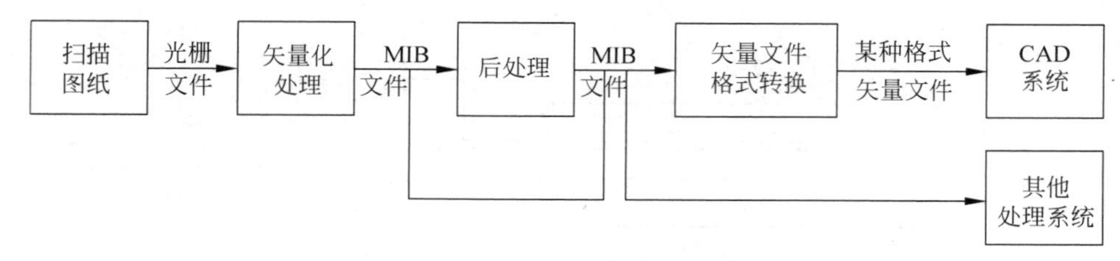

图 1-27 采用扫描仪的图形输入系统

颜色的数据位数即比特(bit)数或者字节(Byte)数来定义，如 32b 或 4B；灰度等级表示图像的亮度层次范围。级数越多扫描仪图像亮度范围越大、层次越丰富，目前多数扫描仪的灰度为 256 级。④扫描速度，指最大幅面、最大分辨率时扫描一页所需的时间。

由于扫描仪得到的是光栅图像，因此扫描工程图样时，还必须将光栅图像矢量化，得到矢量图形，以便 CAD 软件对它进行编辑和修改，矢量化工作由专门的软件来完成。

4. 抄数机

目前在 CAD 系统中采用的实物抄数机或抄数头，是 CAD 逆向工程中最为重要的输入设备。它实际上相当于一个三坐标测试设备，可以在软件系统的控制下，完成实物外形的数据信息的输入。经过逆向工程软件对测试数据点云信息的处理，可以直接获得实物外形的曲面和造型数据，或者直接生成该实物的三维实体模型或者曲面特征。

1.5.3 图形显示设备

图形显示设备是 CAD 系统中必备的图形输入/输出设备，通常由显示器和图形适配器(简称显示卡)这两个设备单元构成。显示系统的组成如图 1-28 所示，其基本工作原理是将显示屏按预先规定的分辨率在水平和垂直方向上划分成点阵，每个单元称为像素，每个像素都有自己的 x，y 屏幕地址。假如显示屏的像素阵列为 $N \times M$，即有 M 行及 N 列的像素，每一行代表一条扫描线。矢量光栅转换器将要显示的图形(在内存显示文件中获取)按此方式离散成像素，每个像素除了它的 x，y 地址，还有表示明暗或颜色的属性值。光栅化后的像素与屏幕像素阵列一一对应，将光栅化后的像素信息存入帧缓冲存储器，供显示控制器读取。

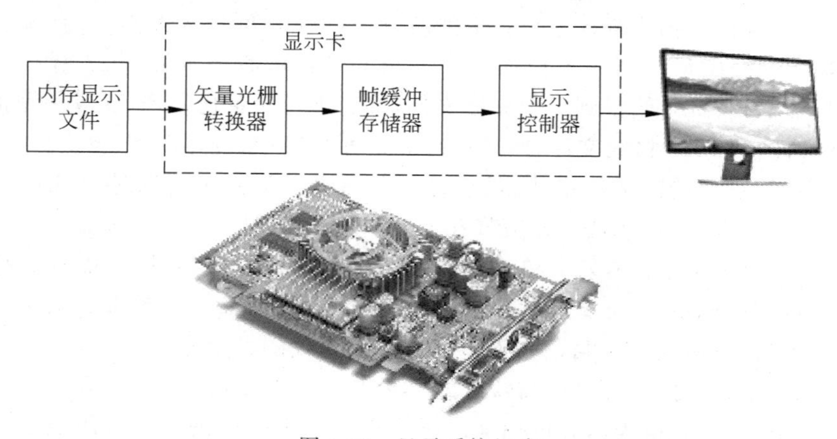

图 1-28 显示系统组成

根据 CAD 系统对图形显示任务的要求，图形显示器技术快速发展，从早期的阴极射线管(cathode ray tube，CRT)显示器，到如今种类繁多的平面显示器，包括受光型的液晶显示器(liquid crystal display，LCD)、发光型的等离子体显示器(plasma display panel，PDP)、场致显示器(field emission display，FED)等，为 CAD 系统中的图形显示需求提供了更多的选择。

1. 阴极射线显示器(CRT)

图 1-29(a)所示为 CRT 的结构示意图。其基本工作原理是电子枪沿显像管的轴线方向发射电子束，经聚焦系统将电子束聚集成非常细小的圆点，再经过偏转线圈的作用向正确目标偏离，穿越荫罩的小孔或栅栏后，轰击显示屏。显示屏内侧涂有荧光材料，在电子束的轰击下便发出光点(称为屏幕像素点)。显示控制器控制偏转系统，使电子束按恒定的速度从上到下，从左向右扫描显示屏。与此同时，显示器控制器控制电子枪发射电子束的强度，于是被电子束轰击的荧光材料便发出不同亮度的光点。例如，在屏幕上显示一条直线，当电子束要扫描位于直线上的点时，便打开电子枪发射电子，直线上的点就被点亮，而扫描其余点时，则关闭电子枪，使这些点不发光，于是屏幕的发光点就构成了一条直线。

图 1-29(b)所示为 CRT 的结构简图，由装在一个玻璃壳内的电子枪、偏转系统及荧光屏组成，壳内空气被抽出形成电真空器件。电子枪产生沿管轴方向(*Z* 轴)的电子束，它利用热电子发射原理产生电子，且能通过改变电子枪中的栅极电位控制电子束强度。电子枪发射的电子分散在各个方向，需将它们集中，聚焦系统能完成这一任务，它使电子束在荧光屏上聚焦成一个细小圆点。为使光点在荧光屏上移动，必须采用偏转系统使电子束偏转。偏转系统有两对偏转线圈或电极，通过线圈中的控制电流或电极上的控制电压使电子束产生 *X* 及 *Y* 方向偏转。位于管壁内侧的荧光层受高速电子束轰击发生光点，在电子束停止轰击后，人们观察到的是持续发出的磷光，称为“余辉”，余辉时间非常短暂，一般为 0.5～1ms。

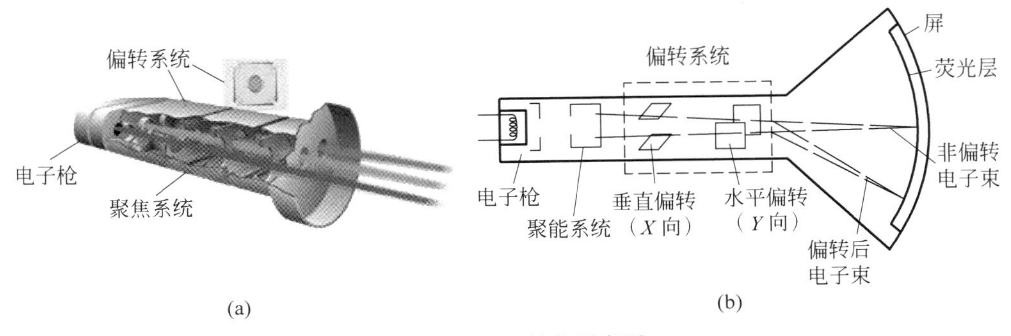

图 1-29　CRT 结构示意图

由上可见，可以在计算机与 CRT 间安排一个显示控制环节，该环节接收来自计算机的图形信息，然后将其转换成偏转系统所需的控制信号(电流或电压)以及电子枪栅极的控制信号，从而控制电子束的偏转及明暗强度，产生图形及字符。

电子束产生的光点直径通常为 0.25～0.5mm，若取屏幕的有效面积为 30cm×30cm，则可将屏幕坐标的 *X* 轴和 *Y* 轴(原点在屏幕左下)各分成 1023 个单位增量，这样在屏幕上构成了 1024×1024 个网格。网格亦称栅格，每一个间隔称为栅格单位(raster unit)或栅格增量。这样 1024×1024 网格数的栅格单位约等于 0.3mm。有时采用 512×512 或 2048×2048 等其他网格数，这主要取决于光点的最小直径及屏幕的大小。同样大小的屏幕，若光点直径小，则网格数就可增多，称分辨率高。所以分辨率是指两个光点之间的最小距离，是衡量分辨能力大小的物理量。分辨率越高，图形线条越平滑，小字形越清楚，图形越清晰。目前微机显示器的光点有 0.26mm 及 0.32mm 等规格，分辨率可达 1024×1024。

图形显示器按电子束扫描方式可分为随机扫描和光栅扫描两种。随机扫描方式指屏幕上的图形按矢量线段一笔一笔画出，其顺序完全按用户绘图指令来决定。光栅扫描则像电视机那样，电子束从左到右，从上到下按固定节拍扫描，遇到图形时，相应栅格发光，由此显示出图形或字符。图 1-30 表示了这两种扫描方式。下面讨论 3 种类型的显示器，即刷新式显示器、存储管显示器及光栅扫描显示器。前两种采用随机扫描方式，第三种则采用光栅扫描方式。

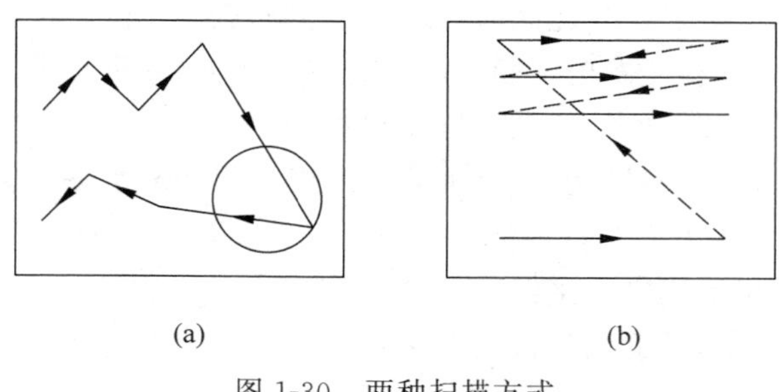

(a)　　(b)

图 1-30　两种扫描方式

(a) 随机扫描；(b) 光栅扫描

要显示一幅稳定的图形或图像，电子束就要不停地扫描整幅屏幕，每秒钟扫描整幅屏幕的次数，称为帧频，要想获得不闪烁的图像，帧频不得小于 50Hz。

1) 刷新式显示器

图 1-31 所示为刷新式显示器，其中各部分的作用如下：

(1) 刷新式缓冲存储器。它存放显示文件，该文件由 CAD 软件产生，以某种数据结构的形式存放直线、圆弧、字符及其属性等图形信息。

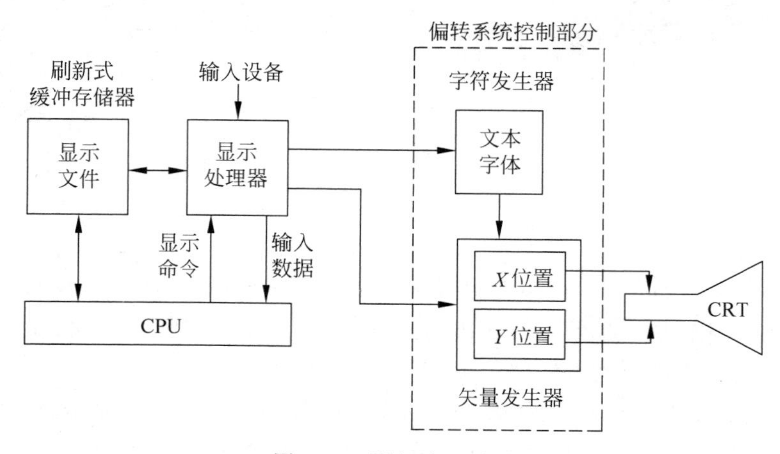

图 1-31　刷新式显示器

(2) 偏转系统控制部分。它包括用硬件实现的矢量及字符发生器,以及数模转换器(D/A转换)。矢量发生器根据显示处理器送来的一段矢量的坐标、线型、亮度等信息,用某种算法确定电子束画直线时的走步方式及每一步的(X、Y)值。字符发生器则根据送来的字符代码从字符库中读出该字符的辉亮信息或单位矢量信息,由此决定电子束走步时的(X、Y)值。上述两个发生器产生的每一步的(X、Y)值,经D/A转换,变成控制CRT偏转系统的模拟电压或电流,控制电子束画出相应的矢量或字符。

(3) 显示处理器。它的作用是从缓存的显示文件中逐条取出图形信息,经过解释,将矢量及字符信息传给相应的发生器。此外,随时处理用户从输入设备上传来的交互绘图命令,将它们送给计算机,并将处理后返回的数据处理信息送到缓存的显示文件中。

由于电子束轰击荧光层产生亮点的时间十分短暂,所以要想保持图形不闪烁,就必须以30～60次/s的频率循环扫描显示文件。正因为如此,如果用户的应用程序更新了显示文件的内容,屏幕上可立即反映出来,这就为交互图形实际提供了可能。如果应用程序能非常快地更新显示文件,则可获得动画显示的效果。

刷新式显示器的突出优点是分辨率高(可达4096×4096),因此可获得高质量的清晰图形。缺点是由于循环刷新显示文件的频率必须保证30～60次/s,因此包含在显示文件中的图形信息的数量不能太多,即图形不能太复杂。提高硬件性能可以解决这一问题,但成本也会随之提高。

2) 存储管显示器

由图1-32(a)可知,这种显示器省去刷新式缓冲存储器,其余部分与图1-31相同。各组成部分功能相似,但此种显示器结构如图1-32(b)所示,其特点是在屏幕内侧加一个存储栅极,电子束不直接轰击荧光层,而是作用在存储栅极上构成一幅存储图像。在构成存储图像前,存储栅极上有一均匀负电荷,当高速电子束在偏转系统作用下轰击存储栅极时,许多电子被撞出,使相应栅极处电子数减少,构成一个相对正电荷,由于存储栅极本身不是导体,格点间电子不能移动,因此电荷图像被存储起来。在CRT内还有一个电子枪发出低速电子,不经聚焦和偏转,被吸引到存储平面一侧,集电极使电子泛流均匀分布并靠近存储栅极,电子将通过存储栅极上带有正电荷的部分,轰击荧光层,引起发光,将存储在存储栅极上的电荷图像显示在屏幕上。由此可见,此类显示器的优点是无需刷新,图像可保存1～3h,无闪烁现象,且不限制图形的复杂程度。缺点是因为没有刷新过程,任何局部修改必须先全部清除原有电荷图像,再建立修改后的新电荷图像,由于响应慢,故无法实现局部修改,更谈不上作动画、显示彩色图形。

存储管显示器于20世纪60年代末推出,特别适用于将CAD图形或实体数字模型进行长时间静态展示的场合。

3) 光栅扫描显示器

光栅扫描显示器于20世纪70年代后期推出,目前应用最广泛。如图1-33所示基本工作原理是将显示屏按水平或垂直方式划分成矩阵,划分成的单元称为像素,每个像素有自己的屏地址。假如屏的分辨率为$N\times M$,意味着有N列及M行的像素,每一行代表一条扫描线。把要显示的图形(彩色明暗图、灰度图或线条图)也按此方式离散成像素,每个像素有一定的值,该值代表该点的明暗度或颜色,此过程称为光栅化。光栅化后的像素与屏幕一一对应,通过图中的图像显示系统,由显示处理器逐行取出像素信息,再由偏转及颜色系统将信

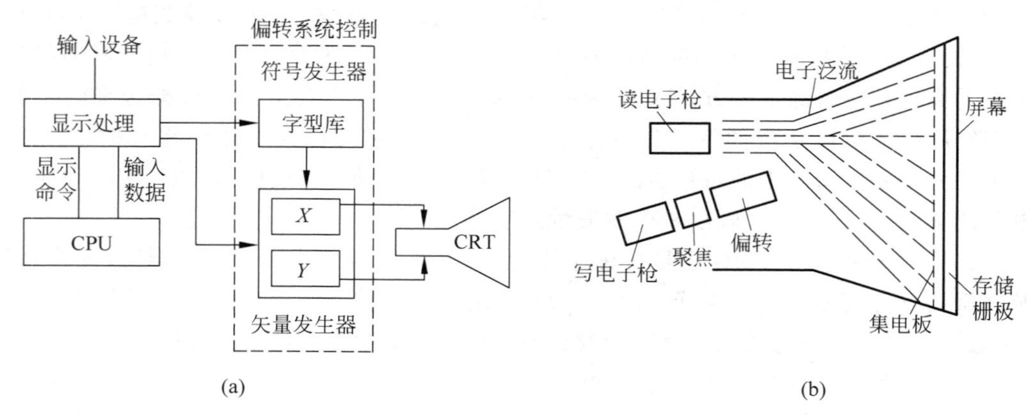

图 1-32　存储管显示器

息进行 D/A 转换，在 CRT 屏幕上显示出来。显然这种显示原理与原始图形的复杂程度有关，就是说无论是复杂图形还是简单图形经光栅化后都变成同样数量的像素。为了使屏幕图像不闪烁，也像刷新式显示器一样，需要以 30～60 次/s 的频率刷新图像。

(1) 图 1-33 所示的光栅化处理器将各种扫描转换算法固化在硬件中，一次能快速处理图形中的直线、圆弧、文本及明暗区等。

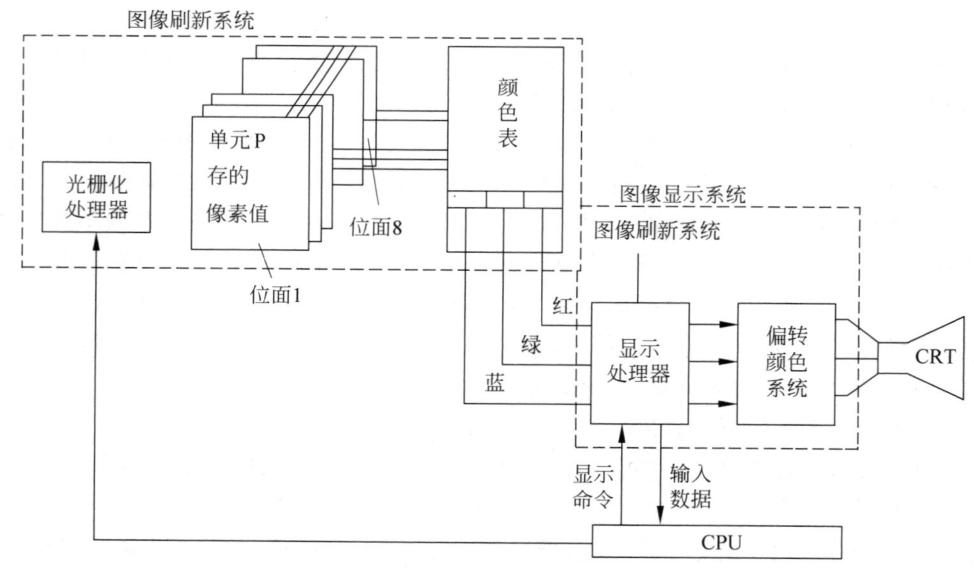

图 1-33　光栅扫描显示器

(2) 光栅化的像素值存放在帧缓存(或称位图缓存)区中，缓存中每个单元地址与屏幕上的像素地址一一对应，但单元的位数(图 1-33 中深度方向)可有不同安排。当只有一位时，则代表该像素亮或不亮，图形只有黑白效果，如有 8 位(如图中所示，也称位面 1 到位面 8)，则每个像素值的变化有 256 种，就可用来表示不同灰度或颜色。常用的是 4 位或 8 位，也有 24 位或更高的，可以表示十分丰富的色彩等级。

(3) 图 1-33 中的颜色表(color map)是供查表用的，图中所画帧缓存有 8 个位面，故可能存储的颜色值(即像素值)有256种,对应的颜色表也设计成256行,将单元P中的值取出作为颜色表的查表索引值,查出该行的红、绿、蓝3种颜色值送往显示处理器,最终实现同样色彩的显示。

彩色光栅扫描显示器是在屏幕内侧的每一个像素点处都涂上3种不同的荧光材料,它们被电子束激励后分别发出红、绿、蓝3种颜色的光。每种荧光材料被激励所需电子束强度范围差别必须很大,因而采用3支电子枪分别发射强度在一定范围内的电子束,在一定范围内改变3束电子束的强度,3种荧光材料便发出不同强度的红、绿、蓝光,混合后就产生了不同颜色的光。

显示器的主要技术指标有分辨率、帧频、点距和有效显示范围。分辨率、帧频只有与显示卡匹配时,才能发挥其最大性能。而点距指CRT(阴极射线管)上两个颜色相同的磷光点之间的距离,如图1-34所示显示器的点距是0.28mm。事实上点距也就是像素点的大小,点距越小显示的图像越精细越逼真。

CRT显示器按屏幕表面曲度,可以分为球面、平面直角、柱面、完全平面这4种,目前球面管的显示器已淘汰,平面直角显示器是现在最普遍的显示器,而以采用索尼的特丽珑显像管和三菱的钻石珑显像管为代表的柱面显示器,由于更清晰、失真更小,成为了高档机型。但上述这些显像管,依旧没有达到完完全全的平面,因此,所显示的画面或多或少都会有一点变形和扭曲,依然不够令人满意。完全平面显示器采用特殊的栅条网,如图1-35所示,使传统CRT显示器走上了完全平面的道路,这将成为未来市场的热点。

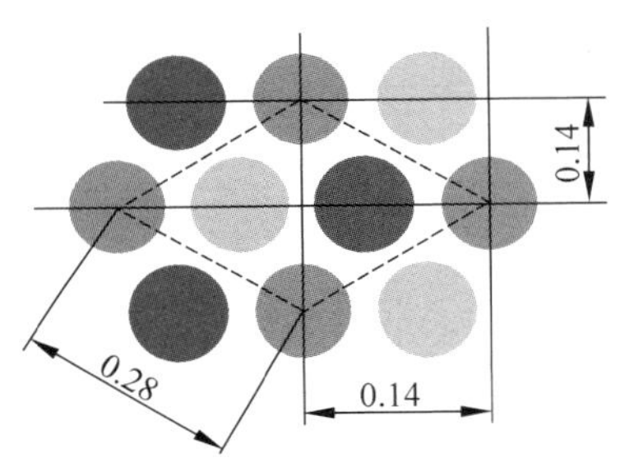

图1-34　点距(单位：mm)

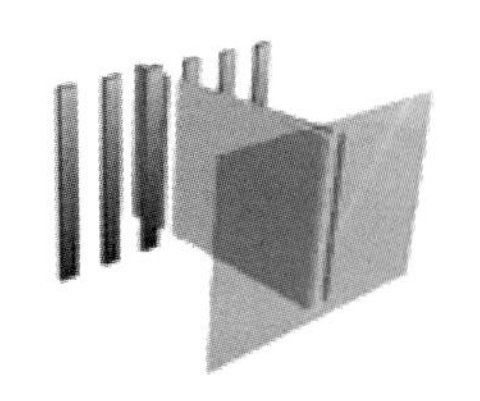

图1-35　纯平面的栅条与一般的荫罩网

2. 液晶显示器(LCD)

液晶显示器是一种非发光性的显示器件,它不像CRT靠器件本身发光来实现显示,而是依赖对环境光的反射或是对外加光源加以控制来实现显示。液晶显示器由六层薄板组成,如图1-36所示。

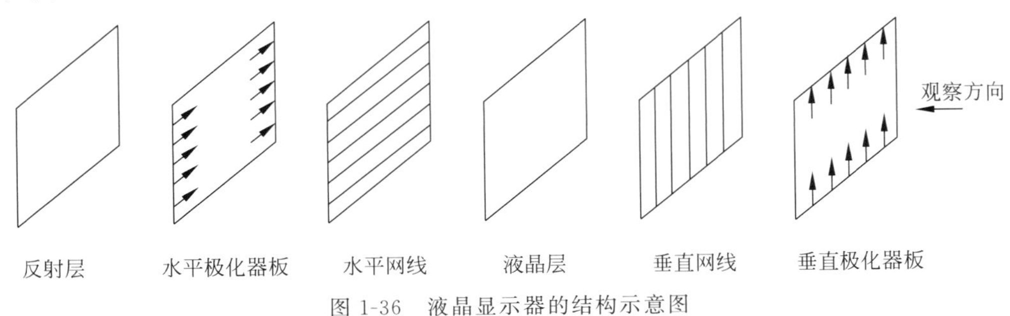

图1-36　液晶显示器的结构示意图

液晶材料是由长晶线分子构成,所有晶粒以螺旋形式排列。如果液晶层厚度适当(约0.177mm),便可将穿过其光线的极化方向旋转 90°。这样,被垂直极化器板极化为垂直方向的光线穿过液晶层后,其极化方向就改变成水平方向,这种光线可以通过水平极化器板到达反射层,并以相同的过程返回,屏幕上的这些有光线返回的点就是亮点。

在电场的作用下,液晶层的晶体将排列成行,且方向相同。此时,液晶层的晶体不再改变穿透光的极化方向。具有垂直极化方向的光线穿过液晶层后,由于其极化方向不变,也就不能通过水平极化器板,于是屏幕上的这些点就呈暗点。

若将垂直网线层的第 x 根导线加正电压($+V$),将水平网线层的第 y 根导线加负电压($-V$),点(x,y)处的电压差已经达到了液晶的触发电压,而使该点的液晶排列成行,于是屏幕上点(x,y)就呈暗点。但是位于第 x 和第 y 根导线上的其余液晶所加电压还没有达到液晶的触发电压,因此这些点呈亮点。通过给垂直网线和水平网线上的某些导线加电压,屏幕上将得到预期的一些暗点——像素点,从而实现字符、图形和图像的显示。

液晶显示器的主要技术参数有以下 4 种。

(1) 可视角度。一般而言,LCD 的可视角度都是左右对称的,但上下可就不一定了,常常是上下角度小于左右角度,如图 1-37 所示。当可视角是 80°时,表示站在屏幕法线 80°的位置时仍可清晰地看见屏幕图像。

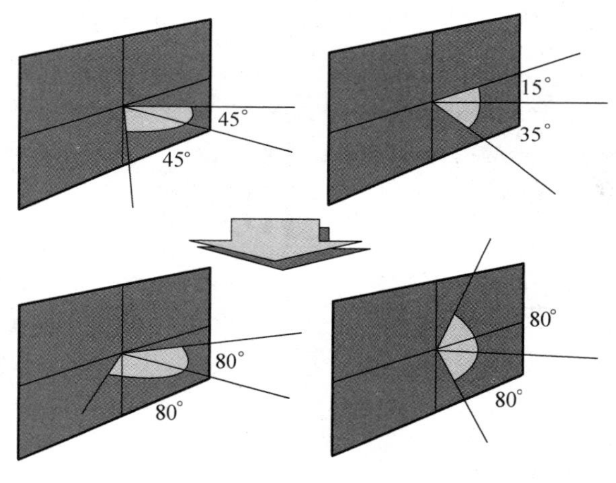

图 1-37　可视角度

(2) 亮度、对比度。TFT 液晶显示器的可接受亮度为 150cd/m^2 以上(cd/m^2 是衡量亮度的一种单位)。目前国内使用的 TFT 液晶显示器亮度都在 200cd/m^2 左右。

(3) 响应时间。响应时间反映了液晶显示器各像素点对输入信号反应的速度,即像素由暗转亮或由亮转暗的速度。响应时间越小则使用者在看运动画面时不会出现尾影拖拽的感觉。响应时间愈小愈好。

(4) 显示色素。几乎所有 15in LCD 都只能显示高彩(256K),因此许多厂商使用了所谓的 FRC(frame rate control)技术以仿真的方式来表现出全彩的画面,但此全彩画面必须依赖显示卡的显存。

按照使用范围,液晶显示器可分为笔记本计算机(notebook)液晶显示器以及桌面计算机(desktop)液晶显示器。notebook LCD 是我们在国内目前所最常见到的大众化液晶显示器产品。desktop LCD 则是传统 CRT 显示器的替代产品，目前已在国内市场普及，如图 1-38 所示。desktop LCD 的可接受亮度、可视角度都比 notebook LCD 大。

图 1-38 desktop LCD

按照物理结构，LCD 可分为 DSTN 双扫描扭曲阵列和 TFT 薄膜晶体管。前者的对比度和亮度较差、可视角度小、色彩欠丰富，但是它结构简单、价格低廉，因此仍然存在市场。后者的每一液晶像素点都由集成在其后的薄膜晶体管来驱动，与前者相比，TFT-LCD(thin film transistor liquid crystal display，薄膜晶体管液晶显示器)具有屏幕反应速度快、对比度和亮度高、可视角度大、色彩丰富等特点，克服了前者固有的许多弱点，是当前 desktop LCD 和 notebook LCD 的主流显示设备。

3. 等离子显示器(PDP)

等离子显示器是继 CRT、LCD 后的新一代显示器，其特点是厚度极小，分辨率佳。

PDP 的技术原理是利用惰性气体(Ne、He、Xe 等)放电时所产生的紫外线来激发彩色荧光粉发光，然后将这种光转换成人眼可见的光。PDP 采用等离子管作为发光元件，大量的等离子管排列在一起构成屏幕，每个等离子对应的每个小室内都充有氖、氙气体。在等离子管电极间加上高压后，封在两层玻璃之间的等离子管小室中的气体会产生紫外光，激励平板显示屏上的红绿蓝三基色荧光粉发出可见光。每个等离子管作为一个像素，由这些像素的明暗和颜色变化组合使之产生各种灰度和色彩的图像，与显像管发光很相似。

根据电流工作方式的不同，PDP 可以分为直流型(DC)和交流型(AC)两种，而目前研究的多以交流型为主，并可依照电极的安排区分为二电极对向放电(column discharge)和三电极表面放电(surface discharge)两种结构。

等离子体技术同其他显示方式相比存在明显的差别，具有体积小、重量轻、无 X 射线辐射的特点，由于各个发光单元的结构完全相同，因此不会出现 CRT 显像管常见的图像几何畸变。PDP 屏幕亮度非常均匀，没有亮区和暗区，不像显像管的亮度，屏幕中心比四周亮度要高一些，而且，PDP 不会受磁场的影响，具有更好的环境适应能力。表面平直也使大屏幕边角处的失真和色纯度变化得到彻底改善。同时，其高亮度、大视角、全彩色和高对比度，意味着 PDP 图像更加清晰，色彩更加鲜艳，感受更加舒适，效果更加理想。与 LCD 液晶显示器相比，PDP 显示器有亮度高、色彩还原性好、灰度丰富、对迅速变化的画面响应速度快等优点。由于屏幕亮度高达 150lx，因此可以在明亮的环境之下使用。另外，PDP 视野开阔，视角宽广(高达 160°)，能提供格外亮丽、均匀平滑的画面和前所未有的更大观赏角度。另外，等离子显示设备最突出的特点是可做到超薄，并轻易做到 40in 以上的完全平面大屏幕，而厚度不到 100mm，如图 1-39 所示。

等离子显示器的每一像素都是独立地自行发光，相比于 CRT 显示器使用的电子枪，耗电量自然大增，一般等离子显示器的耗电量高于 300V・A。由于发热量大，所以 PDP 显示器背板上装有多组风扇用于散热。

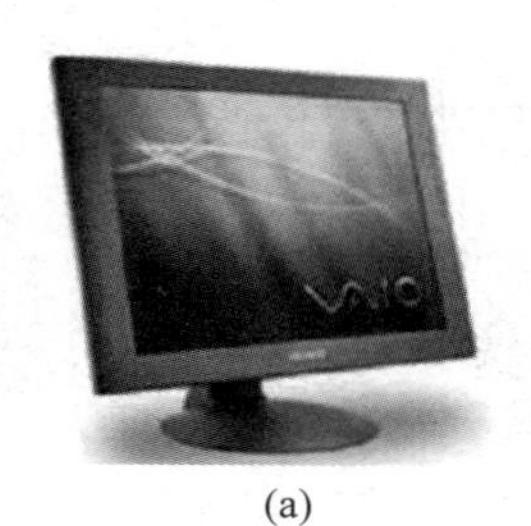

(a) (b)

图 1-39 PDP 图形显示器

(a) 超薄型；(b) 等离子型

4. 场致显示器

场致显示器(FED)技术的工作原理是：使用电场使发射阴极放出电子，而非使用热能，使得场发射电子束的能量分布范围较传统热电子束窄而且具有较高亮度，用场发射技术作为电子来源以取代传统 CRT 显像管中的热电子枪，因而可以用于平面显示器，并带来了很多优秀特色。FED 非常薄、轻，并且节省能源，与 LCD 阻挡光线的受光型工作方式不同，FED 采用了类似传统 CRT 的方法，CRT 显像管用电子束轰击屏幕上的荧光粉，激活荧光粉而发光，为了使电子束获得足够的偏离还不得不把显像管做得有一定的长度，因此 CRT 显示器又大又厚又重。FED 在每一个荧光点后面不到 3mm 处都放置了成千上万个极小的电子发射器，这使得 FED 显示技术能把 CRT 阴极射线管的明亮清晰与液晶显示的轻、薄结合起来，结果是既有液晶显示器的厚度、又有 CRT 显示器般快速的响应速度和比液晶显示器大得多的亮度。因此，FED 显示器将在很多方面具有比液晶显示器更显著的优点，也不会出现液晶显示器一个晶体管损坏便会很明显地显露出来的情况。

5. 投影机

投影机也属显示设备。投影机主要有两项参数：亮度和分辨率。现有国际标准认为，亮度在 500ANSI lm 以上的投影机才可以在白天正常光线下使用而不影响效果(ANSI 代表 American National Standards Institute)。投影机按显示技术可分为 CRT 投影机、LCD 投影机、DLP 投影机。

CRT 投影机就是由 CRT 管和光学系统组成的投影机，通常所说的三枪投影机就是指由 3 个投影管组成的投影机。由于使用内光源，也叫主动投影方式，是出现最早、应用最广的一种投影显示技术。

LCD 投影机利用的是液晶的光电效应成像，现分为液晶板和液晶光阀两种，由于利用外光源，又称被动投影方式。液晶板投影机是目前市面上最流行的投影机，以液晶板作为成像器件，多为单片设计。液晶光阀投影机采用 CRT 管和液晶光阀作为成像器件，是目前亮度和分辨率最高的投影机。

DLP(digital light processor)投影机以数字微反射器(digital micromirror device, DMD)作为光阀的成像器件，采用数字光处理技术调制视频信号，驱动 DMD 光路系统，通过投影透镜获取大屏幕图像。DLP 技术是投影机的未来发展方向。

1.5.4 绘图输出设备

图形显示设备只能在屏幕上显示图形，但工程中机械CAD系统设计的结果在大部分情况下仍然需要将图形绘制在图纸上，以便在生产中使用及交流。完成这一图形硬拷贝工作的设备称为图形输出设备，图形输出设备的种类很多，常见的有打印机与绘图机。

1. 打印机

打印机既能打印字符型文件，将内存信息转换成字符打印在纸上供阅读或保存，又能打印图形，是最廉价的图形和信息字符输出设备。一般可分撞击式和非撞击式两种。

1）撞击式打印机

用得较早的是点阵针式打印机，如图1-40所示，打印头分别有9、24、32针等几种，由计算机控制每个针头的撞击，通过色带印在纸上。由于噪声大，打印速度慢，打印质量不高，因此，目前在工程图纸打印工作中很少使用这类针式点阵打印机输出图形。

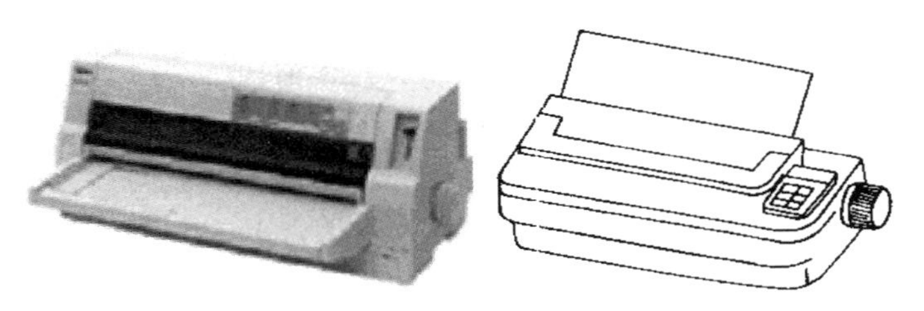

图1-40 点阵针式打印机

2）非撞击式打印机

这类打印机采用喷墨、激光、静电复印等技术，速度快，噪声低。

（1）激光打印机，又叫激光印字机。如图1-41(a)所示，它是一种打印速度快、质量高、运行噪声低和打印功能极强的文字与图形打印机。激光打印机在桌面印刷系统中应用普遍，在部分高中档CAD/CAM系统中也得到应用。

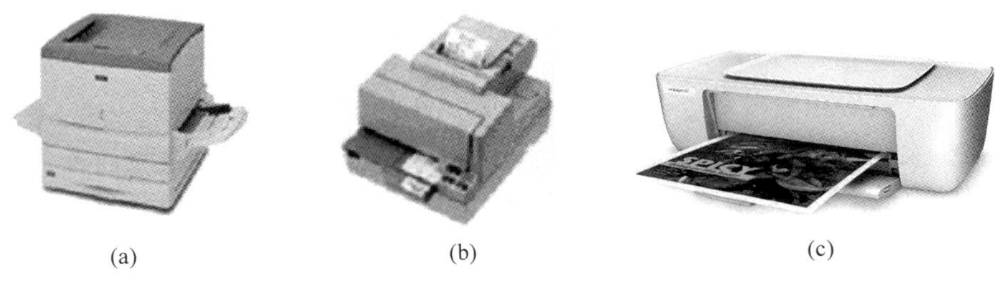

(a) (b) (c)

图1-41 喷墨打印机与热敏打印机

(a) 激光打印机；(b) 热敏打印机；(c) 喷墨打印机

（2）热敏打印机。如图1-41(b)所示，其工作原理是采用热敏纸作为打印介质，打印头产生热量对打印纸上面涂覆着的热敏材料进行瞬间加热，将所需要的轮廓图形保留在打印纸上。

(3) 喷墨打印机。喷墨打印机是利用从若干个喷嘴中喷射出的青、黄、品红等墨水滴，附着在图纸上形成浓淡不一的彩色图形与文字。图 1-41(c)所示为一种常见的喷墨打印机。它具有清晰度高、工作可靠、噪声小、价格较低和实现不同浓淡的彩色图形与图像等优点。这种打印机已广泛地用在彩色绘图、复印和文档打印等方面。在CAD技术方面，它主要被用来打印各种彩色的造型和图形。

目前喷墨打印机按打印头的工作方式可以分为压电喷墨技术和热喷墨技术两大类型；按照喷墨的材料性质又可以分为水质料、固态油墨和液态油墨等类型的打印机。

① 压电喷墨。利用压电陶瓷在电压作用下会发生形变的原理，将压电陶瓷放置在喷墨打印机的打印头喷嘴附近，在打印输出时，在电压的作用下，压电陶瓷随之产生的伸缩使喷嘴中的墨汁被挤压后喷出，在输出介质表面形成图案或字符，如图 1-42 所示。采用压电喷墨技术的喷墨打印头成本较高，但可以通过合理的结构和便于控制的电压来有效地控制墨滴的大小及调和方式，从而获得较高的打印精度和较好的打印效果。

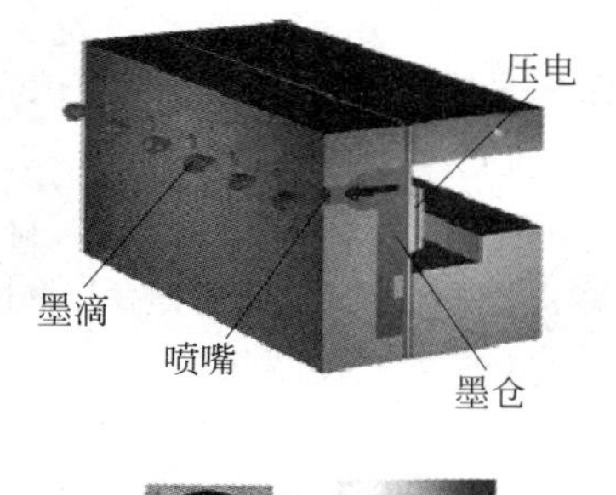

图 1-42 压电喷墨打印原理

由于压电喷头的制作成本比较高，一般都将打印喷头和墨盒做成分离结构，更换墨水时不需要更换打印头。目前面对复杂的图形打印输出，需要大量的墨水供给，采用外挂式连供墨盒系统，解决了图形绘制过程中墨水容量不足，或者经常更换添加墨水的操作问题。采用压电喷墨技术的产品有 Epson 公司旗下的喷墨打印机。

② 热喷墨。热喷墨技术是靠电能产生的热，将喷头管道中的一部分液体汽化，形成一个气泡，并将喷嘴处的墨水顶出喷到输出介质表面，形成图案或字符，如图 1-43 所示。

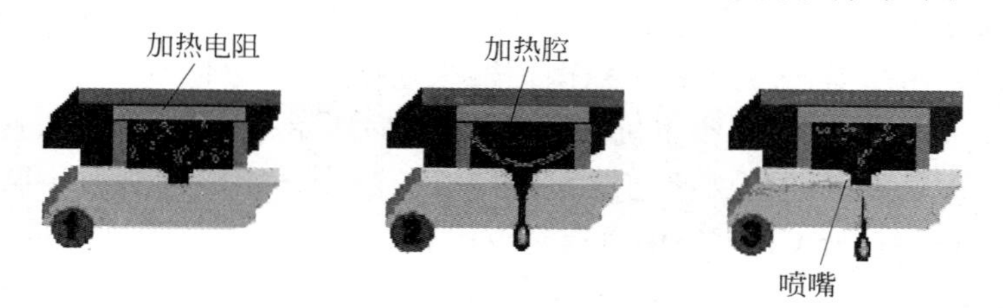

图 1-43 热喷墨打印原理

用热喷墨技术制作的喷头成本比较低，喷头中的电极受到电解和腐蚀的作用，影响喷头的使用寿命。采用这种技术的打印喷头通常都与墨盒做在一起，更换墨盒时即同时更新打印头，喷头堵塞问题通过更换墨盒就可以解决。整体式的墨盒与喷头结构，成本较高。为此，为了解决单一墨盒的墨汁容量不足以及喷头墨盒使用成本过高的问题，外置联注系统和重复加注墨水的墨盒应运而生。

采用热喷墨技术的产品比较多，例如佳能(Canon)和惠普(HP)等公司的喷墨打印机所使用的喷头技术。目前热喷墨技术在墨滴控制方面略逊色于压电喷墨技术，所以多数产品的打印分辨率比压电技术产品低。

喷墨打印头上的喷孔越多，越有利于提高打印速度。而喷孔越细，越有利于提高打印分辨率指标。一个打印头上的喷孔因受加工工艺等因素限制，不可能做得太多。所以，有些打印机的黑色墨盒喷头具有较高的打印分辨率，而彩色墨盒上的喷头因为要安排给3种颜色的墨水盒使用，每种墨水只能使用1/3的喷孔，因此造成彩色打印分辨率和速度都低于黑白打印的指标。

喷墨打印机主要技术指标：

① 分辨率。喷墨打印机的输出分辨率一般用每英寸可打印的最高点数——dpi来衡量，dpi值越高打印质量越好。

② 色彩调和能力。色彩的调和能力或者说是色彩的表达能力，对打印效果的影响很大。要追求好的彩色打印效果，不仅要关注分辨率，还要注意喷墨打印机的色彩调和能力。

传统的喷墨打印机在打印彩色照片时，若遇到过渡色，就会在3种基本颜色的组合中选取一种接近的组合来打印，即使加上黑色，这种组合一般也不能超过16种，对色阶的表达能力是难以令人满意的。为了解决这个问题，早期的喷墨打印机又采用了调整喷点疏密程度的方法来表达色阶。但对于当时彩色分辨率只有300dpi左右的产品，调整疏密程度的结果是在过渡色中充满了麻子点。现在的彩色喷墨打印机，一方面通过提高打印密度(分辨率)来使打印出来的点变细，从而使图变得更为细腻；另一方面，现在的照片级彩色喷墨打印机都在色彩调和方面改进技术，主要有以下几种：(a)增加色彩数量。目前通常是采用五色的彩色墨盒，加上原来的黑色墨盒，形成所谓的六色打印。一下子使色彩的组合数提高了几倍，再加上提高打印密度，效果自然有明显的改善。(b)改变喷出墨滴的大小。在打印中需要色彩浓度较高的地方用标准大小的墨滴喷出，而在需要色彩浓度较低的地方使用减小的小墨滴喷出，从而形成了更多的色阶，也能有效地改善打印照片的效果。(c)降低墨盒的基本色彩浓度。将墨水的浓度降低，在需要高浓度的地方采用重复喷墨的方法提高浓度，这样也能形成更多的色阶。

③ 打印速度。一般来说，黑白字符的处理比较简单，特别是英文字符，带有字库的打印机，打印的速度就比较快。而包括汉字打印的图形打印，特别是彩色图形打印，需要的打印数据处理比较多，打印速度就要慢一些。

④ 打印介质和宽度。目前喷墨打印机都可以打印多种介质，包括复印纸、喷墨专用纸、喷墨专用胶片、信封、卡片、热转印纸、办公用纸等。打印的宽度指标通常用可以打印的某种纸型来表示，例如打印机能够打印的图幅一般为A4、A3幅面居多；具有A2或A3幅面打印能力的打印机被称为宽行打印机。

⑤ 内部缓存。内部缓存的大小直接影响图形打印的速度，以及脱机打印的实现，对网络共享的打印机其意义重大。

打印机的种类很多，目前激光打印机的输出质量最好，喷墨打印机的性价比最高，因此宽幅的喷墨打印机在实用中受到更多CAD用户的青睐。

2. 自动绘图机

随着CAD技术和工程要求的日益发展，绘图机的种类和工作原理技术发展迅速。在实际应用中，绘图机的选择空间很大。

1) 绘图机的种类

绘图机根据有无绘图笔分为有笔式和无笔式两种。最早期应用于机械CAD技术的绘图机多采用墨水笔式绘图机的绘图头；绘图头大范围、高速度移动，限制了绘图头墨盒及墨盒容量；随着技术发展和改进，早期开发人员根据笔式绘图机存在的局限性，将绘图笔由墨水笔发展到圆珠笔和铅笔等，其中铅笔式绘图机绘图速度和质量最好，是技术水平含量最高、工程应用价值最大的一种工程绘图机。

笔式绘图机(如图 1-44 所示)，绘图速度为 800～1200mm/s。绘图笔可以采用中性笔、圆珠笔和水性笔等。

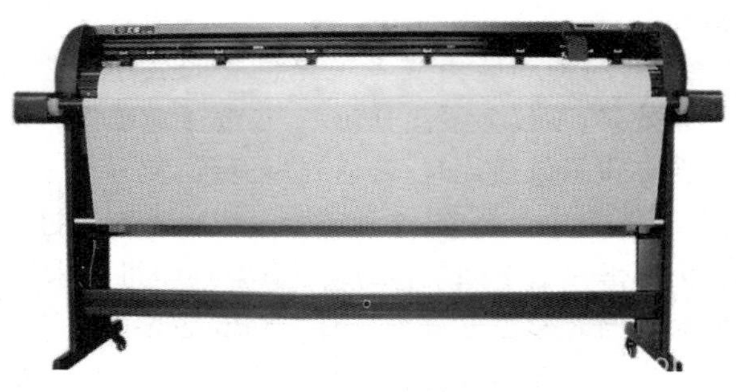

图 1-44 笔式绘图机示例

无笔式绘图机根据绘图头的工作原理可以分为激光式、喷墨式、静电式绘图机等。

根据绘图机的总体结构特点，又分为滚筒式(如图 1-45(a)所示)、平台式、胶带式(如图 1-45(b)所示)和斜台式等多种。其中平台式绘图机绘图精度最高；而滚筒式绘图机的纸张规格几乎不受限制，占地空间小，使用灵活，因此是目前最为常用的一种经济型机种。喷墨式滚筒式绘图机是当前市场上最为普遍的绘图机产品。

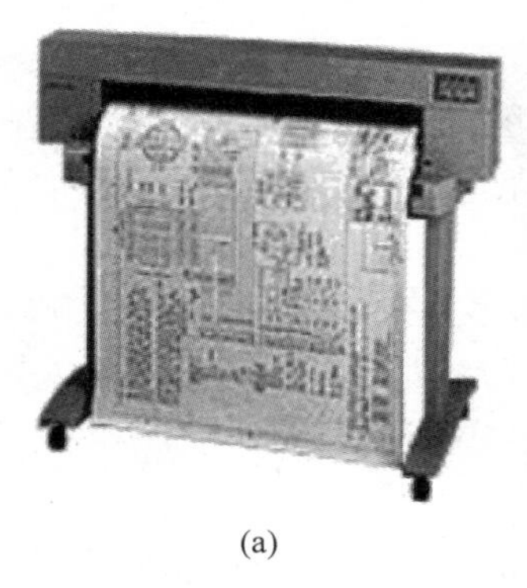

(a)

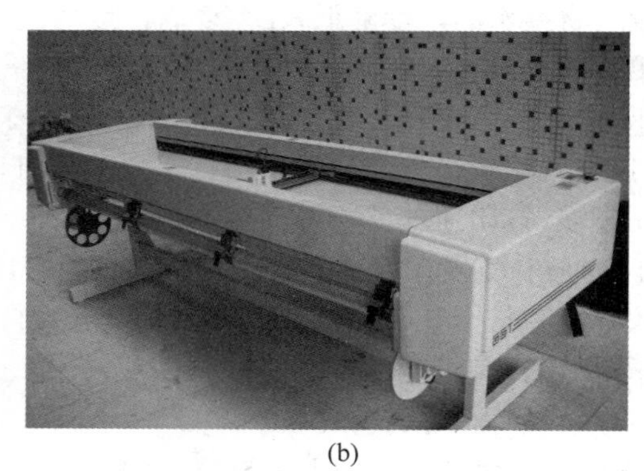

(b)

图 1-45 绘图机

(a) 滚筒式；(b) 胶带式

2) 绘图机的结构

(1) 滚筒式绘图机

如图 1-46 所示，滚筒式绘图机结构简单、占地面积小、价格低，所绘图纸可达数十米，但速度低、精度较差，广泛用在机械 CAD 系统中。其结构有以下几部分：

① X 和 Y 方向驱动部分。图 1-46 中 1 和 5 两台步进电机分别使滚筒旋转(产生 X 向运动)和笔架移动(产生 Y 向运动)。这两个运动以不同比例合成使笔在纸上画出各种图形。

② Z 向驱动部分。用电磁铁控制抬笔与落笔。

③ 送纸部分。滚筒旋转带动纸张，使纸与滚筒同步移动。

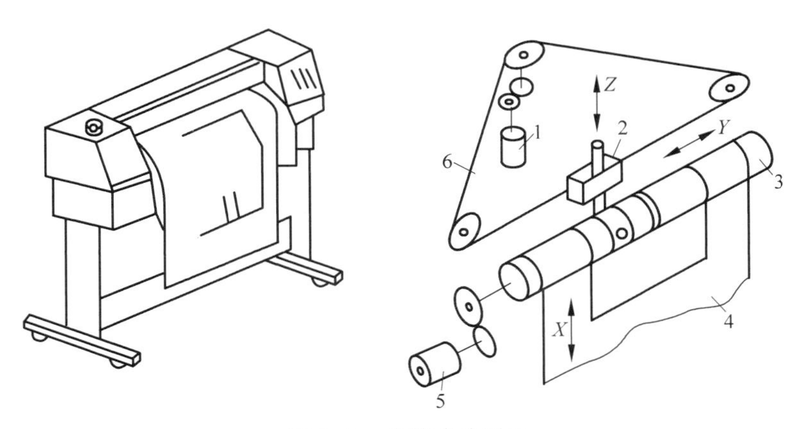

图 1-46 滚筒式绘图机

1—Y 向步进电机；2—笔架；3—滚筒；4—纸；5—X 向步进电机；6—钢丝绳

④ 人工调整操作部分。调整绘图位置，使图形画在合适位置上。

(2) 平台式绘图机

如图 1-47 所示，专业平台式绘图机的台面大，可达 2m×6m；精度高、速度快，适用于造船、汽车、飞机及大规模集成电路图形输出。缺点是结构复杂、占地面积大、价格贵。它由以下几部分组成：

① 驱动部分。两个方向的脉冲信息分别传给 X、Y 向步进电机，通过传动装置控制两个方向笔的移动，每个脉冲使笔移动一个步距。

② 抬落笔部分。根据绘图信息动作。

③ 台面的图纸固定部分。有静电吸附和真空吸附等方式。

④ 人工调整操作部分。

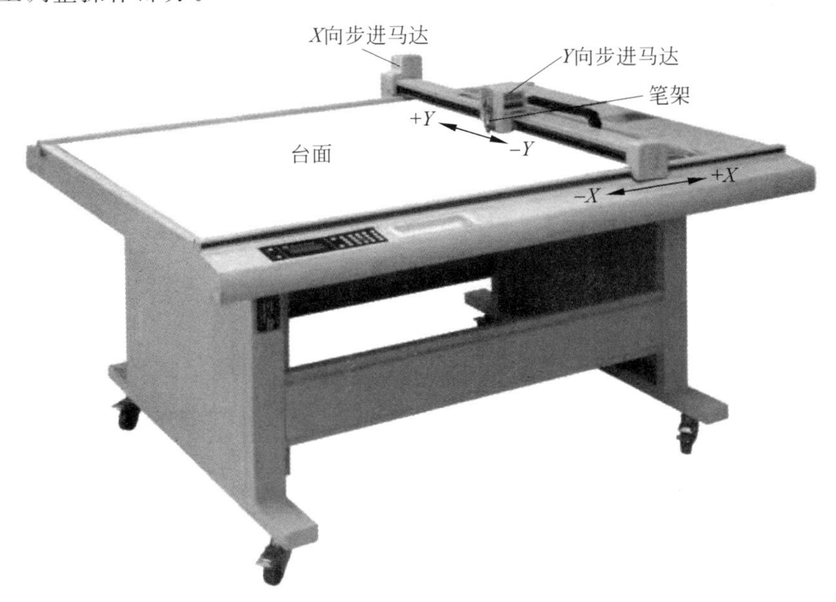

图 1-47 平台式绘图机

(3) 平面电机型

滚筒式及平台式绘图机的共同特点是将计算机送来的图形信息变成执行电机的脉冲信号,执行电机通过一套机械传动装置驱动绘图头移动。因此其绘图速度和精度都受机械传动系统影响,一般绘图速度在 3～30m/min 之间,而且随机械磨损的增加绘图精度降低。1968 年发明直线电机,平面电机型绘图机出现,其绘图速度可达 60～90m/min。它由以下几部分组成(如图 1-48 所示平面电机型绘图机):

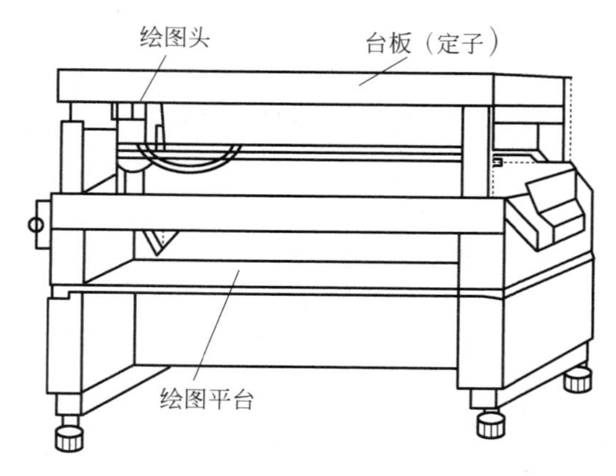

图 1-48 平面电机型绘图机

① 台板。又称天花板,位于绘图平台上方,上面有相互垂直的齿槽,齿距通常为 1mm,齿距愈小则脉冲当量愈小,绘图精度就愈高。台板实际是平面电机的定子。

② 绘图头。它悬浮在台板下面,两表面间形成 10μm 间隙,形成空气轴承。绘图头内有 4 个"动子",与台板(定子)相互作用产生移动,其中两个动子控制 X 方向移动,另两个则控制 Y 方向移动。笔架装在绘图头上。

③ 绘图平台。用来固定图纸,一般采用静电吸附法。

平面电机型绘图机由于绘图头重量很轻,因此可提高绘图速度;由于使用"空气轴承"磨损极小,增加了运动的灵敏度;由于没有机械传动机构,可靠性及精度大大提高。

3) 自动绘图机的工作原理

自动绘图机通过控制笔(绘图头)相对纸张的运动来绘制图形。一般绘图机绘图头的走步方向是有限的,如图 1-49 所示共有 8 个方向,4 个沿坐标轴的基本方向,另外 4 个方向由基本方向组合而成。除了走步运动外还有落笔和抬笔两个动作指令。每个走步指令脉冲使绘图机移动一步,称为步距,通常为 0.01～0.1mm/步。

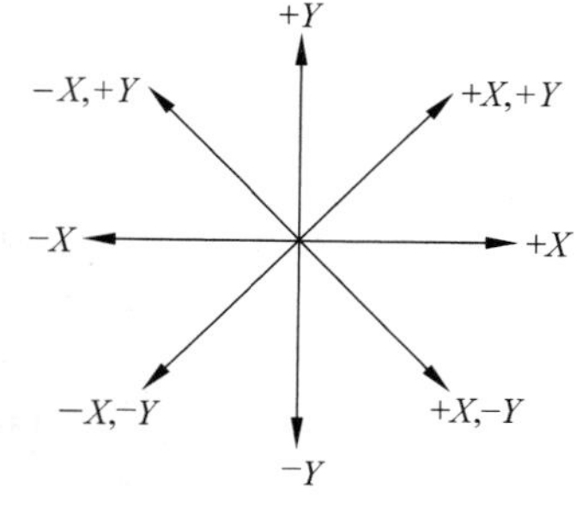

图 1-49 笔架的走步方向

图形可看作由直线、圆弧和曲线组成,绘图机只能画 8 个方向的直线,其他方向的直线、圆弧和曲线可用这 8 个方向直线组成折线去逼近,如图 1-50 所示。逼近结果为锯齿形折线,由于绘图机步距很小,使锯齿状线条隐藏在画笔墨水的粗细里,视觉上分辨不出来,满足工程要求。

用折线近似逼近的方法叫插补,即将线段分解和加密,补进许多点,"以折代直"或"以折

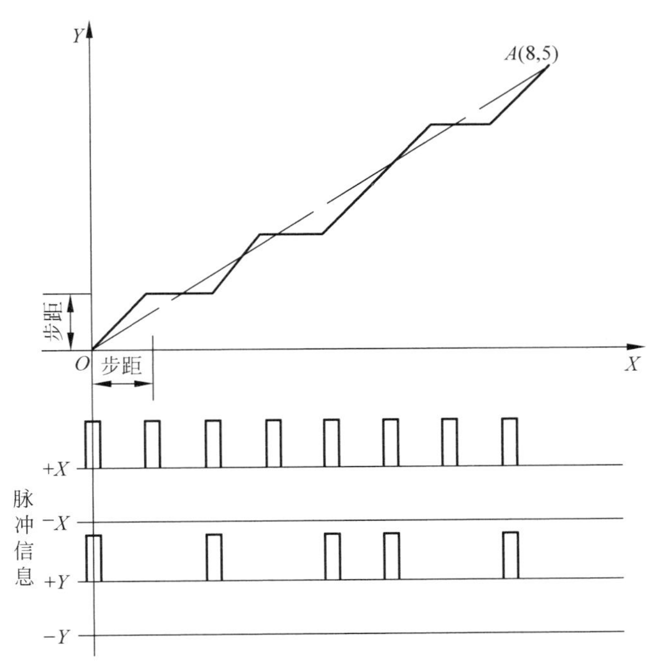

图 1-50　用折线逼近直线

代曲"。插补算法的先进性表现在能否找出最佳组合方式来逼近理想线型。目前有许多插补算法，如逐点比较法、正负法、数值微分分析（digital differential analyzer，DDA）法等，其中最常用的是逐点比较法。现有绘图机为了提高绘图效率，都使用专门的插补器。

4）自动绘图机的主要技术指标

（1）绘图速度。一般为 12～18m/min。

（2）步距。也称作分辨率，一般为 0.01～0.1mm/步，步距越小，画出的图形的精度就越高。

（3）绘图精度。画笔单方向移动时，实际移动距离与按脉冲计算的位移差。

（4）重复精度。画笔从出发点移动一定距离后，再回到出发点，出发点与实际终点间的偏差。

（5）零位精度。画笔从零位移动到允许的最大距离，再返回零位，零位与实际终点间的偏差。

（6）功能。绘图幅面尺寸大小（A0、A1 和 A3 等）、画笔数量、超微墨滴尺寸、其他辅助功能（如插补功能、曲线拟合功能等）。

（7）内存空间大小。由于机械图形文件的数据量较大，绘图机的内存空间需求较大。

（8）图纸的幅面尺寸。绘图机允许的图纸幅面尺寸比打印机要大很多。一般为 A0 或 A0＋，A1 或 A1＋。

目前在 CAD 系统中，大量广泛使用的输出设备是喷墨打印机/绘图机，而激光打印机、针式打印机、笔式绘图仪在 CAD 系统中较少使用。

第2章

CAD系统的基本功能与商品化软件

2.1 CAD作业过程

在工程和产品设计中应用CAD技术，设计过程中的需求分析、可行性分析、方案论证、总体构思、分析计算和评价以及设计定型后产品信息传递都可以由计算机完成。在设计过程中，利用交互设计技术，在完成某一设计阶段后，把中间结果以图形方式显示在图形终端的屏幕上供设计者直接分析和判断。设计者判断后认为还需要进行某些方面的修改，可以通过编辑功能立即把修改参数输入计算机，计算机对新数据立即进行处理，再输出结果，再判断，再修改，这样的过程可以反复进行，直至取得理想的结果为止。最后用绘图机输出工程图纸或者设计数据等信息，或者通过网络将设计电子文档与用户或者制造团队进行沟通。

2.2 CAD系统的基本功能

不同领域的CAD系统有不同的功能要求，通常用于机电产品设计的CAD系统，应具备以下处理能力。

1. 交互图形输入和输出功能

在CAD作业过程中，一般都要通过交互方法来生成和编辑产品模型和图形。为了实现上述功能，系统必须具有相应的支持图形交互的硬件和建造模型的交互软件系统。

2. 几何造型功能

几何造型功能是CAD系统图形处理的核心。因为CAD作业的后续处理是在几何造型的基础上进行的，所以几何造型功能的强弱在很大程度上反映CAD系统的功能。通常几何造型分为曲线、曲面造型与实体造型等。

(1) 曲线和曲面造型。所谓曲线和曲面是指根据一些给定的离散点和相应的要求构造的曲线和曲面，如Bezier曲线曲面、B样条曲线曲面等。用这些方法可以设计出非常复杂的曲线和曲面，也可以用它描述解析曲线和曲面。这些曲线曲面在航空、造船和汽车制造工业应用很广，在有限元网格划分中也非常有用。

(2) 实体造型。一个实体造型系统，必须具有基本形体的定义输入功能，由简单体素经过逐步的布尔运算生成复杂物体的功能和形体输出功能，以及一些局部修改操作功能。为了各种操作的需要，在一个实体造型系统中必须具备几种功能较强的表示方法，如构造实体几何（constructive solid geometry，CSG）表示法、边界表示（boundary representation，B-Rep）法等，并且各种表示法之间能相互进行转换。集合运算是实体造型的核心，它的运算能力、可靠性及效率对系统的性能影响较大。在实体造型系统中必须有一个高效、可靠的集合运算功能。另外，为实时地观察、检查设计对象是否正确，并真实地表示出设计对象的形态，造型系统必须具有真实感显示功能，如消除隐藏线（面）、色彩明暗处理能力。为了防止有关零部件之间发生相互干涉，系统还必须具有空间布局和干涉检查功能。为了满足CAD集成系统的需要，有时还要求造型系统具有更强的造型功能，而且随着集成技术的发展，造型功能更为重要。

在产品总体和结构设计时，为了便于观察和修改，一般都采用三维图形显示。而设计结束后，为了加工制造和图纸管理，往往要求输出二维工程图纸，这就要求系统具有从三维图形转变为二维图形的功能。另外，对已有二维图形的情形，要求具有通过二维图形生成三维图形的功能。在设计过程中，往往要反复进行修改。为了保持修改的统一性，避免发生混乱，当对三维图形进行修改时，要求系统能自动修正二维图形对应部分。相反，当修改二维图形后，系统能自动修正三维图形的对应部分，这就是所谓的二、三维联动。二、三维联动和转换在产品设计过程中十分有用，所以一个好的几何造型系统应具备这方面的功能。

曲线曲面造型和实体造型过去是分开进行研究和设计的，现在可用非均匀有理B样条统一表示曲面和平面组成的实体，如果具有这种功能，则系统的造型能力将会更强，使用更方便。

（3）物体几何特性计算功能。在产品设计和制造过程中，材料供应部门为了及时准备各种材料，要求设计者提供产品所需材料的数据，在分析计算时，往往需要知道物体的体积、质量、重心以及对某轴的转动惯量等数据，所以CAD系统应具有提供这些数据的功能。

3. 有限元分析功能

在产品和工程设计过程中对整个产品（工程）及其重要的承载零部件必须进行静、动力（应力、应变和系统固有频率）的分析计算；对高温下工作的产品除了进行上述分析计算外，还要进行热变形（热应力、应变）分析计算；在电子工程设计中，有时还要进行电磁场的分析计算；在飞行器和水利工程设计中，还要对流场及其流动特性进行分析计算。有限元分析法可以满足上述各种项目的分析计算要求。特别是对一些复杂构件用此方法分析计算不仅简单，而且精度较高。一个较好的完善的有限元分析系统应包括前处理、分析计算和后处理3个部分。前处理，就是对被分析的对象进行有限元网格自动划分；分析计算就是计算应力、应变、固有频率等数值；后处理就是对计算的结果用图形（等应力线、等温度线……）或用深浅不同的颜色来表示应力、应变、温度值等。这些功能在设计过程中十分重要。

4. 动态装配仿真模拟干涉检查功能

可以根据机构的装配结构，求解出各个构件的重心、质量、惯性矩等物理特性参数值，并且可以设定各个构件的运动规律和参数，进行各类机构运动的分析计算，并用三维真实感模型显示机构的运动状态和传动关系，进行运动干涉检查，并且运用声、色、光给出干涉部位的报警。

5. 优化设计功能

优化设计是现代设计方法学的组成部分。一种产品或一项工程的设计实际上就是寻优的过程，是在某些条件的限制下使产品和工程设计指标达到最佳。CAD系统具有优化求解功能。

6. 统一的数据管理功能

一个CAD系统在设计过程中要处理大量数据，而且类型较多，其中包括数值型和非数值型数据、随着设计过程不断变化的动态数据。为了统一管理这批数据，在CAD系统中必须具有一个工程数据库管理系统(EDBMS)及其管理下的工程数据库。否则，用数据文件来存储有关的数据，就可能产生一些不必要的麻烦。

7. 二维工程图功能

当前，在产品生产过程中，二维工程图纸还是传递产品信息的一种基本方式。因此，CAD/CAM系统应具有适合我国工程图纸绘制要求的二维绘图功能。

2.3 典型的商品化CAD软件

CAD技术自诞生之日经过半个多世纪的发展，先后走过早期的大型机、小型机、工作站、微机时代，每个时代都有适合当时硬件平台技术的CAD软件。现在，随着计算机硬件技术和外部设备性能的发展，基于工作站和微机平台的CAD软件系统已经占据CAD工程应用领域中的主导地位，并且出现了一批优秀的、实用的商品化CAD软件。

市场上商品化CAD软件系统功能种类很多，从专业级高端CAD系统，到低端大众化小型CAD软件和专业CAD软件。下面介绍机械行业内著名的常用商品化CAD软件。

2.3.1 微机上运行的CAD软件

目前几乎所有的CAD软件都可以在微机平台上运行。微机版本的CAD系统与其他版本的CAD软件在本质上有根本区别。所谓微机版本的CAD软件系统，是指在开发初期就是以微机硬件配置作为基本机型进行开发的软件系统，而大量的从高档机型上移植过来的CAD系统不属于这一类。因为通过移植在微机上运行的CAD软件系统，其稳定性和可靠性可能会存在潜在的问题，而其功能表现也许会大打折扣。

1. AutoCAD软件

AutoCAD软件是美国Autodesk公司研发的主要用于二维图形设计和绘图的软件，是最早成功进入中国市场的CAD软件。AutoCAD软件价格便宜，对微机和外设硬件平台的要求较低，使用简单，在CAD工业领域拥有全球用户量最多。该软件为中国CAD软件技术发展和广泛应用贡献很大。

1982年AutoCAD 1.0版本问世，作为CAD练习工具证明了在微机平台上开发交互CAD软件完全可能。AutoCAD 2.17版提供了AutoLISP高级开发语言，随后AutoCAD以惊人的速度发展，成为20世纪80年代发展最快、用户最多的微机CAD软件包。1990年，其版本发展到AutoCAD 11.0版。随着AutoCAD功能不断增强和完善，1999年初正式推出其第15版本AutoCAD 2000，直到如今的2021版。AutoCAD产品在中国市场上走过的历程，从早期DOS操作命令到现在Windows视窗操作界面。AutoCAD是针对二维工程设计绘图开发的，并且率先解决和提供了在低端行打印机上直接输出二维工程图的功能，而同时代的其他CAD软件必须采用绘图机才能够绘制二维工程图。随着不断发展，在二维绘图领域该软件已经趋于完善，其二维图形文件格式DWG成为行业的标准；在AutoCAD 10.0以后的版本中加入了三维设计功能，随着版本不断更新，三维设计部分也在发展。

AutoCAD具有极强的开放性和可扩展性，AutoCAD提供了强大的二次开发手段，为用户提供良好的开放式的二次开发环境，其主要开发工具有Visual-LISP、C++、ADS、ARX、VBA，以及与其他应用软件的信息数据交换功能等，使AutoCAD高级用户可以极大地扩展软件功能，并应用其他第三方软件开发新的功能。在机械、建筑、电子许多应用领域中，软件开发商在AutoCAD基础上开发出许多符合实际应用需求的工程应用软件，如印刷线路板电路设计CAD、建筑设计CAD、服装设计CAD系统等。

2. SolidWorks软件

SolidWorks软件是由法国达索公司旗下的SOLIDWORKS公司开发的基于Windows的三维实体机械设计软件。1993年，SOLIDWORKS公司创始人约翰·赫斯蒂克(Jon Hirschtick)招募了一支工程师团队，目标是在Windows平台上构建一个易于使用、价格低廉的3D CAD软件。当时所有其他流行的CAD系统都是在UNIX或DOS系统上构建的。1995年SolidWorks最初版本发布，采用Windows界面风格，该软件更容易使用。其实体模型的可视化是前所未有的，让模型展示在一个虚拟的具有光照、阴影的建模空间中。而传统的CAD系统的建模空间只在黑色背景中显示线框。

SolidWorks系列软件是一套功能相当强大、采用Parasolid内核的三维造型软件，三维造型是该软件的主要优势，它从最早面世的SolidWorks 95版开始，就提出功能强大、易学易用、技术创新三大特点。以SolidWorks为核心的各种应用模块的集成，包括三维建模(零件实体、装配体)、二维工程图、结构分析、运动分析、数字仿真、工程数据管理和数控加工(第三方集成)等，为机械制造企业提供完整的解决方案。该软件支持各种运算功能，可以进行实时全相关性参数化尺寸驱动，比如，当设计人员修改了任意一个零件尺寸，就会使得装配图、工程图中的尺寸均随之变动。

该软件最新版本是SolidWorks 2021，它专心提供机械设计所需的基本功能，如碰撞检查、智能装配、动态运动模拟、直观干涉检查、照片级产品处理效果、符合国标的二维工程图纸、强大的曲面曲线设计、阵列等功能，使该软件的功能日益强大。SolidWorks推出的基于因特网技术的协同设计理念、e-Drawing功能使用户与产品开发商的联系和交流变得非常简单容易。

3. SolidEdge 软件

SolidEdge 是由 Unigraphics Solutions 公司 1997 年推出的微机平台上的 CAD 软件。它充分利用 Windows 基于组件对象模型(component object model,COM)的先进技术,是基于参数和特征实体造型的新一代机械设计 CAD 实体造型系统,易于理解和操作。SolidEdge 用户界面友好,它采用一种 SmartRibbon 界面技术,用户只要按下一个命令按钮,即可以在 SmartRibbon 上看到该命令的具体内容和详细步骤,同时状态条上会提示用户下一步该做什么。

SolidEdge 基于 Windows 操作系统开发,SolidEdge 采用最新的 STREAM 技术用推理逻辑和决策概念支配工程师的实体造型过程,通过改善用户交互速度和效率全面优化工作设计效率。它利用逻辑推理和决策概念来动态捕捉工程师的设计意图;STREAM 技术易学、易用;更充分利用人工智能和人机工程的最新技术,为所有设计专家进行产品三维造型设计奠定了新的标准。SolidEdge 采用 Unigraphics Solutions 的 Parasolid V10 造型内核作为强大的软件核心,将中档 CAD 系统与世界上最具领先地位的实体造型引擎 Parasolid 融为一体。

SolidEdge 具备装配设计和装配管理功能,利用相邻零件的几何信息,使新零件的设计可在装配造型内完成。自顶向下和自底向上的设计技术,提供了流水线式的修改和配置工具,简化了大型装配件的设计,实现复杂装配。多个设计师在同一装配件上并行工作时,可以随时看到其他设计师的工作情况。

钣金模块应用钣金行业熟悉的术语,提供了专门的命令、功能以及钣金特征,使用户可以快速简捷地完成各种钣金零件的设计。钣金模块下的装配、设计、制图、塑料和铸造设计及数据管理能力的充分集成,减少了包括钣金零件在内的产品设计时间。

4. MDT

MDT(autodesk mechanical desktop)是 Autodesk 公司 1996 年推出的在微机平台上开发,在 Windows 环境下运行的三维机械 CAD 系统。它以三维设计为基础,集设计、分析、制造以及文档管理等多种功能为一体。

MDT 在微机平台上实现了混合建模技术。它包括了世界上最著名、最完整的二维绘图工具集,提供了非参数化的实体造型和基于特征的参数化实体造型、基于约束的装配造型、基于 NURBS 的曲面造型、实体与曲面融合以及 IGES、STEP 数据交换器等一系列先进的三维设计功能和工具。它可以完成几百甚至上千个零件的大型装配,将二维绘图与三维造型技术融为一体。解决了采用一致的界面、图形数据结构在同一系统环境中同时进行二维绘图和三维造型的问题,解决了纯三维 CAD 系统存在的难以满足本地制图标准,不能直接对本地文字和各种工程技术符号进行标注,不包含可用来随时插入标准零部件多项视图的图形数据库等问题。MDT 可以无缝集成由十几家在 CAD/CAE/CAPP 领域中领先的机械应用首创倡议(mechanical application initiative,MAI)合作伙伴提供的应用软件模块,如设计优化、有限元分析、机械运动仿真、数控加工、钣金设计以及公差分析等,形成了一体化的从设计到制造的全面解决方案。

由于该软件与 AutoCAD 同时出自 Autodesk 公司,因此两者完全融为一体,用户可以方便地实现由三维向二维的转换。MDT为AutoCAD用户向三维升级提供了一个较好的选择。

5. Inventor

Inventor是美国Autodesk公司推出的一款三维可视化实体软件Autodesk Inventor Professional(AIP),目前已推出最新版本AIP 2020。Autodesk Inventor Professional包括Autodesk Inventor三维设计软件、基于AutoCAD平台开发的二维机械制图和详图软件AutoCAD Mechanical,还加入了用于缆线和束线设计、管道设计及PCB IDF文件输入的专业功能模块,并加入了由业界领先的ANSYS技术支持的FEA功能,可以直接在Autodesk Inventor软件中进行应力分析。在此基础上,集成的数据管理软件Autodesk Vault用于安全地管理进展中的设计数据。

Autodesk Inventor Professional软件支持设计人员在三维设计环境中重复使用其现有的DWG资源,体验数字样机带来的便利,是目前市场上DWG兼容性最强的平台。Inventor可以直接读写DWG文件,而无需转换文件格式;利用宝贵的DWG资源来创建三维零件模型,这是一种前所未有的体验。Autodesk Inventor Professional软件中不仅包含丰富的工具,可以轻松完成三维设计,还可以与其他厂商的制造业软件实现良好的数据交互,从而简化客户与其他公司的协作。

Autodesk Inventor Professional软件融合了直观的三维建模环境与功能设计工具。前者用于创建零件和装配模型,后者支持工程师专注于设计中的功能实现,并能创建智能零部件,如钢结构、传动机构、管路、电缆和线束等。Inventor可快速、精确地从三维模型中生成工程图。

Autodesk Inventor Professional与Autodesk数据管理软件的密切集成,有利于高效安全地交流设计数据,便于设计团队与制造团队及早开展协作。各个团队都可以利用免费的Autodesk Design Review软件(评审、测量、标记和跟踪设计)来管理和跟踪数字样机中的所有零部件,从而更好地重复利用关键的设计数据、管理物料清单(bill of material,BOM),加强与其他团队及合作伙伴之间的协作。

6. Cimatron软件

Cimatron是以色列Cimatron公司(1982年创建)推出的全球最早在微机平台上实现三维CAD/CAM的全功能系统,是面向制造业的CAD/CAM集成解决方案。该系统提供了灵活的用户界面,优良的三维造型、工程绘图,全面的数控加工,各种通用、专用数据接口以及集成化的产品数据管理。

Cimatron这套软件的针对性较强,被更多地应用到模具开发设计中,该软件给用户提供了一套全面的标准模架库,方便用户进行模具设计中的分型面、抽芯等工作,在操作过程中能进行动态检查,该软件在模具设计领域非常出色。Cimatron CAD/CAM系统自从20世纪80年代进入市场以来,在模具制造业备受欢迎。

初期的Cimatron 90是DOS版本的CAD/CAM系统,而Cimatron-E是全Windows界面的CAD/CAM/PDM一体化软件。该软件在草图约束上采用D-Cubed/DCM草图约束求解器;实体造型采用Spatial/ACIS核心;曲面造型和加工继承了Cimatron it的优点;采用 Cimatron it 核心，在易学易用及曲面实体融合等方面有独到之处；在 PDM 方面内嵌 Smart Solutions/SmarTeam 作为产品数据管理核心，专门针对模具设计开发了快速技术系列 Quick Tools。

Cimatron 公司推出的新版中文版本 Cimatron E14.0，其 CAD/CAM 软件解决方案包括一套易于三维设计的工具，允许用户方便地处理获得的数据模型或进行产品的概念设计。Cimatron 支持几乎所有当前业界的标准数据信息格式，这些接口包括 IGES、VDA、DXF、STL、Step、RD-PTC、中性格式文件、UG/Parasolid、SAT、CATIA 和 DWG 等。Cimatron 混合建模技术，具有线框造型、曲面造型和参数化实体造型手段。曲面和线框造型工具基于一些高级的算法，这些算法能生成完整的几何实体，而且能对其进行灵活控制和修改。基于参数化、变量化和特征化的实体造型意味着自由和直观的设计，可以非常灵活地定义和修改参数与约束，不受模型生成秩序的限制。草图工具利用智能的导引技术来控制约束。

2.3.2 工作站和中小型机上运行的 CAD 软件

由于中、小型计算机以及工作站的硬件平台配置高，这类软件系统具有强大的 CAD/CAM/CAE 功能，代表了 CAD 软件技术的发展成就。

1. I-Deas 软件

I-Deas 是美国 SDRC 公司开发的 CAD/CAM 软件。该公司是当时国际上著名的机械 CAD/CAE/CAM 公司，许多著名公司，如波音、索尼、三星、现代、福特等均是 SDRC 公司的大客户和合作伙伴。

SDRC 公司的 I-DeasMasterSeries 是高度集成化的 CAD/CAM/CAE 软件系统。它帮助工程师以极高的效率，在单一数字模型中完成从产品设计、仿真分析、测量直至数控加工的产品研发全过程，附加的 CAM 部分 I-DeasCamand 可以方便地仿真刀具及机床的运动，可以从简单的 2 轴、2.5 轴加工到以 7 轴 5 联动方式来加工极为复杂的工件，并可以对数控加工过程进行自动控制和优化。采用超变量化几何(variational geometry extended，VGX)技术，扩展了变量化产品结构，允许用户对一个完整的三维数字产品从几何造型、设计过程、特征到设计约束，都可以实时直接设计和修改，在全约束和非全约束的情况下均可顺利地完成造型。它把直接几何描述和历史树描述结合起来，从而提供了易学易用的特性。模型修改允许形状及拓扑关系变化，操作简便，并非像参数化技术那样仅仅是尺寸驱动，所有操作均为“拖放”方式。它还支持动态导航、登录、核对等功能。工程分析是它的特长，并具有多种解算器功能，解算器是 I-Deas 集成软件的一个重要组成部分。

I-Deas 提供一套基于因特网的协同产品开发解决方案，包含全部的数字化产品开发流程。I-Deas 是可升级的、集成的、协同电子机械设计自动化(E-MDA)解决方案。I-Deas 使用数字化主模型技术，这种卓越能力将帮助用户在设计早期阶段就能从“可制造性”的角度更加全面地理解产品。纵向及横向的产品信息都包含在数字化主模型中，这样，在产品开发流程中的每一个部门都将容易地进行有关全部产品信息的交流，这些部门包括制造与生产、市场、管理及供应商等。

I-DeasMasterSeries 是高度集成化的 CAD/CAM/CAE 软件系统。它帮助工程师以极高的效率，在单一数字模型中完成从产品设计、仿真分析、测试直至数控加工的产品研发全过程。I-Deas是制造业用户广泛应用的大型CAD/CAM/CAE软件。I-Deas在CAD/CAE一体化技术方面一直雄居世界榜首，软件内含诸如结构分析、热力分析、优化设计、耐久性分析等真正提高产品性能的高级分析功能。

I-Deas包括以下模块：①三维几何造型程序是三维交互实体造型的工具，其中包括三维造型、零部件装配和机构设计分析三个模块，并可以进行空间干涉检查和机械特性分析；②二维图形设计和绘图模块，在三维造型符合要求后，利用此模块可以生成二维零部件图形，输出二维工程图纸；③有限元分析模块，其中包括有限元的前处理模块、有限元分析计算模块以及有限元后处理模块，可以进行静、动力学，电磁场和温度场的分析计算；④优化分析设计模块，在进行零件设计时，可以使应力、位移和重量等参数在满足一定约束条件下达到最佳结果，实现零件最优化设计；⑤系统动力仿真模块，可以对复杂系统进行动力特性模拟，并以图形的形式显示分析结果，评价设计结果的正确程度；⑥桁架结构分析模块，主要用于桁架的静、动力学分析计算；⑦数据处理模块，是用于实验室试验数据采集分析与显示的功能模块；⑧塑料模具设计流动分析模块；⑨数控加工模块，该软件可以在多种计算机或工作站上运行。

2. CATIA软件

CATIA是由法国达索(Dassault)公司开发的三维几何造型、功能强大的交互式CAD/CAM/CAE/PDM应用系统，其曲面造型功能更为突出。该软件过去主要在中型机(如IBM 4300系列)上运行，目前已经推出可在工作站上运行的CATIA软件。

CATIA具有一个独特的装配草图生成工具，支持欠约束的装配草图绘制以及装配图中各零件之间的连接定义，可以进行快速概念设计。它支持参数化造型和布尔操作等造型手段，支持绘图与数控加工的双向数据关联。CATIA的外形设计和风格设计为零件设计提供了集成工具，而且该软件具有很强的曲面造型功能，集成开发环境别具一格。同样，CATIA三维曲面造型功能强大，能进行机构动态模拟，可进行有限元分析。一般三维造型软件都是在三维空间内观察零件，而CATIA能够进行四维空间的观察，它能够模拟观察者的视野进入到零件的或者装配结构的内部去观察内部结构或内部零件；它还能够模拟真人进行装配，比如使用者只要输入人的性别、身高等特征，就会出现一个虚拟装配的工人。作为一个完全集成化的软件系统，CATIA将机械设计、工程分析及仿真和加工等功能有机地结合起来，为用户提供严密的无纸工作环境从而达到缩短设计生产时间、提高加工质量及降低费用的效果。

该软件由4个基本模块组成：①三维线框几何造型模块，这是CATIA软件的基础模块，是其他功能模块的基础，包括三维交互线框几何建模、数据库管理和绘图机输出等功能；②曲面设计和数控加工模块，该模块包括三维复杂曲面设计和输出数控加工信息；③实体几何造型模块，它生成图形速度极快；④运动学模拟模块等。

围绕数字化产品和电子商务集成概念进行系统结构设计的CATIA V5版本，可为数字化企业建立一个针对产品整个开发过程的工作环境。在这个环境中，可以对产品开发过程的各个方面进行仿真，并能够实现工程人员和非工程人员之间的电子通信。

CATIA V5是在Windows NT平台和UNIX平台上开发完成的，在支持的硬件平台上具有统一的数据、功能、版本发放日期、操作环境和应用支持。CATIA V5在Windows平台的应用可使设计师更加简便地同办公应用系统共享数据；而UNIX平台上NT风格的用户界面，可使用户在UNIX平台上高效地处理复杂的工作。CATIA V5结合了显式知识规则的优点，可在设计过程中交互式捕捉设计意图，定义产品的性能和变化。隐式的经验知识变成显式的专用知识，提高了设计自动化程度，降低了设计错误的风险。

CATIA是汽车工业的事实标准，是欧洲、北美和亚洲顶尖汽车制造商所用的核心系统。CATIA在造型风格、车身及引擎设计等方面具有独特的长处，为各种车辆的设计和制造提供了端对端(end-to-end)的解决方案，CATIA涉及产品、加工和人3个关键领域。CATIA的可伸缩性和并行工程能力可显著缩短产品上市时间。

CATIA起源于航空工业，是业界无可争辩的领袖，以其精确、安全、可靠性满足商业、防御和航空领域各种应用的需要。CATIA成功地用100%数字模型无纸加工完成波音777、737飞机的制造。CATIA与STEP完全兼容，为航空制造提供解决方案，包括管道系统(piping and tabling)、组装、内部负荷分析、电路布线和综合利用等。

在软件功能版本升级方面，CATIA采取不同于同行的做法，使高低版本之间具有兼容性，可以并行使用。对于低版本用户，高版本系统可以提升用户逐步迈向NT时代的强大功能。对于高版本的用户，可以充分利用低版本CATIA成熟的产品设计成果，加快成熟应用产品的升级更新。

3. CADAM软件

CADAM(computer-graphics augmented design and manufacturing)是美国洛克希德飞机制造公司研制开发的大型CAD/CAM软件。在中型和工作站上运行的CADAM称为大CADAM，以便与Micro-CADAM区别。CADAM是一个兼有设计与绘图的软件，具有三维线框几何造型功能，是当前使用最广的机械CAD/CAM软件之一。主要功能为：①交互设计控制模块，用菜单提示与用户进行对话，实现交互设计；②三维几何造型模块，可与有限元分析模块连接在一起；③三维管路设计模块，用于设计、修改一个三维管道路径和布置，设计、交互功能很强；④有限元前处理模块，在三维几何造型的基础上，应用此模块可以生成三维有限元网格；⑤数控加工模块，在三维几何造型的基础上，使用此模块可以自动生成NC加工APT源程序，并可在屏幕上模拟刀具运动轨迹，检查程序的正确性。该软件的特点是功能齐全，使用方便，响应速度快，能与CATIA软件联合使用，信息传递十分方便。

4. EUCLID软件

EUCLID软件是法国Matra Datavision公司研究开发的，适用于机械设计和制造的CAD/CAM软件。其主要功能有：①几何造型，能生成三维线框、表面和实体几何模型及二维几何图形；②实时显示，任何模型可以正投影和透视投影显示及实时自动消除隐线；③自动绘图，根据标准生成有尺寸标注和文字说明的工程图纸；④分析计算，分析计算几何模型的重量、体积，干涉检查及应力分析计算；⑤系统具有统一的数据库管理系统。

EUCLID软件的特点是：①在三维几何造型中同时使用CSG和B-Rep两种表示方法；②用户可以自己编写FORTRAN程序与它连接；③数控加工的功能较强，具有2.5、3和5轴加工能力；④可与其他CAD/CAM软件连接，系统具有图形数据交换标准IGES接口，运行环境为 IBM 4300 系列的中型机、DEC 的 VAX 系列小型机。

5. Unigraphics NX 软件

Unigraphics NX 是大型 CAD/CAM 集成软件系统，目前为德国西门子旗下所有。其前身为 UGII CAD/CAE/CAM 软件系统，其起源于美国麦道(McDonnell Douglas)飞机公司，1983 年 UGII 上市。最初 UGII 软件系统以小型计算机为硬件平台，功能模块与硬件相互交融，成为垄断大型 CAD 软件系统的独家品牌，大型制造商纷纷安装这一垄断性 CAD/CAM 软件。Unigraphics 采用了实体建模核心——Parasolid 作为系统内核。1990 年，Unigraphics 作为麦道飞机公司的机械 CAD/CAE/CAM 的标准。1991 年，Unigraphics 开始将 CAD/CAE/CAM 大型机版本向工作站版本的转移，并且发布了 UGII V10.0 版本。1993 年，Unigraphics 引入复合建模的概念，可以将实体建模、曲线建模、框线建模、半参数化及参数化建模融为一体。

1995 年，EDS 从麦道飞机公司收购了 Unigraphics。1998 年，EDS 就把 Unigraphics 部分进行独立上市，当时上市公司名字叫 UGS。2000 年，UGS 在纽约证券交易所正式上市。2000 年 10 月，Unigraphics 发布了新版本的 UG V17，最新版本的发布使 UGS 成为工业界第一个可以装载包含深层嵌入"基于工程知识"(knowledge based engineering，KBE)语言的世界级 MCAD 软件产品的供应商。

2001 年，EDS 公司并购了 UGS 和 SDRC 公司，获得了世界上两大领先 CAD 软件产品 Unigraphics 和 I-Deas。UGS 和 SDRC 都是为制造业提供产品辅助开发、数据管理和协同产品商务软件及服务的全球性公司，在 UGS 和 SDRC 合并后，EDS 成为制造业中唯一为产品全生命周期管理提供独家全套解决方案的公司，包括为用户提供产品开发、制造规划、产品数据管理、协同商务及专家服务和咨询。它的功能覆盖了从概念设计到产品生产的整个过程，并且广泛运用在汽车、航天、模具加工及设计和医疗器材等行业。它提供了强大的实体建模技术，高效能的曲面建构能力，能够完成最复杂的造型设计。除此之外，装配功能、二维出图功能、模具加工功能及与 PDM 之间的紧密结合，使得 UG 在工业界成为一套高级的 CAD/CAM 系统。

2002 年，Unigraphics 发布了 UG NX 1.0，新版本继承了 UG 18 的优点，改进和增加了许多功能，使其功能更强大，更完美。

2003 年 3 月，Unigraphics PLM Solutions 事业部被 3 家公司从 EDS 公司收购，成为独立的 UGS 公司。

2004 年，Unigraphics 发布了新版本的 UG NX 3.0，它为用户的产品设计与加工过程提供了数字化造型和验证手段。它针对用户的虚拟产品的设计和工艺设计的需要，提供经过实践验证的解决方案。

2005 年，EDS 回购 UGS，将 UGS 公司和 SDRC 公司合并，成立 PLM Solutions 事业部，面向全球制造业提供数字化产品全生命周期管理(product lifecycle management，PLM)软件和服务业务。

2007 年 1 月 25 日，UGS 和西门子联合宣布了一项协议。根据该协议，西门子将以 35 亿美元的价格收购 UGS 公司，并承担 UGS 公司现有债务。4 月 27 日，欧盟委员会宣布批准西门子对 UGS 公司的收购计划，从而完成了针对该交易的标准反托拉斯审查。5 月 11 日，西门子完成对UGS公司的收购，UGS公司从此将更名为“UGS PLM 软件公司”（UGS PLM Software），并作为西门子自动化与驱动集团（Siemens A&D）的一个全球分支机构展开运作。

2008年6月，Siemens PLM Software发布NX 6.0，建立在新的同步建模技术基础之上的NX 6.0将在市场上产生重大影响。同步建模技术的发布标志着NX的一个重要里程碑，并且向MCAD市场展示Siemens的郑重承诺。

2009年10月，西门子工业自动化业务部旗下机构、全球领先的产品全生命周期管理（PLM）软件与服务提供商Siemens PLM Software宣布推出其旗舰数字化产品开发解决方案NX软件的最新版。NX 7.0引入了“HD3D”（三维精确描述）功能，即一个开放、直观的可视化环境，有助于全球产品开发团队充分发掘PLM信息的价值，并显著提升其制定卓有成效的产品决策的能力。此外，NX 7.0还新增了同步建模技术的增强功能。修复了很多6.0所存在的漏洞，稳定性方面较6.0有很大的提升。

2010年5月20日，Siemens PLM Software发布了功能增强的NX 7版本（NX 7.5），NX GC工具箱作为NX 7版本的一个应用模块与NX 7同步发布。NX GC工具箱是为满足中国用户对NX特殊需求推出的本地化软件工具包。在符合国家标准（GB）基础上，NX GC工具箱做了进一步完善和大量的增强工作。

2017年10月，Siemens PLM Software发布了UG NX 12.0。

几经转手，目前Simens-UG NX（原名：Unigraphics）是一个由西门子公司旗下Siemens PLM Software公司开发，集CAD/CAE/CAM于一体的产品生命周期管理软件。UGS NX支持产品开发的整个过程，从概念（CAID），到设计（CAD），到分析（CAE），到制造（CAM）的完整流程。

UG本身起源于航空（美国麦道飞机公司）、汽车企业，它以Parasolid几何造型核心为基础，采用基于约束的特征建模技术和传统的几何建模为一体的复合建模技术。在三维实体造型时，由于几何和尺寸约束在造型的过程中被捕捉，生成的几何体总是完全约束的，约束类型是三维的，而且可用于控制参数曲面。在基于约束的造型环境中支持各种传统的造型方法，如布尔运算、扫描、曲面缝合等。UG具有统一的数据库，实现了CAD、CAE、CAM之间无数据交换的自由转换及5轴联动的复杂曲面加工和镗铣加工。UG是业界公认最好、最具有代表性的数控加工程序自动编程软件，它提供功能强大的包括车、铣、线切割等加工制造领域刀具轨迹生成方法。

6. Pro/Engineer软件

Pro/Engineer是美国PTC（Parametric Technology Corporation，参数技术公司）开发的一套由设计至生产的CAID/CAD/CAE/PDM机械设计自动化软件，是一个技术指标化、基于特征的实体造型系统，具有单一数据库功能。PTC的Pro/Engineer软件产品总体设计思想体现了MDA（mechanical design automation）软件的新发展。

Pro/Engineer以其参数化、基于特征、全相关等概念闻名于CAD界。该软件的应用领域主要是针对产品的三维实体模型建立、三维实体零件的加工以及设计产品的有限元分析。Pro/Engineer 2000i2产品的柔性工程技术，包括可视化检查（VisualSearch）、行为建模技术

(BehaviorModeling)、形状索引(ShapeIndexing)、特征灵活性(FeatureAgility)、CDRE渲染(CDRERendering)、疲劳预测(FatiguePrediction)。这些针对用户的人性化设计技术可以使设计人员把主要的精力集中到优化设计及产品创新上,从而提高设计效率。该软件的参数化特征造型功能是它的一个主要功能,它贯穿于整个系统,包括特征、曲面、曲线以及线框模型等,把参数化的造型技术应用到工程设计的各个模块,如绘图、工程分析、数控编程、布线设计和概念设计等。但是由于其系统不是基于Windows操作平台开发的,因此该软件并非视窗式的对话框,给学习者带来一定麻烦;同时该软件不支持布尔运算以及其他局部造型操作。该软件分为工作站版和微机版。微机版对计算机的性能要求较高,安装的系统必须是Windows操作系统,而且由于它的动态实体造型功能,要求内存及硬盘空间较大。

PTC提出单一数据库、参数化,基于特征、全相关的概念改变了机械CAD/CAE/CAM的传统观念,这种全新概念已成为当今世界机械CAD/CAE/CAM领域的新标准。利用该概念开发出来的第三代机械CAD/CAE/CAM产品Pro/Engineer软件能将设计至生产全过程集成到一起,让所有的用户能够同时进行同一产品的设计制造工作,即实现所谓的并行工程。

Pro/Engineer整个系统建立在统一的数据库上,具有完整统一的模型。所谓单一数据库,就是工程中的资料全部来自一个库,使每个独立用户为一件产品造型工作时,在整个设计过程任何一处发生改动,可以反应在整个设计过程相关环节上。例如,一旦工程详图有改变,NC(数控)工具路径也会自动更新;组装工程图如有变动,也完全同样反应在整个三维模型上。这种独特的数据结构与工程设计完整结合,使产品设计制造过程更加高效、快速、可靠。

2.3.3 国内软件

国内CAD系统的开发起步较晚,主要依靠高等院校开发研制,这类软件较多面向二维设计绘图领域,大都符合中国人的绘图习惯,符合中国的制图、制造标准,而且是全中文界面,符合中国人的使用要求。近年来结合三维实体CAD技术的发展和用户需求,采用购买核心软件,国内开发团队进行应用开发的软件取得明显的进展。

1. 高华CAD

高华CAD是由北京高华计算机有限公司推出的CAD产品。该公司是由清华大学和广东科龙(容声)集团联合创建的一家专门从事CAD/CAM/PDM/MIS集成系统的研究、开发、推广、应用、销售和服务的专业化高技术企业。

高华CAD系列产品包括计算机辅助绘图支持系统GHDrafting、机械设计及绘图系统(GHMDS)、工艺设计系统(GHCAPP)、三维几何造型系统(GHGEMS)、产品数据管理系统(GHPDMS)及自动数控编程系统(GHCAM)。其中GHMDS是基于参数化设计的CAD/CAE/CAM集成系统,它具有全程导航、图形绘制、明细表处理、全约束参数化设计、参数化图素拼装、尺寸标注、标准件库、图像编辑等功能模块。

2. CAXA 3D 实体设计软件

CAXA 3D实体设计软件是北京数码大方科技股份有限公司推出的集创新设计、工程设计、协同设计于一体的三维 CAD 系统解决方案。

20 世纪 90 年代初北京数码大方科技股份有限公司前身北京航空航天大学华正软件工程研究所尝试推出了一款 DOS 版二维绘图软件。

1997 年完全拥有自主知识产权的第一个商用 Windows 版本 CAXA 电子图板 97 面世。

1998 年由北京航空航天大学、海尔集团以及美国 C-mold 公司合资成立北京北航海尔软件有限公司。

2000 年第一代 Parasolid 内核 3D 实体设计软件产品 CAXA 3D 问世。

2003 年北京数码大方科技股份有限公司成立，这是一家专业从事计算机辅助设计/制造/分析(CAD/CAM/CAE)、企业系统集成及网络(PDM/ASP/ERP/Internet)软件开发与工程服务的高科技软件企业。

2004 年，收购美国 IronCAD 公司，共享技术。

2009 年，新增工程建模模式，成为兼有 ACIS 和 Parasolid 两种内核的工程模式和创新模式建模的三维 CAD 软件，创新模式将可视化的自由设计与精确化设计结合在一起，工程模式是传统三维软件普遍采用的全参数化设计模式。

2016 年，新增 CAE 分析模块，该模块拥有的 Sefea 技术，可以耦合多物理场。

目前 CAXA 3D 实体设计 2020 版本，集成了 CAXA 电子图板，工程师可在同一软件环境下自由进行三维和二维设计，无需转换文件格式，就可以读写 DWG/DXF/EXB 等数据，利用二维资源创建三维模型。

3. 金银花系统

金银花(Lonicera)系统是由广州红地技术有限公司开发的基于 STEP 标准的 CAD/CAM 系统。该系统是国家科委“863”/CIMS 主题在“九五”期间科技攻关的最新研究成果。

该软件主要应用于机械产品设计和制造中，可实现设计/制造一体化和自动化。该软件起点高，以制造业最高国际标准 ISO-10303(STEP)为系统设计依据。该软件采用面向对象的技术，使用先进的实体建模、参数化特征造型、二维和三维一体化、SDAI 标准数据存取接口的技术；具有机械产品设计、工艺规划设计和数控加工程序自动生成等功能；同时还具有多种标准数据接口，如 STEP、DXF 等，支持产品数据管理(PDM)。目前金银花系统的系列产品包括机械设计平台(MDA)、数控编程系统(NCP)、产品数据管理(PDS)、工艺设计工具(MPP)。机械设计平台是金银花系列软件之一，是二维和三维一体化设计系统。“金银花”MDA 在国内率先实现商业化，并向国外三维 CAD 软件发出强有力挑战。

4. 开目 CAD

开目 CAD 具有参数化功能和装配设计功能，该软件是 CAD/CAM/CAPP 结合的软件，目前在国内市场使用较多。开目 CAD 是华中理工大学开发的具有自主版权的基于微机平台的 CAD 和图纸管理软件，它面向工程实际，模拟人的设计绘图思路，操作简便，机械绘图效率比同类 CAD 软件高。开目 CAD 支持多种几何约束种类及多视图同时驱动，具有局部参数化的功能，能够处理设计中的过约束和欠约束的情况。开目 CAD 实现了 CAD、CAPP、CAM 的集成，符合我国设计人员的习惯，是全国 CAD 应用工程主推产品之一。

5. Sinovation 软件

Sinovation 是山大华天软件有限公司基于 Windows 平台开发的三维 CAD/CAM 软件系统，2009 年 4 月正式发布 1.0 版本，该软件具有混合型建模、参数化设计、丰富的特征造型以及知识融接技术等功能。Sinovation 是结合日本工业界最佳实践、体现国际最先进制造水平的高端 CAD/CAM 软件；具备符合工程师工作习惯的设计环境及国际流行的操作界面；有丰富的数据交换能力，提供标准格式的读写接口支持 DWG/DXF、IGES、JAMA、STEP、STL 等。它支持国内外各种主流 CAD 数据的转换，提供主流 CAD 软件的数据接口的支持，如 Catia V4/V5、Pro/Engineer、Parasolid(NX、SolidWorks、…)等。

Sinovation 具备以下优点：易于使用的建模、装配及工程图设计；提供基于唯一数据库的复杂曲面和实体特征的混合建模功能；交互设计能力强大，允许对模型进行直接修改；曲面创建、填充、编辑能力超过同类软件；具有最实用的复杂圆角处理方案；对设计模型可进行实时的品质验证和评价；支持自上而下和自下而上的装配建模设计，具有静态和动态的干涉检查功能；符合国标要求的工程图和明细表的创建变得更加快捷；独特的数据自动恢复功能，当系统意外退出时能确保用户的数据完整无损；支持用户深层次的专业开发，易于将用户的先进制造技术和经验软件化；在专业的领域如 CAM 加工、冲压模具、注塑模具与电极、消失模、激光切割等行业应用方面经过了业界的验证，其专业模块部分特别适合汽车及汽车零部件、模具及工艺装备等行业的产品设计及加工应用。

由上述可知，不同的 CAD 软件各具特色。如 I-Deas 软件的有限元分析功能比较强，而 CATIA 软件的雕塑曲面功能则较强，UGS 是业界公认的全功能软件系统。各种软件在开发时都具有某种针对性。另外，为了提高软件的功能，软件开发公司经常修改或增加新功能，不断更换版本。在大型制造企业中通常都是使用两种以上的 CAD 软件，比如采用 CATIA 来完成产品设计，采用 UGS 来完成设计产品的制造。

2.4 CAD 技术发展的趋势

随着计算机科学技术和 CAD 技术的不断发展和进步，CAD 系统的发展呈现以下趋势。

1. 集成化

20 世纪 80 年代以来，计算机集成制造技术(computer integrated manufacture，CIM)已经成为制造工业应用计算机技术的主要发展方向。利用 CIM 技术建立的计算机集成制造系统(computer integrated manufacturing system，CIMS)是在新的生产组织原理指导下形成的一种新型生产模式，是当前 CAD/CAPP/CAM/CAE 集成化技术发展的主要目标，是提高企业产品设计和制造的自动化程度的重要手段。CIMS被认为是21世纪制造工业的生产模式。20世纪80年代后期，并行工程技术和理念开始在产品开发设计制造活动中产生积极影响，这项技术是一种以集成、并行为特点的产品设计及制造等相关过程的系统工作方法。

由于历史的原因，各种CAD系统、CAM（计算机辅助制造）系统、CAPP（计算机辅助工艺规划设计）系统、CAE（计算机辅助工程分析）系统之间缺乏统一的设计思想，大都作为独立的系统开发，在这些系统中，产品的表示方法有很大的差异。CAD/CAPP/CAM/CAE集成是一种新的设计、生产、分析以及技术管理的一体化，是从产品概念设计开始，就考虑产品信息的集成，使产品信息贯穿于设计、制造、工艺、装配等产品生产的各个阶段，从而实现信息的整体集成。目前正在研究的具有形状特征、尺寸公差特征和技术特征统一而完整的产品数据管理技术，支持在CIMS环境下产品生命周期内统一的数据模型，从根本上解决产品在设计、生产、质量控制和组织管理的各个环节的数据交换和共享的途径。

从目前的研究来看，如下关键技术的实现有利于逐步实现系统的集成。

（1）计算机图形处理技术。在CAD系统中，产品设计中的信息是通过图形来表示的，因而计算机图形处理是它的基础与主要组成部分之一。当前计算机生成图形有两种方法：一是交互处理方法；二是参数化方法。在CAD系统中应根据不同的对象选用不同的图形处理方法。

计算机图形处理技术是通过计算机程序和算法在图形显示和绘图设备上生成图形的。计算机图形处理所涉及的内容有：图形用户界面管理，二维、三维图形生成，真实感图形显示，图形数据库及其管理，图形软件标准化，图样上汉字与符号的处理，图形变换、消隐、裁剪、拖动以及智能化图形处理技术等，而计算机硬件设备的发展为图形的快速、高质处理提供了手段和保障。

（2）图形输入和工程图样识别。如何把人的形象思维和把已有图纸输入计算机，还有待进一步进行研究。目前常用的方法有编程法、交互作图法和扫描输入法。编程法可靠性强，但工作量大，而且绘制的图形有限制，修改也不方便。交互作图法则利用工作平台上的菜单，用它绘制一般的图形是比较方便的，但绘制复杂的图形就困难了。扫描输入法则利用扫描仪把绘好的图形输入计算机，使图形与标注符号分离，然后用细化方法或用整体识别方法，把输入的点阵图转换为矢量图形的全部信息。扫描输入的图形是点阵图形，但是在CAD系统中，不能将点阵图形转换为数控指令，也不能在绘图机上输出，故需要把图形矢量化。扫描输入矢量化软件研究已取得了很大的进展，但还存在许多问题。

扫描图形矢量化和参数化问题的关键是工程图形识别技术。工程图形的识别系统必须是有智能的专家系统，或智能性高的人机协调系统。工程图形识别目前还是计算机绘图的一个难题。目前在研究的离线式图形参数化方法，其关键就是工程图形识别技术。

（3）产品造型技术。三维造型是产品造型的基础，它涉及形体的定义、布尔运算、建立各种模型、隐藏面的消除、明暗的阴影效果、数据库处理等一系列问题，通常的造型与建模方式有线框建模、表面建模、实体建模及最新发展的特征造型。因为用线图表示三维几何形状的传统方法已不能满足CAD/CAM的要求，只有实体模型才能满足CAD的要求。表示实体模型的方法有构造实体几何法(CSG)、扫描表示法、边界表示法(B-Rep)等。

工程设计项目和产品零件都是三维形体。工程师在设计构思时,大脑中构建的也是三维形体。CAD技术中的三维造型不仅是在计算机内建立完整的三维几何模型,还应包括其功能方面的所有信息即产品造型。

产品造型是对具有某种功能的产品在三维空间建立它的数学模型,通过某种媒体(显示器或绘图机等)表示这种模型,既满足产品的功能,又为制造过程提供有关生产信息。因此它应包括该产品的所有信息:形状的设计、制造、管理等信息。这就是20世纪90年代初出现的产品特征造型技术。

采用三维产品造型技术,可以自动计算物体的体积、重量、重心、转动惯量等几何参数;对模型按照一定的规律剖分,可以自动产生有限元的单元数据;对于装配、安装工作,可以自动检查相邻部件间有无干涉;数据加工中可以根据零件的表面形状特征,自动生成加工走刀轨迹;生产过程中可以用智能机器人识别零件方位,完成装夹、检验、装配等工序;生产管理中可以按零件的设计特点和加工工艺典型分类,推行成组技术。因此,它是实现设计自动化、生产智能化、建立CIMS集成系统的有力工具。

(4) 参数化设计方法。参数化设计(parametric design)是20世纪80年代末提出的一种CAD产品设计方法。参数化设计是指参数化模型的尺寸用对应关系表示,而不需要确定具体数值。变化一个参数值,将自动改变所有与它相关的尺寸,并遵循约束条件,这就是采用参数化模型,通过调整参数来修改和控制几何形状,自动实现产品的精确造型。

参数化设计方法与传统方法相比,最大的不同在于它存储了设计的整个过程,能设计出一族而不是单一的产品模型。将参数化设计技术运用于实体造型得到的参数化实体造型(parametric modeling)技术,以及在此基础上发展起来的参数化特征造型技术和尺寸误差分析技术是当前国际上CAD/CAPP/CAM集成的重点研究方向。它的进展对于CAD/CAPP/CAM的集成至关重要,同时也将对设计自动化产生重大的影响。参数化设计以其能够使得工程设计人员不需考虑细节而能尽快草拟零件图,并可以通过变动某些约束参数,而不必运行产品设计的全过程来更新设计,成为进行初始设计、产品模型的编辑修改及多种方案设计的比较有效的手段,因而深受工程设计人员的欢迎。该领域的研究工作正在不断深入与发展,新设计的造型系统都引进了参数化功能,原有的CAD系统也纷纷增加参数化设计功能。

(5) 计算机辅助工艺规范设计(CAPP)。在机械产品设计结束、投入生产之前,须经过一个工艺过程设计阶段,即计算机辅助工艺过程设计。计算机辅助工艺过程设计是将设计信息自动转换为加工信息的过程。工艺过程设计主要是根据产品的材料、结构、尺寸、精度、热处理和其他技术要求,确定产品零件的加工方法、加工顺序、加工时所用的机床、刀具、夹具、量具、切削参数的时间定额、工艺基准的选择和尺寸换算等。CAPP的设计方法基本有两种:一种是以成组技术(GT)为基础的派生法或检索法(variant approach或retrieve approach)。它的关键是零件族及典型工艺的设计。另一种是依靠事先规定的逻辑决策,利用规定的加工要素和逻辑原则自动生成零件的工艺过程的生成法(generative approach)。显然后者属于智能化的设计方法。

(6) 工程数据管理技术。对于集成系统中生成的各类信息,包括几何与拓扑信息、机床、刀具、材料性能及工艺信息等必须通过计算机进行存储、读取、处理和传输。这种数据的组织和管理是建立集成系统的关键,解决上述问题的最好方法就是应用数据库管理系统(DBMS)来管理各种信息。

当前的数据库系统如关系型数据库对于处理数据量大、形式多样、动态性强的集成系统过程中的工程数据,还不能满足要求。目前,适用于各种工程应用领域的新一代工程数据库OOEDBMS(面向对象的工程数据库管理系统)的研究正在日益兴旺,被认为是最有希望的下一代工程数据库。

(7) 数据交换技术。为了实现 CAD/CAPP/CAM 的集成,以及为了克服以往各种 CAD 系统之间,甚至各功能模块之间在开发过程中的互不通用的现象,国际标准化组织制定了统一的数据交换规范。目前世界各国使用的规范标准有 DXF、IGES、PDES、STEP 等,它们对于统一数据传递格式,使各环节能顺畅地、自动地进行数据采集做出了应有的贡献。

2. 微型化

随着计算机科学技术、计算机硬件制造技术的快速发展,高性能的微型计算机的单机功能已经达到甚至超过传统小型机的水平。CAD 系统的计算机硬件正在向微型机转化。相应地,各种功能强大的 CAD 软件系统也都在微机平台上开发和移植,各种实用的、功能先进的微机版 CAD 系统大量涌现。

3. 网络化

随着计算机网络的飞速发展,CAD 系统的网络化已经势不可挡。在分布式网络系统中,客户端和服务器结构得到普遍的采用。在这种结构中,一台服务器可为多台工作站或微型机终端提供服务。分布式 CAD 系统结构灵活、功能强大。每台微型机工作站可单独使用,也可联合使用。整个网络还可以与大型机、巨型机相联接,以补充微型机功能上的不足,解决更复杂的工程问题。网络化可以充分发挥计算机系统的总体优势,共享资源,节省投资。借助网络,设计人员可以在网络上方便地进行交流,实现异地设计;各制造企业能迅速进行技术合作,快速设计和生产出高质量、低成本、适应市场需求的产品;在未来的设计活动中,很多软件并不需要一定安装在计算机上,只要到 Internet 上寻找,然后在浏览器上运行,最后按使用的时间长短付费就行。20 世纪 90 年代出现的并行工程(concurrent engineering,CE)、敏捷制造(agile manufacturing,AM)、精益生产(lean production,LP)、分布式制造(distributed manufacturing,DM)、虚拟企业(virtual enterprise,VE)和虚拟制造(virtual manufacturing,VM)等都是随着网络的发展相继产生的新研究领域。

4. 智能化

设计制造过程中自动化技术的应用和实现,是广大工程技术应用开发人员努力的目标。

近年来,人工智能的应用主要集中在引入知识工程,发展专家系统。专家系统的发展,扩大了CAD系统的功能,具有逻辑推理和决策判断能力,它将许多事实和有关专业的经验、知识、准则结合在一起,应用这些事实和启发规则,根据设计目标不断缩小搜索范围,使问题得到解决。

设计是一个非常复杂的过程,设计人员只有具备多学科的专门知识与丰富经验才能得到一个理想的设计结果。同时,设计又是一项创造性活动,设计过程中的很多工作是利用数据计算无法得到的。传统的CAD系统以分析计算和结构设计绘图为核心,无法解决上述问题,为了使计算机发挥更强大的作用,在CAD系统中引入人工智能的思想、方法和技术,使CAD系统具有专家的知识和经验,能模仿人的行为进行思考和推理,提出和选择设计方法和策略,支持设计过程的各个阶段,包括概念设计与初步设计,尽量减少人的干预,使计算机具有一定的智能行为,这是CAD技术的重要发展方向之一。

5. 最优化

产品设计和工艺过程设计的最优化是人们追求的目标。采取传统的人工设计、制造模式以及采用传统的计算机辅助设计制造技术,不能够从根本上解决可靠性和最优化的问题,无法得到可靠性高的产品和进行零部件生产。最优化技术,就是利用计算机模拟技术,对产品的动态工作过程和机构的工作状态进行模拟,检验设计结果,排除不可行的设计方案,获得最佳的设计方案,提高产品设计制造的可靠性。在NC编程工作中,利用仿真技术模拟加工过程,分析加工情况,判断加工过程的干涉和碰撞情况,有利于确定最佳进给路径,保证加工质量,避免发生意外事故。近年来,加工仿真技术得到很大发展。

6. 新型化

用于CAD系统的新型设备和装备不断出现,作为计算机外部存储器的磁盘已经被存储密度极高的光盘、DVD盘取代,可靠性差的软磁盘被体积小、存储量大的U盘所取代;绿色环保型液晶显示器技术的发展,使传统显示器逐步被取代。图形输出设备也趋于高速、精密化,如激光绘图机、彩色喷墨绘图机等。

7. 虚拟化

虚拟现实(virtual reality,VR)是20世纪末发展起来的一种高新技术,它是一种由计算机生成的看似真实的模拟环境,通过多种传感设备,用户可以用自然技能与之直接交互,同时提供直观而又自然的实时感知,并使参与者“沉浸”于模拟环境中。

虚拟现实技术的出现为CAD技术的发展又增添了一个更强有力的手段,它使设计人员能在虚拟世界中创造虚拟产品,进行操作模拟,移动部件和进行各种试验,可以进行零件的虚拟加工和虚拟装配,及早发现产品结构空间布局中的干涉及运动机构的碰撞等问题,从而避免造成许多不必要的浪费。例如,利用CAD技术设计训练飞行员的飞行模拟器前的景物,达到在地面上训练飞行员的目的。

2.5 CAD系统的选择

CAD系统的选择主要分为计算机硬件系统的选择、计算机软件系统的选择。而其中计算机硬件系统和支撑软件系统的选择对整个CAD系统的功能影响至关重要。

2.5.1 CAD系统的计算机硬件选择

选择CAD计算机硬件系统应当根据工程应用的要求和现有资金的具体条件，确定所需的主要硬件性能，追求最佳的性能价格比，综合考虑以下几方面的因素。

1. 硬件的系统性能

硬件的系统性能包括CPU主频、数据处理能力、运算精度和运算速度；内存、外存能力；输入/输出手段；图形显示能力；通信联网能力；多种标准外部设备接口、CRT显示能力等。

2. 硬件系统的开放性与可移植性，要符合工业标准

开放性包括为各种应用软件、数据、信息提供交互操作功能和相互移植界面。可移植性是指应用程序可以从不同硬件平台之间移植的方便程度。可以用是否采用UNIX和Windows等操作系统、以太网、流行CPU芯片(如Intel公司的产品)来衡量，这样有利于系统进一步扩充、联网及支持更多种类的外围设备。

3. 硬件系统的升级扩展程度

配置硬件系统时，应当充分考虑随着硬件技术的发展、应用规模的扩大，具备硬件升级扩展的能力和空间。

4. 硬件系统的可靠性、可维护性

可靠性是指在给定时间内，系统运行不出错的概率。可维护性是指排除系统故障以及满足新的要求的难易程度。

5. 硬件供应商的信誉度

要充分考虑硬件供应商的服务水平和市场信誉水平，考察供应商的发展规模和发展趋势，是否具有良好的售后服务、快速的故障维护响应服务效率，能否提供有效的技术支持和培训。

2.5.2 CAD软件系统的选择

作为CAD技术的主要载体，CAD支撑软件系统最为重要。面对市场上各种各样的

CAD 软件，很多企业及应用人员经常感到困惑。因为每一个人的精力是有限的，不可能把每一种应用软件都学会、用好，那么如何选购符合自己需求的 CAD 应用软件呢？一般应考虑以下因素。

1. 确定 CAD/CAE 功能需求

（1）明确系统的要求：要根据目前产品设计开发和制造工程的需要，客观地制定所选购软件系统的功能需求，同时考虑给未来工程设计发展的需要留出空间。

（2）确定近期目标与长远目标：要根据人力、资金、现有技术水平等约束条件来确定近期目标，也要考虑将来的发展以确定长远目标。因此，要解决好几对矛盾，即现在与未来、系统的专用性与通用性、使用性与先进性等关系。

（3）确定系统的集成水平：提出对数据库、网络、数据交换、各种接口等的具体要求。

在此基础上，针对市场上的各类软件功能进行考察和调研，进一步修正和完善采购计划方案。在此过程中，最好聘请有经验的 CAD 专家参与选型过程。

2. 系统功能与能力配置

支持 CAD 系统的支撑软件很多，而且大多采用模块化结构和即插即用的连接与安装方式。不同的功能通过不同软件模块实现，在基础模块的基础上通过组装不同功能的软件模块构成不同规模和功能的 CAD 系统。因此，要根据系统功能要求确定系统所需的软件模块和规模。

3. 软件系统要满足以下三点基本要求

（1）采用标准操作系统，如 Windows、DOS 等。

（2）良好的用户界面。对新手与熟练使用者能够分别提供菜单驱动与简单命令的操作方式，要允许用户加入自己定义的菜单。

（3）齐全的技术文档，优良的可读性，还应具备屏幕在线使用说明（Help）功能。

4. 软件性价比

目前 CAD 软件品牌和供货商很多，同样功能不同品牌的 CAD 软件性价比差异较大；不同供货渠道，价格上也有差异。因此，选定软件产品时，要进行系统调研比较，选择满足功能要求、运行稳定可靠、容错性好、人机界面友好、具有良好性价比的软件产品。同时，要注意欲购软件的版本号、新版本推出日期以及功能改进升级等方面。

5. 硬件匹配性

不同的软件往往要求不同的硬件环境支持。如果软、硬件都需配置，则要先选软件，再选硬件，软件决定着 CAD 系统的功能。如果已有硬件，只配软件，则要考虑硬件能力，配备相应档次的软件。大多数软件分工作站版和微机版，有的是跨平台的，如 CATIA、I-Deas、ProE、UG 等分别有工作站版和微机版。

6. 二次开发能力与环境

为了高质、高效地发挥 CAD 软件的作用，通常都需要进行二次开发，要了解所选软件是否具备二次开发的可能性及其开放程度，要考虑所提供的二次开发工具，二次开发的环境和编程语言。有的支撑软件提供专用的二次开发语言，有的采用通用的汇编语言进行二次开发。

7. 开放性

所选软件应与 CAD 系统设备、其他软件和通用数据库具有良好接口、数据格式转换和集成能力，具备驱动绘图机及打印机等设备的接口、升级能力，便于系统应用和扩展。

8. 可靠性

所选软件应在遇到一些极限处理情况和某些误操作时，能进行相应处理而不产生系统死机和系统崩溃。作为工程应用软件这一点尤为重要。

9. 供应商的支持能力和良好的售后服务

厂商能提供培训、故障排除及其他技术服务。要考虑软件供应商的发展变换趋势、信誉、经营状况和售后服务能力，以及其是否具有维护服务机构、手段、维护服务响应效率，能否提供有效的技术支持、培训、故障排除和完整的技术资料，要考虑其产品市场占有率和已有用户的反映情况等。

2.5.3 CAD/CAM 系统实用案例

在实际实施 CAD 系统工程过程中，系统的规模和具体构成是所有建立和设计 CAD 系统的人员所遇到的难以决定的问题。

下面介绍几种典型的不同种类、适合不同生产规模和产品生产的 CAD 网络系统。

1. 简易型转换开关控制的 CAD 系统

如图 2-1 所示，CAD 微机工作站与公用外部设备(如绘图机、打印机、穿孔机等)的连接是通过一个具有可以转换不同传输方向的转换开关控制箱实现的，只要在转换控制箱上选定具体的外部设备，那么在 CAD 工作站上连接的外部设备就是确定的。一台或者若干台微机通过接口与一系列的外部设备(包括工厂车间的 CNC 设备)联接成一体。

这种方案结构简单、操作方便，但是实际生产中会发生拥挤现象以及长期传送过程中的可靠性问题。由于投资少、见效快，这种系统在一些小型制造工厂中应用较多。

2. 局域网络型的 CAD/CAM 系统

局域网技术的应用开始于 20 世纪 80 年代。局域网可以针对工程应用特点，分为 3 种不同的结构：集成(centralized)、分布(distributed)和混合(hybrid)结构。

这种系统是一种典型的在线工作方式的 CAD/CAM 网络系统。如图 2-2 所示，将

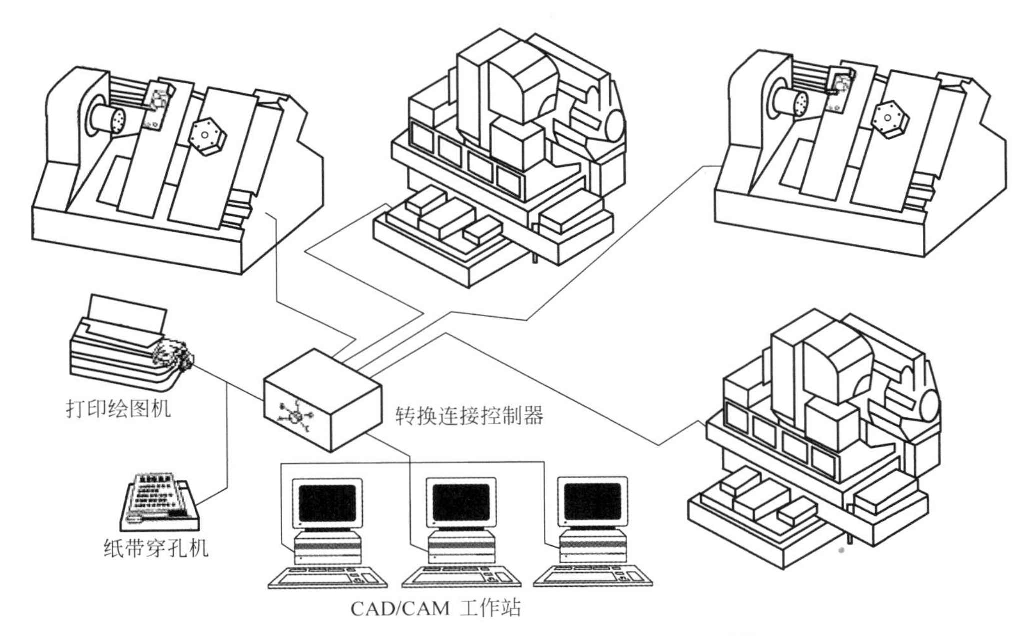

图 2-1 简易型转换开关连接 CAD/CAM 系统

CAD/CAM 系统中的所有硬件构建成为一个局域网络，通过网络系统管理软件、数据库管理系统软件和 CAD/CAM 软件系统的有机组合，使系统中的每一个终端设备都可以独立地，然而又是相互协调地开展并行工作。整个系统分为 3 部分。

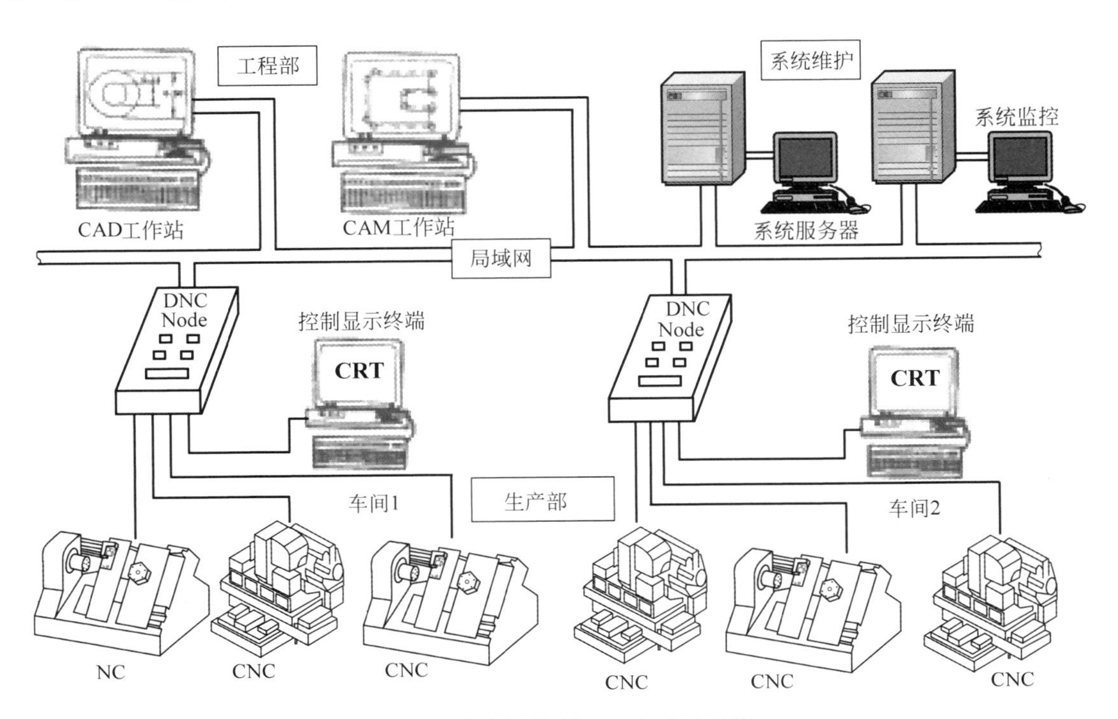

图 2-2 集成网络型 CAD/CAM 系统

(1) CAD/CAM 工程部：大量的 CAD 工作站、CAM 工作站集中在 CAD/CAM 工程部中，并配备单机用户或网络版的 CAD/CAM 软件系统，进行产品的开发设计、建模，辅助 CNC 编程工作。

(2) 计算机系统维护工程部：计算机系统维护工程部保证 CAD/CAM 系统的正常运行，配备专门的工作可靠、海量存储能力的服务器存放产品设计工程数据以及系统状态监控系统。设计工作和辅助 CNC 编程工作的进程档案要按照规定定时进行存档处理，以便保证大量工程数据的安全。

(3) 外部设备部：根据 CAD/CAM 系统的规模和功能需要，外部设备部可以装备各种 CNC 设备，并且在控制显示终端上操作，通过网络与服务器链接获取数控程序和数据参数，以及通过网络向服务器反馈相关的信息。

这种方案网络系统结构完善，操作分工明确，管理信息方便可靠，在实际生产中可以实现任意机床和 CAD/CAM 系统之间的 DNC 工作方式。但是，投资大，需要专门的系统维护人员。这种系统适用于一些大、中型规模的制造工厂中。

3. 分布式工厂 CAD 网络系统

这种系统是一种典型 CIMS 系统中的在线工作 CAD/CAM 网络系统。如图 2-3 所示，将所有 CAD/CAM 系统、商务系统的计算机主机和辅机硬件构建成为一个局域网络，通过网络系统管理软件、数据库管理系统软件和 CAD/CAM 软件系统的有机组合，使系统中各个部门、不同车间的每一个终端设备(包括各类 CNC 设备)有机地连接在一起。系统中的每一个终端设备都可以独立地，然而又是相互协调地开展并行工作，共享系统中的工程数据和商务信息、硬件设备的资源。

这是典型的大型信息一体化工程系统的网络模式。

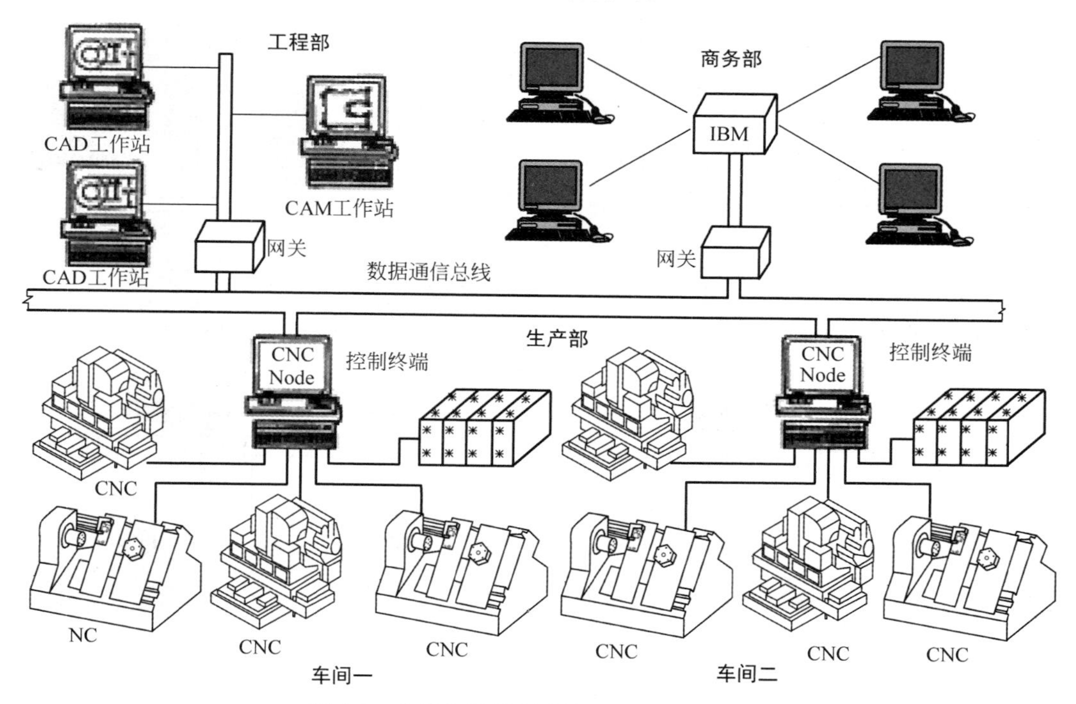

图 2-3 大规模局域网连接 CAD/CAM 系统

第 3 章

几 何 造 型

几何造型通过对点、线、面、体等几何元素，经过平移、旋转、比例等几何变换和并、交、差等集合运算描述物体的几何形状，产生实际的或想象的物体模型。

3.1 几何造型的一般概念

3.1.1 什么是几何造型

几何造型是利用计算机系统描述物体的几何形状，建立产品几何模型的技术。它能将物体的形状及其属性（如颜色、纹理等）存储在计算机内，形成该物体的三维几何模型。该模型是对原物体确切的数学描述或对原物体某种状态的真实模拟，为各种不同的后续应用提供信息，例如由模型产生有限元网格，编制数控加工刀具路径轨迹，进行碰撞、干涉检查等。很显然，用计算机对模型进行分析或模拟比制作或处理实物要容易得多，因此一般 CAD 系统将几何造型作为系统的核心。CAD 技术有 3 个重要的组成部分：一是设计，二是计算机图形学，三是几何造型。可见几何造型在现代 CAD 技术中的重要地位。通常把能够定义、描述、生成几何模型，并能交互地进行编辑的系统称为几何造型系统。

在 CAD 系统中，几何造型系统提供输入、存储、编辑零件几何形状的功能，用于描述和定义零件形状。建立的零件几何模型可用于产品 CAE/CAM，为二者集成创造条件。像 UGS、CATIA、Pro-Engineer、Cimatron、SolidWorks 等都是可以完成几何造型的 CAD 系统。

3.1.2 三维几何造型的发展概况

几何造型系统有多种模式，如线框模型、表面模型和实体模型等。由于实体模型具有许多优点，已成为当今各种图形系统的核心。

对于实体造型技术发展有重大影响的造型系统有：1968—1972 年间日本北海道大学的冲野教郎等建成了 TIPS-1 系统；1973 年英国剑桥大学的 I. C. Braid 等建成了 BUILD 系统；1972—1976 年美国罗彻斯特大学在 H. B. Voelcker 主持下建成了 PADL-1 系统。20 世纪 90 年代以来，国际上有了数以百计的商品化实体造型系统，技术日益完善，功能越来越强。参数化特征造型技术代表了当今实体造型技术的进一步发展。

3.1.3 三维几何造型在机械 CAD/CAM 中的应用

1. 设计

能随时显示零件形状，并利用剖切来检查诸如壁的厚薄、孔是否相交等问题；能进行物体物理特性计算(简称物性计算)，如计算体积、面积、重心、惯性矩等；能够进行 CAE 有限元分析；能检查装配体干涉；能作运动机构动态模拟等。这样，设计者能及时发现问题，修改设计，提高设计质量。

2. 图形

产生二维工程图，包括零件图、装配图。此外还能产生各种真实图形及动画等。

3. 制造

能利用生成的三维几何模型进行数控加工程序的自动编程及刀具轨迹的仿真，此外还能进行工艺规程设计等。

4. 装配

在机器人及柔性制造中利用三维几何模型进行装配规划、机器人视觉识别、机器人运动学及动力学的分析等。

3.2 形体在计算机内的表示

如何用计算机内的一维存储空间来存放由零维、一维、二维、三维等几何元素的集合所定义的形体，是几何造型中最基本的问题。

3.2.1 图形系统的坐标系

在图形系统中，定义几何元素和图形的输入/输出在特定坐标系下进行，对于不同类型的形体、图形和图纸，在其不同阶段需采用不同的坐标系，以提高图形处理的效率和便于用户理解。

1. 坐标系的形态

根据目前图形系统采用的坐标系统，一般有以下五种常用的坐标系统。

1) 直角坐标系

这是绘制工程图中最基本的坐标系，也称为笛卡儿坐标系。直角坐标系分为左手和右手坐标系两种。空间任一点 P 的位置可表示成矢量$\overrightarrow{OP}=x\boldsymbol{i}+y\boldsymbol{j}+z\boldsymbol{k}$，($\boldsymbol{i}$、$\boldsymbol{j}$、$\boldsymbol{k}$)是相互垂直的单位矢量，又称之为基底。在直角坐标系中的任何矢量都可以用($\boldsymbol{i}$、$\boldsymbol{j}$、$\boldsymbol{k}$)的线性组合表示。

2）放射坐标系

若把直角坐标系中的$\boldsymbol{i}$、$\boldsymbol{j}$、$\boldsymbol{k}$放宽成3个不共面的(即线性无关)矢量$\boldsymbol{\alpha}$、$\boldsymbol{\beta}$、$\boldsymbol{\gamma}$，则空间任一位置矢量也可以用它们的线性组合表示，即$\overrightarrow{OP}=a\boldsymbol{\alpha}+b\boldsymbol{\beta}+c\boldsymbol{\gamma}$。则$O\boldsymbol{\alpha\beta\gamma}$构成了放射坐标系，其基底不要求是相互垂直的单位矢量，从而扩展了形体的表示域。

3）圆柱坐标系

对回转体常用圆柱坐标系来表示计算。若N为直角坐标系中一点P在XOY平面上的垂足。它在XOY平面上的极坐标为(ρ,ϕ)，则(ρ,ϕ,z)为点P的圆柱坐标，$O\rho\phi z$为圆柱坐标系。

4）球坐标系

若N为直角坐标系中的一点P在XOY平面上的垂足，OP与Z轴的夹角为γ，ON与X轴的夹角为α，令$OP=r$，则(r,α,γ)为点在球坐标系中的坐标，其中r为球半径，γ为天顶角，α为方位角，并约定α、γ的正方向符合右手定则，即拇指指向与旋转平面垂直的坐标轴的正方向，四指的方向为α、γ的正方向。

5）极坐标系

极坐标与圆柱坐标类似。

以上各种坐标系形态，以直角坐标系为最基本的坐标系统。根据坐标取值的意义不同，坐标系又分为绝对坐标系和相对坐标系。

2. 坐标系的种类

根据坐标系统的应用特点和场合，图形系统坐标系有以下几种。

1）系统绝对坐标系(absolute coordinate system，ACS)

系统绝对坐标系又称为世界坐标系(world coordinate system，WCS)或者系统坐标系(system coordinate system，SCS)。它是在CAD图形系统初始化过程中自动确立的绝对坐标系，它的原点、单位、坐标方向、几何要素的坐标特征值都不会随用户使用过程中坐标系转换而改变。因此，它是图形系统中最为关键、最基本的坐标系统。

2）造型坐标系(modeling coordinate system，MCS)

为了方便造型操作，往往用户自行定义专门的坐标系统，称为造型坐标系，用于定义用户的图形结构、几何模型等。造型坐标系通常称为用户坐标系(user coordinate system，UCS)或工作坐标系(working coordinate system，WCS)，它是右手三维直角坐标系。当几何造型系统最初启动时，图形系统默认状态是用户坐标系与绝对坐标系重合。造型坐标系被用来定义基本形体或图素。用户定义的形体和图素都可以灵活选择相对于绝对坐标系的各自用户坐标系的原点、长度单位和方向，这样可方便形体和图素的定义。因此，造型坐标系是一种局部坐标系，而绝对坐标系是一个整体(全局)坐标系。

在实际建模操作过程中，在图形环境中，进行的建模操作是在造型坐标系统中工作。只是我们可以选择造型坐标系与绝对坐标系完全一致，同样也可以选取、定义不同于绝对坐标系的用户坐标系作为造型坐标系使用。正是有了这种关系，才使得图形系统的坐标系统不会混乱，万变不离其宗，绝对坐标系统永远不改变。

3）观察坐标系(viewing coordinate system，VCS)

观察坐标系是左手三维直角坐标系，可以在用户坐标系的任何位置、任何方向定义。它主要有两个用途：一是用于定义指定裁剪空间，确定形体的哪一部分要显示输出；二是通过定义观察平面，把三维形体的用户坐标变换成规格化的设备坐标。观察平面是在观察坐标系中定义的，通常其法向量与 Z 轴重合，和 O 间的距离为 V，用户在此平面上定义观察窗口。

4）设备坐标系(device coordinate system，DCS)

图形输出设备(如显示器、绘图机)都有自身的坐标系，称为设备(物理)坐标系，设备坐标系通常是一个二维平面坐标系，其度量单位是步长(绘图机)或像素(显示器)，因此它的定义域是整数域且有界。例如，对显示器而言，分辨率就是其设备坐标的界限范围。

为了便于输出真实图形，目前DCS也采用左手三维直角坐标系，用来在图形设备上指定窗口和视图区。DCS通常也是定义像素或位图的坐标系。

5）规范化的设备坐标系(normalized device coordinate system，NDCS)

由于用户的图形是定义在用户坐标系里，而图形的输出则定义在设备坐标系里，它依赖于具体的图形设备。由于不同的图形设备具有不同的设备坐标系，且不同设备之间坐标范围也不尽相同，例如：分辨率为1024×768的显示器其屏幕坐标范围为：X 方向为0～1023，Y 方向为0～767；而分辨率为640×480的显示器其屏幕坐标范围则为：X 方向为0～639，Y 方向为0～479；显然这使得应用程序与具体的图形输出设备有关，给图形处理及应用程序的移植带来不便。为了便于图形处理，有必要定义一个标准设备，引入与设备无关的规格化的设备坐标系NDCS，采用一种无量纲单位代替设备坐标，当输出图形时，再转换为具体的设备坐标。

NDCS也是左手三维直角坐标系，用来定义视图区。应用程序可以指定取值范围，约定的取值范围是(0，0，0)到(1，1，1)。用户的图形数据转换成规格化的设备坐标系中的值，使应用程序与图形设备隔离开，增强了应用程序的可移植性。

上述介绍的坐标系均为三维坐标系，但工程图纸大多数为二维图纸，更简洁的办法是使 Z 坐标值取零。有些CAD系统要求用户定义一个工作平面，用户在此平面上作图。在三维直角坐标系中，XOY 平面是最基本的工作平面，任何不在 XOY 平面上的工作平面均可通过几何变换变成 XOY 平面，再通过逆变换把 XOY 平面的图形变到任意的工作平面上。

3. 图形系统坐标与设备坐标之间的关系

在图形处理中，三种坐标系WCS、NDCS和DCS之间的转换如图3-1所示。

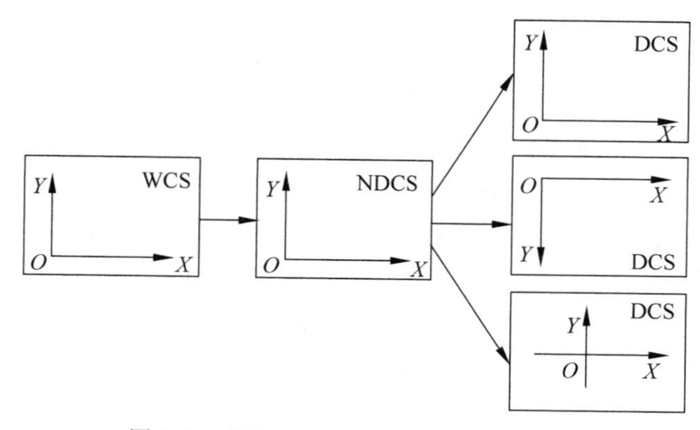

图3-1 WCS、NDCS和DCS之间的转换

3.2.2 几何元素的定义

1. 形体边界

所有实际形体都可看作三维欧氏空间$\mathbb{R}^3$中其边界是一封闭表面的集合。对于任何区域$\mathbb{R}$都可以用完全在区域之中($\mathbb{R}_i$)和在其边界上($\mathbb{R}_b$)的全部点来定义,这种表示区域$\mathbb{R}$的点集很容易表示成$\mathbb{R}=[\mathbb{R}_i,\mathbb{R}_b]$。对于一个给定点,毫无疑问,它或是在区域内部,是$\mathbb{R}_i$的成员;或是在边界上,是$\mathbb{R}_b$的成员;或是在区域外部。

一个点是一个零维的区域$\mathbb{R}^0$,一条线段是一个一维区域$\mathbb{R}^1$,它必有两个点在集合$\mathbb{R}_b^1$中;如果是封闭曲线,就没有点在$\mathbb{R}_b^1$中,其点均在$\mathbb{R}_i^1$中。一个表面是一个二维区域$\mathbb{R}^2$,一般的开表面(非闭合表面)都是以一条封闭曲线为其边界,在表面上的这个边界内,有$1\sim n$个相交的封闭曲线段或环,在所有环(或线段)上的全部点构成了$\mathbb{R}_b^2$,而表面上的其余点构成了$\mathbb{R}_i^2$。若我们用$\mathbb{R}^{m,n}$表示n维欧氏空间$\mathbb{R}^n$中的m维区域,则有:$\mathbb{R}^{m,n}=[\mathbb{R}_b^{m-1,n},\mathbb{R}_i^{m,n}]$,$m\leqslant n$;这里$\mathbb{R}_b^{m-1,n}$是$\mathbb{R}^{m,n}$边界上的点集,$\mathbb{R}_i^{m,n}$是该区域内部的点集。在$\mathbb{R}^3$中允许的区域情况见表3-1所列。

表3-1 $\mathbb{R}^3$允许的区域情况

$\mathbb{R}^{m,n}$	类名	$\mathbb{R}_b^{m-1,n}$	$\mathbb{R}_i^{m,n}$
$\mathbb{R}^{0,3}$	点	点本身	无内部点
$\mathbb{R}^{1,3}$	曲线	两端点	除两端点以外的其余点
$\mathbb{R}^{2,3}$	表面	一个或多个由封闭曲线定义的边界	除$\mathbb{R}^{1,3}$边界曲线上的其余点集
$\mathbb{R}^{3,3}$	体	一个或多个由封闭表面定义的立体边界	除$\mathbb{R}^{2,3}$边界表面上的其余点集

在$\mathbb{R}^{m,n}$区域中的任一点仅有下述三条性质之一:①在区域内部,是$\mathbb{R}_i^{m,n}$的成员;②在区域边界上,是$\mathbb{R}_b^{m-1,n}$的成员;③在区域$\mathbb{R}^{m,n}$以外,不是区域集合的成员。对于$m=n$的区域,$\mathbb{R}_i^{m,n}$可以用$\mathbb{R}_b^{m-1,n}$的显式表示来定义。

2. 几何形体的构成元素

几何形体在计算机内部通常采用多层信息结构来定义。一般分成以下六层结构。

1)点

它是零维几何元素,分端点、交点、切点和孤立点等,但在形体定义中一般不允许存在孤立点。在自由曲线和曲面的描述中常用3种类型的点:

(1)控制点,用来确定曲线和曲面的位置与形状,而相应曲线和曲面不一定通过的点;

(2)型值点,用来确定曲线和曲面的位置与形状,而相应的曲线和曲面一定经过的点;

(3)插值点,为提高曲线和曲面的输出精度,在型值点之间插入的一系列点。

点是几何造型中最基本的元素,自由曲线、曲面或其他形体均可用有序的点集表示。用计算机存储、管理、输出形体的实质就是对点集及其连接关系的处理。

2)边

边是一维几何元素,是两个相邻(正则形体)或多个邻面(非正则形体)的交界。直线边由其端点(起点和终点)定界,曲线边由一系列型值点、控制点或方程表示。

3) 面

面是二维几何元素,是形体上一个有限、非零区域,由一个外环和若干个内环界定其范围。一个面可以无内环,但是必须有一个且只有一个外环。面有方向性,一般用其外法矢方向作为该面正向。在几何造型中常分平面、二次曲面、双三次参数曲面等形式。

4) 环

环是有序、有向边(直线段或曲线段)组成的面的封闭边界。环中的边不能相交,相邻两边共享一个端点。环有内外之分,确定面的最大外边界的环称为外环,通常其边按逆时针方向排序。确定面中的内孔或凸台边界的环称为内环,其边相对外环排序方向相反,通常按顺时针方向排序。基于这种定义,在面上沿一个环前进,其左侧总是向内,右侧总是向外。

5) 体

体是三维几何元素,是由封闭表面围成的空间,也是欧氏空间中非空、有界的封闭子集,其边界是有限面的并集。为了保证几何造型的可靠性和可加工性,要求形体上任意一点的邻域在拓扑上应是一个等价的封闭圆,即围绕该点的形体邻域在二维空间可以构成一个单连通域。满足这个定义的形体称为正则形体。

6) 体素

体素是可以用有限个尺寸参数定位和定形的体,有3种定义方式:

(1) 从实际形体中选择出来,可用一些确定的尺寸参数控制其最终位置和形状的一组单元实体,如长方体、圆柱体、圆锥体、圆环体、球体等;

(2) 由参数定义的一条(或一组)截面轮廓线沿一条(或一组)空间参数曲线作扫描运动而产生的形体;

(3) 用代数半空间定义的形体,半空间定义法只适用正则形体。

从上述定义可以看出,几何元素间有两种重要信息:其一是几何信息,用以表示几何元素性质和度量关系,如位置、大小、方向等;其二是拓扑信息,用以表示几何元素之间的连接关系。形体要由几何信息和拓扑信息定义。

3. 点、边、面几何元素间的连接关系

形体是由几何元素构成的,每一种形体的边界都是由与其相对应的较低维的几何元素组成的。几何元素间典型的连接关系(即拓扑关系)是指一个形体由哪些面组成,每个面上有几个环,每个环由哪些边组成,每条边又由哪些顶点定义等。在几何造型中最基本的几何元素是点(V)、边(E)、面(F),这三种几何元素一共有9种连接关系,如图3-2所示,构成几何形体的9种拓扑关系:

点——点、点——线、点——面;

线——点、线——线、线——面;

面——点、面——线、面——面。

4. 定义形体的层次结构

为了表示几何信息与拓扑信息,形体在计算机内部通常按6个层次拓扑结构来定义,如图3-3所示6层结构,并均定义在$\mathbb{R}^3$中。

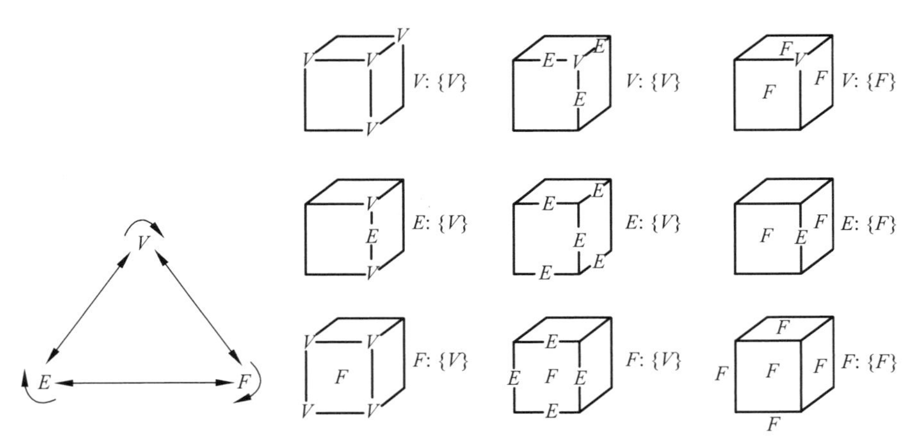

图 3-2　点、边、面之间的连接关系

用来定义形体表面的面既可是平面(称多面体),也可是曲面(称雕塑实体)。形体上的边也可以是直线段,也可以是曲线段。三维物体采用边界表示最普遍的方式是使用一组包围物体内部的表面多边形。如图 3-4 所示,长方体中打了一个洞,由点 V_1、V_2、V_3、V_7、V_8、V_5、V_6 定义该形体的外壳,点 V_5、V_6、V_7、V_8、V_5 定义该形体的上顶面,同时该点列也定义了此面的外环,此面上的点 V_{13}、V_{14}、V_{15}、V_{16}、V_{13} 定义了内环,V_5V_6 是该面外环上的一条边,该边有 V_5、V_6 两个端点,也是该形体的两个顶点,定义形体的面既可以是平面,也可以是曲面,边既可以是直线,也可以是曲线。

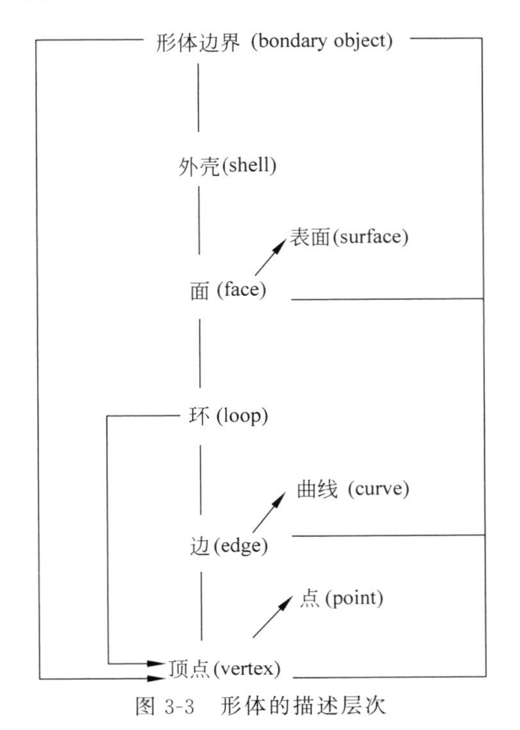

图 3-3　形体的描述层次

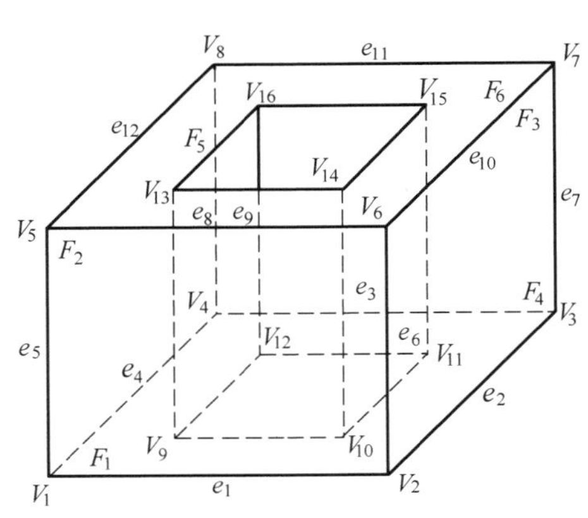

图 3-4　有孔的立方体层次结构示意图

存储几何信息的方法是建立三表结构,表 3-2、表 3-3、表 3-4 分别列出相关的点、线、面表,即顶点表、点边表和边面表。顶点坐标值存放在顶点表中。含有指向顶点表指针的点边表，用来为多边形的每条边标识顶点；同样，边面表会有指向点边表的指针，用来为每个表面标识其组成边。

表 3-2 点边表

边	点
e_1	V_1，V_2
e_2	V_2，V_3
⋮	⋮
e_{12}	V_5，V_8

表 3-3 顶点表

点	X Y Z
V_1	x_1 y_1 z_1
V_2	x_2 y_2 z_2
⋮	⋮
V_8	x_8 y_8 z_8

表 3-4 边面表

面号	边 号	内环
F_1	e_1，e_2，e_3，e_4	0
F_2	e_1，e_6，e_9，e_5	1
⋮	⋮	⋮
F_6	e_9，e_{10}，e_{11}，e_{12}	0

这些连接关系只适用于正则形体，对于非正则形体还要加以扩充和改进。

3.3 几何造型理论基础

3.3.1 正则集与有效几何形体

什么是几何形体？一般认为它是三维空间中的一个点集，但并非任意的点集都是实际的有效几何形体，有可能是带有一条悬边或悬面的二维或三维形体，或者是一个不封闭的图形，在生活中它们都是无效的几何形体。通常把几何造型中的几何形体定义为正则形体。为了定义正则形体，先定义正则集合，G 是三维空间中的正则集合的条件是 $K(iG)=G$，这里 iG 是内点集合，KG 是 G 的闭包集合，bG 是 G 的边界，cG 是 G 的补集，如图 3-5 所示。如图 3-5(b)不满足上述要求，称这类形体为非正则形体。因此要想得到有效的几何形体，必须定义正则集。基于点、边、面几何元素的正则形体和非正则形体的区别如表 3-5 所示。

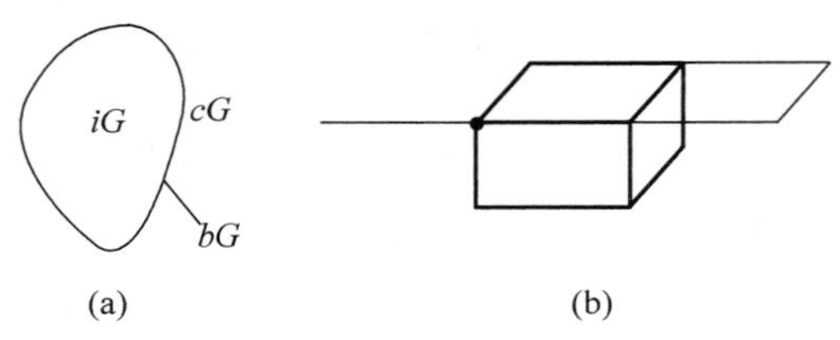

图 3-5 正则集合与非正则形体

(a) 正则集合；(b) 非正则形体

表 3-5 正则形体与非正则形体的比较

几何元素	正 则 形 体	非正则形体
边	只有两个邻面	可以有多个邻面、一个邻面或没有邻面
面	形体表面的一部分	可以使形体表面的一部分，或是形体内的一部分与形体分离
体	至少与三个面(或边)邻接	可以与多个面(或边)邻接，也可以是聚集体、聚集面、聚集边或独立点

G 是三维空间中正则形体的条件：

(1) G 是三维空间中有界正则集合，bG 是二维流形。

(2) G 空间中任何点满足小球邻域 IN/ON/OUT 分类(见图 3-6)。其中，ON 类点的小球邻域被 bG 分隔成两个且仅两个互不连通的子域，它们分别属于 iG 和 cG。

(3) bG 上任何一点，将使 iG 和 cG 成为连通子空间。该条件说明：如果 G 是三维空间中正则实体，则其内部区域及外部区域必须具有唯一性。

(4) 若边界切平面存在，则其法矢一定指向外部，同时要求模型边界和集合边界 bG 一致。所谓模型边界是指数据结构中存储的边界，集合边界是指实际集合的边界。

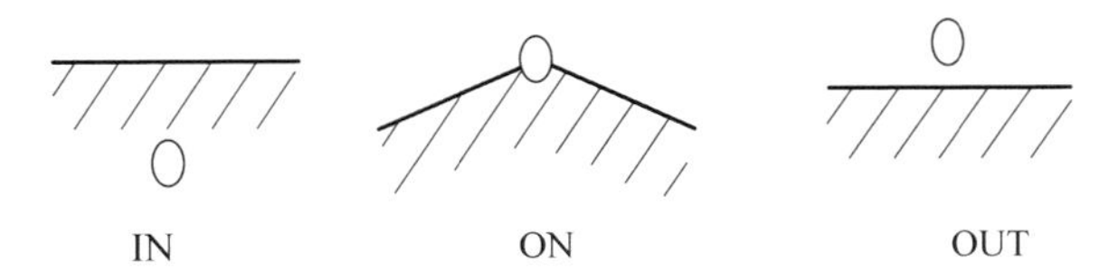

图 3-6 正则实体邻域条件

数学上正则集的定义为

$$S' = kiS \tag{3-1}$$

式中，k 表示闭包，i 表示内部，S 表示集合。式(3-1)的定义是：给定一个集合 S，如果此集合的内部闭包与所给原集合相等，则原集合称为正则集。图 3-7(a)中原来的集合 S 不等于 $S'(S'=kiS)$，故 S 不是正则集；图 3-7(b)中原来的集合 $S=S'$，故 S 是正则集。

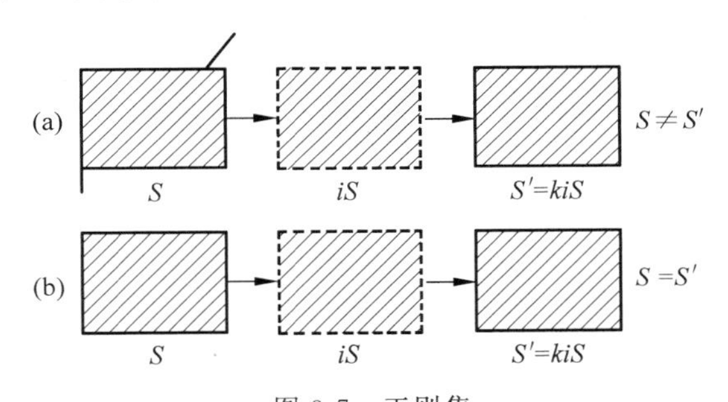

图 3-7 正则集

通俗地说，空间点的正则集就是正则几何形体，也就是有效的几何形体，直观上说，这种几何形体是由其内部的点集及紧紧包着这些点的表皮组成的。可以认为一个有效的实体应具有以下性质：刚性、维数一致、有界、封闭。

3.3.2 正则集合算子

基本体素间的并、交、差运算(如图 3-8 所示)是三维几何造型系统中构造物体的最基本的方法之一。

如果对正则集施行常规的并、交和差运算，可能会产生非正则集。如图 3-9 中，多边形 A 与 B 进行常规的交运算，即 $A \cap B$，则产生边 $\overline{ab}$，如图 3-9(b)是非正则集。因此，定义一套正则化集合算子并($\cup^*$)、交($\cap^*$)、差($-^*$)以区别常规的集合算子 $\cup$、$\cap$ 与 $-$，保证运算后仍产生正则集。

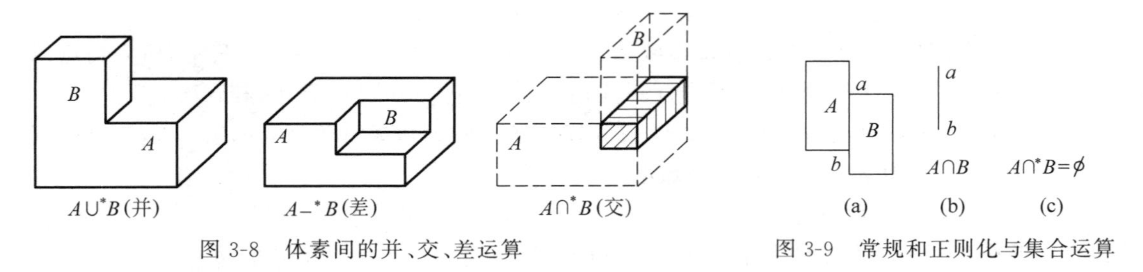

图 3-8　体素间的并、交、差运算

图 3-9　常规和正则化与集合运算

对于正则形体集合，可以定义正则集合算子。设<OP>是集合运算算子(交、并或差)，如果$\mathbb{R}^3$ 中任意两个正则形体 A、B 作集合运算：

$$R = A < \mathrm{OP} > B$$

运算结果 R 仍是$\mathbb{R}^3$ 中的正则形体，则称<OP>为正则集合算子，正则并、正则交、正则差分别记为$\cup^*$、$\cap^*$、$-^*$。正则集合算子的定义如下：

$$\begin{cases} A \cup^* B = ki(A \cup B) \\ A \cap^* B = ki(A \cap B) \\ A -^* B = ki(A - B) \end{cases} \tag{3-2}$$

按上述定义，如图 3-10 所示为多边形 A、B 之间的正则集运算结果。

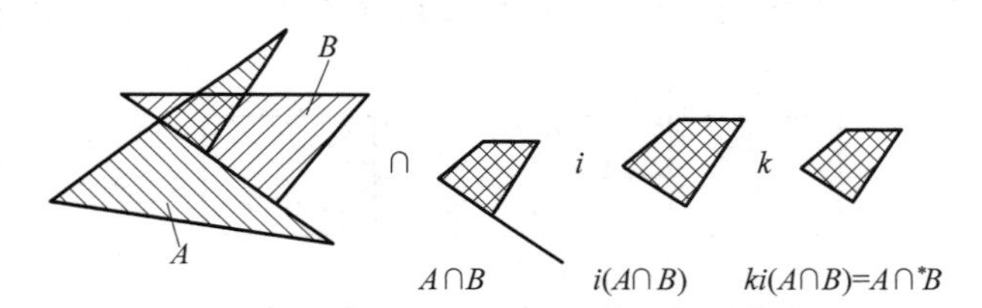

图 3-10　正则集合运算的定义

在具体运算时，采用一种邻域的运算与判别法则，消除不符合正则几何形体的部分，如悬边、悬面等，以达到正则集运算的结果。

3.3.3　基于集合成员分类法的正则集合运算

正则集合是指有效几何体，因此正则集合运算就是研究如何进行有效几何体之间的“$\cup^*$(并)、$\cap^*$(交)、$-^*$(叉)”运算，以保证最后得到有效几何体。这种算法的基础采用一种称为集合成员分类法(set membership classification)的理论，这个理论的基本出发点是：因为一个有效实体可以用它的边界面来定义，因此在以 B-Rep 为基础的两两实体拼合运算中，可以归结为面对体的分类，即将面分成在体内、体上及体外 3 部分，再根据具体的拼合运算的类型决定 3 部分面的取舍。因为面可用其边界表示，所以算法可进一步归结为边对体的分类。

1. 集合成员的分类

几何造型中的集合运算实质上是对集合中的成员进行分类的问题，Tilove 给出了集合成员分类问题的定义及判定方法。

Tilove 对集合成员分类函数定义为：设 X 为待分类元素组成的集合，S 为一正则集合，则 X 相对于 S 的成员分类函数为

$$M(X,S)=(X\text{in}S,X\text{on}S,X\text{out}S) \tag{3-3}$$

其中，$X\text{in}S$、$X\text{on}S$ 和 $X\text{out}S$ 是从 X 集划分出来的部分，它们分别在 S 集中（$X\text{in}S=X\cap iS$）、S 集边界上（$X\text{on}S=X\cap bS$）及 S 集外面（$X\text{out}S=X\cap cS$）。

图 3-11 表示了直线对多边形的分类情况，直线 L 被分为在多边形 P 内部、外部及边界上 3 种情况，记作 $M(L,P)=(L\text{in}P,L\text{on}P,L\text{out}P)$。

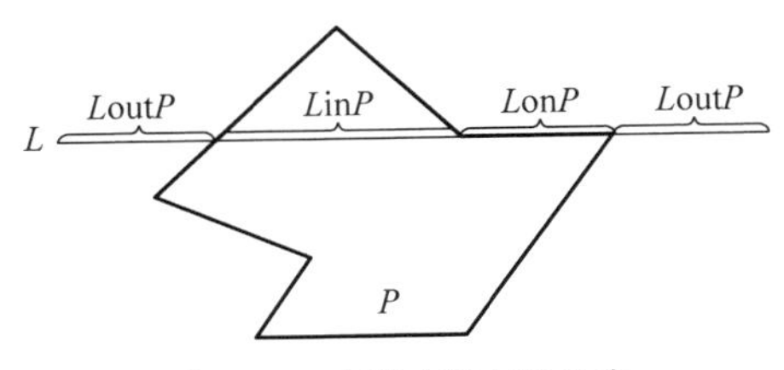

图 3-11　直线/多边形分类

如果 X 是形体的表面，S 是一正则形体，则定义 X 相对于 S 的分类函数时，需考虑 X 的法向量。记 $-X$ 为 X 的反向面。形体表面 X 上一点 P 相对于外侧的法向量为 $N_P(X)$，相反方向的法向量为 $-N_P(X)$，则式(3-3)中 $X\text{on}S$ 可表示为

$$X\text{on}S=\{X\ \text{shared}(bS),X\ \text{shared}(-bS)\}$$

其中，

$$X\text{shared}(bS)=\{P\mid P\in X,P\in bS,N_P(X)=N_P(bS)\}$$

$$X\text{shared}(-bS)=\{P\mid P\in X,P\in bS,N_P(X)=-N_P(bS)\}$$

于是，X 相对于 S 的分类函数 $M(X,S)$ 可写为

$$M(X,S)=\{X\text{in}S,X\text{out}S,X\ \text{shared}(bS),X\ \text{shared}(-bS)\}$$

由此，正则集合运算定义的形体边界可表达为

$$b(A\cup B)=\{bA\ \text{out}\ B,bB\ \text{out}\ A,bA\ \text{shared}(bB)\}$$

$$b(A\cap B)=\{bA\ \text{in}\ B,bB\ \text{in}\ A,bA\ \text{shared}(bB)\}$$

$$b(A-B)=\{bA\ \text{out}\ B,-(bB\ \text{in}\ A),bA\ \text{shared}(-bB)\}$$

在拼合运算中参考集 S 可表达为

$$S=A<\text{op}>B$$

符号<op>指正则化集合算子 $\cup^*$、$\cap^*$ 或 $-^*$。我们事先并不知道 $A<\text{op}>B$ 的边界是什么，正是需要通过 $X/A<\text{op}>B$ 这样的分类来求边界。以下讨论分类公式。

由图 3-12 可得下列推论（此处仅讨论 $A\cup^* B$ 的情况）：

如

$$S=A\cup^* B$$

则

$$\begin{cases}X\text{in}S=X\text{in}A\cup^* X\text{in}B\\ X\text{on}S=(X\text{on}A\cap^* X\text{out}B)\cup(X\text{out}A\cap^* X\text{on}B)\cup(X\text{on}A\cap^* X\text{on}B)\\ X\text{out}S=X-^*(X\text{in}S\cup X\text{on}S)\end{cases} \tag{3-4}$$

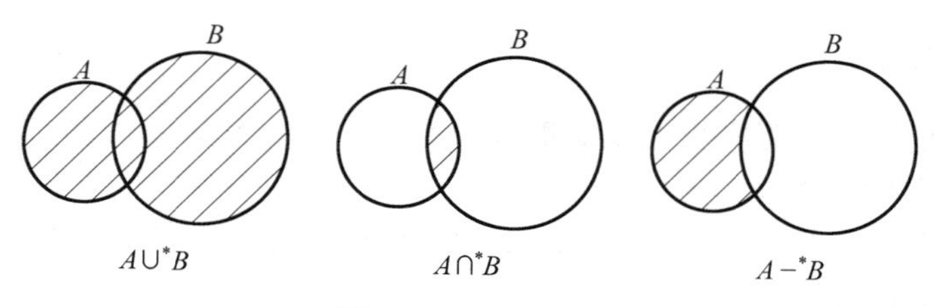

图 3-12 集合运算

式中 $X\text{on}S$ 等式右边的($X\text{on}A \cap^* X\text{on}B$)是否包含在 $X\text{on}S$ 上有时是有二义性的，参见图 3-13。

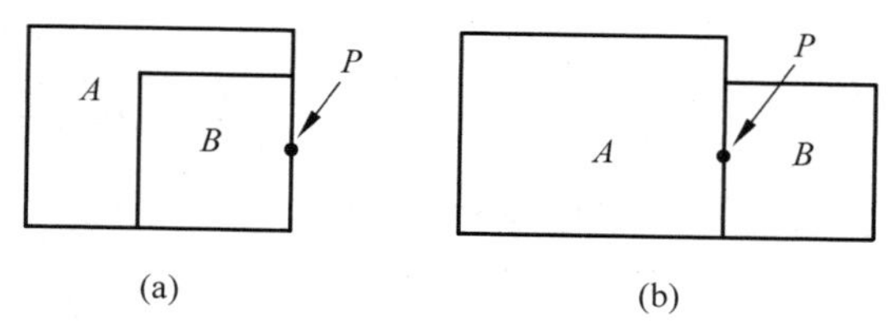

图 3-13 对点分类时的“on/on”二义性

(a) $S=A\cup^* B$；(b) $S=A\cup^* B$

在图 3-13(a)中，设 $S=A\cup^* B$，判别点 P/S 分类，这时有 $P\text{on}A$ 和 $P\text{on}B$，代入式(3-4)第 2 式右边最后一项得($P\text{on}A \cap^* P\text{on}B$)，由此得出 $P\text{on}S$，即 A、B 并运算后 P 点在运算后的边界上，与该图实际情况相符；然而在图 3-13(b)中，同样是 $S=A\cup^* B$，同样是 $P\text{on}A$、$P\text{on}B$ 成立，运算结果也应该是 $P\text{on}S$，但由该图实际情况看出，这时 P 不应该在 S 上，实际在 S 中。于是式(3-4)第 2 式中的($X\text{on}A \cap^* X\text{on}B$)运算结果不唯一，产生二义性。

如何解决二义性问题呢？在 PADL-1 系统中提出了邻域的概念与解决办法。

定义邻域：取 P 点处半径 $R>0$ 的区域为邻域(二维时邻域为圆，三维时邻域为球)，称作正则集合 S 的正则邻域，记作 $N(P,S;R)$。

正则邻域的运算是

$$N(P,S;R)=B(P;R)\cap^* S \tag{3-5}$$

式中，$B(P;R)$是以 P 为球心，半径为 R 所作的“开球”(即不包括球表面上点的球)。于是图 3-13 中 P 点处的正则邻域的情况如图 3-14 所示。因为图中 $S=A\cup^* B$，图 3-14(a)的 S 的邻域 $N(P,S;R)=N(P,A;R)\cap^* N(P,B;R)$，所得图形为左半圆；同理得图 3-14(b)的 $N(P,S;R)$，图形为整圆。然后判别图形，规定以下法则：凡图形全满者(指为一整圆)则认为 P 点不在 S 上；如图形既不空又不满者，则 P 在 S 上。根据这个法则，图 3-14(a)中的 P 点对 S 的正则邻域因为是左半圆，故 P 在 S 的边界上；而图 3-14(b)中 P 点对 S 的正则邻域因为是整圆，所以 P 点不在 S 的边界上。由此可见，利用正则邻域作为补充的检查手段，就可以消除以前提到的拼合结果的二义性问题，保证了解的唯一性。

现将正则邻域的概念从一个点 P 推广到一个集合 $X\text{on}S$ 上，在该集合的任一点处均可取正则邻域。现将邻域函数简写为 $N^*[X\text{on}S,S]$，于是分类函数可精确地定义如下：

$$M^*[X,S]=(X\text{in}S,(X\text{on}S,N^*[X\text{on}S,S]),X\text{out}S)$$

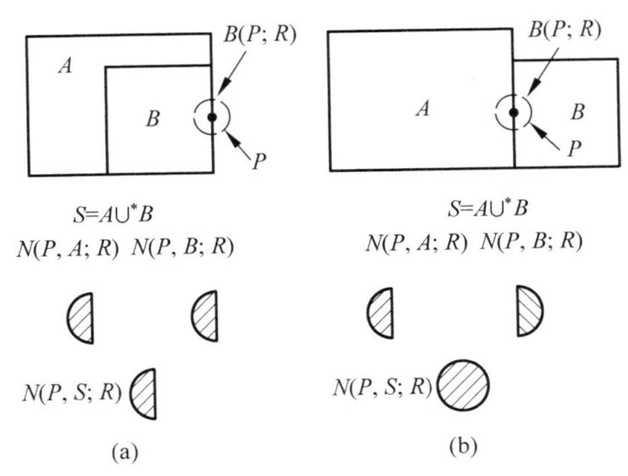

图 3-14　利用正则邻域的判别消除二义性

由于引入了正则邻域函数 N^*，排除了拼合运算中边界可能出现的二义性情况，因此可将式(3-4)改写成以下分类函数计算公式。

(1) 如

$$S = A \cup^* B$$

则　① $X\text{in}S = X\text{in}A \cup^* X\text{in}B$

② $X\text{on}S = t_1 \cup t_2 \cup t_3$

其中，

$$\begin{cases} t_1 = X\text{on}A \cap^* X\text{out}B \\ t_2 = X\text{out}A \cap^* X\text{on}B \\ t_3 = \begin{cases} X\text{on}A \cap^* X\text{out}B, & \text{如果 } N^*[X\text{on}S, S] \text{ 既不空也不满} \\ \varnothing, & \text{其他} \end{cases} \end{cases} \tag{3-6}$$

③ $X\text{out}S = X -^* (X\text{in}S \cup X\text{on}S)$

(2) 如

$$S = A \cap^* B$$

则　① $X\text{in}S = X\text{in}A \cap^* X\text{in}B$

② $X\text{on}S = t_1 \cup t_2 \cup t_3$

其中，

$$\begin{cases} t_1 = X\text{on}A \cap^* X\text{in}B \\ t_2 = X\text{in}A \cap^* X\text{on}B \\ t_3 = \{\text{同式(3-6)}\} \end{cases} \tag{3-7}$$

③ $X\text{out}S = X -^* (X\text{in}S \cup X\text{on}S)$

(3) 如

$$S = A -^* B$$

则　① $X\text{in}S = X\text{in}A -^* X\text{in}B$

② $X\text{on}S = t_1 \cup t_2 \cup t_3$

其中，

$$\begin{cases} t_1 = X\text{on}A \cap^* X\text{out}B \\ t_2 = X\text{in}A \cap^* X\text{on}B \\ t_3 = \{\text{同式(3-6)}\} \end{cases} \tag{3-8}$$

③ $X\text{out}S = X -^* (X\text{in}S \cup X\text{on}S)$

2. 集合运算算法

正则集合运算与非正则形体运算的区别在于增加了正则化处理步骤。下面给出一个非正则形体的集合运算算法。

假定参与集合运算的形体为 A 和 B，运算的结果形体 $C = A \langle op \rangle B$，其中集合运算符 $\langle op \rangle$ 为通常的集合运算并、交、差($\cup^*$、$\cap^*$、$-^*$)。

对于一个非正则形体 L，可以将其分解为 $L = L_3 \cup^* L_2 \cup^* L_1 \cup^* L_0$，其中 L_3 为 $\mathbb{R}^3$ 中的正则闭集之并，存在面表、边表、点表等拓扑元素；L_2 是悬面集，存在边表和点表；L_1 是悬边集，只有端点；L_0 是孤立点集。

集合运算整个算法包括以下几部分。

(1) 求交：参与运算的一个形体的各拓扑元素求交，求交的顺序采用低维元素向高维元素进行。用求交结果产生的新元素(维数低于参与求交的元素)对求交元素进行划分，形成一些子元素。经过求交步骤之后，每一形体产生的子拓扑元素的整体相对于另一形体有外部、内部、边界上的分类关系。

(2) 构环：由求交得到的交线将原形体的面进行分割，形成一些新的面环。再加上原形体的悬边、悬点经求交后得到的各子拓扑元素，形成一个拓扑元素生成集。

(3) 分类：对形成的拓扑元素生成集中的每一拓扑元素，取其上的一个代表点，根据点/体分类的原则，决定该点相对于另一形体的位置关系，同时考虑该点代表的拓扑元素的类型(即其维数)，来决定该拓扑元素相对于另一形体的分类关系。

(4) 取舍：根据拓扑元素的类型及其相对另一形体的分类关系，按照集合运算的运算符要求，要决定拓扑元素是保留还是舍去；保留的拓扑元素形成一个保留集。

(5) 合并：对保留集中同类型可合并的拓扑元素进行合并，包括面环的合并和边的合并。

(6) 拼接：以拓扑元素的共享边界作为其连接标志，按照从高维到低维的顺序，收集分类后保留的拓扑元素，形成结果形体的边界表示数据结构。

3.3.4 欧拉公式与欧拉运算

欧拉运算生成的物体称为欧拉物体。欧拉物体总是满足欧拉公式。通过增加或者减少物体的面、边、顶点，来生成新的欧拉物体的操作称为欧拉运算。运用这些运算可以构造实体、类多面体，并能保证其拓扑关系的正确性，即具有封闭性和有向性。实体表面的封闭性、连接性、方向性和自身不相交的性质，是拼合物体表面应该具有的整体性质。欧拉公式保证了实体的面、边、顶点、盲孔(空穴)与通孔等彼此之间的正确数量关系。欧拉公式常用于检验几何造型中所产生的形体的合法性和一致性。符合欧拉公式的物体称为欧拉物体。

1. 正则形体满足欧拉公式的几种情况

欧拉公式适用于平面多面体，为了使拼合过程中构成的几何体具有正确的拓扑关系，应当满足以下几种情况下的欧拉公式。

(1) 对于正则实体，其顶点(V)、边(E)、表面(F)数目之间的关系满足简单的欧拉公式：

$$V - E + F = 2$$

上述公式适用于具备以下条件的实体：

① 实体的面是连接的而且无孔，并且由一个边环约束构成一个拓扑环；

② 实体是单连通的，而且无通孔；

③ 每条边恰与两个面相连，并且由构成边的两个顶点约束；

④ 每个顶点至少汇交三条边。

例如图 3-15 所示的三维形体：长方体顶点 $V=8$，边 $E=12$，表面 $F=6$，则有

$$8 - 12 + 6 = 2$$

(2) 如果把三维封闭空间分割成 C 个多面体，其顶点、边、面和多面体个数满足下述公式：

$$V - E + F - C = 1$$

如图 3-15 所示的三维形体，在其中加入一个点 9，然后将其与另外 8 个顶点相连，从而构成具有 6 个单元体的多面体。用上式可以验证顶点、边、面和单元体关系式的正确性。故

$$V - E + F - C = 9 - 20 + 18 - 6 = 1$$

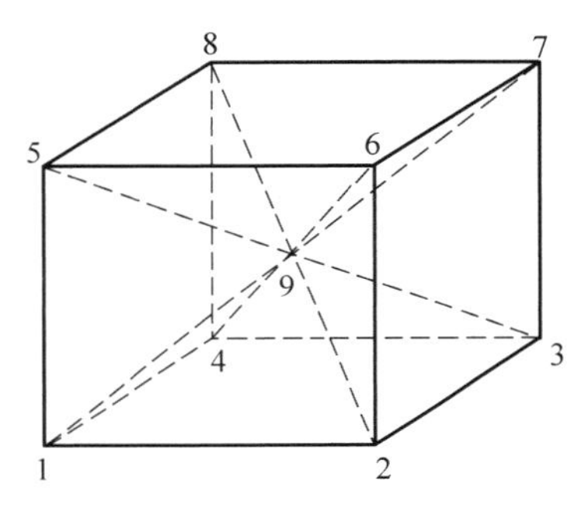

图 3-15　有 C 个多面体的欧拉公式

(3) 对于有孔洞的多面体正则实体，其相应的欧拉公式为

$$V - E + F = 2(B - P) + H \tag{3-9}$$

其中，V、E、F 仍为形体的顶点、棱边和面的数目，H 为形体表面上的空穴的数目，P 为穿透形体的通孔的数目，B 为分离的、互不相连的形体个数。

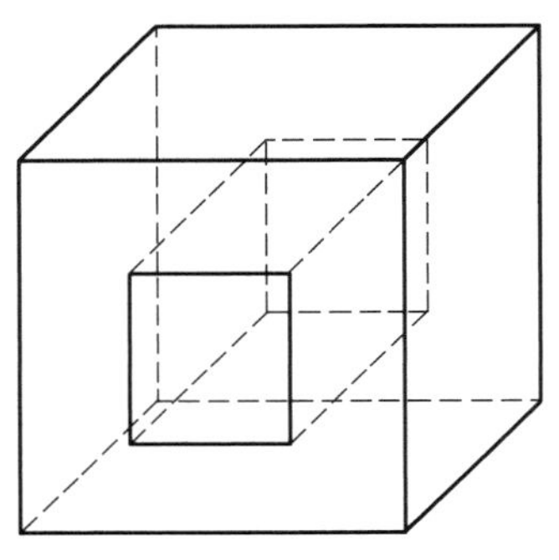
图 3-16　前后穿孔的长方体

如图 3-16 所示的长方体的欧拉公式为

① $V-E+F=16-24+10=2$；

② $V-E+F-H+2P=2B$；

则有具体结果

$$16 - 24 + 10 - 2 + 2 = 2$$

(4) 对于 n 维空间，可以令 $N_0, N_1, \cdots, N_{n-1}$ 分别为该空间中零维，一维，…，$n-1$ 维的几何元素，则此时的欧拉公式为

$$N_0 - N_1 + N_2 - \cdots = 1 - (-1)^n$$

当 $n=3$ 时，它对应的就是简单欧拉公式。

关于表面合法性问题，有两类合法性条件，一类是几何数据方面，另一类是拓扑方面。如何检查合法性及怎样保证合法性？几何数据合法性条件的检查需作面与面之间的比较计

算，这种算法很复杂，所花代价太大，所以一般由模型的设计者通过监视等手段来保证。至于拓扑合法性条件则易于检查并保证，这要靠欧拉公式及欧拉运算。实体边界表面的封闭性、连接性、方向性和自身不相交的性质，是拼合物体表面应该具有的整体性质。欧拉公式保证实体的面、边、顶点、孔与通孔等彼此之间的正确数量关系。欧拉公式常用于检验几何造型中产生的形体的合法性及一致性，以保证产生的形体有意义。

2. 构造欧拉物体的欧拉运算

通过一系列增加和删除面、边、点的操作去构造欧拉物体的过程称为欧拉运算。用这些运算可构造实体、类多面体，并保证其拓扑关系的正确性（即具有封闭性和有向性）。已有一套欧拉算子供用户使用，保证每步欧拉运算后正在构造中的物体符合欧拉公式，如表 3-6 所列，符号 M(Make)表示增加，K(Kill)表示删除。

表 3-6 欧拉运算

操 作	欧拉算子	对应补算子	欧拉算子的功能
初始化创建一个实体	MBFV	KBFV	增加一个体，一个面及一个点
建立边及顶点	MEV	KEV	增加一条边及一个顶点
建立边及面	MEKL	KEML	增加一条边，删去一个环
	MEF	KEF	增加一个面及一条边
	MEKBFL	KEMBFL	增加一条边，删去一个体、一个面及一个环
	MFKLG	KFMLG	增加一个面，删去一个环及一个孔
粘接	KFEVMG	MFEVKG	删去面、边、顶点、增加孔
	KFEVB	MFEVB	删去面、边、顶点、体
组合操作	MME	KME	增加多条边
	ESPLIT	ESQUEEZE	边分割
	KVE		删顶点及边

表 3-7 表示这些算子与欧拉公式的关系。从表中可见，如果原来形体符合欧拉公式，那么在执行任一欧拉算子后，产生的新形体仍然符合欧拉公式。

表 3-7 欧拉算子的状态

欧拉算子	V	E	F	B	G	L
MBFV	1	0	1	1	0	0
MEV	1	1	0	0	0	0
MEKL	0	1	0	0	0	−1
MEF	0	1	1	0	0	0
MEKBFL	0	1	−1	−1	0	−1
MFKLG	0	0	1	0	−1	−1
KFEVMG	$-n$	$-n$	−2	0	1	0
KFEVB	$-n$	$-n$	−2	−1	0	0
MME	n	n	0	0	0	0
ESPLIT	1	1	0	0	0	0
KVE	−1	$-n$	$-(n-1)$	0	0	0

图 3-17(b)给出利用欧拉算子构造图 3-17(a)实体的过程。需要指出,当最后一个欧拉算子执行后,才形成图 3-17(a)那样的形体,有些中间过程(如边 E、面 F)为当时构形所需要,但随后就删除了。还需说明,第一个算子 MBFV 是为初始化点、线、面、体的数据结构,

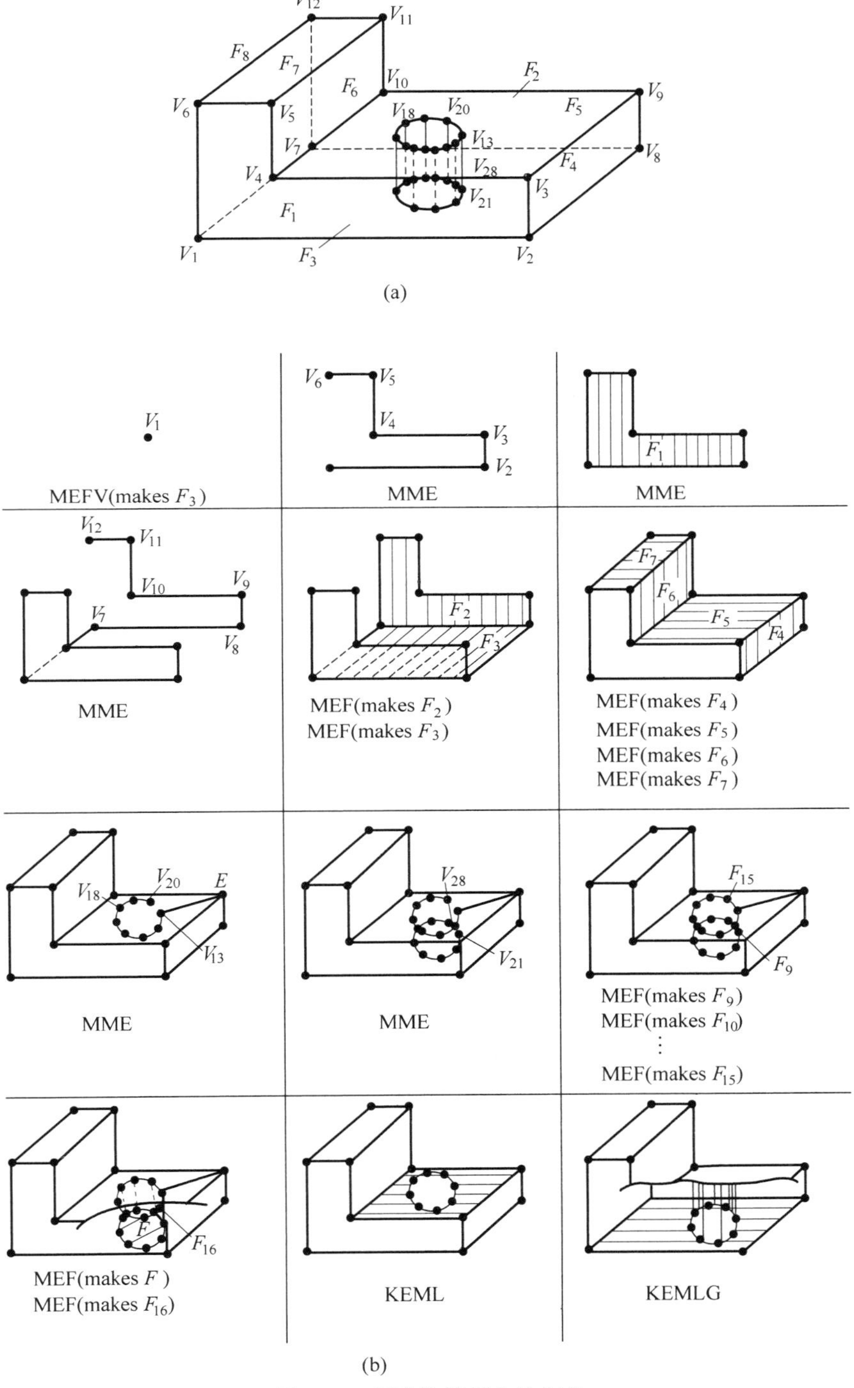

图 3-17　用欧拉算子构造实体

因此必须列为第一步操作,但是该算子同时给定一个顶点的坐标及一个面的参数,但面的边界并未给定,只是随便选择面 F_8,也可选其他面,当 F_1、F_2、F_7 形成后就自然形成 F_8,但如果没有开始的定义,后来就不可能自动形成。

有两种构造 B-Rep 表示实体的方法:一种是欧拉算子的造型操作,另一种是 CSG 方式的体素拼合操作。这二者算法完全不同。欧拉算子是一种通过点、线、面的局部操作,在此仅讨论这些算子的拓扑正确性,事实上执行这些算子时必须输入相应的几何信息。因此,实际使用的命令或程序是以欧拉算子为拓扑基础的代数与几何的结合,它们能以菜单方式出现在屏幕上供交互使用。由于欧拉运算用点、线、面方式操作,构图效率较低,所以现代 CAD 系统已很少采用这种界面方式,但是用欧拉算子解决拓扑合法性的思想十分有用,因此在像"边界计算程序"这一类重要算法中,时常设法将欧拉算子融合进去。

3.3.5 几何造型中的布尔运算

在实体造型中,通过布尔运算将一些基本体素组合成复杂的形体。布尔运算是一种正则化的集合运算,它保证两个基本体素经过运算后得到的结果有意义,并且可进一步参与布尔运算。常用的布尔运算有并、交、差、补等。在布尔运算中,关键问题是表面求交以及拓扑信息的分类处理。

布尔运算可用来连接一些简单形体。进行布尔运算必须设计一些具有边界子集和内部子集而且能够保持原始维数的物体,以保证运算物体维数相同。

如图 3-18 所示,假设两个二维多边形 A 和 B 连接,即进行并运算($C=A\cup B$),其算法如下:

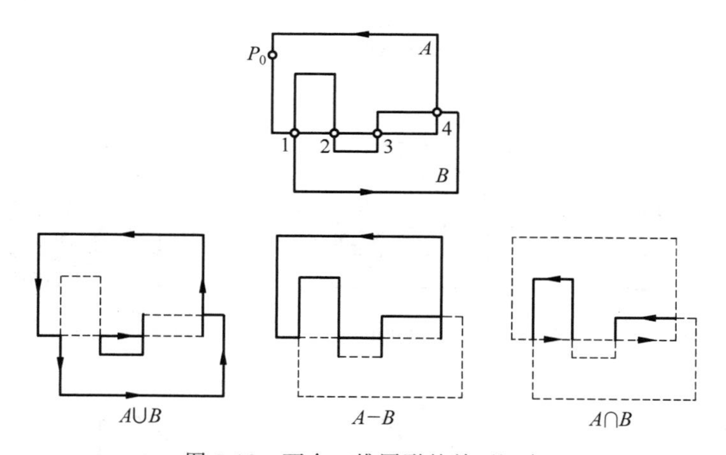

图 3-18 两个二维图形的并、差、交

(1) 首先找出 A、B 所有边的交点。

(2) 将 A 和 B 的边根据双方的交点进行分段处理;设多边形 A 的参数化边界从 $u=0$ 到 $u=1$;B 的参数化边界从 $v=0$ 到 $v=1$。

(3) 找到位于 A 边界上,且在 B 边界外的一点,例如 P_0,于是通过 P_0 的线段也在 B 外。

(4) 从 P_0 开始,令 A 的边界延伸到 A 与 B 的下一个交点。

(5) 找到属于 B 的,而且与 A 相交的线段,使 v 按照增加的方向沿该线段到 A 的交点。

在此交点，已经回到 A 的起始线段，但是没有走完一系列线段，因此作为找到的第一条环。

(6) 在 A 的剩余线段上找一点，该点必须在 B 的边界上，通过该点的线段也在 B 边界外。

(7) 沿该边界线段行进到与 B 的下一个交点。

(8) 重复步骤(5)。沿 B 中，到下一个交点处。这时又可以得到第二个环。

以此类推，直到不再有合适的线段，因此运算过程完成。形成的线段环，往往形成并运算结果之后的新的图形的边界，或者环形孔的图形边界。A 和 B 构成的环形的边界线段称为活动段；其他边界称为静止段。如果不再需要对 A 和 B 原始物体进行描述，可以将它们从数据库中清除掉。不难看出，C 是由 A 和 B 的活动线段重新参数化的边构成的新图形。

求差(即求 $A-B$)的方法与求和的运算基本相同，所不同的是以顺时针方向沿 B 的边界运动(沿着 v 减小的方向运动)。求交(即求 $A\cap B$)的方法也与求并的方法类似，所不同的是必须从位于 B 边界内的 A 边界上的一点开始追踪。

上述算法概括了布尔运算的主要过程：寻找两个形体的交点；判断一个点是在封闭多边形内部还是外部；沿着边界线追踪，形成环，把环重新参数化。

3.4 表示形体的模型

几何造型技术大致经历了线框、表面、实体、特征 4 个发展阶段。随着几何造型技术的发展，产品的信息描述更加完备，造型理论和方法更加充实。根据对几何信息、拓扑信息和特征信息处理的方法不同，形体在计算机中常用线框、表面、实体和特征 4 种表示模型。它们实质上代表了形体在计算机内不同的存储方式。

3.4.1 线框模型

线框模型(wire frame model)是利用产品形体的棱边和顶点表示产品几何形状的一种造型方法，它是利用基本的线素(点、线)来描述实体上的点、轮廓、交线以及棱线部分而形成的立体框架图。它是在计算机图形学和 CAD/CAM 领域中最早用来表示形体的模型，并且至今仍在广泛应用。

对于多面体而言，用线框模型很自然，因图形显示内容主要是棱边。但是对于非平面体，如圆柱体、球体等，用线框模型存在问题：其一，曲面的轮廓线将随视线方向的变化而改变；其二，线框模型给出的不是连续的几何信息，不能明确定义给定点与形体间的关系(点在形体内部、外部或表面上)，因此不能用线框模型处理 CAD/CAM 计算机图形学中多数问题，如剖切图、消隐图、明暗色彩图、物性分析、干涉检测、加工处理。

20 世纪 60 年代初期线框模型是二维的，用户需要逐点、逐线地构造模型，目的是用计算机代替手工绘图。图形几何变换理论的发展，使三维信息的表达成为可能，并使对三维信息再投影变换成平面视图成为很容易的事情。因此三维绘图系统迅速发展起来，但它同样仅限于点、线和曲线的组成，图 3-19 所示说明线框模型在计算机内存储的数据结构原理。图中有两个表：一个为顶点表，记录各顶点的坐标值；另一个为棱线表，记录每条棱线所连接的两顶点。由此可见三维物体可以用它的全部顶点及边的集合来描述，线框一词由此而得名。

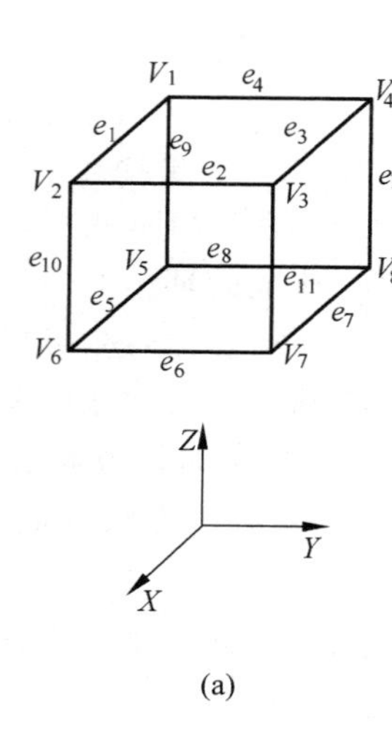

(a)

顶点	坐标值		
	x	y	z
1	0	0	1
2	1	0	1
3	1	1	1
4	0	1	1
5	0	0	0
6	1	0	0
7	1	1	0
8	0	1	0

(b)

棱线	顶点号	
1	1	2
2	2	3
3	3	4
4	4	1
5	5	6
6	6	7
7	7	8
8	8	5
9	1	5
10	2	6
11	3	7
12	4	8

(c)

图 3-19　线框模型的数据结构原理

(a) 模型；(b) 顶点表；(c) 棱线表

1. 线框模型的优点

(1) 由于有物体三维数据，因此可产生任意视图，视图间能保持正确投影关系，为生成多视图工程图带来方便。还能生成任意视点或视向的透视图及轴测图，这在二维绘图系统中做不到。

(2) 构造模型时操作简便，CPU 处理时间短，存储所需硬件成本低。

(3) 使用系统就像人工绘图的自然延伸。

(4) 线框造型的方法及其模型都较简单，易于理解，便于处理，具有图形显示速度快、容易修改等优点。

2. 线框模型的缺点

(1) 所有棱线全部显示出来，物体的真实形状须由人脑的解释才能理解，在某些情况下，这种造型方法会产生二义性，不能唯一地确定其所代表的形体，如图 3-20 所示的模型就可能代表三种不同的形体二义性理解。当形状复杂时，棱线过多，也会引起模糊理解。

(2) 缺少曲面轮廓线，如图 3-21 所示，这是因为在线框模型中不包含这样的信息。

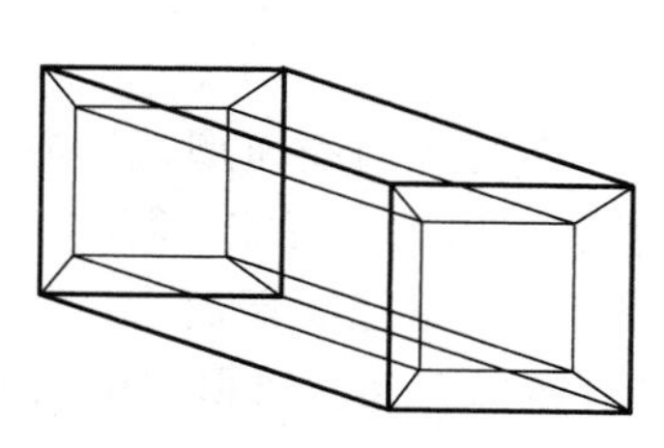

图 3-20　有二义性的线框图

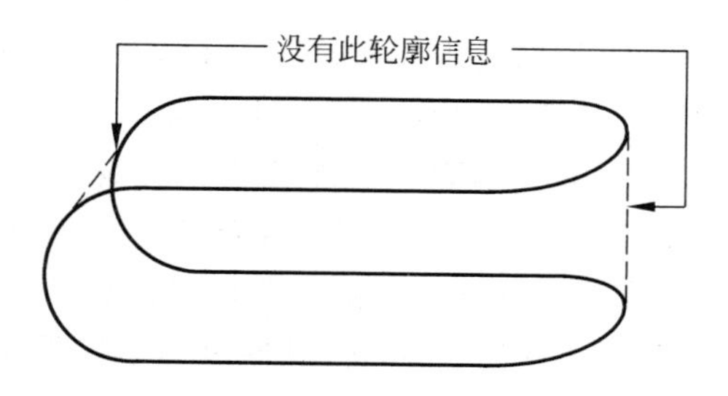

图 3-21　缺轮廓信息的线框图

(3) 由于在数据结构中缺少边与面、面与体之间关系的信息,即所谓拓扑信息,因此不能构成实体,无法识别面与体,更谈不上区别体内与体外。从原理上讲,此种模型不能消除隐藏线,不能作任意剖切,不能计算物性,不能进行两个面的求交,无法生成曲面数控加工刀具轨迹,不能自动划分有限元网格,不能检查物体间碰撞、干涉等。

(4) 由于只存储顶点和棱边的信息,因此难以进行形体表面交线计算、物性计算和消隐处理。

尽管这种模型有许多缺点,但它仍能满足许多设计与制造的要求,加上它明显的优点,在实际工作中使用广泛,在许多CAD/CAM系统中仍将此种模式作为表面模型与实体模型的基础。线框模型系统一般具有丰富的交互功能,用于构图的图素是大家所熟知的点、线、圆、圆弧、二次曲线、样条曲线、Bezier曲线等。目前线框模型主要用于二维绘图或作为其他造型方法的一种辅助的工具,它是表面和实体模型的基础。

3.4.2 表面模型

表面模型(surface model)是用有向棱边围成的部分来定义形体表面,由面的集合来定义形体。表面模型是在线框模型的基础上,增加有关面边(环边)信息以及表面特征、棱边的连接方向等内容,从而可以满足面面求交、线面消隐、明暗色彩图、数控加工等应用问题的需要。但在此模型中,形体究竟存在于表面的哪一侧,没有给出明确定义,因而在物性计算、有限元分析等应用中,表面模型在形体表示上仍然缺乏完整性。

这种模型通常用于构造复杂的曲面物体,构形时常常利用线框功能,先构造一个线框图,然后用扫描或旋转等手段变成曲面,当然也可以用系统提供的许多曲面图素来建立各种曲面模型。该模型的数据结构原理见图3-22,与线框模型相比,多了一个面表,记录了边、面间的拓扑关系,但仍旧缺乏面、体间的拓扑关系,无法区别面的哪一侧是体内或体外,依然不是实体模型。

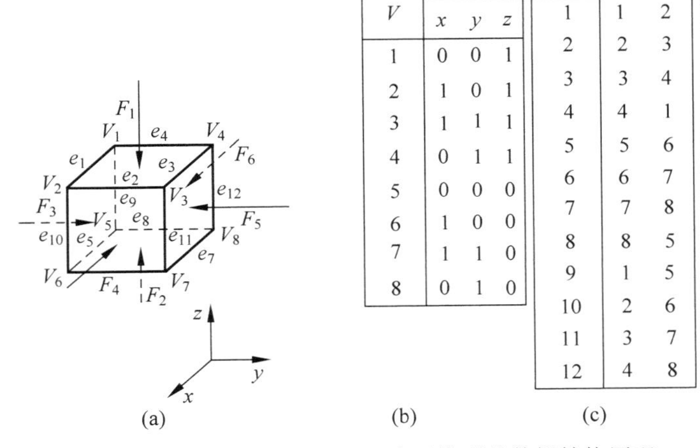

(b)

顶点 V	坐标值		
	x	y	z
1	0	0	1
2	1	0	1
3	1	1	1
4	0	1	1
5	0	0	0
6	1	0	0
7	1	1	0
8	0	1	0

(c)

棱线e	顶点号	
1	1	2
2	2	3
3	3	4
4	4	1
5	5	6
6	6	7
7	7	8
8	8	5
9	1	5
10	2	6
11	3	7
12	4	8

(d)

表面 F	棱线号			
1	1	2	3	4
2	5	6	7	8
3	1	10	5	9
4	2	11	6	10
5	3	12	7	11
6	4	9	8	12

图3-22　表面模型的数据结构原理

(a) 模型;(b) 顶点表;(c) 棱线表;(d) 表面表

表面模型的优点是能实现以下功能：消隐、着色、表面积计算、二曲面求交、数控加工刀具路径轨迹生成、有限元网格划分等，此外还擅长于构造复杂的曲面物体，如模具、汽车、飞机等表面。它的缺点是有时产生对物体二义性理解，此外操作比较复杂，要求操作者具备曲面建模的数学知识，因此要对操作者进行培训。

需要指出，不仅表面模型中常包括线框模型的构图图素，表面模型常与线框模型同时存在于同一个 CAD 系统中。表面模型系统中通常有以下几种基本曲面图素（如图 3-23 所示）。

1. 平面（plane）

用三点定义一个平面，常用作剖切平面，如图 3-23(a)所示。

2. 直纹面（ruled surface）

导线是两条不同的空间曲线，母线是直线，其端点必须沿着导线移动，如图 3-23(b)所示，可表示无扭曲曲面。

3. 回转面（surface of revolution）

先产生一平面线框图，再绕一轴线旋转，如图 3-23(c)所示，构造车削类零件等。

4. 柱状面（tabulated cylinder）

将一平面曲线沿一垂直于该面方向移动一距离而成，如图 3-23(d)所示，该曲面具有相同截面。

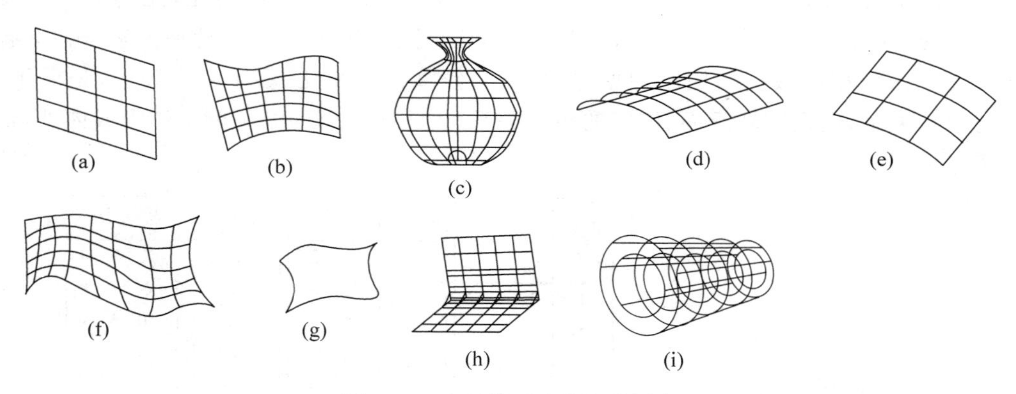

图 3-23 表面模型中的各种图素

5. Bezier 曲面（Bezier surface）

Bezier 曲面是一组空间输入点的近似曲面，但并不通过给定的点，不具备局部控制功能，见图 3-23(e)。

6. B 样条曲面（B-spline curves）

B 样条曲面也是一组输入点的近似曲面，可局部控制，如图 3-23(f)所示。

7. 孔斯(Coons)曲面

孔斯曲面由封闭的边界曲线构成,如图3-23(g)所示。

8. 圆角面(fillet surface)

圆角面为两个曲面间的过渡曲面,性质是B样条曲面,如图3-23(h)所示。

9. 等距面(offset surface)

等距面形状相似尺寸不同,这是一种很有效的构形手段,如图3-23(i)所示在曲面中心穿一孔。

3.4.3 实体模型

实体模型(solid modeling)主要是明确定义了表面的哪一侧存在实体,在表面模型的基础上可用3种方法来定义：如图3-24所示,图(a)在定义表面的同时,给出实体存在侧的一点 P；图(b)直接用表面的外法矢来指明实体存在的一侧；图(c)用有向棱边隐含地表示表面的外法矢方向。通常在定义表面时,用有向棱边的右手法则确定所在面外法线的方向,例如规定正向指向体外。有向棱边按右手法则取向,沿着闭合的棱边所得的方向与表面外法矢的方向一致,用此方法还可检查形体的拓扑一致性。如图3-24(d)所示,拓扑合法的形体在相邻的两个面的公共边界上,棱边的方向正好相反。实体模型和表面模型的主要区别是定义了表面外环的棱边方向,一般按右手规则为序。这样,可确切地分清模型的体内体外,形成实体模型。

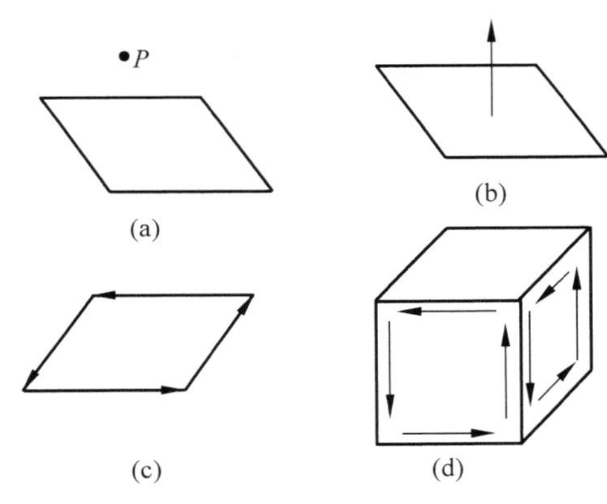

图3-24 实体表示模型

实体模型的数据结构不会这么简单,有许多不同结构。但有一点是肯定的,即数据结构不仅记录了全部几何信息,而且记录了全部点、线、面、体的拓扑信息,这是实体模型与线框或表面模型的根本区别。正因为如此,实体模型成了设计与制造自动化及集成的基础。依靠完整的几何与拓扑信息,所有前面提到的工作,从消隐、剖切、有限元网格划分,直到NC刀具轨迹生成都能顺利地实现,而且由于着色、光照及纹理处理等技术的运用使物体有着出色的可视性,使得实体模型在机械CAD领域外也有广泛应用,例如计算机艺术、广告、动画等。

实体模型尚不能与线框模型及表面模型间进行双向转化,在早期的CAD系统中线框模型的功能及表面模型的功能融合在一起,实体造型模块还时常作为系统的一个单独的模块。近年来,真正以实体模型为基础的、融三种模型机理于一体的机械CAD系统已经出现。

实体模型的构形方法常用机内存储的体素(voxel),经交、并、差运算构成复杂形体。所谓体素是一些简单基本几何体,有长方块、圆柱、圆锥和球等。图 3-25 表示形体并、交、差结果。

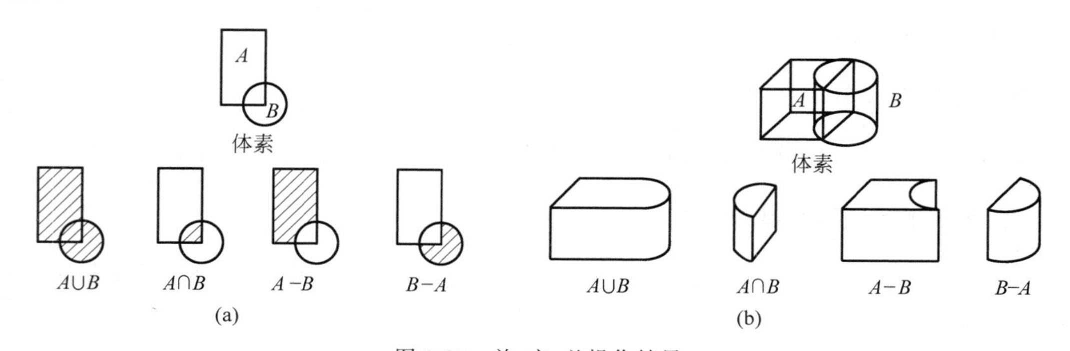

图 3-25 并、交、差操作结果
(a) 二维并、交、差;(b) 三维并、交、差

3.4.4 特征造型

20 世纪 80 年代以来,为了满足 CIMS 技术发展的需要,人们一直在研究更完整描述几何体的造型技术。为实现 CAD/CAM 技术的集成化,满足自动化生产要求的实体造型技术必须考虑诸如倒角、圆弧、圆角、孔,以及加工用到的各种过渡面几何形状信息和工程信息,特征造型正是为满足这一要求而提出来的。

特征是指产品描述的信息的集合,并可按一定的规则分类。纯几何的实体与曲面是十分抽象的,将特征的概念引入几何造型系统是为了增加实体几何的工程意义。特征造型(feature modeling)建立在实体建模基础上,加入了实体形状特征信息、精度信息、材料信息、技术要求和其他有关信息,另外还包含一些动态信息,如零件加工过程中工序图的生成、工序尺寸的确立等信息。常用的特征信息如图 3-26 所示。

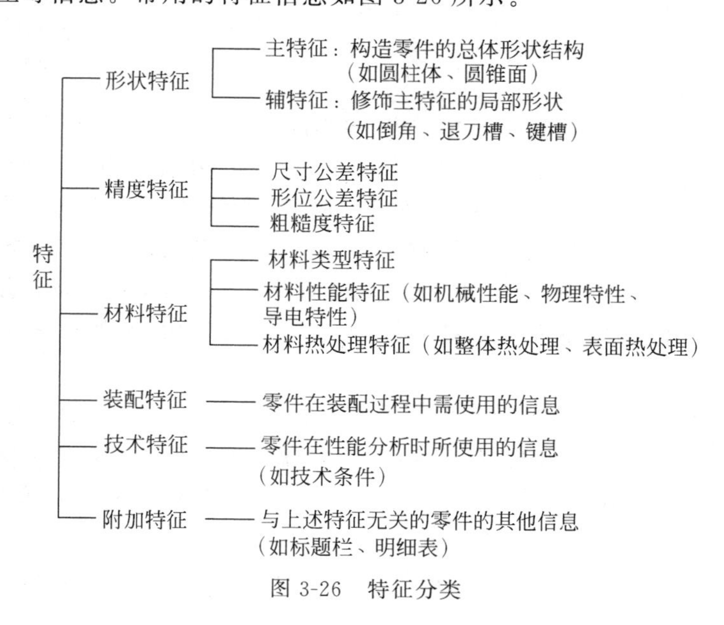

图 3-26 特征分类

（1）形状特征：与公称几何相关的概念。形状特征按几何形状的构造特点可分为通道、凹陷、凸起、过渡、面域、变形局部修正特征；形状特征模型主要包括几何信息、拓扑信息。与实体造型不同，形状特征定义为具有一定拓扑关系的一组几何元素构成的形状实体。

（2）精度特征：可接受的公称形状和大小的偏移量。精度特征模型用来表达零件的精度信息，包括尺寸公差、形位公差、表面粗糙度等。

（3）技术特征：性能参数。

（4）材料特征：材料、热处理和条件等。材料特征模型表达零件有关材料方面的信息，包括材料的种类、性能、热处理要求等。

（5）装配特征：零件相关方向、相互作用和配合关系。

特征造型给设计人员提供了一种全新设计方法和设计思想，极大地提高了设计效率。同时特征作为产品模型信息的载体，为产品在整个设计制造各个环节中提供统一的产品信息模型，避免了信息的重复输入，为CAD/CAPP/CAM技术集成化提供有效技术支持。

1. 数字化产品建模

三维数字化产品建模是工程设计的重要环节，其早期是以几何建模为主，然后发展成为特征建模。对于机械零件产品，建立其产品模型必须考虑产品整个生命周期中各个过程所需要的信息，如设计过程、工艺规划、加工过程等。一个完整的产品信息模型不仅是产品数据的集合，还应反映出各类数据的表达方式以及相互间的关系。产品信息模型不但包含产品的加工和非加工特征信息，还包含零件模型底层的几何拓扑信息。构成产品零件的特征包括方位特征、形状特征、精度特征和技术管理特征。形状特征可分为基本特征、复合特征和阵列特征等。近30年来，产品数据建模技术经历了从线框建模、表面建模到实体建模等3个过程，相应的产品信息表达层次也不断提高。对于工程应用而言，利用各种几何造型系统获得的产品信息模型，至少存在以下不足：

（1）产品数据不完备：只涉及产品的几何形状数据，而反映设计意图和工艺要求的信息，如公差、粗糙度、材料、热处理等没有表达，难以满足产品数据交换和信息集成的需要。

（2）数据的抽象层次低：只用低层次的几何、拓扑信息来表达零件信息，不能提供高层次的概念实体，不利于工程设计的数据表达。

基于特征的零件信息建模技术采用了具有一定工程意义的特征作为基本构造单元，使整个信息模型具有丰富的语义，并提供高层次的产品信息，以完整、全面地描述产品信息模型。特征建模既继承了几何建模的优点，又弥补了其存在的种种缺陷，是现代CAD系统普遍采用的技术。特征建模与几何建模是相互联系的，几何建模提供了面向几何的产品信息的表现形式，特征建模提供了连接工程知识和几何信息的工具。特征向下细分需要几何建模提供产品的几何形状信息，向上则反映工程语义的高层次信息。

2. 特征建模方法

机械产品设计是一个多因素、多环节循环复杂的决策过程，为适应社会发展和市场竞争的需要，人们在不断地寻求以高新技术为支持平台的现代产品设计方法。基于特征造型的产品设计方法是随着CAD/CAM一体化要求而产生的，是建立在实体造型方法基础之上，更适合于计算机集成制造系统的产品设计方法。它在原理和方法上与实体造型既有密切联系，又有以下不同：

(1) 三维线框、曲面和实体造型着重完善产品几何描述问题，而忽视产品工程意义，使设计和制造信息不连贯。特征造型则着重表达产品的完整技术和生产管理信息，在最终产品上保留各功能要素的原始定义和相互依赖关系，以便用统一产品模型替代传统设计中的成套图纸和技术文档，使产品设计和生产准备各环节得以并行展开。

(2) 在产品特征模型中引用基准点、中心线、局部坐标系等单元，突出面（如配合面、支撑面、定位面和基准面等）的作用，这些面不同于一般几何面，必须易于检索其定型和定位尺寸。这要求允许在三维物体之外存在孤立的点、线和面，引入非流形和非规则集合，扩展欧拉操作范围。

(3) 特征造型产品设计在更高层次上进行，操作对象不再是实体造型采用的原始的线条和体素，而是产品的功能形态，如螺纹孔、定位孔、键槽、凸台和耳板等，这需要采用局部操作和尺寸驱动技术，并要求使用新的数据结构和新的特征组合算法。特征的引用直接体现了设计意图，使得产品模型易于理解，节省产品设计时间。

(4) 特征中的几何和非几何信息将产品设计意图贯彻到各后续环节并及时得到意见反馈，加强了产品设计、分析、工艺准备、加工、检验各部门的联系，有助于推动产品设计和工艺设计规范化、标准化和系列化。

可见基于特征造型的产品设计方法是产品虚拟设计的核心，为设计、制造及生产管理提供服务，为智能CAD系统和智能制造系统的逐步实现创造条件。因此，对基于特征的机械产品造型课题的研究是十分必要的。

3. 特征模型信息描述

从CIMS和虚拟设计角度出发，零件模型的生成不是依赖于体素拼合，而是突出了各种面的作用，如基准面、工作面和连接面等，需要处理和记录不同特征间的继承、邻接、从属和引用联系。根据特征间的联系，将特征类的实例定义为对象，得到图3-27所示的特征联系图。

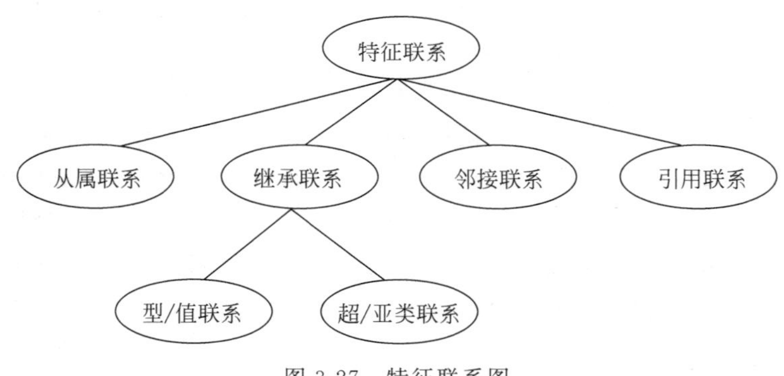

图3-27 特征联系图

在特征的属性集中包括三方面的属性：①参数属性，描述特征形状构成及其他非几何信息的定义属性；②约束属性，描述特征成员本身的约束及特征成员之间的约束关系属性；③关联属性，描述本特征与其他特征之间、形状特征与低层几何元素或其他非几何信息描述之间的相互约束或相互引用关系的属性。

根据特征和特征联系的定义，建立基于特征零件信息模型的分层结构，分为零件层、特征层和几何层3层。将零件的几何信息按层次展开，以便于根据不同的需要提取信息。零件层主要反映零件总体信息，为关于零件子模型的索引指针或地址；特征层包含特征各子模型的组合及其各个模型间的相互关系，并形成特征图或树结构，特征层是零件信息模型的核心，各特征子模型间的联系反映出特征间的语义关系，使特征成为构造零件的基本单元，具有高层次工程含义。B-Rep结构表达的几何/拓扑信息是整个模型的基础，也是零件图绘制、有限元分析、装配分析等应用系统关注的对象。

传统线框造型、曲面造型和实体造型方法只给出了构成几何体的数据，从中无法得知其特征信息，但可以从造型中提取有关特征。目前有两种提取方法：一种是直接使用特征进行设计；另一种是从现有几何模型提供的数据中提取特征。

特征模型一方面包括实体造型系统的全部信息，另一方面又能识别和处理所设计零件的特征。从用户操作和图形显示上，往往感觉不到特征模型与实体模型的不同，其主要区别表现在内部数据表示上。

通过定义特征，可以避免计算机内部实体模型数据与外部特征数据的不一致性和冗余，可以方便地对特征进行编辑操作，使用户界面更友好。针对机械产品形状设计定义的主要特征有孔、轴、圆角、倒角、槽、平推体、凸缘、筋、吊耳、管道、薄壁件等。

目前一些研究工作者从制造领域着手，将特征与工艺过程设计、数控加工自动编程、零件自动检测等环节联系起来。图3-28所示为典型轴类零件的部分特征归纳。

以特征为基础的造型方法是CAD建模方法的一个新里程碑，它可以充分提供制造所需的几何数据，从而可用于制造可行性方案的评价、功能分析、过程选择、工艺过程设计等。把设计和生产过程紧密结合，有良好的发展前景。

4. 特征造型特点

与传统几何造型方法相比，特征造型具有如下特点：

(1) 特征造型着眼于更好地表达产品的完整技术和生产管理信息，为建立产品的集成信息服务。它的目的是用计算机可以理解和处理的统一的产品模型替代传统的产品设计和施工成套图纸以及技术文档，使得一个工程项目或机电产品的设计和生产准备的各个环节可以并行展开。

(2) 它使产品设计工作在更高层次上进行，设计人员的操作对象不再是原始的线条和体素，而是产品的功能要素，如螺纹孔、定位孔、键槽等。特征的引用体现了设计意图，使得建立的产品模型容易为别人理解和组织生产，设计的图样容易修改。设计人员可以将更多的精力用在创造性构思上。

(3) 它有助于加强产品设计、分析、工艺准备、加工、检验各个部门间的联系，更好地将产品的设计意图贯彻到各个后续环节并且及时得到后者的意见反馈，为开发新一代基于统一产品信息模型的CAD/CAPP/CAM集成系统创造前提。

5. 特征造型系统结构与功能

在现有的几何造型系统基础上，交互使用特征识别和特征造型方法，实现基于特征的机

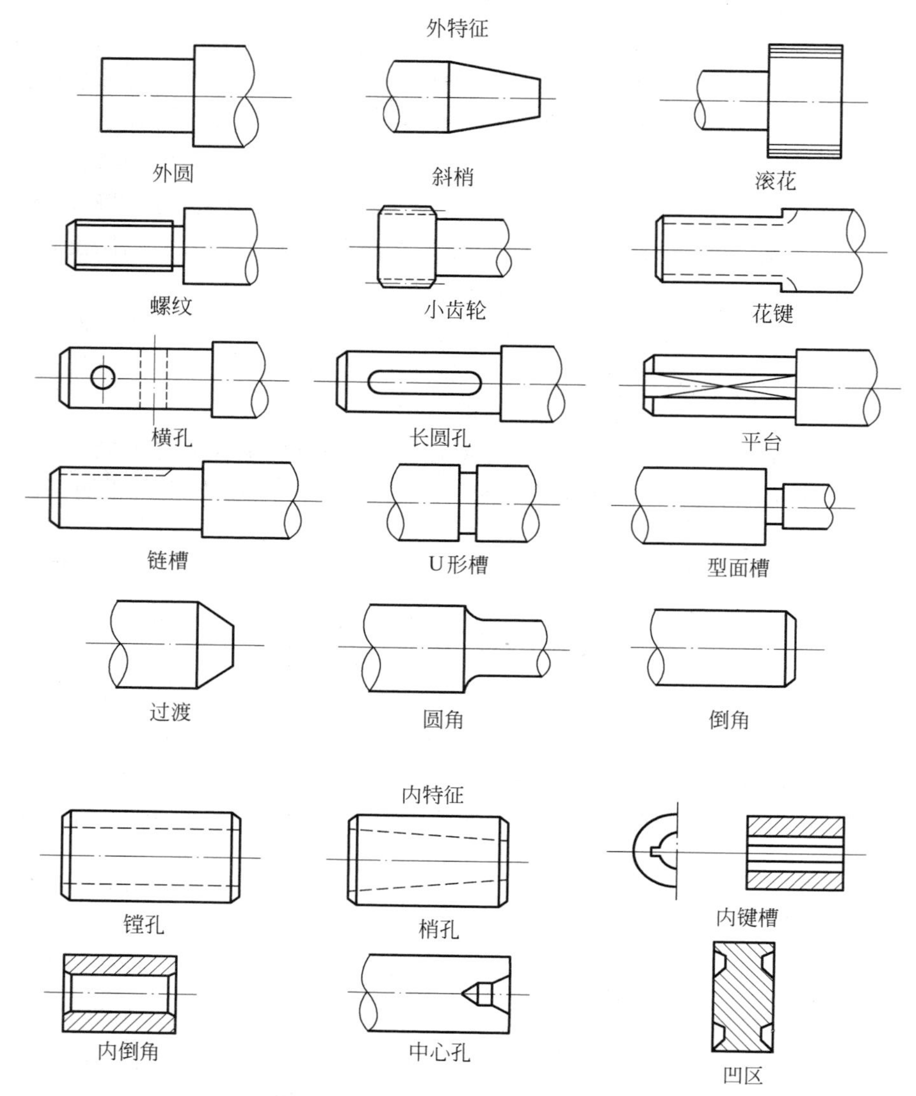

图 3-28 典型轴类零件的部分特征

械产品造型系统的开发研究，系统结构如图 3-29 所示。

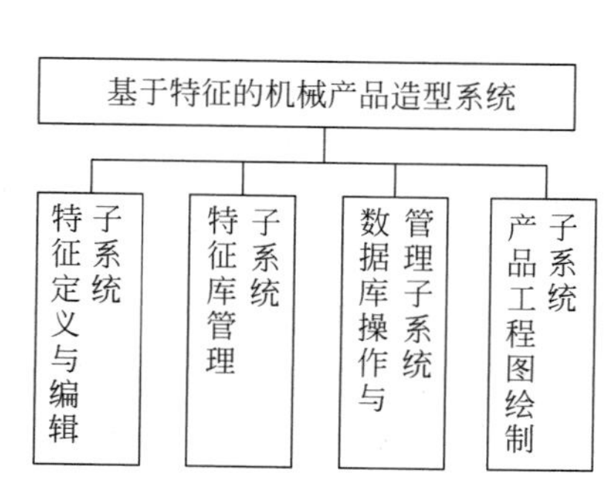

图 3-29 系统结构图

从以上各种造型方法可以看出：边界表示法以边界为基础；几何体素构造法以体素为基础；扫描法以面为基础；分割法以空间单元为基础；特征造型法以特征为基础。它们各有优缺点，很难用一种方法取代。因此，许多实用的造型系统往往兼有多种造型方法的功能；可以通过相互之间的转换来发挥各种造型方法的优势。

3.4.5 模型表示方式的功能比较

在几何造型中，采用线框、表面、实体、特征造型的功能利弊如表3-8所示，为了克服某种模型的局限性，在实用上几何造型系统中常统一使用线框、表面和实体模型。

表3-8 模型表示方法的功能对照

模型表示	应用范围	局限性
二维线框	画二维线框图(工程图)	无法观察参数的变化 不可能产生有实际意义的形体
三维线框	画二、三维线框图	不能表示实体，图形会有二义性
表面模型	艺术图形，形体表面显示数控加工	不能表示实体
实体模型	物形计算、有限元分析 用集合运算构造形体	只能产生正则形体 抽象形体的层次较低
特征模型	机械加工制造领域	图形实体会有二义性

3.5 几何造型中的形体表示模式

在几何造型中，往往采用一些抽象的几何实体去代表实际的形体。形体的表示模式就是确定采用什么形式的抽象几何实体去代表实际的实体。目前，常用的形体表示模式有体素调用、空间点列、单元分解、扫描变换、构造体素(CSG)法和边界表示(B-Rep)法等6种，其中后3种模式的使用最为普遍。

3.5.1 扫描变换表示法

一个集合在空间运动就能"扫"成一实体。通常用二维形体及它的运动轨迹来表示扫描生成的物体。有以下两种扫描方法。

1. 平移扫描

如图3-30(a)所示，图中A(打斜线者)是一个二维的曲多边形，B是一条有向直线，相当于运动轨迹；A沿B路径进行扫描运动，形成图中所示物体。由于路径B的表达很简单，集合A可用A的边界的边来表示，所以平移扫描的表示可简化为A集合的二维表示。

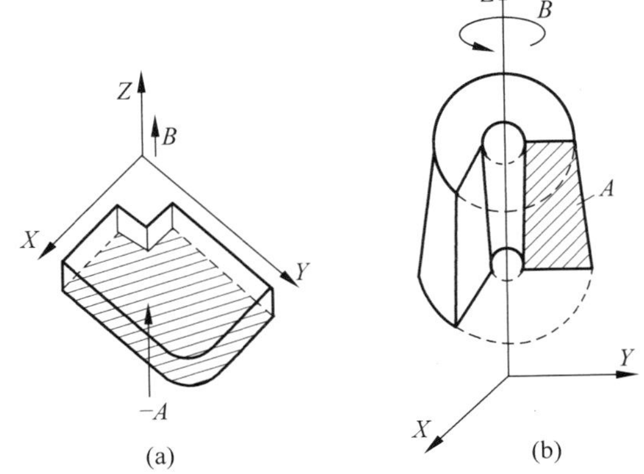

图3-30 两种扫描形成的实体
(a) 平移扫描；(b) 旋转扫描

2. 旋转扫描

如图3-30(b)所示，这个物体可以看作集合A按绕Z轴旋转的路径B运动而成。同样，集合 A 是一个二维形体，可用其边界边来表示。

通常在以边界表示法为基础的几何造型系统中，将这两类扫描方法列为输入形体的手段之一，只要在屏幕上设计出所要的二维图形，调用系统提供的扫描命令，就能形成三维实体，因此成为形体输入的强有力手段之一。扫描表示中的二维集合是有界边线组合而成的，这个特点对工程绘图人员来讲是一个方便的接口，使他们能在屏幕上得心应手地进行设计。

这两类扫描表示中，只要二维集合 A 无二义性，实体就不会有二义性。

3.5.2 构造体素表示法

形体的构造体素（CSG）表示法又称为构造实体几何法。CSG 法是一种用简单的体素拼合构成复杂的形体的方法。它是目前最常见、最重要的方法之一。

1. CSG 树

用 CSG 法表示一个物体通常用正则集合运算（构造正则形体的集合运算）来实现这种组合，其中可配合执行有关的几何变换。形体的 CSG 表示可看成是一棵有序的二叉树，如图 3-31 所示，这种形式称为 CSG 树，其终端节点树叶分为两种：一种是基本体素，如长方体、圆柱等；另一种是体素作刚体运动的变换参数，如平移参数 ΔX 等。非终端节点或是正则的集合运算，或是刚体几何变换，这种运算或变换只对其紧接着的子节点（子形体）起作用。每棵子树（非变换叶子节点）表示了其下两个节点组合及变换的结果，树根表示了最终的节点，即整个形体。图中节点表示某种运算。有两类运算子：一类为运动运算子，如平移、旋转等；另一类为集合运算子，这里不是一般并（∪）、交（∩）及差（－），而是指那些经过修改后适用于形状运算的正则化集合运算子，分别用记号 $\cup^*$、$\cap^*$、$-^*$ 表示。

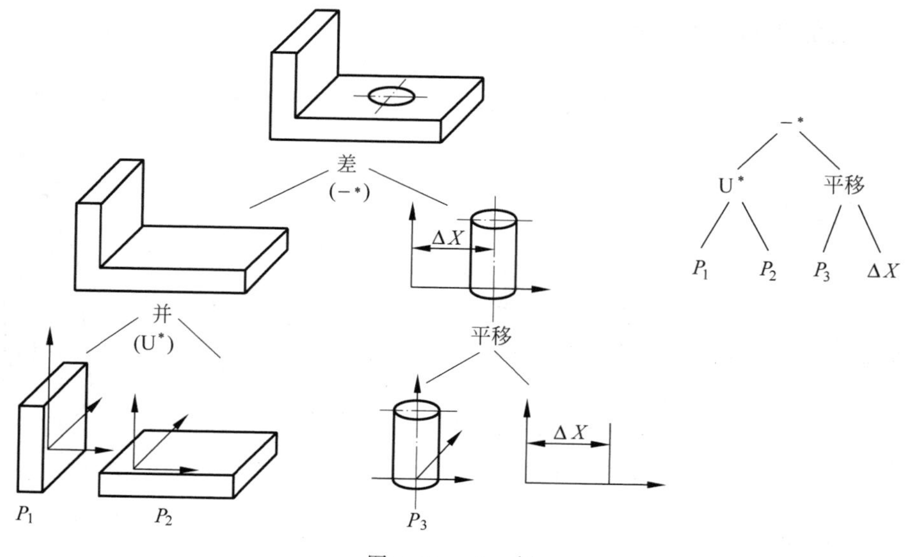

图 3-31　CSG 树

CSG树中每棵子树代表一个集合，它是用算子对体素进行运算后生成的。树根是最终拼合成的物体。CSG树可能是一棵不完全的二叉树，这取决于用户拼合该物体时所设计的步骤。

CSG树代表CSG方法数据结构，可采用遍历算法进行拼合运算。CSG树这种数据结构称为"不可计算的"，其优点是描述物体非常紧凑，缺点是当真正进行拼合操作及最终显示物体时，还需将CSG树这种数据结构转变为边界表示(B-Rep)的数据结构，这种转变靠"边界计算程序"实现。为此在计算机内除存储CSG树外，还有一套数据结构存放体素的体-面-边信息，图3-32就是这种数据结构的例子。

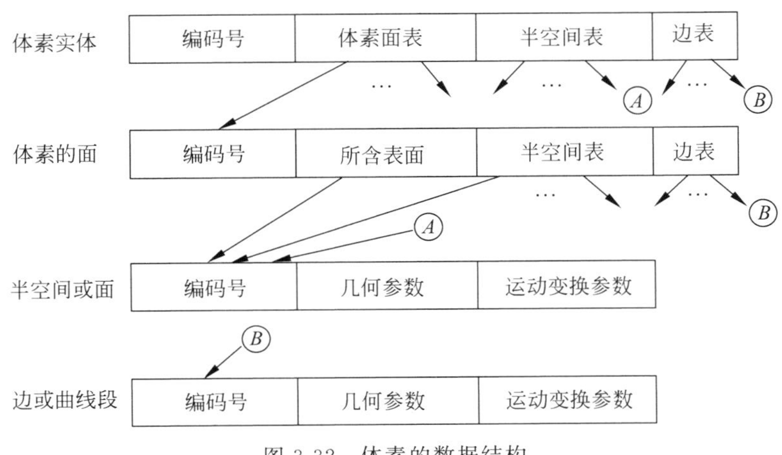

图3-32　体素的数据结构

2. CSG中的体素

为了准确地说明体素，先说明半空间的概念。在给出正式的半空间定义之前，先举一个无限长的圆柱体给以感性说明。图3-33为在Z轴方向有一无限长的圆柱，其半径为R。

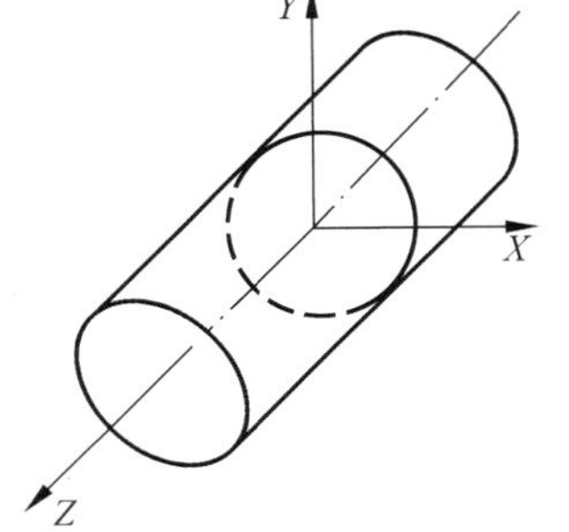

图3-33　沿Z轴无限长圆柱

设有解析函数

$$F(R,P)=x^2+y^2-R^2$$

式中，R为形状参数，即半径值；P为三维空间E^3中的任意坐标点。对某个具体的R值来说，该圆柱体可表达为一个集合，并满足如下公式：

$$I(R)=Ki\{(x,y,z)\mid x^2+y^2-R^2\leqslant 0\}$$

其中，K表示闭包(closure)，i表示内部(interior)。

现在对简单半空间(simple half-space)进行定义。

设在三维空间$\mathbb{R}^3$中有一解析函数$F(\boldsymbol{Q},P)$，其中$\boldsymbol{Q}=(q_1,q_2,\cdots,q_n)$为形状定义域$D_q$中的某个形状参数向量，$P=(x,y,z)$为三维空间中的一般点。假如对$D_q$中的每个$\boldsymbol{Q}$值，均有满足如下表示的集合：

$$I(\boldsymbol{Q})=Ki\{P\mid F(\boldsymbol{Q},P)\leqslant 0\}$$

而且让该集合在其位置定义域D_q中作运动(平移或旋转)。这种由于形状变化和位置变化而形成的集合族(the family of sets),用 S_i 表示,称为简单半空间。

还有一类组合半空间(composite half-space),它由简单半空间加正则化集合算子形成,用 H_i 表示。如图 3-34 所示,有界圆柱体

$$H_1 = S_1 \cap^* S_2 \cap^* S_3$$

式中,S_1 和 S_2 是平面形简单半空间中某一具体体素,S_3 是圆柱形简单半空间中某一具体体素,H_1 为经拼合而成的组合半空间,为一有界圆柱体。

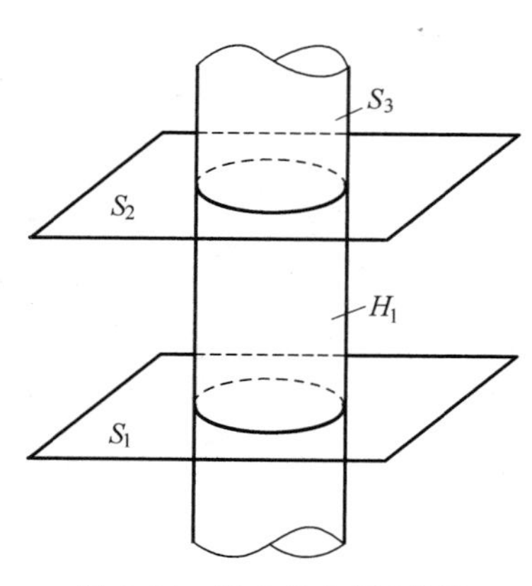

图 3-34 组合半空间(有界圆柱体 H_1)

由此可见,CSG 法中的体素可能是无界的,例如无界的平面、无界的圆柱等;也可能是有界的,例如长方体、圆柱体、球等,大多数 CSG 造型系统采用有界体素。

在造型系统中,体素都用参数化方式表示,一般格式为

名称(形状参数,位置参数)

其中,名称用类型码标识,形状参数用有代表性的有限个定形尺寸参数表示,例如圆柱体可用半径 R 及长度 L 两个参数来表示。位置参数用(dx,dy,dz)表示平移量,用(rx,ry,rz)表示旋转量。例如,长方体体素的参数表示为

$$\text{RECTANGLE}(\alpha, L_1, L_2, (x_1, y_1, z_1))$$

如图 3-35 所示,L_1 和 L_2 是形状参数,α 及(x_1,y_1,z_1)是位置参数,体素沿 Z 轴方向是无界的。

再如 PADL-1(美国 Rochester 大学的 HBVoelcker 和 AAGRequicha 提出了基本体素的集合运算理论,并依此研制了 PADL-1 和 PADL-2 系统。)中,见图 3-36,长方体体素表示为

$$\$B(u, v, w)$$

其中(u,v,w)为形状参数,定位点规定在左后角,所以不出现位置参数。

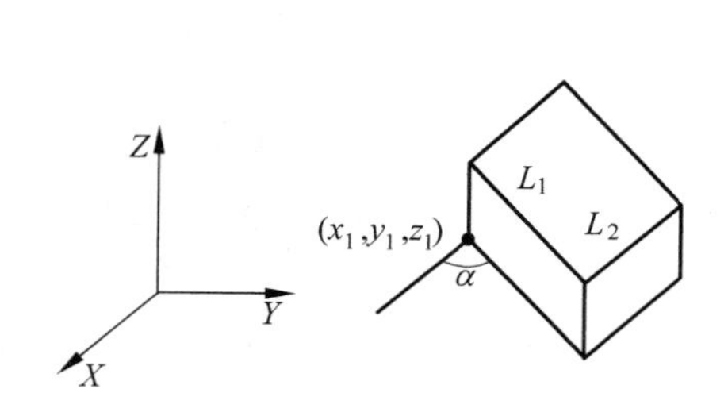

图 3-35 简单半空间体素定义

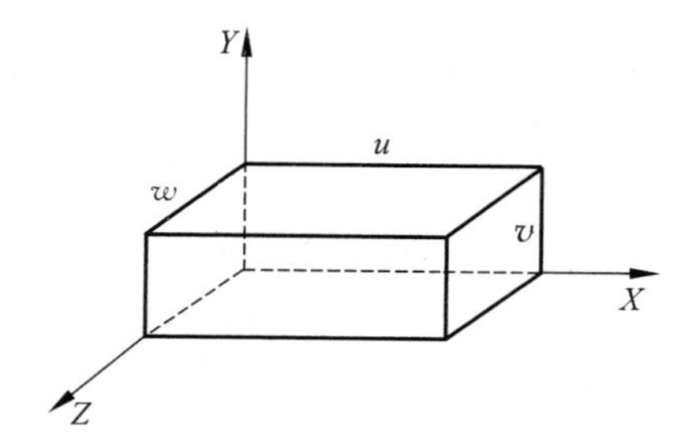

图 3-36 有界体素定义

3. CSG 法的某些重要特性的讨论

1) 定义域

定义域可通俗解释为构形的功能覆盖面,它由下列 3 方面来决定:①体素种类,包括这组体素的形状及位置定义域的规定;②运动算子的种类,即它的变换类型是否丰富;③所采用的正则化集合算子的种类。因此,CSG 的定义域等于对该 CSG 法所包含的任何体素

进行各种允许的运动及集合运算操作所得的全部的集合。这个“全部的集合”称为正则布尔群(regularized Boolean class)。所以某个CSG系统的定义域就是它的正则布尔群。

当CSG中具有一组体素是组合半空间体素$\{H_i\}$,不是简单半空间体素$\{S_i\}$时,定义域由构成$\{H_i\}$的一组基础的简单半空间$\{S_j\}$决定。如图3-37(a)与(b)所示,虽然体素种类不同,但这些组合半空间体素都由平面形及圆柱形简单半空间确定,所以图3-37(a)与(b)的定义域一样。

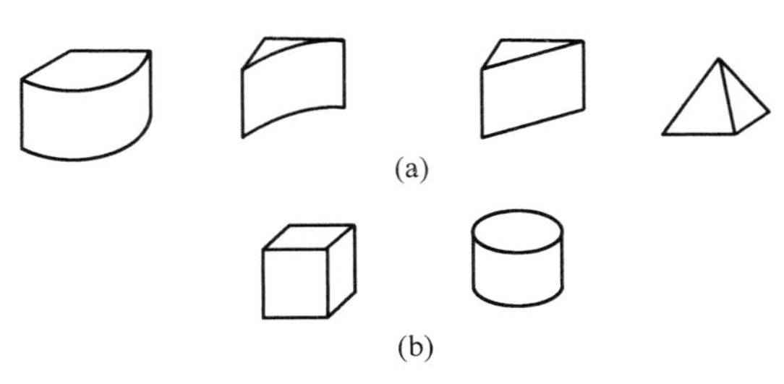

图3-37 定义域一样的两组体素

2) 合法性

在CSG树的树根处构成的物体是否合法?怎样保证它的合法性?讨论结果有如下几点:

(1) 体素如果是组合半空间的有界体素,且其形状与位置参数均在定义域中,如圆柱体素半径$R>0$,长$L>0$,则保证任何CSG树都合法。

(2) 如果体素是简单半空间的无界体素,虽然其形状及位置参数也在定义域中,即这些无界体素本身合法,但由它们构成的子集有可能是无界的,所以无法保证构成物体的合法性。

怎样检查拼合过程中物体的合法性呢?一种办法是检查物体有无边界。但这首先要求得全部边界的集合,然后检查边界面是否都存在或是否合法,这种算法很复杂,很花费机时,因此不容易实际使用。但如果情况属于本讨论所述的第一种情况(即有界体素的情况),CSG树的合法性检查就很容易,只要符合体素表示的语法规则就可保证CSG树的合法性,因此合法性检查就可以在语法阶段检查出来。但需要说明的是,集合运算必须采用正则化的集合算子,否则难以保证CSG树的合法性。

3) 二义性问题

CSG法无二义性,体素经运动算子及正则化集合算子运算后产生明确的物体。

4) 唯一性讨论

CSG表示不唯一,因为构造同一物体可能存在许多种不同的拼合方式。

除上面讨论的一些特性外,CSG法还具有表达简练、构形容易等优点。但缺点是不能直接产生显示线框图所需的数据,必须经过“边界计算程序”的运算才能完成CSG到边界表示的转换。因此,纯CSG法的造型系统在实现某些交互操作时(如直线拾取或删除等)会有困难。

总之,CSG法是几何造型中一种强有力的方法,大多数几何模型系统都采用某种CSG形式,除全面实现CSG法的系统外,在基于边界表示法的系统中,常用CSG方式作为输入手段。

CSG表示的基本思路是用二叉树结构表达复杂的组合立体。二叉树的叶节点是预先定义的一些基本几何体,如长方体、圆柱、圆锥、球等,其余节点是并、交、差布尔运算方法的结果,此树的根节点就是要表示的实体。CSG树是无二义性的,但不是唯一的,它的定义域取决于其所用体素以及所允许的几何变换和正则集合运算算子。若体素是正则集,则只要体素叶子是合法的,正则集的性质就保证了任何CSG树都是合法的正则集。

从CSG树的语义可以看出,每一个非变换叶子的子树,表示对体素叶子所代表的集合执行几何变换或正则集合运算后所产生的新的集合。CSG树是无二义性的,但不是唯一的,它的定义域取决于其所用体素以及所允许的几何变换和正则集合运算算子。

CSG表示的优点:

(1) 数据结构比较简单,数据量比较小,内部数据的管理比较容易;

(2) 每个CSG表示都和一个实际的有效形体相对应;

(3) CSG表示可方便地转换成B-Rep表示,从而可支持广泛的应用;

(4) 比较容易修改CSG表示形体的形状。

CSG表示的缺点:

(1) 产生和修改形体的操作种类有限,基于集合运算对形体的局部操作不易实现;

(2) 由于形体的边界几何元素(点、边、面)是隐含地表示在CSG中,故显示与绘制CSG表示的形体需要较长的时间。

3.5.3 边界表示法

边界表示(B-Rep)法表明,一个物体可以表达成为有限数量的边界的集合,表面可能是平面或者是曲面;每个表面又可以用它的边界以及顶点加以表示。形体的边界表示就是用面、环、边、点来定义形体的位置和形状。典型的长方体由6个面围成,对应有6个环,每个环由4条边界定,每条边又由2个端点定义。而圆柱体由上顶面、下底面和圆柱面围成,对应的有上顶面圆环、下底面圆环。

B-Rep法用一组曲面(或平面)来描述三维物体,这些曲面(或平面)将物体分为内部和外部。B-Rep法的一个重要特点是在该表示法中,描述形体的信息包括几何(geometry)信息和拓扑(topology)信息两个方面,拓扑信息描述形体上的顶点、边、面的连接关系,拓扑信息形成物体边界表示的"骨架",形体的几何信息犹如附着在"骨架"上的肌肉。

形体的B-Rep法详细记录了构成形体的所有几何元素信息及其相互连接关系——拓扑信息。几何元素信息包括反映物体的大小和位置的参数,例如顶点的坐标值、面数学表达式中的具体系数等,以便直接存取构成形体的各个面、面的边界以及各个顶点的定义参数;拓扑信息则是有利于以面、边、点为基础的各种几何运算操作,如形体线框的绘制、有限元网格的划分、数控加工轨迹的计算、真实感彩色图形的生成等。拓扑是研究图形在形变与伸缩下保持不变的空间性质的一个数学分支,拓扑只关心图形内部的相对位置关系而不问它的大小和形状。在B-Rep法中,拓扑信息是指用来说明体、面、边及顶点之间的连接关系的这一类信息。例如面与哪些面相邻;面由哪些边组成等。

1. 边界表示法的概念

一个物体可表达为有限数量的边界表面的集合，表面可能是平面，也可能是曲面，每个表面可用其边界的边及顶点加以表示，如图 3-38 所示。

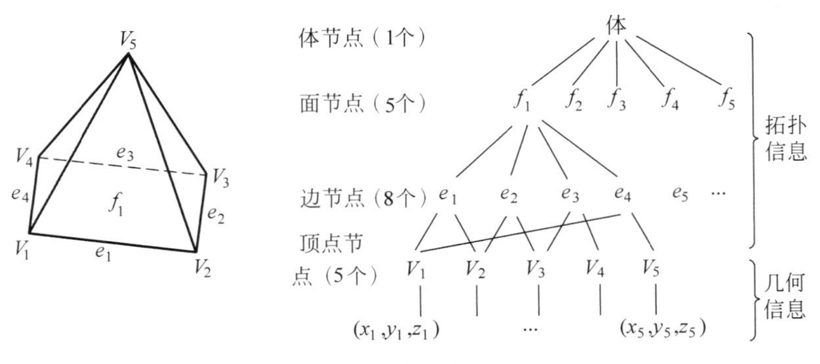

图 3-38　四棱锥的 B-Rep

B-Rep 法要表达的信息分为两类：一类是几何数据，它反映物体大小及位置，例如顶点的坐标值，面数学表达式中的具体系数等；另一类是拓扑信息，拓扑是研究图形在形变与伸缩下保持不变的空间性质的一个数学分支，拓扑只关心图形内相对位置关系而不问其大小与形状。在 B-Rep 法中，拓扑信息是指用来说明体、面、边及顶点之间连接关系的信息。例如，面 f_1 与哪些面相邻，面 f_1 由哪些边组成等。

2. 几何数据与拓扑信息的表示

在 B-Rep 法中，表示立体的各几何元素的关系有两种信息：一是几何信息，如形体的定形、定位尺寸、表面的方向等；二是拓扑信息，用以表示几何元素间的连接关系。

在边界表示法中，边界表示就按照体-面-环-边-点的层次，详细记录了构成形体的所有几何元素的几何信息及其相互连接的拓扑关系。在进行各种运算和操作中，就可以直接取得这些信息。通常用空间直角坐标系表示各种几何数据。

(1) 顶点：用 $V=(x,y,z)$ 来定义。

(2) 直线：用 $\dfrac{x-x_0}{\cos\alpha}=\dfrac{y-y_0}{\cos\beta}=\dfrac{z-z_0}{\cos\gamma}$ 表示，(x_0,y_0,z_0) 为直线上的已知点。

(3) 平面：用 $Ax+By+Cz+D=0$ 定义，对某一面可记作 $f_i(a_i,b_i,c_i,d_i)$。

(4) 二次曲面：指圆柱面、圆锥面、球面及一般二次曲面。用

$$Q(x,y,z)=A_1x^2+A_2y^2+A_3z^2+B_1yz+B_2xz+B_3xy+C_1x+C_2y+C_3z+D=0$$

表示。当有些曲面为无界时，须加某些边界不等式加以限制，如最简单的边界限制是：

$$x_{\min}\leqslant x\leqslant x_{\max};\quad y_{\min}\leqslant y\leqslant y_{\max};\quad z_{\min}\leqslant z\leqslant z_{\max}$$

(5) 雕塑曲面：常采用 Coons 曲面、B 样条曲面、Bezier 曲面等，这些都属于计算机辅助几何设计的研究范畴。

在 B-Rep 法所建立的系统中，是否所有的面、边和顶点的几何数据都要存储起来呢？不是。运用解析几何知识，B-Rep 表示中的面、边和顶点的几何定义能被互相推导出来，如

图 3-39 所示。因此数据结构中只需存储某一类几何数据就足够。一般来说若输出为线框图,则存储顶点几何数据;若输出为着色图,则存储面的几何数据。其他几何数据在需要时才被推导计算出来。

拓扑信息的表示常用数据结构来实现,采用体、面、环边和顶点表构成。图 3-40 表示了用面-环-边-顶点,即 F-L-E-V 表示拓扑信息的数据结构原理。

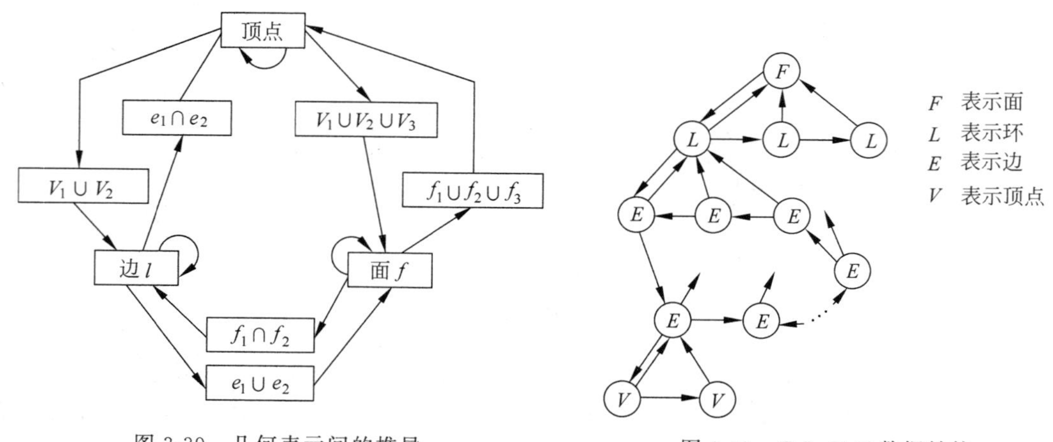

图 3-39 几何表示间的推导

图 3-40 F-L-E-V 数据结构

理论上讲,多面体的面、边和顶点间共有 9 种拓扑关系,如图 3-41 所示。图中符号"→"表示指针,表示可从它的左端求出它的右端,例如,$f \rightarrow \{f\}$表示由一个面找出该面所有相邻面,而 $V \rightarrow \{f\}$则表示由一个顶点找出相交于此顶点的所有面等。在这 9 种不同类型的拓扑关系中,至少必须选择 2 种才能构成一个实体完全的拓扑信息。当然可以存储更多的拓扑关系,花费的代价是存储量大,但查找时间短,因此这种冗余换来的是计算工作量的节省和某些算法的易于实现。

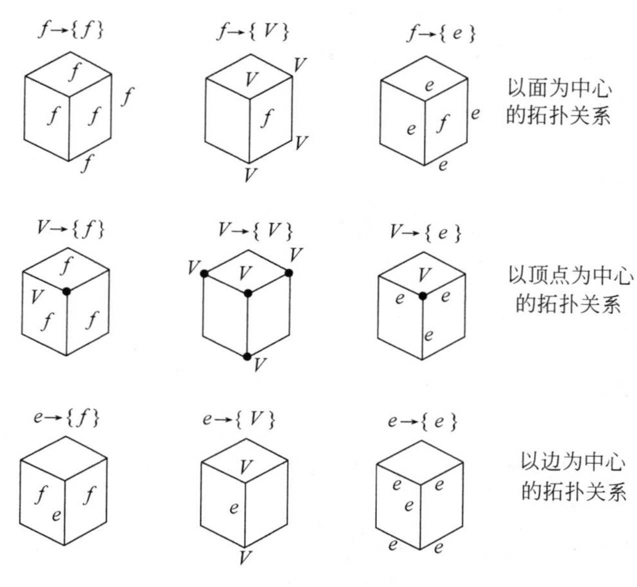

图 3-41 9 种拓扑关系

在有名的翼边结构中，所谓翼边，就是当我们观察一个平面立体时，每一条棱边都有左、右2个邻面和与之相邻的4条邻边，好像展开的双翅，故称翼边结构。如图3-42所示，将$e\rightarrow\{f\}$，$e\rightarrow\{v\}$，$e\rightarrow\{e\}$的关系统统存储起来并以边为中心加以安排，这样可以方便地查到与这条边有连接关系的上下两个顶点、左右两个邻面及上下左右4条邻边，付出的代价是存储信息量大。图3-43所示为翼边结构的一种双链表数据结构。通过翼边结构，可以方便地查找各个元素之间的连接关系。例如，组成一个面的所有的边，一条边的所有邻边等。翼边结构的基本出发点是形体的边，从边出发查找该边的邻面、邻边、端点及其属性。

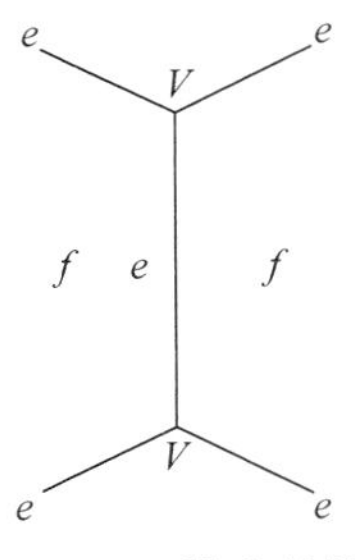

图3-42　翼边结构

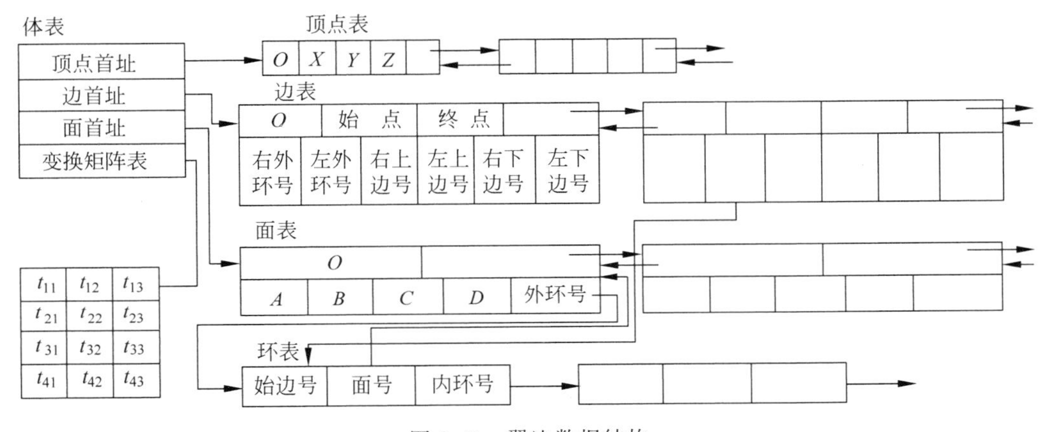

图3-43　翼边数据结构

3. B-Rep法特性的讨论

1）表面（指整个物体的表面，而不是指一个表面）合法性的讨论

由拓扑学可以推导出合法性条件，包括拓扑和几何数据方面的合法性条件，它们通常是一组复杂的条件，而且与B-Rep法中是否采用表面的三角剖分还是用物体的自身表面有关，还与表面是否带内环等情况有关。

下面讨论物体表面不带内环且为平面多边形的表面合法性条件。拓扑方面合法性条件如下：

（1）每条边必须有两个顶点；

（2）每条边为两个面所共有；

（3）面中一顶点为这面上两条边所共有。

以上3条意味着表面是封闭的。图3-44(a)及(b)违反了以上条件，所以它们是不合法的。此外，与几何数据有关的表面合法性条件如下：

（1）每个顶点的坐标值必须代表空间不同点；

（2）边之间或者分离或者交于一公共顶点；

（3）面之间或者分离或者交于一公共边或顶点，意味着表面非自相交。图3-44(c)及(d)都违反这条，这样的物体在实践中不能接受。

2）定义域的讨论

如果已知一个带有组合半空间的有界体素$\{H_i\}$的CSG系统，常常可以设计出另一个

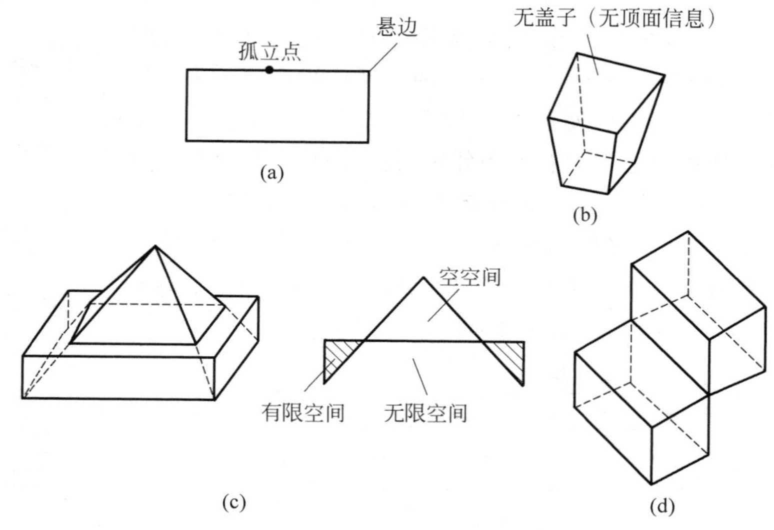

图 3-44　不合法的表面

B-Rep 系统，使二系统的定义域完全一样。也就是说 B-Rep 法所表达物体的那些表面是体素 $\{H_i\}$的边界表面集$\{bH_i\}$的一个子集。B-Rep 法定义域就像 CSG 法一样有很宽的覆盖面。

3）二义性讨论

由数学理论知道，当一个几何物体用它的边界加以定义时，不产生二义性问题。因此，只要所有边界面的表达无二义性，则 B-Rep 法所表达的物体也无二义性。

4）唯一性讨论

B-Rep 法不具有唯一性，因为物体的表面分解可以各不相同，例如可以采用三角形剖分法，也可采用物体表面最大面积分解法等。

B-Rep 法的主要优点是能构造像飞机、汽车那样有复杂外形的物体，这些物体如用 CSG 法的体素拼合难以得到；由 B-Rep 表示转换成线框模型非常简单，因为这两种模型非常接近。其缺点一是存储量大，二是必须提供一个方便的用户界面才能使信息量如此大的系统建立起它的边界信息。因此，现在几乎所有以 B-Rep 为基础的系统都有 CSG 方式的输入界面，例如有建立体素的命令，进行各种体素拼合的命令以及修改某个体素的命令等。当执行这些命令时，相应地生成或修改 B-Rep 数据结构中的数据。迄今为止，B-Rep 法获得了广泛的应用。

4. B-Rep 法的特点

1）B-Rep 法的优点

（1）表示形体的点、边、面等几何元素是显式表示的，绘制形体的速度较快，而且比较容易确定几何元素间的连接关系；

（2）对形体的 B-Rep 表示可有多种操作和运算。

2）B-Rep 法的缺点

（1）数据结构复杂，需要大量的存储空间，维护内部数据结构的程序比较复杂；

（2）个性形体的操作比较难以实现；

（3）B-Rep 表示并不一定对应一个有效形体，即需要有专门的程序来保证 B-Rep 表示形体的有效性、正则性等。

3.5.4 形体表示模式的应用

在几何造型中，最常用的表示是CSG和B-Rep，由此使几何造型系统分为单表示形式、双表示形式和混合表示形式，具体如下：

(1) 单表示形式就是基于一种表示形式的结构。

(2) 双表示形式一般是采用CSG和B-Rep两种表示。

(3) 混合表示是指在上述双表示形式的基础上再扩充单元分解表示（如二维形体的四叉表示、三维形体的八叉树表示）、扫描表示等。

为了扩大造型系统的覆盖域，常需要在不同的表示形式之间进行转换，例如CSG可用以精确地表示形体，将CSG转换成B-Rep表示时可以有精确表示和近似表示两种形式，通常显示形体可用近似表示，而加工形体则需要用精确表示。但不是在所有的表示形式之间都能进行转换，例如从B-Rep表示转换到CSG表示就相当困难。

3.5.5 其他表示法

除了以上3种常用的实体表示方法之外，还有另外一些构造实体的方法。

1. 实体的参数表示法

随着制造业中成组技术的发展，零件可按族分类，这些族类零件可用几个关键参数表示，其余形状尺寸按比例由这些关键参数决定，如图3-45所示，选择直径D及长度L为参数，其余尺寸都根据D、L由程序内部决定，因此当赋给一组具体的参数值时，一个零件的实体就生成了。显然此法形体覆盖面较窄，而且零件不能太复杂，但表达简练、使用方便，在建立标准件或常用件图形库时常用这种方法。

2. 空间分割法

将图3-46那样的空间实体划分成一个一个网格化的小立方体，尺寸大小均相同，叫体元(cell)，用体元重心处的(x,y,z)坐标来表示每个体元，所以实体S可用三元组(x,y,z)的集合来表示：

$$S=\{(x_1,y_1,z_1),(x_2,y_2,z_2),\cdots,(x_n,y_n,z_n)\}$$

该集合可以是有序的，也可以是无序的。此法是对所给实体的近似表达，体元划分越细，则近似程度越好。

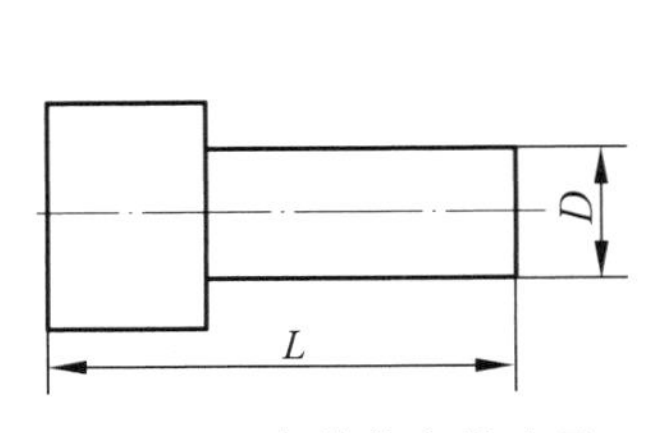

图3-45　实体的参数表示

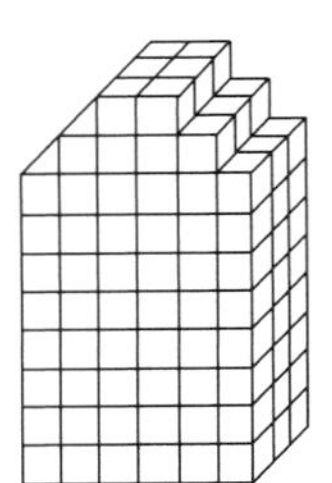

图3-46　实体空间分割表示

这种表示方法有许多优越性：数据结构简单划一；易于实现交、并、差集合运算；易于检查实体间的碰撞干涉问题；易于计算物体的物性；易于实现消隐及显示输出。但也有不足，例如：难于实现旋转、变比例等几何变换；难于转化成物体的精确边界；所需存储容量较大等。基于这种分割的思想，有人建立了八叉树方法的造型系统。

3. 体素调用表示

体素调用表示模式采用规范化几何形体及其形状参数描述形体，对这些规范化几何形体做变比变换或定义不同参数值，可产生不同形体。这种表示法最初用于成组技术，以便按照零件形状和性质分类，采用相应制造工艺。由于受初始形状的限制，体素调用不能产生复杂形体，因此很少作为独立的表示模式使用，而是在几何造型中用于定义体素。

以上我们列举了各种表示法，在各种具体情况下它们各有各的长处。从现有实践及发展来看，一个造型系统应同时有好几种表示法，那样就灵活得多，通用得多。例如，现在大多数系统都兼有 CSG 法、扫描法及 B-Rep 法，这样一来实现这几种表示法之间数据结构上的转换就显得特别重要，例如将 CSG 表示转换成 B-Rep 表示要靠算法（边界计算法），但反向转换，即从 B-Rep 到 CSG 还不能实现。因此不断推出采用多种表示法的新系统，以及研究表示法之间相互转换的算法，依然是几何造型技术的重要研究内容。

图 3-47 所示为单一或几种表示法组成的实体造型系统。构造体素和边界表示两种模式在几何造型系统中应用最为普遍。目前，国际上比较流行的一些商用几何造型系统，大都采用 CSG 和 B-Rep 混合模式。这样，可使两者取长补短，使系统的信息更加完备，操作处理更加方便。

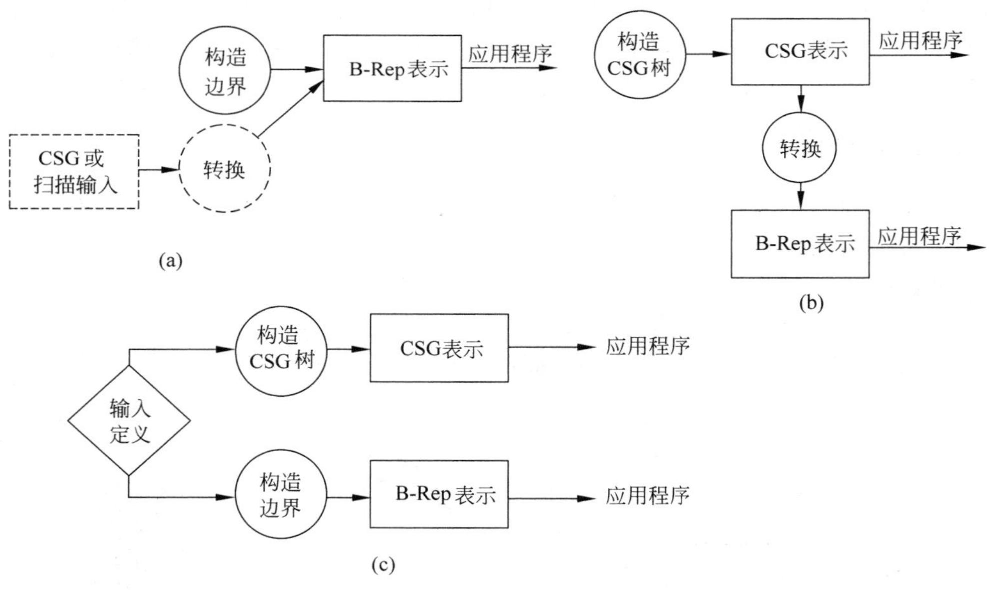

图 3-47 不同表示法的实体造型系统

（a）单一表示法；（b）双重表示法；（c）并列混合表示

第 4 章

曲面造型

自由曲线是指不能用直线、圆弧和二次圆锥曲线描述的任意形状的曲线；自由曲面则是指不能用基本立体要素，如棱柱、棱锥、球、有界平面等描述的呈自然形状的曲面(图 4-1)。

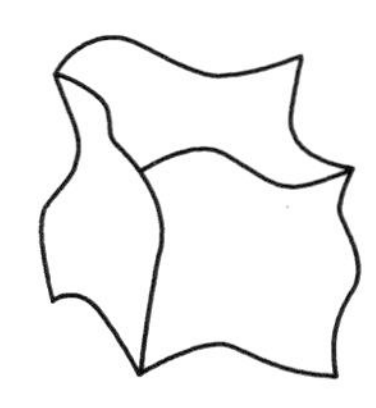

图 4-1 自由曲面示例

曲线曲面基本理论始于 20 世纪 60 年代。1963 年美国波音(Boeing)飞机公司的弗格森(Ferguson)提出将曲线曲面表示为参数矢函数。1964 年，美国麻省理工学院(MIT)孔斯(Coons)用封闭曲线的四条边界定义一块曲面。法国雷诺(Renault)汽车公司 Bezier 1971 年发表了一种由控制多边形定义曲线的方法。德布尔(de Boor)1972 年给出关于 B 样条的一套标准算法。美国通用汽车公司戈登(Gordon)和里森费尔德(Riesenfeld)1974 年将 B 样条理论应用于形状描述，提出 B 样条曲线曲面，它继承了贝塞尔方法的优点，克服了贝塞尔方法的缺点，成功解决了局部控制问题，在参数连续性基础上解决了连接问题。

美国锡拉兹(Syracuse)大学的弗斯普里尔(Versqrille，1975)在他的博士论文中首先提出了有理 B 样条方法。以后，由于皮格尔(Piegl)和蒂勒(Tiller)等人的功绩，非均匀有理 B 样条(NURBS)方法成为用于曲线曲面描述的最广为流行的技术。非有理与有理贝塞尔和非有理 B 样条曲线曲面都被统一在 NURBS 标准形式中，因而可以采用统一的数据库。国际标准化组织(ISO)继美国的 PDES 标准后，于 1991 年颁布了关于工业产品数据交换的 STEP 国际标准，把 NURBS 作为定义工业产品几何形状的唯一数学方法。

4.1 曲线曲面微分几何基础

4.1.1 曲线的预备知识

1. 曲线的参数方程和矢量方程

在处理几何物体及其几何特性时，为了简化描述，常常使用矢量和矩阵表示和运算。

1) 矢量

矢量具有模长和方向，亦称为向量。用图形表示，矢量是一个附有箭头的直线段：直线段的长度为矢量的模长，箭头方向为矢量的方向。模长为 1 的矢量称为单位矢量。

在三维空间中，矢量具有 3 个自由度，可以表示为空间坐标系中的 3 个坐标分量。空间坐标系 3 个轴上的单位矢量分别用 $\boldsymbol{i}$、$\boldsymbol{j}$、$\boldsymbol{k}$ 表示，称为坐标单位矢量，亦称基本矢量。由此，矢量 $\boldsymbol{a}$ 可表示为 $\boldsymbol{a}=a_x\boldsymbol{i}+a_y\boldsymbol{j}+a_z\boldsymbol{k}$。

矢量 $\boldsymbol{a}$ 的单位矢量为 $\boldsymbol{u}=\dfrac{\boldsymbol{a}}{|\boldsymbol{a}|}$，模等于零的矢量称为零矢量。

模和方向不变的矢量称为常矢量，模和方向变化的矢量称为变矢量。

2）平面曲线

平面曲线的参数方程为

$$\begin{cases} x=x(t) \\ y=y(t) \end{cases}$$

平面上一点的位置用原点到该点的矢量表示：$\boldsymbol{r}=\boldsymbol{r}(t)=(x(t),y(t))$，称为曲线矢量方程。

3）空间曲线

空间曲线的参数方程为

$$\begin{cases} x=x(t) \\ y=y(t) \\ z=z(t) \end{cases}$$

矢量方程为 $\boldsymbol{r}=\boldsymbol{r}(t)=(x(t),y(t),z(t))$。

2. 矢函数

1）矢函数的定义

对于自变量 t 的每一个数值都有变矢量 $\boldsymbol{a}$ 的确定量（每个方向都确定的一个矢量）与之对应，则变矢量 $\boldsymbol{a}$ 称为变量 t 的矢函数，记作：

$$\boldsymbol{a}=\boldsymbol{f}(t)=(f_x(t),f_y(t),f_z(t))$$

2）矢函数的微分

当矢量是函数时，矢函数导数的坐标分量等于矢函数各坐标分量关于参数 t 的导数。例如，$\boldsymbol{r}(t)$表示一条曲线，$\mathrm{d}\boldsymbol{r}(t)/\mathrm{d}t$ 为矢量，表示曲线的切矢方向。矢函数的导数也是矢函数，因此，也有方向和大小，其方向即切矢方向，其大小即切矢的模。

3. 导矢在曲线、曲面造型中的应用

导矢在曲线、曲面造型中非常重要。可用导矢计算曲线的切矢、法矢、法平面、曲率、等距线和曲面的切矢与法矢、曲面的各类曲率以及等距面等，还可应用导矢构造曲线和曲面。

4. 弧长参数化

对于同一曲线，若选择的参数不同，则其表达式也不同，故用坐标系讨论曲线时，具有人为的性质。而曲线自身的弧长则是曲线的不变量，它与坐标系的选取无关。因此，可以取曲线的自身弧长作参数，来研究曲线的内在性质。

4.1.2 曲线的基本理论

曲线不仅仅是一种基本的几何元素，它们可以描述各种形状。在 CAD/CAM 中，需要在数学上定义并概括自由曲线，以便用计算机控制和计算自由曲线。曲线通常用参数形式来表示，理论上取弧长为参数最为简单。在实际应用中，通常不取弧长 s 为参数，而是取一个易于处理和掌握的、随弧长 s 单调增加的变量为参数。

1. 曲线的切矢和曲率

当位置矢量 $\boldsymbol{r}$ 是变量 t 的函数时，$\boldsymbol{r}$ 为一条空间曲线：

$$\boldsymbol{r}(t)=\{x(t),y(t),z(t)\} \tag{4-1}$$

参数可以是任意的。需要精炼地描述曲线的几何特性时，宜取曲线的弧长 s 为参数。因此，先取 s 作为参数，曲线为 $\boldsymbol{r}(s)$。之后再将 $\boldsymbol{r}(s)$转换为 $\boldsymbol{r}(t)$，以便于实际应用。

用某点的单位切矢 $\boldsymbol{t}$、单位法矢 $\boldsymbol{n}$ 和曲率 k 描述曲线上该点邻域内的特性。单位切矢 $\boldsymbol{t}$ 是由 $\boldsymbol{r}(s)$到 $\boldsymbol{r}(s+\mathrm{d}s)$的单位矢量，

$$\boldsymbol{t}=\frac{\mathrm{d}\boldsymbol{r}}{|\mathrm{d}\boldsymbol{r}|}=\lim_{\mathrm{d}s\to 0}\frac{\boldsymbol{r}(s+\mathrm{d}s)-\boldsymbol{r}(s)}{|\boldsymbol{r}(s+\mathrm{d}s)-\boldsymbol{r}(s)|}=\boldsymbol{r}'\frac{\mathrm{d}s}{|\mathrm{d}\boldsymbol{r}|} \tag{4-2}$$

其中的微分是对弧长 s 的微分。当 $\mathrm{d}s$ 趋于无穷小时，

$$|\mathrm{d}\boldsymbol{r}|=\mathrm{d}s \tag{4-3}$$

由式(4-2)，推出

$$\boldsymbol{t}=\boldsymbol{r}' \tag{4-4}$$

即曲线的单位法矢是关于 s 的一阶导数。

如图 4-2 所示，令 $\boldsymbol{n}$ 在 $\boldsymbol{t}$、$\boldsymbol{t}+\mathrm{d}\boldsymbol{t}$ 决定的平面上，且 $\boldsymbol{n}$ 垂直于 $\boldsymbol{t}$，在 $\boldsymbol{t}$ 逆时针旋转 90°的方向上。曲率 k 为 $\mathrm{d}s$ 趋于无穷小时，切矢 $\boldsymbol{t}$ 逆时针转角 $\mathrm{d}\varphi$ 与 $\mathrm{d}s$ 的比值。$\boldsymbol{t}$ 为曲线上某一点的切矢，弧长增加 $\mathrm{d}s$ 时，切矢为 $\boldsymbol{t}+\mathrm{d}\boldsymbol{t}$，$\mathrm{d}\varphi$ 为 $\boldsymbol{t}$ 与 $\boldsymbol{t}+\mathrm{d}\boldsymbol{t}$ 之间的夹角；曲率 k 为

$$k=\frac{\mathrm{d}\varphi}{\mathrm{d}s} \tag{4-5}$$

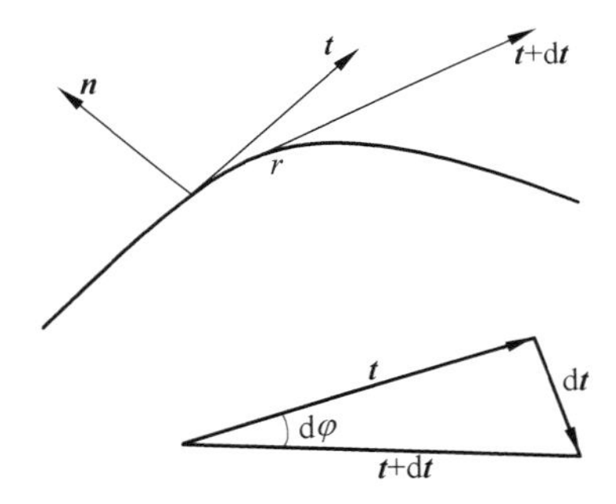

图 4-2 切矢、切矢之差和法矢

如图 4-2 所示，$|\mathrm{d}\varphi|\approx(|\mathrm{d}\boldsymbol{t}|)/|\boldsymbol{t}|$，根据定义 $|\boldsymbol{t}|=1$，因此关系式 $|\mathrm{d}\varphi|\approx|\mathrm{d}\boldsymbol{t}|$ 成立。由此有 $\mathrm{d}\boldsymbol{t}\approx\boldsymbol{n}\mathrm{d}\varphi$，利用式(4-5)，推出单位切矢与单位法矢间有下面的关系式：

$$k\boldsymbol{n}=\frac{\mathrm{d}\boldsymbol{t}}{\mathrm{d}s} \tag{4-6}$$

$\mathrm{d}\boldsymbol{t}$ 和 $\boldsymbol{n}$ 在同方向时，k 为正。当曲线走向为逆时针时，其曲率为正。由式(4-4)和式(4-6)有

$$\boldsymbol{r}''=k\boldsymbol{n} \tag{4-7}$$

曲线关于 s 的二阶导数等于法矢乘以曲率。

由 $\boldsymbol{t}$、$\boldsymbol{t}+\mathrm{d}\boldsymbol{t}$ 确定的平面，定义为三点 $r(s)$、$r(s+\mathrm{d}s)$和 $r(s+2\mathrm{d}s)$确定的平面，当 $\mathrm{d}s\to 0$ 时的极限，称为曲线在此点处的密切平面。法矢 $\boldsymbol{n}$ 在密切平面上，垂直切矢 $\boldsymbol{t}$，在 $\boldsymbol{t}$ 的逆时针 90°方向上。矢量 $\boldsymbol{n}$ 称为主法矢。通过上述三点($r(s)$、$r(s+\mathrm{d}s)$、$r(s+2\mathrm{d}s)$)的圆的半径为 ρ，有

$$\rho \mathrm{d}\varphi = \mathrm{d}s \tag{4-8}$$

从式(4-5)和式(4-8),推得

$$\rho = \frac{1}{k}$$

半径ρ称为曲率半径,曲率半径对应的圆心称为曲率中心,曲率中心向量为

$$\boldsymbol{r}_c = \boldsymbol{r} + \rho \boldsymbol{n} \tag{4-9}$$

2. 曲线的副法矢和挠率

垂直$\boldsymbol{t}$和$\boldsymbol{n}$的单位矢量$\boldsymbol{b}$称为副法矢。副法矢是密切平面的单位法矢,从式(4-4)、式(4-7)和式(4-9)推出

$$\boldsymbol{b} = \boldsymbol{t} \times \boldsymbol{n} = \rho(\boldsymbol{r}' \times \boldsymbol{r}'') \tag{4-10}$$

将$\boldsymbol{b} \cdot \boldsymbol{b} = 1$和$\boldsymbol{t} \cdot \boldsymbol{b} = 0$对弧长求导,有:

$$\boldsymbol{b} \cdot \boldsymbol{b}' = 0, \quad \boldsymbol{t}' \cdot \boldsymbol{b} + \boldsymbol{t} \cdot \boldsymbol{b}' = 0$$

由式(4-6)和式(4-10),$(\boldsymbol{t}' \cdot \boldsymbol{b})$为$k[\boldsymbol{n}, \boldsymbol{t}, \boldsymbol{n}]$。再由上面的式子,推得$(\boldsymbol{t}' \cdot \boldsymbol{b}) = 0$。由此可知,$\boldsymbol{b}'$垂直于$\boldsymbol{b}$和$\boldsymbol{t}$,因此$\boldsymbol{b}'$只有$\boldsymbol{n}$方向上的分量,引入常量$\tau$,

$$\frac{\mathrm{d}\boldsymbol{b}}{\mathrm{d}s} = -\tau \boldsymbol{n} \tag{4-11}$$

如图4-3所示:沿着曲线,密切平面旋转速率为τ,τ为正时,密切平面绕切矢右旋。τ称为挠率。

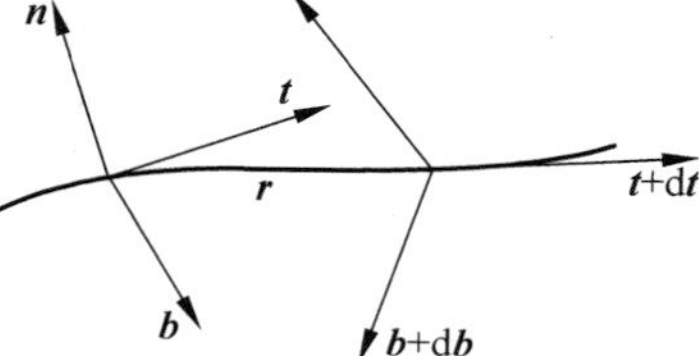

图4-3 副法矢和挠率

由式(4-10)有$\boldsymbol{n} = \boldsymbol{b} \times \boldsymbol{t}$,对此式微分,

$$\frac{\mathrm{d}\boldsymbol{n}}{\mathrm{d}s} = \frac{\mathrm{d}\boldsymbol{b}}{\mathrm{d}s} \times \boldsymbol{t} + \boldsymbol{b} \times \frac{\mathrm{d}\boldsymbol{t}}{\mathrm{d}s}$$

将式(4-6)和式(4-11)代入上式,推出

$$\frac{\mathrm{d}\boldsymbol{n}}{\mathrm{d}s} = -\tau \boldsymbol{n} \times \boldsymbol{t} + \boldsymbol{b} \times k\boldsymbol{n} = \tau \boldsymbol{b} - k\boldsymbol{t} \tag{4-12}$$

式(4-6)、式(4-11)和式(4-12)称为Serret-Frenet公式。写在一起为

$$\begin{cases} \boldsymbol{t}' = k\boldsymbol{n} \\ \boldsymbol{n}' = \tau \boldsymbol{b} - k\boldsymbol{t} \\ \boldsymbol{b}' = -\tau \boldsymbol{n} \end{cases} \tag{4-13}$$

Serret-Frenet公式的矩阵表示为

$$\begin{bmatrix} \boldsymbol{t}' \\ \boldsymbol{n}' \\ \boldsymbol{b}' \end{bmatrix} = \begin{bmatrix} 0 & k & 0 \\ -k & 0 & \tau \\ 0 & \tau & 0 \end{bmatrix} \begin{bmatrix} \boldsymbol{t} \\ \boldsymbol{n} \\ \boldsymbol{b} \end{bmatrix} \tag{4-14}$$

下面通过重复对$\boldsymbol{r}(s)$微分,推导挠率的表达式:

$$\boldsymbol{r}' = \boldsymbol{t}, \quad \boldsymbol{r}'' = k\boldsymbol{n}, \quad \boldsymbol{r}''' = k'\boldsymbol{n} + k(\tau \boldsymbol{b} - k\boldsymbol{t}) \tag{4-15}$$

三矢量的混合积

$$[\boldsymbol{r}', \boldsymbol{r}'', \boldsymbol{r}'''] = (\boldsymbol{r}' \times \boldsymbol{r}'') \cdot \boldsymbol{r}'''$$

有

$$k\boldsymbol{b} \cdot k'\boldsymbol{n} + k^2 \boldsymbol{b} \cdot (\tau \boldsymbol{b} - k\boldsymbol{t}) = k^2 \tau$$

由此推出

$$\tau=\left(\frac{1}{k^2}\right)[\boldsymbol{r}',\boldsymbol{r}'',\boldsymbol{r}''']\tag{4-16}$$

方向矢量 $\boldsymbol{t}(s)$、$\boldsymbol{n}(s)$和 $\boldsymbol{b}(s)$三者相互垂直,构成右手坐标系,称为活动标架。该标架随 P 点在曲线上的移动而改变。空间曲线上由 P 点导出的其他任何矢量都可以在活动标架上分解,故将 $\boldsymbol{t}(s)$、$\boldsymbol{n}(s)$和 $\boldsymbol{b}(s)$称为三个基矢。

由切矢 $\boldsymbol{t}$ 和主法矢 $\boldsymbol{n}$ 张成的平面称为密切平面;由主法矢 $\boldsymbol{n}$ 和副法矢 $\boldsymbol{b}$ 张成的平面称为法平面;由切矢 $\boldsymbol{t}$ 和副法矢 $\boldsymbol{b}$ 张成的平面称为从切面。

对于一般参数曲线,三个坐标轴的计算方法为

$$\begin{cases}\boldsymbol{t}=\dfrac{\boldsymbol{r}'(t)}{|\boldsymbol{r}'(t)|}\\[2ex]\boldsymbol{b}=\dfrac{\boldsymbol{r}'(t)\times\boldsymbol{r}''(t)}{|\boldsymbol{r}'(t)\times\boldsymbol{r}''(t)|}\\[2ex]\boldsymbol{n}=\boldsymbol{bt}\end{cases}$$

3. 曲率的几何意义及其计算

(1) 在微积分学中,平面曲线在一点的曲率定义为切线方向的转角对于弧长的导数。

(2) 一般曲线的曲率计算公式为 $k=\dfrac{|\boldsymbol{r}'\times\boldsymbol{r}''|}{|\boldsymbol{r}'|^3}$。

(3) 曲率的应用——曲率在 CAD/CAM 中占有非常重要的地位。例如,在曲线、曲面的拼接中,常需要达到曲率连续;在数控加工中,需计算曲面在刀具切触点处的曲率半径,用以和刀具的半径或其他相关联的尺寸作比较,以防止过切。

4. 挠率的几何意义及其计算

曲线在一点的挠率等于副法矢(或密切面)对弧长的转动率。对于平面曲线,密切面与曲线所在的平面一致,因而副法矢是固定不变的,故挠率为零。

对于一般参数曲线,挠率的计算公式为

$$\tau=\frac{(\boldsymbol{r}',\boldsymbol{r}'',\boldsymbol{r}''')}{(\boldsymbol{r}'\times\boldsymbol{r}'')^2}$$

4.1.3 曲面的基本理论

二次曲面,特别是旋转曲面如圆柱、球、圆锥及直纹面广泛应用于机械产品设计,这些曲面便于想象设计,较容易用机床加工。自由曲面只用于一些特殊需要,自由曲面的加工对技术人员要求很高。近些年来自由曲面的应用越来越重要,以满足气体动力性能的要求,达到高质量、高性能。为了更好地表示自由曲面、对自由曲面进行操作及求值计算、研究自由曲面的各种数学表示形式,人们已经用计算机进行产品设计和加工。

1. 曲面的第一基本公式

$$\mathrm{d}s^2=E\mathrm{d}u^2+2F\mathrm{d}u\mathrm{d}w+G\mathrm{d}w^2\tag{4-17}$$

在古典微分几何中,上式称为曲面的第一基本公式,$E=\boldsymbol{r}_u^2$,$F=\boldsymbol{r}_u\boldsymbol{r}_w$,$G=\boldsymbol{r}_w^2$ 称为第一

基本量。在曲面上,每一点的第一基本量与参数无关。

2. 曲面第一基本公式的应用

曲面第一基本公式可以用来分析计算以下几何参量。

记 $\boldsymbol{r}_u$ 和 $\boldsymbol{r}_w$ 的夹角为 ω,则 $\boldsymbol{r}_u$ 和 $\boldsymbol{r}_w$ 的内积 F 和叉积模长 H 用第一基本公式表示为

$$F=|\boldsymbol{r}_u|\cdot|\boldsymbol{r}_w|\cos\omega=(\sqrt{EG})\cos\omega$$

$$H=|\boldsymbol{r}_u\times\boldsymbol{r}_w|=|\boldsymbol{r}_u|\cdot|\boldsymbol{r}_w|\sin\omega=\sqrt{EG(1-\cos^2\omega)}=\sqrt{EG-F^2}$$

通常,ω 不等于 90°,$\boldsymbol{r}_u$ 和 $\boldsymbol{r}_w$ 构成斜坐标系。取 $\boldsymbol{r}_u$、$\boldsymbol{r}_w$ 的叉积,即曲面法矢作为局部坐标系的第三个轴。曲面上的某一点处的单位法矢为

$$\boldsymbol{n}=\frac{\boldsymbol{r}_u\times\boldsymbol{r}_w}{H} \tag{4-18}$$

3. 曲面的第二基本公式

$$k\cos\phi\,\mathrm{d}s^2=L\,\mathrm{d}u^2+2M\,\mathrm{d}u\,\mathrm{d}w+N\,\mathrm{d}w^2 \tag{4-19}$$

式(4-19)称为曲面的第二基本公式,$L=\boldsymbol{nr}_{uu}$,$M=\boldsymbol{nr}_{uw}$,$N=\boldsymbol{nr}_{ww}$ 称为第二基本量。当在 (u,w) 平面内由 $\frac{\mathrm{d}u}{\mathrm{d}w}$ 给定切矢方向并设定 ϕ 角时,可应用曲面的第一和第二基本公式计算曲面上给定切矢方向曲线的曲率 k。

4. 法截线和法曲率

曲面上的点 P 处的切矢都在此点的切平面上。对于曲面的参数形式:

$$r(u,w)=\{x(u,w),y(u,w),z(u,w)\},\quad 0\leqslant u,w\leqslant 1 \tag{4-20}$$

单位切矢量 $\boldsymbol{t}$ 为

$$\boldsymbol{t}=\frac{\mathrm{d}\boldsymbol{r}}{\mathrm{d}s}=\boldsymbol{r}_u\left(\frac{\mathrm{d}u}{\mathrm{d}s}\right)+\boldsymbol{r}_w\left(\frac{\mathrm{d}w}{\mathrm{d}s}\right) \tag{4-21}$$

$\boldsymbol{t}$ 和 $\boldsymbol{n}$ 构成的平面为法平面。法平面与曲面的交线为法截线。法截线为平面曲线,如图 4-4 所示。

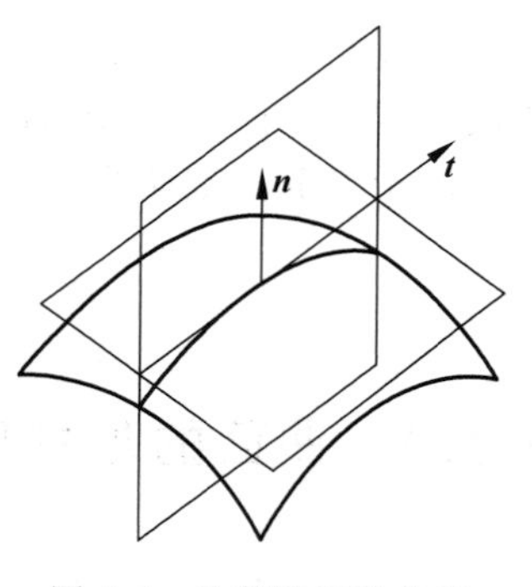

图 4-4 法截线和法曲率

在 P 点处曲面上曲线的主法矢 $\boldsymbol{n}$ 和曲面的法矢重合时,$\phi=0$,$\cos\phi=1$,此时曲面上曲线的密切面垂直于曲面的切平面,该曲面上曲线的曲率 k_n 称为曲面在 P 点处的法曲率。法曲率计算公式为

$$k_n=\frac{L\,\mathrm{d}u^2+2M\,\mathrm{d}u\,\mathrm{d}w+N\,\mathrm{d}w^2}{E\,\mathrm{d}u^2+2F\,\mathrm{d}u\,\mathrm{d}w+G\,\mathrm{d}w^2}=\frac{\text{曲面第二基本公式}}{\text{曲面第一基本公式}} \tag{4-22}$$

5. 主曲率、主方向、曲率线

曲面上点 P 处有无数个包含法矢 $\boldsymbol{n}$ 在内的密切平面,密切平面的方位由 $\lambda=\mathrm{d}w/\mathrm{d}u=\tan\alpha$ 定义,以 λ 代入上式,则法曲率 k 可表示为

$$k=\frac{L+2M\lambda+N\lambda^2}{E+2F\lambda+G\lambda^2}$$

曲面上的点具有法曲率 k 与 λ 无关的性质,称为脐点。一般情况下,k 随 λ 而变化,法曲率 $k(\lambda)$ 是有理二次函数,其极值发生在 $\mathrm{d}k(\lambda)/\mathrm{d}\lambda=0$ 时,换言之,当 λ 为方程

$$(GM-FN)\lambda^2+(GL-EN)\lambda+(FL-EM)=0$$

的根 λ_1 和 λ_2,$k(\lambda)$ 达到其极值 k_1 和 k_2,由此可以推出法曲率的极值 k_1 和 k_2 是方程

$$(EG-F^2)k^2(\lambda)-(EN+GL-2FM)k(\lambda)+(LN-M^2)=0$$

的根 k_1 和 k_2,称为曲面在 P 点处的主曲率;其值分别为

$$\begin{cases} k_1=H+\sqrt{H^2-K} \\ k_2=H-\sqrt{H^2-K} \end{cases}$$

式中

$$\begin{cases} K=(LN-M^2)/(EG-F^2) \\ H=(EN-2FM+GL)/2(EG-F^2) \end{cases}$$

λ_1 和 λ_2 在 (u,w) 平面内定义曲线的走向,曲面上与其对应的切平面内的方向称为主方向。若曲面上一条曲线的每点处,其切线总是沿着该点的一个主方向,则称该曲线为曲面上的曲率线。曲率线上每点的切线方向都是主方向,曲率线构成曲面上的一张正交网。如旋转面,其曲率线网由经线和纬线定义,两者相互垂直。曲率线网可用于曲面的参数化。

6. Gauss 曲率和平均曲率

Gauss 曲率亦称全曲率,是主曲率 k_1 和 k_2 的乘积,以大写字母 K 表示:

$$K=k_1k_2=\frac{LN-M^2}{EG-F^2} \tag{4-23}$$

平均曲率亦称中曲率,是主曲率 k_1、k_2 之和的平均值,以大写字母 H 表示:

$$H=\frac{1}{2}(k_1+k_2)=\frac{NE-2MF+LG}{2(EG-F^2)} \tag{4-24}$$

当法矢 $\boldsymbol{n}$ 改变方向时,主曲率 k_1 和 k_2 同时改变符号,而 Gauss 曲率 K 则不受影响。可以用 Gauss 曲率 K 的正、负判断曲线上点的性质。k_1 和 k_2 符号相同时,K 大于 0,曲线上的点为椭圆点;k_1 和 k_2 符号不同时,K 小于 0,所考虑的点为双曲点;当 k_1 和 k_2 之一为 0 时,K 等于 0,该点为抛物点;当 K 和 H 都等于 0 时,曲面上的点为平面点。

4.2 Bezier 曲线

4.2.1 Bezier 曲线的定义

给定空间 $n+1$ 个点的位置矢量 $\boldsymbol{P}_i(i=0,1,2,\cdots,n)$,则 Bezier 参数曲线上各点坐标的插值公式为

$$P(t)=\sum_{i=0}^{n}P_iB_{i,n}(t),\quad t\in[0,1] \tag{4-25}$$

其中,P_i 构成该 Bezier 曲线的特征多边形,$B_{i,n}(t)$ 是 n 次 Bernstein 基函数:

$$B_{i,n}(t)=C_n^i t^i(1-t)^{n-i}=\frac{n!}{i!(n-i)!}t^i\cdot(1-t)^{n-i},\quad i=0,1,\cdots,n \tag{4-26}$$

约定 $0^0=1, 0!=1$。Bezier 曲线实例如图 4-5 所示。

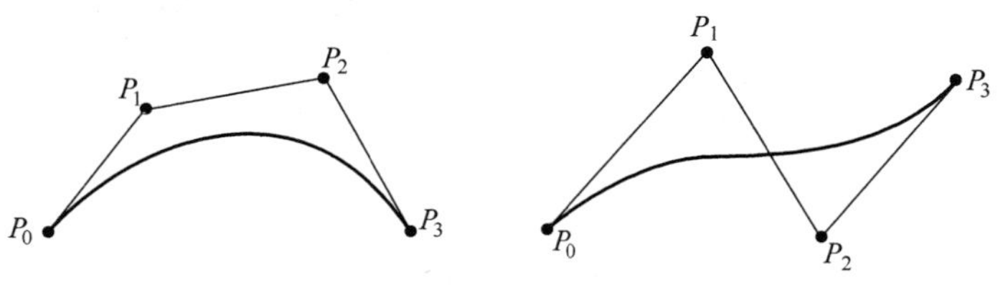

图 4-5　三次 Bezier 曲线

4.2.2　Bernstein 基函数的性质

基函数的性质与曲线是有区别的。

1. 非负性

$$B_{i,n}(t)\begin{cases}=0, & t=0,1\\ >0, & t\in(0,1), i=1,2,\cdots,n-1\end{cases}$$

2. 端点性质

$$B_{i,n}(0)=\begin{cases}1, & i=0\\ 0, & \text{其他}\end{cases}$$

$$B_{i,n}(1)=\begin{cases}1, & i=n\\ 0, & \text{其他}\end{cases}$$

3. 规范性

$$\sum_{i=0}^{n}B_{i,n}(t)\equiv 1,\quad t\in(0,1)$$

由二项式定理可知

$$\sum_{i=0}^{n}B_{i,n}(t)=\sum_{i=0}^{n}C_n^i t^i(1-t)^{n-i}=[(1-t)+t]^n\equiv 1$$

4. 对称性

$$B_{i,n}(t)=B_{n-i,n}(1-t),\quad i=0,1,\cdots,n$$

即

$$B_{n-i,n}(1-t)=C_n^{n-i}[1-(1-t)]^{n-(n-i)}\cdot(1-t)^{n-i}=C_n^i t^i(1-t)^{n-i}=B_{i,n}(t)$$

5. 递推性

$$B_{i,n}(t)=(1-t)B_{i,n-1}(t)+tB_{i-1,n-1}(t),\quad i=0,1,\cdots,n$$

即高一次的 Bernstein 基函数可由两个低一次的 Bernstein 调和函数线性组合而成。

6. 导函数

$$B'_{i,n}(t)=n[B_{i-1,n-1}(t)-B_{i,n-1}(t)],\quad i=0,1,\cdots,n$$

7. 最大值

$B_{i,n}(t)$在 $t=\dfrac{i}{n}$处达到最大值。

4.2.3 Bezier 曲线的性质

1. 端点性质

1）曲线端点位置矢量

由 Bernstein 基函数的端点性质可以推得：

当 $t=0$ 时，$P(0)=P_0$；

当 $t=1$ 时，$P(1)=P_n$。

由此可见，Bezier 曲线的起点、终点与相应的特征多边形的起点、终点重合。

2）切矢量

因为由式(4-25)

$$P'(t)=n\sum_{i=0}^{n-1}P_i\,[B_{i-1,n-1}(t)-B_{i,n-1}(t)]$$

当 $t=0$ 时，$P'(0)=n(P_1-P_0)$；

当 $t=1$ 时，$P'(1)=n(P_n-P_{n-1})$。

这说明 Bezier 曲线的起、终点处的切线方向和特征多边形的第一条及最后一条边走向一致。

3）二阶导数

$$P(t)=n(n-1)\sum_{i=0}^{n-2}(P_{i+2}-2P_{i+1}+P_i)B_{i,n-2}(t)$$

当 $t=0$ 时，$P''(0)=n(n-1)(P_2-2P_1+P_0)$；

当 $t=1$ 时，$P''(1)=n(n-1)(P_n-2P_{n-1}+P_{n-2})$。

上式表明：二阶导数只与相邻的 3 个顶点有关，事实上，k 阶导矢只与$(k+1)$个相邻点有关，与更远点无关。这表明 Bézier 曲线在首末端点分别与首末边相切。

2. 对称性

由控制顶点 $P_i^*=P_{n-i}(i=0,1,\cdots,n)$，构造出的新 Bezier 曲线，与原 Bezier 曲线形状相同，走向相反。因为：

$$C^*(t)=\sum_{i=0}^{n}P_i^*B_{i,n}(t)=\sum_{i=0}^{n}P_{n-i}B_{i,n}(t)=\sum_{i=0}^{n}P_{n-i}B_{n-i,n}(1-t)$$

$$=\sum_{i=0}^{n}P_iB_{i,n}(1-t),\quad t\in[0,1]$$

这个性质说明 Bezier 曲线在起点处有什么几何性质，在终点处也有相同的性质。

3. 凸包性

由于 $\sum_{i=0}^{n} B_{i,n}(t) \equiv 1$，且 $0 \leqslant B_{i,n}(t) \leqslant 1(0 \leqslant t \leqslant 1, i=0,1,\cdots,n)$，这一结果说明当 t 在$[0,1]$区间变化时，对某一个 t 值，$P(t)$ 是特征多边形各顶点 P_i 的加权平均，权因子依次是 $B_{i,n}(t)$。在几何图形上，Bezier 曲线 $P(t)$ 在 $t \in [0,1]$ 中各点是控制点 P_i 的凸线性组合，即曲线落在 P_i 构成的凸包之中，如图 4-6 所示。

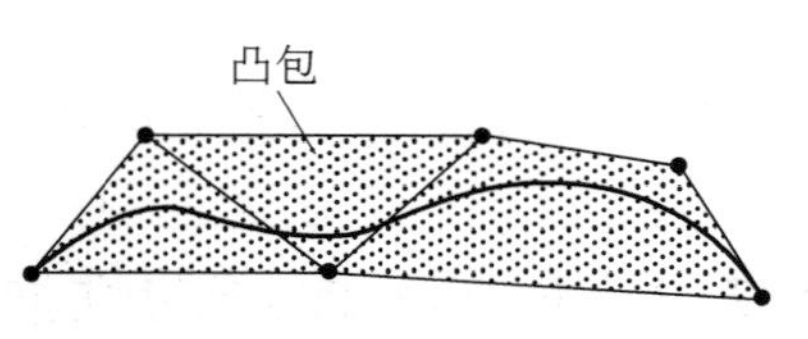

图 4-6　Bezier 曲线的凸包性

4. 几何不变性

几何不变性指某些几何特性不随坐标变换而变化。Bezier 曲线的位置与形状与其特征多边形顶点 $P_i(i=0,1,\cdots,n)$位置有关，不依赖坐标系的选择，即

$$\sum_{i=0}^{n} P_i B_{i,n}(t) = \sum P_i B_{i,n}\left(\frac{u-a}{b-a}\right) \quad \text{（参变量 } u \text{ 是 } t \text{ 的置换）}$$

5. 变差缩减性

若 Bezier 曲线的特征多边形 $P_0 P_1 \cdots P_n$ 是一平面图形，则平面内任意直线与 $C(t)$的交点个数不多于该直线与其特征多边形交点个数，这一性质叫变差缩减性质。此性质反映 Bezier 曲线比其特征多边形波动小，就是说 Bezier 曲线比特征多边形的折线更光顺。

6. 仿射不变性

对于任意的仿射变换 A：

$$A([P(t)]) = A\left\{\sum_{i=0}^{n} P_i B_{i,n}(t)\right\} = \sum A[P_i] B_{i,n}(t)$$

即在仿射变换下，$P(t)$的形式不变。

4.2.4　Bezier 曲线的递推算法

计算 Bezier 曲线上的点，可用 Bezier 曲线方程，但使用 de Casteljau 提出的递推算法则简单得多。如图 4-7 所示，设 P_0、P_0^2、P_2 是一条抛物线上 3 个顺序不同的点。过 P_0 和 P_2 点的两切线交于 P_1 点，在 P_0^2 点的切线分别交 $P_0 P_1$ 和 $P_2 P_1$ 于 P_0^1 和 P_1^1，则如下比例成立：

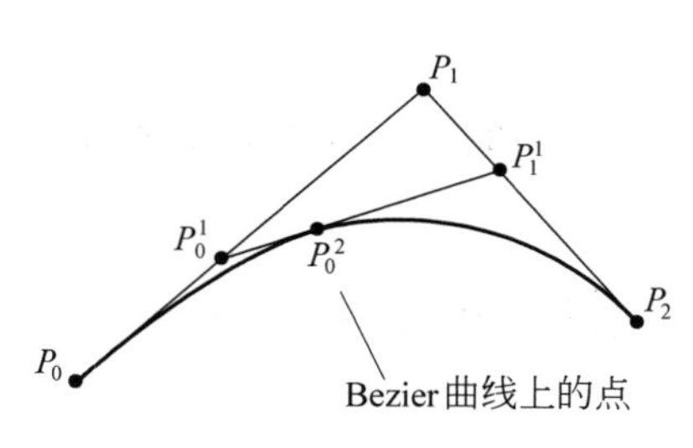

图 4-7　抛物线三切线定理

$$\frac{P_0 P_0^1}{P_0^1 P_1} = \frac{P_1 P_1^1}{P_1^1 P_2} = \frac{P_0^1 P_0^2}{P_0^2 P_1^1}$$

这是所谓抛物线的三切线定理。

当 P_0、P_2 固定，引入参数 t，令上述比值为 $t:(1-t)$，即有

$$\begin{cases} P_0^1 = (1-t)P_0 + tP_1 \\ P_1^1 = (1-t)P_1 + tP_2 \\ P_0^2 = (1-t)P_0^1 + tP_1^2 \end{cases} \tag{4-27}$$

t 从 0 变到 1，式(4-27)中的第一、二式分别表示控制二边形的第一、二条边，它们是两条一次 Bezier 曲线。将第一、二式代入第三式，得

$$P_0^2 = (1-t)^2 P_0 + 2t(1-t)P_1 + tP_2 \tag{4-28}$$

当 t 从 0 变到 1 时，式(4-28)表示由 3 个顶点 P_0、P_1、P_2 定义的一条二次 Bezier 曲线，并且式(4-28)表明：二次 Bezier 曲线 P_0^2 可以定义为分别由前 2 个顶点(P_0,P_1)和后 2 个顶点(P_1,P_2)决定的一次 Bezier 曲线的线性组合。依次类推，由 4 个控制点定义的三次 Bezier 曲线 P_0^3 可被定义为分别由(P_0,P_1,P_2)和(P_1,P_2,P_3)确定的 2 条二次 Bezier 曲线的线性组合；由($n+1$)个控制点 $P_i(i=0,1,\cdots,n)$定义的 n 次 Bezier 曲线 P_0^n 可被定义为分别由前、后 n 个控制点定义的 2 条($n-1$)次 Bezier 曲线 P_0^{n-1} 与 P_1^{n-1} 的线性组合：

$$P_0^n = (1-t)P_0^{n-1} + tP_1^{n-1}, \quad t \in [0,1]$$

由此得到 Bezier 曲线的递推计算公式：

$$P_i^k = \begin{cases} P_i, & k=0 \\ (1-t)P_i^{k-1} + tP_{i+1}^{k-1}, & k=1,2,\cdots,n;\ i=0,1,\cdots,n-k \end{cases}$$

这便是著名的 de Casteljau 算法。用这一递推公式，在给定参数下，求 Bezier 曲线上一点 $P(t)$非常有效。上式中：$P_j^0 = P_j$ 是定义 Bezier 曲线的控制点，P_0^n 即为曲线 $P(t)$上具有参数 t 的点。de Casteljau 算法稳定可靠，直观简便，可编写出十分简捷的程序，是计算 Bezier 曲线的基本算法和标准算法。当 $n=3$ 时，de Casteljau 算法递推出的 P_i^k 呈直角三角形，对应结果如图 4-8 所示。从左向右递推，最右边点 P_0^3 即为曲线上的点。

这一算法可用简单的几何作图实现。给定参数 $t \in [0,1]$，把定义域分成长度为 $t:(1-t)$ 的两段。依次对原始控制多边形每一边执行同样的定比分割，所得分点就是第一级递推生成的中间顶点 $P_i^1(i=0,1,\cdots,n-1)$，对这些中间顶点构成的控制多边形再执行同样的定比分割，得第二级中间顶点 $P_i^2(i=0,1,\cdots,n-2)$。重复进行下去，直到 n 级递推得到一个中间顶点 P_0^n，即为所求曲线上的点 $P(t)$，如图 4-9 所示。

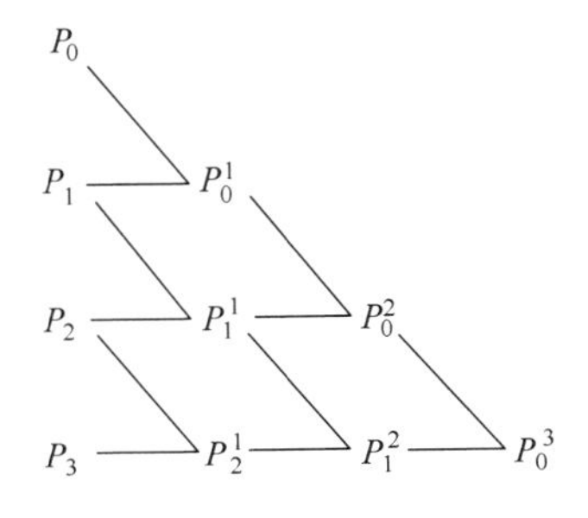

图 4-8　$n=3$ 时 P_i^n 的递推关系

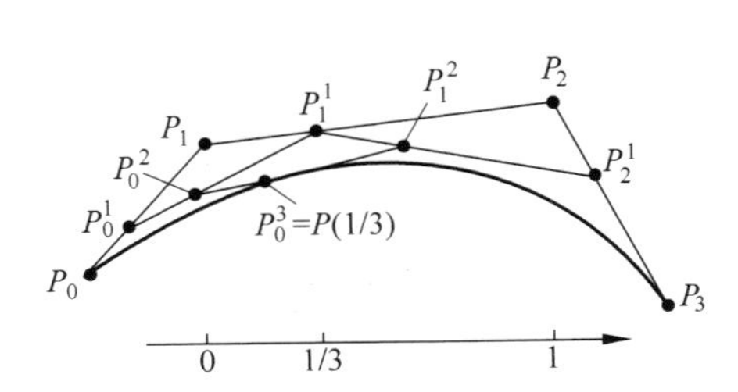

图 4-9　几何作图法求 Bezier 曲线上一点($n=3$，$t=1/4$)

4.2.5 Bezier 曲线的拼接

在几何设计中，一条 Bezier 曲线往往难以描述复杂曲线，因为增加特征多边形的顶点数，会引起 Bezier 曲线次数的提高，而高次多项式带来计算困难，实用中，一般不超过 10 次。所以常采用分段设计，然后将各段曲线连接起来，在接合处保持一定的连续条件。下面讨论两段 Bezier 曲线达到不同阶几何连续的条件。

给定两条 Bezier 曲线 $P(t)$ 和 $Q(t)$，相应控制点为 $P_i\,(i=0,1,\cdots,n)$ 和 $Q_j\,(j=0,1,\cdots,m)$，且令 $a_j=P_j-P_{j-1}$，$b_j=Q_j-Q_{j-1}$，如图 4-10 所示，我们现在把两条曲线连接起来。

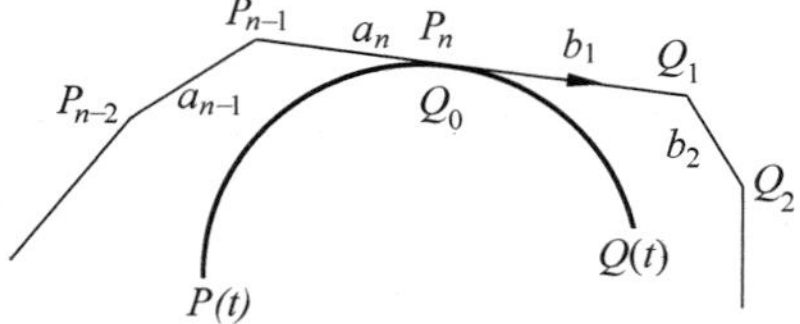

图 4-10　Bezier 曲面的拼接

(1) 要使它们达到 G^0 连续的充要条件是：$P_n=Q_0$；

(2) 要使它们达到 G^1 连续的充要条件是：P_{n-1}、$P_n=Q_0$、Q_1 三点共线，即 $b_1=\alpha a_n$ $(\alpha>0)$；

(3) 要使它们达到 G^2 连续的充要条件是：在 G^1 连续的条件下，并满足方程

$$Q''(0)=\alpha^2P''(1)+\beta P'(1)$$

将 $Q''(0)$、$P''(1)$和 $P'(1)$，$Q_0=P_n$、$Q_1-Q_2=\alpha(P_n-P_{n-1})$代入上式，并整理，可得

$$Q_2=\left(\alpha^2+2\alpha+\frac{\beta}{n-1}+1\right)P_n-\left(2\alpha^2+2\alpha+\frac{\beta}{n-1}\right)P_{n-1}+\alpha^2P_{n-2}$$

选择 α 和 β 的值，可以利用该式确定曲线段 $Q(t)$的特征多边形顶点 Q_2，而顶点 Q_0、Q_1 已被 G^1 连续条件所确定。要达到 G^2 连续，只剩下顶点 Q_2 可以自由选取。

如果从上式的两边都减去 P_n，则等式右边表示为(P_n-P_{n-1})和$(P_{n-1}-P_{n-2})$的线性组合：

$$Q_2-P_n=\left(\alpha^2+2\alpha+\frac{\beta}{n-1}\right)(P_n-P_{n-1})-\alpha^2(P_{n-1}-P_{n-2})$$

这表明 P_{n-2}、P_{n-1}、$P_n=Q_0$、Q_1 和 Q_2 五点共面，事实上，在接合点两条曲线段的曲率相等，主法线方向一致，我们还可以断定：P_{n-2} 和 Q_2 位于 $P_{n-1}Q_1$ 直线的同一侧。

4.3 Bezier 曲面

基于 Bezier 曲线的讨论，可以方便地给出 Bezier 曲面的定义和性质，Bezier 曲线的一些算法也可以很容易地扩展到 Bezier 曲面的情况。

4.3.1 Bezier 曲面的定义

设 $P_{ij}\,(i=0,1,\cdots,m;\ j=0,1,\cdots,n)$为$(m+1)\times(n+1)$个空间点列，则 $m\times n$ 次张量积形式的 Bezier 曲面定义为

$$P(u,v)=\sum_{i=0}^{m}\sum_{j=0}^{n}P_{ij}B_{i,m}(u)B_{j,n}(v),\quad u,v\in[0,1]$$

其中 $B_{i,m}(u)=C_m^i u^i(1-u)^{m-i}$，$B_{i,n}(v)=C_n^j v^j(1-v)^{n-j}$ 是 Bernstein 基函数。依次用线段连接点列 $P_{ij}(0,1,\cdots,n;\ j=0,1,\cdots,m)$ 中相邻两点形成空间网格，称为特征网格。Bezier 曲面矩阵表示式为

$$P(u,v)=[B_{0,n}(u),B_{1,n}(u),\cdots,B_{m,n}(u)]\begin{bmatrix}P_{00} & P_{01} & \cdots & P_{0m}\\ P_{10} & P_{11} & \cdots & P_{1m}\\ \vdots & \vdots & & \vdots\\ P_{n0} & P_{n1} & \cdots & P_{nm}\end{bmatrix}\begin{bmatrix}B_{0,m}(v)\\ B_{1,m}(v)\\ \vdots\\ B_{n,m}(v)\end{bmatrix}$$

在一般实际应用中，n、m 不大于 4。

4.3.2　Bezier 曲面的性质

除变差减小性质外，Bezier 曲线的其他性质可推广到 Bezier 曲面。

(1) Bezier 曲面特征网格的 4 个角点正好是 Bezier 曲面的 4 个角点，即

$$P(0,0)=P_{00},\quad P(1,0)=P_{m0},\quad P(0,1)=P_{0n},\quad P(1,1)=P_{mn}$$

(2) Bezier 曲面特征网格最外一圈顶点定义 Bezier 曲面的 4 条边界。

Bezier 曲面边界的跨界切矢只与定义该边界的顶点及相邻一排顶点有关，且有斜线 $\Delta P_{00}P_{10}P_{01}$、$\Delta P_{0n}P_{1n}P_{0,n-1}$、$\Delta P_{mn}P_{m,n-1}P_{m-1,n}$ 和 $\Delta P_{m0}P_{m-1,0}P_{m1}$（如图 4-11 所示）；其跨界二阶导矢只与定义该边界的顶点及相邻两排顶点有关。

(3) 几何不变性。

(4) 对称性。

(5) 凸包性。

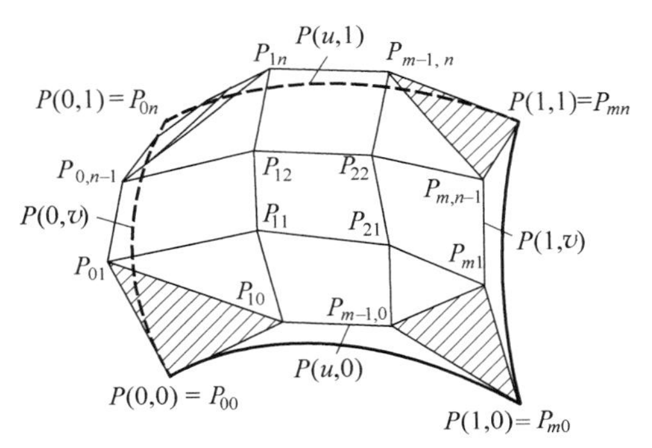

图 4-11　双三次 Bezier 曲面及边界信息

4.3.3　Bezier 曲面片的拼接

如图 4-12 所示，设两张 $m\times n$ 次 Bezier 曲面片

$$P(u,v)=\sum_{i=0}^{m}\sum_{j=0}^{n}P_{ij}B_{i,m}(u)B_{j,n}(v)$$

$$Q(u,v)=\sum_{i=0}^{m}\sum_{j=0}^{n}Q_{ij}B_{i,m}(u)B_{j,n}(v),\quad u,v\in[0,1]$$

分别由控制顶点 P_{ij} 和 Q_{ij} 定义。

如果要求两曲面片达到 G^0 连续，则它们有公共边界，即

$$P(1,v)=Q(0,v) \tag{4-29}$$

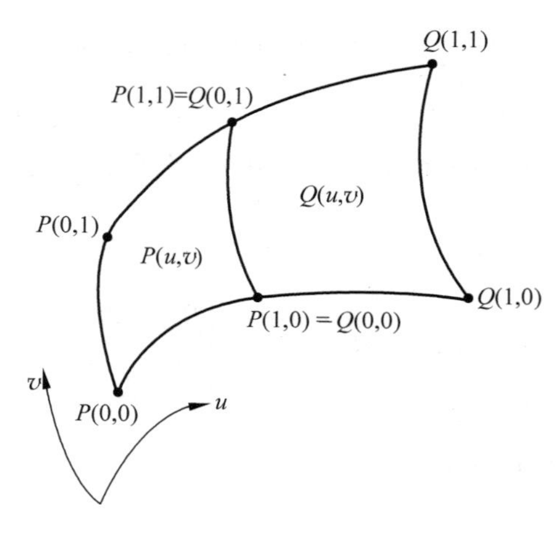

图 4-12　Bezier 曲面片的拼接

于是有

$$P_{ni}=Q_{0i}, \quad i=0,1,\cdots,m$$

如果又要求沿该公共边界达到 G^1 连续，则两曲面片在该边界上有公共的切平面，因此曲面的法向应当是跨界连续的，即

$$Q_u(0,v)\times Q_v(0,v)=\alpha(v)P_u(1,v)\times P_v(1,v) \tag{4-30}$$

下面来研究满足这个方程的两种方法：

（1）式(4-29)、式(4-30)最简单的取解为

$$Q_u(0,v)=\alpha(v)P_u(1,v) \tag{4-31}$$

这相当于要求合成曲面上 v 为常数的所有曲线，在跨界时有切向的连续性。为了保证等式两边关于 v 的多项式次数相同，必须取 $\alpha(v)=\alpha$（一个正常数）。于是有

$$\overline{Q_{1i}Q_{0i}}=\alpha\overline{P_{ni}P_{n-1,i}}, \quad \alpha>0, i=0,1,\cdots,m$$

即 $Q_{1i}-Q_{0i}=\alpha(P_{ni}-P_{n-1,i}), \alpha>0, i=0,1,\cdots,m$。

（2）式(4-31)使两张曲面片在边界达到 G^1 连续时，只涉及曲面 $P(u,v)$ 和 $Q(u,v)$ 的两列控制顶点，容易控制。用这种方法匹配合成的曲面边界，u 向和 v 向光滑连续。为了构造合成曲面时有更大灵活性，Bezier 在 1972 年放弃把式(4-31)作为 G^1 连续的条件，而以

$$Q_u(0,v)=\alpha(v)P_u(1,v)+\beta(v)P_v(1,v) \tag{4-32}$$

来满足式(4-30)，仅仅要求 $Q_n(0,v)$ 位于 $P_u(1,v)$ 和 $P_v(1,v)$ 所在的同一平面内，即曲面片 $P(u,v)$ 边界上相应点处的切平面，这样有了很大余地，但跨界切矢在跨越曲面片边界时不连续。同样，为保证等式两边关于 v 的多项式次数相同，α 为任意正常数，$\beta(v)$ 为 v 的任意线性函数。

4.4　B 样条曲线

已知 $n+1$ 个控制点 $P_i(i=0,1,\cdots,n)$，也称为特征多边形顶点，k 阶 B 样条曲线的表达式为

$$C(u)=\sum_{i=0}^{n}P_iN_{i,k}(u) \tag{4-33}$$

其中，$N_{i,k}(u)$是调和函数，也称为基函数，按照递归公式可定义为

$$N_{i,1}(u)=\begin{cases}1, & t_i\leqslant u<t_{i+1}\\ 0, & \text{其他}\end{cases}$$

$$N_{i,k}(u)=\frac{(u-t_i)N_{i,k-1}(u)}{t_{i+k-1}-t_i}+\frac{(t_{i+k}-u)N_{i+1,k-1}(u)}{t_{i+k}-t_{i+1}},\quad t_{k-1}\leqslant u\leqslant t_{k+1}$$

其中，t_i 是节点值，$\boldsymbol{T}=[t_0,t_1,\cdots,t_{n+k}]$构成了 k 阶 B 样条函数的节点矢量。其中的节点是非减序列，节点矢量所含节点数目由控制顶点 n 和曲线次数 k 所确定。

当节点沿参数轴是均匀等距分布，则表示均匀 B 样条函数，其节点值 $u_{i-1}-u_i=$常数；当节点沿参数轴的分布不等距时，则表示非均匀 B 样条函数，即节点值 $u_{i-1}-u_i\neq$常数。

均匀 B 样条和非均匀 B 样条曲线一般不通过控制多边形首末两点来实现。若需 B 样条曲线具有较好的端点性质，实用中常引入准均匀 B 样条，即在节点矢量中两端节点具有 $k+1$ 个重复度：

$$u_0=u_1=\cdots=u_k,\quad u_{n+1}=1=u_{n+2}=\cdots=u_{n+k+1}$$

这样构造准均匀 B 样条曲线将通过控制多边形首末两点来实现。例：构造 $n=6,k=2$ 的准均匀 B 样条曲线节点矢量为 $\boldsymbol{u}=[0,0,0,1,2,3,4,5,5,5]$；$n=6,k=3$ 的准均匀三次 B 样条曲线的节点矢量为 $\boldsymbol{u}=[0,0,0,0,1,2,3,4,5,5,5,5]$；若 $n=3,k=3$ 的节点矢量 $\boldsymbol{u}=[0,0,0,0,1,1,1,1]$，此时三次 B 样条曲线转化为三次 Bezier 曲线段(如图 4-13 所示)。

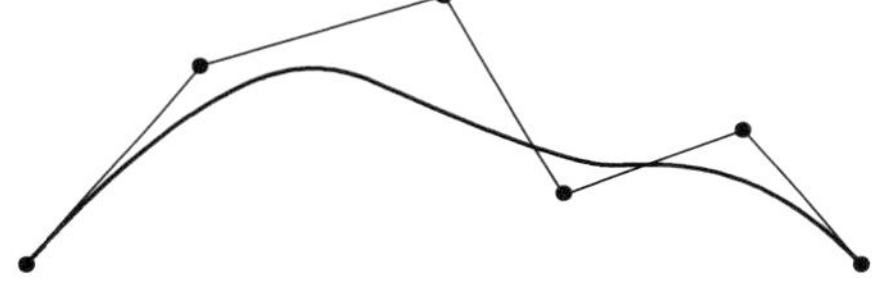

图 4-13　准均匀三次 B 样条曲线

4.4.1　B 样条曲线的性质

在 CAD/CAM 复杂曲面曲线造型应用中，利用 B 样条曲线可以通过低次曲线的连接得到需要的曲线，而不需采用高次曲线或复杂的表达式。如果只采用一条 Bezier 曲线段表示复杂曲线时，Bezier 曲线的次数变高，因为其控制顶点对曲线形状的全局作用，很难控制曲线的局部形状。因此，希望能够采用 Bezier 曲线段连接的方法，使连接点处的连续性较低，能够局部控制各曲线的局部形状，构造出需要的曲线形状。如果能够推出连接约束条件，则可以控制曲线的局部形状，也能满足连续性条件，并得到理想的曲线形状。B 样条曲线是分段多项式曲线，每一段曲线可以表示为 Bezier 曲线，由控制多边形定义。B 样条曲线在 CAD/CAM 复杂曲线曲面造型技术中的应用，正是基于它所具备的 Bezier 曲线的特性，包括：①局部性；②连续性；③几何不变性；④变差缩减性；⑤造型的灵活性。

4.4.2　B 样条曲线的矩阵表示

基于 B 样条函数，可以推出 B 样条曲线的矩阵表示。

1. 一次均匀B样条曲线的矩阵表示

设空间 $n+1$ 个顶点位置矢量为 $\boldsymbol{P}_i(i=0,1,\cdots,n)$，相邻两点可构造一段一次均匀B样条曲线：

$$\boldsymbol{C}_i(u)=\begin{bmatrix}u & 1\end{bmatrix}\begin{bmatrix}-1 & 1\\ 1 & 0\end{bmatrix}\begin{bmatrix}\boldsymbol{P}_{i-1}\\ \boldsymbol{P}_i\end{bmatrix},\quad i=0,1,\cdots,n-1;\ 0\leqslant u\leqslant 1 \tag{4-34}$$

2. 二次均匀B样条曲线的矩阵表示

设空间 $n+1$ 个顶点的位置矢量为 $\boldsymbol{P}_i(i=0,1,\cdots,n)$，其中相邻3点可构造一段二次均匀B样条曲线：

$$\boldsymbol{C}_i(u)=\frac{1}{2}\begin{bmatrix}u^2 & u & 1\end{bmatrix}\begin{bmatrix}1 & -2 & 1\\ -2 & 2 & 0\\ 1 & 1 & 0\end{bmatrix}\begin{bmatrix}\boldsymbol{P}_{i-1}\\ \boldsymbol{P}_i\\ \boldsymbol{P}_{i+1}\end{bmatrix},\quad i=0,1,\cdots,n-1;\ 0\leqslant u\leqslant 1$$

端点位置矢量：$\boldsymbol{C}_{i,3}(0)=0.5(\boldsymbol{P}_{i-1}+\boldsymbol{P}_i)$，$\boldsymbol{C}_{i,3}(1)=0.5(\boldsymbol{P}_i+\boldsymbol{P}_{i+1})$；

端点一阶导数矢量：$\boldsymbol{C}'_{i,3}(0)=\boldsymbol{P}_i-\boldsymbol{P}_{i-1}$，$\boldsymbol{C}'_{i,3}(1)=\boldsymbol{P}_{i+1}-\boldsymbol{P}_i$；

二阶导数矢量：$\boldsymbol{C}''_{i,3}(0)=\boldsymbol{P}_{i-1}-2\boldsymbol{P}_i+\boldsymbol{P}_{i+1}$。

若 $\boldsymbol{P}_{i-1}$、$\boldsymbol{P}_i$、$\boldsymbol{P}_{i+1}$ 3个顶点位于同一条直线上，$\boldsymbol{C}_{i,3}(u)$蜕化成 $\boldsymbol{P}_{i-1}\boldsymbol{P}_i\boldsymbol{P}_{i+1}$ 直线边上的一段直线。

3. 三次均匀B样条曲线的矩阵表示

设空间 $n+1$ 个顶点的位置矢量为 $\boldsymbol{P}_i(i=0,1,\cdots,n)$，其中每相邻4个点可构造一段三次均匀B样条曲线(图4-14)：

$$\boldsymbol{C}_i(u)=\frac{1}{6}\begin{bmatrix}u^3 & u^2 & u & 1\end{bmatrix}\begin{bmatrix}-1 & 3 & -3 & 1\\ 3 & -6 & 3 & 0\\ -3 & 0 & 3 & 0\\ 1 & 4 & 1 & 0\end{bmatrix}\begin{bmatrix}\boldsymbol{P}_{i-1}\\ \boldsymbol{P}_i\\ \boldsymbol{P}_{i+1}\\ \boldsymbol{P}_{i+2}\end{bmatrix},\quad i=0,1,\cdots,n-1;\ 0\leqslant u\leqslant 1$$

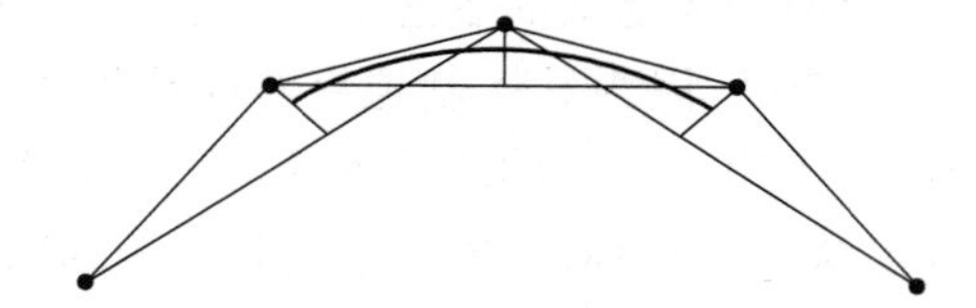

图4-14　三次均匀的B样条曲线

端点位置矢量：$\boldsymbol{C}_{i,4}(0)=(\boldsymbol{P}_{i-1}+4\boldsymbol{P}_i+\boldsymbol{P}_{i+1})/6$，$\boldsymbol{C}_{i,4}(1)=(\boldsymbol{P}_i+4\boldsymbol{P}_{i+1}+\boldsymbol{P}_{i+2})/6$；

端点一阶导数矢量：$\boldsymbol{C}'_{i,4}(0)=(\boldsymbol{P}_{i+1}-\boldsymbol{P}_{i-1})/2$，$\boldsymbol{C}'_{i,4}(1)=(\boldsymbol{P}_{i+2}-\boldsymbol{P}_i)/2$；

二阶导数矢量：$\boldsymbol{C}''_{i,4}(0)=\boldsymbol{P}_{i-1}-2\boldsymbol{P}_i+\boldsymbol{P}_{i+1}$。

若 $\boldsymbol{P}_{i-1}$、$\boldsymbol{P}_i$、$\boldsymbol{P}_{i+1}$ 3个顶点位于同一条直线上，三次均匀B样条曲线将产生拐点；若 $\boldsymbol{P}_{i-1}$、$\boldsymbol{P}_i$、$\boldsymbol{P}_{i+1}$、$\boldsymbol{P}_{i+2}$ 4点共线，则 $\boldsymbol{C}_{i,4}(u)$变成一段直线；若 $\boldsymbol{P}_{i-1}$、$\boldsymbol{P}_i$、$\boldsymbol{P}_{i+1}$ 3点重合，则 $\boldsymbol{C}_{i,4}(u)$过 $\boldsymbol{P}_i$ 点(图4-15)。

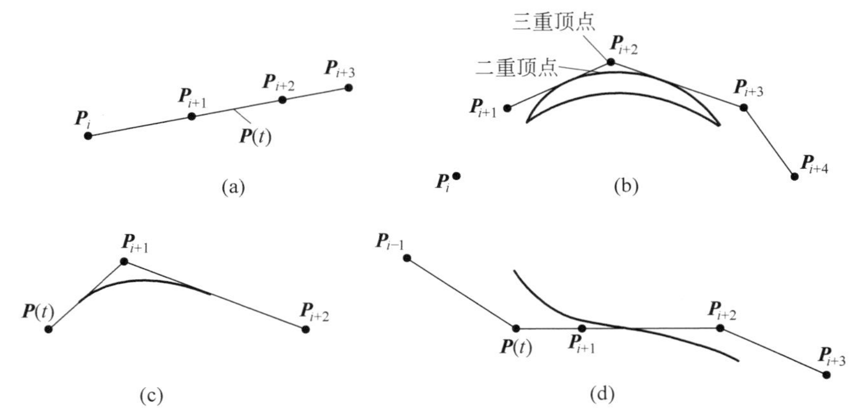

图 4-15　三次 B 样条曲线的一些特例

(a) 4 顶点共线；(b) 二重顶点和三重顶点；(c) 二重节点和三重节点；(d) 3 顶点共线

4.5　B 样条曲面

基于 B 样条曲线的定义和性质，可得 B 样条曲面的定义。给定$(m+1)\times(n+1)$个空间点列 $P_{i,j}$，$i=0,1,\cdots,m$；$j=0,1,\cdots,n$，则

$$S(u,w)=\sum_{i=0}^{m}\sum_{j=0}^{n}P_{i,j}N_{i,k}(u)N_{j,l}(w) \tag{4-35}$$

定义了 $k\times l$ 次 B 样条曲面，$N_{i,k}(u)$和 $N_{j,l}(w)$分别为 k 次和 l 次的 B 样条基函数，u 和 w 分别为 B 样条基函数 $N_{i,k}(u)$和 $N_{j,l}(w)$的节点参数，由 $P_{i,j}$ 组成的空间网格称为 B 样条曲面的特征网格。上式也可写成如下矩阵形式：

$$S_{r,s}(u,w)=\boldsymbol{U}_k\boldsymbol{M}_k\boldsymbol{P}_{kl}\boldsymbol{M}_l^{\mathrm{T}}\boldsymbol{W}_l^{\mathrm{T}},\quad r\in[1,m+2-k],s\in[1,n+2-k]$$

式中 r、s 分别表示在 u、w 参数方向上曲面片的个数。

$$\boldsymbol{U}_k=[u^{k-1},u^{k-2},\cdots,u,1],\quad \boldsymbol{W}_l=[w^{l-1},w^{l-2},\cdots,w,1]$$

$$\boldsymbol{P}_{kl}=[P_{i,j}],\quad i\in[r-1,r+k-2],j\in[s-1,s+l-2]$$

$\boldsymbol{P}_{kl}$ 是某一个 B 样条曲面片的控制点编号。

4.5.1　均匀双二次 B 样条曲面

已知曲面控制点 $P_{i,j}(i,j=0,1,2)$，参数 u、w，且 u、$w\in[0,1]$，$k=l=2$，构造步骤如下：

(1) 沿 w 向构造均匀二次 B 样条曲线，即

$$\boldsymbol{P}_0(w)=[w^2\quad w\quad 1]\begin{bmatrix}1&-2&1\\-2&2&0\\1&1&0\end{bmatrix}\begin{bmatrix}P_{00}\\P_{01}\\P_{02}\end{bmatrix}=\boldsymbol{W}\boldsymbol{M}_B\begin{bmatrix}P_{00}\\P_{01}\\P_{02}\end{bmatrix}$$

经转置后：$\boldsymbol{P}_0(w)=[P_{00}\quad P_{01}\quad P_{02}]\boldsymbol{M}_B^{\mathrm{T}}\boldsymbol{W}^{\mathrm{T}}$。

同上可得：$\boldsymbol{P}_1(w)=[P_{10}\quad P_{11}\quad P_{12}]\boldsymbol{M}_B^{\mathrm{T}}\boldsymbol{W}^{\mathrm{T}}$，$\boldsymbol{P}_2(w)=[P_{20}\quad P_{21}\quad P_{22}]\boldsymbol{M}_B^{\mathrm{T}}\boldsymbol{W}^{\mathrm{T}}$。

(2) 再沿 u 向构造均匀二次B样条曲线，即可得到均匀二次B样条曲面：

$$\boldsymbol{S}(u,w)=\boldsymbol{U}\boldsymbol{M}_B\begin{bmatrix}\boldsymbol{P}_0(w)\\\boldsymbol{P}_1(w)\\\boldsymbol{P}_2(w)\end{bmatrix}=\boldsymbol{U}\boldsymbol{M}_B\begin{bmatrix}P_{00}&P_{01}&P_{02}\\P_{10}&P_{11}&P_{12}\\P_{20}&P_{21}&P_{22}\end{bmatrix}\boldsymbol{M}_B^{\mathrm{T}}\boldsymbol{W}^{\mathrm{T}}\tag{4-36}$$

简记为 $\boldsymbol{S}(u,w)=\boldsymbol{U}\boldsymbol{M}_B\boldsymbol{P}\boldsymbol{M}_B^{\mathrm{T}}\boldsymbol{W}^{\mathrm{T}}$。

4.5.2 均匀双三次B样条曲面

已知曲面的控制点 $P_{i,j}(i,j=0,1,2,3)$，参数 u,w，且 $u,w\in[0,1]$，$k=l=3$，构造双三次B样条曲面的步骤同上。

(1) 沿 w 向构造均匀三次B样条曲线，有：

$$\boldsymbol{P}_0(w)=[P_{00}\quad P_{01}\quad P_{02}\quad P_{03}]\boldsymbol{M}_B^{\mathrm{T}}\boldsymbol{W}^{\mathrm{T}},\quad \boldsymbol{P}_1(w)=[P_{10}\quad P_{11}\quad P_{12}\quad P_{13}]\boldsymbol{M}_B^{\mathrm{T}}\boldsymbol{W}^{\mathrm{T}}$$

$$\boldsymbol{P}_2(w)=[P_{20}\quad P_{21}\quad P_{22}\quad P_{23}]\boldsymbol{M}_B^{\mathrm{T}}\boldsymbol{W}^{\mathrm{T}},\quad \boldsymbol{P}_3(w)=[P_{30}\quad P_{31}\quad P_{32}\quad P_{33}]\boldsymbol{M}_B^{\mathrm{T}}\boldsymbol{W}^{\mathrm{T}}$$

(2) 再沿 u 向构造均匀三次B样条曲线，此时可认为顶点沿 u 向滑动，每组顶点相对应，当 u,w 值由0～1连续变化，即形成均匀双三次B样条曲面(图4-16)。此时表达式为

$$\boldsymbol{S}(u,w)=\boldsymbol{U}\boldsymbol{M}_B\begin{bmatrix}\boldsymbol{P}_0(w)\\\boldsymbol{P}_1(w)\\\boldsymbol{P}_2(w)\\\boldsymbol{P}_3(w)\end{bmatrix}=\boldsymbol{U}\boldsymbol{M}_B\boldsymbol{P}\boldsymbol{M}_B^{\mathrm{T}}\boldsymbol{W}^{\mathrm{T}}\tag{4-37}$$

$$\boldsymbol{P}=\begin{bmatrix}P_{00}&P_{01}&P_{02}&P_{03}\\P_{10}&P_{11}&P_{12}&P_{13}\\P_{20}&P_{21}&P_{22}&P_{23}\\P_{30}&P_{31}&P_{32}&P_{33}\end{bmatrix}$$

$$\boldsymbol{M}_B=\frac{1}{6}\begin{bmatrix}1&3&-3&1\\3&-6&3&0\\-3&0&3&0\\1&4&1&0\end{bmatrix}$$

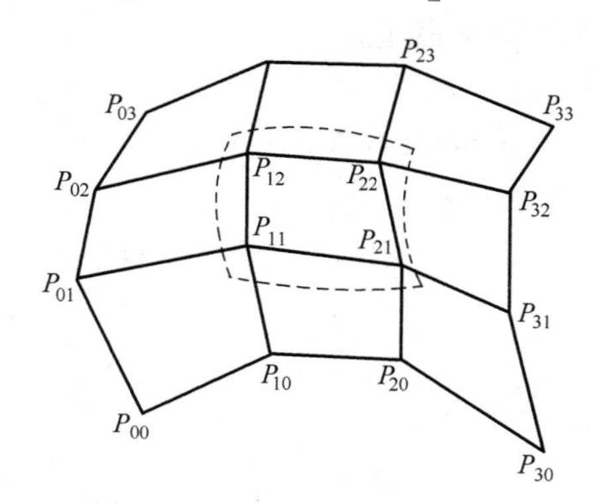

图4-16 双三次B样条曲面片

4.6 NURBS曲线曲面

4.6.1 NURBS方法的优缺点

非均匀有理B样条(non-uniform rational B-spline,NURBS)方法的提出是为了找到与描述自由型曲线曲面的B样条方法相统一的又能精确表示二次曲线弧与二次曲面的数学方法。

1. NURBS方法的四个特点

(1) NURBS不仅可以表示自由曲线曲面,它还可以精确地表示圆锥曲线和规则曲线,所以NURBS为计算机辅助几何设计提供了统一的数学描述方法。

(2) NURBS具有影响曲线、曲面形状的权因子,故可以设计相当复杂的曲线曲面形状。若运用恰当,将更便于设计者实现自己的设计意图。

(3) NURBS方法是非有理B样条方法在四维空间的直接推广,多数非有理B样条曲线曲面的性质及其相应的计算方法可直接推广到NURBS曲线曲面。

(4) 计算稳定且快速。

2. NURBS的缺点

(1) 需要额外的存储以定义传统的曲线和曲面。

(2) 权因子的不合适应用可能导致很坏的参数化,甚至毁掉随后的曲面结构。

虽然NURBS存在一些缺点,但其强大的优点使其已成为自由型曲线曲面的唯一表示。

4.6.2 NURBS曲线的定义

一条k次NURBS曲线定义为

$$p(u)=\frac{\sum_{i=0}^{n}\omega_i d_i N_{i,k}(u)}{\sum_{i=0}^{n}\omega_i N_{i,k}(u)} \tag{4-38}$$

其中,$\omega_i(i=0,1,\cdots,n)$称为权,与控制顶点$d_i(i=0,1,\cdots,n)$相联。ω_0、$\omega_n>0$,$\omega_i\geqslant 0$,可防止分母为零,保留凸包性质及曲线不致退化。$d_i(i=0,1,\cdots,n)$为控制顶点。$N_{i,k}(u)$是由节点$\boldsymbol{U}=[u_0,u_1,\cdots,u_{n+k+1}]$决定的$k$次B样条基函数。对于非周期NURBS曲线,两端点的重复度可取为$k+1$,即$u_0=u_1=\cdots=u_k$,$u_{n+1}=u_{n+2}=\cdots=u_{n+k+1}$,且在大多数实际应用里,节点值分别取为0与1,因此,有曲线定义域$u\in[u_k,u_{n+1}]=[0,1]$。

4.6.3 权因子对NURBS曲线形状的影响

(1) 若固定所有控制顶点及除ω_i外的所有其他权因子不变,当ω_i变化时,p点随之移动，它在空间扫描出一条过控制顶点 d_i 的直线。当 $\omega_i \to +\infty$ 时，p 趋近于与控制顶点 d_i 重合。

(2) 若 ω_i 增加，则曲线被拉向控制顶点 d_i；若 ω_i 减小，则曲线被推离控制顶点 d_i。

(3) 若 ω_i 增加，则一般的曲线在受影响的范围内被推离除顶点 d_i 外的其他相应控制顶点；若 ω_i 减小，则相反。

4.6.4 NURBS曲面的定义

由双参数变量分段有理多项式定义的NURBS曲面为

$$p(u,v)=\frac{\sum_{i=0}^{m}\sum_{j=0}^{n}\omega_{i,j}d_{i,j}N_{i,k}(u)N_{j,l}(v)}{\sum_{i=0}^{m}\sum_{j=0}^{n}\omega_{i,j}N_{i,k}(u)N_{j,l}(v)} \tag{4-39}$$

这里控制顶点 $d_{i,j}(i=0,1,\cdots,m;\ j=0,1,\cdots,n)$ 呈拓扑矩形阵列，形成一个控制网格。$\omega_{i,j}$ 是与顶点 $d_{i,j}$ 联系的权因子，规定四角顶点处用正权因子即 $\omega_{0,0},\omega_{m,0},\omega_{0,n},\omega_{m,n}>0$，其余 $\omega_{i,j}\geqslant 0$；$N_{i,k}(u)(i=0,1,\cdots,m)$ 和 $N_{j,l}(v)(j=0,1,\cdots,n)$ 分别为 u 向 k 次和 v 向 l 次的规范B样条基函数。它们分别由 u 向与 v 向的节点矢量 $\boldsymbol{U}=[u_0,u_1,\cdots,u_{m+k+1}]$ 与 $V=[v_0,v_1,\cdots,v_{n+l+1}]$ 决定。

4.7 曲线曲面生成

曲线曲面生成技术是曲面造型技术中最基本也是最关键的技术，它包括曲线曲面的反算技术以及曲线曲面的各种生成方法。

4.7.1 曲线生成

曲线生成有两种实现方法：第一种是由设计人员输入曲线控制顶点来设计曲线，此时曲线生成就是曲线正算过程；第二种则是由设计人员输入曲线上的型值点来设计曲线，此时曲线生成就是所谓的曲线反算过程。其中第二种方法是曲线设计的主要方法。

曲线反算过程一般包括以下几个主要步骤：确定插值曲线的节点矢量；确定曲线两端的边界条件；反算插值曲线的控制顶点。下面以三次B样条曲线为例，加以说明。

1. 确定插值曲线的节点矢量

为了使一条三次B样条曲线通过一组数据点 $p_i, i=0,1,\cdots,n$，反算过程一般使曲线的首末数据点一致，使曲线的分段连接点分别依次与相应的内数据点一致。因此，数据点 p_i 将依次与B样条曲线定义域内的节点一一对应，即 p_i 点有节点值 $u_{3+i}, i=0,1,\cdots,n$。而这些节点值的确定也就是对数据点实行参数化的过程。通常对数据点实行参数化有如下方法：均匀参数化（又称等距参数化）法和积累弦长参数化（或简称弦长参数化）法。一般说来，修正弦长参数化法下生成的插值曲线显现出最好的光顺性。

2. 确定曲线两端的边界条件

在确定了节点矢量 $\boldsymbol{U}=[u_0,u_1,\cdots,u_{n+6}]$ 之后，就可以给出以 $n+3$ 个控制顶点为未知矢量的由 $n+1$ 个矢量方程组成的线性方程组：

$$p(u_{3+i})=\sum_{j=0}^{n+2}d_j\cdot N_{j,3}(u_{3+i})=p_i,\quad i=0,1,\cdots,n$$

因方程数小于未知顶点数，故必须补充两个合适的边界条件给出的附加方程，才能联立求得。常用的边界条件及对应的附加方程有如下几种：切矢条件、自由端点条件、闭曲线条件。

3. 反算插值曲线的控制顶点

下面以常用的切矢边界条件为例。由于取两端点重复度 $\gamma=3$，于是三次 B 样条曲线的首末控制顶点就是首末数据点，即 $d_0=p_0,d_{n+2}=p_n$，且由边界条件有附加方程：

$$d_1-d_0=\frac{\Delta_3}{3}p'_0,\quad d_{n+2}-d_{n+1}=\frac{\Delta_{n+2}}{3}p'_n$$

这样就可得如下线性方程组：

$$\begin{bmatrix}1 & & & & & \\ a_2 & b_2 & c_2 & & & \\ & \cdot & \cdot & \cdot & & \\ & & \cdot & \cdot & \cdot & \\ & & & \cdot & \cdot & \cdot \\ & & & a_n & b_n & c_n \\ & & & & & 1\end{bmatrix}\begin{bmatrix}d_1\\ d_2\\ \vdots\\ d_n\\ d_{n+1}\end{bmatrix}=\begin{bmatrix}e_1\\ e_2\\ \vdots\\ e_n\\ e_{n+1}\end{bmatrix}\tag{4-40}$$

其中：

$$\Delta_i=u_{i+1}-u_i$$

$$a_i=\frac{(\Delta_{i+2})^2}{\Delta_i+\Delta_{i+1}+\Delta_{i+2}}$$

$$b_i=\frac{\Delta_{i+2}(\Delta_i+\Delta_{i+1})}{\Delta_i+\Delta_{i+1}+\Delta_{i+2}}+\frac{\Delta_{i+1}(\Delta_{i+2}+\Delta_{i+3})}{\Delta_{i+1}+\Delta_{i+2}+\Delta_{i+3}}$$

$$c_i=\frac{(\Delta_{i+1})^2}{\Delta_{i+1}+\Delta_{i+2}+\Delta_{i+3}},\quad i=1,2,\cdots,n$$

$$e_1=p_0+\frac{\Delta_3}{3}p'_0,\quad e_{n+1}=p_0-\frac{\Delta_{n+2}}{3}p'_0$$

$$e_i=(\Delta_{i+1}+\Delta_{i+2})p_{i-1},\quad i=2,3,\cdots,n$$

求解上述线性方程组，即可求出全部未知控制顶点。

4.7.2 曲面生成

曲面生成技术是曲面造型技术中的核心技术。曲面生成方法通常可分为两大类：蒙皮曲面生成法及扫描曲面生成法。不管哪一种生成方法，其核心都是曲面的反算技术。下面以双三次 B 样条曲面为例，介绍曲面反算技术的主要内容。

1. 参数方向与参数选取

对给定的呈拓扑矩形阵列的数据点阵 $p_{i,j}(i=0,1,\cdots,m;\ j=0,1,\cdots,n)$，如果其中每行(或列)都位于一个平面内，则取插值于每行(或列)数据点的一组曲线为截面曲线，以 $\boldsymbol{u}$ 为参数。现设每列数据点为截面数据点，共有 $n+1$ 个截面。另一方向为纵向，纵向参数线以 $\boldsymbol{v}$ 为参数。如果列向与行向数据点都非平面数据点，则按其在空间分布，适当地把一个方向取为截面方向，以 $\boldsymbol{u}$ 为参数，另一方向为纵向参数方向，以 $\boldsymbol{v}$ 为参数。

2. 节点矢量的确定

类似参数双三次样条曲面，对给定的曲面数据点 $p_{i,j}(i=0,1,\cdots,m;\ j=0,1,\cdots,n)$ 实行参数化，相应得定义域内的节点参数值，对应数据点 $p_{i,j}$，有参数值 u_{i+3} 与 v_{i+3}。若曲面沿任一参数方向是周期闭曲面，则该参数方向的节点矢量在定义域以外的节点可按周期性决定。若是开曲面(包括非周期闭曲面)，通常将该参数方向两端节点取成重复度 4。两个参数方向的节点矢量 $\boldsymbol{U}=[u_0,u_1,\cdots,u_{m+6}]$，$\boldsymbol{V}=[v_0,v_1,\cdots,v_{m+6}]$ 就可决定下来。

3. 反算控制顶点

对于沿任一参数方向若是周期闭曲面，在该参数方向无需提供边界条件，就可唯一确定插值该方向各排数据点的周期三次 B 样条曲线的控制顶点。如果沿两个参数方向都是周期闭曲面，则可能生成拓扑上形似球面或环面的封闭曲面。对于开曲面，则必须提供合适的边界条件。以切矢条件为例，有多种边界条件可供选择：即各截面曲线($\boldsymbol{u}$ 线)的端点 $\boldsymbol{u}$ 向切矢，过纵向各排数据点的等参数线($\boldsymbol{v}$ 线)的端点 $\boldsymbol{v}$ 向切矢，数据点阵四角数据点处的混合偏导矢(即扭矢)。按如下步骤反算：

(1) 先在节点矢量 $\boldsymbol{U}$ 上，由截面数据点及端点 $\boldsymbol{u}$ 向切矢，应用 B 样条曲线反算，构造出各截面曲线，求出它们的 B 样条控制顶点 $p_{i,j}$，$i=0,1,\cdots,m;\ j=0,1,\cdots,n$。

(2) 又在节点矢量 $\boldsymbol{U}$ 上，分别视首末截面数据点处 $\boldsymbol{v}$ 向切矢为“位置矢量”表示的“数据点”，又视四角角点扭矢为“端点 $\boldsymbol{v}$ 向切矢”，应用曲线反算，求出定义首末 $\boldsymbol{u}$ 参数边界(即首末截面曲线)的跨界切矢曲线的控制顶点。

(3) 然后固定指标 i，以第一步求出的 $n+1$ 条截面曲线的控制顶点阵列中的第 i 排即 $\bar{d}_{i,j}(j=0,1,\cdots,n)$ 为“数据点”，以上一步求出的跨界切矢曲线的第 i 个顶点为“端点切矢”，在节点矢量 $\boldsymbol{V}$ 上应用曲线反算，分别求出 $m+3$ 条插值曲线即控制曲线的 B 样条控制顶点 $p_{i,j}(i=0,1,\cdots,m;\ j=0,1,\cdots,n)$，即为所求双三次 B 样条插值曲面的控制顶点 B。

4.8 曲面建模中的几个关键技术

4.8.1 曲线曲面求交

1. 曲线曲面求交概述

曲面求交是 CAD/CAM 领域最为重要也最为复杂的问题之一，被广泛应用于曲面裁剪、数控加工刀位轨迹计算以及实体造型拼合等各种运算中，求交算法的质量直接影响整个系统的稳定性和实用程度。求交问题包括曲面曲面求交、曲面平面求交、曲面曲线求交、曲面直线求交、曲线曲线求交、曲线直线求交等子问题，其中最重要、难度最大的当属曲面曲面求交问题，其他求交问题可以应用曲面曲面求交的思想予以解决。

所谓曲面求交就是指给定两张曲面，通过一定的算法求得两张曲面所有交线（相切情况包括切点和切线）的过程。国外在这方面的研究始于20世纪60年代：South和Kelly使用网格法计算双三次曲面片等高线的方法进行求交；Sederberg和Owen等提出将参数曲面转化为代数方程，并应用求解代数方程组的方法来处理参数曲面的求交问题；Dokken等则利用Bezier等曲面所具有的离散分割性，利用小平面片逼近的方法纯几何地处理曲面的交线；Sabin和Barnhill等提出根据交线的代数几何性质采取迭代和追踪相结合的方法沿着交线走向寻找下一交点，从而得到所有的交线。由于使用单一的方法无法适应复杂情况的求交，Koparkar等人结合多种方法解决曲面的求交问题。

2. 曲面求交算法应满足的要求

总体上讲，对曲面求交算法大致有如下3点要求：

(1) 稳定。求交算法必须满足稳定性要求，包括不会导致求交失败及能找到所有交线段。

(2) 准确。求得的交线必须符合给定的误差要求，否则得到的交线没有任何意义。

(3) 快速。在CAD/CAM系统中需要进行大量求交运算，因此求交运算速度至关重要。

现有算法还不能完全满足上述3项基本要求，多数算法仅能满足其中的一项或两项，对某一类特殊曲面的求交问题，有的算法可以同时满足上述3项要求，但不适用于其他类型曲面的求交。因此，稳定、准确和快速地解决复杂曲面的求交一直是相关研究领域前沿课题。

3. 参数/参数曲面求交的基本方法

参数/参数曲面求交方法很多，大致可以归纳为如下几类：

(1) 代数法。也称解析法。其主导思想是充分利用有关代数曲面求交的现有成果，将其应用到自由曲面求交中。通常是将自由曲线曲面的参数表达式精确或近似地转换为代数方程形式，将参数/参数曲面求交问题转化为代数/代数曲面或代数/参数曲面求交问题，并利用求解一元高次方程得到交线。这种方法在计算低幂次（二次以下）曲面片间的交线时可以获得较好的效果。对于三次以上的自由曲面，特别是有理曲面的求交，交线代数方程阶数将非常高。对于一般参数曲面，利用这种方法求交，无论是准确性、稳定性还是计算效率均难以保证。

(2) 网格离散法。该法的基本思想是先将曲面离散为由小平面片组成的网格，当网格足够细密时，可以认为已经非常接近真实曲面。对分别表示不同曲面的两张网格，利用平面片求交法求交线，以此交线近似代表曲面间交线。该法原理简明，便于实现，适用范围广。为获得精确交线，必须生成非常细密的网格，导致占用内存多。

(3) 分割法。该法与网格离散法有些类似，都是以小平面片的交线代替曲面的交线。所不同的是分割法不是将曲面直接离散，而是基于Divide-Conquer思想，亦称测试-离散思想，即在对两曲面片离散之前，先利用曲面片的凸包进行相交测试，并只对凸包相交的曲面片进行细分。将凸包相交的曲面片细分为 4 个子曲面片，对两张曲面的子曲面片重复前述过程，直到子曲面片满足求交的精度要求，而后以平面片的交线代替曲面片的交线。分割法仅对可能相交的曲面片细分，既减少了需要的存储空间，又加快了测试和求交速度，因而其效率显著优于网格离散法。但分割法需要应用曲面的凸包性和分割性，故仅适用于 Bezier 和 B 样条曲面，而难以应用于如 Coons 曲面和等距面等其他参数曲面。分割求交的精度比较低，这是因为平面片的交线偏离真实交线的误差比较大。

(4) 迭代法。迭代法本身不能构成一个独立求交方法。应用迭代法求交线之前，首先必须给出交点初始估计值，而交点的初始值必须通过其他求交方法得到。因此，迭代求交常同其他求交方法结合使用，作为交点精化的一种手段。迭代法的主要过程是根据初始估计点的几何性质(如坐标位置、切矢、法矢、曲率等)运用 Newton 方法得到较原估计点更接近目标点(即精确交点)的估计点。如此反复进行，直到求得交点满足要求的精度。该法的优点是在初值比较好时其收敛速度非常快，而且能应用于任意参数曲面包括 Coons 曲面和等距面等，应用非常广泛；其主要缺点是对初值要求苛刻，初值选择不当可能导致迭代不收敛。

(5) 追踪法。追踪法最初由 Melson 和 Arnases 等提出。其主要思想是，在已知某一点为两曲面交点的前提下，以该点为起点，沿着交线前进方向搜索下一个交点；重复上述过程，直到求得交线上所有交点。该法的优点是适用范围广，可用于任意参数曲面，而且计算速度快，占用内存少。追踪法的关键是初始点的获得比较困难，如何求得所有交线的初始点一直是人们的研究热点，也是追踪法的关键所在。初始交点选取不当将导致追踪方法失败。

上述各种求交方法各有利弊，单纯使用任何一种方法都无法解决应用中可能遇到的各种复杂情况。为了保证实用性，目前 CAD/CAM 软件都综合利用分割法、网格离散法、迭代法和追踪法等各自的特点。具体措施是对于 NURBS 曲面求交，采用分割法与迭代法相结合，利用分割法得到所有交线的拓扑结构和交点的估计值，运用 Newton 迭代法估计到精确交点。实践证明，该法可较好地解决 NURBS 曲面的求交问题，速度较快，精度高，比较稳定，一般不会发生漏交。对于某些特殊参数曲面，如 Coons 曲面、等距面等的求交问题，由于不能应用分割法，必须综合应用网格离散法、迭代法和追踪法三者，先利用网格离散法、迭代方法获得交线的初始点，再运用追踪法求出所有交线。虽然网格离散法会降低整个算法的速度，但其适用范围比较广，可用于任意参数曲面的求交，取得比较好的效果。混合法主要步骤如下：

步骤 1：参数曲面的自适应几何分割

参数曲面的自适应几何分割的目的在于获取在给定逼近容差下参数曲面的线性三角形逼近。几何分割是在曲面参数域不断地四分或二分即可得参数曲面的线性逼近表示。它表示为一树结构，树根节点表示原始参数曲面，叶节点为参数曲面的线性表示。

步骤 2：交线初始点的获取

获取交线初始点的目的在于为交曲线的追踪提供起始点和起始追踪方向等必要的初始信息。它们是通过求两参数曲面的线性三角形逼近之间的交点来确定的。

步骤 3：交曲线追踪

交曲线的追踪包括如下过程：首先，是确定追踪方向，通常追踪方向是由两曲面在初始交点处的法矢的叉乘矢量决定的；其次，是确定追踪步长，一般可以给定追踪步长，也可以由当前交点的密切圆和弦高误差来确定；再次，追踪交曲线上的下一个交点，这可通过求得由两曲面在当前交点处的泰勒展开式及追踪方向与追踪步长所确立的线性方程组从而获得下一个交点的估计参数值，再通过交点精确化过程就可获得下一个交点的精确参数值。正常结束追踪过程的准则是：两次碰到曲面的边界或奇异点；当前交点落在第一或第二个交点之间。

在混合求交算法中，交曲线追踪是最关键一环，如图4-17所示，设两曲面为 $S_1:F(u,v)$，$S_2:G(s,t)$，分别进行讨论：

问题1：追踪方向 $\boldsymbol{T}$ 的确定。

若起始点或追踪中得到的交点处两切平面不平行，则追踪方向可由两曲面在该交点的两个法矢确定，假定曲面 S_1 在交点处的法矢为 $\boldsymbol{n}_g$，则

$$\boldsymbol{T}=\boldsymbol{n}_f+\boldsymbol{n}_g$$

问题2：追踪步长 d 的确定。

当追踪步长未给定时，可以由当前交点的密切圆和弦高误差来确定。如图4-18所示，假定 R 为密切圆半径，EPS为弦高误差，则：

$$\begin{cases} d=R\tan\theta \\ \theta=2\arccos(1-\mathrm{EPS}/R) \end{cases}$$

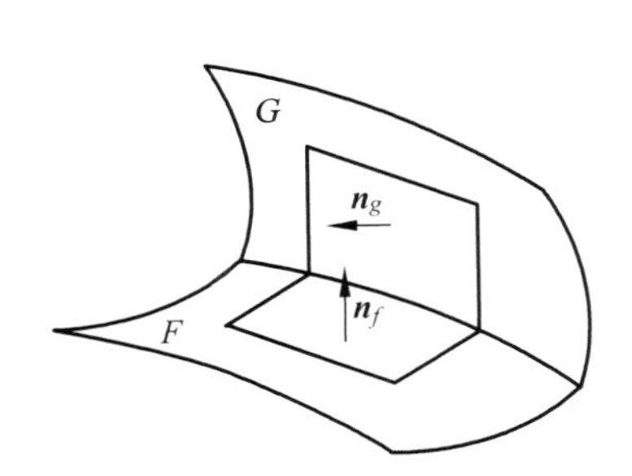

图4-17　交曲线追踪示意图

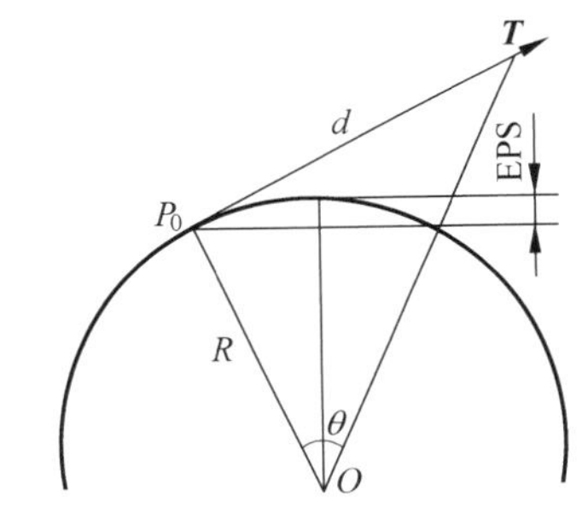

图4-18　追踪步长 d 的确定

问题3：交曲线追踪方法。

在已知当前交点参数值 (u,v)，(s,t)，追踪方向 $\boldsymbol{T}$ 及追踪步长 d 之后，就要确定一个交点的估计参数值 (u',v')，(s',t')，其中：$u'=u+\Delta u$，$v'=v+\Delta v$，$t'=t+\Delta t$。Δu，Δv，Δs，Δt 可由下列线性方程组确定：

$$\begin{cases} \left[\left.\dfrac{\partial F}{\partial u}\right|_{\substack{u_0\\v_0}} \quad \left.\dfrac{\partial F}{\partial v}\right|_{\substack{u_0\\v_0}} \quad -\left.\dfrac{\partial G}{\partial s}\right|_{\substack{s_0\\t_0}} \quad -\left.\dfrac{\partial G}{\partial t}\right|_{\substack{s_0\\t_0}}\right][\Delta u \quad \Delta v \quad \Delta s \quad \Delta t]^{\mathrm{T}}=0 \\ \left[T\cdot\left.\dfrac{\partial F}{\partial v}\right|_{\substack{u_0\\v_0}} \quad T\cdot\left.\dfrac{\partial F}{\partial v}\right|_{\substack{u_0\\v_0}} \quad 0 \quad 0\right][\Delta u \quad \Delta v \quad \Delta s \quad \Delta t]^{\mathrm{T}}=d \end{cases}$$

问题4：初始交点精确化处理。假定 (u_0,v_0)，(s_0,t_0) 是初始交点或曲面邻近点对在两曲面 S_1 和 S_2 上的参数估计值，则可进行如下Newton-Raphson迭代，得到初始交点精确参数值：

$$
\begin{cases}
\left[\left.\dfrac{\partial F}{\partial u}\right|_{\substack{u_0\\v_0}} \quad \left.\dfrac{\partial F}{\partial v}\right|_{\substack{u_0\\v_0}} \quad -\left.\dfrac{\partial G}{\partial s}\right|_{\substack{s_0\\t_0}} \quad -\left.\dfrac{\partial G}{\partial t}\right|_{\substack{s_0\\t_0}}\right][\Delta u \quad \Delta v \quad \Delta s \quad \Delta t]^{\mathrm{T}} = G(s_0,t_0)-F(u_0,v_0) \\
\left[T\cdot\left.\dfrac{\partial F}{\partial v}\right|_{\substack{u_0\\v_0}} \quad T\cdot\left.\dfrac{\partial F}{\partial v}\right|_{\substack{u_0\\v_0}} \quad 0 \quad 0\right][\Delta u \quad \Delta v \quad \Delta s \quad \Delta t]^{\mathrm{T}} = T\left(\dfrac{G(s_0,t_0)-F(u_0,v_0)}{2}\right)
\end{cases}
$$

如果交点精确化处理失败,则将步长减半,重新进行交曲线追踪和交点精确化处理。

4.8.2 过渡曲面

过渡面(blending 面)是在相邻曲面间形成的光滑过渡曲面。过渡曲面的生成算法是几何造型的重要问题,受到了广泛注意。过渡曲面生成算法的种类很多,也可以按不同的标准进行分类。按过渡曲面处理对象的不同,过渡曲面生成法可分为整体构造法与局部构造法,其中局部构造法又可进一步细分为顶点过渡曲面构造法、棱边过渡曲面构造法及区域过渡曲面构造法等(图 4-19、图 4-20)。按过渡曲面生成机理的不同,过渡曲面生成法又可分为 N 边域过渡曲面构造法、等半径过渡曲面构造法、变半径过渡曲面构造法、脊线过渡曲面构造法及截交线过渡曲面构造法等。

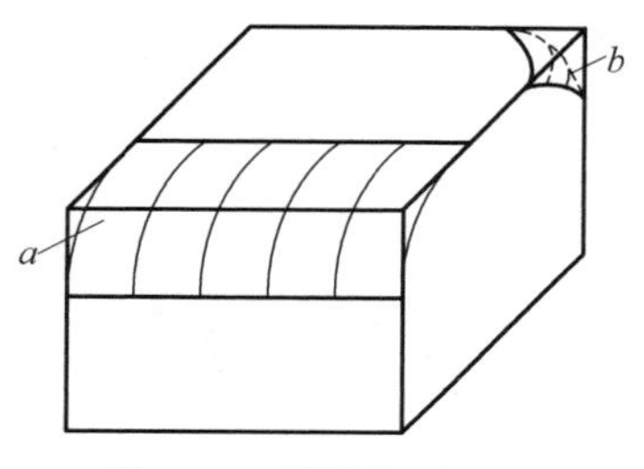

图 4-19 过渡曲面(一)
a—棱边过渡曲面; b—顶点过渡曲面

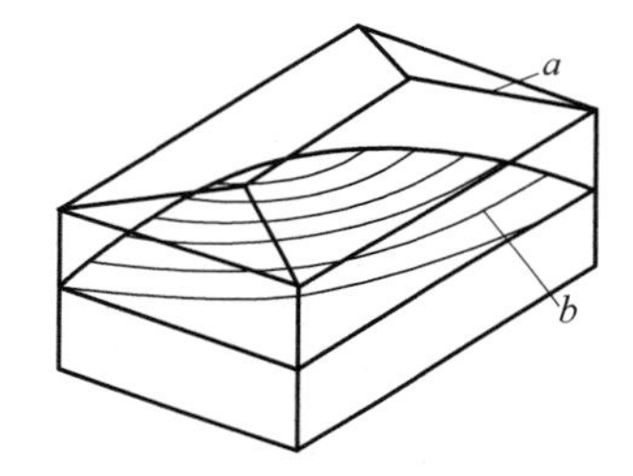

图 4-20 过渡曲面(二)
a—过渡区域; b—区域过渡曲面

在实用中,处理两相交曲面在相交棱边处的等半径过渡曲面构造法是最常用方法,它与数控加工中曲面间过渡区域自动生成机理一致。下面简要介绍这种曲面构造法的主要机理。

过渡曲面所要光滑连接的曲面称为基面,那么等半径过渡曲面可以看作是由一等半径球体沿两基面形成的"槽"滚动的结果。显然球心距离参数曲面恒等于球体半径,此球半径称为过渡曲面圆角半径。根据蒙皮技术生成曲面的要求,要想构造出过渡曲面,关键在于如何构造出过渡曲面若干截面线。当滚动球处于两基面的任意位置时,如图 4-21 所示,显然滚动球中心 o 是两基面等距曲面交线上的一点,c_1、c_2 则是与该点对应的两基面上的接触点。过 o、c_1、c_2 点作一平面,我们就可以在这个平面内构造出过渡曲面的一个截面线。为了保证过渡曲面与两基面的一阶连续,就必须保证过渡曲面与两基面在 c_1、c_2 处有相同的法矢,因此 oc_1c_2 平面内的截面线在 c_1、c_2 端点处的切矢就要垂直于

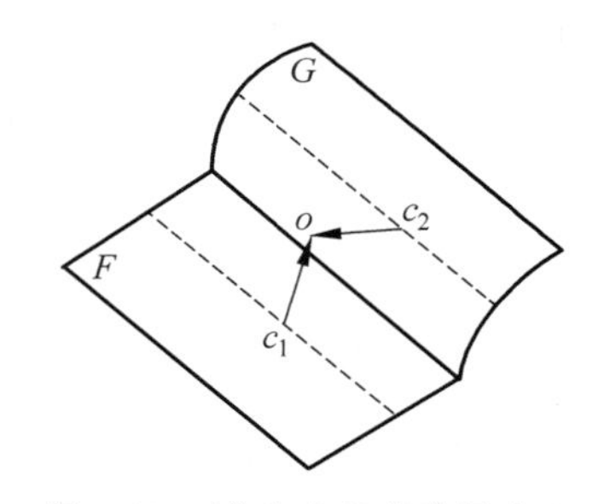

图 4-21 滚动球任意位置中心及接触点示意图

两基面在 c_1、c_2 处的法矢。由以上条件就可以构造出过渡曲面在 oc_1c_2 平面处的一个截面线。当滚动球中心 o 沿两基面等距曲面的交线移动时,就可以得到构成过渡曲面的一簇截面线,而后再利用蒙皮技术就可以生成等半径的过渡曲面。

4.8.3 曲线曲面光顺

在飞机、汽车、船舶以及家用电器等产品设计中,人们对产品外形有多方面要求,其中之一是外形光顺性(fairness),往往难于满足产品设计要求,也不便于加工。因此,曲线、曲面的光顺处理就成为 CAD/CAM 中非常重要的问题。

国际上对光顺处理的研究始于 20 世纪 60 年代初,主要应用于船体数学放样,最小二乘法是当时最有影响的一种光顺方法。1969 年,Hosake 在能量极值的基础上最早提出用于空间三次参数样条曲线光顺和网格光顺的能量法。1983 年,Kjellander 提出一种三次参数样条曲线和双三次参数样条曲面的局部光顺方法,1987 年,Farin 等提出一种通过"节点删除与插入"对 B 样条曲线进行光顺的方法。1988 年,Lott 等提出 B 样条曲面光顺的能量法。

我国学者在这方面也做了很多工作。从 1974 年起,山东大学和沪东造船厂协作,在船体数学放样的实践中,提出了圆率光顺的概念。我国学者先后提出了基样条法、强调保凸性质的磨光法(亦称盈亏修正法)、回弹法等光顺方法。

关于曲线、曲面光顺处理,需要解决两个基本问题:①什么样的曲线、曲面才是光顺的(fair),即光顺准则(fairing criterion)如何定义;②对于不光顺的曲线、曲面,如何进行一定的数学处理使其光顺性得到满足或改善,即采取何种光顺处理方法。

直观上看,直线、圆弧、平面、球面等简单几何形状是光顺的。如果一条曲线拐来拐去、有尖点或许多拐点,或一张曲面上有很多皱纹、凸凹不平,则认为这样的曲线和曲面是不光顺的;此外,在船体数学放样中,通过这些型值点的弹性样条或弹性薄板是光顺的。很难给光顺性下一个准确定义,光顺性仍然是一个模糊的概念。这是因为光顺性涉及几何外形的美观性,难免受主观因素的影响。此外,在不同的实际问题中,对光顺的要求也不同。

平面曲线的光顺准则为:二阶几何参数(位置、切线方向与曲率矢)连续、不存在奇点与多余拐点、曲率变化较均匀、应变能较小。

空间曲线的光顺准则如下:

(1) 二阶光滑性:曲线的曲率连续和低次样条曲线在节点处曲率可能发生跳跃,这时要求其节点处左、右曲率差的跃度和尽可能小于某一极小值。

(2) 不存在多余拐点,即不允许出现下述情况:曲线应出现 G 个拐点,而拟合(插值、逼近)时出现了多于 G 个拐点,即不应该出现拐点的地方出现了拐点。

(3) 曲率变化比较均匀,当曲线上的曲率出现大幅度改变时,尽管没有多余拐点,曲线仍不光顺,因此要求光顺后曲线的曲率变化比较均匀。

(4) 不存在多余变挠点(变挠点指挠率为零的点,通常与挠率变号点相关),即不允许出现下述情况:曲线应出现 H 个变挠点,而拟合(插值、逼近)时出现了多于 H 个变挠点,不应该出现变挠点的地方出现了变挠点。

(5) 挠率变化比较均匀:挠率不连续(节点处左、右挠率差)跃度和足够小,即挠率的变化比较均匀,无连续变号。

曲面的光顺准则更复杂，通常根据曲面上关键曲线（如 $\boldsymbol{u}$、$\boldsymbol{v}$ 方向参数线或曲面与平行于坐标平面的一系列平面截线等）是否光顺以及曲面曲率（主曲率、高斯曲率、平均曲率等）变化是否均匀等来判断。专家给出的曲面光顺准则是：关键曲线光顺；网格线无多余拐点（或平点）及变挠点；主曲率（低次曲面）在节点处的跃度和足够小。在实际使用时还需对这些准则用定量描述。

与光顺有联系的另一概念是光滑（smooth），“光滑”和“光顺”很容易被混淆。其实这二者既有联系又有某些细微差别。“光滑”通常指曲线曲面的参数连续性或几何连续性，主要是从数学的角度来考虑，有严格的数学定义。从字面上理解，“光顺”包含“光滑”和“顺眼”两方面的含义，既有数学上连续性的要求，更侧重功能（如美学、数控加工、力学等）方面的要求。事实上，一条数学上 C^2 连续的曲线可能并不光顺（因其曲率及挠率的变化可能很大）。而一条看上去很光顺的曲线可能仅达到 C^1 或 C^2 连续。但光滑与光顺二者又有很多联系，在曲线、曲面的曲率较小情况下，通常可通过提高曲线、曲面的连续阶以达到光顺曲线、曲面的目的，使曲率的变化较均匀。

在机械 CAD 系统中，曲线曲面的设计与表示通过计算机实现。因此，如何借助计算机分析曲线曲面的光顺性，是光顺性研究的一个基本问题，也是曲面造型系统中应提供的基本工具。图 4-22 所示为 SolidWorks 提供的曲面实体造型界面和相关的各种曲面操作菜单工具。

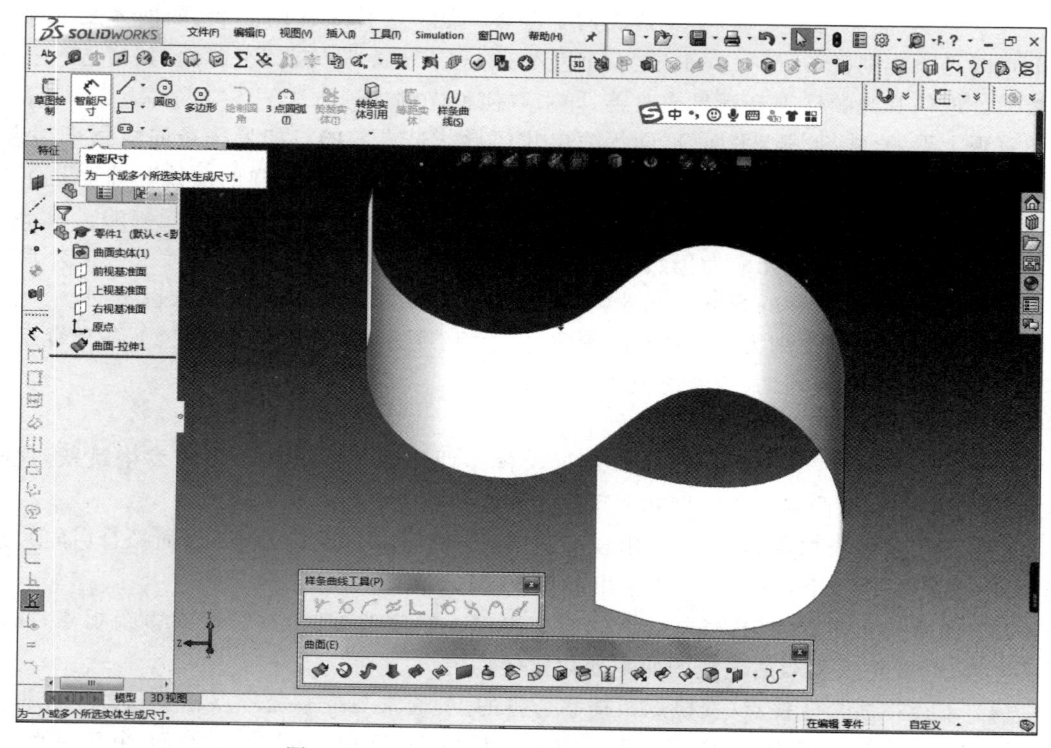

图 4-22 SolidWorks 曲面建模界面和菜单工具

第 5 章

参数化特征造型

传统交互式 CAD 绘图需要精确的尺寸值定义几何元素和确定的位置，几何图形一旦建立，若想改变图形大小尺寸，只能对图形进行重建，或者用编辑工具进行剪裁改造。在工程设计中，一方面，新产品的设计不可避免地需要多次反复调整，需要进行零件结构和尺寸的综合协调、优化；另一方面，在系列产品设计开发过程中，对同一种基本结构形式的零部件，其图形结构具有相似性，往往只是尺寸的大小不同，如图 5-1 所示的两个图形。特别是对于结构定型的产品设计，需要针对用户的生产特点提供不同吨位、功率、规格的产品型号进行设计，以便形成系列产品。显然传统 CAD 交互式设计技术限制了工程设计人员的想象力和设计工作效率。参数化特征造型技术比较好地解决了这一问题，在实际工程设计中得到了非常广泛的应用。

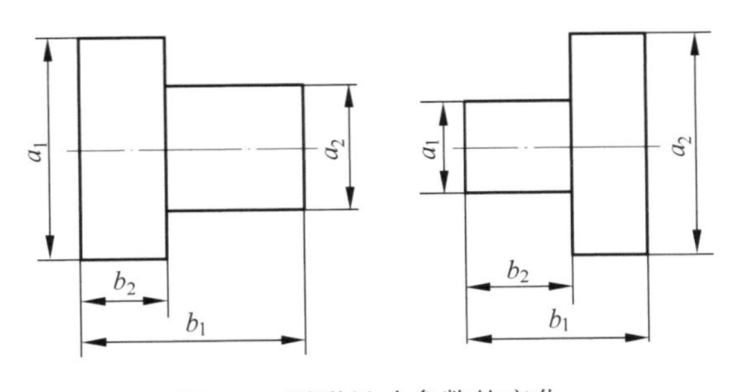

图 5-1　图形尺寸参数的变化

5.1　参数化造型技术

参数化造型技术是使用条件约束来设计和修改产品模型的方法。条件约束包括尺寸约束、拓扑约束和工程约束。在进行产品设计时，将产品各个尺寸参数及其拓扑关系、工程参数分成两类，分别进行处理。第一类参数必须满足一定的条件约束，第二类参数不受条件约束的限制。目前参数驱动的参数化设计方法分为尺寸驱动和变量化设计两种。

1. 尺寸驱动

尺寸驱动只是考虑了设计产品的尺寸约束和拓扑约束，以控制设计产品的尺寸和结构，常用于产品的结构形状确定而尺寸不同的产品设计中，例如大量的标准件，已经标准化、系列化的产品，以及齿轮、圆柱弹簧等结构确定的产品。螺栓的直径、长度、螺纹长度等不同尺寸规格的变形设计，可以通过尺寸驱动而生成不同规格的螺栓零件。

尺寸驱动的零件几何模型由几何元素、尺寸约束和拓扑约束3部分组成。当需要修改某一个尺寸时，系统自动检索该尺寸在尺寸链中的位置，找到它的起始几何元素和终止几何元素，使它们按照新的尺寸值进行调整，得到新的零件模型；接着检查所有的几何元素是否满足约束条件，如果不满足则让拓扑约束条件不变，按照尺寸约束递归修改几何模型，直到满足全部约束条件。

2. 变量化设计

变量化设计是在设计过程中考虑所有的约束包括尺寸约束、拓扑约束和工程约束，约束数目的增加使得在确定产品参数时，需要含有更多方程的方程组联立求解。变量化设计可以应用于公差分析、运动机构分析、优化分析、方案设计与选型等更加广泛的工程设计领域。

如图5-2(a)所示，图纸中尺寸固定，尺寸变化，图不变；图5-2(b)中尺寸为变量a和b，随着a和b所赋值的尺寸数值的变化，图形也会随之变化为相应的大小。显然方案(b)比方案(a)更具有灵活性和优势。

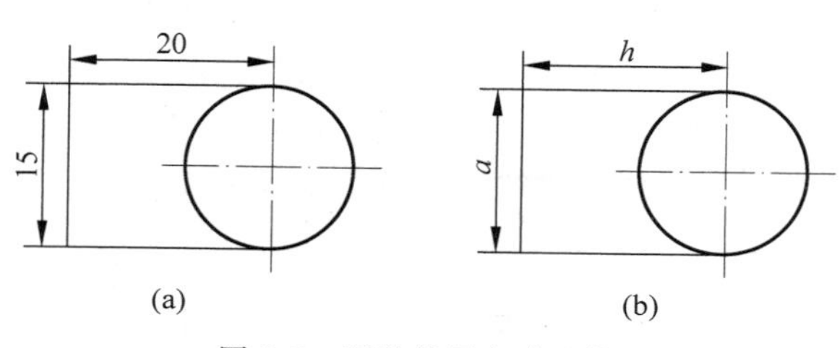

图5-2　两种绘图方式比较

(a) 直接绘图；(b) 参数化绘图

5.1.1　参数化造型概述

交互式绘图灵活，但是当某尺寸变化，即使形状不变，也必须重新修改；参数化绘图，只要修改尺寸，图形自动按尺寸变化，效率提高，尤其是系列化产品设计效率更高，便于创新设计。因为设计过程本身就是不断修改验证的过程，效率越高，产品开发周期越短。

参数化(parametric)造型的主体思想是用几何约束、工程方程与关系来说明产品模型的形状特征，从而达到设计一系列在形状或功能上具有相似性的方案。目前能处理的几何约束类型基本上是组成产品形体的几何实体公称尺寸关系和尺寸之间的工程关系，因此参数化造型技术又称尺寸驱动几何技术。

目前参数化技术大致可分为如下三种方法：①基于几何约束的数学方法；②基于几何原理的人工智能方法；③基于特征模型的造型方法(特征工具库，包括标准件库均可采用该项技术)。其中数学方法又分为初等方法(primary approach)和代数方法(algebraic approach)。初等方法利用预先设定的算法，求解一些特定的几何约束。这种方法简单、易于实现，但仅适用于只有水平和垂直方向约束的场合；代数方法则将几何约束转换成代数方程,形成一个非线性方程组。该方程组求解较困难,因此实际应用受到限制。人工智能方法是利用专家系统,对图形中的几何关系和约束进行理解,运用几何原理推导出新的约束。

1) 参数化几何模型的构造

几何形体的参数化模型是由传统的几何模型信息和几何约束信息两大部分组成。根据几何约束和几何拓扑信息模型构造的先后次序,亦即它们之间的依存关系,参数化造型可分两类。

一类是几何约束作用在具有固定拓扑结构形体的几何要素上,几何约束值不改变几何模型的拓扑结构,而是改变几何模型的公称大小。这类参数化造型系统以 B-Rep 为其内部表达的主模型。必须首先确定清楚几何形体的拓扑结构才能说明几何约束模式。

另一类是先说明参数化模型的几何构成要素及它们之间的约束关系,而模型的拓扑结构是由约束关系决定的。这类参数造型系统 CSG 表达形式为内部的主模型,可以方便地改变实体模型的拓扑结构,并且便于以过程化的形式构造实体的整个过程。

下面以 Z 形零件的造型为例,分析参数化造型的原理。就应用而言,可以认为参数化造型方法源于例图法。产生一个新形状的直接方法是对已有的一个形状做简单的线性变换,对图 5-3 所示 Z 形零件各三维分量按不同的比例变化,可以产生出不同 Z 形零件。所产生的每一个 Z 形零件都是原 Z 形零件的派生结果。

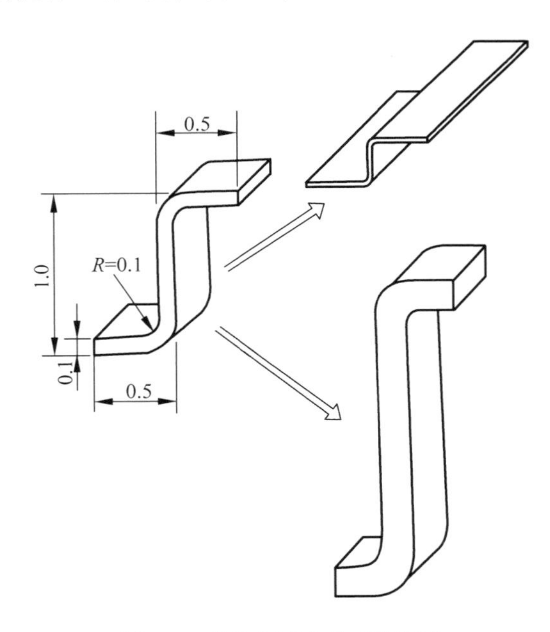

图 5-3 按比例变化的 Z 形零件

为了促进零件设计和生产的标准化,在开发某些 CAD/CAM 技术的同时,引入了成组技术(group technology)。这种技术的中心论点是认为许多被加工的零件都可以按形状的相似性划分成类或族。每一族中的零件,彼此之间由几个参数(关键尺寸)区分。

几个关键尺寸常常可以定义比较简单的一类物体的形状，如果每一个尺寸均可以单独变化，则可通过指定几个关键尺寸或参数，在这一类的范围内创造出一个特定的形状。然后，几何造型的算法使用这些参数去计算更完整的数学表示。图5-4中描述Z形零件的参数为a、b、l、t、h、r_i、r_o，并有两个约束关系：内圆弧半径$r_i=t$，外圆弧半径$r_o=2t$。

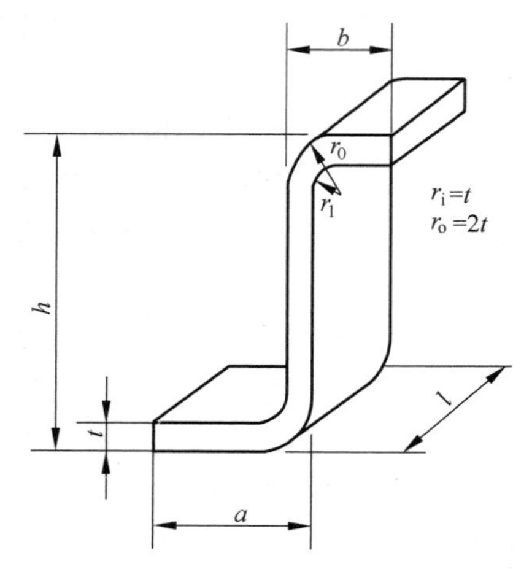

图5-4　通过关键尺寸变化的Z形零件

参数化造型系统Pro/Engineer率先实现参数化设计技术用于实体模型建造，即通过完备而准确的参数和数据关系来驱动实体。一方面，通过关系可以为某个尺寸赋一个值，或者通过解联立方程组给多个尺寸提供值。另一方面，通过关系控制修改设计效果，也可通知设计者哪些条件已经失效(如某尺寸超过了某个范围)。Pro/Engineer设计零件是基于三维实体和参数化，而非传统的孤立的二维点、线、面，它完成实体构造后按照严格的投影关系生成三视图及用户需要的辅助图。该系统在处理三维实体、二维工程图、截面图、尺寸关系和其他各类数据时是严格一体化的，修改某一数据后，与之相应的一切相关数据(零件图形、尺寸标注和含有该零件的总成等)都将自动改变，从而充分保证了设计数据的一致性。Pro/Engineer参数化设计大大提高了相似零件的生成速度，用户对零件的特征定形(形状参数化)和定位(位置参数化)后，通过改变参数的值，系统就可以立即得到新的零件，而不必重新进行一步步交互，从头再来。Pro/Engineer提供了由算术运算符、逻辑运算符、标准数学函数及曲线关系建立参数符号、尺寸、公差以及字符之间关系式的方法，用户可以将各种约束关系式以命令行形式输入或者关系文件的形式输入系统，从而得到所需图形。

2）参数驱动机制

通过参数驱动机制，可以对图形的几何数据进行参数化修改，但是，在修改的同时，还要满足图形的约束条件，需要约束间关联性的驱动手段来约束联动，约束联动是通过约束间的关系实现的驱动方法。对一个图形，可能的约束十分复杂，而且数量很大。而实际由用户控制的，即能够独立变化的参数一般只有几个，称之为主参数或主约束；其他约束可由图形结构特征确定或与主约束有确定关系，称它们为次约束。对主约束是不能简化的，对次约束的简化可以有图形特征联动和相关参数联动两种方式。

所谓图形特征联动就是保证在图形拓扑关系不变的情况下，对次约束的驱动，亦即保证连续、相切、垂直、平行等关系不变。反映到参数驱动过程就是要根据各种几何相关性准则去识别与被动点有上述拓扑关系的实体及其几何数据，在保证原关系不变的前提下，求出新的几何数据。这些几何数据称为从动点。这样，从动点的约束就与驱动参数有了联系。依靠这一联系，从动点得到了驱动点的驱动，驱动机制则扩大了其作用范围。

所谓相关参数联动就是建立次约束与主约束在数值上和逻辑上的关系。在参数驱动过程中，始终要保持这种关系不变。相关参数的联动方法使某些不能用拓扑关系判断的从动点与驱动点建立了联系。使用这种方式时，常引入驱动树，以建立主动点、从动点之间的约束关系的树形表示，便于直观地判断图形的驱动与约束情况。

由于参数驱动是基于对图形数据的操作，因此绘制一张图的过程，就是在建立一个参数模型。绘图系统将图形映射到图形数据库中，设置出图形实体的数据结构，参数驱动时将这些结构中填写出不同内容，以生成所需要的图形。

参数驱动可以被看作沿驱动树操作数据库内容，不同的驱动树，决定了参数驱动不同的操作。由于驱动树是根据参数模型的图形特征和相关参数构成的，所以绘制参数模型时，有意识地利用图形特征，并根据实际需要标注相关参数，就能在参数驱动时，把握对数据库的操作，以控制图形的变化。绘图者不仅可以定义图形结构，还能控制参数化过程，就像用计算机语言编程一样，定义数据、控制程序流程。这种建立图形模型，定义图形结构，控制程序流程的手段称作图形编程。

在图形参数化中，图形编程是建立在参数驱动机制、约束联动和驱动树基础上的。由编程者预先设置一些几何图形约束，然后供设计者在造型时使用。与一个几何图形相关联的所有尺寸参数可以用来产生其他几何图形。其主要技术特点是：基于特征、全尺寸约束、尺寸驱动设计修改、全数据相关。

(1) 基于特征：将某些具有代表性的平面几何形状定义为特征，并将其所有尺寸存为可调参数，进而形成实体，以此为基础来进行更为复杂的几何形体的构造。

(2) 全尺寸约束：将形状和尺寸联合起来考虑，通过尺寸约束来实现对几何形状的控制。造型必须以完整的尺寸参数为出发点(全约束)，不能漏注尺寸(欠约束)，不能多注尺寸(过约束)。

(3) 尺寸驱动设计修改：通过编辑尺寸数值来驱动几何形状的改变。

(4) 全数据相关：尺寸参数的修改导致其他相关模块中的相关尺寸得以全盘更新。

采用这种技术的理由在于：它彻底克服了自由建模的无约束状态，几何形状均以尺寸的形式而牢牢地控制住。如打算修改零件形状时，只需编辑一下尺寸的数值即可实现形状上的改变。尺寸驱动已经成为当今造型系统的基本功能，无此功能的造型系统已无法生存。尺寸驱动在道理上容易理解，尤其对于那些习惯看图纸、以尺寸来描述零件的设计者是十分方便的。

工程关系(engineering relationship)如：重量、载荷、力、可靠性等关键设计参数，在参数化系统中不能作为约束条件直接与几何方程建立联系，它需要另外的处理手段。

5.1.2 变量化设计方法

变量化设计(variational geometry extended，VGX)，即超变量化几何，它是由 SDRC 公司独家推出的一种 CAD 软件的核心技术。我们在进行机械设计和工艺设计时，总是希望零部件能够让我们随心所欲地构建，可以随意拆卸，能够在平面显示器上，构造出三维立体的设计作品，而且希望保留每一个中间结果，以备反复设计和优化设计时使用。VGX 实现的就是这样一种思想。VGX 技术扩展了变量化产品结构，允许用户对一个完整的三维数字产品从几何造型、设计过程、特征，到设计约束，都可以进行实时直接操作。对于设计人员而言，采用 VGX，就像拿捏一个真实的零部件面团一样，可以随意塑造其形状，而且，随着设计的深化，VGX 可以保留每一个中间设计过程的产品信息。VGX 为用户提出了一种交互操作模型的三维环境，设计人员在零部件上定义关系时，不再关心二维设计信息如何变成三维，从而简化了设计建模的过程。采用 VGX 的长处在于，原有的基于特征的参数化实体模型，在可编辑性及易编辑性方面得到极大的改善和提高。当用户准备作预期的模型修改时，不必深入理解和查询设计过程。与传统二维变量化技术相比，VGX 的技术突破主要表现在：

(1) VGX 提供了前所未有的三维变量化控制技术。这一技术可望成为解决长期悬而未决的尺寸标注问题的首选技术。因为传统面向设计的实体建模软件，无论是变量化的、参数化的，还是基于特征的或尺寸驱动的，其尺寸标注方式通常并不是根据实际加工需要而设，往往是根据软件的规则来确定。采用 VGX 的三维变量化控制技术，在不必重新生成几何模型的前提下，能够任意改变三维尺寸标注方式，这也为寻求面向制造的设计(design for manufacturing，DFM)解决方案提供了一条有效的途径。

(2) VGX 将两种造型技术(直接几何描述和历史树描述)结合起来。设计人员可以针对零件上的任意特征直接进行图形化的编辑、修改，这就使得用户对其三维产品的设计更为直观和实时。用户在一个主模型中，就可以实现动态地捕捉设计、分析和制造的意图。

(3) 变量化技术是在参数化的基础上进一步改进后提出的设计思想。变量化造型的技术特点是保留了参数化技术基于特征、全数据相关、尺寸驱动设计修改的优点，但在约束定义方面做了根本性改变。

变量化技术将参数化技术中所需定义的尺寸“参数”进一步区分为形状约束和尺寸约束，而不是像参数化技术那样只用尺寸来约束全部几何。在大量的新产品开发的概念设计阶段，设计者首先考虑的是设计思想及概念，并将其体现于某些几何形状之中。这些几何形状的准确尺寸和各形状之间的严格的尺寸定位关系在设计的初始阶段还很难完全确定，所以自然希望在设计的初始阶段允许欠尺寸约束的存在。此外在设计初始阶段，整个零件的尺寸基准及参数控制方式如何处理还很难决定，只有当获得更多具体概念时，才能借助已知条件逐步确定怎样处理才是最佳方案。

除考虑几何约束(geometry constrain)之外，变量化设计还可以将工程关系作为约束条件直接与几何方程联立求解，无须另建模型处理。

5.1.3 参数化和变量化技术比较

两种技术都属于基于约束的实体造型系统，都强调基于特征的设计、全数据相关，并可实现尺寸驱动设计修改，也都提供方法与手段来解决设计时所必须考虑的几何约束和工程关系问题。

1. 两种技术的不同之处

(1) 参数化技术在设计全过程中，将形状和尺寸联合起来一并考虑，通过尺寸约束来实现对几何形状的控制；而变量化技术将形状约束和尺寸约束分开处理。

(2) 参数化技术在非全约束时，造型系统不允许执行后续操作；而变量化技术由于可适应各种约束状况，操作者可以先决定所感兴趣的形状，然后再给一些必要的尺寸，尺寸是否注全并不影响后续操作。

(3) 参数化技术的工程关系不直接参与约束管理,另由单独的处理器外置处理;而在变量化技术中,工程关系可以作为约束直接与几何方程耦合,最后再通过约束解算器统一解算。

(4) 由于参数化技术苛求全约束,每一个方程式必须是显函数,即所使用的变量必须在前面的方程式内已经定义过并赋值于某尺寸参数,其几何方程的求解只能是顺序求解;而变量化技术为适应各种约束条件,采用联立求解的数学手段,方程求解顺序无所谓。

(5) 参数化技术解决的是特定情况(全约束)下的几何图形问题,表现形式是尺寸驱动几何形状修改;而变量化技术解决的是任意约束情况下的产品设计问题,不仅可以做到尺寸驱动(dimension driven),亦可以实现约束驱动(constrain driven),即由工程关系来驱动几何形状的改变,这对产品结构优化是十分有意义的。

由此可见,是否要全约束以及以什么形式来施加约束恰恰是两种技术的分水岭。由于参数化系统的内在限定是求解特殊情况,因此系统内部必须将所有可能发生的特殊情况以程序全盘描述,这样,设计者就被系统寻求特殊情况解的技术限制了设计方法。

2. 参数化系统的指导思想

用户只要按照系统规定的方式去操作,系统保证生成的设计的正确性及效率性,否则拒绝操作。这种思路的副作用是:

(1) 使用者必须遵循软件内在使用机制,如绝不允许欠尺寸约束、不可以逆序求解等。

(2) 当零件截面形状比较复杂时,将所有尺寸表达出来让设计者为难。

(3) 只有尺寸驱动这一种修改手段,那么究竟改变哪一个(或哪几个)尺寸会导致形状朝着自己满意的方向改变呢?这并不容易判断。

(4) 尺寸驱动的范围亦是有限制的。如果给出了不合理的尺寸参数,使某特征与其他特征相干涉,则引起拓扑关系的改变。

(5) 从应用来说,参数化系统特别适用于那些技术已相当稳定成熟的零配件行业。这样的行业,零件的形状改变很少,经常采用类比设计,只需改变一些关键尺寸就可以得到系列化设计结果。

3. 变量化系统的指导思想

设计者可以采用先形状后尺寸的设计方式,允许采用不完全尺寸约束,只给出必要的设计条件,这种情况下仍能保证设计的正确性及效率性。造型过程是一个类似工程师在脑海里思考设计方案的过程,满足设计要求的几何形状是第一位的,尺寸细节是后来逐步完善的。设计过程相对自由宽松,设计者更多去考虑设计方案,无须过多关心软件的内在机制和设计规则限制,所以变量化系统的应用领域更广阔一些。除了一般系列化零件设计,变量化系统在做概念设计时特别得心应手,适用于新产品开发、老产品改形设计这类创新式设计。

5.1.4 约束求解方法

参数化实体造型中的关键是几何约束关系的提取和表达、几何约束的求解以及参数化几何模型的构造。目前，二维参数化技术已发展得较为成熟，在参数化绘图方面已得到了广泛应用。而三维参数化模型能处理的问题都比较简单，能处理的约束类型还很有限。

1. 约束类型

目前三维参数化模型能处理的约束类型主要有：

(1) 两个或多个平面间的垂直距离；

(2) 两个或多个轴线间的垂直距离；

(3) 两个或多个平面间的角度；

(4) 轴和平面间的垂直距离；

(5) 两个或多个轴线间的角度；

(6) 轴和平面间的角度；

(7) 轴对称的半径。

2. 几何约束关系的表示

在参数化造型中，几何约束关系的表示形式主要有：

(1) 由算术运算符、逻辑比较运算符和标准数学函数组成的等式或不等式关系，它们可以在参数化造型系统的命令窗中直接以命令行形式输入。

(2) 曲线关系，直接把物理实验曲线或曲线或其他特性曲线用于几何造型。

(3) 关系文件，它是许多关系命令行语句和特定语句的集合。多种几何约束关系，包括联立方程组可以写成一种特定格式的文件(即用户编程)输入到计算机，成批驱动几何设计。例如，确定一个立方体的长 d_1、宽 d_2、高 d_3 的约束条件可以是：立方体的底面积等于 100，底面周长等于 50。

(4) 面向人工智能的知识表达方式，这种方式将组成几何形体的约束关系、几何与拓扑结构用一阶逻辑谓词的形式描述，并写入知识库中。知识表达的方式一方面是以符号化形式表达各种类型的数据，求取符号解；另一方面是加上基于约束的几何推理，求取数值解，从而在更大程度上实现机械产品的智能设计。

3. 几何约束的求解

几何约束的求解方法主要有数学计算求解约束的方法和几何推理求解方法两种。

(1) 数学计算求解约束的方法是通过一系列特征点来定义形体的几何，所有约束和约束之间的工程关系都可以换成以这些点为未知变量的方程，求解方程就能唯一地确定精确的几何。在以 B-Rep 模式表达几何形状的情况下，这些特征点一般为边界上的轮廓顶点、圆心点、自由曲线或曲面的控制顶点以及基本体系的定位点。也就是说，所有的高级几何实体(诸如边、线、面、体)都可以由这些特征点唯一定义。一般情况下，n 维空间中由 m 个特征点定义的形体有 $m \times n$ 个不确定的坐标未知量，因此用户提供的约束应当能够建立 $m \times n$ 个相互独立的方程，才能唯一地确定几何形状。数学计算求解约束的方法又可分为全局求解和局部求解两种方式。

局部求解适宜于整个实体几何模型由层次构造方式生成的情况，整个实体是由一系列实体子结构组成，子结构几何和整个实体几何可以在多个不同层次上构造。相对整个或上层几何实体而言，子实体结构可以看成是受特定约束集限定的子集，并可以通过参数（包括位置、方向和约束参数）来调用；而子实体结构本身作为一个几何形体可以具有变化的约束类型，即在编辑和修改子实体结构时，用户可以改变几何要素之间的约束关系。这样，可以首先建立零件参数和子实体结构独立参数之间的约束方程，求解并得到子实体结构的独立参数值；而后建立子实体结构独立参数与其内部变量（包括非独立参数）之间的约束方程，最终得到子实体结构的详细几何。

全局求解则不同，整个实体几何是在同一层次上进行构造和约束编辑的，由约束关系导出的方程建立求解，其核心算法是 Newton-Raphson 迭代法。目前，全局求解方式主要用于二维形状的参数化绘图。将该方式用于三维 B-Rep 模式的实体参数化造型时，由于三维空间的复杂性和 B-Rep 实体特征点的数目特别大，全部联立方程组的求解效率极低，甚至有时不可能，因此只能解决简单的情况。局部求解方式比较适合三维实体参数化造型，因为绝大多数机械产品都具有良好的层次结构性。

（2）几何推理求解方法又称为约束传播方法（constraint propagation method）。它的一般求解原理是：由已知的某个参数值 A，找到所有涉及 A 的约束集，该约束集涉及新的变量 B、C，则根据这些约束，通过一定的传播规则进行推理，找出适合于 B、C 的值，并把设计值赋给 B、C，在这种方式下，对 A 的决策就传播给了 B、C，再由 A、B、C 得到所有的参数值。二维和三维模型几何推理所用的传播规则一般是通过画法几何或空间几何学原理整理得出的，通过约束传播方法可以求得形体几何要求的精确位置和方向，但约束传播规则难以整理，且当增加新的约束类型时，现有的规则必须更新和增加，因为传播规则的整理实际上是穷举所有的约束几何的相互作用状况和相应的求解方法。

5.1.5　参数化特征造型方法

综合运用参数化特征造型的变量几何法和基于生成历程法这两种造型方法实现特征的构造和编辑。将几何模型定义成一系列特征点，并以特征坐标为变量形成一个非线性的约束方程组，确定对元素长度、半径和相交角度限制等尺寸约束条件，设定限制元素的方位或相对位置关系等几何约束条件。当约束发生变化时，利用迭代方法求解方程组求得一系列新特征点，从而生成新的几何模型。借助一些简单模型进行多次运算生成三维几何模型，记录模型生成过程中的所有信息，将记录的定量信息作为变量化参数，当赋予参数不同的值时，更新模型生成历程，得到不同大小或形状的几何模型。模型可以很复杂，常用于三维实体的参数化建模。由于三维模型是由其他简单的子模型经多次运算生成的，模型生成历程呈一树状，树叶表示基本子模型，支节点表示运算生成的中间模型，树根则代表模型本身。

基于模型的生成历程进行参数化建模时，可被参数化的对象是历程树中所包含的基本模型数据和各种运算参数。参数化的尺寸及施加的各类约束保留在模型生成历程中，可参数化的基本模型数据是各种体素特征尺寸和平面图形的几何尺寸，中间模型或最终模型是运算生成的，所以历程树中这类模型内包含了各类运算参数，参数形式与布尔运算、扫描变换、倒圆与倒角以及各种定位操作等运算类型有关。

5.2 参数化设计方法

传统 CAD 系统作为几何造型和工程绘图的工具在 CAD 技术的发展过程中起到了相当大的作用，但在实际工程设计中，人们逐渐发现它们存在着不足，主要表现在以下几个方面。

(1) 不能支持设计过程的完整阶段。

传统 CAD 系统基于几何模型设计，所能处理的只是图形元素的几何信息，系统仅仅记录了几何形体的精确坐标信息，而大量丰富的具有实际工程意义的几何拓扑和尺寸约束信息、功能要求信息均被丢失，其应用只能局限于产品的详细设计阶段。

(2) 无法支持快速的设计修改和有效地利用以前的设计结果。

传统 CAD 系统只记录了产品的几何坐标信息，这样一来，即使一个很小的设计修改也往往会引起整个设计模型的删除和重画，导致对以前大量设计工作的放弃，这不仅效率低而且难以保持设计约束的前后一致性。

(3) 无法很好地支持设计的一致性维护工作。

传统 CAD 系统没有记录下设计对象内部元素相互之间的关系，在设计修改时，某一局部的改动不能自动反映到相关部分的变动，需要设计人员逐步修改，这样，往往不能保证设计要求在设计反复时得到可靠的保证。

(4) 不符合工程设计人员的习惯。

传统 CAD 系统面向具体的几何形状，使工程设计人员过多地局限于某些设计细节，而工程设计人员往往是先定义一个结构草图作为原型，然后通过对原型的不断定义和调整，逐步细化达到最佳的设计结果。

(5) 无法支持并行设计过程。

一个产品的设计过程，需要多个设计人员多方面、多层次、多阶段设计活动的参与，这就要求从一开始就考虑到产品从概念设计到最终消亡的整个生命周期的所有因素，强调设计过程的并行协调。传统 CAD 系统只支持顺序的设计方法，无法支持并行设计过程。

参数化设计是以一种全新的思维和方式来进行产品的创建和修改设计的方法。它用约束来表达产品几何模型的形状特征，定义一组参数以控制设计结果，从而能够通过调整参数来修改设计模型，并能方便地创建一系列在形状或功能上相似的设计方案。这样设计人员在更新或修改图形时，无需再为保持约束条件而操心，可以真正按照自己的意愿动态地、创造性地进行新产品设计。

参数化设计的基本思想是以工程图本身的绘制原理为基础形成的，主要思想表现为：

(1) 工程图是以画法几何为基础，并符合《机械制图》国家标准的图形。

(2) 工程图中的尺寸标注是几何形体的一个直接和自然的描述者，从而提供了一个修改几何形体的最合适的方式。即尺寸标注的变化能自动转化到几何形体的相应变化。

(3) 工程图是由一组正投影视图构成的，尺寸标注可以以水平或垂直方向尺寸链为基础，并可规定这两个方向的尺寸标注的作用域。如以垂直尺寸标注为例，其作用域为过该尺寸线两端点的水平直线，与某端点同 Y 坐标的所有图元特征点均位于该尺寸标注的作用域之内，因而都受到该尺寸标注的控制。

工程图具有的以上几个特点使参数化设计思想的实现成为可能。

利用参数化方法设计时，既不需要编写参数化绘图程序，也不需要对图形做一些特殊的标志和说明，图形中所有的关系可由参数化软件自动识别和理解。

参数化设计方法大致可以分为尺寸驱动法和变量几何法。

5.2.1 尺寸驱动法原理

在工程绘图中，设计是通过正投影视图的方法表达所设计的几何形体，并通过尺寸标注控制几何形体中各组成图元的长度、角度、半径及位置等。因此，几何形体的形状和大小是由尺寸标注确定的，这样就提供了修改几何形体的一种最合适的方式：即将尺寸标注的变化自动转换成几何形状的相应变化。

一个确定的几何形体由两类主要约束构成：结构约束和尺寸约束。前者是指那些不可被修改的拓扑或其他约束，例如平行、相切、垂直、对称等；后者包含了集合形体的度量信息，它控制了图元的坐标、长度或半径以及图元之间的位置与方向等。所谓尺寸驱动技术，就是根据尺寸约束，用计算的方法自动将尺寸的变化转换成几何形体的相应变化，并且保证变化前后的结构约束保持不变。

图 5-5(a)为驱动前的图形，图 5-5(b)为修改后的图形。修改前后图形拓扑关系不变。

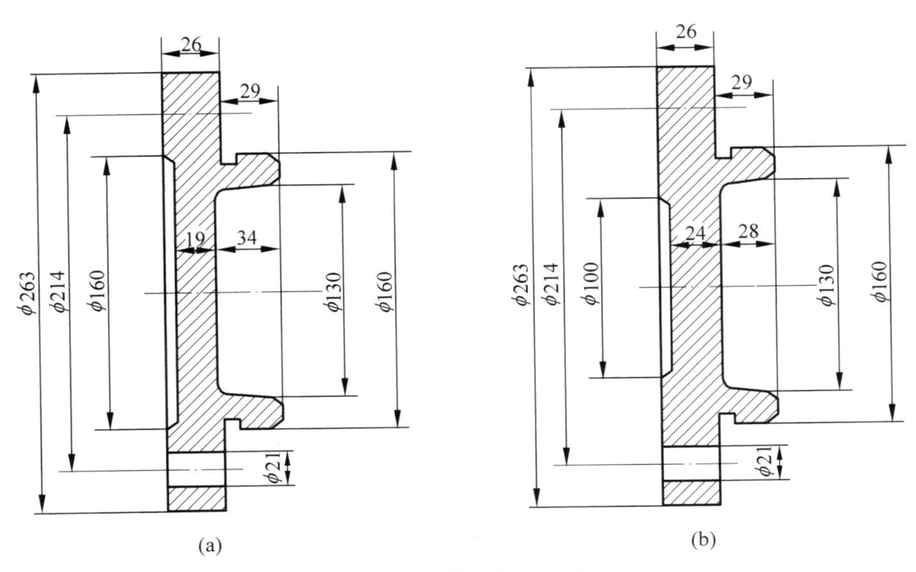

图 5-5　图形的尺寸驱动

尺寸驱动一般不能改变图形的拓扑结构，因此想对一个初始设计作方案上的重大改变是做不到的，但对系列化、标准化零件设计以及对原有设计作继承性修改则十分方便。

实现尺寸驱动的关键，在于尺寸链的求解。在工程图中，绝大多数是以水平和垂直方向尺寸链即轴向尺寸链为其主要的尺寸约束，对于角度、斜标注、半径标注等，也可转换成相应的轴向尺寸。因此，对轴向尺寸链求解，就可以得到各图元特征点的坐标值。如图 5-6 所示为一个水平尺寸链，图 5-7 所示为该尺寸链构成的树结构。节点表示一条尺寸界线所处的坐标点，节点间的连线表示尺寸线。当某一标注尺寸发生改变时，对应的所有节点则作出相应的改变，自动完成整个几何形体的修改。

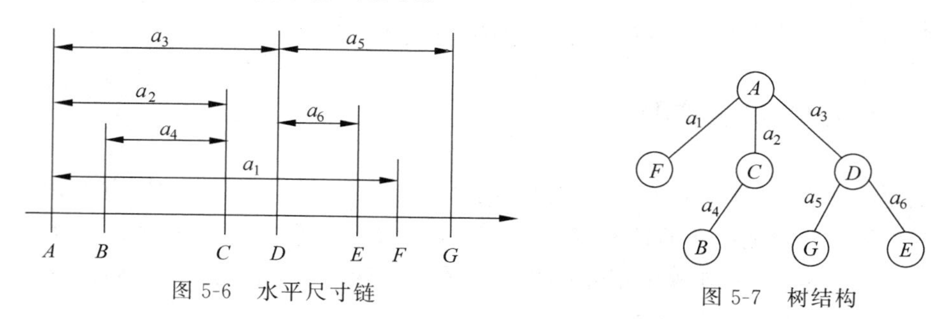

图 5-6　水平尺寸链

图 5-7　树结构

尺寸驱动的几何模型由几何元素、尺寸元素和拓扑元素三部分组成。当修改某一尺寸时，系统自动检索该尺寸在尺寸链中的位置，找到它的起始几何元素和终止几何元素，使它们按新尺寸值进行调整，得到新模型；接着检查所有几何元素是否满足约束，如不满足，则让拓扑约束不变，按尺寸约束递归修改几何模型，直到满足全部约束条件为止。

尺寸驱动法一般用于设计对象的结构形状比较定形，可以用一组参数来约定尺寸关系。参数的求解较简单，参数与设计对象的控制尺寸有显式的对应，采用预定义的办法建立图形的几何约束集，指定一组尺寸作为参数与几何约束集相联系，因此改变尺寸值就能改变图形。设计结果的修改受到尺寸驱动。生产中最常用的系列化零件就属于这一类。

5.2.2　变量几何法

变量几何法是一种基于约束的代数方法，它将几何模型定义成一系列特征点，并以特征点坐标为变量形成一个非线性约束方程组，当约束发生变化时，利用迭代方法求解方程组，就可以求出一系列的特征点，从而输出新的几何模型。

在三维空间中，一个几何形体可以用一组特征点定义，每个特征点有 3 个自由度，即 (x,y,z) 坐标值。用 N 个特征点定义的几何形体共有 $3N$ 个自由度，相应需要建立 $3N$ 个独立的约束方程才能唯一确定形体的形状和位置。

将所有特征点的未知分量写成矢量：

$$\boldsymbol{x}=\{x_1,y_1,z_1,x_2,y_2,z_2,\cdots,x_N,y_N,z_N\}^{\mathrm{T}},\quad N\text{ 为特征点个数}$$

或

$$\boldsymbol{x}=\{x_1,x_2,x_3,x_4,x_5,x_6,\cdots,x_{n-2},x_{n-1},x_n\}^{\mathrm{T}},\quad n=3N\text{，表示形体的总自由度}$$

将已知的尺寸标注约束方程的值也写成矢量：

$$\boldsymbol{d}=\{d_1,d_2,d_3,\cdots,d_n\}^{\mathrm{T}}$$

于是，变量几何的一个实例就是求解以下一组非线性约束方程组的一个具体解：

$$\begin{cases} f_1(x_1, x_2, x_3, \cdots, x_n) = d_1 \\ f_2(x_1, x_2, x_3, \cdots, x_n) = d_2 \\ \qquad\qquad \vdots \\ f_n(x_1, x_2, x_3, \cdots, x_n) = d_n \end{cases}$$

或写成一般形式

$$F_i(x, d) = 0, \quad i = 1, 2, 3, \cdots, n$$

约束方程中有 6 个约束用来阻止刚体的平移和旋转，剩下的 $n-6$ 个约束取决于具体的尺寸标注方法。只有当尺寸标注合理，既无重复标注，又无漏注时，方程才有唯一解。求解非线性方程组的最基本方法是牛顿迭代，即

$$x^{n+1} = x^n - [f'(x^n)]^{-1} F(x^n)$$

或

$$\boldsymbol{J} \cdot \Delta \boldsymbol{x} = \boldsymbol{r}$$

$$\boldsymbol{J} = \begin{bmatrix} f_{11} & f_{12} & \cdots & f_{1n} \\ f_{21} & f_{22} & \cdots & f_{2n} \\ \vdots & \vdots & & \vdots \\ f_{n1} & f_{n2} & \cdots & f_{nn} \end{bmatrix}$$

称作雅可比矩阵，其中，$f_{ij} = \dfrac{\partial F_i}{\partial x_{ij}}, i = 1, 2, 3, \cdots, n$；$j = 1, 2, 3, \cdots, n$；$\Delta \boldsymbol{x} = \{\Delta x_1, \Delta x_2, \cdots, \Delta x_n\}^{\mathrm{T}}$，表示各个自由度的少量位移；$\boldsymbol{r} = \{-F_1, -F_2, \cdots, -F_n\}^{\mathrm{T}}$，表示方程组的残余数。

经过反复迭代，直至 $|\Delta x| \leqslant \varepsilon$，就得到满足方程组的解。当约束方程数与几何矢量自由度不等时，雅可比矩阵在结构上是奇异的。有效的尺寸标注方案应保证雅可比矩阵非奇异。这是变量几何法有解的充分、必要条件。

变量几何法是一种基于约束的方法。模型越复杂、约束越多、非线性方程组的规模越大，当约束变化时，求解方程组越困难，而且构造具有唯一解的约束也不容易。

变量几何法的两个重要概念是约束和自由度。约束是对几何元素大小、位置和方向的限制，分为尺寸约束和几何约束两类。尺寸约束限制元素的大小，并对长度、半径和相交角度进行限制；几何约束限制元素的方位或相对位置关系。图 5-8 示出了常见的约束类型。

自由度衡量模型的约束是否充分。如果自由度大于零，则表明约束不足，或没有足够的约束方程使约束方程组有唯一解，这时几何模型存在多种变化形式。比如在图 5-8 中，因为点 B 的水平位置未定，模型自由度为 1，这时尺寸 d_1 作变量参数变化时，V 形槽就可能处于图形的不同位置。如在 BC 之间加一水平尺寸 d_2，并使 $d_2 = d_1/2$，则模型约束充分，图形自由度为零，d_1 变化时，V 形槽就能始终位于图形对称线上。

这类系统考虑了所有的约束，即不仅考虑图形的变动而且考虑工程应用的有关约束，从而可表示更广泛的工程实际情况。这种系统更适合工程人员考虑更高一级的设计特征，作出不同设计方案对这些高级特征影响的分析，更适合作方案设计，因此变量设计是一种约束驱动的系统。

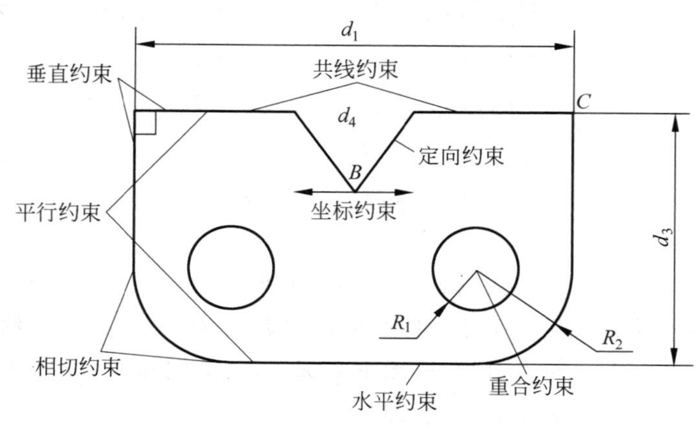

图 5-8　常见约束类型

变量设计的原理如图 5-9 所示。图中几何元素指构成物体的直线、圆等几何图素；几何约束包括尺寸约束及拓扑约束；尺寸指每次赋给的一组具体值；工程约束表达设计对象的原理、性能等；约束管理用来驱动约束状态，识别约束不足或过约束等问题；约束网络分解可以将约束划分为较小方程组，通过联立求解得到每个几何元素特定点(如直线上的两端点)的坐标，从而得到一个具体的几何模型。除了采用上述代数联立方程求解外，尚有采用推理方法的逐渐求解。虽然变量设计系统从理论上讲比尺寸驱动系统或传统的造型系统更灵活，更适合于概念设计，但从设计方法学的角度考虑，变量化设计 CAD 系统的体系结构还有待于作进一步探讨和研究。

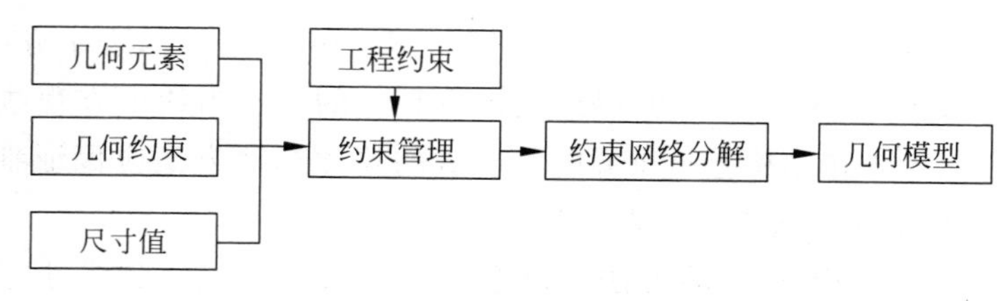

图 5-9　变量设计原理

5.3　参数化图形库技术

在产品或工艺装备设计中，一般都要使用大量的标准件或成件，如螺钉、螺母、轴承、电器或液压元器件。它们都有国家标准、行业标准或企业自己的标准，供设计人员选用。这些标准件在图纸上经常重复出现，所以，好的绘图设计系统一般要求提供基本的标准件图形库，并提供用户比较方便的建立和调用企业标准件库的开发手段，这是提高交互绘图效率的重要途径。

建立图形库通常有 3 种方法：

(1) 对于一些形状固定的图形，可用子图或符号的形式表示，对每一种具体规格的图形分别绘出，作为单独的子图或符号建立图库，单独调用。相当于 AutoCAD 中的形和块。

（2）对于标准件和通用件，可以利用参数化编程的方法，编制相应的标准件图形生成程序库。

（3）利用参数化设计的方法。一些 CAD 系统已提供参数化图库管理工具，因此，可以采用参数化图库管理工具建立图形库。图 5-10 所示为参数化图库管理工具的组成。

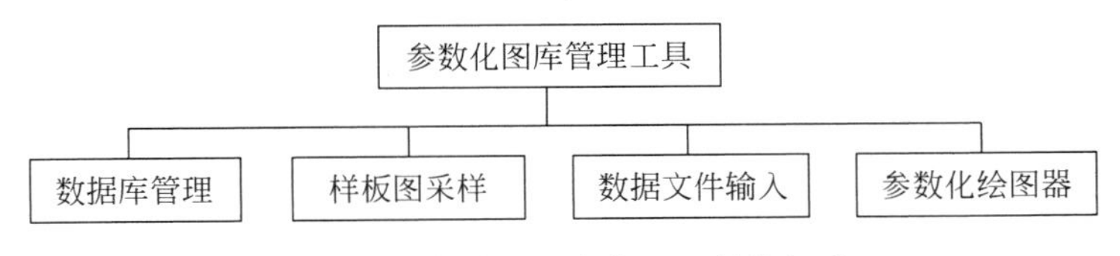

图 5-10　参数化图库管理工具的组成

对于电路原理图、液压气动原理图中的符号图形，常用示意图来表示，图形的形状是固定的，调用时只须确定位置和方位。

根据结构具有相似性的特点，采用编程的方法编制程序，当给出图形各个部分的控制参数时便可快速得到所需要的零件图形的绘图方法。

完整地描述一张图形需提供以下几方面的信息：

（1）图形的几何参数（一般为图形中点的坐标）；

（2）图形的结构参数（如轴的长度和直径）；

（3）几何参数与图形结构参数之间的关系；

（4）图形的拓扑关系。

例 5-1　绘制长方形垫片，如图 5-11 所示，该图形由下列信息给予准确描述：

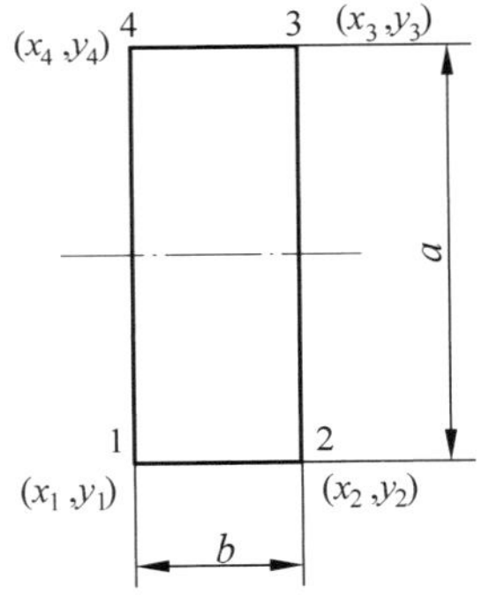

图 5-11　长方形

（1）几何参数：4 个角点的坐标 (x_1, y_1)，(x_2, y_2)，(x_3, y_3)，(x_4, y_4)。

（2）图形参数：宽度 b 和长度 a。

（3）上述参数之间的关系：$x_1 = x_4$，$y_1 = y_2$，$x_2 = x_3$，$y_3 = y_4$，$x_2 = x_1 + b$，$y_3 = y_1 + a$。

（4）图形的拓扑关系：4 个点的连线关系，即点 1-2-3-4-1 有连线。

用 C 语言编写长方形的参数化绘制程序如下：

```
float x1, y1, x2, y2, x3, y3, x4, y4;
shim (x0,y0, b, a) ;
float x0, y0, b ,a;
{
   x1 = x0;
   y1 = y0;
   x2 = x1 + b;
   y2 = y1;
   x3 = x2;
   y3 = y1 + a;
   x4 = x1;
   y4 = y3;
   line (x1,y1, x2, y2) ;
   line (x2, y2, x3, y3) ;
```

```
    line (x3, y3, x4, y4) ;
    line (x4, y4, x1, y1);
}
```

从程序中可看出，只需给定一个角点坐标(x_0, y_0)（定位点）和两个参数：宽度 b 和长度 a，当这 3 个参数发生变化时，即可绘制大小不同的垫片主视图，这就是参数化绘图的灵活性。

由于许多标准件的结构存在相似性，因而它们的二维图形也存在相似性，图形的相似性是参数化编程的基本条件。

参数化编程步骤如下：

(1) 分析图形的拓扑关系及其变化规律，结合图的工程意义提炼出图形结构参数。

(2) 建立图形结构参数与几何参数之间的关系，创建图形的参数化模型。

(3) 编制、调试图形程序。

参数化编程的实质，是将可完整描述图形的信息记录在程序中，并通过控制参数实现图形的调整，因此，选择和确定控制参数是参数化绘图的关键工作。

以螺栓平面图为例，一般情况下，图形参数化的控制参数有 4 类。

(1) 位置参数：确定图形位于零件图上的定位基点的坐标，如图 5-12 中的 $P_0(x_0, y_0)$。

(2) 方位参数：用来确定图形的方位，如图 5-12 中的 α 角。

(3) 结构参数：确定图形的结构形状，如图 5-12 中的 d, b, l, k, e。

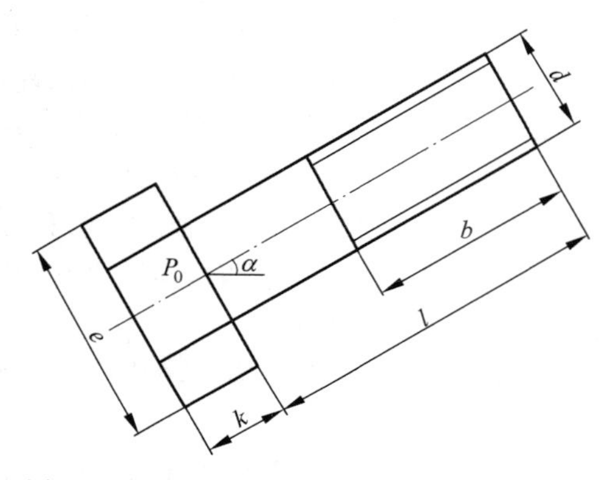

图 5-12 螺栓的控制参数(GB/T 5780—2016)

(4) 控制参数：控制图形的结构或视图的方向。如图 5-13 中，设定 $m=0$ 绘制螺栓主视图，$m=1$ 绘制螺栓左视图。

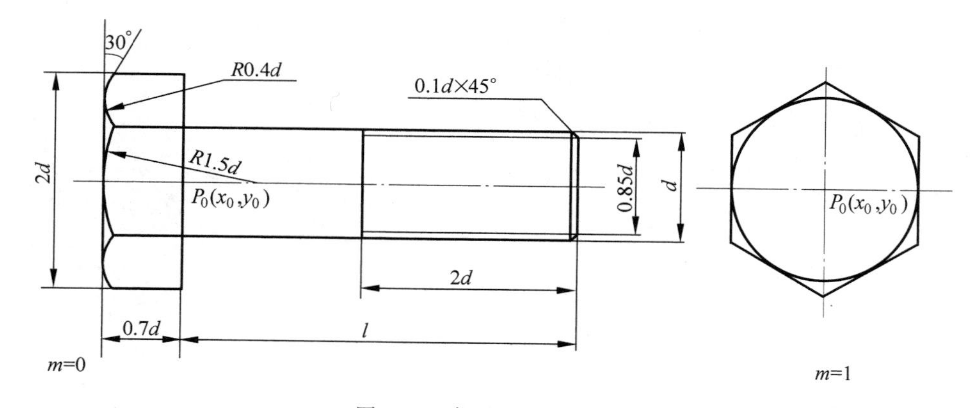

图 5-13 螺栓的比例画法

零件控制参数的确定，应从以下几方面综合考虑。

(1) 唯一性：应保证图形参数可以唯一地确定图形。

(2) 工程性：参数的名称和定义应符合工程实际。比如：普通平键的俯视图应以 d、L 为参数，而不是以 R、L 为参数，如图 5-14 所示。

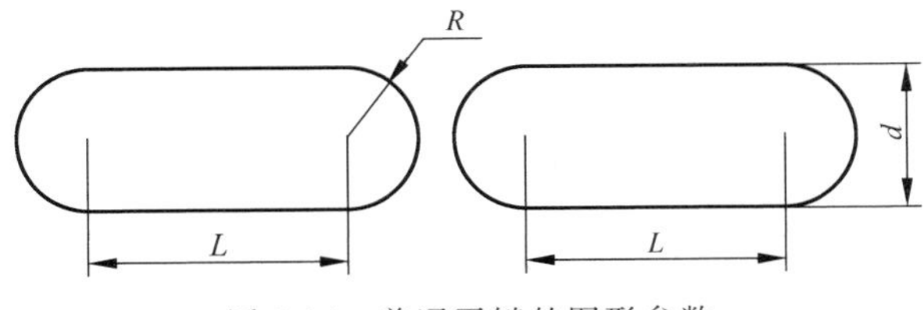

图 5-14　普通平键的图形参数

(3) 优先考虑零件规格、性能的参数作为图形参数。例如，螺纹联接件以螺纹的公称直径为图形参数；滚动轴承应以其内径、外径和宽度为图形参数；齿轮应以其模数、齿数、变位系数等作为齿轮的图形参数。

(4) 在不影响零件表达的前提下，可对图形的某些结构采用简化画法或利用参数之间的关系完成作图。比如，螺栓可采用如图 5-13 所示的简化比例法作图，以螺栓公称直径 d 为参数，对其头部曲线用半径分别为 $1.5d$ 和 $0.4d$ 的圆弧代替，螺纹长度为 $2d$，螺纹内径为 $0.85d$ 等。上述方式同样可解决螺柱、螺钉、螺母和垫圈等的作图问题。

(5) 为方便用户操作，应尽量减少参数的数量，对不同的参数可采用不同的输入方式。

在工程手册中可查阅到标准件或标准结构的尺寸，可事先将这些数据建立数据文件或保存在数据库中，届时只需给定规格尺寸，便可检索出其他相关尺寸的数值。

例如螺栓(GB/T 5780—2016)，其结构参数如表 5-1 所示，将表中数据建立一数据文件，在程序执行时，只需将 $d=5$ 与 $l=25$ 作为图形参数，便可从数据文件中检索出所需的其余图形参数值 $b=16$，$k=3.5$，$s=8$，$e=8.31$。

表 5-1　螺栓的参数(GB/T 5780—2016)

d	b	e	k	s	l
M5	16	8.31	3.5	8	25
M6	18	10.89	4	10	30
M8	22	14.20	5.3	13	35
M10	26	17.59	6.4	16	40

例 5-2　用 AutoLISP 编制图 5-13 所示螺栓主视图的参数化程序。

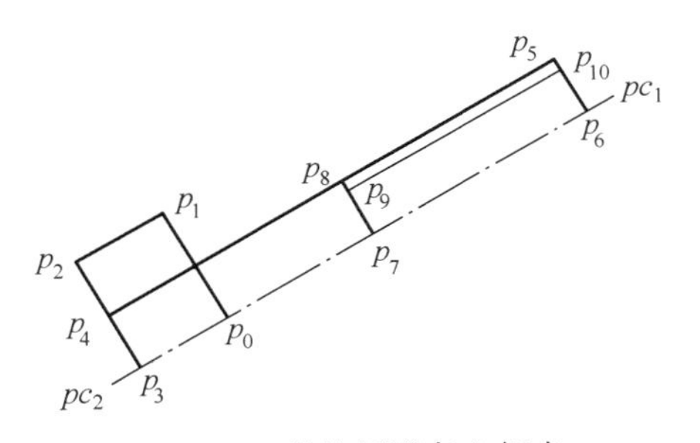

图 5-15　螺栓图形各坐标点

螺栓图形各坐标点位置如图 5-15 所示。

```
DRAWING LUO SHUAN GB5780 MAIN PICTURE
(defun drawmain1 ()
  (setq p0 (getpoint "\n 请输入基点: "))
  (intiget 7)
  (setq ang (getangle p0 "\n 请输入旋转角: "))
  (intiget 7)
  (setq d (getreal "\n 请输入螺栓的公称直径 d: "))
  (intiget 7)
  (setq b (getreal "\n 请输入有效螺纹长度 b: "))
  (intiget 7)
  (setq e (getreal "\n 请输入螺栓头直径 e: "))
  (intiget 7)
  (setq k (getreal "\n 请输入螺栓头厚度 k: "))
  (intiget 7)
  (setq l (getreal "\n 请输入螺栓的长度 l: "))
  (setq pc1 (polar p0 ang ( + l 3.0))
        pc2 (polar p0 ( + ang pi) ( + k 3.0))) ;;计算中心线的起始点和终止点坐标
  (setq p1 (polar p0 ( + ang (/ pi 2.0)) (/ e 2.0))
        p2 (polar p1 ( + ang pi) k)
        p3 (polar p0 ( + ang pi) k))
  (setq p4 (polar p3 ( + ang (/ pi 2.0)) (/ d 2.0))
        p5 (polar p4 ang ( + k l))
        p6 (polar p0 ang l)
        p7 (polar p0 ang ( - l b))
        p8 (polar p7 ( + ang (/ pi 2.0)) (/ d 2.0))
        p9 (polar p7 ( + ang (/ pi 2.0)) ( * (/ d 2.0) 0.85)) ;p8,p9 是螺纹牙底线的起止点
        p10 (polar p9 ang b))
  (setvar "osmode" 0)                      ;关闭目标捕捉方式
  (command "layer" "s" "中心线" "")        ;将中心线层置为当前层
  (command "line" pc1 pc2 "")              ;绘制中心线
  (command "layer" "s" "粗实线" "")        ;将粗实线层置为当前层
  (command "pline" p0 p1 p2 p3 "")         ;绘制螺栓头的上半部分
  (setq ss (entlast))                      ;将上一行绘制的实体构造选择集
  (command "mirror" ss "" pc1 pc2 "")      ;作螺栓头的镜像
  (command "pline" p4 p5 p6 "")            ;绘制螺杆的上半部分
  (setq ss (entlast))
  (command "mirror" ss "" pc1 pc2 "")      ;作螺杆的镜像
  (command "pline" p7 p8 "")               ;绘制螺纹终止线的上半部分
  (setq ss (entlast))
  (command "mirror" ss "" pc1 pc2 "")      ;作螺纹终止线的镜像
  (command "layer" "s" "细实线" "")        ;将细实线层置为当前层
  (command "line" p9 p10 "")               ;绘制螺纹牙底线
  (setq ss (entlast))
  (command "mirror" ss "" pc1 pc2 "")      ;作牙底线的镜像
)
```

例 5-3 用 AutoLISP 编制图 5-16 所示凸缘式圆柱齿轮的参数化程序。

凸缘式圆柱齿轮输入参数包含模数(m)、齿数(z)、变位系数(x)、凸缘直径(d_t)、凸缘

长度(L)、齿轮宽度(B)、轴孔直径(d_k)和图形插入基点,齿轮各坐标点位置如图 5-17 所示。主视图参数化程序如下:

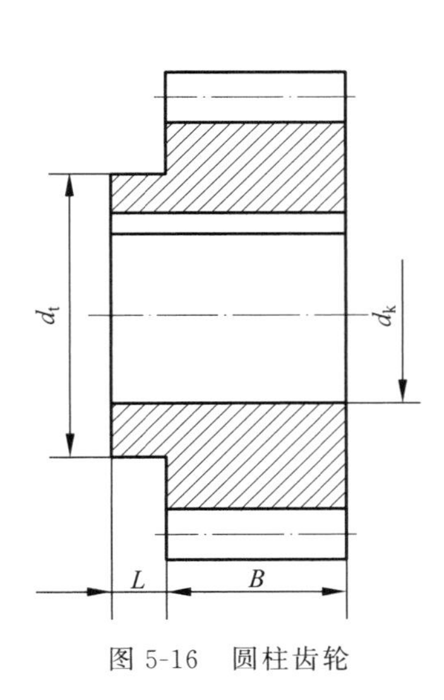

图 5-16　圆柱齿轮

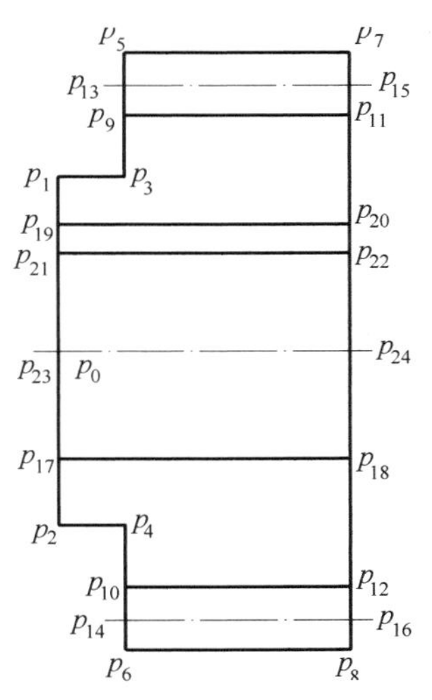

图 5-17　齿轮各坐标点

```
;; 子程序 key,输入齿轮轴孔直径 dk,输出键槽的宽度 kb 和键槽的深度 t1。
(defun key(dk )
  (cond ((and (> dk 6) (<= dk 8)) (setq t1 1 kb 2))
        ((and (> dk 8) (<= dk 10)) (setq t1 1.4 kb 3))
        ((and (> dk 10) (<= dk 12)) (setq t1 1.8 kb 4))
        ((and (> dk 12) (<= dk 17)) (setq t1 2.3 kb 5))
        ((and (> dk 17) (<= dk 22)) (setq t1 2.8 kb 6))
        ((and (> dk 22) (<= dk 30)) (setq t1 3.3 kb 8))
        ((and (> dk 30) (<= dk 38)) (setq t1 3.3 kb 10))
        ((and (> dk 38) (<= dk 44)) (setq t1 3.3 kb 12))
        ((and (> dk 44) (<= dk 50)) (setq t1 3.8 kb 14))
        ((and (> dk 50) (<= dk 58)) (setq t1 6.3 kb 16))
        ((and (> dk 58) (<= dk 65)) (setq t1 6.4 kb 18))
        ((and (> dk 65) (<= dk 75)) (setq t1 6.9 kb 20))
        ((and (> dk 75) (<= dk 85)) (setq t1 5.4 kb 22))
        ((and (> dk 85) (<= dk 95)) (setq t1 5.4 kb 25))
        ((and (> dk 95) (<= dk 110)) (setq t1 6.4 kb 28))
        ((and (> dk 110) (<= dk 130)) (setq t1 7.4 kb 32))
        (t (alert "键槽表中无此数据!") (exit))
  );cond
);defun
;; 子程序 mirror,用于求点 pt 的对称点.输入基点的 Y 坐标 p0_y 和点 pt,输出 pt 关于 y = p0_y 的对称点。
(defun mirror(p0_y pt )
  (list (car pt) (- (* 2.0 p0_y) (cadr pt)))
);defun
;; 凸缘式圆柱齿轮的绘图子程序。
(defun draw_tysgear(m z x dt L B dk / os sn p1 p2 p3 p4 p5 p6 p7 p8 p9 p10 p11
      p12 p13 p14 p15 p16p17 p18 p19 p20 p21 p21_y p22 p0 p0_x p0_y)
```

```
(setq os(getvar "osmode"))
(setvar "osmode" 0)                    ;关闭目标捕捉方式
(setq sn(getvar "snapmode"))
(setvar "snapmode" 0)                  ;关闭捕捉方式
(setq d( * m z))
(setq da( * m ( + z 2 ( * 2 x))))
(setq df( * m ( + ( - z 2.5) ( * 2 x))))
(setq p0(getpoint "\n 选择插入点: "))
(setq p0_x(car p0))
(setq p0_y(cadr p0))
(setq p1(list p0_x ( + p0_y (/ dt 2.0))))
(setq p2(mirror p0_y p1))
(setq p3(list ( + p0_x L) (cadr p1)))
(setq p4(mirror p0_y p3))
(setq p5(list (car p3) ( + p0_y (/ da 2.0))))
(setq p6(mirror p0_y p5))
(setq p7(list ( + (car p5) B) (cadr p5)))
(setq p8(mirror p0_y p7))
(setq p9(list (car p3) ( + p0_y (/ df 2.0))))
(setq p10(mirror p0_y p9))
(setq p11(list ( + (car p9) B) (cadr p9)))
(setq p12(mirror p0_y p11))
(setq p13(list ( - (car p9) 6.0) ( + p0_y (/ d 2.0))))
(setq p14(mirror p0_y p13))
(setq p15(list ( + (car p11) 6.0) (cadr p13)))
(setq p16(mirror p0_y p15))
(setq p17(list p0_x ( - p0_y (/ dk 2.0))))
(setq P18(list (car p11) (cadr p17)))
(key dk)                               ;根据齿轮孔径 dk 得到键槽的结构尺寸 bk、t1
(setq p19(list p0_x ( + p0_y t1 (/ dk 2.0))))
(setq p20(list (car p7)(cadr p19)))
(setq p21_y(/ (expt ( - (expt dk 2) (expt kb 2)) 0.5) 2.0))
(setq p21(list p0_x ( + p21_y p0_y)))
(setq p22(list (car p7) (cadr p21)))
(setq p23(list ( - p0_x 6.0) p0_y))
(setq p24(list ( + (car p11) 6.0) p0_y))
(command "layer" "m" "gear0" "c" "white" ""
                    "L" "continuous" "" "lw" "0.7" "" "") ;创建图层
(command "line" p1 p3 p5 p7 p8 p6 p4 p2 "c")
(command "line" p9 p11 "")
(command "line" p10 p12 "")
(command "line" p17 p18 "")
(command "line" p19 p20 "")
(command "line" p21 p22 "")
(command "layer" "m" "gear1" "c" "red" ""
                    "L" "center" "" "lw" "default" "" "")
(command "line" p13 p15 "")
(command "line" p14 p16 "")
(command "line" p23 p24 "")
(command "layer" "m" "gear2" "c" "blue" ""
                    "L" "continuous" "" "lw" "default" "" "")
```

```
  (command "hatch" "ANSI31" "2.0" "0" "" "n" p1 p3 p9 p11 p20 p19 "c" "")
  (command "hatch" "ANSI31" "2.0" "0" "" "n" p2 p4 p10 p12 p18 p17 "c" "")
  (setvar "osmode" os)
  (setvar "snapmode" sn)
);defun
;; 主程序 tysgear,用于接收用户输入值(模数、齿数、变位系数、齿宽、凸缘直径、凸缘长度、轴孔直径)。
(defun c:tysgear( )
  (intiget 7)
  (setq m(getreal "\n 齿轮模数: "))
  (intiget 7)
  (setq z(getint "\n 齿数: "))
  (intiget 7)
  (setq x(getreal "\n 变位系数: "))
  (intiget 7)
  (setq B(getreal "\n 齿宽: "))
  (intiget 7)
  (setq dt(getreal "\n 凸缘直径: "))
  (intiget 7)
  (setq L(getreal "\n 凸缘长度: "))
  (intiget 7)
  (setq dk(getreal "\n 轴孔直径: "))
  (draw_tysgear m z x B dt L dk)            ;调用圆柱齿轮绘图子程序
  (princ)
);defun
```

5.4　参数化图素拼装原理

用参数化编程方法绘图,只能绘制形状相似的图形,对于形状不相似的图形就不适合用参数化编程方法。在实际机械图中,许多零件尽管整体形状不同,但有些局部形状是相似的。如图 5-18 所示的轴类零件,结构很简单,但无法用参数化编程方法来设计。如果用基本绘图软件一条线一条线去进行设计绘图,显然是不方便的。如果先将轴分解成若干个基本图形元素,再利用参数化编程方法把每个图形元素编制成程序,这样,通过对这些参数图形元素的拼装,就可以组合出所需要的各类轴类零件。

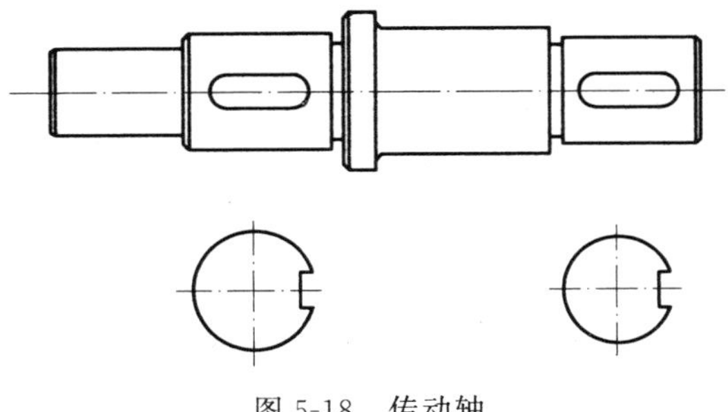

图 5-18　传动轴

根据零件不同的形状特征，利用参数化编程原理实现零件拼装的方法称为参数化图素拼装。这种方法多用于形状结构多变的机械零件，如图 5-18 所示的传动轴，轴的段数和每段轴的形状都不是固定的。如果编写一个绘制各种式样的传动轴的通用程序，程序的参数势必很多，使用不便。如果将传动轴可能具有的结构定义为相应的形状特征，每个形状特征的参数并不多，用户所做的工作就是以交互方式或程序调用方式，将若干形状特征拼装为零件图。

图 5-18 所示的传动轴，可以看成是 5 个轴段拼接而成，每个轴段上又由倒角、圆角、键槽等不同形状的子结构所构成，其层次关系如图 5-19 所示。这种相对独立的形状结构被称为形状特征，如图 5-20 所示。从图形角度看，形状特征完全可以理解为子图。从工程角度看，形状特征可以理解为具有一定功能的结构。

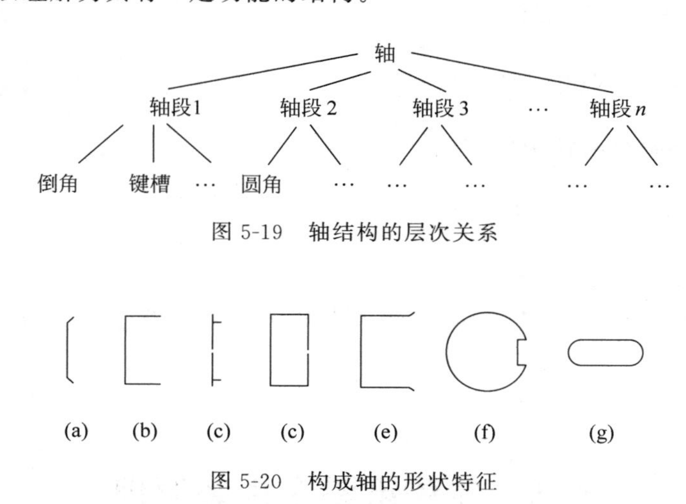

图 5-19　轴结构的层次关系

图 5-20　构成轴的形状特征

参数化图素拼装是一种参数式与交互式相结合的绘图方式，它的适应性较强。参数化图素拼装通常预先将图形结构分解为容易参数化的基本结构图素或形状特征，并建立起图素库，然后根据需要可用交互方式将图素组合拼装，形成各种图形结构。

图 5-21 所示为传动轴常见的形状特征参数，利用 AutoLISP 编制每一形状特征的参数化程序如下：

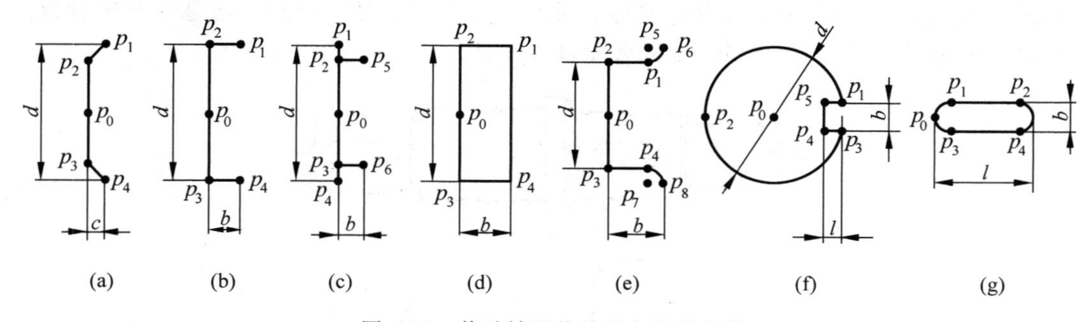

图 5-21　传动轴形状特征名称及参数

1. featurea 绘制倒角

```
(defun c:featurea( )
  (setq p0 (getpoint "\n 插入点:"))
  (setq alf (getangle p0 "\n 旋转角:"))
  (setq d (getdist p0 "\n 轴径:"))
  (setq c (getdist p0 "\n 倒角宽:"))
  (setq p2 (polar p0 ( + ( * 0.5 pi) alf) ( - ( * 0.5 d) c)))
  (setq p1 (polar p2 ( + ( * 0.25 pi) alf) ( * 1.414 c)))
  (setq p3 (polar p2 ( + ( * 1.5 pi) alf) ( - d ( * 2 c))))
  (setq p4 (polar p1 ( + ( * 1.5 pi) alf) d))
  (command "line" p1 p2 p3 p4 " ")
)
```

2. featureb 绘制开口矩形轴段

```
(defun c:featureb( )
  (setq p0 (getpoint "\n 插入点:"))
  (setq alf (getangle p0 "\n 旋转角:"))
  (setq d (getdist p0 "\n 轴径:"))
  (setq b (getdist p0 "\n 轴段宽:"))
  (setq p2 (polar p0 ( + ( * 0.5 pi) alf) ( * 0.5 d)))
  (setq p1 (polar p2 alf b))
  (setq p3 (polar p2 ( + ( * 1.5 pi) alf) d))
  (setq p4 (polar p3 alf d))
  (command "line" p1 p2 p3 p4 " ")
)
```

3. featurec 绘制退刀槽

```
(defun c:featurec( )
  (setq p0 (getpoint "\n 插入点:"))
  (setq alf (getangle p0 "\n 旋转角:"))
  (setq d (getdist p0 "\n 轴径:"))
  (setq d1 (getdist p0 "\n 退刀槽轴径:"))
  (setq b (getdist p0 "\n 退刀槽宽:"))
  (setq p1 (polar p0 ( + ( * 0.5 pi) alf) ( * 0.5 d)))
  (setq p2 (polar p0 ( + ( * 0.5 pi) alf) ( * 0.5 d1)))
  (setq p3 (polar p2 ( + ( * 1.5 pi) alf) d1))
  (setq p4 (polar p2 ( + ( * 1.5 pi) alf) d))
  (setq p5 (polar p2 alf b))
  (setq p6 (polar p3 alf b))
  (command "line" p1 p4 " ")
  (command "line" p2 p5 " ")
  (command "line" p3 p6 " ")
)
```

4. featured 绘制矩形轴段

```
(defun c:featured( )
  (setq p0 (getpoint "\n 插入点:"))
  (setq alf (getangle p0 "\n 旋转角:"))
  (setq d (getdist p0 "\n 轴径:"))
  (setq b (getdist p0 "\n 轴段宽:"))
  (setq p2 (polar p0 ( + ( * 0.5 pi) alf) ( * 0.5 d)))
  (setq p1 (polar p2 alf b))
  (setq p3 (polar p2 ( + ( * 1.5 pi) alf) d))
  (setq p4 (polar p3 alf d))
  (command "line" p1 p2 p3 p4 "c")
)
```

5. featuree 绘制带圆角轴段

```
(defun c:featuree( )
  (setq p0 (getpoint "\n 插入点:"))
  (setq alf (getangle p0 "\n 旋转角:"))
  (setq d (getdist p0 "\n 轴径:"))
  (setq b (getdist p0 "\n 轴段宽:"))
  (setq r (getdist p0 "\n 圆角半径:"))
  (setq p2 (polar p0 ( + ( * 0.5 pi) alf) ( * 0.5 d)))
  (setq p1 (polar p2 alf b))
  (setq p3 (polar p2 ( + ( * 1.5 pi) alf) d))
  (setq p4 (polar p3 alf d))
  (setq p5 (polar p1 ( + ( * 0.5 pi) alf) r))
  (setq p6 (polar p5 alf r))
  (setq p7 (polar p4 ( + ( * 1.5 pi) alf) r))
  (setq p8 (polar p7 alf r))
  (command "arc" p1 "c" p5 p6)
  (command "line" p1 p2 p3 p4 " ")
  (command "arc" p8 "c" p7 p4)
)
```

6. featuref 绘制带键宽的轴截面

```
(defun c:featuref( )
  (setq p0 (getpoint "\n 插入点:"))
  (setq alf (getangle p0 "\n 旋转角:"))
  (setq d (getdist p0 "\n 轴径:"))
  (setq b (getdist p0 "\n 键槽宽:"))
  (setq t (getdist p0 "\n 键槽深:"))
  (setq r ( * 0.5 d) b1 ( * 0.5 b))
  (setq l (sqrt ( - ( * r r) ( * b1 b1))))
  (setq sit (atan b1 l))
  (setq p1 (polar p0 ( + alf sit) r))
  (setq p2 (polar p0 ( + pi alf) r))
```

```
  (setq p3 (polar p0 (- alf sit) r))
  (setq p4 (polar p3 (+ alf pi) (- d t)))
  (setq p5 (polar p1 (+ alf pi) (- d t)))
  (command "arc" p1 p2 p3)
  (command "line" p3 p4 p5 p1 " ")
)
```

7. featureg 绘制键槽

```
(defun c:featureg( )
  (setq p0 (getpoint "\n 插入点:"))
  (setq alf (getangle p0 "\n 旋转角:"))
  (setq l (getdist p0 "\n 键槽长:"))
  (setq b (getdist p0 "\n 键槽宽:"))
  (setq r (* 0.5 b) l1 (- l b))
  (setq p1 (polar p0 (+ alf (* 0.5 pi)) r))
  (setq p2 (polar p1 alf l1))
  (setq p3 (polar p2 (+ alf (* 1.5 pi)) b))
  (setq p4 (polar p1 (+ alf (* 1.5 pi)) b))
  (command "pline" p1 p2 "a" p3 "l" p4 "a" "cl")
)
```

调用上述形状特征进行传动轴拼装工作如下：

（1）用文本编辑软件将上述程序存放在带有扩展名“lsp”的文件中，如假定该文件名为“shaft.lsp”。

（2）在AutoCAD图形编辑状态下加载文件，格式为Command:(load “shaft”)。

（3）如果加载成功，这些形状特征就可以像AutoCAD普通命令那样被调用。

目前商品化的CAD系统中，已经把参数化图素拼装方法作为一种实用技术增加到系统的功能模块中。例如，像SolidWorks系统中的异形孔的生成功能、钣金造型中的冲裁工具功能等。

第 6 章

图形的几何变换

在应用计算机图形系统构造图形过程中，除了要求系统能够显示输出基本几何图形外，往往还要求系统能够提供控制和修改所显示图形的功能。例如：实现图形的方位、尺寸和形状的改变，以及建立用户坐标系与设备坐标系之间的关系等，即实现图形的几何变换。图形的几何变换就是按照一定的规则改变图形的几何关系，即改变图形顶点的坐标，但是图形的拓扑关系不变。在图形处理中，对已经生成的图形进行平移、放大或缩小、旋转等处理，以便生成新的图形信息的处理过程，称为几何变换(geometric transformation)或图形变换。

几何变换不仅是计算机绘图基本技术，也是计算机图形学的基本内容之一，在图形显示过程中是必不可少的。通过几何变换可以将简单的图形生成复杂的图形，变换本身也是描述图形的有力工具。

6.1　图形变换的方法

具体图形变换方法有两种不同的形式：一是坐标系不动，图形变动后，求图形的坐标值的变化，称为图形模式变换(几何变换)；二是坐标系变化后，图形不动，确定在新的坐标系中的图形坐标的新值，称为坐标模式的变换(非几何变换)。

图形变换可以看作坐标系不动，而图形变动，变动后的图形在坐标系中的坐标值发生变化；也可以看成图形不动，而坐标系发生变化。

6.1.1　构成图形的基本要素及其表示方法

体是由若干面构成的，而面则是由线组成，点的运动轨迹便是线，构成图形的最基本的要素是点。在解析几何中，点可以用向量表示。在二维空间中可以用(x,y)表示平面上的一点，在三维空间里则用(x,y,z)表示空间一点。既然构成图形的最基本要素是点，则可用点的集合(简称点集)来表示一个平面图形或三维立体，写成矩阵的形式为

$$\begin{bmatrix} x_1 & y_1 \\ x_2 & y_2 \\ \vdots & \vdots \\ x_n & y_n \end{bmatrix}_{n\times 2},\quad \begin{bmatrix} x_1 & y_1 & z_1 \\ x_2 & y_2 & z_2 \\ \vdots & \vdots & \vdots \\ x_n & y_n & z_n \end{bmatrix}_{n\times 3}$$

这样，便建立了平面图形和空间立体的数学模型。

6.1.2　点的变换

在计算机图形建模过程中,典型的几何变换包括比例、平移、旋转、对称、投影和剪切等各种变换。图形可以用点集表示,即点集定了,图形就确定了。如果点的位置改变,图形的位置也随之改变。因此,要对图形进行变换,只要变换点即可。

在二维空间中一个点可以用坐标 x 和 y 表示,即 $P(x,y)$。而一系列二维空间点用向量表示

$$\boldsymbol{P}=(X \quad Y)=\begin{bmatrix} x_1 & y_1 \\ x_2 & y_2 \\ \vdots & \vdots \\ x_n & y_n \end{bmatrix} \tag{6-1}$$

在计算机图形软件中,为便于表示和编写程序,一般采用变换矩阵完成图形几何变换处理。点可用矩阵的方式来表达,因此,对点的变换可以通过相应的矩阵运算来实现,即

$$\text{旧点(集)} \times \text{变换矩阵} \xrightarrow{\text{矩阵运算}} \text{新点(集)}$$

6.2　二维变换

6.2.1　二维基本变换

基本几何变换是将上述几何变换的基准参数选为坐标系的基准坐标平面、坐标轴、坐标系原点,进行的几何变换。在空间笛卡儿坐标系中进行的基本几何变换的参考基准通常为坐标原点,以及 X、Y、Z 坐标轴。

如上所述,点的变换可以通过矩阵运算实现,令 $\boldsymbol{T}=\begin{bmatrix} a & b \\ c & d \end{bmatrix}$,称之为变换矩阵,则有

$$[x \quad y]\begin{bmatrix} a & b \\ c & d \end{bmatrix}=[ax+cy \quad bx+dy]=[x' \quad y']$$

这里,$[x \quad y]$ 为变换之前的点的坐标,$[x' \quad y']$ 为变换之后的点的坐标。变换矩阵中的 a、b、c、d 的取值不同,可以实现不同的变换,从而达到对图形进行变换的目的。

下面讨论各种基本几何变换下的变换矩阵的形态。

1. 平移变换

平移变换就是图形移动前后的形态不变、方位不变,只是位置的变化。点 $P(x,y)$ 沿 X 方向移动增量为 T_X,沿 Y 方向移动增量为 T_Y,移动后,新的点 $P'(x',y')$ 的坐标值为

$$\begin{cases} x'=x+T_X \\ y'=y+T_Y \end{cases} \tag{6-2}$$

把式(6-2)写成矩阵形式：

$$[x' \quad y'] = [x \quad y] + [T_X \quad T_Y] = [x + T_X \quad y + T_Y] \tag{6-3}$$

对点集进行平移变换，用向量表示

$$\boldsymbol{P}' = \boldsymbol{P} + \boldsymbol{T} \tag{6-4}$$

把变换矩阵

$$\boldsymbol{T} = [T_X \quad T_Y] \tag{6-5}$$

称为平移变换矩阵，或者简称为平移矩阵。

例如，图 6-1 为平移一条直线。设将原直线沿 X 方向移动增量 $T_X=2$，沿 Y 方向移动增量 $T_Y=3$。首先对直线上两端点(1,1)和(2,4)分别作平移变换，得到两新端点(3,4)和(4,7)，连接新端点即可得到变换后的直线。

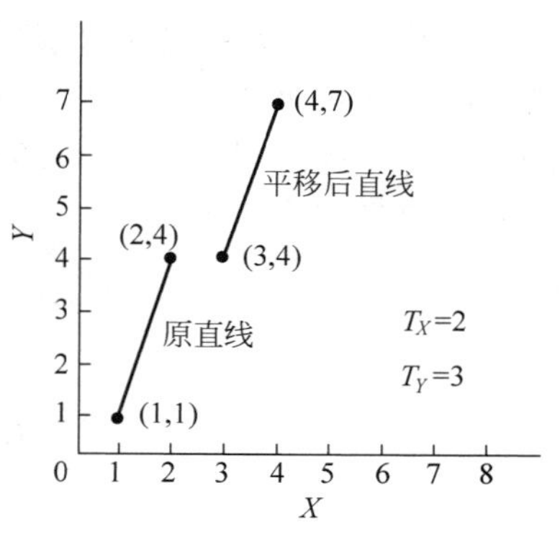

图 6-1　平移变换

2. 比例变换

一个图形的尺寸在变换前后比例发生变化，即称为比例变换。

以 S_X 和 S_Y 分别表示一个几何元素或一个图形沿 X 轴和 Y 轴放大和缩小的比例。点 $P(x,y)$ 变换前后的坐标变换关系如下：

$$\begin{cases} x' = x \times S_X \\ y' = y \times S_Y \end{cases} \tag{6-6}$$

把式(6-6)写成矩阵形式：

$$[x' \quad y'] = [x \quad y] \times \begin{bmatrix} S_X & 0 \\ 0 & S_Y \end{bmatrix} = [xS_X \quad yS_Y] \tag{6-7}$$

$$\boldsymbol{P}' = \boldsymbol{P} \times \boldsymbol{S} \tag{6-8}$$

把变换矩阵

$$\boldsymbol{S} = \begin{bmatrix} S_X & 0 \\ 0 & S_Y \end{bmatrix} \tag{6-9}$$

称为比例变换矩阵，或者简称为变比矩阵。

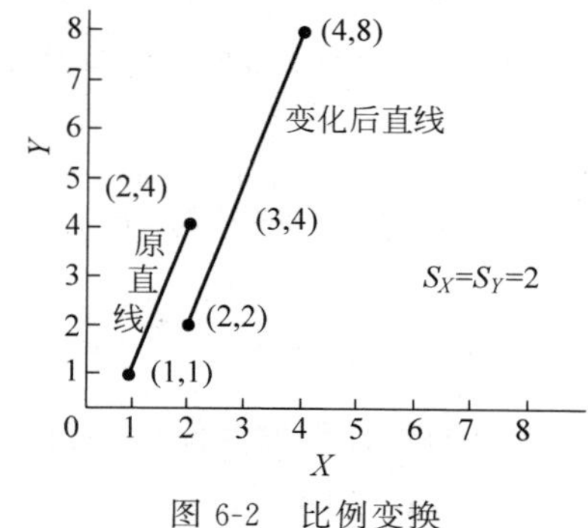

图 6-2　比例变换

图 6-2 给出对一条直线实施比例变换的过程。设将该直线沿 X 轴和 Y 轴均放大 2 倍，即 $S_X=S_Y=2$。首先对直线上两端点(1,1)和(2,4)分别作比例变换，得到两新的端点(2,2)和(4,8)，连接新的端点即可得到比例变换后的直线。

情况分析：通常，S_X、S_Y 均为正值，则

(1) 当 $S_X=S_Y=1$ 时，为恒等比例变换，即图形不发生变化，如图 6-3(a)所示。

(2) 当 $S_X=S_Y>1$ 时，图形沿两个坐标轴方向等比例放大，如图 6-3(b)所示。

(3) 当 $S_X=S_Y<1$ 时，图形沿两个坐标轴方向等比例缩小，如图 6-3(c)所示。

(4) 当 $S_X \neq S_Y$ 时，图形沿两个坐标轴方向作非均匀的比例变换(不等比变换)，图形将产生畸变，如图 6-3(d)所示。

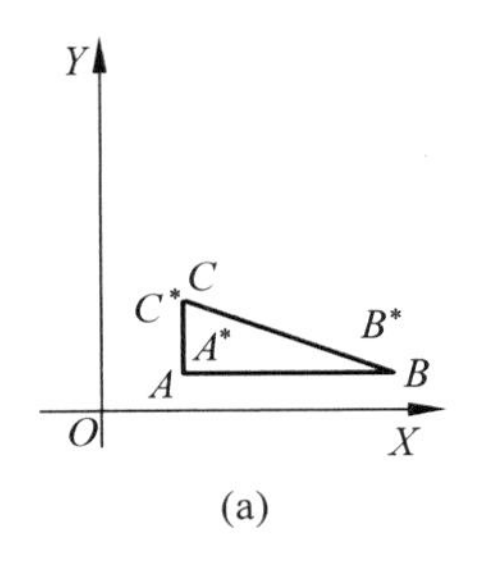

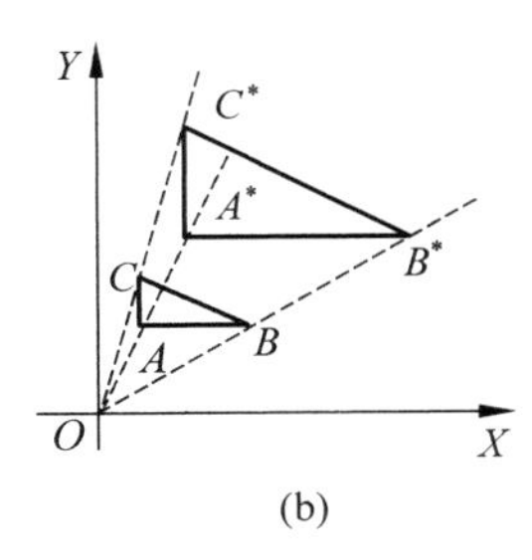

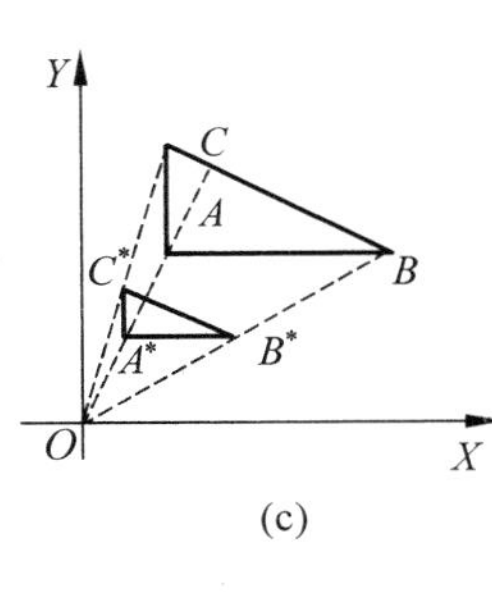

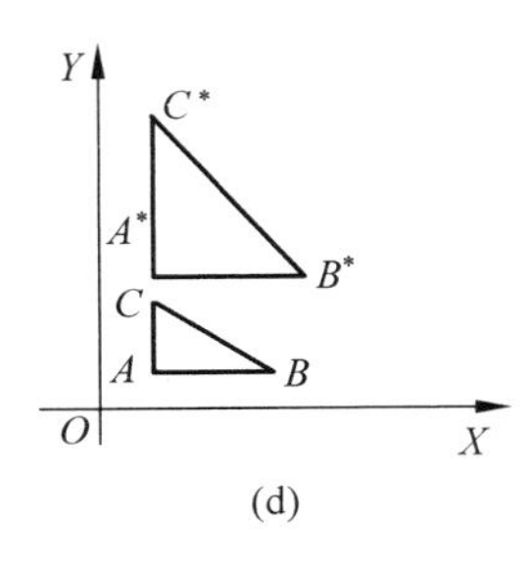

图 6-3　比例变换中的不同情况分析

(a) $S_X=S_Y=1$；(b) $S_X=S_Y>1$；(c) $S_X=S_Y<1$；(d) $S_X\neq S_Y$

如图 6-4 所示，若变换矩阵为 $\begin{bmatrix}2 & 0\\0 & 0.5\end{bmatrix}$，则对字母 T 的变换为结果：

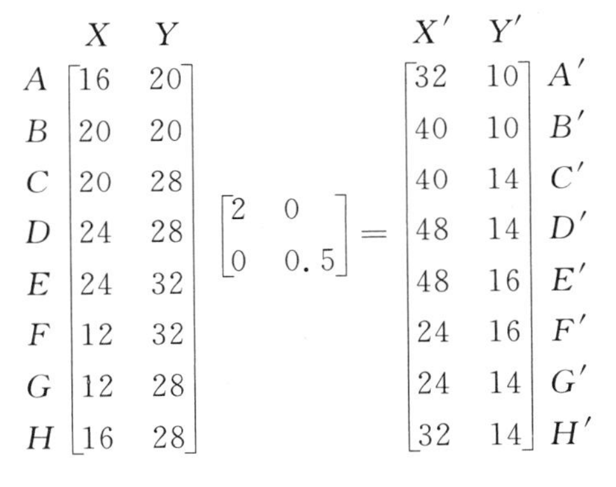

$$\begin{matrix} & X & Y \\ A & 16 & 20 \\ B & 20 & 20 \\ C & 20 & 28 \\ D & 24 & 28 \\ E & 24 & 32 \\ F & 12 & 32 \\ G & 12 & 28 \\ H & 16 & 28 \end{matrix}\begin{bmatrix}2 & 0\\0 & 0.5\end{bmatrix}=\begin{matrix} X' & Y' & \\ 32 & 10 & A' \\ 40 & 10 & B' \\ 40 & 14 & C' \\ 48 & 14 & D' \\ 48 & 16 & E' \\ 24 & 16 & F' \\ 24 & 14 & G' \\ 32 & 14 & H' \end{matrix}$$

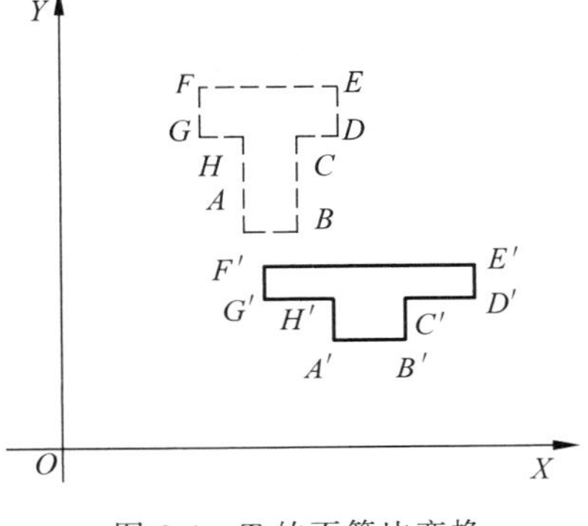

图 6-4　T 的不等比变换

3. 旋转变换

旋转变换是指坐标轴不变，将图形绕坐标原点旋转 θ 角的情形。通常逆时针旋转时，θ 角取正值，顺时针旋转时取负值。

点 $P(x,y)$ 绕坐标原点旋转 θ 角时，旋转变换后新点 $P'(x',y')$ 的坐标值为

$$\begin{cases}x'=x\cos\theta-y\sin\theta\\y'=x\sin\theta+y\cos\theta\end{cases}\tag{6-10}$$

把式(6-10)写成矩阵形式：

$$[x'\quad y']=[x\quad y]\begin{bmatrix}\cos\theta & \sin\theta\\-\sin\theta & \cos\theta\end{bmatrix}\tag{6-11}$$

$$\boldsymbol{P}'=\boldsymbol{P}\times\boldsymbol{R}\tag{6-12}$$

把变换矩阵

$$\boldsymbol{R}=\begin{bmatrix}\cos\theta & \sin\theta\\-\sin\theta & \cos\theta\end{bmatrix}\tag{6-13}$$

称为旋转变换矩阵，或者简称为旋转矩阵。

图 6-5 给出对一条直线实施旋转变换的过程。设将原直线绕坐标原点旋转 $\theta=30°$。首先对直线上两端点(1,1)、(2,4)分别作旋转变换，得到两个新的端点(0.366,1.366)、

(−0.268,4.264)，连接新的端点即可得到旋转变换后的直线。

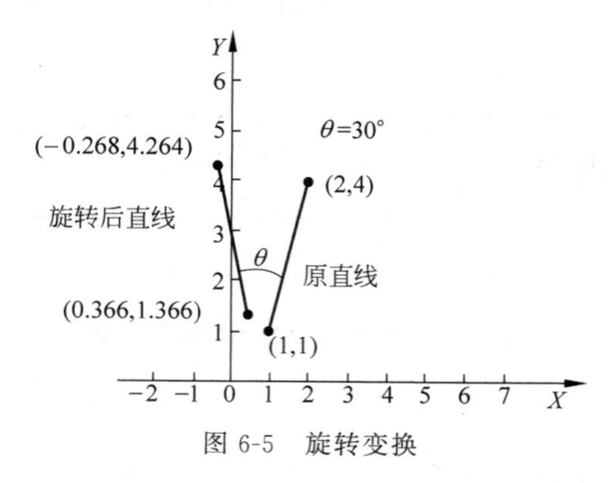

图 6-5　旋转变换

对字母 T 进行旋转 60°的旋转变换，则有：

$$\begin{matrix} & X & Y \\ A & & \\ B & & \\ C & & \\ D & & \\ E & & \\ F & & \\ G & & \\ H & & \end{matrix}\begin{bmatrix} 16 & 20 \\ 20 & 20 \\ 20 & 28 \\ 24 & 28 \\ 24 & 32 \\ 12 & 32 \\ 12 & 28 \\ 16 & 28 \end{bmatrix}\begin{bmatrix} 0.5 & 0.866 \\ -0.866 & 0.5 \end{bmatrix}=\begin{bmatrix} -9.32 & 23.856 \\ -7.32 & 27.32 \\ -14.248 & 31.32 \\ -12.248 & 34.784 \\ -15.712 & 36.784 \\ -21.712 & 26.392 \\ -18.248 & 24.392 \\ -16.248 & 27.856 \end{bmatrix}\begin{matrix} A' \\ B' \\ C' \\ D' \\ E' \\ F' \\ G' \\ H' \end{matrix}$$

（列标：X'　Y'）

图 6-6 为旋转变换后的结果。

4. 对称变换

对称变换就是相对于对称基准的镜像变换。对称参考点(轴)的选择有以下几种情况：

1）对坐标轴的对称变换，分为两种情况

（1）关于 X 轴对称。

点关于 X 轴对称，应有 $x'=x,y'=-y$；则变换矩阵为 $M_X=\begin{bmatrix} 1 & 0 \\ 0 & -1 \end{bmatrix}$，即

$$[x \quad y]\begin{bmatrix} 1 & 0 \\ 0 & -1 \end{bmatrix}=[x \quad -y]=[x' \quad y'] \tag{6-14}$$

（2）关于 Y 轴对称。

点关于 Y 轴对称，应有 $x'=-x,y'=y$；则变换矩阵为 $M_Y=\begin{bmatrix} -1 & 0 \\ 0 & 1 \end{bmatrix}$，即

$$[x \quad y]\begin{bmatrix} -1 & 0 \\ 0 & 1 \end{bmatrix}=[-x \quad y]=[x' \quad y'] \tag{6-15}$$

对坐标轴的对称变换结果如图 6-7 所示。

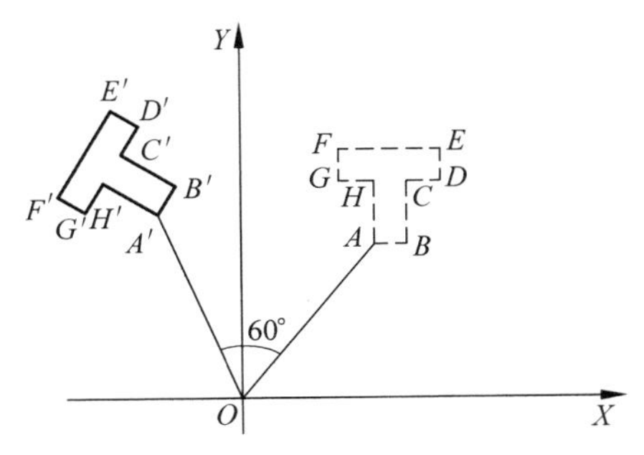

图 6-6　旋转变换后的结果

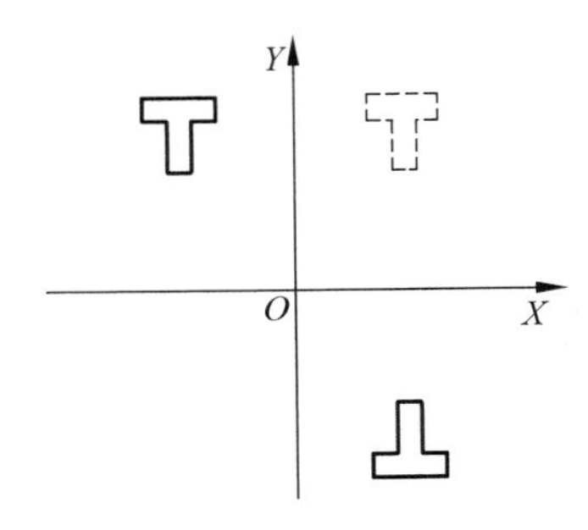

图 6-7　对坐标轴的对称变换

2）关于原点的对称变换

点关于坐标系原点对称，应有 $x'=-x, y'=-y$；则变换矩阵为 $\boldsymbol{M}_O=\begin{bmatrix}-1 & 0\\ 0 & -1\end{bmatrix}$，即

$$[x \quad y]\begin{bmatrix}-1 & 0\\ 0 & -1\end{bmatrix}=[-x \quad -y]=[x' \quad y'] \tag{6-16}$$

对坐标系原点的对称变换结果如图 6-8 所示。

3）关于 45°直线的对称变换，分为两种情况

（1）关于+45°直线对称。

点关于+45°直线对称，应有 $x'=y, y'=x$；则变换矩阵为 $\boldsymbol{M}_{+45^\circ}=\begin{bmatrix}0 & 1\\ 1 & 0\end{bmatrix}$，则关于+45°直线的对称变换结果为

$$[x \quad y]\begin{bmatrix}0 & 1\\ 1 & 0\end{bmatrix}=[y \quad x]=[x' \quad y'] \tag{6-17}$$

（2）关于−45°直线对称。

点关于−45°直线对称，应有 $x'=-y, y'=-x$；则变换矩阵为 $\boldsymbol{M}_{-45^\circ}=\begin{bmatrix}0 & -1\\ -1 & 0\end{bmatrix}$，即

$$[x \quad y]\begin{bmatrix}0 & -1\\ -1 & 0\end{bmatrix}=[-y \quad -x]=[x' \quad y'] \tag{6-18}$$

关于±45°直线的对称变换结果如图 6-9 所示。

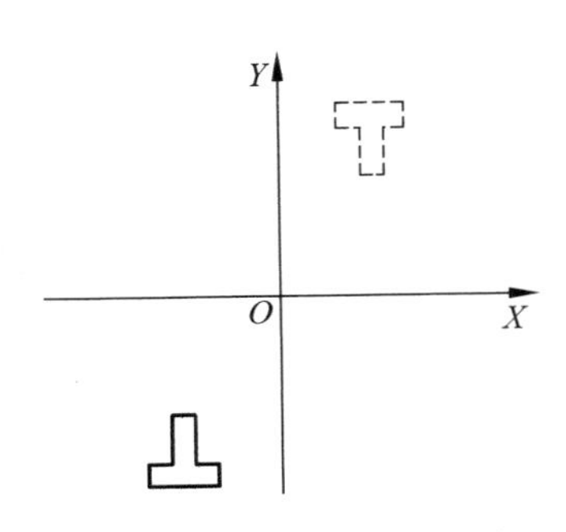

图 6-8　对原点的对称变换

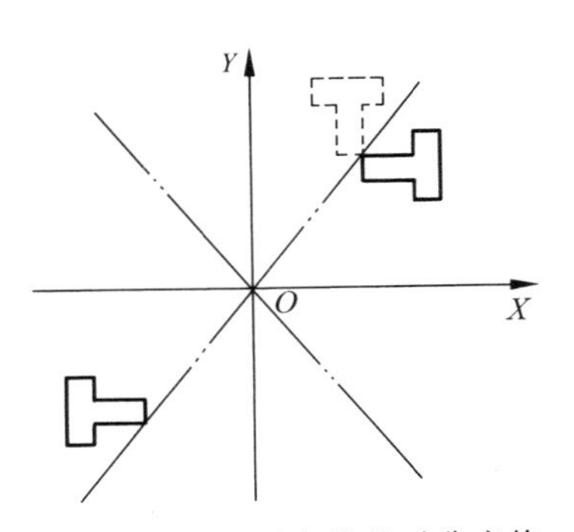

图 6-9　对±45°直线的对称变换

5. 错切变换

图形沿着一个坐标方向发生形状变异的变换称为错切变换。

令变换矩阵 $\boldsymbol{C}=\begin{bmatrix}1 & b\\ c & 1\end{bmatrix}$，且 b、c 中之一为 0，则

$$[x \quad y]\begin{bmatrix}1 & b\\ c & 1\end{bmatrix}=[x+cy \quad bx+y]=[x' \quad y']$$

其分为两种不同的情况。

(1) 沿 X 方向错切

令 $b=0$，沿 X 方向错切变换矩阵为 $\boldsymbol{C}_X=\begin{bmatrix}1 & 0\\ c & 1\end{bmatrix}$，则

$$[x \quad y]\begin{bmatrix}1 & 0\\ c & 1\end{bmatrix}=[x+cy \quad y]=[x' \quad y'], \quad c\neq 0 \tag{6-19}$$

如图 6-10 所示，经此变换后，y 坐标不变，x 坐标有一个增量 cy，这就相当于原来平行于 Y 轴的直线向 X 方向错切成与 X 轴成 α 角的直线，而且 $\tan\alpha=y/(cy)=1/c$。

当 $c\geqslant 0$ 时，沿 $+X$ 方向错切；当 $c\leqslant 0$ 时，沿 $-X$ 方向错切。

设 $c=2$，对图 6-10 中的原图形进行错切变换后得

$$\begin{matrix} & X & Y \\ A & 16 & 20\\ B & 20 & 20\\ C & 20 & 28\\ D & 24 & 28\\ E & 24 & 32\\ F & 12 & 32\\ G & 12 & 28\\ H & 16 & 28\end{matrix}\quad \begin{bmatrix}16 & 20\\ 20 & 20\\ 20 & 28\\ 24 & 28\\ 24 & 32\\ 12 & 32\\ 12 & 28\\ 16 & 28\end{bmatrix}\begin{bmatrix}1 & 0\\ 2 & 1\end{bmatrix}=\begin{bmatrix}56 & 20\\ 60 & 20\\ 76 & 28\\ 80 & 28\\ 88 & 32\\ 76 & 32\\ 68 & 28\\ 72 & 28\end{bmatrix}\begin{matrix}A'\\ B'\\ C'\\ D'\\ E'\\ F'\\ G'\\ H'\end{matrix}$$

(表头：X' Y')

(2) 沿 Y 方向错切

令 $c=0$，沿 Y 方向错切变换矩阵为 $\boldsymbol{C}_Y=\begin{bmatrix}1 & b\\ 0 & 1\end{bmatrix}$，则

$$[x \quad y]\begin{bmatrix}1 & b\\ 0 & 1\end{bmatrix}=[x \quad bx+y]=[x' \quad y'], \quad c\neq 0 \tag{6-20}$$

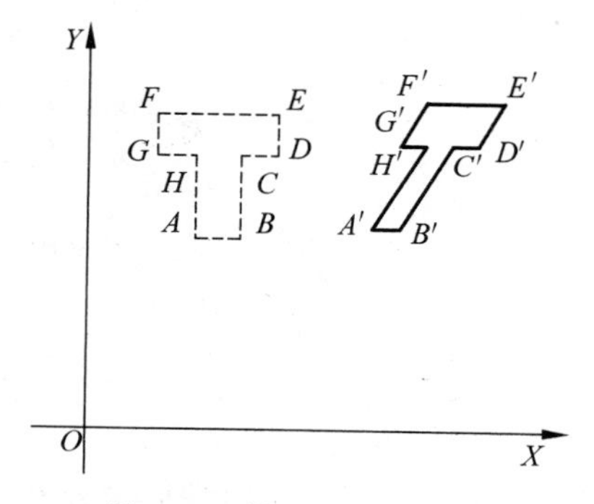

图 6-10　沿 X 向错切变换

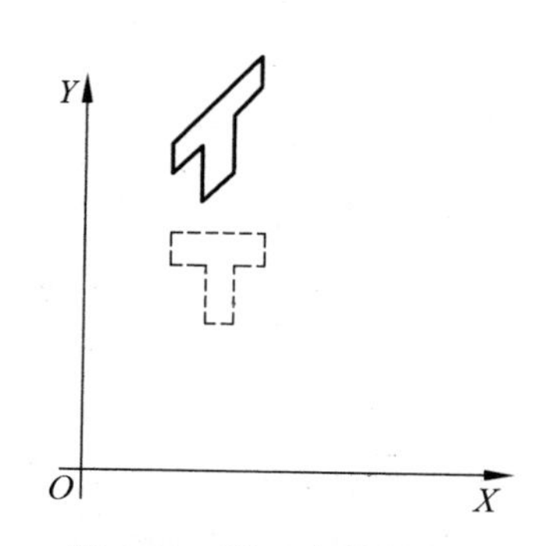

图 6-11　沿 Y 向错切变换

如图 6-11 所示，经此变换后，x 坐标不变，y 坐标有一个增量 bx，这就相当于使原来平行于 X 轴的线倾斜了 θ 角，而且 $\tan\theta = x/(bx) = 1/b$。

当 $b>0$ 时，沿 $+Y$ 方向错切；当 $b<0$ 时，沿 $-Y$ 方向错切。

注意： 上述错切方向均为第一象限点而言，其余象限内的点的错切方向应作相应改变。

6.2.2　二维齐次变换

总结以上讨论的二维空间中的图形变换内容，在坐标变换中，平移、比例、旋转、对称和错切变换矩阵的表示分别为

$$\boldsymbol{P}' = \boldsymbol{P} + \boldsymbol{T}$$

$$\boldsymbol{P}' = \boldsymbol{P} \times \boldsymbol{S}$$

$$\boldsymbol{P}' = \boldsymbol{P} \times \boldsymbol{R}$$

$$\boldsymbol{P}' = \boldsymbol{P} \times \boldsymbol{M} \tag{6-21}$$

$$\boldsymbol{P}' = \boldsymbol{P} \times \boldsymbol{C} \tag{6-22}$$

可见，平移变换的处理方法(矩阵加法)与其他变换的处理方法(矩阵乘法)不同。为了使图形连续变换更加简明，在 CAD 分析计算过程中计算效率更高，在此引入齐次坐标的概念。

1. 齐次坐标的概念

齐次坐标是从几何学中发展起来的，随后在图形学中得到了应用。

在齐次坐标中，n 维空间的位置矢量是用 $n+1$ 维空间的位置矢量来表示的。由此，二维空间点 $P(x, y)$ 的齐次坐标表示成一个三维空间点 $P(xW, yW, zW)$，其中，W 是任一不为零的比例因子。于是，只要给定一个点的齐次坐标表示 $P(x, y, W)$，就能得到这个点的二维直角坐标，$X = x/W$，$Y = y/W$。可以把齐次坐标看作将二维平面作 W 的比例变换后，嵌入三维空间里 $Z = W$ 的平面之中。

若选取 $W = 1$，则二维坐标点 $P(x, y)$ 的齐次坐标表示为 $P(x, y, 1)$，其中 x、y 坐标值无变化，就是说图形不发生变化，只是增加了 $W = 1$ 的附加坐标，其几何意义相当于点 $P(x, y)$ 落到了 $Z = 1$ 平面内。

2. 齐次坐标基本变换

建立齐次坐标的概念后，可以将不同的几何变换处理方式(矩阵运算方法)，变为统一的矩阵乘法运算。这样就使得变换处理子程序的编制更加方便和简便，统一性和一致性好。

1) 齐次坐标下的平移变换

用齐次坐标对点完成二维平移变换，可用矩阵相乘来实现，即

$$[x' \quad y' \quad 1] = [x \quad y \quad 1]\begin{bmatrix} 1 & 0 & 0 \\ 0 & 1 & 0 \\ T_X & T_Y & 1 \end{bmatrix}$$

平移变换矩阵为

$$\boldsymbol{T}=\begin{bmatrix}1&0&0\\0&1&0\\T_X&T_Y&1\end{bmatrix} \tag{6-23}$$

例：设 $T_X=20, T_Y=20$；对图 6-10 中的字母 T 作平移变换，可得

$$\begin{matrix}A\\B\\C\\D\\E\\F\\G\\H\end{matrix}\overset{\begin{matrix}X\quad Y\end{matrix}}{\begin{bmatrix}16&20&1\\20&28&1\\20&28&1\\24&28&1\\24&32&1\\12&32&1\\12&28&1\\16&28&1\end{bmatrix}}\begin{bmatrix}1&0&0\\0&1&0\\20&20&1\end{bmatrix}=\overset{\begin{matrix}X'\quad Y'\end{matrix}}{\begin{bmatrix}36&40&1\\40&40&1\\40&48&1\\44&48&1\\44&52&1\\32&52&1\\32&48&1\\36&48&1\end{bmatrix}}\begin{matrix}A'\\B'\\C'\\D'\\E'\\F'\\G'\\H'\end{matrix}$$

2）齐次坐标下的比例变换

以 S_X 和 S_Y 分别表示一个几何元素或者一个图形沿 X 轴和沿 Y 轴放大和缩小的比例。齐次坐标下的比例变换写成矩阵形式：

$$[x' \quad y' \quad 1]=[x \quad y \quad 1]\begin{bmatrix}S_X&0&0\\0&S_Y&0\\0&0&1\end{bmatrix}$$

比例变换矩阵为

$$\boldsymbol{S}=\begin{bmatrix}S_X&0&0\\0&S_Y&0\\0&0&1\end{bmatrix} \tag{6-24}$$

3）齐次坐标下的旋转变换

二维空间的几何元素或图形绕坐标原点旋转 θ 角，齐次坐标下旋转变换的矩阵形式为

$$[x' \quad y' \quad 1]=[x \quad y \quad 1]\begin{bmatrix}\cos\theta&\sin\theta&0\\-\sin\theta&\cos\theta&0\\0&0&1\end{bmatrix}$$

旋转变换矩阵为

$$\boldsymbol{R}=\begin{bmatrix}\cos\theta&\sin\theta&0\\-\sin\theta&\cos\theta&0\\0&0&1\end{bmatrix} \tag{6-25}$$

4）齐次坐标下的对称变换

二维空间的几何元素或图形的对称变换，相对于参考点有以下 3 种选择。

（1）关于坐标轴的对称变换。

① 关于 X 轴的对称变换

齐次坐标下的对称变换写成矩阵形式为

$$[x' \quad y' \quad 1]=[x \quad y \quad 1]\begin{bmatrix}1&0&0\\0&-1&0\\0&0&1\end{bmatrix}$$

对称变换矩阵为

$$M_X=\begin{bmatrix}1 & 0 & 0\\ 0 & -1 & 0\\ 0 & 0 & 1\end{bmatrix} \tag{6-26}$$

② 关于Y轴的对称变换

齐次坐标下的对称变换写成矩阵形式为

$$[x' \quad y' \quad 1]=[x \quad y \quad 1]\begin{bmatrix}-1 & 0 & 0\\ 0 & 1 & 0\\ 0 & 0 & 1\end{bmatrix}$$

对称变换矩阵为

$$M_Y=\begin{bmatrix}-1 & 0 & 0\\ 0 & 1 & 0\\ 0 & 0 & 1\end{bmatrix} \tag{6-27}$$

(2) 关于坐标原点的对称变换。

关于坐标原点的对称变换：齐次坐标下的对称变换写成矩阵形式为

$$[x' \quad y' \quad 1]=[x \quad y \quad 1]\begin{bmatrix}-1 & 0 & 0\\ 0 & -1 & 0\\ 0 & 0 & 1\end{bmatrix}$$

对称变换矩阵为

$$M_O=\begin{bmatrix}-1 & 0 & 0\\ 0 & -1 & 0\\ 0 & 0 & 1\end{bmatrix} \tag{6-28}$$

(3) 关于45°直线的对称变换。

又分为两种情况。

① 关于+45°直线的对称变换　齐次坐标下的对称变换写成矩阵形式为

$$[x' \quad y' \quad 1]=[x \quad y \quad 1]\begin{bmatrix}0 & 1 & 0\\ 1 & 0 & 0\\ 0 & 0 & 1\end{bmatrix}$$

点关于+45°直线对称，对称变换矩阵为

$$M_{+45^\circ}=\begin{bmatrix}0 & 1 & 0\\ 1 & 0 & 0\\ 0 & 0 & 1\end{bmatrix} \tag{6-29}$$

② 关于−45°直线的对称变换　齐次坐标下的对称变换写成矩阵形式为

$$[x' \quad y' \quad 1]=[x \quad y \quad 1]\begin{bmatrix}0 & -1 & 0\\ -1 & 0 & 0\\ 0 & 0 & 1\end{bmatrix}$$

点关于−45°直线对称，对称变换矩阵为

$$M_{-45^\circ}=\begin{bmatrix}0 & -1 & 0\\ -1 & 0 & 0\\ 0 & 0 & 1\end{bmatrix} \tag{6-30}$$

5）齐次坐标下的错切变换

分为两种不同的情况。

（1）沿 X 方向错切变换。

二维空间的几何元素或图形沿 X 方向错切变换，齐次坐标下的错切变换写成矩阵形式：

$$[x' \quad y' \quad 1]=[x \quad y \quad 1]\begin{bmatrix}1 & 0 & 0\\ c & 1 & 0\\ 0 & 0 & 1\end{bmatrix}$$

沿 X 方向的错切变换矩阵为

$$\boldsymbol{C}_X=\begin{bmatrix}1 & 0 & 0\\ c & 1 & 0\\ 0 & 0 & 1\end{bmatrix},\quad c\neq 0 \tag{6-31}$$

（2）沿 Y 方向错切变换。

二维空间的几何元素或图形沿 Y 方向错切变换，齐次坐标下的错切变换写成矩阵形式：

$$[x' \quad y' \quad 1]=[x \quad y \quad 1]\begin{bmatrix}1 & b & 0\\ 0 & 1 & 0\\ 0 & 0 & 1\end{bmatrix}$$

沿 Y 方向的错切变换矩阵为

$$\boldsymbol{C}_Y=\begin{bmatrix}1 & b & 0\\ 0 & 1 & 0\\ 0 & 0 & 1\end{bmatrix},\quad b\neq 0 \tag{6-32}$$

对于前面介绍的 5 种基本变换，可以用统一的二维图形变换矩阵的一般表达式

$$\boldsymbol{T}=\begin{bmatrix}a & b & p\\ c & d & q\\ l & m & s\end{bmatrix} \tag{6-33}$$

变换而成。这一 3×3 变换矩阵中的各个元素，都有其特定的功能。为描述方便，将其分为 4 部分。其中：

① 2×2 矩阵 $\begin{bmatrix}a & b\\ c & d\end{bmatrix}$ 可以实现图形的比例、对称、错切、旋转等基本变换；

② 1×2 矩阵 $[l \quad m]$ 可以实现图形的平移基本变换；

③ 2×1 矩阵 $\begin{bmatrix}p\\ q\end{bmatrix}$ 可以实现图形的透视变换；

④ 1×1 矩阵 $[s]$ 可以实现图形的全比例变换。

6.2.3 二维组合变换

上述 5 种基本变换可以用统一的变换矩阵乘法运算形式来实现，称之为基本变换。但是，有些变换只用一种基本变换是不能实现的，必须由两种或多种基本变换组合才能实现。这种由多种基本变换组合而成的变换称为组合变换，相应的变换矩阵叫作组合变换矩阵。

在很多图形变换的实际应用中，需要对图形元素或图形进行一系列连续变换，这些连续变换是有序而不同步的。例如前面谈到的比例变换和旋转变换均是以坐标原点为基准的变

换，相对于任意点的比例变换和旋转变换就要通过一系列的连续变换，并且对其变换的顺序进行控制而实现。

1. 齐次坐标下的组合变换

将对图形元素或图形所进行的一系列变换进行组合，使其能够在一次变换中实现，叫作组合变换(或者称合成变换，复合变换)。其目的就是提高变换效率。在齐次坐标下，所有基本变换均可通过矩阵乘法实现，对一个点的位置向量进行连续变换时，可以写成如下公式：

$$[x' \quad y' \quad 1] = [x \quad y \quad 1] \times \boldsymbol{A} \times \boldsymbol{B} \times \boldsymbol{C} \times \cdots \times \boldsymbol{M} \times \boldsymbol{N} \tag{6-34}$$

式中，$\boldsymbol{A}$、$\boldsymbol{B}$、$\boldsymbol{C}$、…、$\boldsymbol{M}$、$\boldsymbol{N}$ 均为变换矩阵，根据矩阵乘法结合律的基本性质，式(6-34)中的连续多个变换矩阵可以组合成一个组合变换矩阵：

$$\boldsymbol{U} = \boldsymbol{A} \times \boldsymbol{B} \times \boldsymbol{C} \times \cdots \times \boldsymbol{M} \times \boldsymbol{N} \tag{6-35}$$

式中，矩阵乘的顺序不得随意变动。因为矩阵乘法顺序变动，将产生不同的计算结果。

然后，用组合变换矩阵 $\boldsymbol{U}$ 对点向量做矩阵乘法运算，即可求得经过组合变换后的向量。

2. 组合变换举例

(1) 绕任意点的旋转变换。

如图 6-12(a)所示，将平面图形直线 L 绕任意点 $p(x_p, y_p)$ 旋转一角度 θ，其变换顺序是：

第一步：将平面图形的旋转中心平移，使 $p(x_p, y_p)$ 点与坐标原点重合，如图 6-12(b)所示。即将旋转中心平移到原点，变换矩阵为

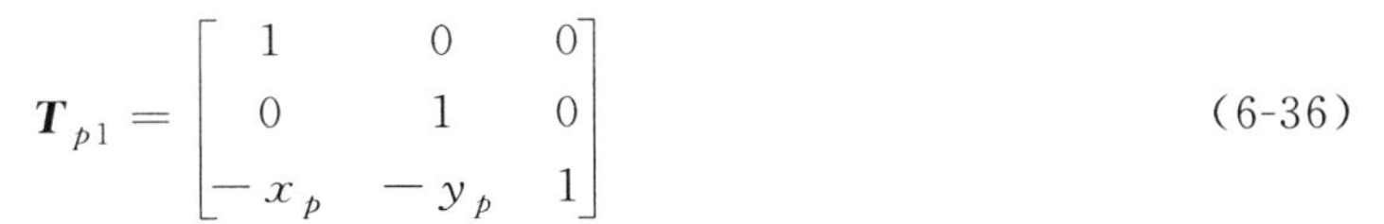

$$\boldsymbol{T}_{p1} = \begin{bmatrix} 1 & 0 & 0 \\ 0 & 1 & 0 \\ -x_p & -y_p & 1 \end{bmatrix} \tag{6-36}$$

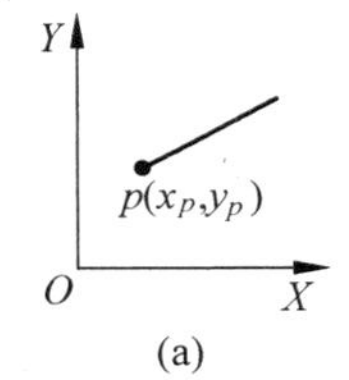

(a)

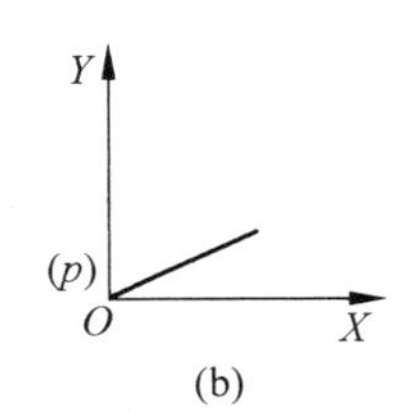

(b)

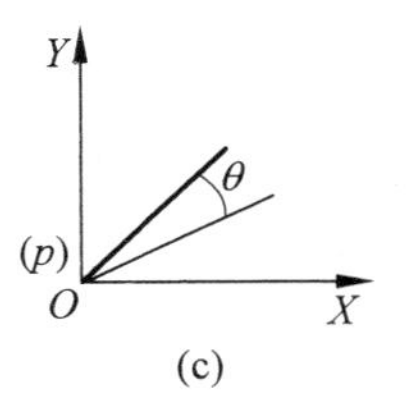

(c)

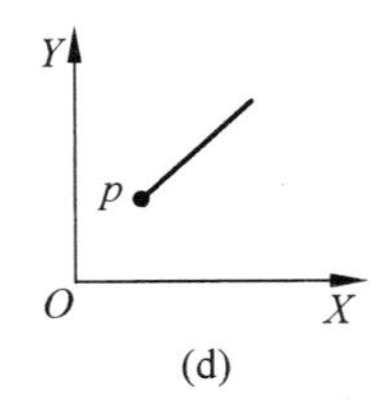

(d)

图 6-12　连续变换举例

(a) 原直线；(b) 平移直线使 p 点与坐标原点重合；
(c) 将直线绕坐标原点旋转 θ 角；(d) 平移直线使 p 点回到原来位置

第二步：将图形(直线)L 绕坐标原点旋转一角度 θ，如图 6-12(c)所示。变换矩阵为

$$\boldsymbol{R}_l = \begin{bmatrix} \cos\theta & \sin\theta & 0 \\ -\sin\theta & \cos\theta & 0 \\ 0 & 0 & 1 \end{bmatrix} \tag{6-37}$$

第三步：将直线 L 平移，使旋转中心 p 点平移回到原来的 $p(x_p, y_p)$ 点坐标位置，如图 6-12(d)所示。其变换矩阵为

$$\boldsymbol{T}_{p2} = \begin{bmatrix} 1 & 0 & 0 \\ 0 & 1 & 0 \\ x_p & y_p & 1 \end{bmatrix} \tag{6-38}$$

因此，绕任意点 $p(x_p, y_p)$ 的旋转变换矩阵为

$$U = T_{p1}R_O T_{p2} = \begin{bmatrix} 1 & 0 & 0 \\ 0 & 1 & 0 \\ -x_p & -y_p & 1 \end{bmatrix} \begin{bmatrix} \cos\theta & \sin\theta & 0 \\ -\sin\theta & \cos\theta & 0 \\ 0 & 0 & 1 \end{bmatrix} \begin{bmatrix} 1 & 0 & 0 \\ 0 & 1 & 0 \\ x_p & y_p & 1 \end{bmatrix} \tag{6-39}$$

展开，可得

$$U = \begin{bmatrix} \cos\theta & \sin\theta & 0 \\ -\sin\theta & \cos\theta & 0 \\ x_p(1-\cos\theta)+y_p\sin\theta & y_p(1-\cos\theta)-x_p\sin\theta & 1 \end{bmatrix} \tag{6-40}$$

显然，当 $x_p=0, y_p=0$ 时，即为对原点的旋转变换矩阵。原直线端点坐标连同旋转中心坐标组成向量与 U 相乘，则变换就完成了。

(2) 相对于给定点 A 的比例变换，如图 6-13 所示。变换的顺序如下。

第一步：以给定的点 $A(x_a, y_a)$ 为基点，将图形平移使给定点 A 与坐标原点重合，如图 6-13(b)所示；

第二步：对图形施加比例因子 S_X、S_Y，进行比例变换，如图 6-13(c)所示；

第三步：以给定点 A 为基点，将图形平移使给定点 A 回到原来位置，如图 6-13(d)所示。

以上的连续变换的组合变换矩阵表示为

$$U = \begin{bmatrix} 1 & 0 & 0 \\ 0 & 1 & 0 \\ -x_a & -y_a & 1 \end{bmatrix} \begin{bmatrix} S_X & 0 & 0 \\ 0 & S_Y & 0 \\ 0 & 0 & 1 \end{bmatrix} \begin{bmatrix} 1 & 0 & 0 \\ 0 & 1 & 0 \\ x_a & y_a & 1 \end{bmatrix} \tag{6-41}$$

所以，

$$U = \begin{bmatrix} S_X & 0 & 0 \\ 0 & S_Y & 0 \\ (1-S_X)x_a & (1-S_Y)y_a & 1 \end{bmatrix} \tag{6-42}$$

图 6-13(a)中的各点相对于给定点 A 进行比例变换后，其各点的坐标值如下：

$$\begin{bmatrix} x'_a & y'_a & 1 \\ x'_b & y'_b & 1 \\ x'_c & y'_c & 1 \\ x'_d & y'_d & 1 \end{bmatrix} = \begin{bmatrix} x_a & y_a & 1 \\ x_b & y_b & 1 \\ x_c & y_c & 1 \\ x_d & y_d & 1 \end{bmatrix} \times U \tag{6-43}$$

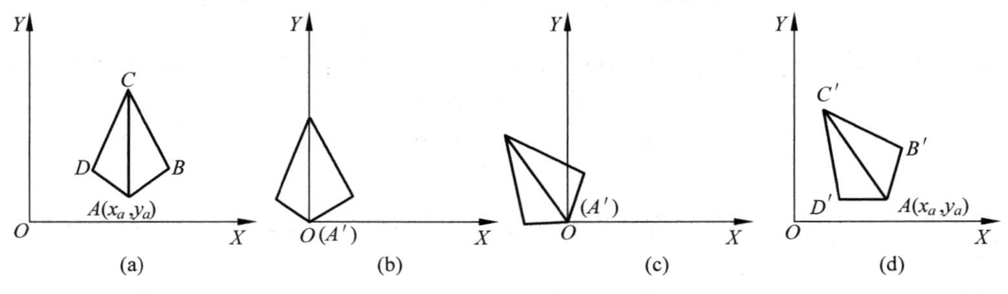

图 6-13　组合变换举例一(比例变换)

(a) 原图形；(b) 平移图形使 A 点与坐标原点重合；(c) 对图形进行比例变换；(d) 平移图形使 A 点回到原来位置

（3）对任意直线的对称变换。

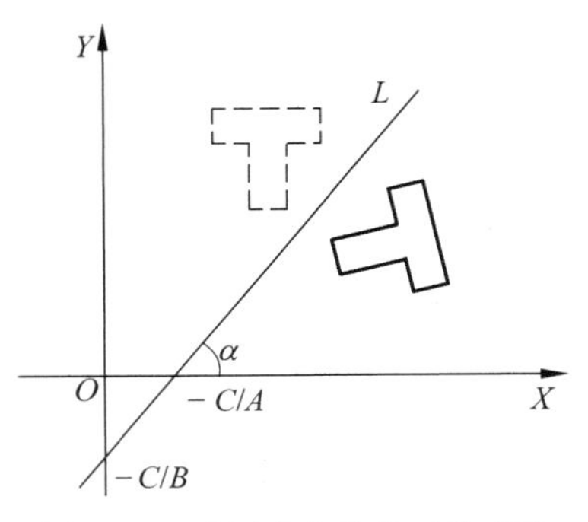

图 6-14　对任意直线的对称变换

如图 6-14 所示，设任意直线 L 的方程为

$$Ax+By+C=0$$

该直线 L 在 X 轴和 Y 轴上的截距分别为 $-C/A$ 和 $-C/B$；直线与 X 轴的夹角为 α，且

$$\alpha=\arctan(-A/B)$$

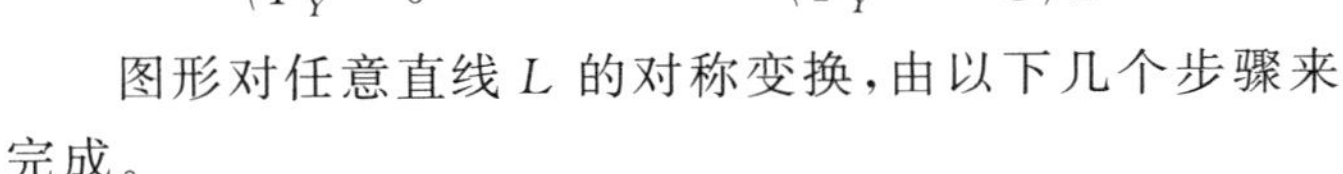

$$\begin{cases}T_X=-C/A\\T_Y=0\end{cases}\quad 或 \quad \begin{cases}T_X=0\\T_Y=-C/B\end{cases}$$

图形对任意直线 L 的对称变换，由以下几个步骤来完成。

第一步：平移直线 L，使其通过原点（可以沿 X 方向或 Y 方向平移，来达到目的。这里沿 X 方向将直线平移到原点），相应的变换矩阵为

$$\boldsymbol{T}_{l1}=\begin{bmatrix}1&0&0\\0&1&0\\C/A&0&1\end{bmatrix}$$

第二步：将图形连同直线 L 一起绕坐标原点旋转一角度（与 X 轴之间的夹角为 α），使直线 L 与某坐标轴重合（以与 X 轴重合为例），则变换矩阵为

$$\boldsymbol{R}_O^+=\begin{bmatrix}\cos(-\alpha)&\sin(-\alpha)&0\\-\sin(-\alpha)&\cos(-\alpha)&0\\0&0&1\end{bmatrix}=\begin{bmatrix}\cos\alpha&-\sin\alpha&0\\\sin\alpha&\cos\alpha&0\\0&0&1\end{bmatrix}$$

第三步：对坐标轴作对称变换（这里是对 X 轴），其变换矩阵为

$$\boldsymbol{M}_X=\begin{bmatrix}1&0&0\\0&-1&0\\0&0&1\end{bmatrix}$$

第四步：绕原点旋转，使直线 L 回到与 X 轴成 α 角的位置，变换矩阵为

$$\boldsymbol{R}_O^-=\begin{bmatrix}\cos\alpha&\sin\alpha&0\\-\sin\alpha&\cos\alpha&0\\0&0&1\end{bmatrix}$$

第五步：平移图形，使直线 L 回到原始位置，变换矩阵为

$$\boldsymbol{T}_{l2}=\begin{bmatrix}1&0&0\\0&1&0\\-C/A&0&1\end{bmatrix}$$

由此即可获得图形对任意直线作对称变换的组合变换矩阵如下：

$$\boldsymbol{U}=\boldsymbol{T}_{l1}\boldsymbol{R}_O^+\boldsymbol{M}_X\boldsymbol{R}_O^-\boldsymbol{T}_{l2}=\begin{bmatrix}\cos2\alpha&\sin2\alpha&0\\\sin2\alpha&-\cos2\alpha&0\\((\cos2\alpha)-1)C/A&(\sin2\alpha)C/A&1\end{bmatrix}\tag{6-44}$$

通过以上例子可以看出：对于任何方式的变换，我们都可以利用平移、旋转变换将原始图形构造成为基本变换形态，然后再利用变换后的结果，进行反变换来达到一般图形变换的目的。

3. “组合变换”顺序对图形的影响

综上所述，复杂变换是通过基本变换的组合而成的，由于矩阵的乘法不适用于交换律，即：$\boldsymbol{AB} \neq \boldsymbol{BA}$，因此，组合的顺序一般是不能颠倒的，顺序不同，则变换的结果亦不同。图 6-15 显示了对字母 T 进行不同顺序的基本变换的组合变换结果。

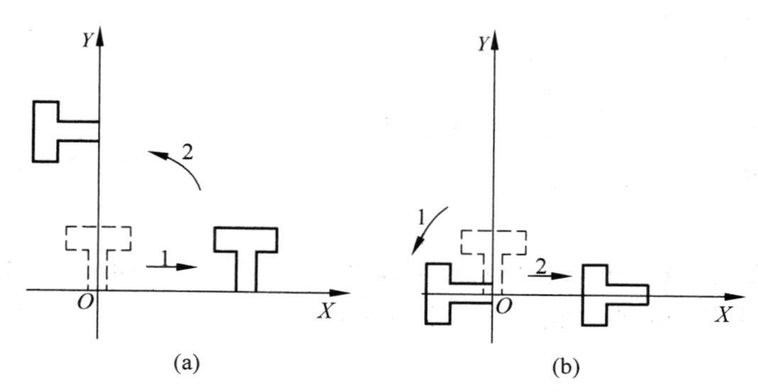

图 6-15 组合顺序对图形的影响
(a) 先平移后旋转；(b) 先旋转后平移

6.3 三维图形变换

6.3.1 三维基本变换矩阵

1. 变换矩阵

三维图形的变换是二维图形变换的扩展，变换的原理还是把原齐次坐标点$(x, y, z, 1)$通过变换矩阵、乘法运算变换成新的齐次坐标点$(x', y', z', 1)$。在三维空间里，用四维齐次坐标$[x \quad y \quad z \quad 1]$表示三维点，三维变换矩阵则用 4×4 矩阵表示，即

$$[x \quad y \quad z \quad 1]\boldsymbol{T} = [x' \quad y' \quad z' \quad 1]$$

其中，$\boldsymbol{T}$ 为三维基本变换矩阵：

$$\boldsymbol{T} = \begin{bmatrix} a & b & c & p \\ d & e & f & q \\ h & i & j & r \\ l & m & n & s \end{bmatrix} \tag{6-45}$$

可以把三维基本变换矩阵划分为 4 块，其中：

$\begin{bmatrix} a & b & c \\ d & e & f \\ h & i & j \end{bmatrix}_{3\times3}$ 产生比例、对称、错切、旋转等基本变换；

$[l \quad m \quad n]_{1\times3}$ 产生平移变换；

$[p \quad q \quad r]^{T}_{3\times1}$ 产生透视变换；

$[s]$ 产生全比例变换。

2. 坐标系

在三维变换中，我们采用右手坐标系，习惯上人们一般采用图6-16所示的右手坐标系，且规定，物体绕各坐标轴旋转的正方向为右手螺旋方向。但这种坐标系会给图形输出带来麻烦，绘图机上的坐标系是如图6-17(a)所示的方式，而采用如图6-16所示的右手坐标系，在投影变换中其投影面的坐标系如图6-17(b)所示。可见，两者坐标系不统一，绘图时将出错。为此，我们采取这样的处理方法：给投影后的 X 坐标前冠以负号作为画图时的 X 坐标，以投影变换后的 Z 坐标作为画图时的 Y 坐标。

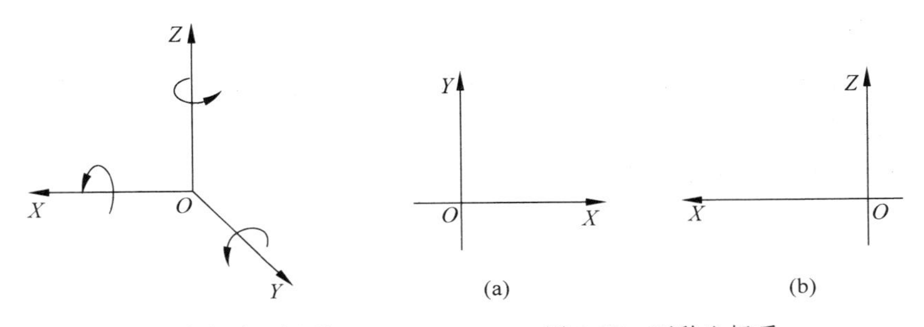

图6-16 三维变换右手坐标系

图6-17 两种坐标系

(a) 绘图机坐标系；(b) 投影面坐标系

6.3.2 三维基本变换

同二维变换一样，用变换矩阵也可以对三维图形进行各种变换。三维空间的点 $P(x,y,z)$ 的齐次坐标表示为 $P(x,y,z,1)$。

1. 比例变换

三维基本变换矩阵左上角3×3矩阵主对角线上的元素 a、e、j 的作用是使物体产生比例变换。比例变换矩阵为

$$\boldsymbol{S}=\begin{bmatrix} a & 0 & 0 \\ 0 & e & 0 \\ 0 & 0 & j \end{bmatrix} \tag{6-46}$$

其中，a、e、j 分别为沿 X、Y、Z 轴方向的比例因子。

对点进行比例变换：

$$[x \quad y \quad z]\boldsymbol{S}=[ax \quad ey \quad jz]=[x' \quad y' \quad z']$$

齐次坐标下的三维比例变换：以 S_X、S_Y、S_Z 分别表示一个几何元素或一个图形沿 X、Y、Z 轴3个方向上的放大和缩小比例。若 $S_X=S_Y=S_Z$，则称为线性定比变换。

在齐次坐标下的三维比例变换写成矩阵形式为

$$[x' \quad y' \quad z' \quad 1] = [x \quad y \quad z \quad 1]\begin{bmatrix} S_X & 0 & 0 & 0 \\ 0 & S_Y & 0 & 0 \\ 0 & 0 & S_Z & 0 \\ 0 & 0 & 0 & 1 \end{bmatrix}$$

比例变换矩阵为

$$\boldsymbol{S} = \begin{bmatrix} S_X & 0 & 0 & 0 \\ 0 & S_Y & 0 & 0 \\ 0 & 0 & S_Z & 0 \\ 0 & 0 & 0 & 1 \end{bmatrix} \tag{6-47}$$

2. 对称变换

三维对称变换包括关于原点、关于坐标轴和关于坐标平面的对称，常用的是关于坐标平面的变换。对此加以讨论。

(1) 关于 XOY 平面的对称变换

变换矩阵为

$$\boldsymbol{M}_{XOY} = \begin{bmatrix} 1 & 0 & 0 & 0 \\ 0 & 1 & 0 & 0 \\ 0 & 0 & -1 & 0 \\ 0 & 0 & 0 & 1 \end{bmatrix} \tag{6-48}$$

变换后点的坐标为

$$[x' \quad y' \quad z' \quad 1] = [x \quad y \quad z \quad 1]\boldsymbol{M}_{XOY} = [x \quad y \quad -z \quad 1]$$

(2) 关于 XOZ 平面的对称变换

变换矩阵为

$$\boldsymbol{M}_{XOZ} = \begin{bmatrix} 1 & 0 & 0 & 0 \\ 0 & -1 & 0 & 0 \\ 0 & 0 & 1 & 0 \\ 0 & 0 & 0 & 1 \end{bmatrix} \tag{6-49}$$

变换后点的坐标为

$$[x' \quad y' \quad z' \quad 1] = [x \quad y \quad z \quad 1]\boldsymbol{M}_{XOZ} = [x \quad -y \quad z \quad 1]$$

(3) 关于 YOZ 平面的对称变换

变换矩阵为

$$\boldsymbol{M}_{YOZ} = \begin{bmatrix} -1 & 0 & 0 & 0 \\ 0 & 1 & 0 & 0 \\ 0 & 0 & 1 & 0 \\ 0 & 0 & 0 & 1 \end{bmatrix} \tag{6-50}$$

变换后点的坐标为

$$[x' \quad y' \quad z' \quad 1] = [x \quad y \quad z \quad 1]\boldsymbol{M}_{YOZ} = [-x \quad y \quad z \quad 1]$$

上述的对称变换结果如图 6-18 所示。

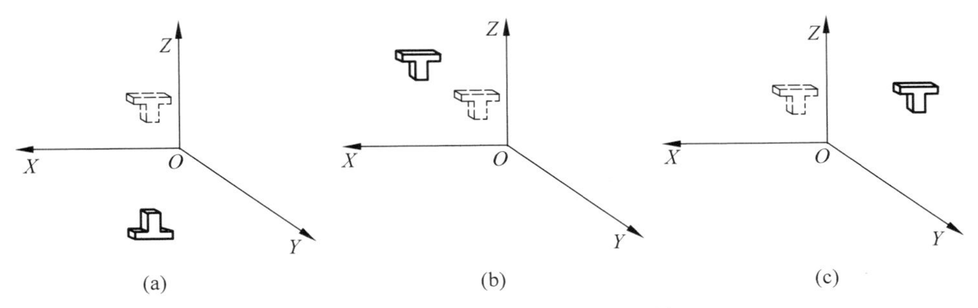

图 6-18　关于坐标平面的对称变换

(a) 关于 XOY 平面对称；(b) 关于 XOZ 平面对称；(c) 关于 YOZ 平面对称

3. 错切变换

错切变换是指三维实体沿 X、Y、Z 3 个方向产生错切，错切变换是画斜轴测图的基础，其变换矩阵为

$$\boldsymbol{C}=\begin{bmatrix}1 & b & c & 0\\ d & 1 & f & 0\\ h & i & 1 & 0\\ 0 & 0 & 0 & 1\end{bmatrix} \tag{6-51}$$

变换后点的坐标为

$$\begin{aligned}[x' \quad y' \quad z' \quad 1] &= [x \quad y \quad z \quad 1]\boldsymbol{C}\\ &= [x+dy+hz \quad bx+y+iz \quad cx+fy+z \quad 1]\end{aligned}$$

由变换结果看出，在三维错切变换中，一个坐标的变化受另外两个坐标变化的影响。下面只讨论几种典型的错切变换的情形：

(1) 沿 X 含 Y 错切

变换矩阵

$$\boldsymbol{C}_{X(Y)}=\begin{bmatrix}1 & 0 & 0 & 0\\ d & 1 & 0 & 0\\ 0 & 0 & 1 & 0\\ 0 & 0 & 0 & 1\end{bmatrix} \tag{6-52}$$

错切变换

$$[x' \quad y' \quad z' \quad 1] = [x \quad y \quad z \quad 1]\boldsymbol{C}_{X(Y)} = [x+dy \quad y \quad z \quad 1]$$

(2) 沿 X 含 Z 错切

变换矩阵

$$\boldsymbol{C}_{X(Z)}=\begin{bmatrix}1 & 0 & 0 & 0\\ 0 & 1 & 0 & 0\\ h & 0 & 1 & 0\\ 0 & 0 & 0 & 1\end{bmatrix} \tag{6-53}$$

错切变换

$$[x' \quad y' \quad z' \quad 1] = [x \quad y \quad z \quad 1]\boldsymbol{C}_{X(Z)} = [x+hz \quad y \quad z \quad 1]$$

(3) 沿 Y 含 X 错切

变换矩阵

$$\boldsymbol{C}_{Y(X)}=\begin{bmatrix}1 & 0 & b & 0\\0 & 1 & 0 & 0\\0 & 0 & 1 & 0\\0 & 0 & 0 & 1\end{bmatrix} \tag{6-54}$$

错切变换

$$[x' \quad y' \quad z' \quad 1]=[x \quad y \quad z \quad 1]\boldsymbol{C}_{Y(X)}=[x \quad y+bx \quad z \quad 1]$$

(4) 沿 Y 含 Z 错切

变换矩阵

$$\boldsymbol{C}_{Y(Z)}=\begin{bmatrix}1 & 0 & 0 & 0\\0 & 1 & 0 & 0\\0 & i & 1 & 0\\0 & 0 & 0 & 1\end{bmatrix} \tag{6-55}$$

错切变换

$$[x' \quad y' \quad z' \quad 1]=[x \quad y \quad z \quad 1]\boldsymbol{C}_{Y(Z)}=[x \quad y+iz \quad z \quad 1]$$

(5) 沿 Z 含 X 错切

变换矩阵

$$\boldsymbol{C}_{Z(X)}=\begin{bmatrix}1 & 0 & c & 0\\0 & 1 & 0 & 0\\0 & 0 & 1 & 0\\0 & 0 & 0 & 1\end{bmatrix} \tag{6-56}$$

错切变换

$$[x' \quad y' \quad z' \quad 1]=[x \quad y \quad z \quad 1]\boldsymbol{C}_{Z(X)}=[x \quad y \quad z+cx \quad 1]$$

(6) 沿 Z 含 Y 错切

变换矩阵

$$\boldsymbol{C}_{Z(Y)}=\begin{bmatrix}1 & 0 & 0 & 0\\0 & 1 & f & 0\\0 & 0 & 1 & 0\\0 & 0 & 0 & 1\end{bmatrix} \tag{6-57}$$

错切变换

$$[x' \quad y' \quad z' \quad 1]=[x \quad y \quad z \quad 1]\boldsymbol{C}_{Z(Y)}=[x \quad y \quad z+fy \quad 1]$$

4. 旋转变换

与二维旋转变换类似,三维旋转变换可以分为绕坐标轴的旋转变换和绕任意轴的旋转变换。三维旋转变换要比二维旋转变换复杂得多,但是方法相似。物体分别绕坐标轴旋转180°的变换结果如图 6-19 所示。

齐次坐标下的三维旋转变换:在二维直角坐标系下的旋转变换,旋转轴总是垂直于 XOY 平面。三维直角坐标系下的旋转变换,旋转轴可以是空间任何方向。通常把绕任意轴的旋转分解到绕平行于三个坐标轴的旋转,然后再进行计算。一般来说,根据右手定则来确

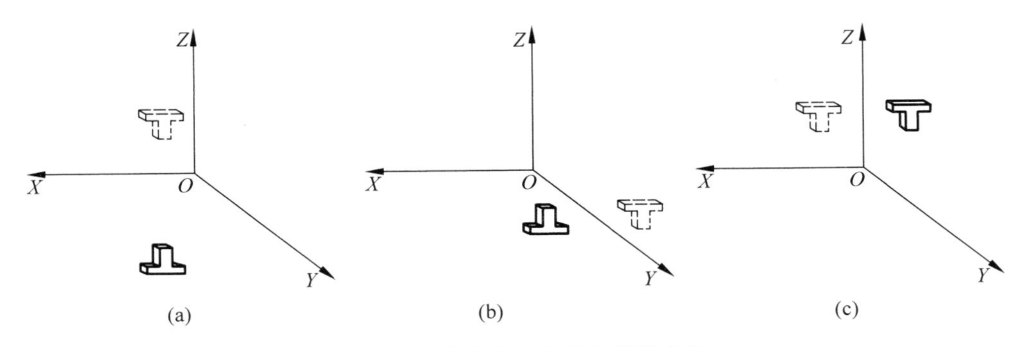

图 6-19　物体绕各坐标轴的旋转变换

(a) 绕 X 轴旋转 180°；(b) 绕 Y 轴旋转 180°；(c) 绕 Z 轴旋转 180°

定方向。

1）绕 Z 轴的旋转变换

在齐次坐标下，绕 Z 轴的旋转变换如下：

$$[x' \quad y' \quad z' \quad 1]=[x \quad y \quad z \quad 1]\begin{bmatrix}\cos\theta & \sin\theta & 0 & 0\\ -\sin\theta & \cos\theta & 0 & 0\\ 0 & 0 & 1 & 0\\ 0 & 0 & 0 & 1\end{bmatrix}$$

旋转变换矩阵为

$$\boldsymbol{R}_Z=\begin{bmatrix}\cos\theta & \sin\theta & 0 & 0\\ -\sin\theta & \cos\theta & 0 & 0\\ 0 & 0 & 1 & 0\\ 0 & 0 & 0 & 1\end{bmatrix} \tag{6-58}$$

2）绕 X 轴的旋转变换

在齐次坐标下，绕 X 轴的旋转变换如下：

$$[x' \quad y' \quad z' \quad 1]=[x \quad y \quad z \quad 1]\begin{bmatrix}1 & 0 & 0 & 0\\ 0 & \cos\alpha & \sin\alpha & 0\\ 0 & -\sin\alpha & \cos\alpha & 0\\ 0 & 0 & 0 & 1\end{bmatrix}$$

旋转变换矩阵为

$$\boldsymbol{R}_X=\begin{bmatrix}1 & 0 & 0 & 0\\ 0 & \cos\alpha & \sin\alpha & 0\\ 0 & -\sin\alpha & \cos\alpha & 0\\ 0 & 0 & 0 & 1\end{bmatrix} \tag{6-59}$$

3）绕 Y 轴的旋转变换

在齐次坐标下，绕 Y 轴的旋转变换如下：

$$[x' \quad y' \quad z' \quad 1]=[x \quad y \quad z \quad 1]\begin{bmatrix}\cos\beta & 0 & -\sin\beta & 0\\ 0 & 1 & 0 & 0\\ \sin\beta & 0 & \cos\beta & 0\\ 0 & 0 & 0 & 1\end{bmatrix}$$

旋转变换矩阵为

$$\boldsymbol{R}_Y=\begin{bmatrix}\cos\beta & 0 & -\sin\beta & 0\\ 0 & 1 & 0 & 0\\ \sin\beta & 0 & \cos\beta & 0\\ 0 & 0 & 0 & 1\end{bmatrix} \tag{6-60}$$

5. 平移变换

齐次坐标下的三维平移变换：将三维空间的一点 $P(x_p,y_p,z_p)$平移到一个新的位置 $P'(x'_p,y'_p,z'_p)$，平移变换的结果可以表示成如下矩阵运算：

$$[x'\quad y'\quad z'\quad 1]=[x\quad y\quad z\quad 1]\begin{bmatrix}1 & 0 & 0 & 0\\ 0 & 1 & 0 & 0\\ 0 & 0 & 1 & 0\\ T_x & T_y & T_z & 1\end{bmatrix}$$

平移变换矩阵为

$$\boldsymbol{T}=\begin{bmatrix}1 & 0 & 0 & 0\\ 0 & 1 & 0 & 0\\ 0 & 0 & 1 & 0\\ T_X & T_Y & T_Z & 1\end{bmatrix} \tag{6-61}$$

其中，T_X、T_Y、T_Z 分别为沿 X、Y、Z 坐标轴方向上的平移量。

6.3.3 三维基本变换矩阵的组合

与二维组合变换一样，通过对三维基本变换矩阵的组合，可实现对三维物体的复杂变换。

以用三维组合变换的方法来解决绕任意轴旋转变换的问题为例。如图 6-20 所示，设空间任意位置的旋转轴是 $\overline{AA'}$，A 的坐标是(x_A,y_A,z_A)，$\overline{AA'}$的方向余弦为$[n_1,n_2,n_3]$，空间一个点 $P(x_p,y_p,z_p)$绕 AA'轴旋转到 $P'(x'_p,y'_p,z'_p)$，即

$$[x'_p\quad y'_p\quad z'_p\quad 1]=[x\quad y\quad z\quad 1]\,\boldsymbol{T}_{AR}$$

$\boldsymbol{T}_{AR}$ 为绕任意轴 $\overline{AA'}$的旋转变换矩阵，它是由基本变换矩阵组合而成的。构造矩阵 $\boldsymbol{T}_{AR}$ 步骤如下：

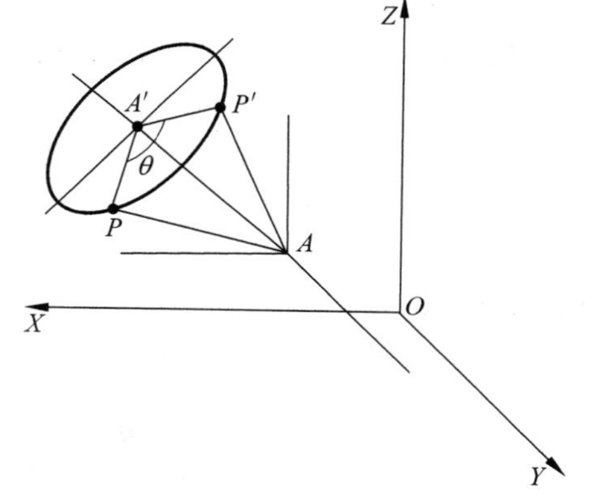

图 6-20 绕空间任意轴旋转

(1) 将点 P 与旋转轴 $\overline{AA'}$一起作一次平移变换，使旋转轴 $\overline{AA'}$通过原点，并且使 A 点与原点重合，其变换矩阵为

$$\boldsymbol{T}_{AO}=\begin{bmatrix}1 & 0 & 0 & 0\\ 0 & 1 & 0 & 0\\ 0 & 0 & 1 & 0\\ -x_A & -y_A & -z_A & 1\end{bmatrix} \tag{6-62}$$

(2) 令 $\overline{AA'}$ 轴先绕 X 轴旋转，使其与 XOY 平面共面，如图 6-21(a)所示。其变换矩阵为

$$\boldsymbol{R}_X=\begin{bmatrix}1 & 0 & 0 & 0\\ 0 & \cos\alpha & \sin\alpha & 0\\ 0 & -\sin\alpha & \cos\alpha & 0\\ 0 & 0 & 0 & 1\end{bmatrix}$$

(3) 再令 $\overline{AA'}$ 绕 Y 轴旋转，使其与 Z 轴重合，如图 6-21(b)所示。其变换矩阵为

$$\boldsymbol{R}_Y=\begin{bmatrix}\cos(-\beta) & 0 & -\sin(-\beta) & 0\\ 0 & 1 & 0 & 0\\ \sin(-\beta) & 0 & \cos(-\beta) & 0\\ 0 & 0 & 0 & 1\end{bmatrix}$$

则有联合矩阵

$$\boldsymbol{R}_{XY}=\begin{bmatrix}1 & 0 & 0 & 0\\ 0 & \cos\alpha & \sin\alpha & 0\\ 0 & -\sin\alpha & \cos\alpha & 0\\ 0 & 0 & 0 & 1\end{bmatrix}\begin{bmatrix}\cos(-\beta) & 0 & -\sin(-\beta) & 0\\ 0 & 1 & 0 & 0\\ \sin(-\beta) & 0 & \cos(-\beta) & 0\\ 0 & 0 & 0 & 1\end{bmatrix}\tag{6-63}$$

如图 6-21(a)所示：

$$\begin{cases}n=\sqrt{n_2^2+n_3^2}\\ \cos\alpha=n_3/n\\ \sin\alpha=n_2/n\end{cases}\tag{6-64}$$

图 6-21 中矢量 $\overrightarrow{ON}$ 即为前述的旋转轴 $\overline{AA'}$，定义 $\overrightarrow{ON}$ 为单位矢量，$|\overrightarrow{ON}|=1$。

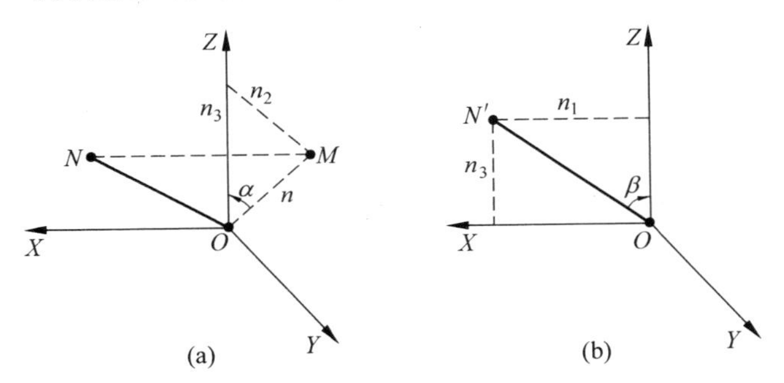

图 6-21 将旋转轴转到与 Z 轴重合的位置

(a) 绕 X 轴旋转 α 角；(b) 绕 Y 轴旋转 β 角

如图 6-21(b)所示：

$$\begin{cases}\cos\beta=n_3/|\overrightarrow{ON'}|=n_3\\ \sin\beta=n_1/|\overrightarrow{ON'}|=n_1\end{cases}\tag{6-65}$$

将结果代入变换矩阵中得

$$\boldsymbol{R}_{XY}=\begin{bmatrix}1 & 0 & 0 & 0\\ 0 & n_3/n & n_2/n & 0\\ 0 & -n_2/n & n_3/n & 0\\ 0 & 0 & 0 & 1\end{bmatrix}\begin{bmatrix}n_3 & 0 & n_1 & 0\\ 0 & 1 & 0 & 0\\ -n_1 & 0 & n_3 & 0\\ 0 & 0 & 0 & 1\end{bmatrix}\tag{6-66}$$

(4) 将 P 点绕 Z 轴(即 $\overline{AA'}$轴)旋转 θ 角,变换矩阵为

$$\boldsymbol{R}_Z=\begin{bmatrix}\cos\theta & \sin\theta & 0 & 0\\ -\sin\theta & \cos\theta & 0 & 0\\ 0 & 0 & 1 & 0\\ 0 & 0 & 0 & 1\end{bmatrix} \tag{6-67}$$

(5) 对步骤(3)作逆变换,即将 $\overline{AA'}$旋转回原来的位置,其变换矩阵为

$$\boldsymbol{R}_{YX}=\begin{bmatrix}n_3 & 0 & -n_1 & 0\\ 0 & 1 & 0 & 0\\ n_1 & 0 & n_3 & 0\\ 0 & 0 & 0 & 1\end{bmatrix}\begin{bmatrix}1 & 0 & 0 & 0\\ 0 & n_3/n & -n_2/n & 0\\ 0 & n_2/n & n_3/n & 0\\ 0 & 0 & 0 & 1\end{bmatrix} \tag{6-68}$$

(6) 对步骤(1)作逆变换,将旋转轴平移回到原来的位置,变换矩阵为

$$\boldsymbol{T}_{OA}=\begin{bmatrix}1 & 0 & 0 & 0\\ 0 & 1 & 0 & 0\\ 0 & 0 & 1 & 0\\ x_A & y_A & z_A & 1\end{bmatrix} \tag{6-69}$$

上述 5 步,连在一起,便组成了绕任意轴的旋转变换矩阵:

$$\boldsymbol{R}_A=\boldsymbol{T}_{AO}\boldsymbol{R}_{XY}\boldsymbol{R}_Z\boldsymbol{R}_{YX}\boldsymbol{T}_{OA}$$

6.4 三维图形的投影变换

在工程设计中,产品的几何模型通常是用三面投影图来描述,即用二维图形表示三维物体,本节讨论三维物体二维表示的一些技术。

投影就是把空间物体投射到投影面上而得到的平面图形,其分类如图 6-22 所示。

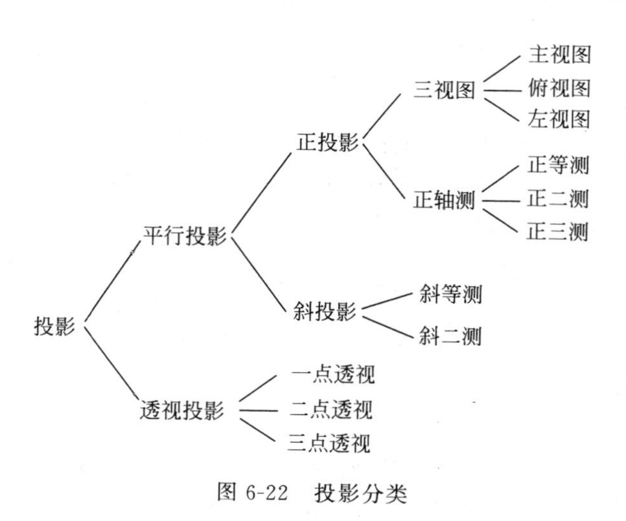

图 6-22 投影分类

6.4.1 平行投影变换

1. 正投影变换

用正投影变换的方法可以形成三面视图，图 6-23 表示物体与 3 个投影平面(V，H，W)的相对位置关系。

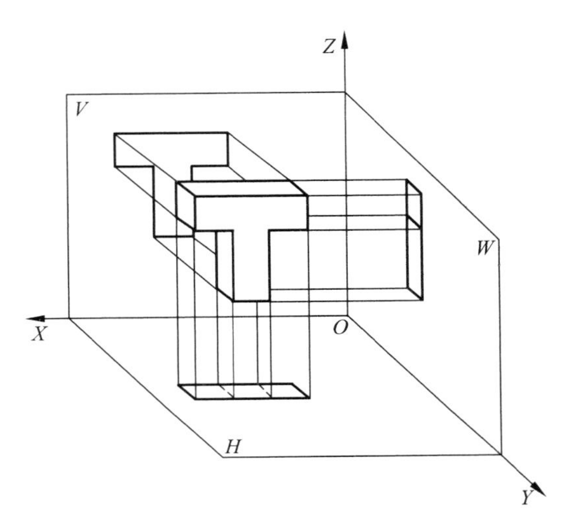

图 6-23　三面视图的定义

1）正面(V 面)投影

将物体向正面投影，即令 $y=0$，变换矩阵为

$$\boldsymbol{T}_V=\begin{bmatrix}1&0&0&0\\0&0&0&0\\0&0&1&0\\0&0&0&1\end{bmatrix} \tag{6-70}$$

点在 V 面上投影的坐标变换为

$$[x' \quad y' \quad z' \quad 1]=[x \quad y \quad z \quad 1]\boldsymbol{T}_V=[x \quad 0 \quad z \quad 1]$$

2）水平面(H 面)投影

将物体向水平面(H 面)投影，即令 $z=0$，然后将得到的投影图绕 X 轴顺时针旋转 $90°$，使其与 V 面共面，再沿 $-Z$ 方向平移一段距离，以使 H 面投影和 V 面投影之间保持一段距离。变换矩阵为

$$\boldsymbol{T}_H=\begin{bmatrix}1&0&0&0\\0&1&0&0\\0&0&1&0\\0&0&0&1\end{bmatrix}\begin{bmatrix}1&0&0&0\\0&\cos\left(-\frac{\pi}{2}\right)&\sin\left(-\frac{\pi}{2}\right)&0\\0&-\sin\left(-\frac{\pi}{2}\right)&\cos\left(-\frac{\pi}{2}\right)&0\\0&0&0&1\end{bmatrix}\begin{bmatrix}1&0&0&0\\0&1&0&0\\0&0&1&0\\0&0&-n&1\end{bmatrix}=\begin{bmatrix}1&0&0&0\\0&0&-1&0\\0&0&0&0\\0&0&-n&1\end{bmatrix} \tag{6-71}$$

点在 H 面上投影的坐标变换为

$$[x' \quad y' \quad z' \quad 1] = [x \quad y \quad z \quad 1]\boldsymbol{T}_H = [x \quad 0 \quad (-y-n) \quad 1]$$

3）侧面（W 面）投影

将物体向侧面作正投影，即令 $x=0$，然后绕 Z 轴逆时针转 $90°$，使其与 V 面共面，为保证与正面投影有一段距离，再沿 $-X$ 方向平移一段距离，这样即得到侧视图。变换矩阵如下：

$$\boldsymbol{T}_W = \begin{bmatrix} 0 & 0 & 0 & 0 \\ 0 & 1 & 0 & 0 \\ 0 & 0 & 1 & 0 \\ 0 & 0 & 0 & 1 \end{bmatrix} \begin{bmatrix} \cos\frac{\pi}{2} & \sin\frac{\pi}{2} & 0 & 0 \\ -\sin\frac{\pi}{2} & \cos\left(-\frac{\pi}{2}\right) & 0 & 0 \\ 0 & 0 & 1 & 0 \\ 0 & 0 & 0 & 1 \end{bmatrix} \begin{bmatrix} 1 & 0 & 0 & 0 \\ 0 & 1 & 0 & 0 \\ 0 & 0 & 1 & 0 \\ -l & 0 & 0 & 1 \end{bmatrix} = \begin{bmatrix} 1 & 0 & 0 & 0 \\ -1 & 0 & 0 & 0 \\ 0 & 0 & 1 & 0 \\ -l & 0 & 0 & 1 \end{bmatrix} \tag{6-72}$$

点的侧面投影变换为

$$[x' \quad y' \quad z' \quad 1] = [x \quad y \quad z \quad 1]\boldsymbol{T}_W = [(-y-l) \quad 0 \quad z \quad 1]$$

由上述我们可以看到，3个视图中 y' 均为0，这是由于变换后，3个视图均落在 $X'O'Z'$ 平面上的缘故。这样，可用 x'、z' 坐标直接画出3个视图。

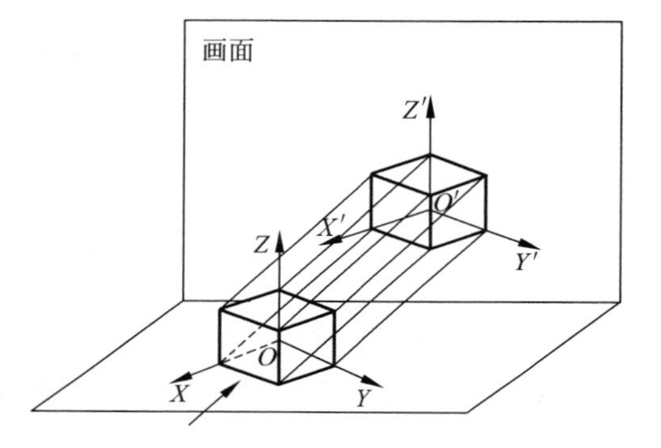

图6-24 正轴测图的生成

2. 轴测投影变换

1）正轴测投影变换

（1）正轴测投影变换矩阵

如图6-24所示，正轴测投影是将物体绕 Z 轴逆时针旋转 γ 角，再绕 X 轴顺时针旋转 α 角，然后向 V 面投影而得到。变换矩阵为

$$\boldsymbol{T}_{\mathrm{ISO}} = \begin{bmatrix} \cos\gamma & \sin\gamma & 0 & 0 \\ -\sin\gamma & \cos\gamma & 0 & 0 \\ 0 & 0 & 1 & 0 \\ 0 & 0 & 0 & 1 \end{bmatrix} \begin{bmatrix} 1 & 0 & 0 & 0 \\ 0 & \cos\alpha & -\sin\alpha & 0 \\ 0 & \sin\alpha & \cos\alpha & 0 \\ 0 & 0 & 0 & 1 \end{bmatrix} \begin{bmatrix} 1 & 0 & 0 & 0 \\ 0 & 0 & 0 & 0 \\ 0 & 0 & 1 & 0 \\ 0 & 0 & 0 & 1 \end{bmatrix}$$

$$= \begin{bmatrix} \cos\gamma & 0 & -\sin\gamma\sin\alpha & 0 \\ -\sin\gamma & 0 & -\cos\gamma\sin\alpha & 0 \\ 0 & 0 & \cos\alpha & 0 \\ 0 & 0 & 0 & 1 \end{bmatrix} \tag{6-73}$$

（2）几个基本概念

① 轴测轴和轴间角

原坐标轴 OX、OY、OZ 经轴测投影变换后变成 $O'X'$、$O'Y'$、$O'Z'$，我们把它们称为轴测轴，而两轴测轴之间的夹角 $\angle X'O'Y'$、$\angle X'O'Z'$ 和 $\angle Z'O'Y'$ 叫轴间角。

② 轴向变形系数

原坐标轴经轴测投影变换后，其在 V 面上的投影长度发生变化，我们把 $O'X'/OX=$

η_x、$O'Y'/OY=\eta_y$、$O'Z'/OZ=\eta_z$ 分别称为 OX 轴、OY 轴和 OZ 轴的轴向变形系数。

在 X、Y、Z 坐标轴上各取一距原点 O 为单位长度的点 A、B、C，它们的齐次坐标分别为 $A[1\quad 0\quad 0\quad 1]$、$B[0\quad 1\quad 0\quad 1]$、$C[0\quad 0\quad 1\quad 1]$。对其进行正轴测投影变换得

$$[1\quad 0\quad 0\quad 1]\,\boldsymbol{T}_{\mathrm{ISO}}=[\cos\gamma\quad 0\quad -\sin\gamma\sin\alpha\quad 1]\,\boldsymbol{A}'$$

$$[0\quad 1\quad 0\quad 1]\,\boldsymbol{T}_{\mathrm{ISO}}=[-\sin\gamma\quad 0\quad -\cos\gamma\sin\alpha\quad 1]\,\boldsymbol{B}'$$

$$[0\quad 0\quad 1\quad 1]\,\boldsymbol{T}_{\mathrm{ISO}}=[0\quad 0\quad \cos\alpha\quad 1]\,\boldsymbol{C}'$$

如图 6-25 所示，轴向变形系数为

$$\eta_x=O'A'/OA=\sqrt{x_a'^2+z_a'^2}\,/1=\sqrt{\cos^2\gamma+\sin^2\gamma\sin^2\alpha}$$

$$\eta_y=O'B'/OB=\sqrt{x_b'^2+z_b'^2}\,/1=\sqrt{\sin^2\gamma+\cos^2\gamma\sin^2\alpha}$$

$$\eta_z=O'C'/OC=z_c'/1=\cos\alpha$$

由图 6-25 可以看出：

$$\tan\alpha_x=|z_a'/x_a'|=\sin\alpha\sin\gamma/\cos\gamma=\tan\gamma\sin\alpha$$

$$\tan\alpha_y=|z_b'/x_b'|=\sin\alpha\cos\gamma/\sin\gamma=\cot\gamma\sin\alpha$$

则轴间角为

$$\angle X'O'Z'=90^\circ+\alpha_x,\quad \angle Y'O'Z'=90^\circ+\alpha_y,\quad \angle X'O'Y'=180^\circ-\alpha_x-\alpha_y$$

在工程中，常用的是正等轴测和正二轴测投影，下面分别予以讨论。

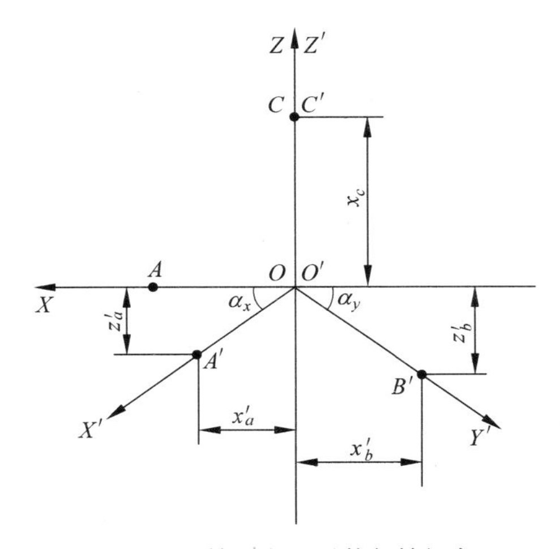

图 6-25　轴向变形系数与轴间角

(3) 正等轴测投影变换

当 $\eta_x=\eta_y=\eta_z$ 时，所得到的正轴测图叫作正等轴测图。

由 $\eta_x=\eta_y=\eta_z$，得

$$\cos^2\gamma+\sin^2\gamma\sin^2\alpha=\sin^2\gamma+\cos^2\gamma\sin^2\alpha=\cos^2\alpha$$

由 $\cos^2\gamma+\sin^2\gamma\ \sin^2\alpha=\sin^2\gamma+\cos^2\gamma\ \sin^2\alpha$，得

$$(\cos^2\gamma-\sin^2\gamma)-(\cos^2\gamma-\sin^2\gamma)\sin^2\alpha=0$$

即

$$\cos2\gamma\cos^2\alpha=0$$

在正轴测投影变换中，一般地 $\alpha \neq 90°$，即 $\cos\alpha \neq 0$，所以

$$\cos 2\gamma \neq 0, \quad 2\gamma = \pm 90°$$

取

$$\gamma = 45°$$

将 $\gamma=45°$ 代入 $\sin^2\gamma+\cos^2\gamma\ \sin^2\alpha=\cos^2\alpha$ 中，可得

$$\frac{1}{2}+\frac{1}{2}\sin^2\alpha=\cos^2\alpha$$

$$\sin^2\alpha=\frac{1}{3}, \quad \sin\alpha=\pm\sqrt{3}/3$$

$$\alpha=\pm 35°16'$$

取 $\alpha=35°16'$。将 $\gamma=45°$、$\alpha=35°16'$ 代入 $\boldsymbol{T}_{\mathrm{ISO}}$ 得

$$\boldsymbol{T}_{正等}=\begin{bmatrix} 0.707 & 0 & -0.408 & 0 \\ -0.707 & 0 & -0.408 & 0 \\ 0 & 0 & 0.816 & 0 \\ 0 & 0 & 0 & 1 \end{bmatrix}$$

轴向变形系数：

$$\eta_x=\eta_y=\eta_z=\cos 35°16' \approx 0.8165$$

轴间角：

$$\tan\alpha_x=\tan\gamma\sin\alpha=\sqrt{3}/3, \quad \alpha_x=30°$$

$$\tan\alpha_y=\cot\gamma\sin\alpha=\sqrt{3}/3, \quad \alpha_y=30°$$

则得轴间角：

$$\angle X'O'Z'=90°+\alpha_x=120°$$

$$\angle Y'O'Z'=90°+\alpha_y=120°$$

$$\angle X'O'Y'=180°-(\alpha_x+\alpha_y)=120°$$

对字母 T 进行正等轴测投影变换，结果如图 6-26 所示。

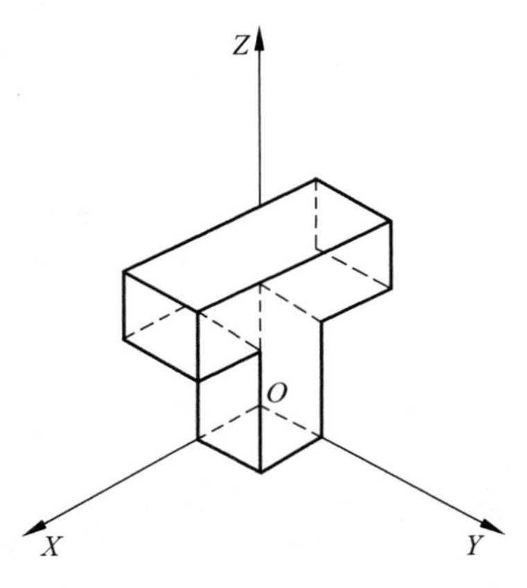

图 6-26 正等轴测图

(4) 正二轴测投影变换

正二轴测图的轴向变形系数有如下关系：

$$\eta_x=2\eta_y=\eta_z$$

即

$$\cos^2\gamma+\sin^2\gamma\sin^2\alpha=4(\sin^2\gamma+\cos^2\gamma\sin^2\alpha)=\cos^2\alpha$$

由 $\cos^2\gamma+\sin^2\gamma\ \sin^2\alpha=\cos^2\alpha$，得

$$\sin^2\alpha=\sin^2\gamma/(1+\sin^2\gamma)$$

代入 $4(\sin^2\gamma+\cos^2\gamma\ \sin^2\alpha)=\cos^2\alpha$，解得

$$\sin^2\gamma=\frac{1}{8}, \quad \sin\gamma=\pm\sqrt{\frac{1}{8}}$$

取 $\sin\gamma=\sqrt{\frac{1}{8}}$，则 $\gamma=20°42'$。

$\sin\alpha=\pm\sqrt{\dfrac{\sin^2\gamma}{1+\sin^2\gamma}}$，取正值，即 $\alpha=19°28'$。

将 $\gamma=20°42'$、$\alpha=19°28'$代入 $\boldsymbol{T}_{\text{ISO}}$ 中，得正二轴测投影变换矩阵：

$$\boldsymbol{T}_{\text{正二}}=\begin{bmatrix}0.935 & 0 & -0.118 & 0\\ -0.354 & 0 & -0.312 & 0\\ 0 & 0 & 0.943 & 0\\ 0 & 0 & 0 & 1\end{bmatrix}$$

轴向变形系数：

$$\eta_x=\eta_z=\cos 19°28'\approx 0.94,\quad \eta_y=\frac{1}{2}\eta_x=0.47$$

轴间角：

$$\tan\alpha_x=\tan\gamma\sin\alpha=0.12599,\quad \alpha_x=7°10'$$
$$\tan\alpha_y=\cot\gamma\sin\alpha=0.8819,\quad \alpha_y=41°25'$$

则得轴间角：

$$\angle X'O'Z'=90°+\alpha_x=97°10'$$
$$\angle Y'O'Z'=90°+\alpha_y=131°25'$$
$$\angle X'O'Y'=180°-(\alpha_x+\alpha_y)=131°25'$$

对字母 T 进行正二轴测投影变换，其结果见图 6-27。

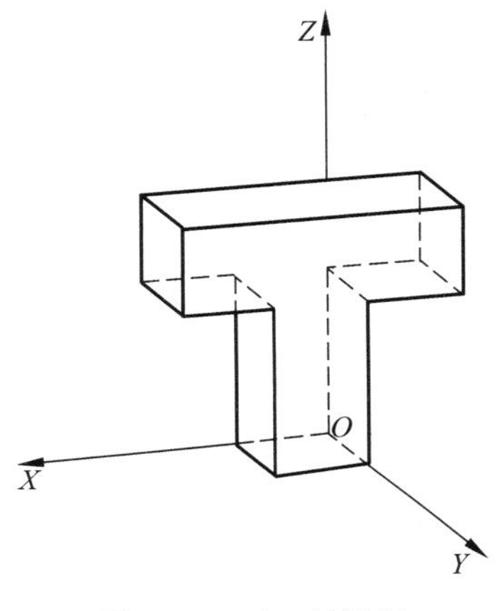

图 6-27 正二轴测图

2）斜轴测投影变换

（1）斜轴测投影变换矩阵

在二维基本变换中曾提到：错切变换是画斜轴测图的基础。斜轴测投影变换是通过将物体先沿 X 含 Y 错切，再沿 Z 含 Y 错切，最后向 V 面投影而实现。其变换矩阵为

$$\boldsymbol{T}_{\text{斜}}=\begin{bmatrix}1 & 0 & 0 & 0\\ d & 1 & 0 & 0\\ 0 & 0 & 1 & 0\\ 0 & 0 & 0 & 1\end{bmatrix}\begin{bmatrix}1 & 0 & 0 & 0\\ 0 & 1 & f & 0\\ 0 & 0 & 1 & 0\\ 0 & 0 & 0 & 1\end{bmatrix}\begin{bmatrix}1 & 0 & 0 & 0\\ 0 & 0 & 0 & 0\\ 0 & 0 & 1 & 0\\ 0 & 0 & 0 & 1\end{bmatrix}=\begin{bmatrix}1 & 0 & 0 & 0\\ d & 0 & f & 0\\ 0 & 0 & 1 & 0\\ 0 & 0 & 0 & 1\end{bmatrix}\tag{6-74}$$

沿 X 含 Y 错切 沿 Z 含 Y 错切 向 V 面投影 斜轴测投影变换矩阵

（2）轴向变形系数与轴间角

用与正轴测投影相同的方法，在坐标轴上取距原点为单位长度的点 A、B、C（见图 6-28），对其进行斜轴测投影变换：

$$A\,[1\quad 0\quad 0\quad 1]\,\boldsymbol{T}_{\text{斜}}=[1\quad 0\quad 0\quad 1]\,A'$$
$$B\,[1\quad 0\quad 0\quad 1]\,\boldsymbol{T}_{\text{斜}}=[1\quad 0\quad 0\quad 1]\,B'$$
$$C\,[1\quad 0\quad 0\quad 1]\,\boldsymbol{T}_{\text{斜}}=[1\quad 0\quad 0\quad 1]\,C'$$

轴向变形系数：

变换后，A、B、C 分别在轴测轴 $O'X'$、$O'Y$、OZ 上，且 A、A'点重合，C、C'点重合，即 OX 与 OX'重合，OZ 与 OZ'重合。因此，轴向变形系数为

$$\eta_x=\eta_z=1$$
$$\eta_y=\sqrt{x_b'^2+z_b'^2}=\sqrt{d^2+f^2}$$

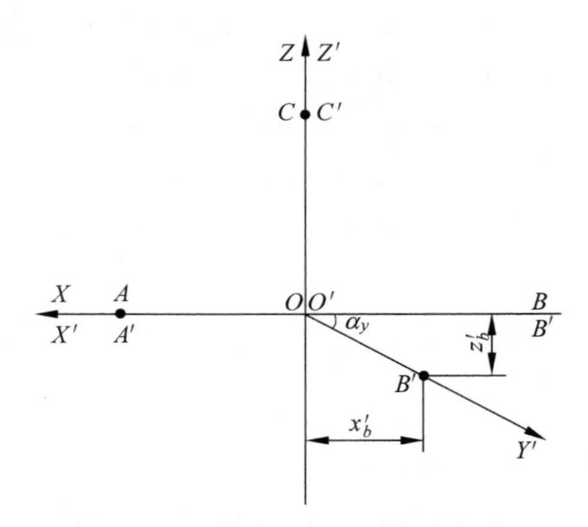

图 6-28 斜轴测投影变换的轴向变形

轴间角可如下求得：

$$\tan\alpha_y = |z'_b / x'_b| = f/d$$

则得轴间角：

$$\angle X'O'Z' = 90^\circ$$
$$\angle Y'O'Z' = 90^\circ + \alpha_y$$
$$\angle X'O'Y' = 180^\circ - \alpha_y$$

(3) 斜二轴测投影变换

在斜轴测图中常用斜二轴测图，根据斜二轴测图的定义，轴向变形系数：

$$\alpha_y = 45^\circ,\quad \eta_x = \eta_z = 1,\quad \eta_y = \frac{1}{2}$$

即

$$\begin{cases}\tan 45^\circ = f/d \\ \dfrac{1}{2} = \sqrt{f^2 + d^2}\end{cases}$$

解得 $d = f = \pm\sqrt{1/8} = \pm 0.354$。

对斜二轴测图而言，当物体沿 $-Z$ 方向错切时立体感较强，同此，这里 f 取负值，而 d 的正负决定了沿 X 轴的错切方向(如图 6-29 所示)。

若 $d = -0.354, f = -0.354$，则斜二轴测投影变换矩阵为

$$\boldsymbol{T}_{斜} = \begin{bmatrix} 1 & 0 & 0 & 0 \\ -0.354 & 0 & -0.354 & 0 \\ 0 & 0 & 1 & 0 \\ 0 & 0 & 0 & 1 \end{bmatrix} \tag{6-75}$$

对字母 T 进行斜二轴测投影变换，其结果如图 6-29 所示。

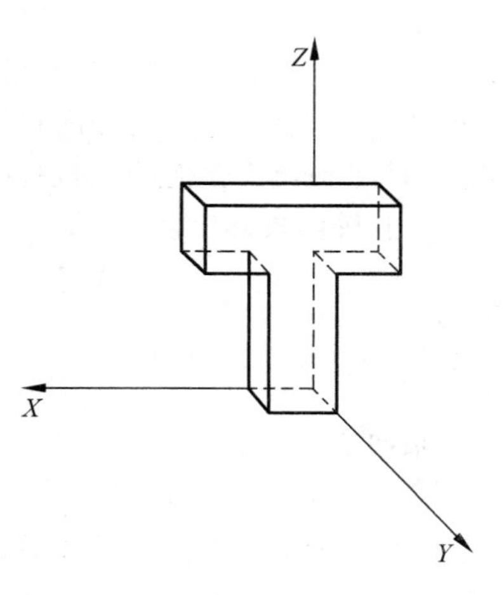

图 6-29 斜二轴测图

6.4.2 透视投影变换

1. 基本概念

透视投影属于中心投影，它比轴测图更富有立体感和真实感。这种投影是将投影面置于投影中心与投影对象之间，以图 6-30 为例，说明有关术语。

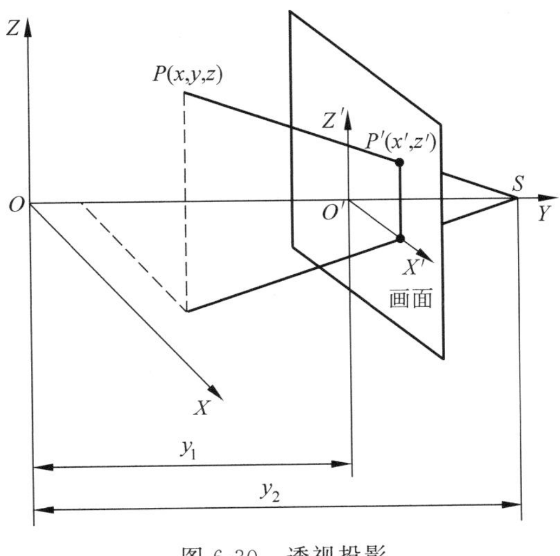

图 6-30　透视投影

视点 S：观察点的位置，亦即投影中心。

画面：即投影面。

点 P 的透视：PS 与画面的交点 P'。

直线的灭点：直线上无穷远点的透视。一组平行线有一个共同的灭点，若该组平行线与某坐标轴平行，则此灭点称为主灭点。根据主灭点的个数，透视投影可分为：一点透视，只有一个主灭点，此时画面平行于投影对象的一个坐标平面，因此也称为平行透视；二点透视，有二个主灭点，此时画面平行于投影对象的一根坐标轴（例如 Z 轴），而与二个坐标平面成一定的角度（一般为 20°～30°），因此也称为成像透视；三点透视，有三个主灭点，此时画面与投影对象的三根坐标轴均不平行，因此也叫作斜透视。

2. 一点透视

如图 6-30 所示，空间一点 $P(x,y,z)$，设 S 为视点，并在 Y 轴上，画面垂直 Y 轴且交于 O' 点，即画面平行于 XOZ 平面。显然，画面是在一个二维坐标系中，用 $X'O'Z$ 表示。画面与坐标系原点的距离为 y_1，视点与原点的距离为 y_2，由相似三角形的关系可有

$$\begin{cases} x' = \dfrac{y_2 - y_1}{y_2 - y} x \\[2ex] z' = \dfrac{y_2 - y_1}{y_2 - y} z \end{cases}$$

如令 O、O'重合，则画面就是 XOZ 平面(V 面)，即 $y_1=0$，问题可简化为

$$\begin{cases} x'=\dfrac{y_2}{y_2-y}x=\dfrac{x}{1-y/y_2} \\ z'=\dfrac{y_2}{y_2-y}z=\dfrac{z}{1-y/y_2} \end{cases}$$

对物体上的每个顶点都作上述处理，在画面上就可得到这些顶点的透视，顺序连接这些点，即得到物体的一点透视图。

把这种简单的透视投影变换写成矩阵的形式：

$$[x' \quad y' \quad z' \quad 1]=[x \quad y \quad z \quad 1]\underset{\text{透视投影}}{\begin{bmatrix} 1 & 0 & 0 & 0 \\ 0 & 1 & 0 & -\dfrac{1}{y_2} \\ 0 & 0 & 1 & 0 \\ 0 & 0 & 0 & 1 \end{bmatrix}}\underset{\text{向 }V\text{ 面投影}}{\begin{bmatrix} 1 & 0 & 0 & 0 \\ 0 & 0 & 0 & 0 \\ 0 & 0 & 1 & 0 \\ 0 & 0 & 0 & 1 \end{bmatrix}}$$

$$=[x \quad y \quad z \quad 1]\underset{\text{一点透视投影变换矩阵}}{\begin{bmatrix} 1 & 0 & 0 & 0 \\ 0 & 0 & 0 & -\dfrac{1}{y_2} \\ 0 & 0 & 1 & 0 \\ 0 & 0 & 0 & 1 \end{bmatrix}}$$

$$=\left[x \quad 0 \quad z \quad 1-\frac{y}{y_2}\right]\xrightarrow{\text{规格化}}\left[\frac{x}{1-y/y_2} \quad 0 \quad \frac{z}{1-y/y_2} \quad 1\right]$$

令 $q=-1/y_2$，则主灭点在 Y 轴上 $y=1/q$ 处、画面为 XOZ 平面的一点透视投影变换矩阵为

$$\boldsymbol{T}_1=\begin{bmatrix} 1 & 0 & 0 & 0 \\ 0 & 1 & 0 & q \\ 0 & 0 & 1 & 0 \\ 0 & 0 & 0 & 1 \end{bmatrix}\begin{bmatrix} 1 & 0 & 0 & 0 \\ 0 & 0 & 0 & 0 \\ 0 & 0 & 1 & 0 \\ 0 & 0 & 0 & 1 \end{bmatrix}=\begin{bmatrix} 1 & 0 & 0 & 0 \\ 0 & 0 & 0 & q \\ 0 & 0 & 1 & 0 \\ 0 & 0 & 0 & 1 \end{bmatrix} \tag{6-76}$$

对点进行一点透视投影变换：

$$[x' \quad y' \quad z' \quad 1]=[x \quad y \quad z \quad 1]\boldsymbol{T}_1$$

$$=[x \quad 0 \quad z \quad 1+qy]\xrightarrow{\text{规格化}}\left[\frac{x}{1+qy} \quad 0 \quad \frac{z}{1+qy} \quad 1\right]$$

为了增强透视效果，通常将物体置于画面(V 面)后、水平面(H 面)下，若物体不在该位置时，应首先把物体平移到此位置，然后再进行透视投影变换。

q 的选择，决定了视点的位置，一般选择视点位于画面(V 面)前。

例 6-1 对字母 T 进行一点透视投影变换。

解 首先将 T 平移到 V 面后、H 面下，平移量为：$l=20$，$m=-4$，$n=-30$；然后进行透视投影变换，设 $q=-0.1$：

$$
\begin{array}{c}
\\ 1\\2\\3\\4\\5\\6\\7\\8\\9\\10\\11\\12\\13\\14\\15\\16
\end{array}
\begin{array}{c}
\begin{array}{cccc} X & Y & Z & \end{array}\\
\begin{bmatrix}
0 & 4 & 0 & 1\\
4 & 4 & 0 & 1\\
4 & 4 & 8 & 1\\
8 & 4 & 8 & 1\\
8 & 4 & 12 & 1\\
-4 & 4 & 12 & 1\\
-4 & 4 & 8 & 1\\
0 & 4 & 8 & 1\\
0 & 0 & 0 & 1\\
4 & 0 & 0 & 1\\
4 & 0 & 8 & 1\\
8 & 0 & 8 & 1\\
8 & 0 & 12 & 1\\
-4 & 0 & 12 & 1\\
-4 & 0 & 8 & 1\\
0 & 0 & 8 & 1
\end{bmatrix}
\end{array}
\begin{bmatrix}
1 & 0 & 0 & 0\\
0 & 1 & 0 & 0\\
0 & 0 & 1 & 0\\
20 & -4 & -30 & 1
\end{bmatrix}
\begin{bmatrix}
1 & 0 & 0 & 0\\
0 & 0 & 0 & -0.1\\
0 & 0 & 1 & 0\\
0 & 0 & 0 & 1
\end{bmatrix}
$$

$$
=\begin{bmatrix}
20 & 0 & -30 & 1.0\\
24 & 0 & -30 & 1.0\\
24 & 0 & -22 & 1.0\\
28 & 0 & -22 & 1.0\\
28 & 0 & -18 & 1.0\\
16 & 0 & -18 & 1.0\\
16 & 0 & -22 & 1.0\\
20 & 0 & -22 & 1.0\\
20 & 0 & -30 & 1.4\\
24 & 0 & -30 & 1.4\\
24 & 0 & -22 & 1.4\\
28 & 0 & -22 & 1.4\\
28 & 0 & -18 & 1.4\\
16 & 0 & -18 & 1.4\\
16 & 0 & -22 & 1.4\\
20 & 0 & -22 & 1.4
\end{bmatrix}
\xrightarrow{\text{规格化}}
\begin{array}{c}
\begin{array}{ccc} X' & Y' & Z' \end{array}\\
\begin{bmatrix}
20.000 & 0 & -30.000 & 1\\
24.000 & 0 & -30.000 & 1\\
24.000 & 0 & -22.000 & 1\\
28.000 & 0 & -22.000 & 1\\
28.000 & 0 & -18.000 & 1\\
16.000 & 0 & -18.000 & 1\\
16.000 & 0 & -22.000 & 1\\
20.000 & 0 & -22.000 & 1\\
14.286 & 0 & -21.429 & 1\\
17.143 & 0 & -21.429 & 1\\
17.143 & 0 & -15.714 & 1\\
20.000 & 0 & -15.714 & 1\\
20.000 & 0 & -12.857 & 1\\
11.429 & 0 & -12.857 & 1\\
11.429 & 0 & -15.714 & 1\\
14.286 & 0 & -15.714 & 1
\end{bmatrix}
\end{array}
\begin{array}{c}
\\ 1'\\2'\\3'\\4'\\5'\\6'\\7'\\8'\\9'\\10'\\11'\\12'\\13'\\14'\\15'\\16'
\end{array}
$$

变换结果如图 6-31 所示。

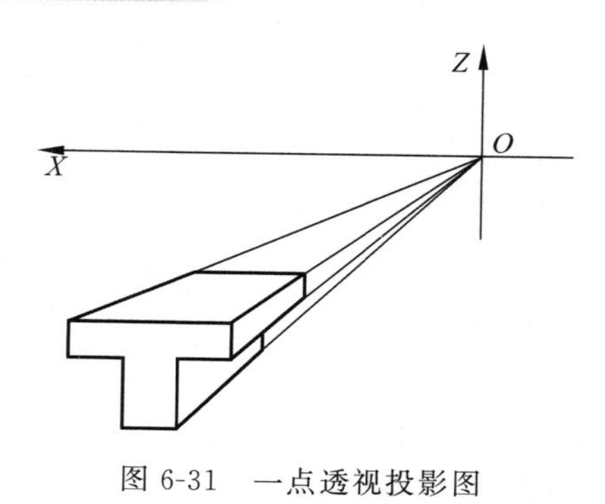

图 6-31 一点透视投影图

3. 二点透视

首先改变物体与画面的相对位置，使物体绕 Z 轴旋转 γ 角，使物体的主要平面（XOZ、YOZ 平面）与画面成一定角度，然后进行透视投影变换即可获得二点透视投影图，变换矩阵如下：

$$\boldsymbol{T}_2=\begin{bmatrix}\cos\gamma & \sin\gamma & 0 & 0\\ -\sin\gamma & \cos\gamma & 0 & 0\\ 0 & 0 & 1 & 0\\ 0 & 0 & 0 & 1\end{bmatrix}\begin{bmatrix}1 & 0 & 0 & 0\\ 0 & 0 & 0 & q\\ 0 & 0 & 1 & 0\\ 0 & 0 & 0 & 1\end{bmatrix}=\begin{bmatrix}\cos\gamma & 0 & 0 & q\sin\gamma\\ -\sin\gamma & 0 & 0 & q\cos\gamma\\ 0 & 0 & 1 & 0\\ 0 & 0 & 0 & 1\end{bmatrix}\tag{6-77}$$

如果物体所处位置不合适，则需对物体进行平移，为使旋转变换不受平移量的影响，平移变换矩阵应放在旋转变换矩阵与透视变换矩阵之间。

例 6-2 设 $\gamma=30°$，$q=-0.07$，平移量 $l=-4$，$n=-26$，对字母 T 进行二点透视投影变换。

解 先对字母 T 进行旋转变换，然后再进行平移变换，最后进行透视投影变换，即可得到字母 T 的二点透视：

$$\begin{array}{c} \\ 1\\2\\3\\4\\5\\6\\7\\8\\9\\10\\11\\12\\13\\14\\15\\16\end{array}\begin{array}{c}\begin{array}{ccc}X & Y & Z\end{array}\\ \begin{bmatrix}0 & 4 & 0 & 1\\ 4 & 4 & 0 & 1\\ 4 & 4 & 8 & 1\\ 8 & 4 & 8 & 1\\ 8 & 4 & 12 & 1\\ -4 & 4 & 12 & 1\\ -4 & 4 & 8 & 1\\ 0 & 4 & 8 & 1\\ 0 & 0 & 0 & 1\\ 4 & 0 & 0 & 1\\ 4 & 0 & 8 & 1\\ 8 & 0 & 8 & 1\\ 8 & 0 & 12 & 1\\ -4 & 0 & 12 & 1\\ -4 & 0 & 8 & 1\\ 0 & 0 & 8 & 1\end{bmatrix}\end{array}\begin{bmatrix}0.866 & 0.5 & 0 & 0\\ -0.5 & 0.866 & 0 & 0\\ 0 & 0 & 1 & 0\\ 0 & 0 & 0 & 1\end{bmatrix}\begin{bmatrix}1 & 0 & 0 & 0\\ 0 & 0 & 0 & 0\\ 0 & 0 & 1 & 0\\ -4 & -4 & -26 & 1\end{bmatrix}\begin{bmatrix}1 & 0 & 0 & 0\\ 0 & 0 & 0 & -0.07\\ 0 & 0 & 1 & 0\\ 0 & 0 & 0 & 1\end{bmatrix}$$

$$
=\begin{bmatrix}
-6.000 & 0 & -26 & 1.038 \\
-2.536 & 0 & -26 & 0.898 \\
-2.536 & 0 & -18 & 0.898 \\
0.928 & 0 & -18 & 0.758 \\
0.928 & 0 & -14 & 0.758 \\
-9.464 & 0 & -14 & 1.178 \\
-9.464 & 0 & -18 & 1.178 \\
-6.000 & 0 & -18 & 1.038 \\
-4.000 & 0 & -26 & 1.280 \\
-0.536 & 0 & -26 & 1.140 \\
-0.536 & 0 & -18 & 1.140 \\
2.928 & 0 & -18 & 1.000 \\
2.928 & 0 & -14 & 1.000 \\
-7.464 & 0 & -14 & 1.420 \\
-7.464 & 0 & -18 & 1.420 \\
-4.000 & 0 & -18 & 1.280
\end{bmatrix}
\xrightarrow{\text{规格化}}
\begin{matrix} X' & Y' & Z' & \\ \end{matrix}
\begin{bmatrix}
20.000 & 0 & -25.060 & 1 \\
24.000 & 0 & -28.969 & 1 \\
24.000 & 0 & -20.055 & 1 \\
28.000 & 0 & -23.762 & 1 \\
28.000 & 0 & -18.481 & 1 \\
16.000 & 0 & -11.889 & 1 \\
16.000 & 0 & -15.286 & 1 \\
20.000 & 0 & -17.349 & 1 \\
14.286 & 0 & -20.313 & 1 \\
17.143 & 0 & -22.807 & 1 \\
17.143 & 0 & -15.789 & 1 \\
20.000 & 0 & -18.000 & 1 \\
20.000 & 0 & -14.000 & 1 \\
11.429 & 0 & -9.859 & 1 \\
11.429 & 0 & -12.676 & 1 \\
14.286 & 0 & -14.063 & 1
\end{bmatrix}
\begin{matrix} 1' \\ 2' \\ 3' \\ 4' \\ 5' \\ 6' \\ 7' \\ 8' \\ 9' \\ 10' \\ 11' \\ 12' \\ 13' \\ 14' \\ 15' \\ 16' \end{matrix}
$$

变换结果如图6-32所示。

4. 三点透视

首先把物体绕 Z 轴旋转 γ 角，再绕 X 轴旋转 α 角，使物体上的3个坐标平面与画面都倾斜，然后进行透视投影变换，即可得到物体的三点透视图。其变换矩阵如下：

$$
\boldsymbol{T}_3=\begin{bmatrix}
\cos\gamma & \sin\gamma & 0 & 0 \\
-\sin\gamma & \cos\gamma & 0 & 0 \\
0 & 0 & 1 & 0 \\
0 & 0 & 0 & 1
\end{bmatrix}
\begin{bmatrix}
1 & 0 & 0 & 0 \\
0 & \cos\alpha & \sin\alpha & 0 \\
0 & -\sin\alpha & \cos\alpha & 0 \\
0 & 0 & 0 & 1
\end{bmatrix}
\begin{bmatrix}
1 & 0 & 0 & 0 \\
0 & 0 & 0 & q \\
0 & 0 & 1 & 0 \\
0 & 0 & 0 & 1
\end{bmatrix}
$$

$$
=\begin{bmatrix}
\cos\gamma & \sin\gamma\cos\alpha & \sin\gamma\sin\alpha & 0 \\
-\sin\gamma & \cos\gamma\cos\alpha & \cos\gamma\sin\alpha & 0 \\
0 & -\sin\alpha & \cos\alpha & 0 \\
0 & 0 & 0 & 1
\end{bmatrix}
\begin{bmatrix}
1 & 0 & 0 & 0 \\
0 & 0 & 0 & q \\
0 & 0 & 1 & 0 \\
0 & 0 & 0 & 1
\end{bmatrix}
$$

$$
=\begin{bmatrix}
\cos\gamma & 0 & \sin\gamma\sin\alpha & q\sin\gamma\cos\alpha \\
-\sin\gamma & 0 & \cos\gamma\sin\alpha & q\cos\gamma\cos\alpha \\
0 & 0 & \cos\alpha & -q\sin\alpha \\
0 & 0 & 0 & 1
\end{bmatrix} \tag{6-78}
$$

如果需要把物体平移到合适位置，应把平移变换矩阵放在旋转变换与透视变换矩阵之间。

例：设 $\gamma=60, a=30, q=-0.1$，平移量 $l=0, m=-4, n=-24$。对字母 T 进行三点透视投影变换，变换结果如图 6-33 所示。

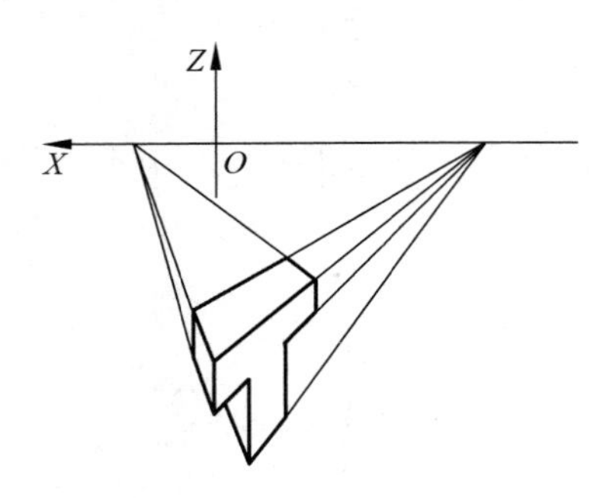

图 6-32　二点透视投影图

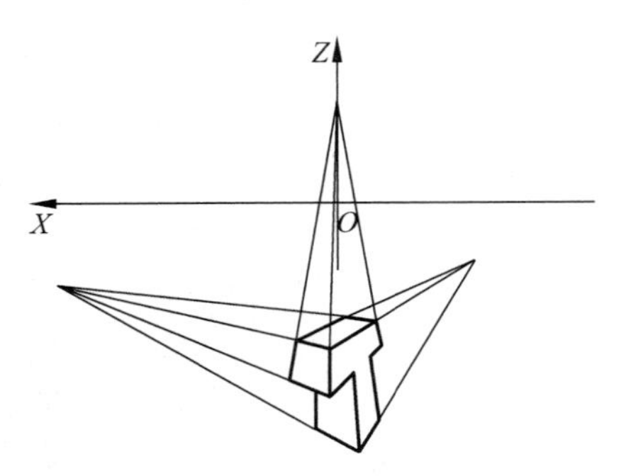

图 6-33　三点透视投影图

第7章

图形技术基础

7.1 窗口与视区

7.1.1 窗口

“窗口”这一词并不陌生,在日常生活中常遇到。例如:我们坐在房间里,透过窗户向外看,尽管外面的世界是无限的,然而映入我们眼帘的仅仅是一小部分,其余的均被窗户周围的墙遮掉了,这里,窗户就是一个窗口。再如,我们拍照时,将镜头对准被摄对象,通过取景器猎取你所要拍摄的那部分景物,这里,取景器即是一个窗口。

在工程设计中,有时为了突出图形的某一部分,而把该部分单独画出来,即所谓的局部视图。在计算机图形学里,如何把指定的局部图形从整体中正确分离出来,这是我们所要解决的问题。我们把“窗口”这一词引用到计算机图形学中来,为了方便,我们把窗口定义成矩形,通过在整图中开“窗口”的方法解决上述问题。

窗口是在用户坐标系中定义的确定显示内容的一个矩形区域,只有在这个区域内的图形才能在设备坐标系下输出,而窗口外的部分则被裁掉。

如图7-1所示,我们用矩形的左下角点的坐标(W_{xl},W_{yb})和右上角点的坐标(W_{xr},W_{yt})来确定窗口的大小和位置,通过改变窗口的大小、位置和比例,可以方便地观察局部图形,控制图形的大小。

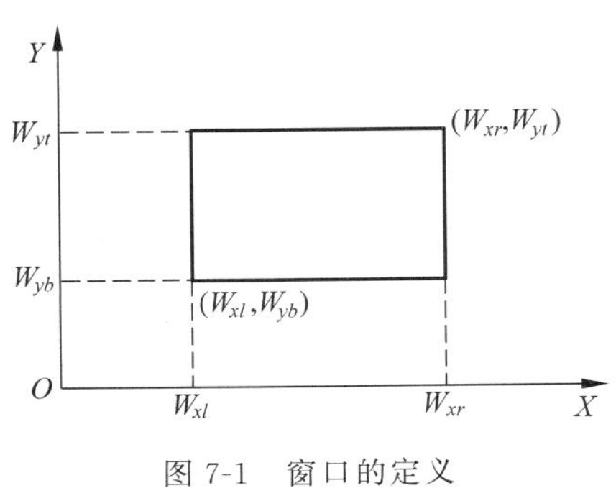

图7-1 窗口的定义

7.1.2 视区

视区是在设备坐标系(通常是屏幕)中定义的一个矩形区域,用于输出窗口中的图形。视区决定了窗口中的图形要显示于屏幕上的位置和大小。

视区是一个有限整数域,它应小于等于屏幕区域,而定义小于屏幕的视区是非常有用的,因为这样可以在同一屏幕上定义多个视区,用来同时显示不同的图形信息。图7-2表示在同一屏幕上定义了4个视区,同时输出一个机械零件的三视图和轴测图。

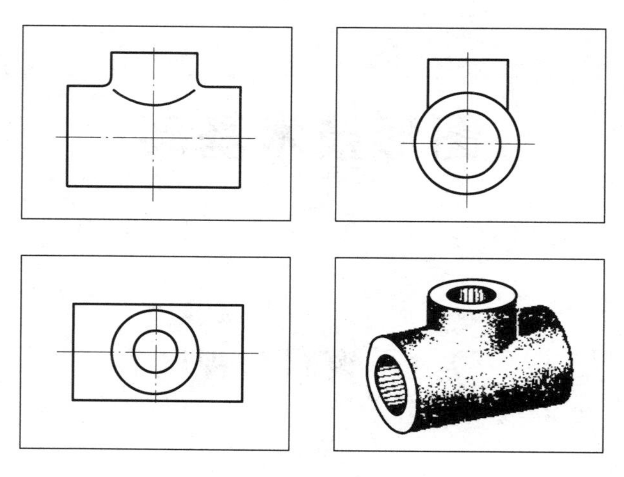

图 7-2 视区的定义

7.1.3 窗口-视区变换

由于窗口和视区是在不同的坐标系中定义的，因此，在把窗口中的图形信息送到视区去输出之前，必须进行坐标变换，即把用户坐标系的坐标值转化为设备(屏幕)坐标系的坐标值，这个变换即是窗口-视区变换。

如图 7-3 所示，设在用户坐标系下定义的窗口为：左下角点坐标(W_{xl}，W_{yb})，右上角点坐标(W_{xr}，W_{yt})；在设备坐标系中定义的视区为：左下角点坐标(V_{xl}，V_{yb})，右上角点坐标(V_{xr}，V_{yt})。则

$$\begin{cases} \dfrac{x_v - V_{xl}}{V_{xr} - V_{xl}} = \dfrac{x_w - W_{xl}}{W_{xr} - W_{xl}} \\ \dfrac{y_v - V_{yb}}{V_{yt} - V_{yb}} = \dfrac{y_w - W_{yb}}{W_{yt} - W_{yb}} \end{cases} \tag{7-1}$$

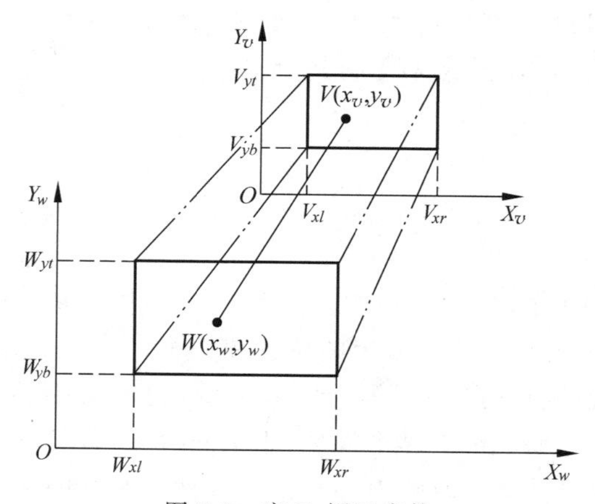

图 7-3 窗口-视区变换

由式(7-1)得窗口中一点 $W(x_w, y_w)$ 变换到视区中对应的点 $V(x_v, y_v)$ 二者之间的关系为

$$\begin{cases} x_v = \dfrac{V_{xr} - V_{xl}}{W_{xr} - W_{xl}} \cdot (x_w - W_{xl}) + V_{xl} \\ y_v = \dfrac{V_{yt} - V_{yb}}{W_{yt} - W_{yb}} \cdot (y_w - W_{yb}) + V_{yb} \end{cases} \tag{7-2}$$

设：

$$a = \frac{V_{xr} - V_{xl}}{W_{xr} - W_{xl}}, \quad b = V_{xl} - \frac{V_{xr} - V_{xl}}{W_{xr} - W_{xl}} \cdot W_{xl}$$

$$c = \frac{V_{yt} - V_{yb}}{W_{yt} - W_{yb}}, \quad d = V_{yb} - \frac{V_{yt} - V_{yb}}{W_{yt} - W_{yb}} W_{yb}$$

则式(7-2)可写成

$$\begin{cases} x_v = a x_w + b \\ y_v = c y_w + d \end{cases} \tag{7-3}$$

写成矩阵形式为

$$[x_v \quad y_v \quad 1] = [x_w \quad y_w \quad 1] \begin{bmatrix} a & 0 & 0 \\ 0 & c & 0 \\ b & d & 1 \end{bmatrix} \tag{7-4}$$

用户定义的图形从窗口到视区的输出过程如图 7-4 所示。为了使经过窗口-视区变换后的图形在视区中输出时不产生失真现象，在定义窗口和视区时，必须保证使窗口和视区的高度与宽度之间的比例相同。

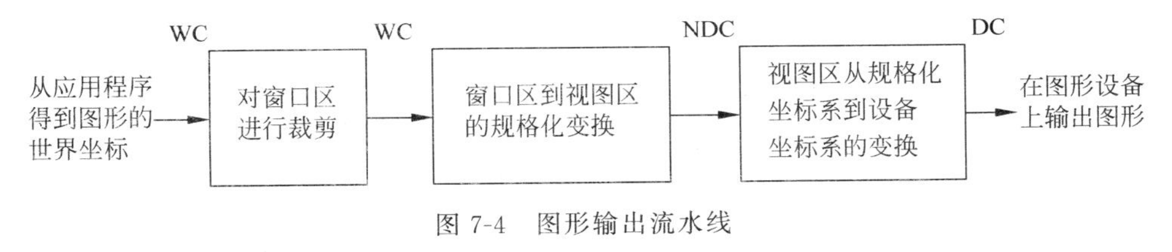

图 7-4　图形输出流水线

7.2　二维图形的裁剪

通过定义窗口和视区，可以把图形的某一部分显示于屏幕上的指定位置，这不仅要进行上述的窗口-视区变换，更重要的是必须要正确识别图形在窗口内部分（可见部分）和窗口外部分（不可见部分），以便把窗口内的图形信息输出，而窗口外的部分则不输出。我们把这种选择可见信息的方法称为“裁剪”。当然，为适应某种需要亦可裁剪掉窗口内的图形，使留出的窗口空白区作文字说明或其他用途，这种处理方法称为“覆盖”。

裁剪问题是计算机图形学的基本问题之一。裁剪的边界（即窗口）可以是任意多边形。但常用的是矩形。被裁剪的对象可以是线段、字符、多边形等，显然，直线段的裁剪是图形裁剪的基础，在本节中我们着重讨论直线段的裁剪。

裁剪算法的核心问题是速度，就一条直线段而言，就是要迅速而准确地判定：它是整个线段全部处在窗口内，还是整个线段全部处在窗口之外，否则，它必定是部分在窗口内，此时要求出它与窗口的交点，从而确定窗口内部分。

7.2.1 二点的裁剪

点的裁剪是最简单的一种，但也是裁剪其他元素的基础。判断点的可见性可用下面简单的不等式进行，若点 $P(x,y)$满足：

$$\begin{cases} W_{xl} \leqslant x \leqslant W_{xr} \\ W_{yb} \leqslant y \leqslant W_{yt} \end{cases} \tag{7-5}$$

则点 $P(x,y)$为可见(在窗口内)，否则不可见(在窗口外)。

由点的裁剪方法我们自然会想到一种最简单的裁剪方法——逐点比较法，即把图形离散成点，然后逐点判断各点是否满足式(7-5)，若满足则在窗口内，为可见点，否则即在窗口外，被裁剪掉。从理论上讲，这种方法是一种“万能”的裁剪方法，但实际上这种方法是没有实用价值的，其原因在于这种方法的裁剪速度太慢，而且使得裁剪出来的点列不再保持原来图形的画线序列，因而给图形输出造成困难。因此，我们有必要研究高效的裁剪方法。

7.2.2 直线段的裁剪

图 7-5 表示出直线段与窗口的位置关系有如下几种情况：

(1) 直线段两个端点在窗口内(线段 c)。

(2) 直线段两个端点在窗口外，且与窗口不相交(线段 e、d)。

(3) 直线段两个端点在窗口外，但与窗口相交(线段 b)。

(4) 直线段一个端点在窗口内，一个端点在窗口外(线段 a)。

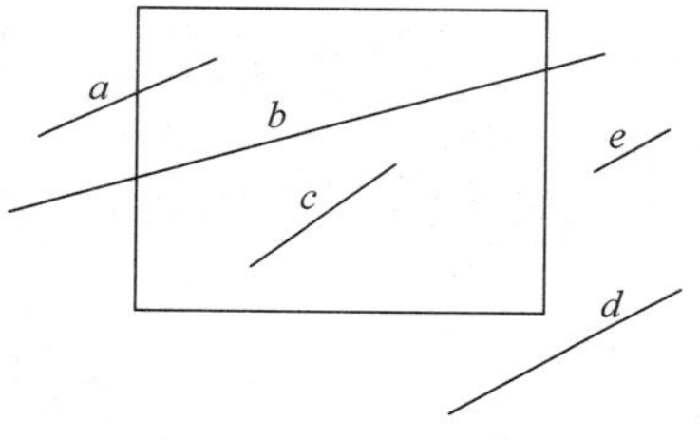

图 7-5 直线与窗口的相对位置

由于矩形窗口是凸多边形，因此，一条直线段的可见部分最多为一段，因此可以通过判断两个端点的可见性来确定直线段的可见部分。对于第一种和第二种情况，很容易判断出：第一种为全部可见段；第二种为全部不可见段；但对于第三、四种情况，则需要根据线段与窗口边界的相交情况进一步判断。

直线段的裁剪算法有多种，在此介绍以下几种算法。

1. 编码裁剪算法

编码裁剪算法亦称 Cohen-Sutherland 算法，该算法基于下述考虑：每一线段或者整个位于窗口的内部，或者能够被窗口分割而使其中的一部分能很快地被舍弃。该算法分为两步。

第一步，先判断一条线段是否整个位于窗口内，若不是，则判断该线段是否整个位于窗

口外,若是则舍弃;

第二步,如果第一步的判断均不成立,那么就通过窗口边界所在的直线将线段分成两部分,再对每一部分进行第一步的判断。

在具体实现该算法时,需把窗口边界延长,把平面划分成 9 个区,每个区用 4 位二进制代码表示,如图 7-6 所示。线段两个端点按其所在区域赋予对应的代码,4 位代码的意义如下(从右到左):

第一位:如果端点在窗口左边界的左侧则为 1,否则为 0。

第二位:如果端点在窗口右边界的右侧则为 1,否则为 0。

第三位:如果端点在窗口下边界的下侧则为 1,否则为 0。

第四位:如果端点在窗口上边界的上侧则为 1,否则为 0。

由上述编码规则可知,如果两个端点的编码都为"0000",则线段全部位于窗口内,如果两个端点编码的位逻辑乘不为 0,则整条线段必位于窗口外。

如果线段不能由上述两步判断决定,则必须把线段再分割。简单的分割方法是计算出线段与窗口某一边界(或边界的延长线)的交点,再用上述两种条件判别分割后的两条线段,从而舍弃位于窗口外的一段。如图 7-7 所示,用编码裁剪算法对 AB 线段裁剪,可以在 C 点分割,对 AC,CB 进行判别,舍弃 AC,再分割 CB 于 D 点,对 CD,DB 作判别,舍弃 CD,而 DB 全部位于窗口内,算法即告结束。

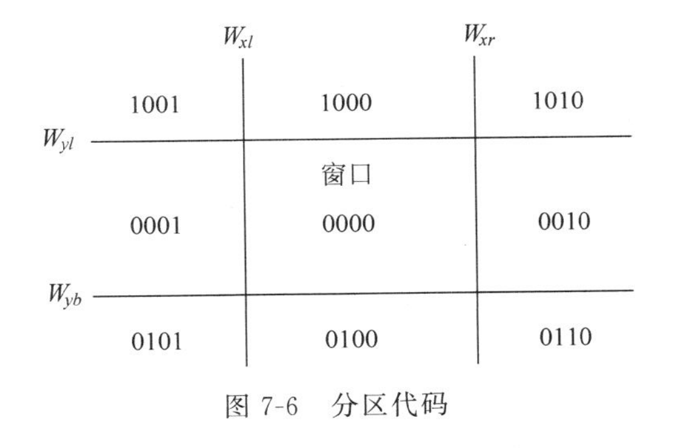

图 7-6 分区代码

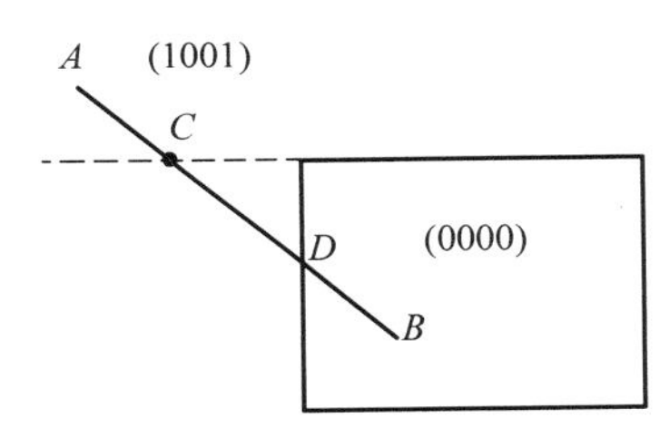

图 7-7 编码裁剪例子

应该指出,分割线段是先从 C 点还是 D 点开始,这是难以确定的,因此只能是随机的,但是最后的结果是相同的。

编码方法直观方便,速度较快,是一种较好的裁剪方法,但有两个问题还有待进一步解决。

(1) 由于采用位逻辑乘的运算,这在有些高级语言中是不便进行的。

(2) 全部舍弃的判断只适合于那些仅在窗口同侧的线段,对于跨越 3 个区域的线段(例如图 7-5 中的 b 线段),就不能一次作出判别而舍弃它们。

2. 矢量裁剪算法

这种裁剪方法与编码裁剪法相似,只是判断端点是否在窗口内所采用的过程不同。如图 7-8 所示,窗口的 4 条边界把平面分成 9 个区,为了便于问题讨论,我们把 9 个区域分别标上代码,0 区是相应的窗口。

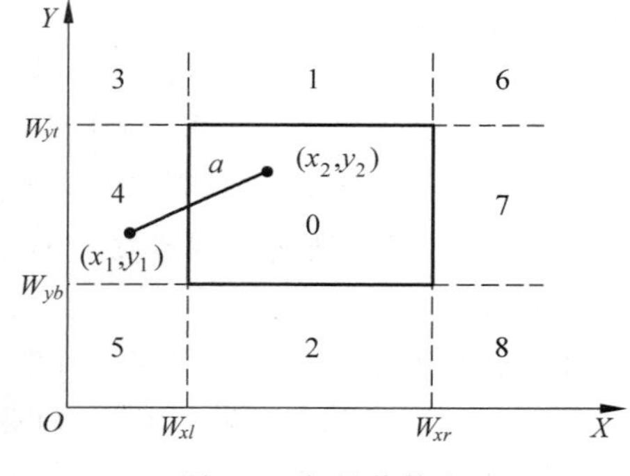

图7-8 矢量裁剪法

设有一条矢量线段 a，起点、终点坐标分别为 (x_1,y_1) 和 (x_2,y_2)，窗口定义为 (W_{xl},W_{yb})、(W_{xr},W_{yt})。由于矢量裁剪法对线段的起点、终点坐标处理方法相同，因此我们以起点为例说明矢量裁剪算法的步骤如下。

(1) 若线段 a 满足下述条件之一，

$\max(x_1,x_2)<W_{xl}$； $\min(x_1,x_2)>W_{xr}$

$\max(y_1,y_2)<W_{yb}$； $\min(y_1,y_2)>W_{yt}$

则 a 在窗口外，无输出，裁剪过程结束。

(2) 若 a 满足：

$$\begin{cases}W_{xl}\leqslant x_1\leqslant W_{xr}\\W_{yb}\leqslant y_1\leqslant W_{yt}\end{cases}$$

则 a 的起点在0区(窗口)内，即，可见段的新起点坐标为

$$\begin{cases}x_s=x_1\\y_s=y_1\end{cases}$$

否则，a 与窗口的关系及其新起点 (x_s,y_s) 的求解过程如(3)。

(3) 若 $x_1\leqslant W_{xl}$，即起点可能在3,4,5区，此时与窗口的左边界求交，令

$$\begin{cases}x_s=W_{xl}\\y_s=y_1+(W_{xl}-x_1)(y_2-y_1)/(x_2-x_1)\end{cases}\tag{7-6}$$

讨论：

① 若 $y_1\in[W_{yb},W_{yt}]$，则求解有效，即 (x_s,y_s) 是可见段的新起点坐标。

② 若 (x_1,y_1) 在4区，且 $y_s>W_{yt}$ 或 $y_s<W_{yb}$，则 a 与窗口无交点，即求解无效，(x_s,y_s) 不是有效交点，无可见段输出，裁剪过程结束。

③ 若 (x_1,y_1) 在3区，则有如下两种情况。

a. 如果 $y_s<W_{yb}$，则 a 在窗口外，求解无效，无可见段输出。

b. 如果 $y_s>W_{yt}$，则应重新求交点，即与窗口的上边界求交：

$$\begin{cases}x_s=x_1+(W_{yb}-y_1)(x_2-x_1)/(y_2-y_1)\\y_s=W_{yt}\end{cases}\tag{7-7}$$

若 $W_{xl}\leqslant x_s\leqslant W_{xr}$，则求解有效，否则求解无效，$a$ 在窗口外。

④ 若 (x_1,y_1) 在5区，亦有两情况：

a. 如果 $y_s>W_{yt}$，a 在窗口外，由式(7-6)求出的 (x_s,y_s) 无效。

b. 如果 $y_s<W_{yb}$，则应重新求交点，即与窗口的下边界求交：

$$\begin{cases}x_s=x_1+(W_{yb}-y_1)(x_2-x_1)/(y_2-y_1)\\y_s=W_{yb}\end{cases}\tag{7-8}$$

若 $W_{xl}\leqslant x_s\leqslant W_{xr}$，则求解有效，否则 a 在窗口外，求解无效。

(4) 若 $x_1>W_{xr}$，即 a 的起点可能在6、7、8区，此时可用与(3)类似的步骤求出 a 与窗

口边界的交点。

(5) 若(x_1,y_1)在 1、2 区，则分别用式(7-7)和式(7-8)求出 a 与上、下窗口边界的交点(x_s,y_s)，如果 $W_{xl} \leqslant x_s \leqslant W_{xr}$，则求解有效，否则 a 在窗口外，求解无效，无可见段输出，裁剪过程结束。

同理，将起点用终点代替，采用同样的过程可以求解出 a 在窗口内新的终点坐标，将新的起点和新终点连接起来，即可输出窗口内的可见段。

3. 中点分割裁剪算法

上面介绍的两种算法都要计算直线段与窗口边界的交点，这不可避免地要进行大量的乘除运算，势必降低裁剪效率。下面我们介绍一种不用乘除法进行运算的中点分割裁剪算法。

中点分割裁剪算法的基本思想是：分别寻找直线段两个端点各自对应的最远的可见点，两个可见点之间的连线即为要输出的可见段。参考图 7-9，我们以找出直线段 $\overline{P_1P_2}$ 上距 P_1 点最远的可见点为例，说明中点分割裁剪算法的步骤：

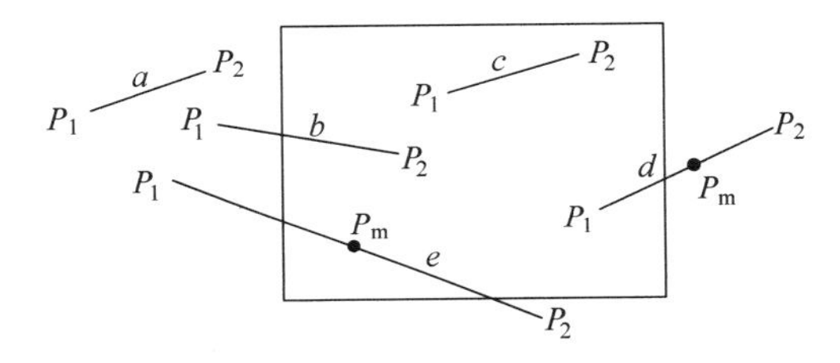

图 7-9　中点分割裁剪算法

(1) 判断直线段 $\overline{P_1P_2}$ 是否全部在窗口外？若是，则裁剪过程结束，无可见段输出(图 7-9 中的 a)；否则，继续(2)。

(2) 判断 P_2 点是否可见，若是，则 P_2 点即为距 P_1 点最远的可见点(图 7-9 中的 b)，返回；否则，继续(3)。

(3) 将直线段 $\overline{P_1P_2}$ 对分，中点为 P_m，如果 $\overline{P_mP_2}$ 全部在窗口外(图 7-9 中的 d)，则用 $\overline{P_1P_m}$ 代替 $\overline{P_1P_2}$，否则，以 $\overline{P_mP_2}$ 代替 $\overline{P_1P_2}$(图 7-9 中的 e)，对新的 $\overline{P_1P_2}$ 从第一步重新开始。

重复上述过程，直到 $\overline{P_1P_2}$ 的长度小于给定的误差 ε，即认为已与窗口的一个边界相交为止。

上述过程找到了距 P_1 点最远的可见点，把两个端点对调一下，即对直线段 $\overline{P_1P_2}$ 可用同样的算法步骤，即可找出距 P_2 点最远的可见点。连接这两个可见点，即得到了要输出的可见段。中点分割裁剪算法框图见图 7-10。

由于该算法只要做加法和除 2 运算，而除 2 在计算机中可以很简单地用右移一位来完成，因此，该算法特别适于用硬件来实现。如果允许两个寻找最远点的过程平行进行，则裁剪速度更快。

本节讨论了二维图形的直线段裁剪的几种算法，尚有更复杂的任意多边形和字符裁剪问题没有讨论。此外关于三维图形的裁剪问题也没有讨论。裁剪算法仍然是一个活跃的研究分支，各种新的裁剪算法还在不断涌现。

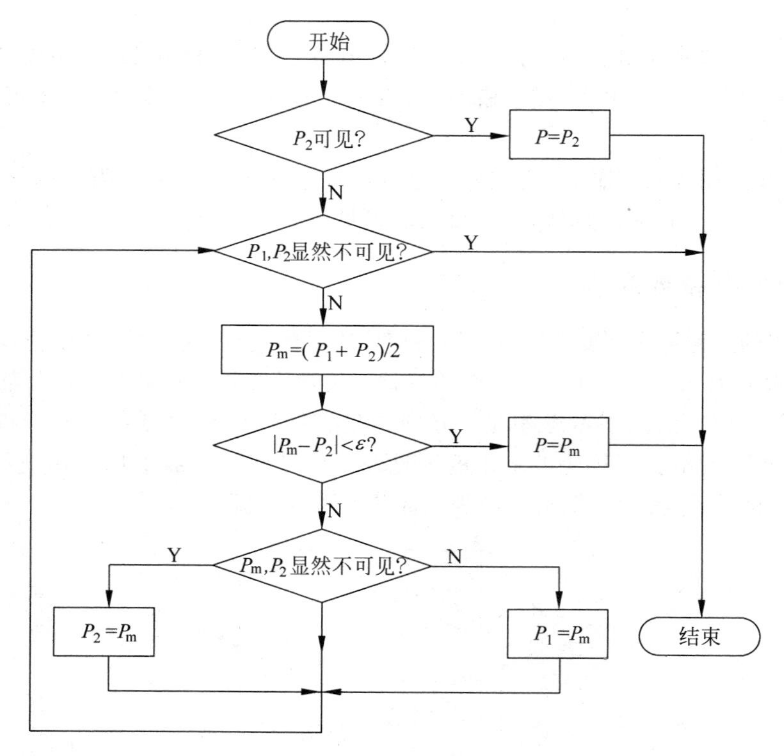

图 7-10 中点分割裁剪算法框图

7.3 隐藏线和隐藏面的消除

7.3.1 隐藏线和隐藏面问题

三维图形变换所述的三维图形显示算法中,物体所有部分,包括可见与不可见部分均被投影到投影平面上并被显示出来。这样画出的线框图往往具有多义性,图 7-11(a)给出了一个立方体的轴测图,我们无法从该线框图确定它是图 7-11(b)还是图 7-11(c)。要使它具有唯一性,必须将隐藏在立方体背后的棱线(即隐藏线)消去。

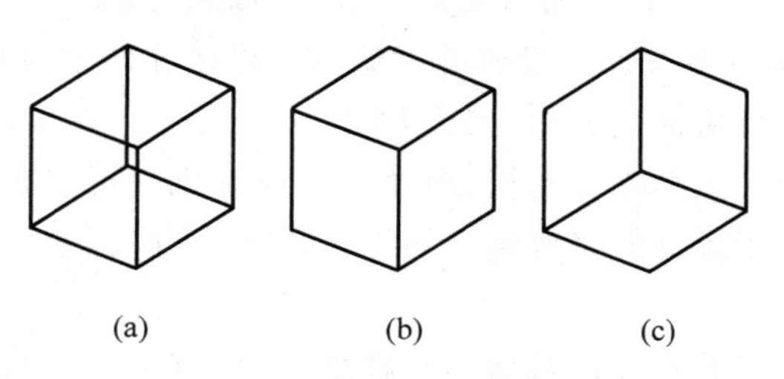

图 7-11 立方体的线框图和消隐图

图 7-11 仅仅是一个单独的立方体，如果多个物体在一起时，情况则更为复杂。图 7-12(a)给出了两个大小不同的立方体的轴测消隐线框图，我们无法从该图确定这两个立方体前后遮挡关系，很难判定它是图 7-12(b)还是图 7-12(c)。造成这种多义性的原因是没有把因物体相互遮挡而无法看见的棱线消去。

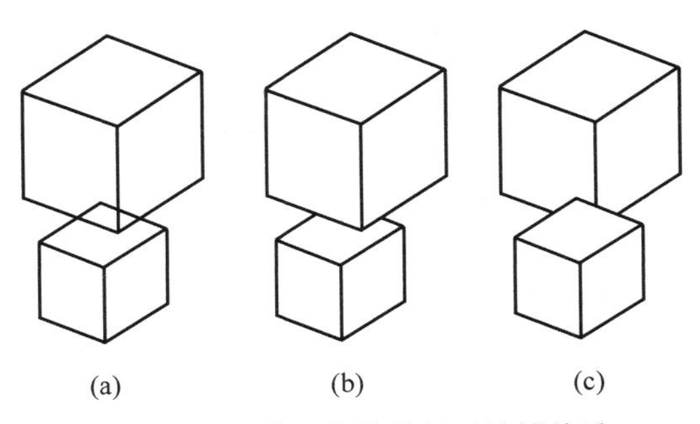

图 7-12　两个立方体的相互遮挡关系

上面两例说明，要使物体更具真实感，必须在显示时消去由于物体自身遮挡或物体间相互遮挡而无法看见的棱线，即隐藏线。如果物体表面信息要显示出来，例如明暗效应，那么在物体本身的背部或被其他物体遮挡的面或面的一部分(即隐藏面)应被消去。这就提出了如何消去隐藏线和隐藏面(即消隐)的问题。

消隐问题是计算机图形学中最具挑战性的问题之一。这个问题的解决主要是围绕算法正确、运算速度快、占内存空间少等目标来进行，目前已经提出很多有效的消隐算法，但由于物体的结构千变万化，模型设计方法也多种多样，因此研究高效的消隐算法仍然是人们感兴趣的课题。

隐藏线和隐藏面消隐算法的发展受它们所支持的图形显示设备类型和算法所用的数据结构或几何模型的影响。在光栅扫描显示器出现以前，图形输出采用的是随机扫描显示器或存储管式显示器，而与之相应的几何模型采用的是线框模型。针对这种画线式的图形显示器和线框模型，人们研究出许多消隐的算法。随着光栅扫描显示器的出现和普遍应用，几何模型也由原来的线框模型发展到具有明暗效应的面模型和实体模型。这时，人们便把注意力转移到消除隐藏面的算法上，以产生具有真实色彩的立体图形，当然，消除隐藏线的算法也适用于光栅扫描显示器。应该指出，消除隐藏线算法并不意味着它只适用于线框模型，同样，消除隐藏面算法也不只适用于面模型。从几何造型的观点来看，把消隐算法分为线消隐和面消隐是不科学的，之所以要这样划分只是为了反映相关算法的历史次序。

众多的消隐算法可以被分成两大类：物空间算法和像空间算法。

物空间算法是利用物体间的几何关系来判断这些物体的隐藏与可见部分，这种算法利用计算机硬件的浮点精度来完成几何计算(如相交)，因此，这种方法精度高，不受显示器分辨率的影响。但随着物体复杂程度的增加，物空间算法的计算时间比像空间算法时间增加得多。

像空间消隐算法则把注意力集中在最终的图像上，对光栅扫描显示器而言，即对每一像素进行判断；确定哪些是可见部分。这种算法只能以与显示器分辨率相适应的精度来完成，使得这种方法不够精确。

一般地，大多数隐藏面消除算法用像空间法，而大多数隐藏线消除算法用物空间法。隐藏线和隐藏面消除所讨论的对象是一个三维图形，消隐后要在二维空间中输出，因此消隐后显示的图形将和三维空间至二维空间的投影方式有关。

下面讨论消隐算法时，假定采用正投影，投影面为 XOY 平面。如果不是这种情况，可对被消隐的对象先作变换，然后再作消隐计算。

7.3.2 消隐算法中的基本测试方法

消除隐藏线、隐藏面算法是将一个或多个三维物体模型转换成二维可见图形，并在屏幕上显示。无论是物空间消隐算法还是像空间消隐算法，都包括一些相同的操作和基本测试，它们是：

(1) 投影变换：投影变换是将三维物体转变为二维图形。

(2) 最小最大测试。

(3) 包含性测试。

(4) 深度测试。

(5) 可见性测试。

1. 最小最大测试

这种测试也叫重叠测试或边界盒测试，用来检查两个多边形是否重叠，这种测试提供了一个快速方法来判别两个多边形不重叠。方法如下。

找到每个多边形的极值(最大和最小的 x、y 值)，然后用一矩形去外接每个多边形(图 7-13)，接着检查 X 和 Y 方向任意两个矩形是否相交？如果不相交，则相应的多边形不重叠(图 7-14(a))。此时，必定有如下 4 个不等式中的 1 个得到满足，设 2 个多边形分别为 A 和 B，即

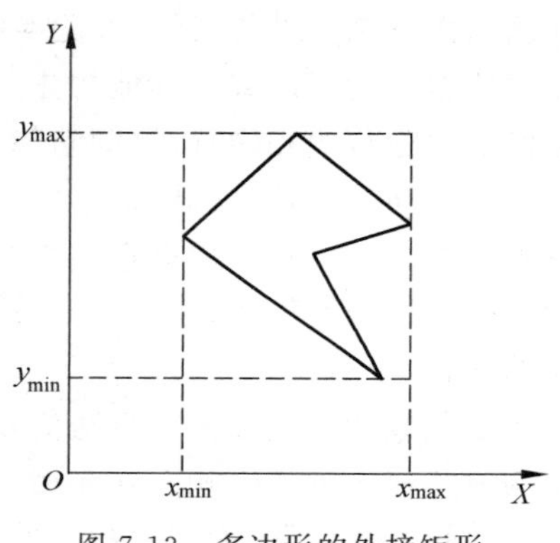

图 7-13 多边形的外接矩形

$$x_{A\max} \leqslant x_{B\min};\quad x_{A\min} \geqslant x_{B\max};\quad y_{A\max} \leqslant y_{B\min};\quad y_{A\min} \geqslant y_{B\max}$$

在这种情况下，不需再对多边形的边进行进一步的测试。

如果最小最大测试失败(2 个矩形重叠)，即上述 4 个不等式均得不到满足，这 2 个多边形有可能重叠，如图 7-14(b)和(c)所示。此时，将一个多边形的每一条边与另一个多边形的边比较来测试它们是否相交。最小最大测试也可用于边的测试(图 7-14(d))以加快这个过程。2 个多边形的真正交点最终要通过两线段求交算法计算。

最小最大测试同样可用于 Z 方向来检查在这个方向是否有重叠。在所有测试中，找到极值点是测试中的关键。通常，可通过对每个多边形的顶点坐标列表，找出并记录每个坐标的极值来实现。

2. 包含性测试

包含性测试检查一个给定的点是否位于给定的多边形或多面体内。有 3 种方法来计算包含性或包围性，对于一个凸多边形，将该点的 x 和 y 坐标代入每条边的直线方程，结果都产生相同的符号，则该点在每条边的同一侧，因而是被包围的。这种检验需要正确选择直线

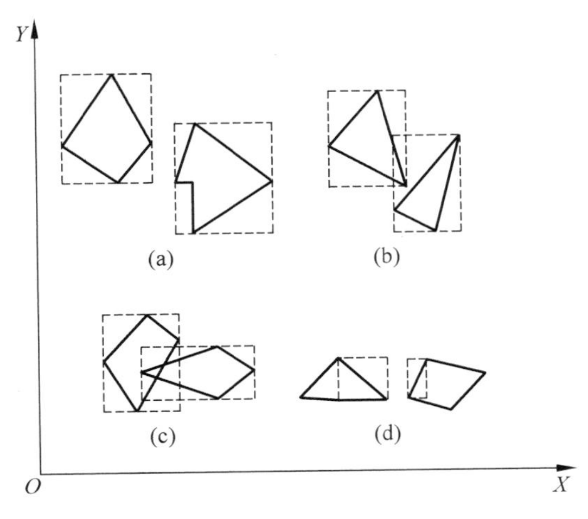

图 7-14　最小最大测试

方程的系数符号。

对于非凸多边形，有两种方法。

(1) 线交点数算法

我们在检验时，从该点引出一条射线，如图 7-15(a)所示，该射线与多边形相交，如果交点数是偶数，则该点在多边形外(图 7-15(a)中的 P_2)。如果是奇数，则在多边形内(图 7-15(a)中的 P_1)。如果多边形的一条边位于射线上或射线过多边形的顶点，对于这种奇异情况，需要进行特殊处理，以保证结论的一致性。参考图 7-15(b)，如果引出的射线恰好通过多边形的一条边(P_3 点的情况)，则记为相交两次；若两条边在射线两侧，记为相交一次(P_4 点的情况)；若两条边在射线同侧，记为相交两次或零次(P_5 点的情况)。因此判定 P_3、P_4 在多边形内，而 P_5 在多边形外。

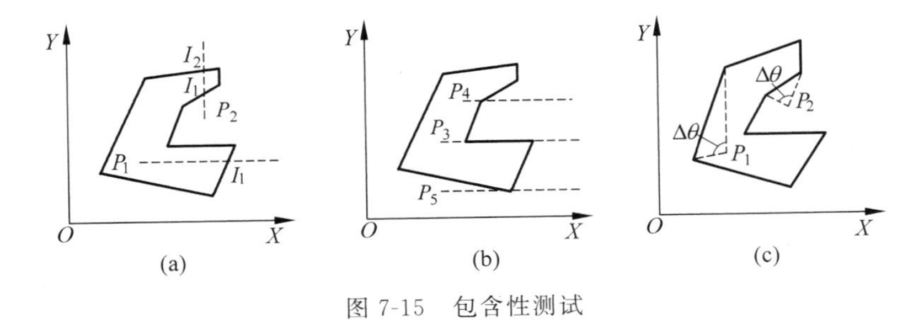

图 7-15　包含性测试

(2) 夹角求和算法

该方法是计算从测试点(P_1 或 P_2)方向看的每条有向边所对的角度(图 7-15(c))。如果角度和等于零，则点在多边形外；如果角度和为 2π 或 -2π，则该点在多边形内。符号反映多边形顶点是按顺时针方向(为负)还是按逆时针方向(为正)排序。

3. 深度测试

深度测试是用来测定一个物体遮挡另外物体的基本方法。常用的深度测试方法有优先级测试和物空间测试。这里仅就优先级测试做简单介绍。

如图 7-16 所示，设投影平面为 XOY 平面，P_{12} 是空间两平面 F_1 和 F_2 的正投影的一个重影点，将 P_{12} 的 x、y 坐标代入平面 F_1 和 F_2 的方程中，分别求出 Z_1 和 Z_2。一般地，比较 Z_1 和 Z_2 的大小便可知 F_1 和 F_2 哪个平面更靠近观察者，即哪个面遮挡了另一面。图 7-16 中 $Z_1 > Z_2$，则 F_1 比 F_2 有较高的优先级。

应该指出，有时会出现异常情况，图 7-17 为两多边形循环遮挡，此时，仅从一点的比较不能判断两个面在整体上哪个更靠近观察者，这时需把其中一个分成两个多边形（图 7-17 中的虚线），再用上述方法分别进行测试。

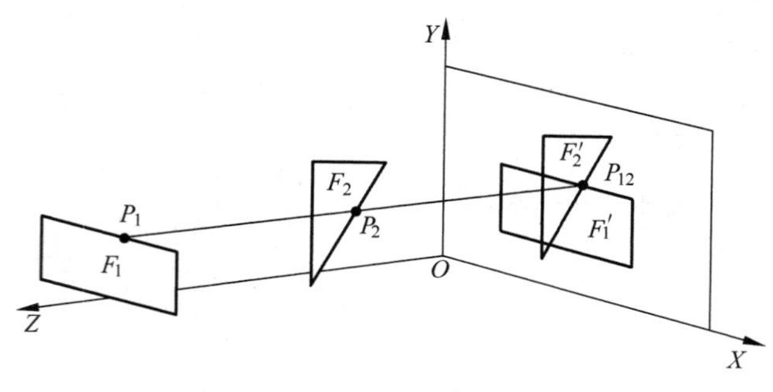

图 7-16 深度测试

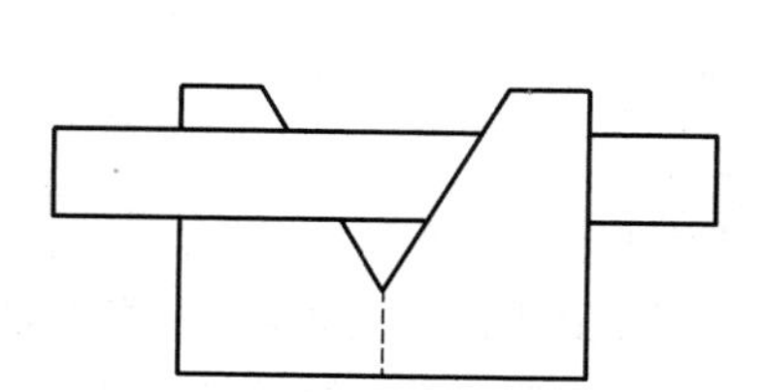
图 7-17 优先级测试的异常情况

4. 可见性测试

可见性测试用来确定景物中潜在的可见部分。对凸多面体讲，可以利用平面法矢来判断平面的可见性，设平面方程为

$$ax + by + cz + d = 0 \tag{7-9}$$

前三个系数 a，b 和 c 代表该平面的法向，而 $[a \quad b \quad c \quad d]$ 代表这个法向的齐次坐标，常数 d 可通过平面上的一个已知点求出。

参考图 7-18，测试的基本思想是：平面外法矢指向观察者方向的面是可见的（例如 F_1），否则是不可见的（例如 F_2），这种测试是通过计算法矢 $\boldsymbol{N}$ 和视线矢量 $\boldsymbol{S}$ 的点积来实现的。

$$\boldsymbol{N} \cdot \boldsymbol{S} = |\boldsymbol{N}|\,|\boldsymbol{S}|\cos\theta \tag{7-10}$$

在这个方程中，假设 $\boldsymbol{N}$ 指向物体的外部，θ 为 $\boldsymbol{N}$ 和 $\boldsymbol{S}$ 的夹角，则当 $\boldsymbol{N}$ 指向视点方向时点积为正。式(7-10)的右边给出了 $\boldsymbol{N}$ 和 $\boldsymbol{S}$ 方向的分量，对正投影，$\boldsymbol{S}$ 方向与 Z 轴是一致的。故平面测试可表述为：平面的外法矢在 Z 方向有正分量的面是可见的，而有负分量的面是不可见的。

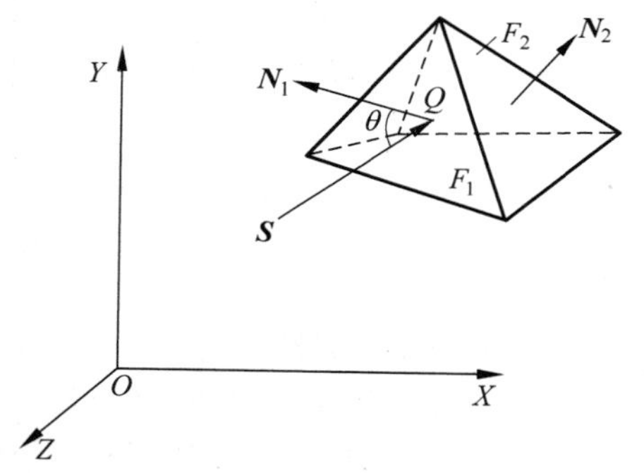

图 7-18 可见性测试

7.3.3 z 向深度缓冲区算法

z 向深度缓冲区算法也称 z 缓冲区算法或深度缓冲区算法，它是隐藏面消除算法中原

理最简单的一种。该算法除了使用帧缓冲区外，还使用了一个与屏幕对应的深度信息缓冲存储器（简称 z 缓冲区），屏幕每一像素均有 z 缓冲区中的一个单元与之对应，记录该像素所显示的空间点的 z 坐标（即深度值），在这里可对每个像素的之值排序，用最小的 z 值初始化 z 缓冲区，而用背景像素值初始化帧缓冲区，帧缓冲区和 z 缓冲区用像素坐标 (x,y) 来进行索引。这些坐标实际上是屏幕坐标。z 缓冲区算法过程如下：

对景物中的每个多边形找到当多边形投影到屏幕时位于多边形内或边界上的所有像素 (x,y)。对每一个像素，在 (x,y) 处计算多边形的深度 z，并与 z 缓冲区相应单元的现行值相比较，如果 z 大于 z 缓冲区中的现行值，则该多边形比其他早已存于像素中的多边形更靠近观察者。在这种情况下，用 z 值更新 z 缓冲区的对应单元。同时，将 (x,y) 处多边形的明暗值写入帧缓冲区中对应于该屏幕像素的单元之中。当所有多边形被处理完后，帧缓冲区中保留的是已消隐的最终结果。

7.3.4 扫描线算法

扫描线算法通过计算每一行扫描线与各物体在屏幕上投影之间的关系来确定该行的有关显示信息。扫描线算法的原理与扫描线多边形填充算法原理一致，所不同的是扫描线算法处理可能相重叠的多个多边形。有几种扫描线算法，这里我们简单介绍分段扫描线算法。

每条扫描线被各多边形边界在 xy 平面上的投影分割成若干段，在每段中最多只有一个多边形是可见的。因此，只要在段内任一点处，找出在该处 z 值最大的一个多边形，这个段上的每一个像素就用这个多边形的颜色来填充。这种方法即为分段扫描线算法。

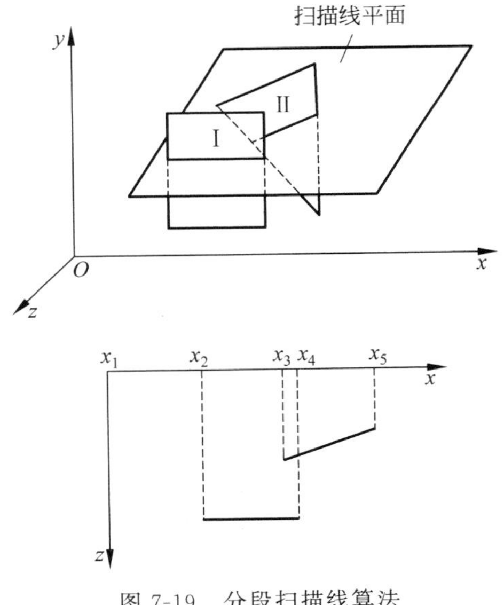

图 7-19　分段扫描线算法

设多边形的边界在 xy 平面上的投影和扫描线交点的横坐标为 x，这些交点将扫描线分成若干段，如图 7-19 所示。在每段上最靠近观察者的那个面就是该段上的可见面。具体的判断要靠深度测试来完成，在段内任取一点（例如多边形所在平面与扫描线所在平面的交线在段内的一个端点），用多边形各自的平面方程计算深度，深度值最大的多边形在该段内是可见的。

在上述各步处理过程中，为提高效率可以采用多种处理技巧，例如，把物体预先按其最大（或最小）y 坐标进行排序，当一个物体的最大（小）y 坐标小（大）于扫描线的 y 坐标即可不计算交线，从而使效率大大提高。

7.3.5 循环细分算法

常用的循环细分算法有 Warnock 算法和 Weiler-Atherton 算法。在此，我们简单介绍

Warnock 算法。Warnock 算法是一种基本的循环细分隐面消除算法，本质上，这个算法通过将图像递归的细分为子图像来解决隐藏面问题。整个屏幕称为窗口，细分是一个递归的四等分过程，每一次把矩形的窗口等分成 4 个相等的小矩形，其中每个小矩形也称为窗口。每一次细分，都要判断要显示的多边形和窗口的关系，这种关系可以分以下几种类型(图 7-20)。

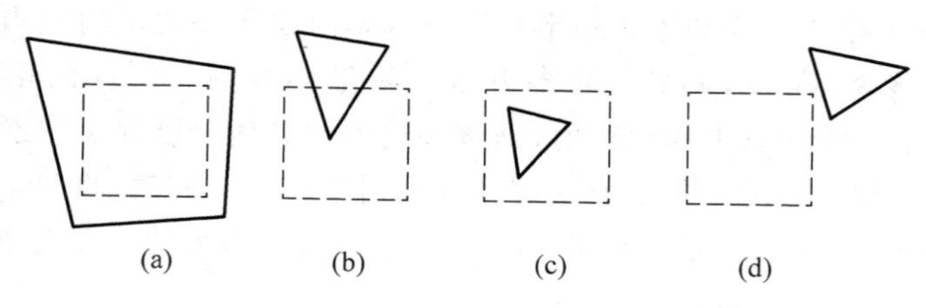

图 7-20　多边形与窗口的关系

(1) 多边形包围了窗口(图 7-20(a))；

(2) 多边形和窗口相交(图 7-20(b))；

(3) 窗口包围了多边形(图 7-20(c))；

(4) 窗口和多边形分离(图 7-20(d))。

当窗口与每个多边形的关系确定后，有些窗口内的图形便可显示输出，有些则还需进一步细分。参考图 7-21，Warnock 算法的规则如下。

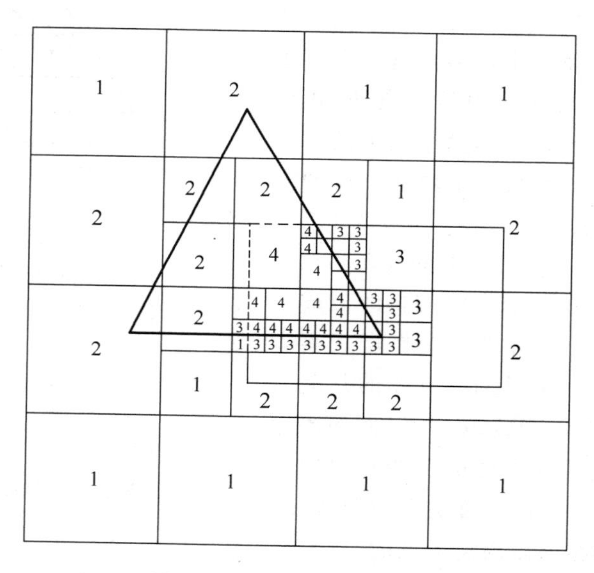

图 7-21　Warnock 细分算法

(1) 所有多边形都和窗口分离，这时只要把窗口内所有的像素填上背景色。

(2) 只有一个多边形和窗口相交，或这个多边形包含在窗口内，这时先对窗口内每一像素填上背景色，再对窗口内多边形部分用扫描线算法填充。

(3) 存在一个或多个多边形，但其中离观察者最近的一个多边形包围了窗口，此时将整个窗口填上该多边形的颜色。

(4) 其他情况，将窗口一分为四，分得的窗口重复上述的测试，出现下列情况之一时，它的某一子窗口不再细分，否则继续细分：

① 该子窗口属于上述前 3 种情况之一时，不再细分，并按相应规则显示；

② 窗口的边长与像素的宽度相等时，不能再细分，这个窗口对应的像素取最靠近观察行的多边形的颜色，或取和这个窗口相交的多边形颜色的平均值。

细分算法的思想虽然简单，但具体实现时的细节要处理得好，才能提高效率。例如，为了减少计算量，可先去掉物体所有的背面；再如，为了避免不必要的细分，可以按多边形顶点为基准作不等面积细分，这样可以减少细分次数。

以上介绍了隐藏线、隐藏面消除算法的思想，在具体应用中常常要用上述各组消隐技术的组合，也正是这种组合，使各种消隐算法有所不同。

7.4 图形显示基本原理

实体模型或图形的显示效果是评价几何建模系统性能的一项重要指标。现代三维造型系统的显示功能一般分为线框结构、消隐藏线、涂色实体效果等方式。如图 7-22 所示为一微型电机的不同方式的显示效果。

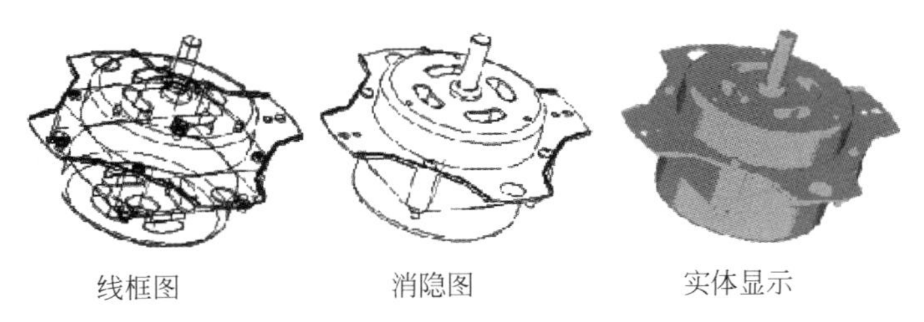

图 7-22 微型电机的显示效果

7.4.1 线框图显示

在线框显示模型中，用边界线表示有界平面，用边界线及若干参数曲线表示参数曲面，所以待显示的所有实体(多面体、雕塑体)均为线。如图 7-23 为其显示的不同效果。在 CAD/CAM 系统中，为了提高工作效率，通常多采用线框显示方式。

通常，在商用 CAD 系统中，几何图形的内部数据结构采用 CSG 方式＋B-Rep 方式混合表达。采用双层 B-Rep 表达方式时，第一层 B-Rep 表达是由理论曲面及其轮廓边组成，以体为单位组织，是其核心结构，其他表达及其结构均可派生；第二层 B-Rep 表达则是对其理论曲面进行离散化，多面体近似逼近。

显示方法：遍历点表和边表，将边界曲线离散化为小直线段并显示。分两种显示状态进行：即显示轮廓边和显示离散多边形。

这种几何图形实体显示方式的特点是：简单快捷，但是图形的效果往往有二义性。

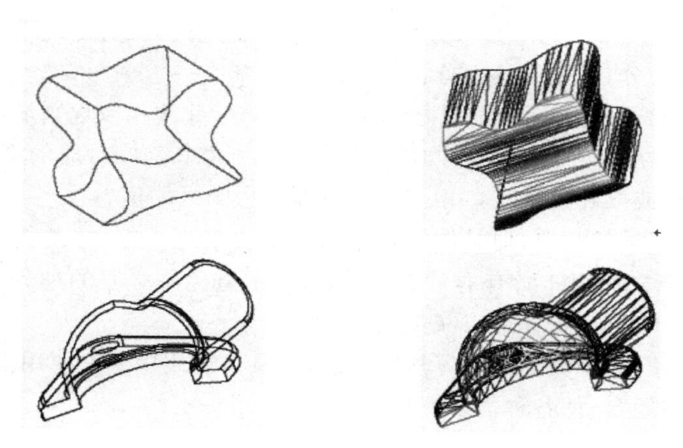

图 7-23　图形的线框显示

7.4.2　线框消隐图显示

未经消隐的线框显示往往导致图形的二义性，如图 7-11 所示，要消除二义性，就必须在绘制时消除被遮挡的不可见的线或面，习惯上称作消除隐藏线和隐藏面，或简称为消隐。图 7-24 给出了对图 7-23 中的两件实体作品经过消隐之后的显示效果图。

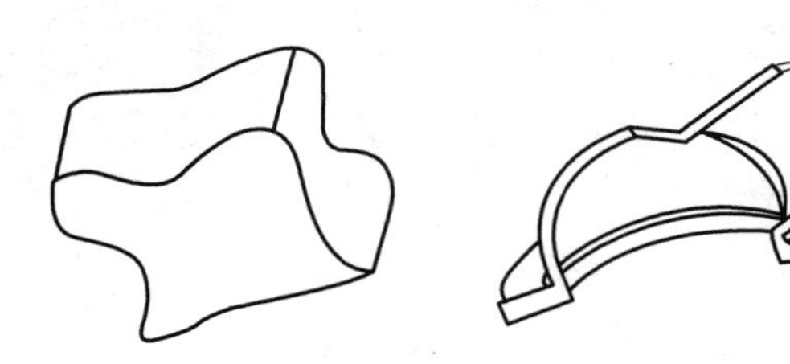

图 7-24　消隐后显示的实体效果

1. 消隐的分类

消隐的对象是三维物体，消隐结果与观察物体有关，也与视点有关。

按消隐对象分类有以下 2 种。

(1) 线消隐：消隐对象是物体上的边，消除的是物体上不可见的边；

(2) 面消隐(浓淡图常用)：消隐对象是物体上的面，消除的是物体上不可见的面。

2. 消除隐藏线

线不可能对线有遮挡关系，只有面或体才有可能对线形成遮挡，故消隐算法要求造型系统中有面的信息，最好有体的信息。正则形体的消隐可利用其面的法向量，这样比一般情况快得多。为运算方便，对视锥以外的物体应先行过滤掉，以减少不必要的运算量。

线消隐中，最基本的运算为：如图 7-25 所示，判断面对线的遮挡关系。体也要分解为面，再判断面与线的遮挡关系。在遮挡判断中，要反复地进行线线、线面之间的求交运算。

平面对直线段的遮挡判断算法步骤如下所述：

(1) 若线段的两端点及视点在给定平面的同侧，如图 7-26 所示，线段不被给定平面遮挡，转步骤(7)。

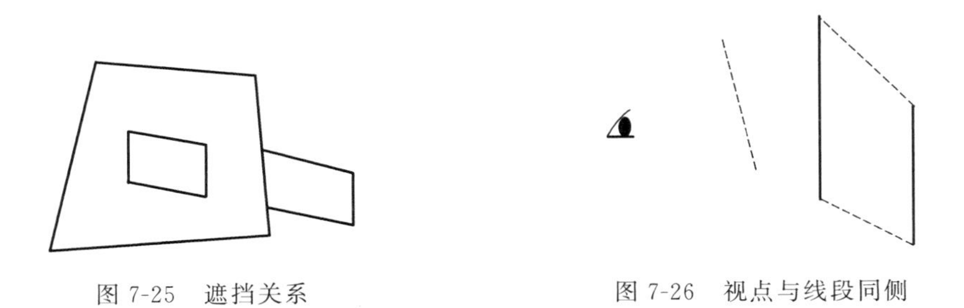

图 7-25　遮挡关系　　　　图 7-26　视点与线段同侧

(2) 若线段的投影与平面投影的包围盒无交，如图 7-27 所示，线段不被给定平面遮挡，转步骤(7)。

(3) 求直线与相应无穷平面的交。若无交点，转步骤(4)。否则，交点在线段内部或外部。若交点在线段内部，交点将线段分成两段，与视点同侧的一段不被遮挡，另一段在视点异侧，转步骤(4)再判断；若交点在线段外部，转步骤(4)。

(4) 求所剩线段的投影与平面边界投影的所有交点，并根据交点在原直线参数方程中的参数值求出 Z 值(即深度)。若无交点，转步骤(5)。

(5) 以上所求得的各交点将线段的投影分成若干段，求出第一段中点。

(6) 若第一段中点在平面的投影内，则相应的段被遮挡，否则不被遮挡；如图 7-28 所示，其他段的遮挡关系可依次交替取值进行判断。

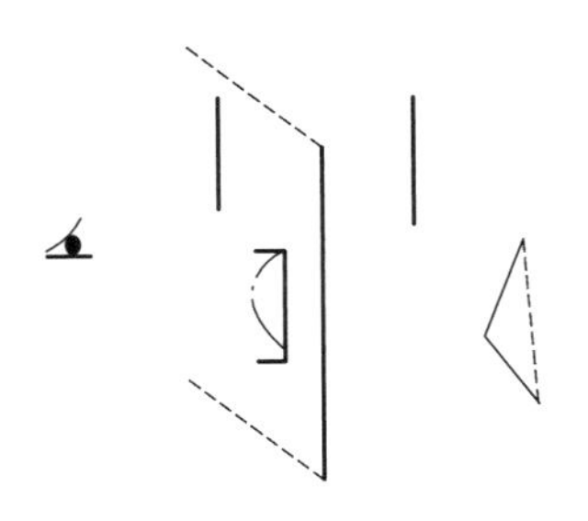

图 7-27　包围盒不交

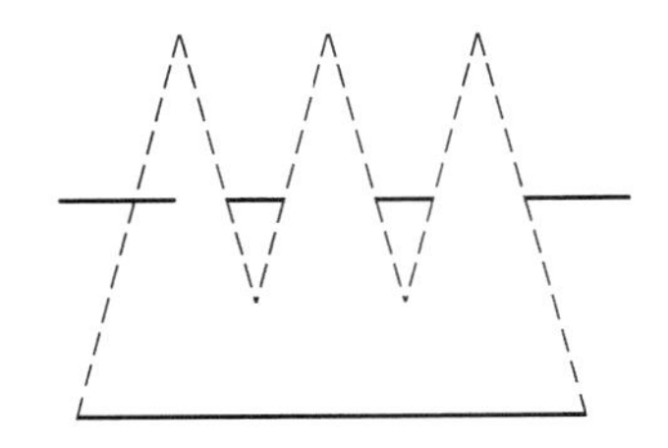

图 7-28　分段交替取值

(7) 结束。

如果消隐对象有 N 条棱，当 N 很大时，用两两求交的方法这个工作量很大。为了提高算法的效率，需要设法减少求交的工作量。设 $\boldsymbol{V}$ 为由视点出发的观察向量，$\boldsymbol{N}$ 为某多边形面的法向量。若 $\boldsymbol{V}\cdot\boldsymbol{N}<0$，称该多边形为前向面，如图 7-29(a)所示。若 $\boldsymbol{V}\cdot\boldsymbol{N}>0$，称该多边形为后向面，如图 7-29(b)所示。如图 7-29(c)中的 $JEAF$、$HCBG$ 和 $DEABC$ 所在的面均为后向面。后向面总是看不见的，不会仅由于后向面的遮挡，而使别的棱成为不可见的。因此可以把这些后向面全部去掉，这并不影响消隐结果。

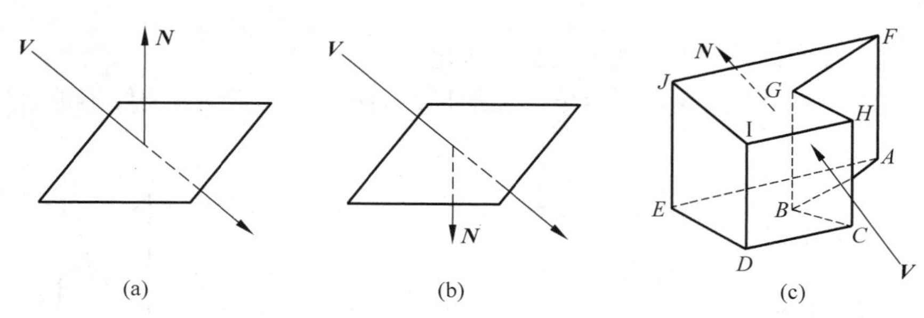

图 7-29 多边形的方向判断

(a) 前向面；(b) 后向面；(c) 多面体的隐藏线消除

7.4.3 浓淡图显示

实体几何图形的浓淡图显示效果，是当今 CAD/CAM 几何造型系统的杰作。可以在计算机屏幕上显示出逼真的三维实体效果。图 7-30 为两种不同状态的显示效果。

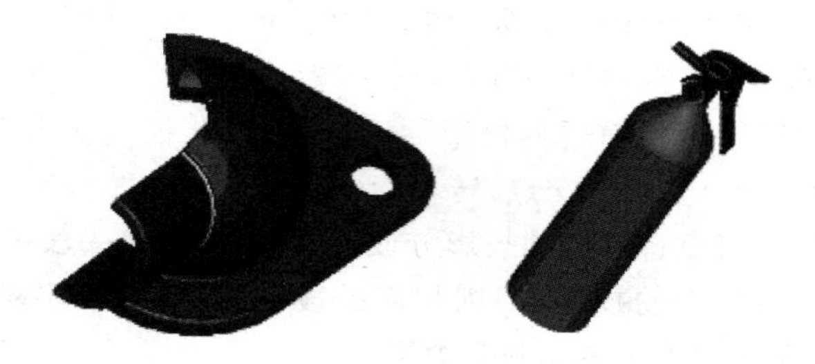

图 7-30 实体造型的浓淡图显示

消除隐藏面的几种常用算法。

1. 画家算法

画家算法的原理：

(1) 把屏幕置成背景色；

(2) 物体的各个面按其离视点的远近进行排序，排序结果存到一张深度优先级表中；

(3) 按照从表头到表尾的顺序逐个绘制各个面。

由于后显示的图形取代先显示的画面，而后显示的图形所代表的面离视点更近，所以由远及近地绘制各面，就相当于消除隐藏面。这与油画作家作画的过程类似，先画远景，再画中景，最后画近景。由于这个原因，该算法习惯上称为画家算法或列表优先算法。

一种建立深度优先级表的方法：根据每个多边形顶点 z 坐标的极小值 $z_{\min}$ 把多边形排序。设 $z_{\min}$ 最小的多边形为 P，它暂时成为优先级最低的一个多边形。把多边形序列中其他多边形记为 Q。现在先来确定 P 和其他多边形 Q 的关系。若 $z_{\max}(P)<z_{\min}(Q)$，则 P 肯定不能遮挡 Q。如果对某一多边形 Q 有 $z_{\max}(P)>z_{\min}(Q)$，则必须作进一步检查。这种检查分以下 5 项(图 7-31 所示情形)。

P 和 Q 在 oxy 平面上投影的包围盒在 x 方向上不相交(如图(a));

P 和 Q 在 oxy 平面上投影的包围盒在 y 方向上不相交(如图(b));

P 和 Q 在 oxy 平面上的投影不相交(如图(c));

P 的各顶点均在 Q 的远离视点的一侧(如图(d));

Q 的各顶点均在 P 的靠近视点的一侧(如图(e))。

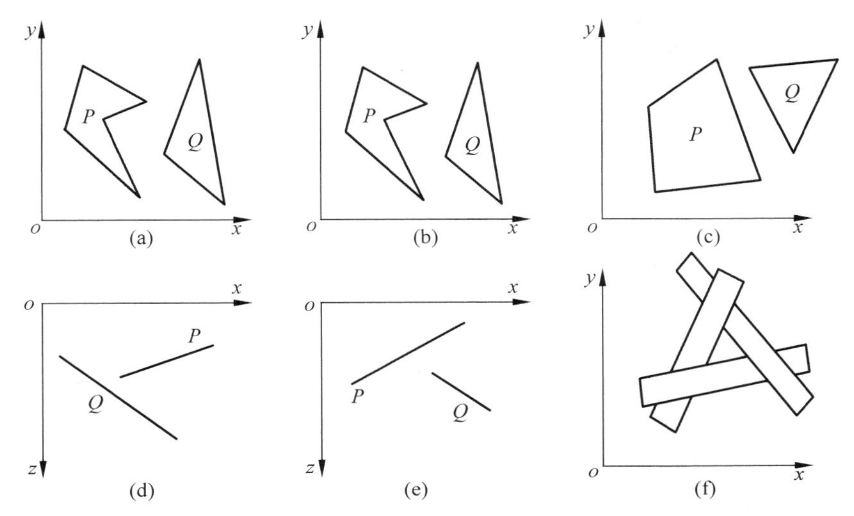

图 7-31　P 不遮挡 Q 的各种情况(图(a)、(b)、(c)、(d)、(e))及互相遮挡(图(f))

上面的 5 项只要有一项成立,P 就不遮挡 Q。如果所有测试失败,就必须对两个多边形在 oxy 平面上的投影作求交运算。计算时不必具体求出重叠部分,在交点处进行深度比较,只要能判断出前后顺序即可。若遇到多边形相交或循环重叠情况(如图 7-31(f)),还必须在相交处分割多边形,然后进行判断。

画家算法原理简单。其关键是如何对场景中的物体按深度排序。它的缺点是只能处理互不相交的面,而且深度优先级表中面的顺序可能出错。在两个面相交,三个以上的面重叠的情形,用任何排序方法都不能排出正确的序。这时只能把有关的面进行分割后再排序。

2. z 缓冲区(z-buffer)算法

画家算法中,深度排序计算量大,而且排序后,还需再检查相邻的面,以确保在深度优先级表中前者在前,后者在后。若遇到多边形相交,或多边形循环重叠的情形,还必须分割多边形。

z 缓冲区(z-buffer)算法:不仅需要有帧缓存区来存放每个像素的颜色值,还需要一个深度缓存区来存放每个像素对应物体的深度值。

z 缓冲区中每个单元的值是对应像素点所反映对象的 z 坐标值,如图 7-32 所示。z 缓冲区中每个单元的初值置为 z 的最小值,帧缓冲区每个单元的初值存放对应背景颜色的值。图形消隐的过程就是给帧缓冲区和 z 缓冲区中相应单元填值的过程。在把显示对象的每个面上每一点的属性(颜色或灰度)值填入帧缓冲区相应单元前,首先要把这点的 z 坐标值和 z 缓冲区中相应单元的值进行比较。如果前者大于后者时,说明当前点更靠近观察点,用它的颜色值替代帧缓冲区中那一单元的值，同时 z 缓冲区中相应单元的值也要改成这点的 z 坐标值。如果这点的 z 坐标值小于 z 缓冲区中的值，则说明对应像素点被前面填入的像素点遮挡了，是不可见的，帧缓冲区中像素的颜色值不改变。对显示对象的每个面上的每个点都做了上述处理后，便可得到消除了隐藏面的图。

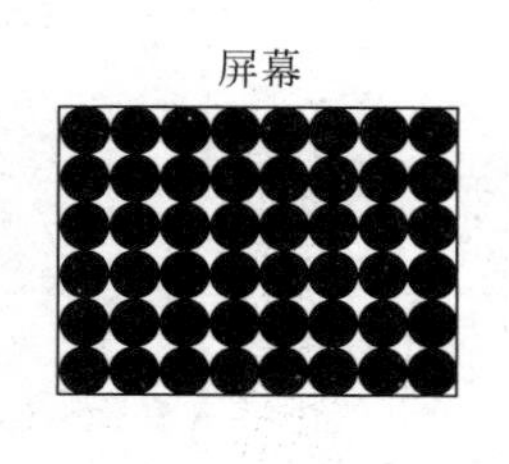

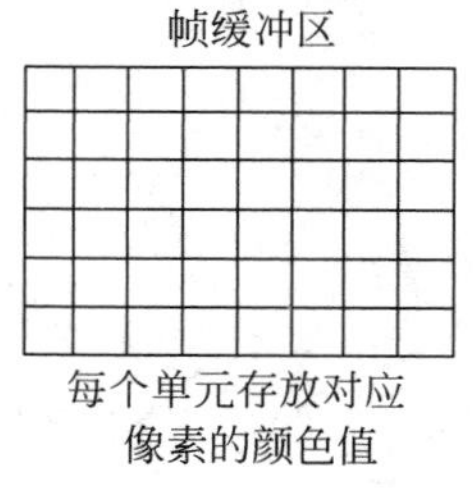

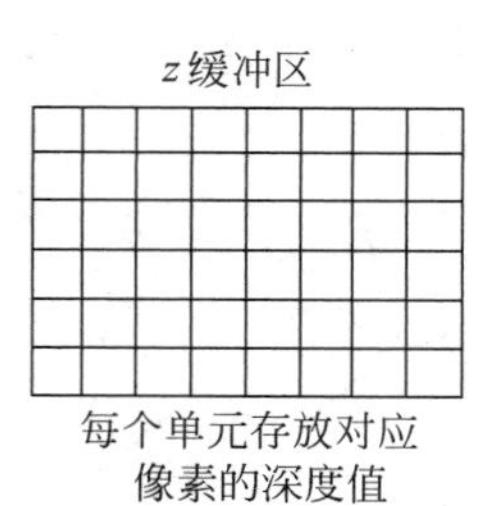

图 7-32　z 缓冲区示意图

z 缓冲区算法在像素级上以近物取代远物，形体在屏幕上的出现顺序是无关紧要的。这种取代方法实现起来远比总体排序灵活简单，有利于硬件实现。z 缓冲区算法以算法简单著称，一般认为，z 缓冲区算法需要开一个与图像大小相等的缓存数组 ZB。在每个像素处都要计算深度值，计算量大。实际上，可以改进算法，只用一个深度缓存变量 zb。然而 z 缓冲区算法需要额外的 z 缓冲区，占用空间大，没有利用图形的相关性与连续性。

3. 扫描线 z 缓冲区算法

面对 z 缓冲区算法存在的问题，将整个绘图区域分割成若干个小区域，然后逐个区域地显示，这样 z 缓冲区的单元数只要等于一个区域内像素的个数就可以了。如果将小区域取成屏幕上的扫描线，就得到扫描线 z 缓冲区算法。

算法的主要思想：

在处理当前扫描线时，开一个一维数组作为当前扫描线的 z 缓冲区。首先找出与当前扫描线相关的多边形，以及每个多边形中相关的边对。对每一个边对之间的小区间上的各像素，采用增量算法计算深度，并与 z 缓冲区中的值比较，找出各像素处可见平面，计算颜色，填写帧缓存区的对应单元值。

4. 区间扫描线算法

与 z 缓冲区算法相比，扫描线 z 缓冲区算法做了两点改进。一是将整个绘图窗口内的消隐问题分解到一条条扫描线上解决，使所需的 z 缓冲区大大减少。二是在计算深度值时，利用了面连贯性，只用了一个加法。但它在每个像素处都计算深度值，进行深度比较，因此，被多个多边形覆盖的像素区处还要进行多次计算，计算量仍然很大。区间扫描线算法克服了这一缺陷，使得在一条扫描线上每个区间只计算一次深度值，并且不需要 z 缓冲区。它是把当前扫描线与各多边形在投影平面的投影的交点进行排序后，使扫描线分为若干子区间。因此，只要在区间任一点处找出在该处 z 值最大的一个面，这个区间上的每一个像素就用这个面的颜色来显示。

7.4.4　光照模型与真实感显示

1. 简单光照明模型

当光照射到物体表面时，光线可能被吸收、反射和透射。被物体吸收的部分转化为热。反射、透射的光进入人的视觉系统，使我们能看见物体。为模拟这一现象，我们建立一些数学模型来替代复杂的物理模型。这些模型就称为明暗效应模型或者光照明模型。

在正常的情况下，光沿着直线传播，当光遇到介质不同的表面时，会产生反射和折射现象，而且在反射和折射时，它们遵循反射定律和折射定律。光照到物体表面时，物体对光会发生反射（reflection）、透射（transmission）、吸收（absorption）、衍射（diffraction）、折射（refraction）和干涉（interference）。

简单光照明模型模拟物体表面对光的反射作用。光源被假定为点光源，反射作用被细分为镜面反射（specular reflection）和漫反射（diffuse reflection）。简单光照明模型只考虑物体对直接光照的反射作用，而物体间的光反射作用，只用环境光（ambient light）来表示。Phong 光照明模型如图 7-33 所示。

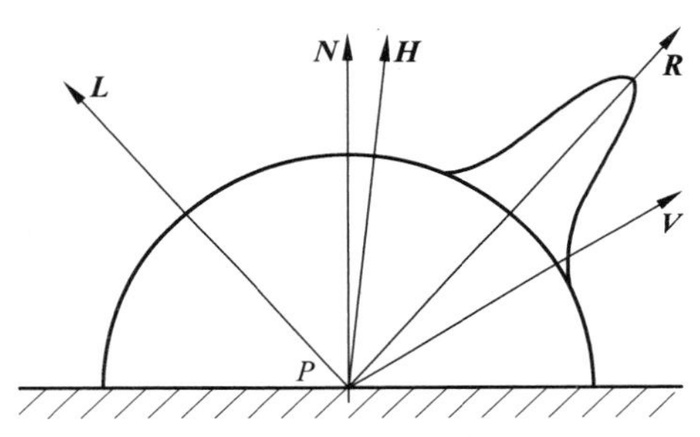

图 7-33　Phong 光照明模型中的几何量示意

1）理想漫反射

当光源来自一个方向时，漫反射光均匀向各方向传播，与视点无关，它是由表面的粗糙不平引起的，因而漫反射光的空间分布是均匀的。记入射光强为 I_p，物体表面上点 P 的法向为 $\boldsymbol{N}$，从点 P 指向光源的向量为 $\boldsymbol{L}$，两者间的夹角为 θ，由 Lambert 余弦定律，则漫反射光强为

$$I_d = I_p K_d \cos\theta, \quad \theta \in (0, \pi/2) \tag{7-10}$$

其中，K_d 是与物体有关的漫反射系数，$0<K_d<1$。当 $\boldsymbol{L}$、$\boldsymbol{N}$ 为单位向量时，上式可用如下形式表达：

$$I_d = I_p K_d (\boldsymbol{L} \cdot \boldsymbol{N}) \tag{7-11}$$

在有多个光源的情况下，可以有如下的表示

$$I_d = K_d \sum_i I_{pi} (\boldsymbol{L}_i \cdot \boldsymbol{N}) \tag{7-12}$$

漫反射光的颜色由入射光的颜色和物体表面的颜色共同设定，在 RGB 颜色模型下，漫反射系数 K_d 有三个分量 K_{dr}，K_{dg}，K_{db}，分别代表 RGB 三原色的漫反射系数，它们是反映物体的颜色的，通过调整它们，可以设定物体的颜色。同样地，我们也可以把入射光强 I 设为三个分量 I_r，I_g，I_b，通过这些分量的值来调整光源的颜色。

2）镜面反射光

对于理想镜面，反射光集中在一个方向，并遵守反射定律。对一般的光滑表面，反射光集中在一个范围内，且由反射定律决定的反射方向光强最大。因此，对于同一点来说，从不同位置所观察到的镜面反射光强是不同的。镜面反射光强可表示为

$$I_s = I_p K_s \cos^n \alpha, \quad \alpha \in (0, \pi/2) \tag{7-13}$$

其中,K_s 为与物体有关的镜面反射系数,α 为视线方向 $\boldsymbol{V}$ 与反射方向 $\boldsymbol{R}$ 的夹角,n 为反射指数,反映了物体表面的光泽程度,一般为 1～2000,数目越大物体表面越光滑。镜面反射光将会在反射方向附近形成很亮的光斑,称为高光现象。

同样地,将 $\boldsymbol{V}$ 和 $\boldsymbol{R}$ 都格式化为单位向量,镜面反射光强可表示为

$$I_s = I_p K_s (\boldsymbol{R} \cdot \boldsymbol{V})^n \tag{7-14}$$

其中,$\boldsymbol{R}$ 可由 $R = N2\cos\theta - L = 2N(\boldsymbol{N} \cdot \boldsymbol{L}) - L$ 计算。对多个光源的情形,镜面反射光强可表示为

$$I_s = K_s \sum_{i=1}^{n} [I_{pi} (\boldsymbol{R}_i \cdot \boldsymbol{V})^n] \tag{7-15}$$

镜面反射光产生的高光区域只反映光源的颜色,如在红光的照射下,一个物体的高光域是红光,镜面反射系数 K_s 是一个与物体的颜色无关的参数,正如我们前面已经提到的,在简单光照明模型中,我们只能通过设置物体的漫反射系数来控制物体的颜色。

3) 环境光

环境光是指光源间接对物体的影响,是在物体和环境之间多次反射,最终达到平衡时的一种光。我们近似地认为同一环境下的环境光,其光强分布是均匀的,它在任何一个方向上的分布都相同。例如,透过厚厚云层的阳光就可以称为环境光。

在简单光照明模型中,我们用一个常数来模拟环境光,用公式表示为

$$I_e = I_a K_a \tag{7-16}$$

其中,I_a 为环境光的光强,K_a 为物体对环境光的反射系数。

4) Phong 光照明模型

综合上面介绍的光反射作用的各个部分,Phong 光照明模型:由物体表面上一点 P 反射到视点的光强 I 为环境光的反射光强 I_e、理想漫反射光强 I_d 和镜面反射光强 I_s 的总和,即由式(7-11)、式(7-14)和式(7-16)可得

$$I = I_e K_a + I_p K_d (\boldsymbol{L} \cdot \boldsymbol{N}) + I_p K_s (\boldsymbol{R} \cdot \boldsymbol{V})^n \tag{7-17}$$

5) Phong 光照明模型的实现

在用 Phong 模型进行真实感图形计算时,对物体表面上的每个点 P,均需计算光线的反射方向 $\boldsymbol{R}$,再由 $\boldsymbol{V}$ 计算 $\boldsymbol{R} \cdot \boldsymbol{V}$。为减少计算量,我们可以作如下假设:

(1) 源在无穷远处,即光线方向 $\boldsymbol{L}$ 为常数;

(2) 点在无穷远处,即视线方向 $\boldsymbol{V}$ 为常数;

(3) 用 $\boldsymbol{H} \cdot \boldsymbol{N}$ 近似 $\boldsymbol{R} \cdot \boldsymbol{V}$。这里 $\boldsymbol{H}$ 为 $\boldsymbol{L}$ 和 $\boldsymbol{V}$ 的平分向量,$\boldsymbol{H} = \dfrac{\boldsymbol{L} + \boldsymbol{V}}{|\boldsymbol{L} + \boldsymbol{V}|}$。在这种简化下,由于对所有的点总共只需计算一次 $\boldsymbol{H}$ 的值,节省了计算时间。结合 RGB 颜色模型,Phong 光照明模型将入射光强划分为 3 个分量形式:

$$\begin{cases} I_r = I_{ar} K_{ar} + I_{pr} K_{dr} (\boldsymbol{L} \cdot \boldsymbol{N}) + I_{pr} K_{sr} (\boldsymbol{H} \cdot \boldsymbol{N})^n \\ I_g = I_{ag} K_{ag} + I_{pg} K_{dg} (\boldsymbol{L} \cdot \boldsymbol{N}) + I_{pg} K_{sg} (\boldsymbol{H} \cdot \boldsymbol{N})^n \\ I_b = I_{ab} K_{ab} + I_{pb} K_{db} (\boldsymbol{L} \cdot \boldsymbol{N}) + I_{pb} K_{sb} (\boldsymbol{H} \cdot \boldsymbol{N})^n \end{cases} \tag{7-18}$$

Phong 光照明模型是真实感图形学中提出的第一个有影响的光照明模型,生成图像的

真实度已经达到可以接受的程度，如图 7-34 所示。但是在实际的应用中，由于它是一个经验模型，还具有以下一些问题：用 Phong 模型显示出的物体像塑料，没有质感；环境光是常量，没有考虑物体之间相互的反射光；镜面反射的颜色是光源的颜色，与物体的材料无关；镜面反射的计算在入射角很大时会产生失真等。

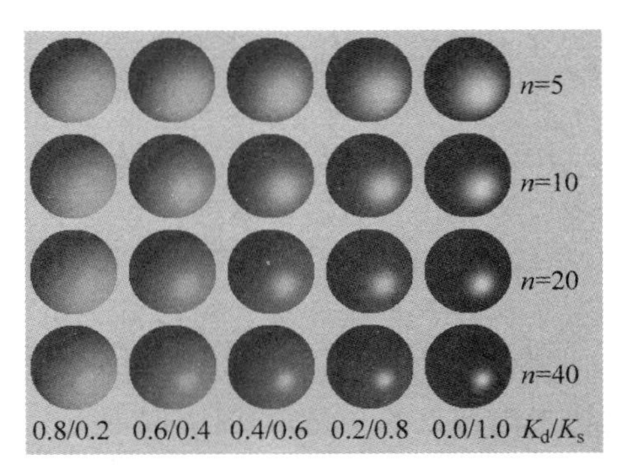

图 7-34　Phong 光照明模型示意彩图

6）增量式光照明模型

在 Phong 光照明模型中，由于光源和视点都被假定为无穷远，最后的光强计算公式就变为物体表面法向量的函数，这样对于当今流行的显示系统中用多边形表示的物体来说，它们中的每一个多边形由于法向一致，因而多边形内部的像素的颜色都是相同的，而且在不同法向的多边形邻接处，不仅有光强突变，而且还会产生马赫带效应，即人类视觉系统夸大具有不同常量光强的两个相邻区域之间的光强不连续性。

为了保证多边形之间的光滑过渡，使连续的多边形呈现匀称的光强，下面介绍增量式光照明模型。模型的基本思想是在每一个多边形的顶点处计算合适的光照明强度或参数，然后在各个多边形内部进行均匀插值，得到多边形的光滑颜色分布。它包含两个主要的算法：双线性光强插值和双线性法向插值。

(1) 双线性光强插值

双线性光强插值又被称为 Gouraud 明暗处理，它先计算物体表面多边形各顶点的光强，然后用双线性插值，求出多边形内部区域中各点的光强。

它的基本算法描述如下：

a）计算多边形顶点的平均法向；

b）用 Phong 光照明模型计算顶点的平均光强；

c）插值计算离散边上的各点光强；

d）插值计算多边形内域中各点的光强。

下面我们分别介绍算法中的每一个步骤。

① 顶点法向计算

尽管平面多面体本身是由曲面离散近似得到，如果用曲面几何信息计算法向，与光强插值的初衷不符，因而我们必须仅用多边形间的几何与拓扑信息来计算顶点的法向。在这里，我们用与顶点相邻的所有多边形的法向的平均值近似作为该顶点的近似法向量。假设顶点 A 相邻的多边形有 k 个，法向分别为 $\boldsymbol{N}_1, \boldsymbol{N}_2, \cdots, \boldsymbol{N}_k$，我们取顶点 A 的法向为

$$\boldsymbol{N}_a = \frac{1}{k}(\boldsymbol{N}_1 + \boldsymbol{N}_2 + \cdots + \boldsymbol{N}_k)$$

在一般情况下，用相邻多边形的平均法向作为顶点的法向，与该多边形物体近似的曲面的切平面比较接近，这也是我们采用上面方法计算法向的一个重要原因。

② 顶点平均光强计算

在求出顶点 A 的法向 $\boldsymbol{N}_a$ 后，用 Phong 光照明模型计算在顶点处的光亮度。但是在 Gouraud 提出明暗处理方法时，Phong 模型还没有出现，他们采用的是

$$I = I_a K_a + I_p K_d (\boldsymbol{L} \cdot \boldsymbol{N}_a)/(r+k) \tag{7-19}$$

③ 光强插值

用多边形定点的光强进行双线性插值，可以求出多边形上各点和内部点的光强。在这个算法步骤中，把线性插值与扫描线算法相互结合，同时用增量算法实现各点光强计算。算法首先由顶点的光强插值计算各边的光强，然后由各边的光强插值计算出多边形内部点的光强，如图 7-35 所示。

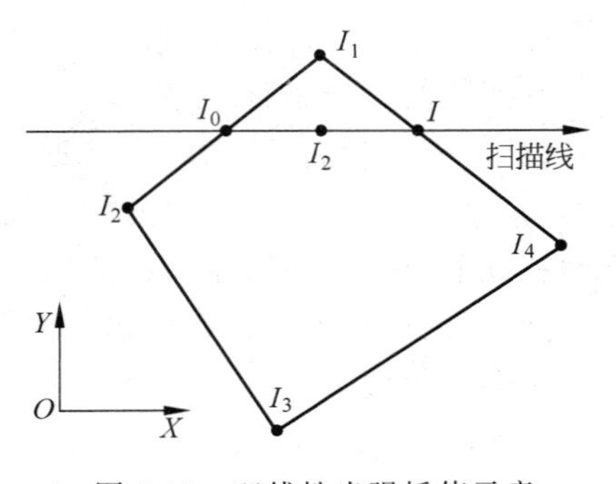

图 7-35 双线性光强插值示意

双线性光强插值的公式如下：

$$\begin{cases} I_a = \dfrac{1}{y_1 - y_2}[I_1(y_s - y_2) + I_2(y_1 - y_s)] \\ I_b = \dfrac{1}{y_1 - y_4}[I_1(y_s - y_4) + I_4(y_1 - y_s)] \\ I_s = \dfrac{1}{x_b - x_a}[I_b(x_b - x_s) + I_a(x_s - x_a)] \end{cases} \tag{7-20}$$

如果我们采用增量算法，当扫描线 y_s 由 j 变成 $j+1$ 时，新扫描线上的点 $(x_{a,j+1})$ 和 $(x_{b,j+1})$ 的光强，可以由前一条扫描线与边的交点 $(x_{a,j})$ 和 $(x_{b,j})$ 的光强作一次加法得到：

$$I_{a,j+1} = I_{a,j} + \Delta I_a$$

$$I_{b,j+1} = I_{b,j} + \Delta I_b$$

$$\Delta I_a = (I_1 - I_2)/(y_1 - y_2)$$

$$\Delta I_b = (I_1 - I_4)/(y_1 - y_4)$$

而在一条扫描线内部，横坐标 x_s 由 x_a 到 x_b 递增，当 x_s 由 i 增为 $i+1$ 时，多边形内的点 $(i+1, y_s)$ 的光强可以由同一扫描行左侧的点 (i, y_s) 的光强作一次加法得到，即

$$I_{i+1,s} = I_{i,s} + \Delta I_s$$

$$\Delta I_s = \frac{1}{x_b - x_a}(I_b - I_a)$$

(2) 双线性法向插值(Phong 明暗处理)

在双线性光强插值中，计算速度比以往的简单光照明模型有了很大的提高，同时解决了相邻多边形之间的颜色突变问题，产生的真实感图像颜色过渡均匀，图形显得非常光滑，这是它的优点。但是，由于采用光强插值，它的镜面反射效果不太理想，而且相邻多边形的边界处的马赫带效应不能完全消除。Phong 提出的双线性法向插值以时间为代价，可以部分解决上述弊病。双线性法向插值将镜面反射引进到明暗处理中，解决了高光问题。与双线性光强插值相比，该方法有如下特点：

① 保留双线性插值，对多边形边上的点和内域各点，采用增量法。

② 对顶点的法向量进行插值，而顶点的法向量，用相邻的多边形的法向作平均。

③ 由插值得到的法向，计算每个像素的光亮度。

④ 假定光源与视点均在无穷远处，光强只是法向量的函数。

双线性法向插值的公式与光强插值的公式基本类似，只不过是把其中的光强项用法向量项来代替罢了，把 I 换为 N，就有如下的插值公式：

$$\begin{cases} N_a = \dfrac{1}{y_1 - y_2}[N_1(y_s - y_2) + N_2(y_1 - y_s)] \\ N_b = \dfrac{1}{y_1 - y_4}[N_1(y_s - y_4) + N_4(y_1 - y_s)] \\ N_s = \dfrac{1}{x_b - x_a}[N_b(x_b - x_s) + N_a(x_s - x_a)] \end{cases} \tag{7-21}$$

同时，增量插值计算的公式也与光强插值公式相似，只要用法向代替光强即可，在这里不列出详细的公式。双线性光强插值可以有效地显示漫反射曲面，它的计算量小；而双线性法向插值与双线性光强插值相比，可以产生正确的高光区域，但它的计算量要大得多。当然，这两个插值算法的增量式光照明模型本身也都存在着一些缺陷，具体表现为：用这类模型得到的物体边缘轮廓是折线段而非光滑曲线；由于透视的原因，使等间距扫描线产生不均匀的效果；插值结果取决于插值方向，不同的插值方向会得到不同的插值结果等。

2. 阴影的生成

阴影是现实生活中一个很常见的光照现象，它是由于光源被物体遮挡而在该物体后面产生的较暗的区域，如图 7-36 所示。如果物体的阴影区域确定，就可把它结合到前面介绍的简单光照明模型中，对于物体表面的多边形，如果在阴影区域内部，那么该多边形的光强就只有环境光那一项，后面的那几项光强都为零，否则就用正常的模型计算光强。通过这种方法，就可以把阴影引入简单光照明模型中，使产生的真实感图形更有层次感。

图 7-36　阴影示意图

阴影的区域和形态与光源及物体的形状有很大的关系。在此，我们只考虑由点光源产生的阴影，即阴影的本影部分。从原理上讲，计算阴影的本影部分是十分清楚简洁的：从阴影的产生原因上看，有阴影区域的物体表面都无法看见光源，只要把光源作为观察点，那么在前面介绍的任何一种隐藏面消除算法可以用来生成阴影区域。下面我们就简单介绍几种阴影生成算法。

1）阴影多边形算法

Atherton 等人提出用隐藏面消除技术来生成阴影。把光源设为视点，这样物体的不可见面就是阴影区域，利用隐藏面消除算法就可以把可见面与不可见面区别开来。相对光源可见的多边形被称为阴影多边形，而不见面就是非阴影多边形，这样非阴影多边形就处在物体多边形的阴影区域中。该算法的步骤也十分简单，它首先用传统的隐藏面消除技术，相对于光源，把物体上的多边形区分为阴影多边形、非阴影多边形和逆光多边形，这是区分多边形阶段，然后就是显示阶段，需要计算物体表面各个多边形的光强，对于非阴影多边形和逆光多边形，用某种方法来减少正常计算出来的光强值，使其有阴影的效果。利用这个算法可以合理确定物体表面的阴影区域，对于阴影信息的获取是非常有效的。

2）阴影域多面体算法

在物体空间中，按照阴影的定义，若光源照射到的物体表面是不透明的，那么在该表面后面就会形成一个三维的多面体阴影区域，该区域被称为阴影域(shadow volume)。实际上，阴影域是一个以被光照面为顶面，表面的边界与光源所张的平面系列为侧面的一个半开三维区域，任何包含于阴影域内的物体表面必然是阴影区域。在我们的透视变换生成图像的过程中，屏幕视域空间常常是一个四棱锥，用这个四棱锥对物体的阴影域进行裁剪，那么裁剪后得到的三维阴影域就会变成封闭多面体，我们称其为阴影域多面体。通过这种方法得到物体的阴影域多面体后，我们就可以利用它们来确定场景中的阴影区域。对于场景中的物体，只要与这些阴影域多面体进行三维布尔交运算，计算出的交集就可以被定为物体表面的阴影区域。该算法中涉及大量的复杂三维布尔运算，对于场景中每一个光源可见面的阴影域多面体都要进行求交运算，算法的计算复杂度相当可观。因而这个算法关键是如何有效地判定一个物体表面是否包含在阴影域多面体之内。

Crow 提出的生成阴影算法是基于扫描线隐藏面消除算法的，获得了广泛的应用。

3) 其他方法

实际上，现有的整体光照明模型如光线跟踪算法和辐射度算法都可以很好地处理阴影的生成问题，这里不再赘述。

3. 局部光照明模型

在真实感图形学中，仅处理光源直接照射物体表面的光照明模型称为局部光照明模型，而与此相对应的，可以处理物体之间光照的相互作用的模型称为整体光照明模型。前面讨论的简单光照明模型，可以计算经点光源照明的物体表面的光强，实际上就是一种局部光照明模型，但是，它是一种经验模型，认为镜面反射项与物体表面的材质无关，这与实际的情况是不一致的。

4. 光透射模型

无论是简单光照明模型还是局部光照明模型，它们只考虑了由光源引起的漫反射现象和镜面反射现象，而对于光的透射现象都没有处理，这显然不能满足真实感图形学的要求。

对于透明或半透明的物体，在光线与物体表面相交时，一般会产生反射与折射，经折射后的光线将穿过物体而在物体的另一个面射出，形成透射光。如果视点在折射光线的方向上，就可以看到透射光。

反射光可以用简单光照明模型或局部光照明模型计算，而对透射光的计算，Whitted 模型第一次给出光线跟踪算法的范例。Hall 在此进一步给出 Hall 光透射模型，考虑了漫透射和规则透射光。

透明效果的简单模拟问题：由于透明物体可以透射光，因而我们可以透过这种材料看到后面的物体。由于光的折射通常会改变光的方向，要在真实感图形学中模拟折射，需要较大的计算量。在 Whitted 和 Hall 提出光透射模型之前，为了能够看到一个透明物体后面的东西，就有一些透明效果模拟的简单方法。

在这类方法中主要的是颜色调和法，如图 7-37 所示。该方法不考虑透明体对光的折射以及透明物体本身的厚度，光通过物体表面是不会改变方向的，故可以模拟平面玻璃，前面介绍的隐藏面消除算法都可以用于实现模拟这种情况。

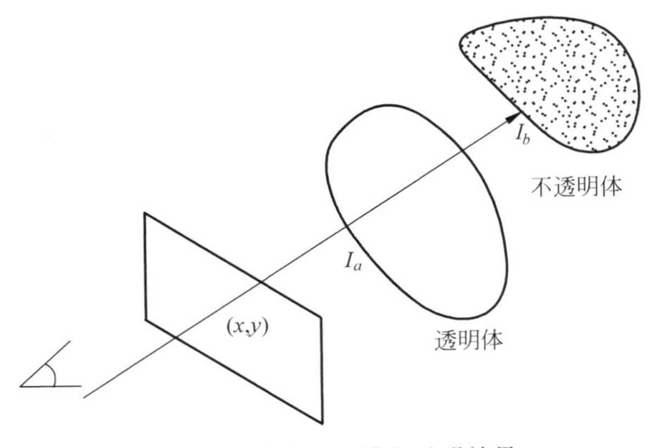

图 7-37 颜色调和模拟透明效果

5. 纹理及纹理映射

用前面的方法生成的物体图像，往往由于其表面过于光滑和单调，看起来反而不真实，这是因为在现实世界中的物体，其表面通常有它的表面细节，即各种纹理，如木纹、装饰图案、机器外壳表面名称、型号等。通过颜色或明暗度变化体现出表面细节，这种纹理称为颜色纹理。另一类纹理则是由于不规则的细小凹凸造成的，例如橘子皮表面的皱纹。

从根本上说，纹理是物体表面的细小结构，它可以是光滑表面的花纹、图案，是颜色纹理，一般都是二维图像纹理，当然也有三维纹理；纹理还可以是粗糙的表面（如橘子表面的皱纹），它们被称为几何纹理，是基于物体表面的微观几何形状的表面纹理。一种最常用的几何纹理就是对物体表面的法向进行微小的扰动来表现物体表面的细节。图 7-38 是纹理映射场景的一个部分，其中墙的砖块纹理和地板的木条纹理都是二维图像。

图 7-38 纹理映射场景

对于纹理映射，需要考虑以下三个问题：

（1）考察简单光照明模型，当物体上的什么属性被改变，就可产生纹理的效果。我们先给出简单光照明模型的式子

$$I = I_a K_a + K_d I_d(\boldsymbol{N} \cdot \boldsymbol{L}) + K_s I_s(\boldsymbol{N} \cdot \boldsymbol{H})^n \tag{7-22}$$

通过分析上面的公式及结合前面的介绍，可以改变的物体属性有：改变漫反射系数来改变物体的颜色，或者改变物体表面的法向量。

（2）实感图形学中，可以用如下的两种方法来定义纹理。

① 图像纹理：将二维纹理图案映射到三维物体表面，绘制物体表面上一点时，采用相应纹理图案中相应点的颜色值。

② 函数纹理：用数学函数定义简单的二维纹理图案，如方格地毯。或用数学函数定义随机高度场，生成表面粗糙纹理即几何纹理。

（3）在定义了纹理以后，还要处理如何对纹理进行映射的问题。对于二维图像纹理，就是如何建立纹理与三维物体间的对应关系；而对于几何纹理，就是如何扰动法向量。

6. 整体光照明模型

简单光照明模型和局部光照明模型虽然可以产生物体的真实感图像，但它们都只是处理光源直接照射物体表面的光强计算，不能很好地模拟光的折射、反射和阴影等，也不能用来表示物体间的相互光照明影响；而基于简单光照明模型的光透射模型，虽然可以模拟光的折射，但是这种折射的计算范围很小，不能很好地模拟多个透明体之间的复杂光照明现象。对于上述的这些问题，就必须要有一个更精确的光照明模型。整体光照明模型就是这样的一种模型，它是相对于局部光照明模型而言的。在现有的整体光照明模型中，主要有光线跟踪和辐射度两种方法。

在这里仅讨论光线跟踪算法的基本原理。

光线跟踪算法是真实感图形学中的主要算法之一，该算法具有原理简单、实现方便和能够生成各种逼真的视觉效果等突出的优点。在真实感图形学对光线跟踪算法的研究中，Whitted 提出了第一个整体光照模型，并给出一般性光线跟踪算法的范例，综合考虑了光的反射、折射透射、阴影等。

由光源发出的光到达物体表面后，产生反射和折射，简单光照明模型和光透射模型模拟了这两种现象。在简单光照明模型中，反射被分为理想漫反射和镜面反射光，在简单光透射模型中把透射光分为理想漫透射光和规则透射光。由光源发出的光称为直接光，物体对直接光的反射或折射称为直接反射和直接折射，相对而言，把物体表面间对光的反射和折射称为间接光、间接反射、间接折射。这些是光线在物体之间的传播方式，是光线跟踪算法的基础。

最基本的光线跟踪算法是跟踪镜面反射和折射。从光源发出的光遇到物体的表面，发生反射和折射，光就改变方向，沿着反射方向和折射方向继续前进，直到遇到新的物体。但是光源发出的光线，经反射与折射，只有很少部分可以进入人的眼睛。因此实际光线跟踪算法的跟踪方向与光传播的方向是相反的，而是视线跟踪。由视点与像素(x,y)发出一根射线，与第一个物体相交后，在其反射与折射方向上进行跟踪，如图 7-39 所示。

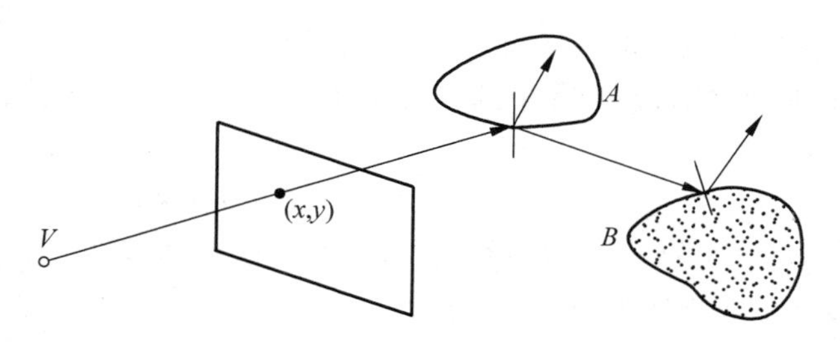

图 7-39 基本光线跟踪光路示意图

7.4.5 实时真实感图形学技术

前面介绍了各种光照明模型及它们在真实感图形学中的一些应用方法，它们都是用数学模型来表示真实世界中的物理模型，可以很好地模拟出现实世界中的复杂场景，所生成的真实感图像可以给人以高度逼真的感觉。但是,我们发现,用这些模型生成一幅真实感图像都需要较长的时间,尤其对于比较复杂的场景,绘制的时间甚至可以达到数个小时。尽管现在的计算机硬件水平有了很大的提高,而且对于这些真实感图形学算法的研究也有了很大的发展,但是,真实感图形的绘制速度仍然不能满足某些需要实时图形显示的任务要求。例如在某些需要动态模拟、实时交互的科学计算可视化以及虚拟现实系统中,它们对于生成真实感图形学的实时性要求很高,必须采用实时真实感图形学技术。

实时真实感图形学技术是在当前图形算法和硬件条件的限制下提出的在一定的时间内完成真实感图形图像绘制的技术。一般来说,它是通过损失一定的图形质量来达到实时绘制真实感图像的目的。就目前的技术而言,主要是通过降低显示三维场景模型的复杂度来实现,这种技术被称为层次细节(level of detail,LOD)显示和简化技术,是当前大多数商业实时真实感图形生成系统中所采用的技术。在最近的几年中,又出现了一种全新思想的真实感图像生成技术——基于图像的绘制技术(image based rendering),它利用已有的图像来生成不同视点下的场景真实感图像,生成图像的速度和质量都是以前的技术所不能比拟的,具有很高的应用前景。

实时真实感图形学技术是当前计算机图形学邻域中的研究热点,它还处在研究阶段,还没有形成非常系统的理论知识。

1. 层次细节显示和简化

在实时生成真实感图形图像的过程中,前面已经介绍过,如果我们要得到某种特定的视觉效果,那么生成图像的算法的选择是有限的,因而要实现实时性,我们只有从需要绘制的三维场景本身入手。在当前的真实感图形学中,需要绘制的三维场景的复杂度都非常高,一个复杂的场景可能会包含几十甚至几百万个多边形,要实现对这种复杂场景的实时真实感图形绘制是很困难的。一种自然的想法就是通过减少场景的复杂度,来提高图像绘制的速度。如图 7-40 所示为场景简化的效果比较,层次细节显示和简化技术就是在这种背景下提出来的。

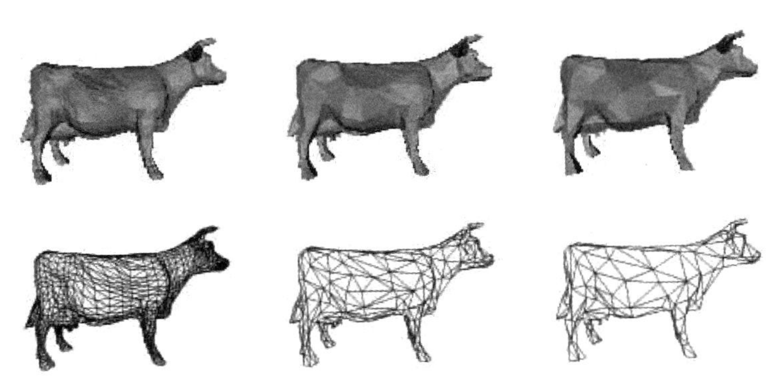

图 7-40 简化场景的效果比较

2. 基于图像的绘制技术

在层次细节显示和简化中,是从物体场景的几何模型出发的,通过减少场景的几何复杂程度，也就是减少真实感图形学算法需要渲染的场景面片数目，来提高绘制真实感图像的效率，达到实时的要求。但是，随着计算机水平的发展，人们可以得到高度复杂的三维场景，对于这种场景，我们即使对其层次简化到一定的程度，它的复杂度仍然很高，而不能被现有水平的计算机实时处理，同时我们又不能把场景简化程度很大，这样会导致图像质量的严重降低，而失去真实感图像的最初目的。这样，需要一种能够对高度复杂的场景进行实时真实感图形绘制的技术。最近几年，满足这种要求的技术才开始出现，那就是基于图像的绘制技术。

基于图像的绘制技术与前面的真实感图像算法完全不同，它是从一些预先生成好的真实感图像出发，通过一定的插值、混合、变形等操作，生成不同视点处的真实感图像。在这种技术中，我们不需要知道复杂场景的完全几何模型，我们需要的仅是与这个场景有关的一些真实感图像，因而图形的绘制是与场景复杂度相互独立的，从而彻底摆脱传统方法的场景复杂度的实时瓶颈。在这种技术中，绘制真实感图像的时间仅与图像的分辨率有关。

7.5 图形标准

随着计算机硬件的飞速发展，加之图形输入/输出设备种类十分繁杂，使得开发高性能的交互式图形系统变得越来越困难、越复杂，并且难以在不同的计算机和图形设备之间进行移植。因此，制定图形软件的标准是非常必要的。

对交互式图形系统而言，所谓可移植性即：应用程序在不同系统之间的可移植性；应用程序与图形设备的无关性；图形数据的可移植性；程序员的可移植性。

为实现这些要求，交互式图形系统中有3个接口必须要实现标准化，如图7-41所示。

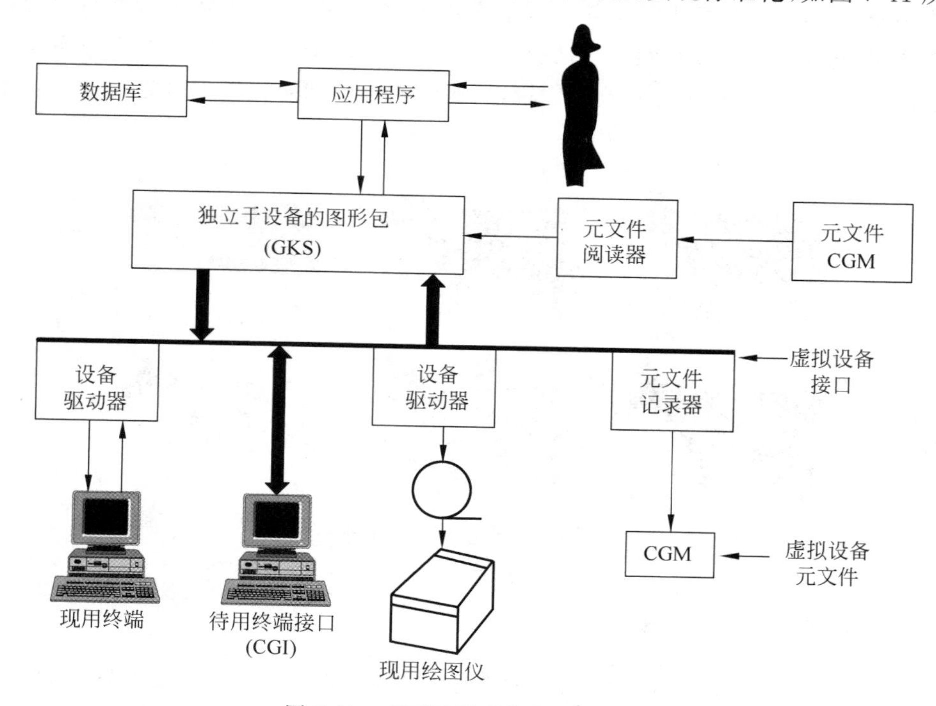

图7-41 交互图形系统的3个接口

第一个接口是应用程序与图形软件的接口。这是一个软件接口，称为“应用接口”。图形软件是一组常用的有关图形处理的子程序的集合，它隔离了应用程序与图形物理设备的联系。该接口的标准化，就可实现应用程序在源程序级的可移植性。这个标准就是所谓的图形标准。

图形标准是一组由基本图元(点、线、面)和属性(线型、颜色等)构成的标准通用图形系统，它们以子程序的形式支持应用图形系统，应用程序通过调用这些图形标准子程序，即可生成图形和图像，并通过交互显示设备实现图形的输入/输出。

目前已经被国际标准化组织(ISO)接受为国际标准的图形系统有3个：一是二维图形核心系统(graphics kernel system，GKS)；二是三维图形核心系统GKS-3D；三是程序员层次交互式图形系统(programmer hierarchical interactive graphics system，PHIGS)。

第二个接口是图形软件与图形输入/输出设备之间的接口。它也是一个程序接口，称之为“虚拟图形设备接口”，该接口的标准化，即可实现图形软件与图形设备的无关性。ISO已为这个接口制定了标准，即CGI(computer graphics interface)。

CGI是与设备无关的计算机图形软件与一个或多个设备相关的图形设备驱动器之间进行控制和数据交换的标准。它既可以以子程序包的形式直接提供给用户使用，也可以作为隐含的标准支持软件实现GKS、PHIGS等高层的图形标准。

第三个接口是数据接口。它规定了记录图形信息的数据文件的格式。该标准使程序与程序之间或系统与系统之间相互交换图形数据成为可能。ISO为这个接口制定的标准为CGM(computer graphics metafile)，以及初始图形交换规范(IGES)等。

下面只对图形标准GKS、GKS-3D和PHIGS作一简要介绍。

7.5.1 图形核心系统(GKS)

1977年前联邦德国国家标准化组织第一次出版了二维GKS系统草案，以后不断修改、扩充，1985年8月GKS被国际标准化组织(ISO)接受为正式国际标准。

GKS提供了应用程序和图形输入/输出设备之间的接口。它只定义了一个独立于语言的图形系统核心。GKS的实现是依靠操作系统和硬件支持的，在具体应用中，按照所使用的语言的约定，把GKS嵌入到程序中。目前大多采用C、PASCAL和FORTRAN语言。

GKS作为通用的基础软件为计算机绘图提供各种服务，图7-42的GKS层次模型表示了图形核心系统在整个图形系统中的地位。每一层可以调用相邻底层的功能，这样应用程序可以存取下面所有层的信息，而所有的绘图操作都需要调用GKS的功能函数来完成。核心系统与语言接口层之间的接口是独立于语言的应用接口，它是由GKS标准定义的。在语言的接口层和面向应用层之间的接口是依赖于程序语言的应用接口。

1. 工作站

工作站(workstation)是GKS中十分重要的概念，GKS的全部绘图功能都是围绕工作

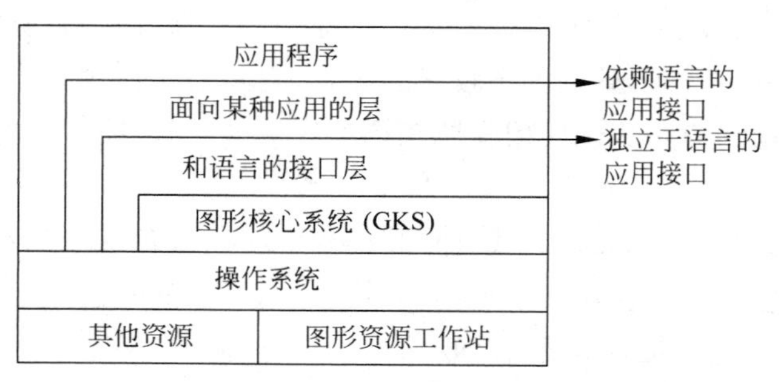

图 7-42　GKS的层次模型

站设定并在工作站上实现的。工作站的概念是GKS对图形系统设计方法论的基本贡献之一。

一个输出设备和几个输入设备组成一组，称作图形工作站，简称工作站。工作站一般由一个操作员使用操作。在GKS中工作站是一个抽象的图形设备。一个工作站允许有多个输入设备，但最多只能有一个输出设备。典型的工作站由一个键盘、一个鼠标器和一台图形显示器组成。若绘图机也与主机相连，则构成了另一个工作站。GKS允许应用程序启动系统中的几个工作站同时进行工作。

GKS共有6种工作站：

(1) 输出工作站：它有一个显示面，用于显示输出图形元素，例如绘图仪。

(2) 输入工作站：它至少有一个逻辑输入设备，例如数字化仪。

(3) 输入/输出工作站：它同时具有输入和输出功能。所有交互式设备都可看作输入/输出类工作站。

(4) 图形存储器工作站(WISS)。

(5) 元文件输入工作站(MI)。

(6) 元文件输出工作站(MO)。

后3种工作站是GKS特有的，用于暂时或永久地存储图形信息，为便于控制，GKS也把它们当作工作站对待。

工作站在使用前必须打开(open)，如果要在工作站上输出，还必须将它激活(activate)。工作站用毕后，应将它停止(deactivate)并关闭(close)。

GKS提供的每类工作站都对应一个工作站描述表，用来描述工作站功能和特性。

2. 坐标系

GKS有3种不同的坐标系：

(1) 世界坐标系(WC)：供用户应用程序使用，习惯上称为用户坐标系。

(2) 规格化的设备坐标系(NDC)：它是与设备无关也与应用无关的坐标系，它每一维坐标的取值范围为[0,1]，供GKS内部使用。

(3) 设备坐标系(DC)：图形设备在处理图形时所使用的坐标系。

由于GKS只支持二维对象的图形处理，因此上述3个坐标系都是二维坐标系。

GKS中使用的3种坐标系及其映射关系如图7-43所示。

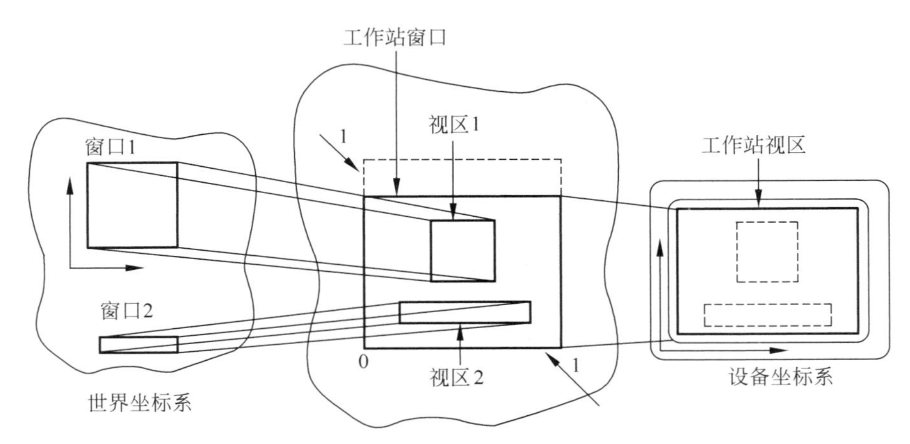

图 7-43 GKS 中的 3 种坐标系及其坐标变换

3. GKS 的图形输入与输出

(1) 图形输出

输出功能是 GKS 的核心。由 GKS 产生的图形输出建立在两组基本要素之上：输出原语和输出原语的属性。GKS 有 6 种输出原语。

① 折线(polyline)：折线是一组相互连接的线段，它由这些线段端点的坐标来描述。

② 多点标记(polymarker)：在给定离散点位置上生成某种类型的标记。标记符号可以是圆点、加号、星号、圈号、叉号等。

③ 文本(text)：在指定位置上输出一串 ASCII 字符，可以预先设定字符的字体、大小、间距、颜色等。

④ 填充区域(fill area)：在指定的多边形区域内，按预先设定的颜色、图案(pattern)、阴影线(hatch)填充。填充域也可以什么都不填，即为空心域。

⑤ 像元阵列(cell array)：指的是 GKS 生成的具有各自颜色的矩形单元的阵列，用于显示光栅图像。

⑥ 广义绘图原语(generalized drawing primitive)：有些工作站除了能显示上述几类图元之外，GKS 还为其增加了特殊的几何输出能力，如圆弧、椭圆、样条曲线等。

6 种输出原语如图 7-44 所示。输出原语的定义只包括了该项原语的几何形状信息，而图元的外貌则是由其属性控制的，输出图元的属性分两类：非几何属性和几何属性。非几何属性用来指定图元的外貌，如线型、线宽、颜色等；几何属性指定图元的附加几何参数，如字符的高度、方位等。仅文本原语和填充区域原语才有几何属性，其他原语没有几何属性。

(2) 图形输入

在 GKS 里，定义了 6 种类型的逻辑输入设备，它们是：

① 定位设备(locator)：用于提供用户坐标系中某点的坐标，并变换到规格化的设备坐标系中。

② 笔画设备(stroke)：能够向应用程序提供在用户坐标系下一组点的坐标，并变换到规格化的设备坐标系中。

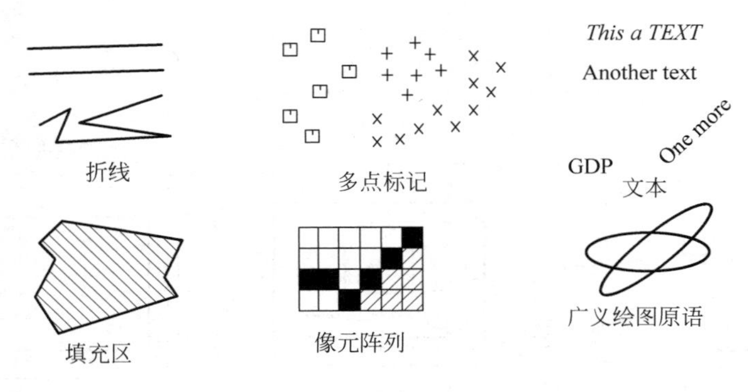

图 7-44　输出原语

③ 拾取设备(pick)：能够向应用程序提供一个图段名、状态和一个拾取标识符。

④ 选择设备(choice)：用来从应用程序提供给用户的一组选择项目中，挑选出一项，并向应用程序提供一个非负的整数。

⑤ 定值设备(valuator)：能够向应用程序提供一个实数值。

⑥ 字符串设备(string)：能够向应用程序提供一组字符串。

表 7-1 列出了 6 种设备输入信息的类型、它们的回显方式以及对应的典型物理设备。

表 7-1　GKS 的逻辑输入设备

名称	输入信息的类型	回显方式举例	典型的物理设备
定位设备	一个位置信息(x,y)及所在的视区	移动十字准线或光标	鼠标器、操纵杆、跟踪球、数字化仪
笔画设备	一组位置信息$\{(x_i,y_i)\}$及所在视区	在每个位置上显示一点	数字化仪、鼠标器、光笔
拾取设备	图段标识及图元标识	被选中的图段加亮显示	光笔、鼠标器、数字化仪
选择设备	所选项目的编号	菜单中被选择的项目加亮	按钮、功能键、鼠标器
定值设备	一个实数值	在屏幕上的某个位置显示出该数值或刻度	数字键盘、旋钮
字符串设备	字符串	在屏幕上某处显示出输入的字符	ASCII 键盘

上述的每一个逻辑输入设备都有 3 种输入方式：请求方式(request)、采样方式(sample)和事件方式(event)。

4. 图段

所谓图段，是指作为一个整体进行处理的一组图形输出原语的集合。GKS 引入图段的概念，是为了便于对图形中的某一部分实现位置、形状或大小等变化，也为了使图形中的某些部分易于多次重复生成。一般地，一幅图总是由若干图段组成的，每个图段都有不同的图段标识。

GKS 有生成、删除、重新命名和操作图段的功能。

图段通过调用 Create Segment(建立图段)和 Close Segment(关闭图段)功能函数来定义，在这两个语句之间的所有图形输出原语构成一个图段。

每个图段都有 5 种属性,它们影响图段中所有原始的状态值。这些属性分别为可见性、醒目性、可检测性、图段的优先级和图段变换。

5. GKS 的分级结构

GKS 是一个综合性的通用图形系统,它具有应用程序所需要的大部分图形功能,这意味着 GKS 是一个相当庞大的系统。但是,对于一些较为简单的应用而言,只要向应用程序提供 GKS 的一个子集就可以满足要求了。GKS 的所谓"分级结构"就是为此而设计的。

GKS 的输入功能可分 a、b、c 三级。输出功能也分成 0、1、2 三级(ISO 标准)。

a——不允许有输入功能。

b——仅允许有请求(request)输入功能。

c——允许有请求(request)、采样(sample)、事件(event)输入功能。

0——最低的输出能力。

1——全部输出功能,基本图段功能。

2——允许使用独立于工作站的图段存储器。

这样可以得到 9 个 GKS 级别,它们是 0a、0b、0c、la、lb、lc、2a、2b、2c;0a 是最简单的级,而 2c 是最高的级。GKS 的级是向上兼容的。

6. GKS 的程序设计

利用 GKS 开发应用程序时,在描述和显示一个物体的图形时,应用程序调用 GKS 函数的典型顺序如下:

```
open GKS
  {定义规格化坐标变换}
  set window
  set viewport
       …
           open workstation
           {定义图元的各种表示}
      set polyline representation
      set fill area representation
           …
      activate workstation
           {建立图段}
           Create segment
           {选择所需要的规格化变换和图元的某种表示}
           Select normalization transformation
           select poly1ine index
           select fill area index
           {输出图元}
           polyline
           fillarea
           {需要时可以改变规格化变换和图元的表示}
           select normalization transformation
           select polyline index
           {输出图元}
```

```
            polyline
            close segment
        deactive workstation
        close workstation
    close GKS
```

7.5.2 三维图形核心系统(GKS-3D)

GKS 是一个二维图形标准,它不能满足三维图形应用的要求。为此,德国标准化委员会与 ISO 合作,在 GKS 的基础上吸收了美国 CORE 系统的经验,制定了三维图形软件标准:GKS-3D。它是 GKS 的简单扩充,其设计原则是保证与 GKS 完全兼容。为此,原有 GKS 的二维功能均不作改动,所有新增加的功能都用于三维处理。

1. GKS-3D 新增加的功能

GKS-3D 比 GKS 增加了 6 种输出原语,即三维折线(Polyline 3)、三维标记(Polymarker 3)、三维文本(Text 3)、三维填充区域集(Fill area Set 3)、三维像元阵列(Cell Array 3)和三维通用原语(GDP3)。

2. GKS 与 GKS-3D 之间的转换

上面已提到 GKS-3D 与 GKS 是完全兼容的,即所有使用 GKS 开发的应用软件,不加改动就可以在 GKS-3D 上运行。实际上,在 GKS-3D 内部,在处理 GKS 定义的功能之前,需要把 GKS 定义的内容转换成三维的格式。方法是:

(1) 对二维坐标自动增加一个数值为 0 的 Z 分量。

(2) 把二维的 2×3 变换矩阵自动变换成 3×4 矩阵。

(3) 当把三维的定位、笔画、图形变换成二维时,自动地把 Z 坐标去掉。

3. GKS-3D 中的变换

GKS-3D 提供了 4 种变换:规格化坐标变换、工作站变换、图段变换和观察变换。

其中规格化坐标变换和工作站变换中所使用的窗口和视区,均不再使用矩形而是使用长方体来定义。图段变换矩阵则由 2×3 阵扩充为 3×4 阵。为了得到三维对象的二维图形表示,GKS-3D 中新增加了观察变换(viewing transformation)。GKS-3D 的变换过程如图 7-45 所示。其中规格化坐标变换、图段变换与工作站无关。而观察变换和工作站变换是与工作站相关的。

7.5.3 程序员层次结构交互式图形系统(PHIGS)

PHIGS 是由美国国家标准化委员会(ANSI)提出,经过 ISO 批准的另一个三维图形标准。它比 GKS-3D 功能更加丰富,但保持了与 GKS 基本兼容。与 GKS-3D 相比,PHIGS 具有以下特色。

(1) 它不仅是一个图形系统,而且也是一个造型系统(modelling system)。

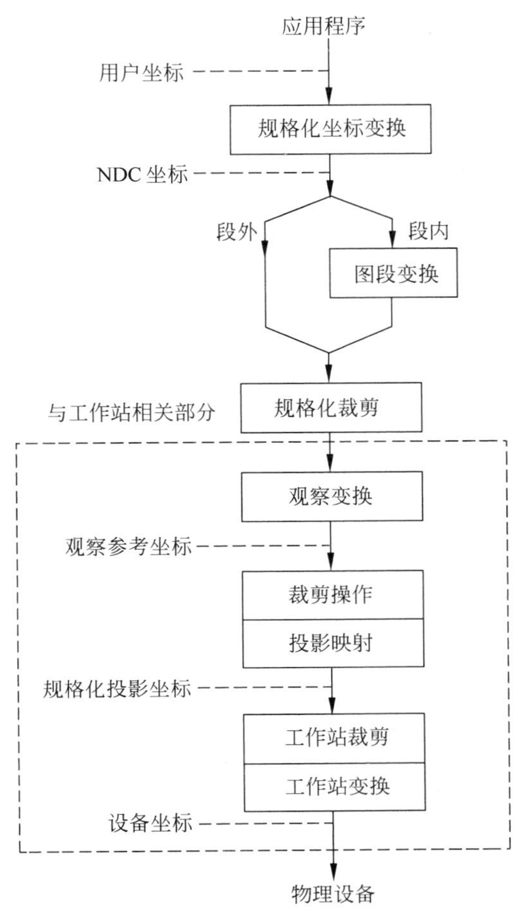

图 7-45　GKS-3D 中的变换流水线

(2) 它使用的动态层次结构模型存在一个中央结构存储器(centralized structure store, CSS)中。

(3) 具有更加丰富的图形处理功能。

与 GKS 一样,PHIGS 提供了应用程序与图形输入设备之间的一个功能接口,其在系统中的位置如图 7-46 所示。其中语言相关层指的是各种程序设计语言(如 C、FORTRAN、PASCAL 等)与 PHIGS 所提供功能的语言联编;面向应用层指的是为支持应用程序开发而提供的一组实用程序,如编辑程序、调试程序、菜单管理、字库管理、窗口管理等。

PHIGS 同时支持造型与图形显示,这更有利于应用系统的开发。由于 PHIGS 不分级,因此对小规模的应用程序来说,PHIGS 较庞大,它适于开发较大的三维图形系统。

PHIGS 的研究开发工作近年来发展很快,国外许多公司已在各种工程工作站中和大型计算机上实现了该标准的软件包。例如 Sun 公司开发的 SunPHIGS,以及 DEC 公司为 VAX 机开发的 VAXPHIGS 等,它们都是开发各种三维图形应用程序的有力工具。

由于 PHIGS 与 GKS 基本兼容,因此有些基本概念大致相同。

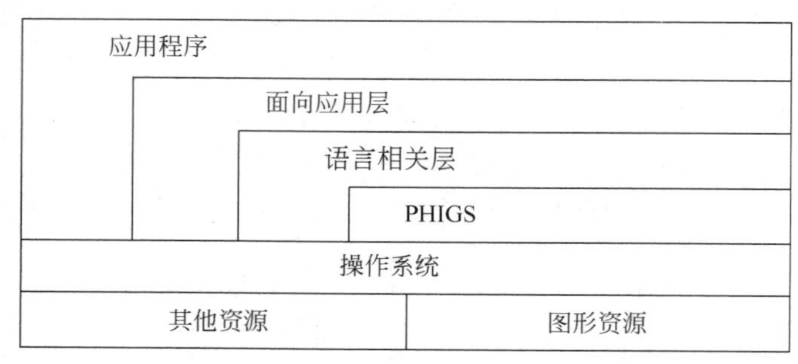

图 7-46　PHIGS 在系统中的地位

1. 工作站

PHIGS 工作站的概念与 GKS 基本相同。不同的是，PHIGS 是通过遍历中央结构存储器(CSS)中的一个指定结构(structure)并解释它的结构元素(structure element)来实现在某一工作站上输出图形的。

2. 坐标系与坐标变换

PHIGS 有 5 种坐标系：

(1) 造型坐标系(modelling coordinate system，MC)：三维的与设备无关的坐标系。

(2) 用户坐标系(world coordinate system，WC)：三维的与设备无关的坐标系。

(3) 观察参考坐标系(view reference coordinate system，VRC)：三维的与设备无关、与工作站相关的坐标系。

(4) 规格化投影坐标系(normalized projection coordinate system，NPC)：与设备无关，与工作站相关的三维坐标系。

(5) 设备坐标系(device coordinate system，DC)：与设备相关的三维坐标系。

PHIGS 支持上述 5 种三维坐标系，二维坐标系是三维坐标系 xyz 中 $z=0$ 的特例。

PHIGS 通过一系列坐标变换来建立上述各坐标系之间的对应关系，这些变换是：

(1) 造型变换(composite modelling transformation)：对图形数据进行造型变换后，将 MC 坐标变换成 WC 坐标。

(2) 观察方向变换(view orientation transformation)：实现窗口到视区的变换，将 WC 坐标变换成 VRC 坐标。

(3) 观察映射变换(view mapping transformation)：将 VRC 坐标变换成 NPC 坐标。

(4) 工作站变换(workstation transformation)：将 NPC 坐标变换成 DC 坐标。

PHIGS 的变换过程如图 7-47 所示。

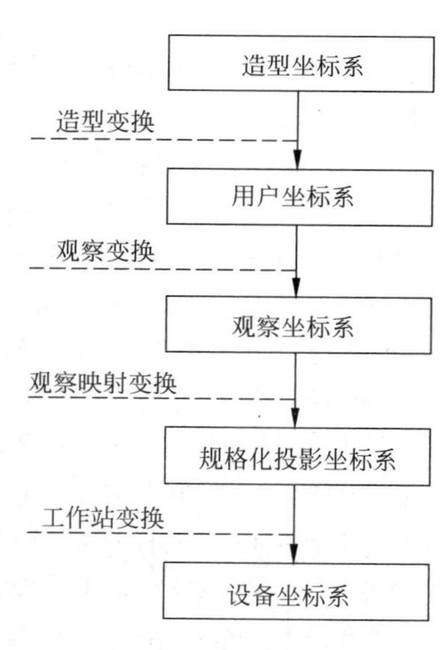

图 7-47　PHIGS 变换过程

3. 模块化的功能结构

PHIGS 的标准功能可划分为 9 个程序模块分别实现，各模块相对独立。如图 7-48 所示，一个模块仅通过系统的公共数据结构与其他模块间接连接。各模块调用的公共子程序集中在一个公共子程序模块中，从而使整个系统的逻辑结构清晰，且无重复的程序功能，因此便于逐个模块地进行程序开发，可利用已经测试通过的程序模块对正在调试的程序模块进行验证，这为整个 PHIGS 开发提供了方便。

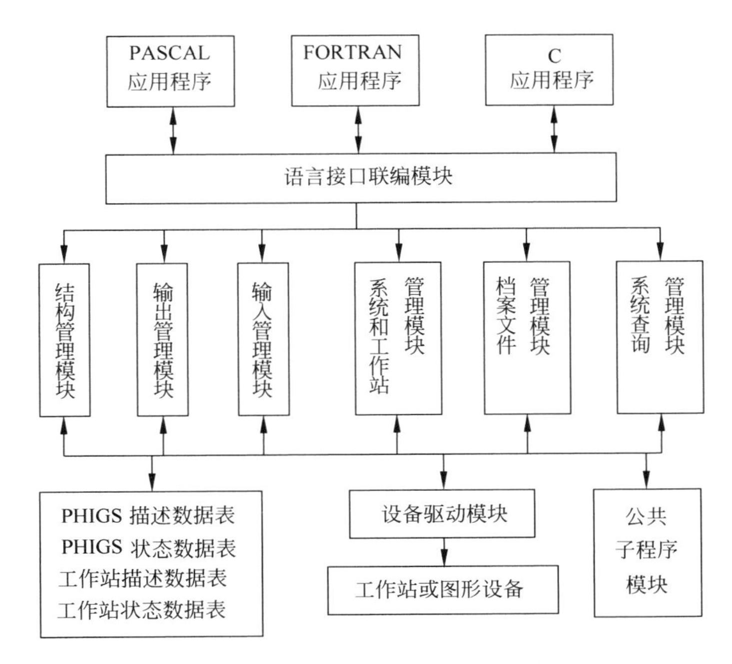

图 7-48 PHIGS 的程序功能模块结构

4. 中央结构存储器

PHIGS 将它处理的数据存放在一个中央结构存储器(CSS)中并对其进行管理和操作。

1) PHIGS 的结构概念

CSS 中基本单位是结构(structure)，它是由图形数据和应用程序组成的一个整体。每个结构由若干结构元素(structure element)组成，其中包括图形元素(如直线、标志、多边形、区域填充等)、属性元素、观察选择元素、模型变换矩阵元素、标号元素、应用数据元素和结构调用元素。一个结构可以引用另一个结构，通过结构的引用，可以建立层次式的结构网。PHIGS 提供了对 CSS 中的结构网络进行查询的各种功能。PHIGS 中结构存储的格式如图 7-49 所示。

2) 结构编辑功能

为了交互式地对所建立的模型进行修改，PHIGS 的应用程序提供了对结构中各个结构元素进行编辑的功能。例如：在结构中插入一个新的结构元素，替换一个结构元素，删除一个结构元素，在结构中进行检索、查找以及查询结构元素等。

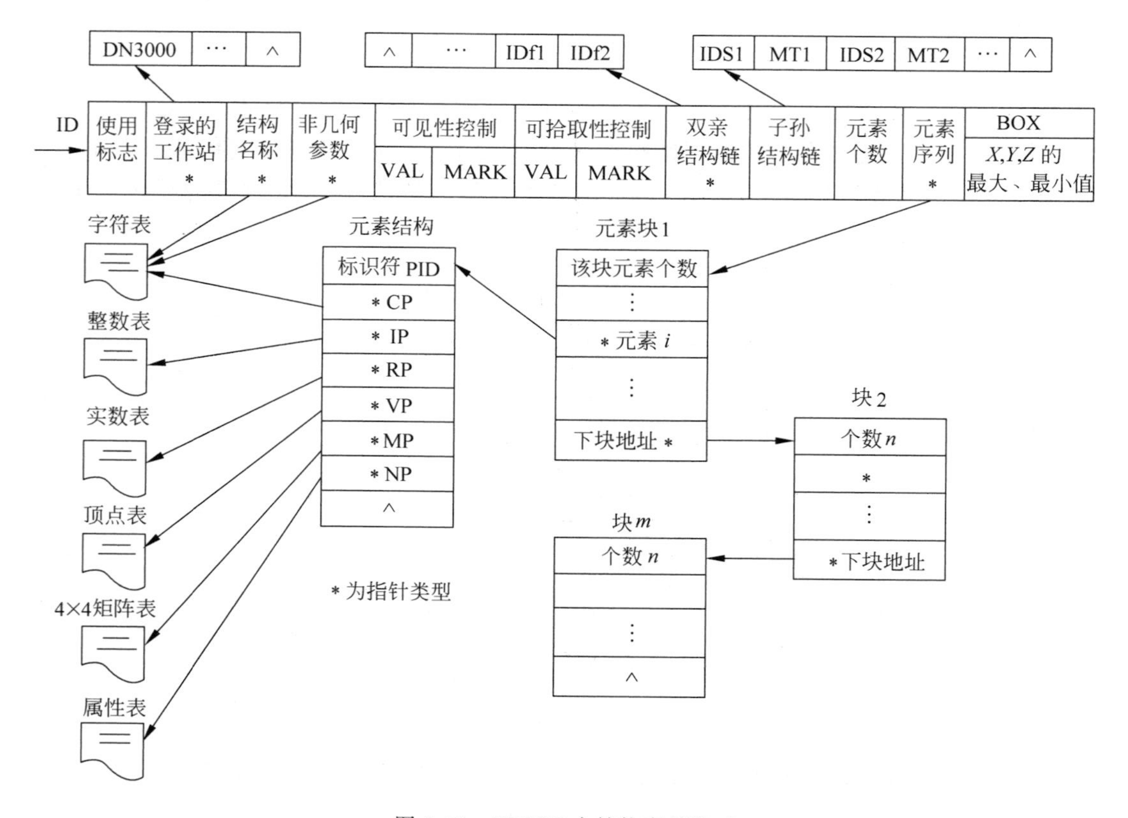

图 7-49　PHIGS 中结构存储格式

在 PHIGS 中，一个结构可看作是由一个具有隐含序号(1，2，…，n)结构元素序列所构成。结构中的元素序号是递增的，第一个元素序号为 1，第二个为 2，…。结构中的元素序号必须保持连续，因此，每个元素的序号不是固定的，它将随着插入新的元素或删除一个元素而变化。

5. 图形输出

与 GKS 类似，PHIGS 的图形输出由输出原语(output primitive)和原语属性(primitive attributes)两方面来控制实现。输出原语仅定义了图元的基本几何形状，属性决定图元的外貌，它控制图元在设备上输出的特征，如线型、颜色等。

PHIGS 提供一组输出原语，应用程序调用这些输出原语，可以构造层次结构的对象并由此生成其图形。PHIGS 主要有如下几种输出原语：

折线(POLYLINE)

多点标记(POLYMARKER)

文本(TEXT)

加注文本(ANNOTATION TEXT)

填充区(FILL AREA)

填充区集(FILL AREA SET)

像元阵列(CELL ARRAY)

广义图元(GENERALIZED DRAWING PRIMITIVE)

PHIGS 中图元的属性有 4 类：第一类是几何属性，它们影响图元的几何位置及形状；第二类是非几何属性，它们影响图元的外貌；第三类是观察属性；第四类是标识属性。

6. PHIGS 程序设计

应用程序调用 PHIGS 的一般顺序如下：

```
{打开 PHIGS}
OPEN_PHIGS(Error_File,Buffer_Size):
    {打开一个结构}
    OPEN_STRUCTURE(Structure_Id);
        {设置属性}
        {束属性方式}
        SET_POLYLINE_INDEX(Polyline_Index);
        {或单个属性方式}
        SET_LINETYPE(LineType);
        SET_LINEWIDTH_SCALE_FACTOR(Factor);
        SET_POLYLINE_COLOUR_1NDEX(Colour_Index);
          …
        {设置观察变换}
        SET_VIEW_INDEX(Index);
        {组织输出原语}
        POLYLINE_3(Point_Number,Point_Array);
            …
        {引用其他结构}
        EXECUTE_STRUCTURE(Structure_Id);
            …
        {其他结构元素}
            …
        {任意地按需要重复组织上述各种结构元素}
        {关闭结构}
        CLOSE_STRUCTURE;
        {打开工作站}
        OPEN_WORKSTATION(Ws_Id,Connection,Ws_Type);
        {输出属性检查}
        SET_DISPLAY_UPDATE_STATE(Ws_Id,Deferca1_Mode,Modification_Mode);
        {观察参数设置}
        SET_WORKSTATION_WINDOW_3(Ws_Id,Window_Limit);
        SET_WORKSTATION_VIEWPORT_3(Ws_Id,View_Limit);
        SET_VIEW_REPRESENTATION_3( … )
            …
        {关闭工作站}
        CLOSE_WORKSTATION(Ws_Id);
        {关闭 PHIGS}
 CLOSE_PHIGS;
```

第 8 章

CAD 中常用的数据结构

用计算机语言编写数值计算程序时，首先需要对变量进行数据类型说明，才能将数据提供给变量，由计算机对其进行存取和计算等操作，如 C 语言中的整型、浮点型等。数据类型实际上是语言系统提供的数据结构。

随着计算机的迅速发展，其应用也从单纯的数值计算领域扩展到非数值领域，而在非数值领域，计算机不仅要处理数值计算问题，更要大量处理包括图形、图像、文字、表格、声音等各种各样的复杂问题，这时提供给计算机的已不是简单的、孤立的数据，而是存在某些关系的数据。如图 8-1 所示五边形与五角形，5 个顶点 1、2、3、4、5 具有相同的坐标位置，不同之处在于顶点之间的连接顺序不同。显然，对于完成不同的图形，数据之间的组织和联系起了重要的作用。图 8-2 所示的 3 个表很好地说明了这个问题。

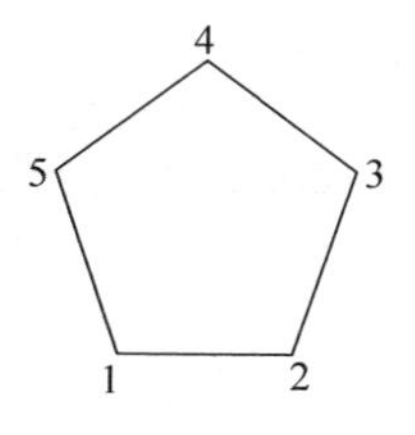

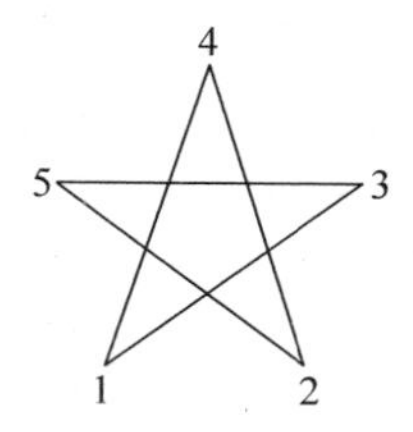

图 8-1　五边形与五角形

(a)

X1	Y1
X2	Y2
X3	Y3
X4	Y4
X5	Y5

(b)

1	2
2	3
3	4
4	5
5	1

(c)

1	3
3	5
5	2
2	4
4	1

图 8-2　五边形与五角形的顶点坐标及其关系

(a) 5 个顶点；(b) 五边形；(c) 五角形

如何有效地组织这些相互之间存在着密切联系的数据，并以一种可行的方式提供给计算机，以便让计算机程序可以按照要求去存取和处理这些数据，这就需要事先对这些数据进行组织构造，也就是需要首先确定它们的数据结构。

8.1　基本概念

1. 数据

数据是记录下来的可鉴别的符号，是用来描述客观事物的数字、字符、运算符号、图形等能够输入计算机中，并能被计算机接受和处理的各种符号的集合。对工程应用而言，数据含义极为广泛。

2. 数据元素

数据元素是数据的基本单位，是数据这个集合中的一个个体。例如，设计产品时，可以把该产品的每个部件看作一个相对独立的单元，这样每个部件就是一个数据元素。设计一个部件时，可以把该部件的每个零件看作一个相对独立的单元，这时每个零件就是一个数据元素。对一个零件进行形体分析时，可把零件看成是若干长方体、圆柱体等基本形体组成的，这些基本形体也可以作为一个数据元素。因此数据元素本身可能是简单的，也可能是复杂的，它只是相对独立的个体。

3. 数据的逻辑结构和物理结构

数据结构是指数据之间的关系，即数据之间的组织形式。数据结构的概念包括数据间的逻辑关系（即逻辑结构）和数据在计算机内的存储方式（即物理结构）。

（1）数据的逻辑结构是数据在用户面前呈现的方式。

（2）系统通过特定的软件，把数据元素写入存储器装置，就构成数据的物理结构，此过程称为映像。同一逻辑结构可以映像出多种物理结构。

数据的逻辑结构仅考虑数据之间的逻辑关系，它独立于数据的存储介质。通常所说的数据结构一般指数据的逻辑结构。

数据的物理结构也称存储结构，是数据的逻辑结构在计算机中的映像。它包括数据元素的映像和关系的映像，由系统通过特定的软件把数据写入存储介质，构成数据的物理结构。

计算机处理数据的最小单位叫作位（bit），一个位表示一个二进制的数，若干位组合起来形成一个位串。用一个位串表示一个数据元素，称这个位串为一个节点。节点是数据元素在计算机中的映像。映像的方法不同，数据元素在计算机中的存储结构也不同。顺序映像得到顺序的存储结构，非顺序映像得到非顺序的存储结构，也称链式存储结构。

在工程 CAD 应用中，要用到各种类型的数据结构，包括向量、数组、栈、队、链表、树和图等。

4. 数据类型

数据类型是程序设计语言允许变量所具有的种类。每种程序设计语言都提供一组基本的内部数据类型。如 FORTRAN 语言提供整型、实型、双精度型、复型、逻辑型、字符型等数据类型；C 语言提供字符型、整型、浮点型和双精度 4 种基本的数据类型。不同的数据类型确定了数据元素在计算机中所占有位串的大小，也决定了可表示的数值的范围。另外，有的程序设计语言还可以将不同类型的数据组合成一个有机的整体，构造出新的数据类型用来实现各种复杂的数据结构的运算。

8.2 线 性 表

8.2.1 线性表的逻辑结构

线性表是一种最常用、最简单的数据结构，是 $n(n \geqslant 0)$ 个数据元素的有限序列。可表达成下述逻辑结构：

$$(a_1, a_2, \cdots, a_{i-1}, a_i, a_{i+1}, \cdots, a_n)$$

其中，a_i 可以是一个数，可以是一个符号，还可以是一个线性表，甚至是更复杂的数据结构。

例如齿轮的标准模数 m（第一系列）可构造一个线性表，表中的数据元素是一个数。

(1,1.25,1.5,2,2.5,3,4,5,6,8,10,12,16,20,25,32,40,50)

表 8-1 所列的减速箱零件清单可构成一个线性表，表中的数据元素是由 4 个数据项组成一个记录。

表 8-1 减速箱零件清单

序号	名 称	数量	材料
1	箱 体	1	HT100
2	箱 盖	1	HT100
3	齿轮轴	1	45
4	轴	1	45
5	齿 轮	1	45
6	端 盖	1	HT100
…	…	…	…

尽管线性表中的数据元素可能是各种各样的数据结构，但同一表中数据结构的类型是相同的。当 $n \neq 0$ 时，线性表中除第一个及最后一个元素外，每个元素都有且只有一个直接前驱，有且只有一个直接后继。线性表的长度定义为线性表中数据元素的个数 n。当 $n=0$ 时为空表。

8.2.2 线性表的顺序存储结构

线性表在计算机存储器中的存储形式，可以按照数据元素的逻辑顺序依次存放，即用一组连续的存储单元依次存储各个数据元素，这种将线性表元素按其排列顺序存入一片连续的存储单元中的存储形式称为顺序存储结构。在顺序存储结构中，数据元素在存储器中的存放地址和该元素的下标之间存在着一一对应的关系。假定每个数据元素占用 l 个存储单元，第一个数据元素占用的第一个存储单元的地址为该数据元素的存储位置，则第 i 个数据元素的存储位置为

$$\mathrm{Loc}(a_i) = \mathrm{Loc}(a_1) + (i-1) \times l$$

图 8-3 是线性表的存储结构示意图。

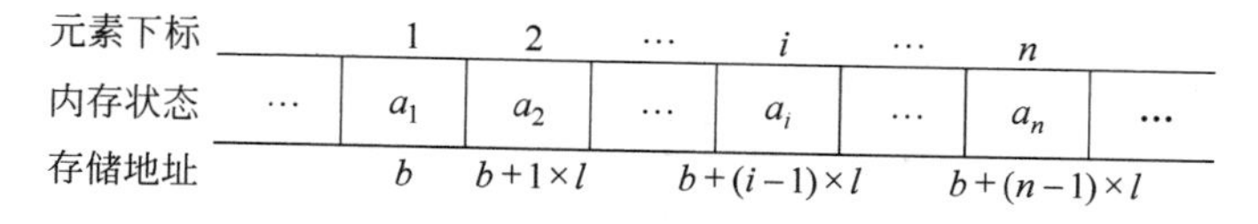

图 8-3 线性表的存储结构示意图

可见，只要知道线性表的首地址和数据元素的序号，就能知道这个数据元素的实际地址。因此，对线性表元素的存取是很方便的。

线性表顺序存储结构的特点如下：

(1) 均匀性：每个数据元素所占存储空间的长度相同。

(2) 有序性：各数据元素之间的存储顺序与逻辑顺序一致。

数组可以看成是线性表定义的扩充，因此，可以用数组来顺序地表示线性表，如一维数组的逻辑结构是一个简单的线性表，数组元素是线性表的数据元素，下标值可对应于数据元素的逻辑序号。同一数组的元素通过其下标相互区别。

顺序存储情况下线性表的运算主要包括表的删除和插入。

1. 从线性表中删除一个数据元素

为保持线性表的有序性和均匀性，从线性表中删除一个数据元素后，被删除元素之后的所有数据元素均应向前移动一个数据元素所占的存储空间的长度。如删除第 3 个数据元素，如图 8-4 所示。

2. 将一个新的数据元素插入到线性表

将一个新的数据元素(它的数据类型必须与线性表中的数据类型相同)插入到线性表的第 i 个位置，即第 $i-1$ 个与第 i 个元素之间。为了保证线性表的均匀性和有序性，需要将第 i 个数据元素及其之后的所有数据元素向后移动一个数据元素所占有的长度，然后将这个新的数据元素存放在第 i 个位置。如在第 3 个位置，插入一个数据元素 I，如图 8-5 所示。

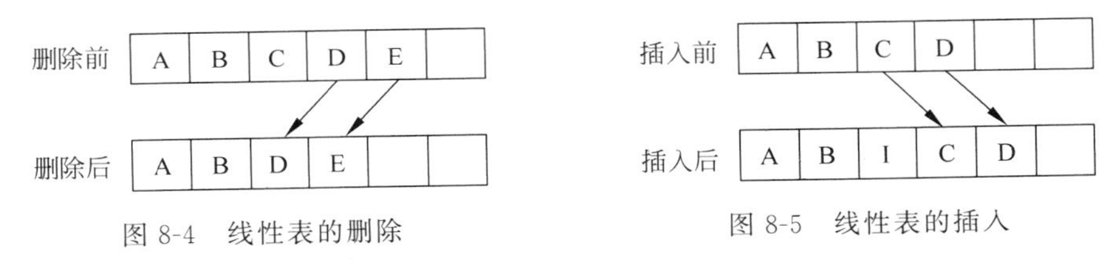

图 8-4 线性表的删除　　图 8-5 线性表的插入

对于顺序存储结构的线性表，要访问、修改某一元素非常方便，但在删除、插入运算时，需要对数据元素作大量的移动，这样会增加运算时间。对于长度可能发生变化的线性表必须按最大的长度分配存储空间，而且表的容量也不能随意扩充。因此，这种存储结构多用于长度变化不大、查找频繁、很少增删的场合，例如工程手册中的数表。

8.2.3 线性表的链式存储结构

1. 链式存储结构的特点

用一组任意的存储单元存放线性表的数据元素，这些存储单元可以是不连续的，为了建立线性表中元素的线性逻辑关系，除了存储元素本身的数据信息，还要存储这个元素直接后继或直接前趋的存储位置。这两种信息组成数据元素的存储映像，称为节点。节点包含两种域，存放数据元素本身的域称为数据域，存放直接后继或直接前趋的域称为指针域。指针域中存放的信息称作指针。单向链表的节点的结构如图 8-6 所示。

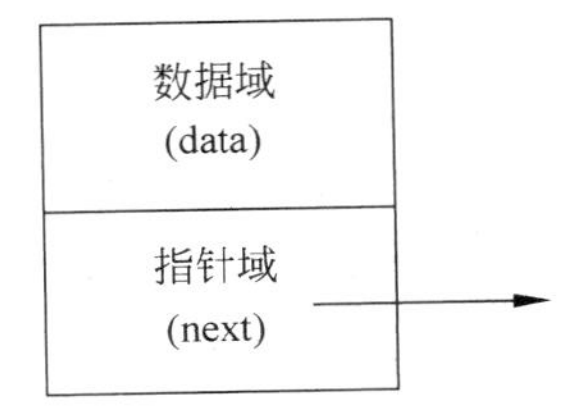

图 8-6 单向链表的节点

2. 单向链表

单向链表是链表结构中最简单的一种。单向链表节点只有一个指针域,指针域中存放的指针指出了该节点直接后继的地址,如图 8-7 所示。为了指示链表第一个元素的地址,需要设置一个指针变量指向第一个节点的地址,称为表头。通常设置一个与链节点相同的节点作为表头。它的指针域存放第一个元素的地址,数据域是空的,可以存放表的长度等信息。链表最后一个节点的指针域设置为 NULL,称为空指针(图中用∧表示)。

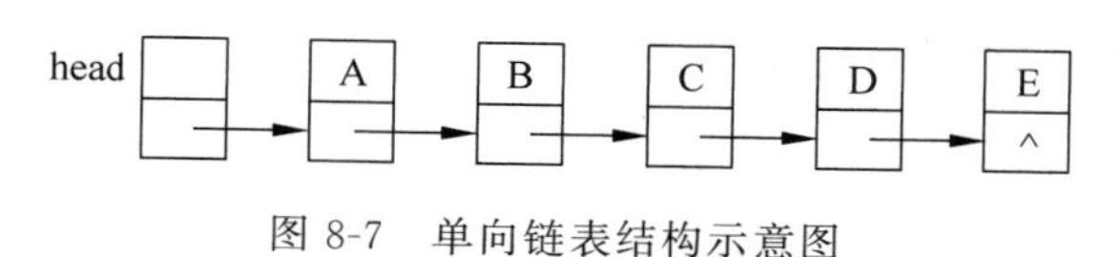

图 8-7 单向链表结构示意图

单向链表的运算主要包括表的建立、删除和插入等。运算过程如下。

1) 单向链表的建立

建立图 8-7 所示链表。首先定义节点的数据类型,数据域 data 是用来存放数据元素本身,即字符 A、B、C、D、E,指针域 next 存放该节点的直接后继的地址,所以它应该是指针型的。链表不需要事先指定它的长度,可以根据需要动态地申请存储空间,这一点是顺序存储结构无法做到的。

用 C 语言编写的建立单向链表的程序清单如下:

```
#include<stdio.h>
#define MAX 5
struct link {char data;                                         /*定义节点结构*/
             struct link *next;
             } *head;
main( )
{ int i;
    struct link *node, *temp;
    for(i=0; i<MAX; i++)  {
        node=(struct link *)malloc(sizeof(struct link))         /*申请存储空间*/
        node->data='A'+i;
        node->next=NULL;
        if(i= =0)
            head=temp=node;
        else  {
            temp->next=node;
            temp=node;
        }
    }
}
```

2) 单向链表的删除

若删除第 i 个数据元素,需要找到第 $i-1$ 个节点,将第 $i-1$ 个节点指针域中原指向第 i 个节点的指针 next 修改成指向第 $i+1$ 个节点,然后释放第 i 个节点所占存储空间,如图 8-8 所示。如何找到第 $i-1$ 个节点,是删除运算的关键。由于链表中各节点之间的逻辑关系是靠链指针来维持的,所以为了找到节点 i 的前一个节点,必须从链表的第一个节点开始,按照各节点链域提供的指针,顺序往下查找,直到找到节点 $i-1$ 为止。在查找过程中,必须暂时保存当前被删除的那个节点地址。

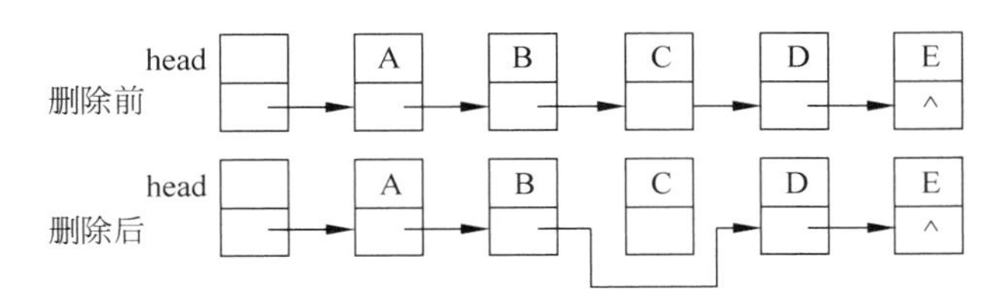

图 8-8　单向链表的删除运算示意图

用 C 语言编写的删除单向链表的程序清单如下:

```
delete(node)
struct link * node;
{ int i, j;
    struct link * temp;
    printf("删除第几个元素: ");
    scanf(" % d",&i);
    if(i > MAX)  {
        printf(" 超出链表范围");
        return( - 1);
    }
    j = 1;
    node = head;
    if(i <= 1)  {                          /* 如果第一个节点被删除 */
        head = node -> next;
        free(node);                        /* 释放节点存储单元 */
        return;
    }
    while(node)  {
        if(j++ = = i - 1)  {
            temp = node -> next;           /* 将第 i 个节点地址临时保存在 temp 中 */
            node -> next = temp -> next;   /* 将第 i - 1 个节点指针指向第 i + 1 个节点 */
            free(temp);                    /* 释放删除节点所占存储单元 */
            return;
        }
        node = node -> next;
    }
}
```

3) 单向链表的插入

若在第 i 个数据元素位置前插入一个节点,首先需要申请一个存储空间,得到一个新节点,然后找到第 $i-1$ 个,将第 $i-1$ 个节点的指针指向这个新的节点的地址,再将这个新节点的指针指向第 i 个节点的地址即可,如图 8-9 所示。

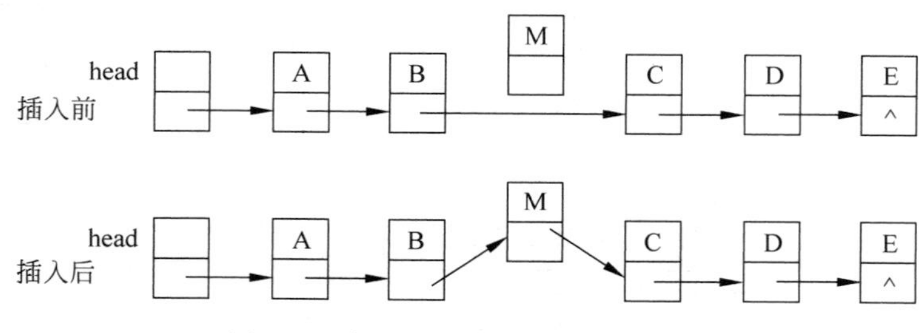

图 8-9　单向链表的插入运算示意图

3. 双向链表

单向链表用一个链域存放后继节点的指针，可以方便地找到该节点的直接后继，但如果要从一个节点查找它的直接前趋就很麻烦。如果在单向链表的基础上，每个节点均增加一个指针域，存放该节点的直接前趋的地址，如图 8-10 所示，就构成了双向链表。由于每一个节点都设有前、后两个指针，因此既能方便地查找其直接后继的地址，也能方便地查找其直接前趋的地址。

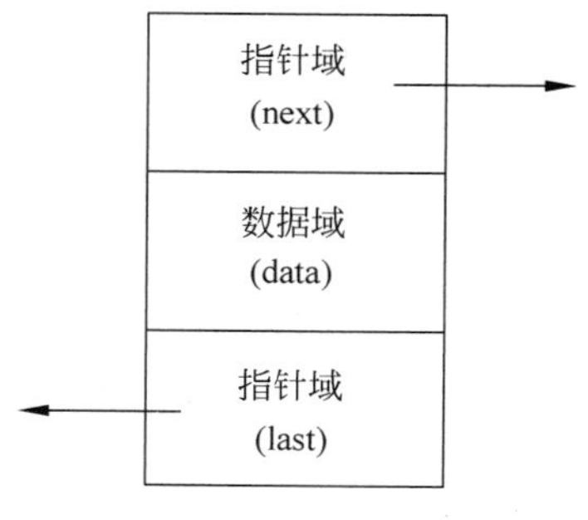

图 8-10　双向链表的节点

双向链表的第一个节点没有直接前趋，这个指针域设置为空。最后一个节点没有直接后继，也设置为空。为了识别链表最后一个元素的地址，需要增加一个节点，其指针指向最后一个节点的地址，该节点称为表尾，如图 8-11 所示。

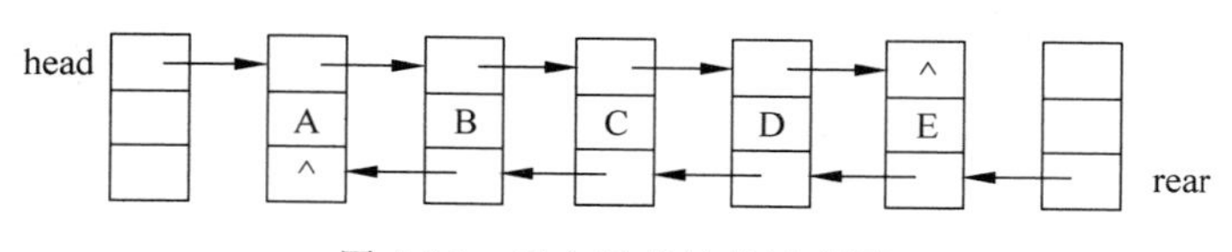

图 8-11　双向链表结构示意图

双向链表的建立、删除和插入运算如下。

1）双向链表的建立

首先定义双向链表节点的数据类型，数据域 data 用来存放数据元素的信息，指针域 next 指向节点直接后继的地址，指针域 last 指向节点直接前趋的地址，指针 head 为双向链表的表头，指针 rear 为双向链表的表尾。

用 C 语言编写的建立双向链表的程序清单如下：

```
#include <stdio.h>
#define MAX 5
struct link {  struct link *last;                    /*定义节点结构*/
                 char data;
                 struct link *next;
             }  *head, *rear;
main( )
```

```
{ int i;
    struct link *node, *temp;
    for(i = 0; i < MAX; i++)  {
        node = (struct link *)malloc(sizeof(struct link))  /* 申请存储空间 */
        node -> last = NULL;
        node -> data = 'A' + i;
        node -> next = NULL;
        if(i = = 0)
            head = temp = node;
        else  {
            temp -> next = node;
            node -> last = temp;
            temp = node;
        }
    }
    rear = temp;
}
```

2）双向链表的删除

若删除第 i 个数据元素，将节点 $i-1$ 的后继指针 next 指向节点 $i+1$，将节点 $i+1$ 的前趋指针 last 指向节点 $i-1$，如图 8-12 所示。然后释放节点 i 所占的存储空间。

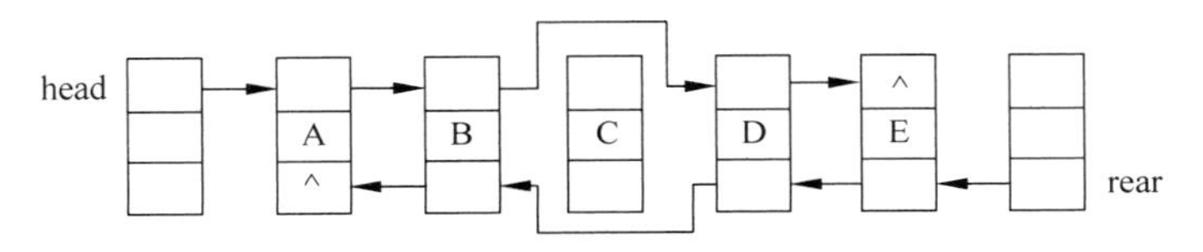

图 8-12　双向链表元素的删除 3

3）双向链表的插入

若在第 i 个数据元素前插入一个新的数据元素 M，首先为该元素申请存储空间，得到一个新节点，新节点的数据域存放该元素的值 M。将节点 $i-1$ 的后继指针 next 指向新节点，使新节点的后继指针 next 指向节点 i；将节点 i 的前趋指针 last 指向新节点，使新节点的前趋指针 last 指向节点 $i-1$，如图 8-13 所示。

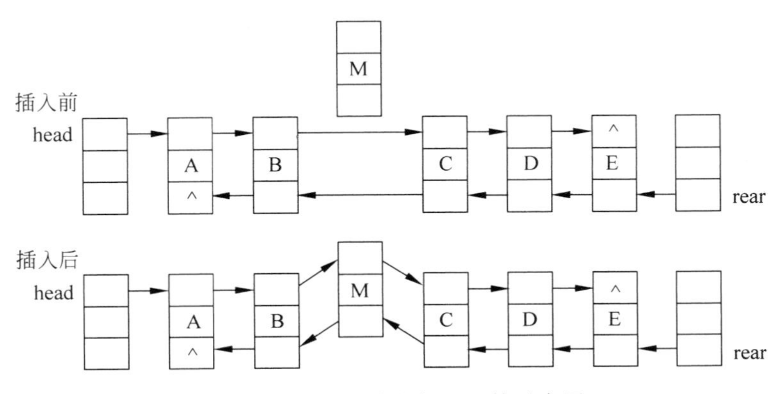

图 8-13　双向链表的插入运算示意图

4. 循环链表

在对单向链表进行删除和插入运算时，首先需要进行查找，以确定被删除节点的具体位置或新节点要插入的位置。为了找到表中的位置，必须从表头开始，逐一顺着链指针往下搜索，直到找到需要的节点为止，显然这是不方便的。为了改善这种情况，可以对单向链表结构进行改进，把链表的首尾相接，使之成为一个循环链表。如图 8-14 和图 8-15 所示是单向循环链表和双向循环链表结构示意图。

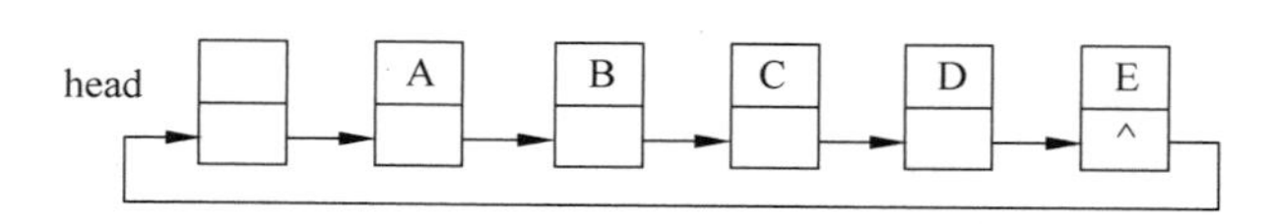

图 8-14　单向循环链表结构示意图

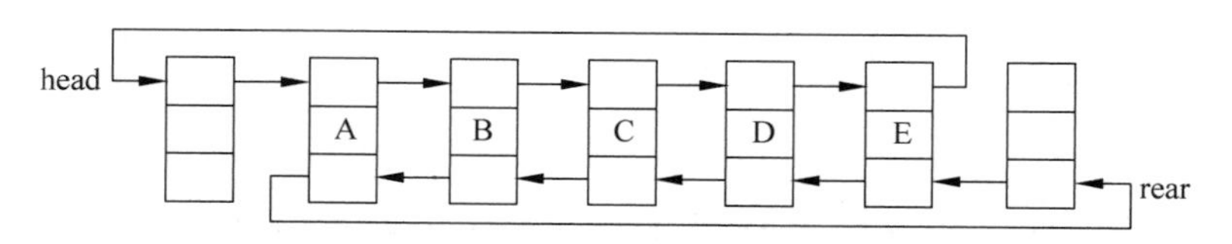

图 8-15　双向循环链表结构示意图

循环链表表头或表尾的数据域可以不赋具体的数据，它的链域用以存放指向链表中第一个或最后一个有效节点的地址指针。假如该链表是一个空表，即表中没有任何有效的节点，那么该指针反过来指向自己。与单向或双向链表相比，循环链表最后节点的链域中已不再存放一个空指针，而是存放一个指向表头或表尾的指针，以便使整个链表的所有节点首尾相接而形成一个环。

由于循环链表首尾相接，在对表中的节点进行删除或插入运算时，查找节点是比较方便的，可以从表中任何一个节点位置出发，顺着链指针找下去，一定能找到任何一个指定节点，而不必像单向链表那样，非要从表头开始不可。

链表存储结构与顺序存储结构相比较，有以下特点：

(1) 删除或插入运算，数据元素不需要移动。

(2) 不需要事先分配存储空间，因此不存在空间浪费。

(3) 表的容量根据需要实行动态申请和动态释放，存储空间利用效率高。

(4) 按逻辑位置进行查找访问的速度慢。

因此，链表比较适用于事先难以确定表的容量大小，并且增删操作频繁的场合，如交互图形系统中的图形实体数据表。

8.3 栈和队列

栈和队是非常简单又非常有用的数据结构。

1. 栈(或称堆栈)

栈是一种特殊形式的线性表。表的一端是封闭的，另一端是开口的。对表中元素只能在开口的一端进行删除和插入运算，这一端称为栈顶，另一端称为栈底，如图 8-16 所示。

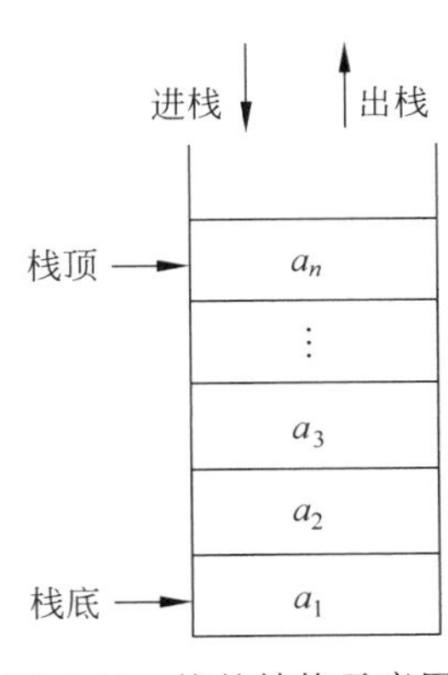

图 8-16　栈的结构示意图

栈的插入运算通常称为栈的元素“进栈”，删除运算通常称为栈的元素“出栈”。由于插入和删除只能在同一端进行，所以最后进栈的元素一定是最先出栈的。因此，栈的特点是后进先出。

对栈进行插入和删除运算是比较简单的。设有一个栈为 S，其栈顶指针（指示栈顶位置的一个变量）为 TOP，当 TOP＝0 时，表示空栈，即栈中没有元素。

当要往栈中插入一个新元素 x 时，只需做两步工作：

（1）TOP＝TOP＋1；

（2）S(TOP)＝x。

当要从栈中删除一个元素，并把这个元素的值赋给变量 y 时，也做两步工作：

（1）y＝S(TOP)；

（2）TOP＝TOP－1。

当栈满时再有元素进栈，栈将溢出，称为“上溢”；反之，当栈空时作出栈运算，栈也将溢出，称为“下溢”。由于栈在程序中使用时，其初态和终态都是空栈，因此“下溢”是正常现象，通常被用来作为控制转移的条件。反之，“上溢”是一个出错的状态。所以在进栈和出栈前，应首先检查是否符合进栈和出栈的条件。

2. 队（或称队列）

队列是一个两端均开口的线性表，所有元素只能在表的一端插入，在表的另一端删除。允许插入的一端称为“队尾”，允许删除的一端称为“队头”，如图 8-17 所示。

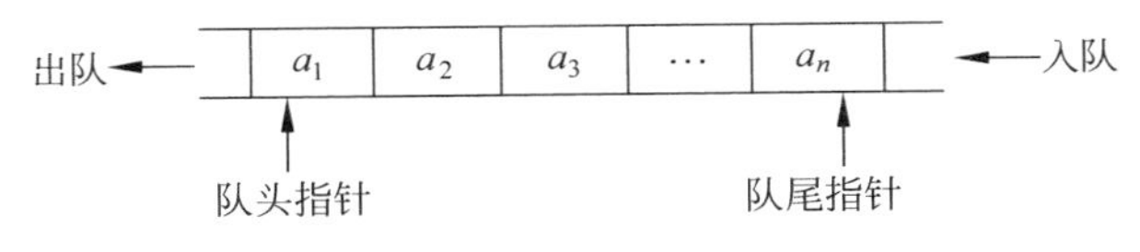

图 8-17　队列的结构示意图

队列的这种结构决定了最先进入队列的元素一定是最先出队的，所以，它和栈相反，它的特点是先进先出。在队列进行运算时，由于队列的两端均可浮动，则需要设置两个指针，分别指出当时的队头（Front）和队尾（Rear）。当两指针重合时（Front＝Rear），队列为空队列；入队列时，队尾指针加 1；出队列时，队头指针减 1。

8.4　树

树结构是一类重要的非线性数据结构，元素之间存在明显的层次关系。这种结构形式其实很常见，如图 8-18 所示的几何形体，在工程制图中用组合体形体分析方法进行分析，该几何形体逐步分解后可以看成是由一些基本立体组合而成的。如进一步分解，这些基本体又可以看成是由若干面、线、点组成。这种分层的组合关系就是一个树形结构。

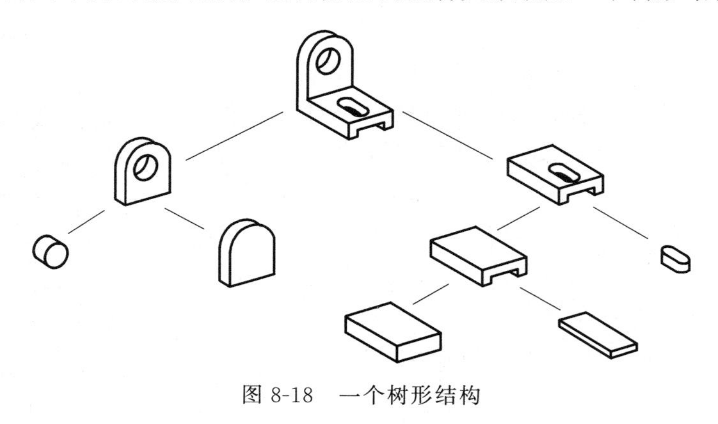

图 8-18　一个树形结构

8.4.1　基本概念

树是由一个节点或多个节点组成的有限集 T，其中有一个特定的称为根的节点，其余节点可分为 $n(n\geqslant 0)$个互不相交的有限集 $T_1, T_2, T_3, \cdots, T_n$，其中，每一个集合本身又是一棵树，且称为树的子树。

显然，这个定义是递归的，即在树的定义中又用到了树这个术语。从这个定义可以看出树形结构的两个特点：

（1）树中至少有一个节点——根，只有一个根节点的树是最小的树。

（2）树中各棵子树是相互独立、互不相交的集合。

图 8-19 所示为一棵树的结构，A、B、…、L 为这棵树的 12 个节点。其中节点 A 是树根，称为根节点；节点 E、K、G、H、C、I、L 是树叶，也称为终端节点；节点间的连线称为边。从图中可以发现，除根节点外，每个节点有且只有一个直接前趋；除终端节点外，每个节点可以有不止一个直接后继；终端节点没有直接后继。节点的直接前趋称为该节点的双亲，节点的直接后继称为该节点的孩子，同一双亲的孩子称为兄弟。树的层次数量称为树的深度或高度。节点的孩子数量称为度。树中所有节点中最大的度数称为这棵树的度数。图 8-19 所示树的深度为 4，度数为 4。

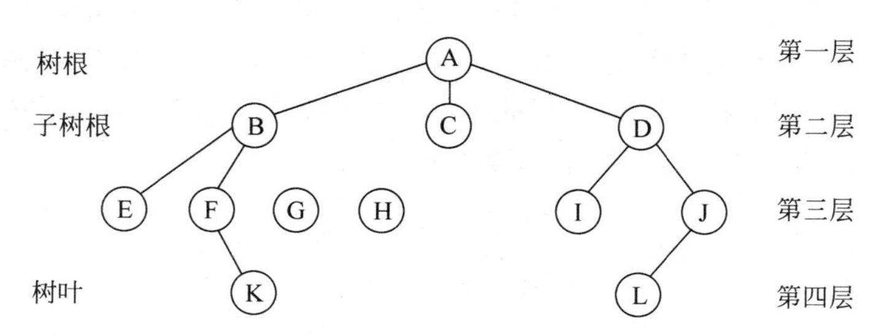

图 8-19　树的逻辑结构

树形结构描述了数据之间的分支关系，即层次关系，从外形上或逻辑上很像一棵倒过来的树，“树形结构”由此得名。

8.4.2　树的存储结构

由于树结构属非线性结构，所以只能采用多重链表作为树的存储结构，即每一个节点除了有数据域外，还需要有多个指针链域，分别存放指向该节点的每个子节点的指针。每个节点中链域的多少取决于该节点的度数，而一棵一般形态的树，每个节点的度是不会全部相同的，这就使得同一棵树中各节点所包含的链域数不相同。所以这样定义节点和构造一棵一般形态的树，将会给分配存储空间和运算带来困难。

定长方式存储结构是以具有最大度数的结构作为该树所有节点的结构，每一个节点都具有相同数量的子树域。采用定长方式存储结构，所有的节点都是同构的，运算方便，但是浪费一定的存储空间。

8.5　二　叉　树

8.5.1　二叉树的定义

二叉树的每个节点至多有两棵子树，子树有左右之分，不能颠倒。二叉树可以是空的。二叉树与一般树的区别在于：

(1) 一般树至少要有一个节点，但二叉树可以是空的。

(2) 一般树的每一个节点可以有任意多个子树，但在二叉树中，每个节点的子树数目不能超过 2。

(3) 一般树中节点的子树不必区分它们之间的次序，而二叉树中的子树有左右之分，其次序不能颠倒。

图 8-20 列出了二叉树的 5 种基本形态：(a)空二叉树；(b)只有一个根节点的二叉树；(c)只有左子树的二叉树；(d)只有右子树的二叉树；(e)左右子树都有的完全二叉树。

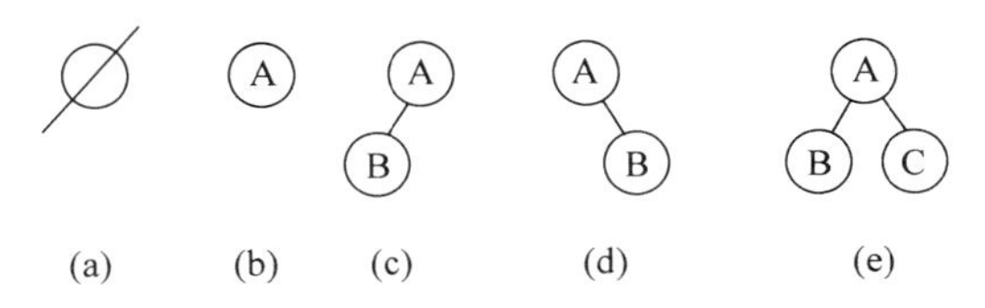

图 8-20　二叉树的 5 种基本形态

图 8-21(a)所示为一棵二叉树，(b)表示它的存储结构形式，(c)为二叉树中节点的构造。其中每个节点都设立 Lchild、data、Rchild 三个域。其中 Lchild 和 Rchild 分别指向该节点的左子树和右子树的根节点。由于二叉树中的每个节点的构造都相同，所以这种树结构给存储分配和运算带来了方便。图 8-19 所示几何形体实际上就可以用二叉树进行描述。

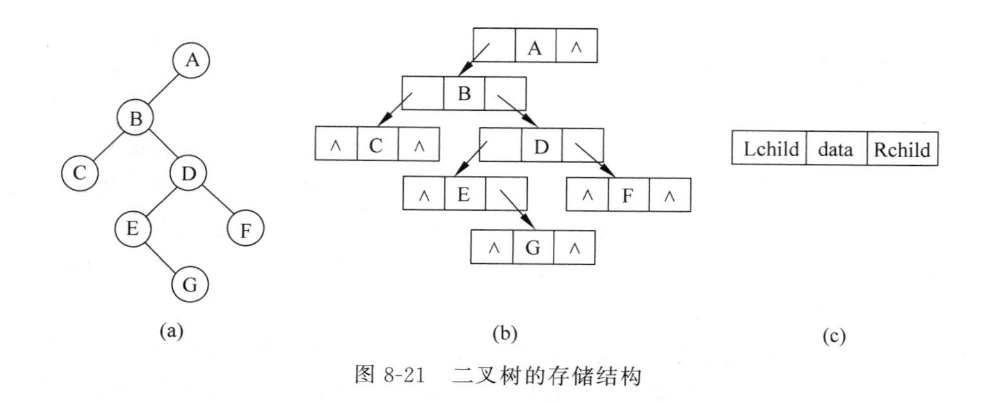

图 8-21 二叉树的存储结构

8.5.2 遍历二叉树

遍历二叉树是指按一定的规律和次序，访问树中的各个节点，使树中每个节点都被访问一次且只被访问一次。对线性表来说，这样的遍历是容易做到的，只须顺着表中元素的排列次序从头至尾走一遍就行了。但对二叉树这种非线性结构来说，需要找到一个完整而有规律的访问路径，以便得到二叉树中各个节点的一个线性排列。

要遍历二叉树，就必须先对二叉树中的各个节点进行排序。根据根节点、左子树、右子树三者不同的先后次序，可得到 6 种遍历二叉树的方案。如果令 D 表示根节点、L 表示左子树、R 表示右子树，则 6 种排列方法如下：

(1) 左子树、根节点、右子树(LDR)；

(2) 左子树、右子树、根节点(LRD)；

(3) 根节点、左子树、右子树(DLR)；

(4) 根节点、右子树、左子树(DRL)；

(5) 右子树、根节点、左子树(RDL)；

(6) 右子树、左子树、根节点(RLD)。

如果按先左后右的次序，则只有前 3 种情况：LDR、LRD 和 DLR，这 3 种是常用的遍历方式。按照这 3 种排列次序来遍历二叉树，则根据 D 的位置不同，分别被称为中序遍历、后序遍历和先序遍历。

对于图 8-22 所示的二叉树，按 3 种遍历方法遍历该树，结果分别为：

(1) 中序遍历(LDR)结果：C、B、E、D、A、G、H、I、F、J。

(2) 后序遍历(LRD)结果：C、E、D、B、I、H、G、J、F、A。

(3) 先序遍历(DLR)结果：A、B、C、D、E、F、G、H、I、J。

下面以中序遍历为例，讨论中序遍历二叉树的算法。

设 P 为指向二叉树根节点的指针，为了存放遍历过程中待处理的节点，必须设一个栈，并设栈顶指针为 TOP。中序遍历的过程是：假如二叉树是空，则退出；否则先遍历左子树，然后访问根节点；最后遍历右子树。在遍历左子树、右子树的过程中，又按照同样的规则：先遍历该子树的左子树；然后访问该子树的根节点；最后遍历该子树的右子树，如此不断进行。遍历的整个过程是递归的。图 8-23 所示为中序遍历二叉树的示意图。图 8-24 所示为中序遍历的算法框图。

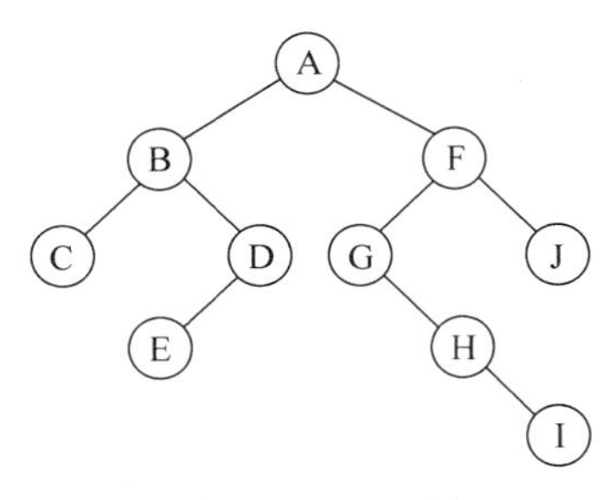

图 8-22 二叉树

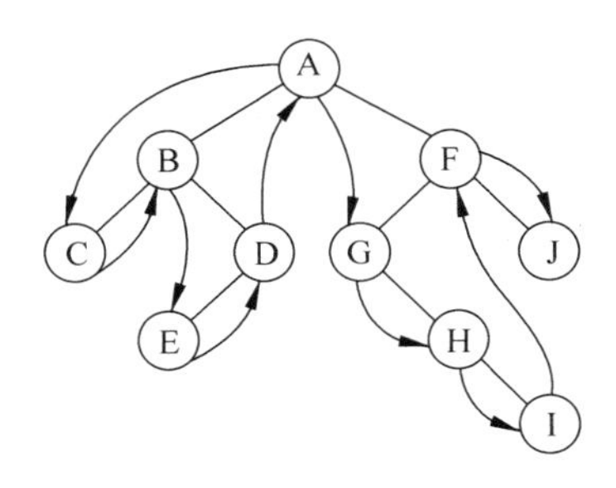

图 8-23 中序遍历示意图

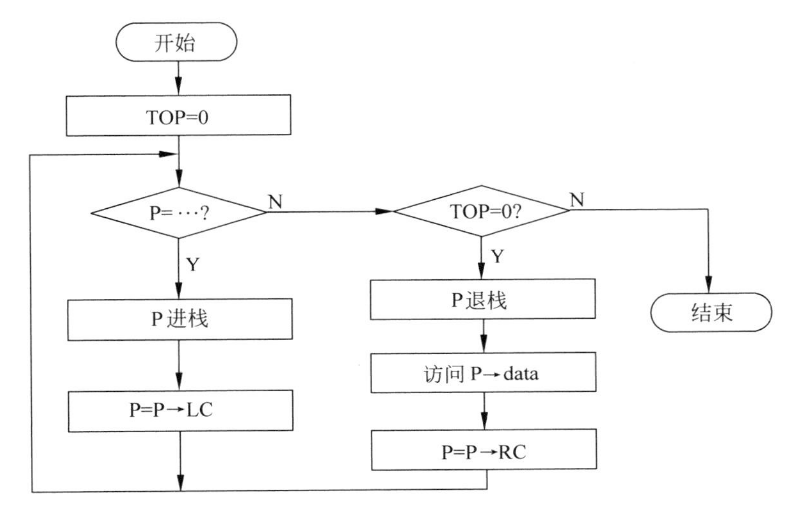

图 8-24 中序遍历的算法框图

8.5.3 二叉排序树

排序就是对一组无序的数据按递增或递减的规律重新排列。二叉排序树是树形结构的一种简单应用,它可以把原来是无序的线性表变成有序的线性表。例如有一组无序的数据{18,14,22,7,17,20,35,27,11,3,20},我们可以按照一定的规律构造一棵二叉树,如图 8-25 所示,然后中序遍历这棵二叉树,就得到了一个有序的数据序列{3,7,11,14,17,18,20,20,22,27,35}。这就把原来无序的线性表变成了有序的线性表。这样的一棵二叉树就称为二叉排序树。图 8-25 所示的是一棵按不减序列排序的二叉排序树。

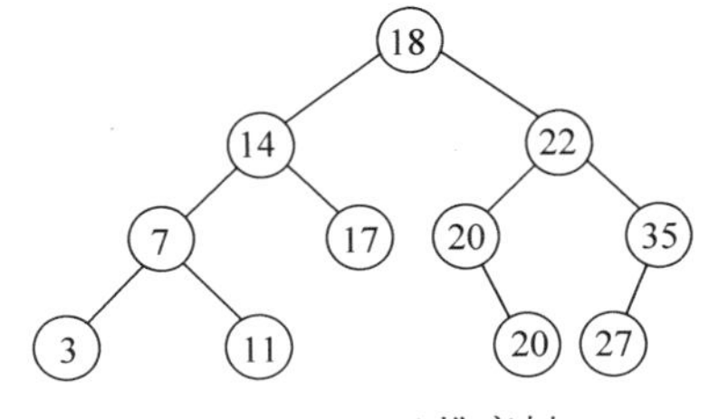

图 8-25 二叉排序树

从图 8-25 所示的二叉排序树中,可以很明显地看出,该树所有左子树的节点都小于根节点,而所有右子树的节点都不小于根节点,这就是一棵按不减序列排序的二叉排序树的特点。相应地,也可以按这样的特点来叙述二叉排序树的定义。即:如果一棵二叉排序树不空，那么根节点上所有左子树上的节点都小于根节点，所有右子树上的节点都不小于根节点。这个定义也是一个递归的定义。

建立二叉排序树的算法如下：

设有一个序列 $T=\{t_1,t_2,\cdots,t_n\}$，经过下列过程，即可以建立起一棵按不减序列排序的二叉排序树。

(1) 令 t_1 为二叉树的根节点；

(2) 以 t_i 与二叉树的根节点作比较：若 t_i 小于根节点，则将 t_i 插入左子树中；否则，将插入右子树中；

(3) 对 $t_i(i=2,3,\cdots,n)$所有的递归重复步骤(2)即可。

8.6 图的逻辑结构

图(graph)是比线性表和树结构更复杂的一种数据结构。它没有明显的层次关系，其节点间的联系是任意的。可以说树只是图的一种特殊情况。图 8-26 为图的结构示意图。在图结构中，图由顶点和边组成，记做 $G=(V,E)$：其中 V 是顶点(vertex)的集合，E 是边(edge)的集合。若两顶点间的连接有序，则边用带箭头的线表示，这样的图为有向图(directed graph)；若两顶点间的连接无序，则称为无向图(undirected graph)。

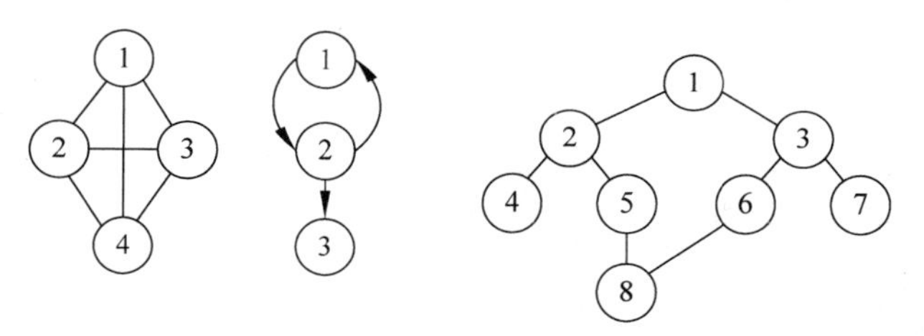

图 8-26 图的结构

n 个顶点的无向图，如其边数为 $n(n-1)/2$，称其为完全图。完全图里每两节点间必然是相联的。有向图中，出度是指从该顶点出发的边的数目。入度是指以该顶点终结的边数。

第 9 章

CAD 工程数据库

利用计算机解决任何复杂的事务，都必须把问题转化为数据形式。在现代化制造系统中，有大量信息和数据需要存取和处理，所需处理的数据可分为两大类：几何构形信息和以公式、数表及线图等形式给出的技术数据。除数值计算之外，CAD 作业过程中，还包括数据的输入、产生、转换、编辑、存储和输出等整个信息流的控制。

早期电子计算机主要应用于数值计算领域。在数值计算中，数据的类型和结构都比较简单，程序设计的重点主要放在算法表达方面。随着计算机技术的发展，计算机在数据处理领域得到广泛应用。数据处理问题的特点是数据量很大，数据结构复杂、类型多，对数据的储存、检索、分类、统计等处理要求较高。

为了满足数据处理的要求，把数据从附属于程序的做法改变为数据与程序相互独立，对数据加以组织和管理，使之能为许多不同的程序所共享，这就是“数据库系统”的基本出发点。

9.1 基本概念

9.1.1 数据库有关术语

在数据处理过程中，会遇到物理现实事物与信息的对应关系问题。数据库系统用到下列术语。

1. 现实世界中的相关术语

(1) 实体(entity)：客观存在的，并且相互区别的物体叫作实体。

① 实体通常是指可以触及的对象，如一个人、一匹马、一棵树、一个零件等。

② 也可以指抽象事件，如一次订货、一次借书等。

(2) 实体集(entity set)：性质相同的同类实体的集合叫作实体集，又叫作整体。例如：

① 所有的男同学、所有的机车、所有的借书登记、所有的回转体零件等，各为一个实体集。

② 螺钉、销钉、铆钉是实体；而其总称紧固件是实体集。

(3) 属性(attribute)：实体具有的某一特性叫作属性。

实体的特征通过数据所表示的信息来描述。属性的集合所描述的对象就是实体。例如：人的姓名、年龄、性别，零件的名称、重量、单价等；这些都表示了各个实体的固有特性。

(4) 实体标识符(specifications)：在数据库系统中，将一个实体与其他实体区别开来的属性集叫实体标识符。

现实世界中实体千差万别，即使同类实体也各不相同，因而不可能两实体的所有属性都相同。

2. 信息世界中的部分术语

(1) 信息：信息是对现实世界中的实体的一种人为标记。信息是由数据构成的，它反映事物的物理状态。当数据涉及某种定义、目的及同其他值的联系时，就成为信息。例如，一个国家的钢产量为 5000t，这样的数据与国家联系起来，就构成说明国家钢产量能力的信息。或者说，信息是经过加工处理后，可供利用的数据。人们将实体特性信息用文字、符号记载下来进行交流、传递和处理。在数据库系统中，有一套描述这些特性的术语。

(2) 数据项(field)：标记实体属性的符号集叫作数据项。有时也叫作项、域、数据元素(data elements)、基本项(elementary)。

① 数据项是可以命名的最小信息单位。它是数据库中可以进行处理的最小单位。

② 字段(数据项)必须给予命名，且往往与属性相同，如姓名(NAME)等。

③ 项的取值称为项值，如某人的姓名为“张三”。

(3) 段(column)：在数据库中，具有某些基本固定形式的项，称为“段”。一个段是由项组成的。例如，“客户订单段”可以包括以下几个项：订单号、客户名、交货日期、银行账号等。“产品目录段”可以由以下几个项构成：产品号、库存量、可销售量、成本价格、销售价格等。

(4) 记录(record)：字段(数据项)的有序集叫作记录。详细地讲，记录是由若干个相互关联的数据项组成的，是对某个具体实体特征的逻辑描述。其自成一个完整的实体，用以说明一个个体。

记录用来描述实体，所以它又可以定义为完整地描述一个实体的符号集。例如，一张学生登记表、一次财务记账、一次借书登记等都是一个记录。某类金属材料的机械性能参数集，就是描述该金属材料机械性能的一个“记录”。

(5) 关键字(key word)：能够唯一标识一个记录的某一个数据项或几个数据项的集合叫作关键字。它用于描述实体标识符，例如，零件号、学生证号、材料的牌号等。

(6) 文件(file)：具有相同性质的记录的集合叫文件；文件是同类记录组成的信息集合。

文件用于描述实体集，所以它又可定义为描述一个实体集的所有符号集。例如，所有的学生登记表是一个学生情况文件，所有订货单是一个订货文件。又如各种金属材料的机械性能参数一览表。

以上术语，在现实世界和信息世界的对应关系如表 9-1 所列。

表 9-1 术语对应关系

现实世界	信息世界	现实世界	信息世界
实体	记录	实体集	文件
属性	数据项	实体标识符	关键字

9.1.2 实体间的关系

现实世界中事物彼此关联,因此描述实体的数据也相互关联。联系有两种情况。

- 一种是实体内部的联系,反映在数据上是记录内部的联系;
- 另一种是实体与实体之间的联系,反映在数据上是记录之间的联系。

实体间关系复杂,但经过抽象之后,可归结为3种。

1. 一对一(1-1,one-to-one)

定义:如果两个实体集E1、E2中的每一个实体至多和另一个实体集中的一个实体有联系,则E1、E2叫作“一对一”关系,记为“1-1关系”。

这是最简单的实体关系。例如,一个公司只有一个经理,同时一个经理只能在一间公司中任职,所以说,实体集公司和经理是1-1关系。

2. 一对多(1-m,one-to-many)关系

定义:有两个实体集E1、E2,如果E2中每一个实体与E1中的任意个实体(包括0个)有关,则称该关系为“从E2到E1的一对多关系”,记为“1-m关系”。

1-m的实体关系比较普遍。例如,一个公司有多个职员,而一个职员最多在一个公司内任职,所以说,实体集公司和职员之间是1-m关系。

3. 多对多(m-m,many-to-many)关系

定义:如果两个实体集E1、E2中的每一个实体都和另一个实体集中的任意个实体(包括0个)有关,则称这两个实体集是“多对多”关系,记为“m-m关系”。

m-m关系是更为普遍的实体关系。例如,师生关系,订货人与供货人关系等都是m-m关系。

图9-1用图形表示了实体间的3种关系。

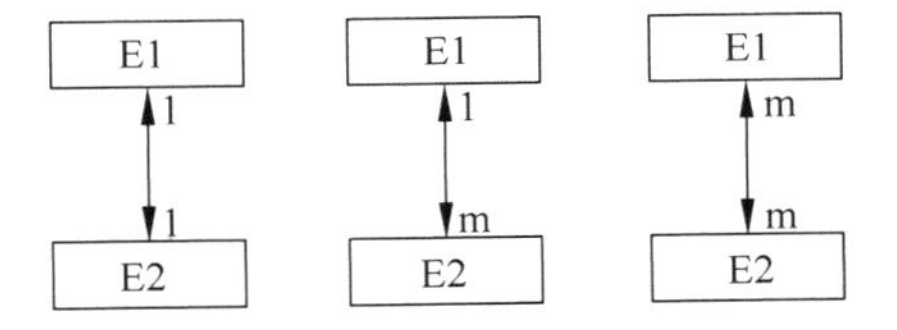

图9-1 实体关系的图形表示

(a) 1-1关系;(b) 1-m关系;(c) m-m关系

9.2 数据库系统

9.2.1 数据库系统的产生

数据是人类社会发展中一个极为重要的资源。数据库是研究数据管理的技术。即如何妥善地保存、科学地管理、合理地使用数据。

数据库的前身是文件系统。用文件系统管理数据较以前分散的数据处理有了很大的进步,但是仍然存在许多根本性的问题无法解决,主要表现在以下几方面:

(1) 数据冗余度大。用户各自建立自己的文件,数据不能共享,浪费空间,易产生数据不一致性。

(2) 缺乏数据独立性。数据与程序软件互相依赖,一旦数据结构改变,有关程序必须重新编写和调试,反之也是一样。

(3) 数据管理功能差。各个文件之间没有统一的管理机构,数据的安全性、完整性等无法保证。

数据库技术产生于20世纪60年代末和70年代初。计算机技术的发展,尤其是大容量的存储器的出现,在客观上为数据库的产生和发展提供了物质条件。

数据库的目标是克服文件的弊病,解决数据冗余和独立性问题,并且用一个文件管理系统——数据库管理系统(database management system,DBMS)来集中管理所有数据,实现数据共享;与此同时,数据的安全性(security)、完整性(integrity)、保密性(confidentiality)等问题都得到相应的解决。

使用数据库的用户可以不必了解数据存储的细节,抽象地、逻辑地使用数据。数据库的出现,使计算机的应用更加广泛地渗透社会的各个领域。在CAD/CAM系统中使用数据库,其重要的特点是:系统的总体构成是以数据为中心,不再是以程序为中心。

9.2.2 数据库系统

数据库系统,通常包括4个主要部分。

(1) 经过组织的、可供多方面使用的数据集合——数据库;

(2) 支撑数据储存和数据操作的计算机硬件系统;

(3) 软件资源包括操作系统、主语言、介于数据库和应用程序间的数据库管理系统以及提供给用户使用的各种数据库应用程序;

(4) 数据库管理员(database administrator,DBA),即负责数据库建立、维护和协调工作的专门人员。

1. 数据库(database)

数据库是由若干文件组成的,具有最小冗余度的数据的集合。数据库是根据一定的规则和结构规定、经过组织的、可供多方面使用的数据的集合。

数据库是一个数据集合体,是存放大量数据的仓库。这些数据并非能存取的任意数据,而是在广泛地收集大量数据的基础上,将它们进行分门别类、加工处理后的数据,并将它们编制成一定的格式文件存放于计算机的外存储器中。事实上,数据库是一个包含上述数据的集合,并能对之实施有效管理的软件系统。

所谓数据库就是满足某部门各种用户应用要求,按照一定的数据模型组织、存储和使用的相互关联的数据集合。

对于计算机系统而言,数据库一般存放在磁盘(软磁盘或硬磁盘)上。所有存储在磁盘上的数据,一般要通过显示器或者打印机才能看见。

2. 数据库系统的构成

数据库系统一般由数据库和数据库管理系统所构成。计算机通过数据库管理系统对数据进行集中控制和管理，以使数据具有最小的冗余度，使更多个应用程序共享数据库中的数据。

数据库管理系统是在操作系统(OS)支持下对数据进行管理。作为完整的数据库管理系统，其硬、软件层次关系如图 9-2 所示。

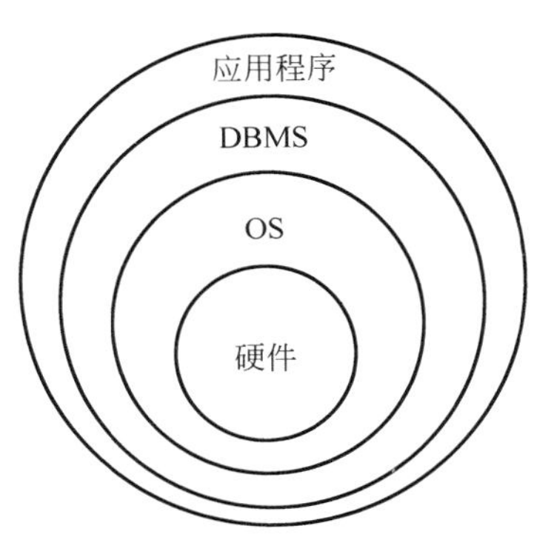

图 9-2　数据库系统硬软件关系

数据库系统由 3 部分组成：用户应用程序、数据库管理系统和存储在外存储设备上的各种数据资源。其关系如图 9-3 所示。

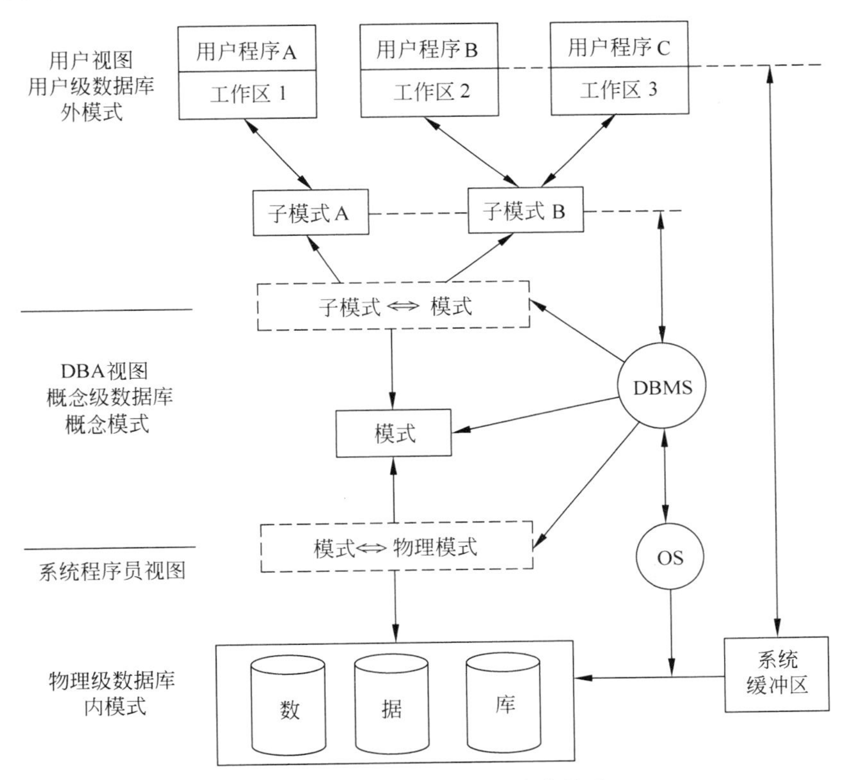

图 9-3　数据库系统各部分的关系

1) (用户)应用程序

应用程序就其功能而言，和一般程序没有什么不同。每个应用程序都是按用户需要编写的。用户应用程序通常是用一般高级编程语言，如 COBOL、FORTRAN、BASIC 等编写的。有些数据库管理系统或者 CAD/CAM 系统还自备用户编程语言，供用户编写其所需要的应用程序。FoxBase、DBASE 就是这样一种数据库管理系统，它向用户提供了一系列具有与计算机高级语言相似的功能的命令，用户可以直接使用这些命令来编写应用程序。

2）数据库管理系统

数据库系统与一般文件系统一个最大的不同点就是数据库系统中设置了数据库管理系统。数据库管理系统担负着对数据库的数据资源进行统一管理的任务，并且负责执行用户发出的各种命令。

数据库管理系统可为用户提供对数据进行管理和操作的各种功能，其中包括建立输入数据，并对其进行查询、运算、更改和打印。它允许用户逻辑、抽象地使用数据，而不必了解数据信息在其内部的存储细节。

在数据管理系统的集中管理之下，数据和文件都具有较高的独立性，解决了数据的完整性和安全性问题，为实现多用户的数据共享建立了良好的环境。

（1）DBMS 的功能

数据库管理系统是一个复杂系统，很像一个操作命令语言解释器，具有以下功能。

① 数据库描述，这是数据库定义功能，或称"数据字典"。其包括模式定义、存储结构定义、信息格式定义和保密定义等。它将数据描述语言（data description language，DDL）所描述的各项内容从源形式转换成目标形式存放在数据库中，供系统查阅。

② 数据库管理功能，包括控制整个数据库系统的运行，控制用户的并发性访问，执行数据的安全性、保密性和完整性检查和控制，实施对数据进行检索、存取、插入、删除和修改等操作，所以也称为对数据库的控制功能。

③ 数据库建立和维护功能，其功能包括：初始时建立和装入数据库、运行过程中数据修改与维护以及数据库恢复、在用户要求或系统设备变化时修改和更新数据库、在系统软、硬件发生故障时恢复数据库、记录系统工作日记和监视数据库性能等。

④ 通信功能，具备与操作系统联机处理和远程作业的输入接口等。这些数据可能来自应用程序、计算机终端或其他系统，或者在系统运行过程中产生。这些数据可能被调到缓冲区、终端或正在执行的某个进程中。

DBMS 实际上是完成上述各项工作的许多系统程序组合成的软件包。这个数据库软件包主要是由描述数据结构的 DDL，以及从用户程序中存取和读写数据的数据操作语言（data manipulation language，DML）组成（图 9-4）。

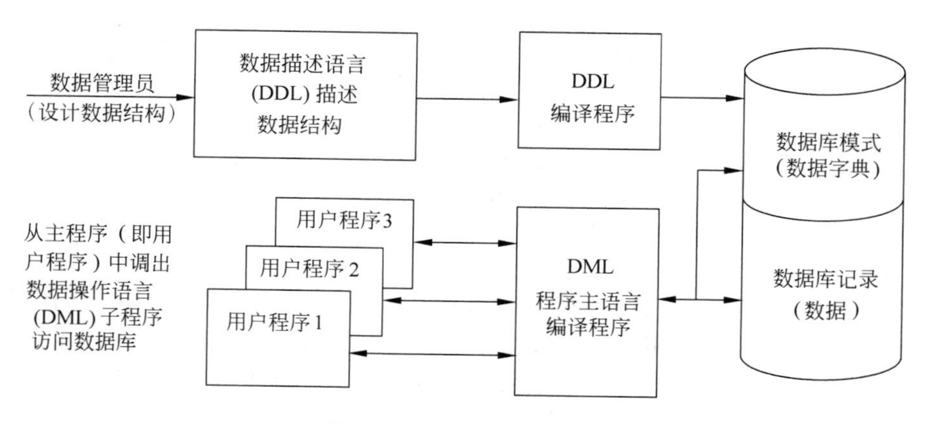

图 9-4　DBMS 概念示意图

与文件系统不同,在数据库系统中用户不能直接和存储的数据资源打交道。用户对数据库进行的各种数据操作都是通过数据库管理系统来实现的。数据库管理系统在这里实际上起着一种隔离作用,这是为了获得较大的数据独立性所必需的。

数据库管理系统一般是由软件系统组成的。大多数的大、中、小型计算机系统以及CAD系统都配备有自己的数据库管理系统。数据库管理系统是构成数据库系统的核心部分,其功能强弱基本上决定整个数据库系统的功能。

(2) 数据描述语言

这类语言给出数据的定义。一个完整的DDL通常由下列3部分组成。

① 整体逻辑数据描述:又称模式描述(schema description)。这类描述给出数据库的逻辑特征,即各种记录和数据类型,并说明它们之间的关系。这个描述,用户并不知道,是由数据库管理员掌握的,以保证数据库数据的安全和保密。

② 用户逻辑数据描述:又称子模式描述(sub-schema description)。它给出一个或多个应用程序需要的数据描述,是一个用户的文件组织,往往是用户使用的程序语言(如COBOL、PL/1、FORTRAN等)的扩充。

③ 物理数据描述:由DDL给出数据的物理存储方式,所以又称存储结构描述语言。它可以给出外存设备的状况、寻址方式和物理块大小等有关信息。

因此,DDL使数据库能够做到:

① 数据共享:由数据库管理员先给出数据库的全部定义,包括数据库中所有的数据元素和关系,使它成为可供应用共享的公用数据库。

② 数据保密:由数据库管理员给出应用程序能访问的数据库范围,只允许用户访问与其有关的那些数据,即定义出用户所能使用的子数据库。

③ 数据与程序独立:由于应用程序不参与数据定义,因此,在数据库结构发生变化时,无需改变应用程序。

(3) 数据操作语言

这是用户使用数据库语言所设计的,是用户与数据库的接口之一,是用户操作数据库的工具。

通常,DML不是一种完整的和独立的语言,而是一些操作语句的集合,一般由以下4种类型的语句组成,并由这些语句完成相应的操作。

① 控制语句:用来对DBMS发出要访问数据库特定子模式的信号,并完成数据调用和控制以及访问的操作。

② 修改语言:将新数据添加入数据库或删除数据库中某些已过时和没有保留价值的数据。

③ 检索语言:这是最常用的操作语句,用以在数据库中查找用户需要的数据,并将查到的数据送到内存。

④ 存储语言:将用户所用的子数据库关键字送入内存,供用户以后使用。

实现上述功能,通常可采用两种方式:一是采用调用语句方式为用任一种语言编制的程序服务;二是采用扩充主语句方式,如将DML语句编写在VB程序中,这相当于将VB语言加以扩充。

3）数据

组成数据库系统的第三部分就是存储在外存储器上的数据。

一个完整的数据库系统的设计过程，不但要设计数据库管理系统，而且还要考虑数据如何存放在外存储设备上以及如何存取这些数据等一系列问题。

这是一个较为复杂的设计课题。对于选择一个现存的、现有的数据库管理系统或者CAD/CAM系统的用户而言，没有必要过分地深入研究数据在存储设备上的存储和组织问题。

9.2.3 数据库与文件的关系

数据库是在文件系统的基础上发展起来的，以实现数据共享为目标的文件集合。就是说，数据库由文件组成，文件是数据库的基础。

从完成基本任务的角度看，数据库与文件系统没有本质的区别，它们都被用来存储、管理数据，并且执行用户所需要的各种数据操作。但是，与文件系统相比，数据库系统具有更高的目标要求。

文件系统的工作模式与数据库系统的工作模式存在着本质的区别。这种区别主要体现在系统中应用程序与数据之间的关系不同，如图 9-5 所示。在文件系统中，应用程序通过某种存取方法来直接对数据文件进行操作，数据库系统中，应用程序并不直接操作数据库，而是通过数据库管理系统对数据库进行操作。因此，与文件系统相比，数据库系统存在如下显著特征。

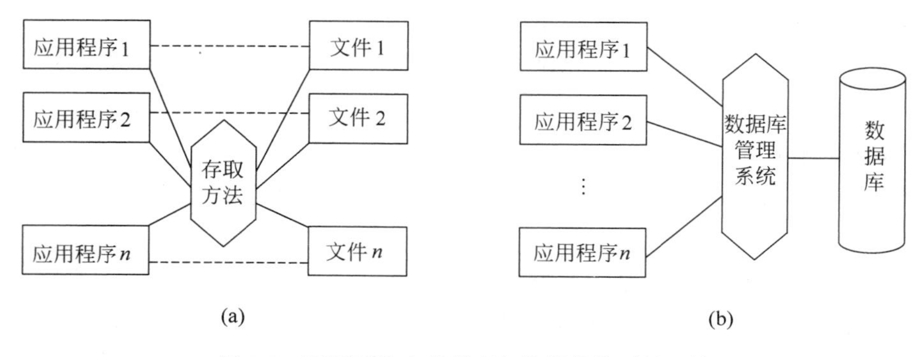

图 9-5 不同系统中的程序与数据的关系的比较

(a) 文件系统；(b) 数据库系统

1. 数据库系统实现了数据共享，具有最小的数据冗余度(redundancy)

早期的文件系统是根据用户的应用需要而各自独立建立的。其基本特点是某些文件只是为某些特定的用户服务设计的，不同的应用程序所需要使用的数据即使有许多部分是相同的，它们也必须建立各自的文件，因而在文件系统中存在着大量的数据冗余度。

文件系统不能很好地实现数据的共享，最多也是小范围内的共享。这是文件系统存在的主要问题。例如：要建立“人事管理档案”和“教育管理档案”系统，这两个管理系统中可能都要使用“工作单位”这一记录类型。如果在两个管理系统中都建立“工作单位”这个记录类型，显然是重复一种数据。

数据冗余度会带来一系列不良后果。不仅浪费大量存储空间，还会给数据修改带来很大困难和不便，很容易造成数据不一致，从而大大降低了数据的正确性。

一个理想数据库系统应该是无冗余度的系统。完全做到无冗余度实际上是不可能的，也不现实。在实际应用中，往往因为某种原因而使数据库系统有意地保留一定的数据冗余度，这种冗余度称为受控冗余度。在设计数据库系统时，力求使数据冗余度最小，这是数据库系统设计追求的目的之一。

2. 数据库系统具有较大的数据独立性

文件仅仅是数据的存储，而它的组织方式和存取方法与应用程序密切相关。在文件系统中，一个被用来进行文件操作的用户应用程序通常由两部分组成，即文件记录格式的说明和应用程序的主体程序。这两部分互相联系，组成一个有机的整体。程序主体执行的结果，完全建立在数据结构说明的基础上。如果数据物理结构或者数据逻辑结构需要修改，其程序主体也必须随之做相应的改变，反之亦然。这就是说，文件系统缺乏数据的独立性。

数据和应用程序之间的这种过分的依赖关系，给数据的修改、系统的进一步扩充、存储设备的替换更新等都会带来极大的困难。因为一旦需要修改数据结构，那么用户的应用程序也必须作相应的修改。反之亦然。

一个理想的数据库系统应当是，用户应用程序和数据库结构是完全独立的、互不牵扯、互不依赖。但是要完全实现数据的独立性，必然要使数据管理系统的设计变得十分复杂，使数据库系统设计费用增加。因此，实际数据库系统往往具有不同程度的数据独立性。

3. 数据库系统实现数据存储的结构化

文件管理系统下的数据，仍然是一种无结构的记录的集合，它只表示记录内部的联系，并不表示记录与记录之间的关系，而这又恰恰是数据应用中尤为重要的部分。

数据库系统把数据结构化，在描述数据时，不仅描述了记录本身，还描述了记录之间的关系，这种关系是通过存取路径来实现的。如文件系统中的人事管理文件、工资管理文件和履历管理文件之间并不存在任何关系，而实际上，这三个管理文件都是以组织内部的职工为对象。在数据库系统中，把数据组织成树形结构，即把这个组织内部的数据结构化，通过职工号体现出三种记录之间的关系，同时也代表了查询途径。结构化大大减少了数据的冗余、节省存储空间，为用户提供对数据的存储、管理、操作和控制的统一的有效手段，使得用户应用程序的程序设计变得十分简单，从而大大方便了用户的使用。

同时，数据库系统还对数据的安全性、保密性、完整性以及故障恢复等，提供了统一、有效的管理手段，从而大大提高了数据的实用价值。

9.3 数据库中的数据模型

数据库系统的一个核心问题是研究如何表示和处理实体之间的联系。表示实体与实体之间联系的模型叫数据模型。数据库就是将许多具有相互独立关联的各种数据汇集在一起，并且以固定的数据模型予以编排、存放，形成一个科学的数据集合。

在数据库中，一般数据模型应当包括两部分，即作为实体的记录以及记录间的关系。若把数据模型与图建立起对应关系，可以把记录看成图的顶点（或节点），而把记录间的联系看成连接两个顶点的弧。

一般把记录 R_i 与记录 R_j 之间的有向联系 L_{ij} 称为基本层次关系；在数据结构中，把位于始点的记录 R_i 称为双亲，位于终点的记录 R_j 称为子女（图 9-6）。

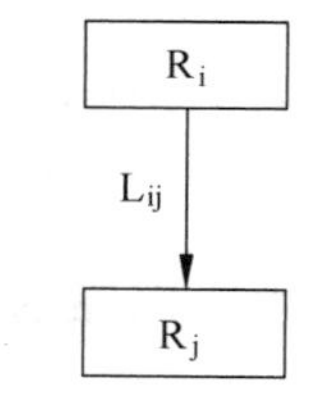

图 9-6 记录间的关系

数据模型一般是指数据之间的关系（数据结构）。不同的数据模型使系统在很多问题的处理上不同，整个系统的结构也不再相同。常用数据模型有 3 种：

- 层次模型（hierarchical models）；
- 网状模型（network models）；
- 关系模型（relational models）。

数据库管理系统以其用的数据模型分类。下面分别介绍上述 3 种常见的数据模型。

9.3.1 层次模型

现实世界中有许多实体间的联系是很自然的层次关系，例如：家族关系、企业和行政机关的组织机构等。

层次模型是数据库系统中最早出现的数据模型。它是在数据之间呈现一种自上而下的多层次结构，它是一种树结构。因此可以用树形结构来表示实体与实体间的关系。

层次模型的数据结构就像一棵倒置的树，它有如下几个特点：

- 树有而且只有一个节点无双亲，这个节点即为树的根，称为根节点；
- 根以外的其他节点有而且只有一个父节点（或称为双亲）。

凡满足上面两条件的“基本层次联系”的集合，称为层次模型。层次模型中，同一个双亲的节点称为兄弟。

在树中，每一个记录只有一个双亲，对于每一个记录（根节点除外）只需指出它的双亲记录，就可以表示出层次模型的整体结构。

如图 9-7 所示，它体现了记录之间的“一对多”的关系。这就使得层次模型的数据库管理系统只能处理一对一和一对多的实体关系。

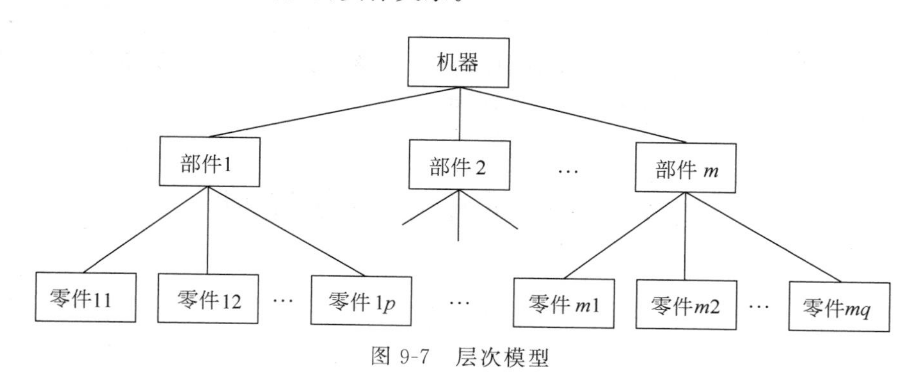

图 9-7 层次模型

层次模型结构具有结构简单、清晰的特点，适用于记录之间本身就存在一种自然的层次关系的情况，但是它难于处理记录之间复杂的联系。

9.3.2　网状模型

网状模型指事物之间为网络的组织结构。广义地讲，任意一个连通的基本层次联系的集合就是一个网状模型。这种广义提法，把树也包括在网状之中。但为了与树相区别，一般对网状模型加上一些限制，即满足下列条件的基本层次联系的集合为网状模型：

- 至少有一个以上的节点无双亲；
- 至少有一个节点有多于一个的双亲。

如果取消层次模型中的两个限制，即每一个节点可以有多对父节点，便形成网络。用网络结构来表示实体之间联系的模型叫作网状模型。网络模型结构能够处理事物之间非常复杂的联系，但是其模型结构也是极其复杂的。

由于网状模型没有层次模型的限制，用它可以直接表示多对多的实体关系。图9-8是网状模型的例子。由图可见，与树结构一样，网状结构也可用父节点和子节点来描述。

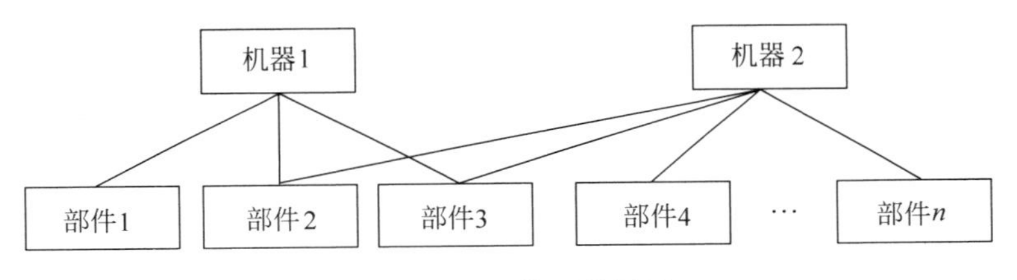

图9-8　网状模型的例子

网状模型与层次模型的主要区别在于：层次模型中从子女到双亲间的联系是唯一的，而在网状模型中从子女到双亲的联系不是唯一的。因此，网状模型就不能像层次模型那样只用双亲来描述记录的联系，而是将每一种联系给予名字，即利用这个名字来查找。

9.3.3　关系模型

关系模型是以集合论中的“关系”的概念为理论基础，把信息集合定义为一张二维表的组织结构。关系模型是把数据看成一张二维表，这个表就叫作关系。

关系模型是把一些复杂数据关系归结成简单的二元关系，每一张二维表称为一个关系，其中表中每一行为一个记录，每一列为数据项，是一个属性值集；列可以命名，称为属性名。表9-2即给出一个二维表格的实例。

表9-2　平口钳的部分零件数据表格

名　称	图号	数量	材料
固定钳身	02101	1	HT150
螺杆	02302	1	45
活动钳体	02103	1	HT150
钳口板	02306	1	45
螺钉	02034	1	HT150

在层次模型和网状模型中,文件中存放的是数据,各个文件之间的联系是通过指针来实现的。而在关系模型中,文件中存放两类数据:实体本身的数据和实体之间的联系。这里的联系通过存放两实体的关键字来实现。

关系模型"表"中,每一个记录(行)由一个或多个数据项组成。其特点是:

- 每列分量是类型相同的数据;
- 列的顺序可以任意;
- 行的顺序也可以任意;
- 表中分量是不可再分的最小数据项;
- 表中的任意两行的记录不能完全相同,表中不允许有表。

凡满足上述条件所建立的二维表称为关系模型。按关系模型建立的数据库称为关系数据库,这种数据库是用数学的方法处理数据库的组织。其主要特点是简单灵活、数据独立性高、理论严格等。它是一种用途广泛的数据库管理系统。

以上为3种常用的数据模型,与这3种模型相应的数据库管理系统都已经实现。可以从使用的容易程度和实现的效率两个方面来比较诸模型的数据库管理系统。

依照容易使用的标准,毫无疑问关系模型是最佳的。其模型结构简单,能处理复杂的事物之间的联系;它只要求程序员和用户掌握一种结构。不仅如此,目前针对关系模型系统有功能丰富、允许表达对关系数据库各种询问的高级语言,如dBase、FoxPro等,这些语言使那些不善于程序设计的人也可使用关系模型系统。

相比而言,网状模型要求既要懂得记录类型、链路,又要懂得它们之间的相互关系。而层次模型要求人们理解指针的使用,并在表示两个实体集之间多对一联系更加复杂的联系方面,它有与网状模型类似的问题。从实现效率来看,即从节省空间和快速响应询问方面看,网状模型和层次模型占有优势。

9.4 SQL Server 关系型数据库

9.4.1 SQL Server 基础

SQL Server是当前关系型数据库的主流产品之一,并且是支持远程访问的网络型数据库,它全面支持Windows程序设计,其可视化的编程环境和强大的开发功能可以更好地帮助用户快速完成数据库系统的开发。

1. SQL Server Management Studio

SQL Server通过管理器SQL Server Management Studio以可视化的方式组织处理各类对象,对数据库进行维护与管理。SQL Server Management Studio是SQL Server的控制中心,如图9-9所示。

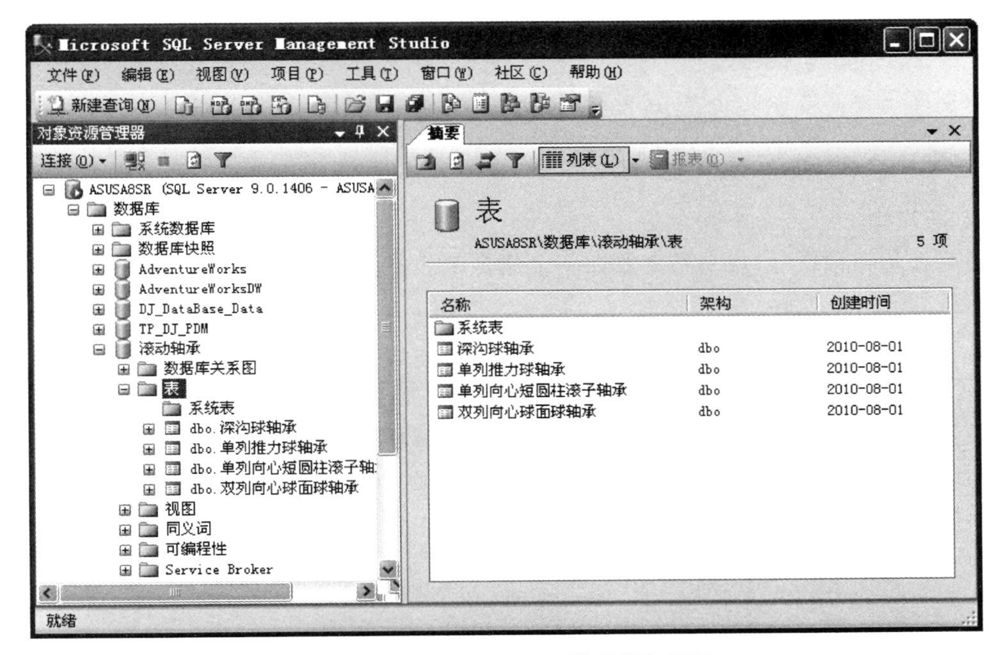

图 9-9 SQL Server 2005 管理器主界面

2. SQL Server 中的表、视图与数据库

1）表(table)

表是关系型数据库的基本单元。表由结构和记录构成，表的结构是指二维表的表头，定义表结构时需要确定各字段的结构参数：列名、数据类型、是否允许空值。

SQL Server 规定字段名必须以字母或汉字开头，后跟字母、汉字或下划线，长度不能超过 128 个字符。SQL Server 提供了二十多种数据类型，表 9-3 列出了常用的几种数据类型。

表 9-3 数据类型

数据类型	代 号	用 途
整数	int	从 −2 147 483 648 到 2 147 483 647 的整型数据
	tinyint	从 0 到 255 的整数数据
	smallint	从 −32 768 到 32 767 的整数数据
	bigint	从 −9 223 372 036 854 775 808 到 9 223 372 036 854 775 807 的整型数据
	bit	1 或 0 的整数数据
固定精度	decimal	从 $-10^{38}+1$ 到 $10^{38}-1$ 的固定精度和小数位的数字数据
实数	float	从 -1.79×10^{308} 到 1.79×10^{308} 的浮点精度数字
字符串	char	固定长度的非 Unicode 字符数据，最大长度为 8000 个字符
	text	可变长度的非 Unicode 数据，最大长度为 2 147 483 647 个字符

2）视图(view)

SQL Server 的视图是数据库的组成单元，实际上它并不独立存在，而是按照一定的条件，从数据库的一个或几个表中过滤组合形成的一个虚表。当数据库的源表发生变化时，视图中显示的内容发生相应的变化。用户通过视图更新数据时，源表中的数据也随之更新。

3）数据库(database)

数据库是存储数据的仓库，它可以包含一个或多个表和视图等内容。

3. SQL Server 的表达式与函数

1）运算符

运算符是一种符号，用来指定要在一个或多个表达式中执行的操作，SQL Server 使用的运算符如表 9-4 所示。

表 9-4 SQL Server 运算符

类　型	运算符号	用　途
算术运算符	+、-、*、/、%	用于数值型数据之间的运算
赋值运算符	=	将表达式的值赋给变量
比较运算符	>、<、>=、<=、<>	用于对两个同类型的表达式进行比较
逻辑运算符	AND、OR、NOT、IN、SOME、LIKE、ALL、ANY、BETWEEN	运算符是一种符号，用来指定要在一个或多个表达式中执行的操作

2）函数

SQL Server 提供了众多函数，分别是行集函数、聚合函数和标量函数，标量函数又分为配置函数、游标函数、日期和时间函数、数学函数、元数据函数、安全函数、字符串函数、系统函数、系统统计函数、文本和图像函数。

9.4.2 SQL Server 基本操作

SQL Server 提供了多种方式来执行对数据库、表和数据的操作。它们主要有向导方式、菜单方式、命令方式和程序执行方式 4 种。应用程序实际上是通过执行一系列的命令来实现它的功能的。下面介绍几种常用基本操作。

1. 创建数据库

数据库是存放表、视图和连接的一个容器，并不是直接存储数据。在 SQL Server 2005 中创建数据库，如图 9-10 所示，首先在"对象资源管理"中展开数据库节点，然后在"摘要"子窗口中右击鼠标，选取快捷菜单中的"新建数据库"项，打开"新建数据库"对话框，在其上的"数据库名称"输入框中填写拟建数据库名称，单击"确定"按钮即可。

2. 创建数据库表(table)

如图 9-11 所示，若要在"滚动轴承"数据库中建立一个新表，首先在"对象资源管理器"中选取"滚动轴承"节点下的"表"节点，然后，在"摘要"子窗口中右击鼠标，选取快捷菜单中的"新建表"项，进入表结构定义界面，如图 9-12 所示。完成表结构定义后关闭该界面，系统将引导用户完成后续操作。

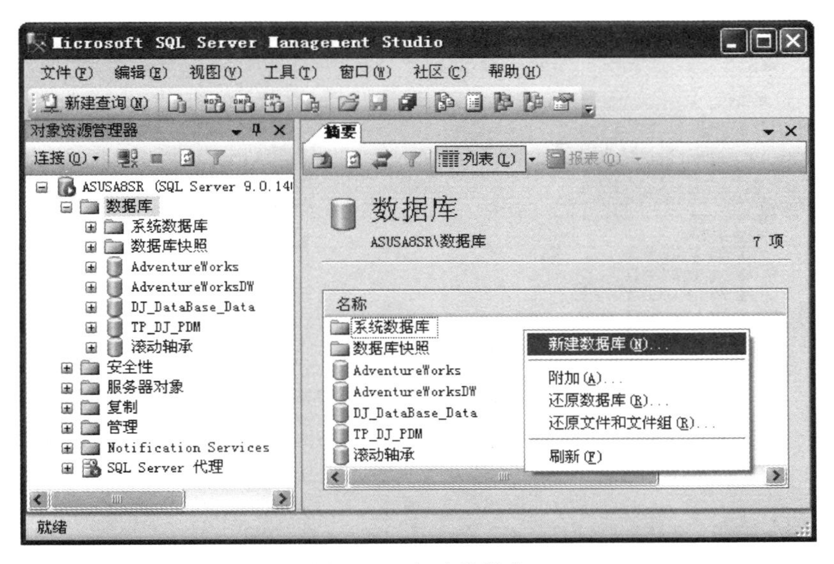

图 9-10　新建数据库

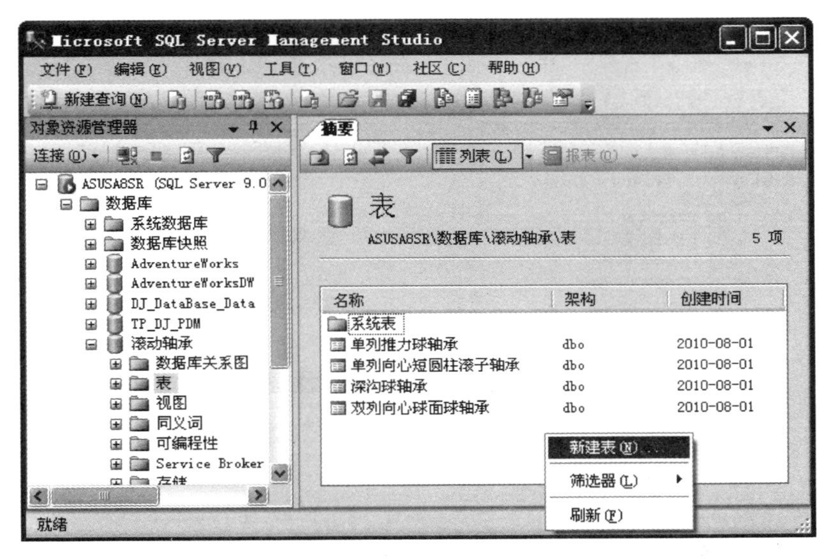

图 9-11　新建数据表

3. 修改数据库表的结构

如图 9-13 所示，如果要修改“滚动轴承”数据库中的“单列推力球轴承”，只需在“摘要”子窗口中右击“单列推力球轴承”，在弹出的快捷菜单中选取“修改”项，系统进入修改表结构界面，就可重定义该表结构。

4. 浏览表中数据

如图 9-13 所示，如果选取快捷菜单中的“打开表”项目，系统打开该表，用户便可浏览表

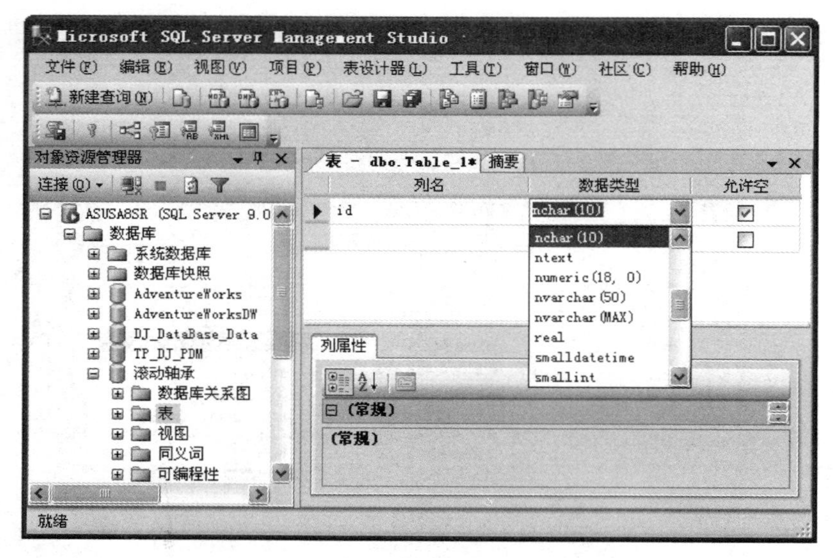

图 9-12　定义表结构

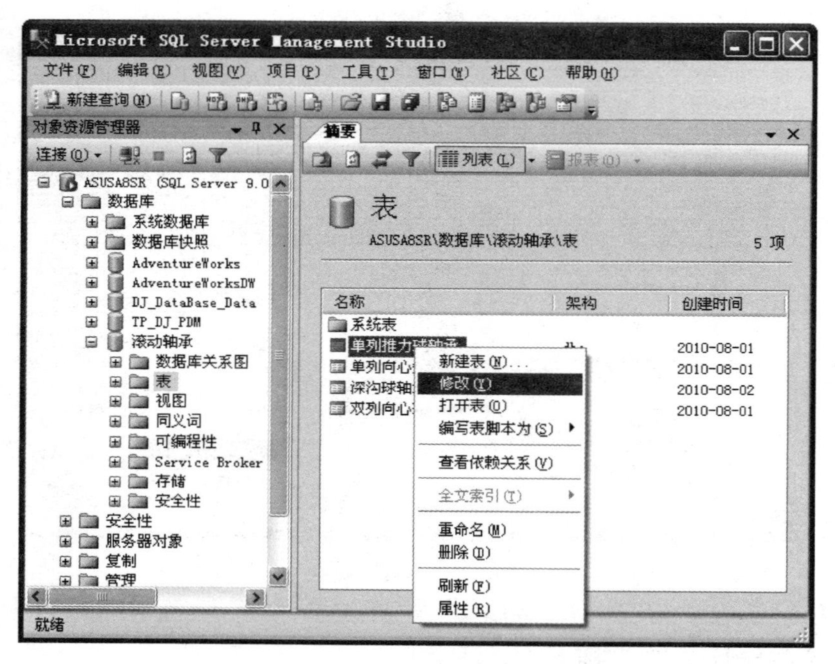

图 9-13　修改表结构

中的数据，如图 9-14 所示。

5. 添加、修改记录

打开数据表后，也可在其中添加记录。其方法是将光标置于最后一行(即图 9-14 中有“ * ”标记的行)的某一单元格中，然后填写数据，系统将自动添加一个记录，然后逐一填写该行中各单元格的数据，便完成添加记录。

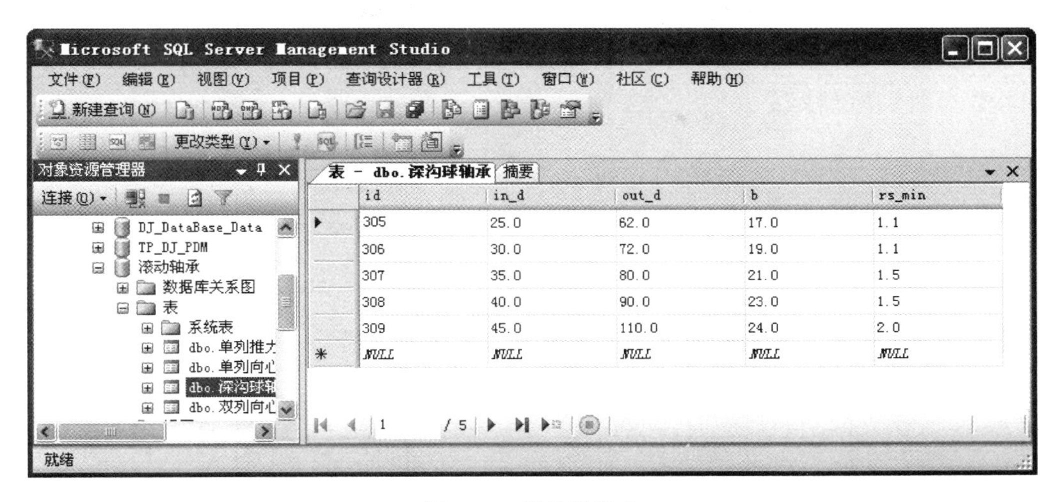

图 9-14　浏览数据表

如果要修改某一数据，只需重新填写该单元格中的数据即可。

6. 删除记录

如果要删除某记录，只需在数据表浏览窗口中用鼠标右击该记录中的任意单元格，选取快捷菜单中的“删除”项，就可永久删除该记录了，如图 9-15 所示。

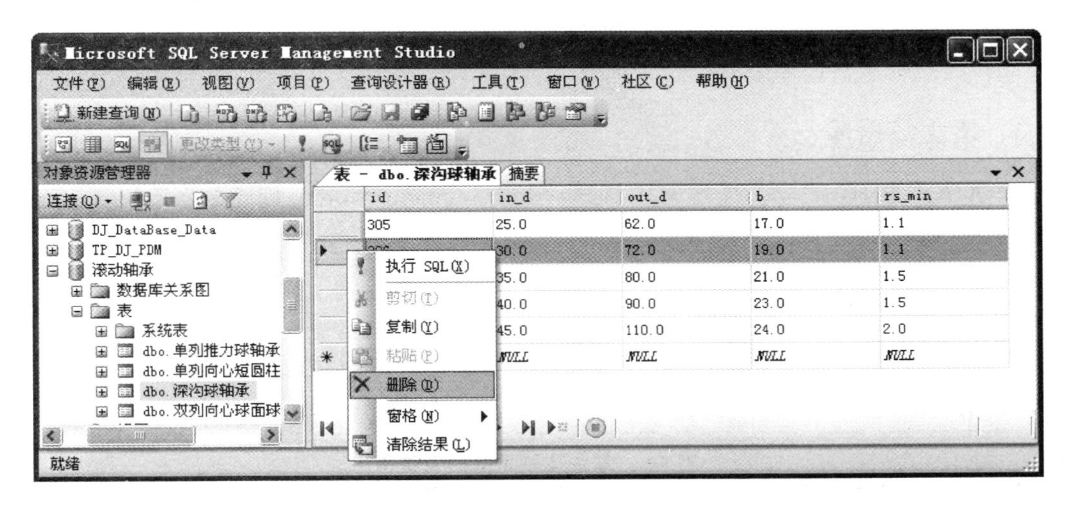

图 9-15　删除表中记录

9.4.3　SQL Server 应用举例

利用 SQL Server 数据库管理系统可以建立工程数据的数据库，并可以通过执行一系列 SQL Server 操作，对数据库中的数据进行添加、编辑、查询、统计报表和打印输出等各种操作，实现对工程数据的有效管理。

下面以建立一个滚动轴承的数据库为例,讨论工程数据的数据库建立和管理。如表9-5所列是深沟球轴承(GB/T 276—2013)数据表的部分数据。深沟球轴承(GB/T 276—2013)结构参数如图9-16所示。

表9-5 深沟球轴承(GB/T 276—2013)

轴承型号	d	D	B	r_{smin}
⋮	⋮	⋮	⋮	⋮
6305	25	62	17	1.1
6306	30	72	19	1.1
6307	35	80	21	1.5
6308	40	90	23	1.5
⋮	⋮	⋮	⋮	⋮

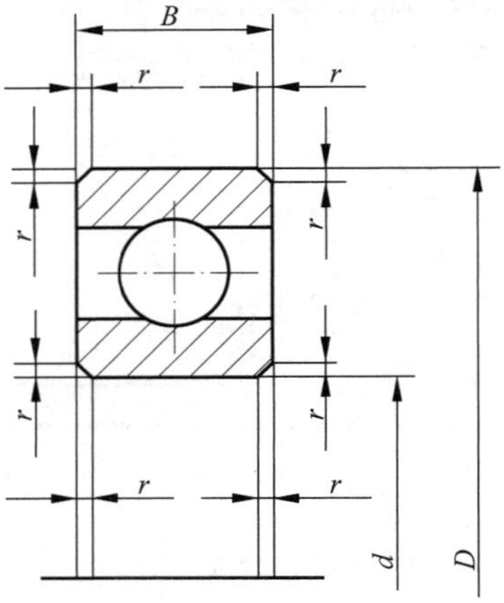

图9-16 深沟球轴承

滚动轴承数据库是一个用来存放滚动轴承的数据表。滚动轴承的种类很多,包括深沟球轴承、角接触球轴承、圆锥滚子轴承、滚针轴承等。由于轴承的结构不同,相应的结构参数也不相同,因此必须为每一种类型的轴承建立一个数据表。为了便于管理,把所有的数据表都存放在滚动轴承数据库中。

1. 建立数据库

启动SQL Server 2005,进入SQL Server Management Studio,创建数据库的名称为"滚动轴承"的数据库。

2. 建立数据表

根据深沟球轴承的数据表(如表9-5所列),需要5个字段存放数据,各字段名称、字段类型、长度和小数位数如表9-6所列。

表9-6 深沟球轴承数据表结构

字段名称	字段类型	长度	小数位数
ID	字符型	10	
In_d	数值型	6	1
Out_d	数值型	6	1
B	数值型	6	1
Rs_min	数值型	6	1

创建名称为"深沟球轴承"的数据表,并定义数据表的结构,如图9-17所示,并将ID字段设计为主键。

3. 输入数据

数据表的结构定义完成后，便可将表 9-5 中的数据录入数据库中的数据表中。

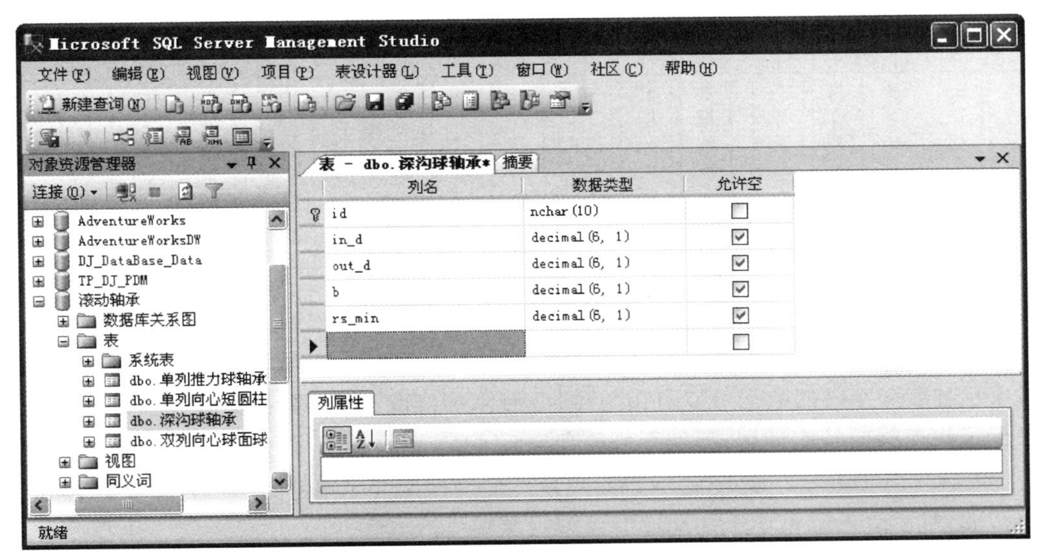

图 9-17　定义数据表结构

9.4.4　数据库管理系统开发

在工程设计中会碰到大量的标准件，以往我们都是通过查设计手册得到标准件的数据。由于标准件的种类繁多，数据量大，手工查找费时又费力，很不方便。如果开发一个数据库管理系统，来管理大量的标准件数据，将会使查询工作变得轻松又方便。

SQL Server 是一个网络型的后台数据管理系统。在工程应用中，往往是建立一个数据库服务器，将所有需要管理的数据都存储在数据库服务器中统一管理，远程用户要使用数据库中的数据，可通过应用程序访问数据库中的数据。采用这种方式来管理数据可保证数据的一致性，同时也极大地方便了数据的管理与维护。

远程用户访问数据库通常有两种模式，即 Server/Client 模式和 Server/Browser 模式，相应的应用程序开发方式也就不同。下面我们来分析一下标准件数据库管理系统的功能需求和系统结构。

1. 系统主要功能

按照系统的功能要求，将标准件数据库管理系统划分为 5 个功能模块，每一个功能模块完成不同的功能要求，如图 9-18 所示。

(1) 库管理器模块：用于组织和管理数据库文件。实现数据库和表的打开、关闭和删除的功能，实现数据库表的移动和修改功能。由于标准件的种类繁多，很难为每一种标准件建立数据库。因此，系统还必须提供数据库和表的创建功能，允许用户添加新的标准件库，使数据库的内容可以不断扩充。

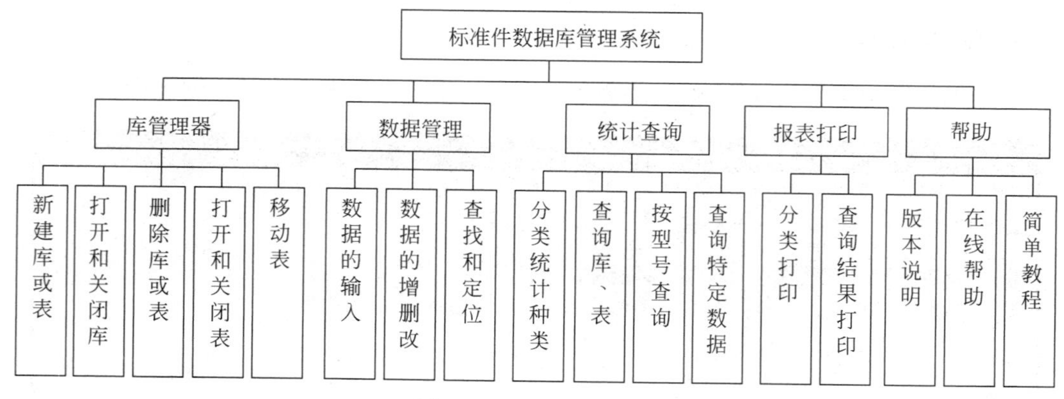

图 9-18　系统功能模块

（2）数据管理模块：用于管理数据库中的数据。提供数据的输入界面，提高数据的输入效率；对数据库内的数据可以自由地添加、删除和修改；提供数据的查找和定位功能，使记录标记快速指向特定的记录，便于修改数据。

（3）统计查询模块：提供统计功能，可以按标准件的类型进行分类统计；提供多条件的查询功能，可以查询数据库中标准件的类型以及特定的数据项。

（4）报表打印模块：可以将数据库中的数据按类别分类打印，还可以将查询结果打印出来。

（5）帮助模块：提供友好的帮助系统，使用户在使用过程中随时都可以获得帮助；提供一个简明的学习教程，帮助用户快速掌握基本的操作方法。

2. 系统界面设计

按照系统功能模块，设计窗口、控件和菜单系统，为动作构件编写代码。如图 9-19 所示是标准件数据库管理系统的主窗口。

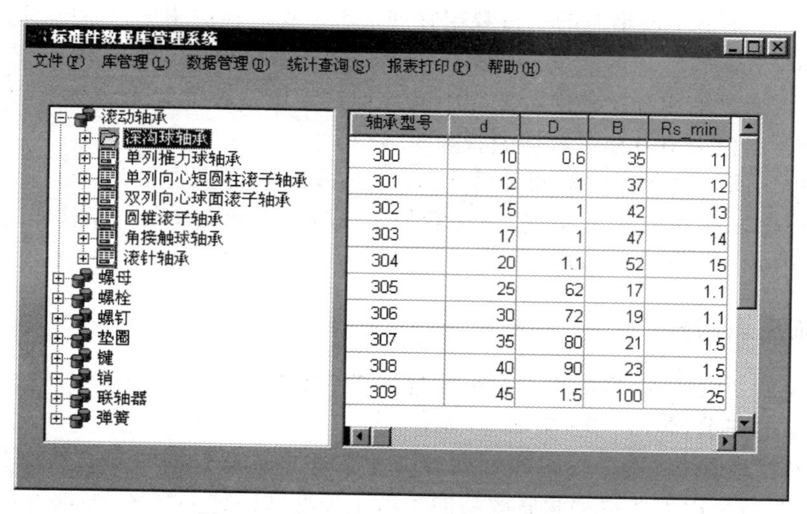

图 9-19　标准件数据库管理系统主窗口

9.5　CAD/CAM 数据库

在产品的设计和制造过程中，需要查阅大量的图表和手册，以便找出所需要的计算公式、经验数据、实验曲线、各种规范和标准等。

在 CAD/CAM 系统中，也要求计算机能够把设计和制造过程中所需要的数据存储并且管理起来。因此，在任何 CAD/CAM 系统中，数据库都是一个重要的组成部分，图 9-20 给出数据库在 CAD/CAM 系统中的重要地位，它是 CAD/CAM 系统的集成数据信息资源。

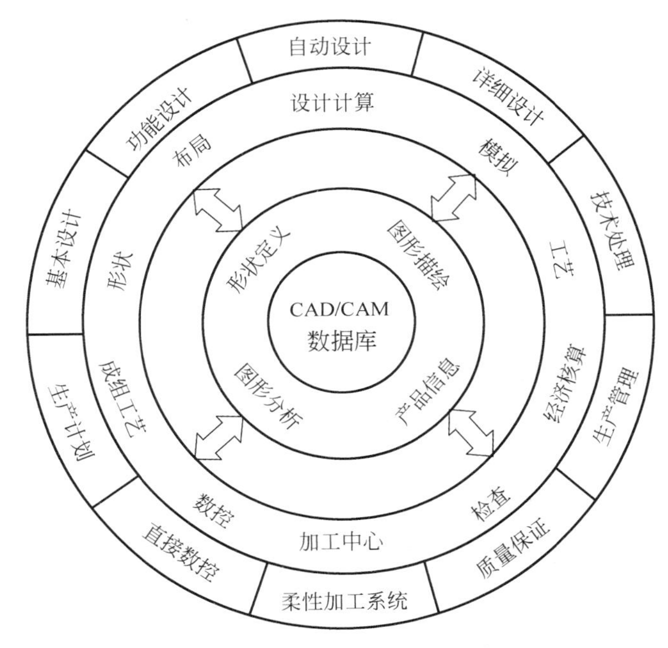

图 9-20　CAD 系统中的数据库

数据库可看作一个将相互关联数据储存在一起、避免不必要的冗余、能对数据进行操作、可提供多种数据信息需求的数据和信息的集合。

目前，国内外开发了许多通用数据库系统，著名的数据库系统有 ORACAL 系统、用于微机上的 FoxPro 系统以及 IBM 公司的 IMS 系统等，这些数据库已经在各行各业得到了广泛的应用。

9.5.1　工程数据特点及其管理

CAD/CAM 系统中所包含的数据统称为工程数据，工程数据主要包括产品的设计数据、设计规则和标准数据、几何图形数据、工程分析数据以及制造工艺等，这些数据包括从产品设计到制造的各个方面的内容。工程数据不仅类型多、数据量大，而且结构相当复杂，其表现形式除了文字数据以外，还包括大量的几何图形数据。随着产品设计、制造过程的展开，这些数据动态地变化并支持整个生产过程。

工程数据的管理方法主要有程序直接管理、文件系统管理和数据库系统管理等。文件系统是操作系统中用来管理数据的一个子系统，主要提供数据的物理存储和存取方法，数据的逻辑结构和输入/输出仍由程序员在程序中定义和管理。数据文件和程序紧密相关，每一个数据文件都属于特定的应用程序，一个应用程序对应一个或几个数据文件。不同的应用程序独立地定义和处理自己的数据文件。这样就造成了数据的存储较为分散、共享能力差的缺点，难以适应多用户的设计环境，并且数据的冗余度较大，难以保证数据的完整性和一致性。

数据库系统管理是在文件系统管理的基础上发展起来的一门新型数据管理技术。数据库系统把用户数据集中起来统一管理，大大地减少了数据的冗余度。数据库系统提供了数据的抽象概念表示，使用户不必了解数据库文件的存储结构、存储位置和存取方法等烦琐的细节就可以存取数据。这样就可以把用户程序和数据分离开来，提高了数据的独立性、一致性，实现了用户对数据的共享。不同用户可以逻辑地、抽象地使用数据，使数据的存储和维护不受其他用户的影响。数据库与应用程序的关系如图9-21所示。

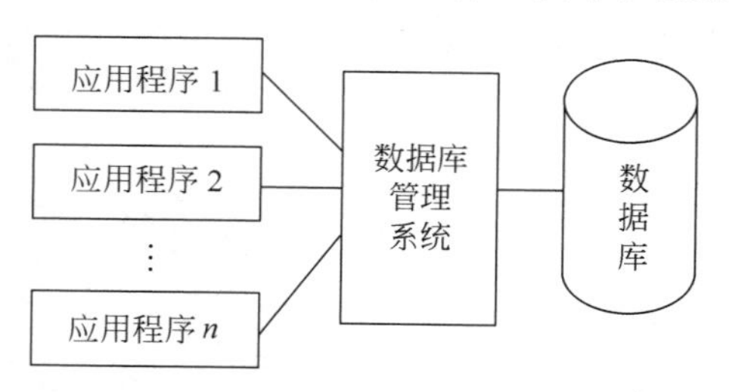

图9-21 数据库系统中程序与数据的关系

工程数据具有复杂性、动态性的特点，又要适应多用户设计环境，数据库系统管理是工程数据最为理想、最为有效的管理方法。

根据应用领域不同，数据库系统分为商用数据库系统（management information system，MIS）和工程数据库系统（engineering database system）。表9-7对CAD/CAM数据库和一般信息数据库做了比较。

表9-7 商用管理数据库与CAD/CAM工程数据库的比较

商用管理数据库	CAD/CAM工程数据库
数据是静态的。信息的模式是事先定义的，模式是静态的和编译性的	数据是静态的和动态的。静态数据包括设计规则、标准元素和符号等；动态数据指设计过程中所产生的数据，模式是动态的和解释性的
数据操作时间短，更新的影响范围小，仅涉及值的更新	数据操作时间长，更新的影响范围大，不仅更新值，而且也需要更新结构
用户只有权更新“值”，只允许管理员（DBA）去更新结构	允许用户更新值及结构
数据类型简单，基本上是字符和数字型	数据类型复杂，包括结构型数据（图形数据）
实体类型少，数据模型的复杂程度低，即实体间的联系简单	实体类型多，实体间的联系复杂，往往是复杂的网状结构
会话方式主要是字符终端	通常采用图形终端，对交互方式及所用工具要求高
用户间通常不共享数据，数据的保密性特别重要	用户间常共享数据
采用COBOL、PL/1语言	采用FORTRAN、PASCAL、汇编及C语言
对用户要求不高	用户要求是专业技术工程师
DBMS设有数据相容性检查机制，操作人员无法检查和发现数据不相容问题	数据相容性问题部分地由操作使用人员负责

CAD/CAM系统中使用的数据库一般是工程数据库，其数据库管理系统称为工程数据库管理系统(engineering database management system，EDBMS)。

尽管CAD/CAM数据库与商用数据库都是在层次模型、网状模型或关系模型基础上开发的，但因应用对象、环境和操作方式等多方面不同，使在CAD/CAM环境下直接应用MIS的DBMS不能满足要求。现有数据库及其管理系统，大都是面向事务处理的，远不能满足制造系统工程应用的需要。在机械制造工程环境下的数据库，除满足经营管理中事务处理的需要外，更要满足工程设计和制造过程的需要。因此工程数据库有下列特点：

1. 数据类型复杂

在工程数据库中，不仅包含标准数据，而且具有几何图形、图像、知识，以及多维向量、矩阵、集合、时间序列、过程模型等复杂数据类型。

2. 面向复杂工程对象

一个工程实体往往由许多部件和零件组成，而每个部件和零件都有描述它们的属性，因此，工程事件或对象都要用工程数据库中的许多有关的属性来表示。

3. 动态变化的数据类型

在制造过程中，许多信息是随过程变化的动态数据，存放动态数据的数据库称为动态数据库。例如，一个工件按加工顺序通过多个工作站进行加工时，为了对不同阶段的工件进行检测，要求存储工件随时间变化的动态位置数据。再如，在柔性制造系统中的随行托盘，为了保证获得高的工件加工精度，数据库中存储各托盘在不同机床上的定位数据。

4. 数据管理的实时性

在工程应用环境中，大量数据的存取和处理要求实时操作，这是工程数据库管理系统必须完成的任务。在工程应用环境下，许多数据随生产环境变化呈现动态性，将给数据更新、维护等带来很大困难。

综上所述，设计一个实用的工程数据库及其管理系统，是一项既重要又复杂的任务。

9.5.2 CAD/CAM数据库系统的特点

CAD/CAM数据库系统与普通数据库系统相比，其需要适合CAD/CAM系统的特点：所存储的数据量大、形式多样、关系复杂、动态性强。它除了要处理大量的表格数据、曲线数据、函数数据和文字信息外，还需要处理图形数据。另外，它还要支持交互操作，即能够满足在CAD/CAM系统工作过程中的信息交换和数据修改等方面的要求。

1. 工程数据量巨大

工程设计中的图形、图像数据都必须存放在数据库中，数据量巨大，且工程设计中还要求快速响应这些数据。

2. 数据模型复杂

工程数据库包括矩阵、集合、几何图形、复杂数学公式、过程等形式，涉及对象的数据种类很多。另外，还需要表达对象类结构那样的复杂关系，而这种复杂的数据模型是商用数据库无法进行处理的。

3. 模式的动态修改

CAD/CAM数据库除了要处理静态数据结构外，随着设计进程的发展，设计对象的状态不断变化，还需要能够处理动态数据的定义。

4. 工程数据库需要支持交互式的工作方式

提供人性化人机交互式操作界面，支持交互式查询，查询响应时间应满足工程应用要求，应便于扩充和维护，提供数据的可视化图表分析、数据的特征关系分析。

9.5.3 对工程数据库管理系统的要求

CAD/CAM系统及其应用环境对EDBMS的特殊要求可以归纳为以下几个方面。

1. 数据库模式的动态性

工程设计过程的特点决定了数据库模式不能预先设定，而是随设计过程的扩展而不断地变化和扩充。这种特点要求工程数据库模式有灵活的动态变化能力。

2. 数据类型的多释性

在设计过程中，不仅要用到由字符和数据组成的一般数据，而且还经常涉及设计规范、标准以及大量的图形数据，这就要求EDBMS既能支持过程性设计信息，也能支持描述性设计信息，特别是对图形信息、图组结构数据等这类复杂的多关系实体，EDBMS也要提供方便、灵活的操作和表示。

3. 支持反复试探性的设计过程

设计者在设计过程中，首先给出一个初步、基本设计构想，然后再深入、反复修改，逐步完善，最后得到满意的设计方案。EDBMS要满足这种尝试性反复渐进的设计过程，以得到满意的设计结果。

4. 支持设计的层次化

工程设计中的一个特点是其层次的构造组织，不同的应用程序需要在描述某些实体和关系的不同层次上来观察同一数据库中的实体及其关系。这样，工程数据库必须支持层次性的设计结构。

5. 交互式的用户接口

设计者要随时控制和操纵整个设计过程，因而要求EDBMS能够提供一种灵活的、对话式的操作手段，即交互式的作业方式，并且要求系统能够作出快速的、实时性的响应。

6. 多用户的工作环境

一个大规模的工程需要有许多设计人员分工协作进行，而且，EDBMS的多用户环境是不可或缺的。EDBMS在多用户环境下必须保证各类数据的语义一致性及其协调工作的条件。

7. 支持造型系统的多种表示模式

一般来说，一个CAD/CAM系统能够提供几种几何造型方法，因此就要求EDBMS能够支持多种造型表示模式，能够管理各种应用程序。

由于CAD/CAM系统及其应用环境不同，目前所采用的数据库系统一般分为两类：一类是通用数据库系统；另一类是CAD/CAM系统生产厂家自行设计开发的数据库系统。

9.5.4 CAD/CAM数据库的内容

作为支持制造系统的数据库，需要包含的信息和数据面广量大。尤其在产品制造、设计部门，生产控制和管理部门中，关系非常密切和错综复杂，有许多信息和数据需要保持一致性和共享性。

为了实现计算机辅助制造，首先要解决的是按产品设计图纸的要求选择最优的工艺方案，确定加工方法和加工过程，选择加工设备、刀具、夹具和辅助工具。因此，就必须查阅有关方面的一系列标准和数据。

- 在传统的生产方式下，这些标准和数据都是以手册的方式存放的。工艺人员在工作过程中，必须不断反复查阅这些手册，其工作效率既低又使人厌烦。
- 在采用计算机辅助时，这些数据都可以用文件形式和一定模式关系存储在数据库中，以便在生产准备时或制造系统运行中，由计算机直接检索调用，彻底改变传统的手工劳动方式。

与制造有关的各项数据文件构成了制造数据库或工程数据库中不可缺少的基本环节。通常有以下几种文件。

1. 材料文件

在CAM系统的数据库中，必须包含两种材料文件。

1）基本材料数据

其内容是各种工业用材料的特性数据。这类数据主要供产品设计和工装辅具设计部门使用。在基本材料数据文件中，一般包含材料代号、名称、规格、抗拉或抗压强度、热处理、预加工状态等。

2）刀具材料

在加工过程中，刀具材料的选择与工件材料和切削参数的选择关系密切。必须存储常用的刀具材料数据文件，其中包含材料牌号、名称、力学性能参数（如密度、抗弯强度、硬度等）和使用性能代码等。

2. 切削用量文件

切削用量文件是制造系统中最重要和最常用的数据库内容。由于建立切削用量文件与工件材料、刀具材料、刀具种类及其耐用度、切削加工方法、切削条件、刀具几何参数等众多因素有关，要建立这种数据库的数据文件的工作量很大，很困难，要由许多研究院所、工厂和高等院校历时多年做大量协调研究工作才可能完成。而这项工作对于CAM是必不可少的。目前，欧洲、美国等都有相应的组织在做这方面的工作。我国也组织全国有关的研究所和高等院校进行切削数据库的建库工作。

通常，工厂和企业可以根据本单位常用的工件材料和刀具材料建立自己的有限范围的切削数据库，也可以通过本厂的计算机以远程通信方式向厂外的国家数据中心请求数据。例如西欧的技术数据信息中心(Information Center for Technological Data)的INFOS系统就是这样的一种大规模的数据中心，可供欧盟各国使用。这样，许多工厂就不再需要为自己的数据库建立切削用量数据文件了。

建立切削用量数据文件通常采用三种方法。

(1) 从国家或部门推荐的机械加工手册、切削用量手册等工具书籍中选取有关数据表的内容做成数据文件存入数据库。

(2) 以本厂的实践经验为基础，收集本厂操作工在实际生产中的经验数据，经过分析整理，对各种刀具的不同耐用度(生产中有时称为刀具寿命)规定出相应的切削速度、切削深度和进给速率，并据此做出切削用量数据文件。这种方法比较简便易行，但不够准确。

(3) 用理论与试验相结合的方法。例如，早年用表明刀具耐用度与切削参数和材料组合之间关系的泰勒公式，将各种刀具和切削方式的数学模型建立相应的模型库，同时将数学模型中与工件材料、刀具材料、刀具耐用度、冷却液等有关的系数做成数据文件存入库中，以便数学模型运算时调用。

3. 刀具文件

在制造系统中，不仅工件数控编程时需要刀具的信息，而且在制造系统中运行的实时控制系统、刀具储存系统，作业计划编制系统、订货系统、人工或机器人刀具组装和预调站、刀具维修部门和刀具碰撞检查程序中，都需要刀具的数据信息。因此，数据库中必须建立刀具数据文件。

由于刀具种类(如车刀、铣刀，钻头等)和结构(整体式、装配式、可调整式等)多种多样，数据库中刀具数据文件的层次格式、种类和内容也有多种。

图9-22为加工中心使用的，由各种模块组成的铣刀，铣刀长度L和直径D由工艺规程文件或刀具调整指令文件确定。各模块的规格尺寸参数以数据文件存储在数据库中。用计算机自动绘制刀具调整图时，系统直接根据工艺文件或调刀指令从数据库中检索和调用相应模块，组成能满足L和D要求的铣刀。

对于采用转位刀片的镗削、车削或镶片铣刀等刀具，在数据库中还存储有转位刀片(或称用后即扔的不刃磨刀片)文件。如图9-23所示为采用ISO代码描述转位刀片时的例子。

因此，在建立制造系统数据库的刀具数据文件时，常采用层次式树形结构(图9-24)。该描述刀具的方法采用一种四层结构，每一层都代表刀具的选择数据，层次间是通过数据库管理系统实现逻辑连接。各层次说明如下。

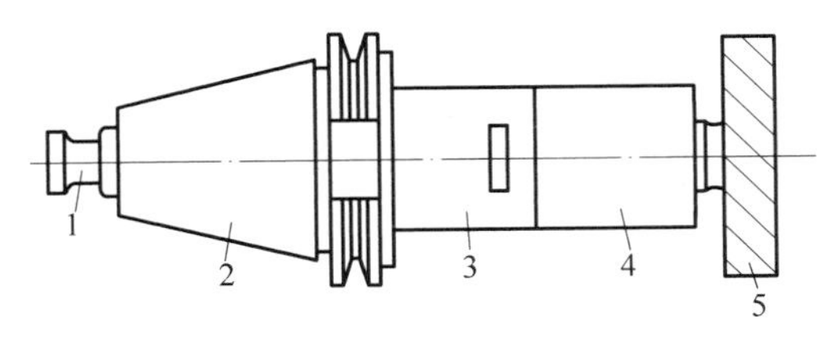

图 9-22　加工中心用铣刀组装图

1—拉钉；2—刀柄；3—调整块；4—刀夹；5—铣刀

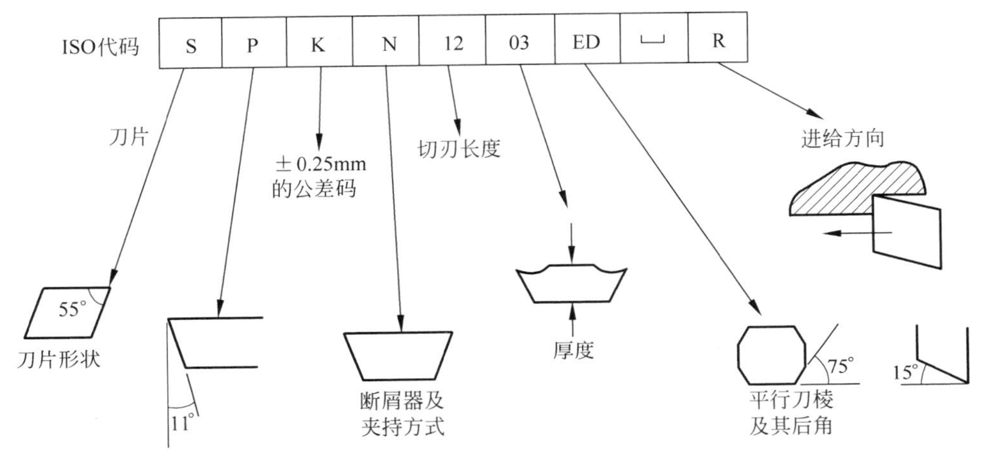

图 9-23　转位刀片描述举例

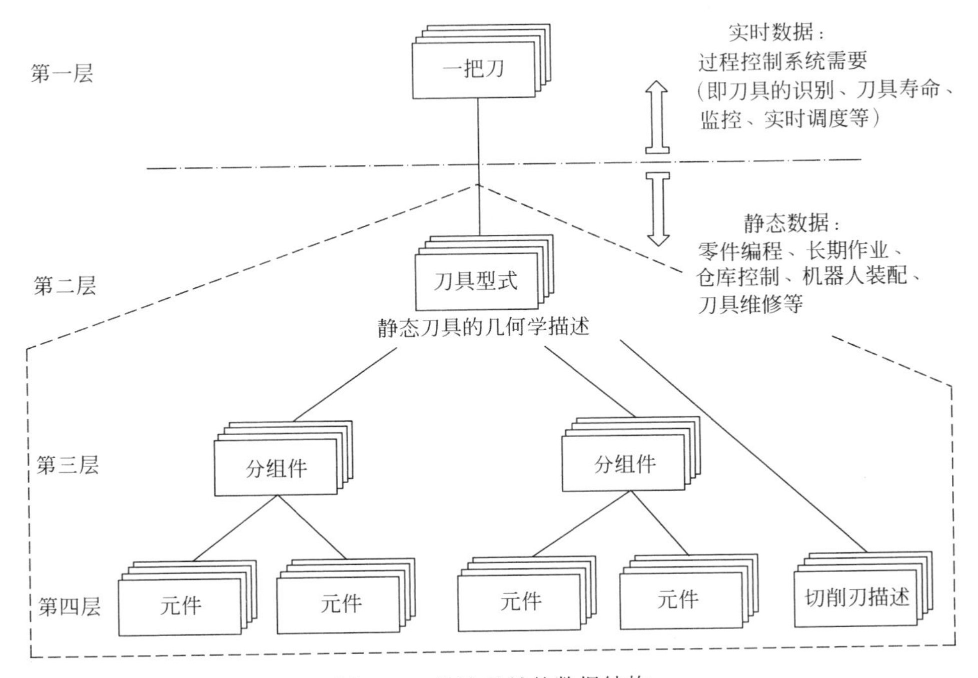

图 9-24　描述刀具的数据结构

第一层，某一把刀具在特定机床刀库（或中央刀库）中的实际数据，其中包括：

（1）刀具识别号；

（2）刀具长度校正数据，这个数据与被控机床类型（车、铣等）的控制轴（即 X、Y、Z 等）有关；

（3）刀尖圆弧半径校正数据；

（4）刀具的实际工作长度（即调整和测量得出的长度）；

（5）刀具的实际工作直径（即调整和测量得出的直径）；

（6）刀具耐用度值（或是一个平均耐用度值）。

由此可知，在制造系统中，刀具实际数据非常重要，而且它们是随着制造过程的进行而不断变化的。因此，除了采用数据库技术外，没有人能记住这些刀具的行踪和数据。

第二层，每把刀具型式文件。

刀具型式文件提供一个通用刀具的几何描述。数据库管理系统根据用户的指令，将各种几何形状、元件、分组件和刀片逻辑连接起来，它们都分别在数据库的“刀型”“元件”“分组件”“刀片”等记录中进行描述。在组装某一把刀时，只需给使用者几个记录，就能通过数据库管理系统把所需的刀具组装起来。

第三层，装配各种刀具的分组件文件。

第四层，元件层。能用于库存控制、订货控制和机器人组装刀排。在这个层次中的数据都是标准值。

上述层次式数据结构，可非常经济和有效地存储数据，使数据库能为迅速扩展的刀具服务，因而能用以构成一个非常灵活的刀具数据监控和管理系统，数据冗余最小，结构的模块化便于扩充，能储存刀具标准数据和实际数据。这种层次式数据结构实际上可用作仓库管理对象描述的通用方式，也能适用于为数据库建立机器人或夹具的数据文件。

4. 夹具文件

对于自动化程度高的和高水平的制造系统，往往还需要一个较完善的具有夹具数据文件的数据库的支持。在许多柔性制造系统中，除了需要使用夹具外，还使用在系统中输送工件的托盘。因此，在数据库的夹具文件系统中，还必须储存描述托盘的数据文件。

在数据库的夹具数据文件中，除了夹具识别号、夹具制造厂、夹具名称和型号、夹具视图外，还应包括夹具上重要尺寸的实际数据。

另外，在实行计算机辅助夹具设计或辅助组装组合夹具的制造系统中，还需要储存标准夹具元件或数控机床上用的组合夹具元件。这些夹具元件及夹具的数据文件，也可以采用与上述刀具数据文件相似的数据结构。

但是，由于夹具结构及其元件的几何形状和使用要求都比刀具复杂，要解决的问题也就更多，例如图9-25所示的夹具压板，在数据文件中就需要写入下列数据。

（1）夹具元件识别号；

（2）描述结合表面的结合码；

（3）长、宽、高（L、B、H）的数据；

（4）图号，指出图中的数据基准，其他重要数据均由该基准出发构成；

（5）在组装夹具时的调整范围数据。

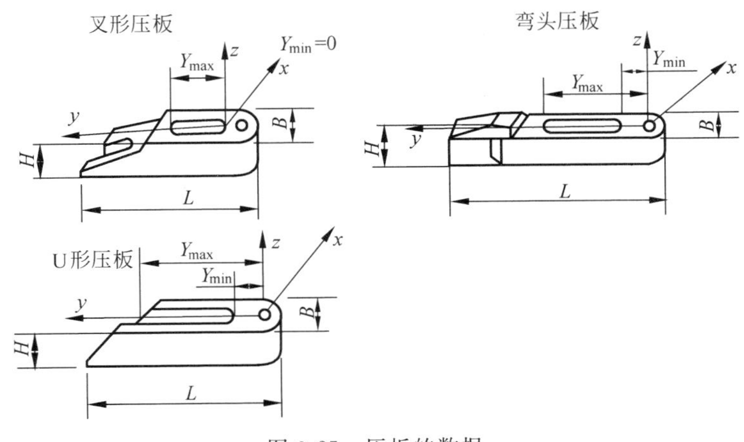

图 9-25　压板的数据

这种压板只是夹具夹紧元件中的一个例子。此外，在数据库中还必须储存夹具的基础元件、支承元件、引导元件、组件及其他元件的数据。如果能以数字形式存储这些元件的信息，就可以为计算机辅助夹具设计系统提供绘制三维立体图形数据。即使无法得到三维体素模型，数据库也能为零件数控编程、生产控制和仓库管理服务。

5. 机床文件

机床文件是将全部与机床特点有关的信息数据作为文件存储在数据库中。在机床数据文件中，包含机床的识别号、机床名称和型号，还有全部规格和性能数据，如车床的中心高、铣床的工作台面尺寸和行程长度、主驱动功率，数控系统类型、主轴转速和进给速率范围、最大加工工件尺寸和加工精度等。上述这些数据在选择最佳工艺方案和计算机辅助工艺设计时是必不可少的。

在数控机床的数据文件中，还需要包含控制装置使用的数控指令格式、坐标系统、分辨率、插补功能、刀具的径向和轴向补偿方式等，以便在进行自动数控编程时调用这些数据并进行后置处理，以及检查数控程序的正确性等。

在计算机辅助制造数据库中，除了存储上述标准数据外，有时还存储一些复杂的特殊数据类型，如图形、知识规则、程序等。

6. 图形文件

为了加速计算机辅助夹具设计和刀具预调图的绘制，可以在计算机辅助设计软件的支持下，在数据库中建立图形库，即把上述的组合夹具标准元件和刀具组装模块做成图形文件存储在库中，构成图形库。在用计算机辅助系统绘制夹具图和刀具图时，可以直接从图形库中调用有关元件的图形和相应数据文件中的数据。

7. 标准数据资料文件

许多标准数据资料需要建立专门的标准数据文件。

8. 标准件文件

在图形库的基础上,将图形式的标准件库建立相应的标准件文件。

机械制造系统使用的数据库中,除了存储上述各种数据文件外,常常还需要建立用于存储知识规则的知识库,存储各种应用子程序或方法程序的程序库(或方法库)。

9.5.5 CAD/CAM数据库的组织

定义应用模型的基本成分必须存储在数据库中,模型的结构是数据库组织的形式。

(1) 以方块组合方法(build-block approach)建立模型。

第一类是最基本元素,由这些元素形成元件,再分别使用元件组合成第三类结构,以此类推。模型结构由组合、描述和分析模型的资料和程序组合而成。

模型数据库有很多种组织方法。某些系统偏向存储和资料同样复杂的模型描述,其当然需要更多的储存空间。另有其他系统的设计是存储最少的资料,但是要存储较完整的程序。所以当需要模型时,可以重新计算。这种方法节省了存储空间,但是需要很多的计算时间。

(2) 存储几何图形的坐标和定义模型较完整的资料或者某些应用程序(如工程分析和NC工件程序设计)的数据库资料结构。

这种形式的资料结构有某些缺点。如一个圆柱体的定义可能包括平行于Y轴的线段,并将其旋转以形成圆柱体。这一元件的资料记录(data record)是由线段的端点和旋转轴组合而成。

(3) 以图形为基础(graph-based)模型的数据库结构。

以图形为基础的模型是由一连串的点和线组成。这些点和线建立了几何元素的点、边(edges)和面彼此之间的关系。在数据库记录(record)中,只有点(顶点)是以空间资料(spatial data)存放着,其他还包括边线(edge)与顶点(vertices),面(surface)与边线和实体(solid)与面之间的关联性。就是以这样的密集(compact)的方法来定义一个实体。

(4) 用布尔运算法(Boolean operation)来建立几何图形,又称为布尔造型法(Boolean modeling)。

第10章

工程设计数据的程序处理

在机械设计过程中，设计人员经常需要从有关的工程设计手册或设计规范、各种国家标准中查找大量的各种参数和数据。在传统的设计手册中，这些机械工程设计资料常常是以数表或线图的形式提供的，以方便设计人员查取选用。现代设计方法采用计算机进行处理，这些设计资料必须以程序可调用或计算机可检索查询的形式提供，实现机械CAD进程中的高效、快速处理。从总体上讲，采用计算机对设计资料处理的方法有两大途径。

1. 程序化

在应用程序开发过程中，将与设计资料有关的数据表格或者线图的内容转变为程序的一部分，即程序化。采取编程的方法对数表及线图进行处理，通常不外乎两种方法：一种是将数表中的数据或者线图经过离散化后存入一维、二维或者三维数组中，通过程序用查表、插值等方法检索所需要的数据；另一种是将数表或线图拟合成替代公式或找到对应的原始公式，直接编入程序中计算出所需要的数据。

2. 数据库数据文件存储

利用数据库管理设计资料，将数表或线图离散化为数据，按照一定的格式保存在数据文件中，或者按照数据库的规定进行文件结构化，如确定文件名、字段名、字段类型、字段长度等，存放在数据库中，然后由数据库管理系统进行数据的管理。这种数据管理方式，使工程数据的管理独立于应用程序，可以被各工程设计应用程序所共享。

10.1 数据表格的程序处理

在设计过程中使用的数表形式很多，根据变量多少，有一维变量表、二维变量表及多维变量表。根据数表来源的不同，可分为两种情况。

(1) 数表本来就有精确的理论计算公式或经验公式的情况。为了便于设计人员计算查找，设计手册采用将这些公式的变量与函数关系以数表的形式给出。例如齿轮的齿形系数、轴的应力集中系数等数表。对于这类数表，可以直接采用原来的理论计算公式或经验公式编入计算有关数据的程序。

(2) 数表中的数据彼此之间不存在一定的函数关系或是由实验获得的结果。例如各种材料的机械性能、齿轮标准模数系列、各种材料的密度等。这一类数表可以采用数组形式载入程序，结合插值进行查取；也可以求其经验公式，然后将经验公式编入计算程序进行处理。

数据表格程序化的实现方法主要有以下几种方案。

方法1：利用数组对数表的数据进行初始化。如：a[10]={37，25，47，…}，编程简单，不能修改。

方法2：在程序开发中采用对话框交互输入技术。灵活性好，但每次使用都要临时输入，数据多时极不方便，容易出错。

方法3：采用外部文本数据文件存放数据。CAD设计软件按照数据文件的名称和数据存放格式打开数据文件，查询和访问所需要的数据，使用完毕后，关闭文件退出文件访问。数据文件方式克服了以上两方面的问题，但是数据分散，不安全。

方法4：采用数据库系统。这种方式适合处理大量数据的情况，安全可靠，方便数据维护。

10.1.1 一维数表

一维数表是最简单的一种数表，其数据在程序化时可用一维数组来存取处理。

例10-1 如图10-1所示为平键联接中的平键基本尺寸及键槽尺寸，它实际上是 d-b、d-h、d-t 和 d-t_1 四个数表的组合。如表10-1所列，轴径 d 作为自变量有若干个尺寸分段，应根据设计计算得到的直径，找出属于轴径 d 的尺寸分段，然后再检取该直径 d 分段对应的 b 和 h、t、t_1。

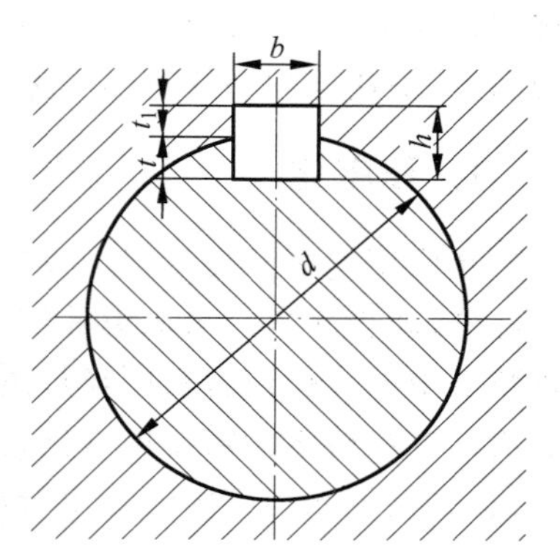

图10-1 平键联接的主要尺寸

表10-1 平键公称尺寸及键槽尺寸 mm

轴径 d	键宽 b	键高 h	轴 t	轮毂 t_1
>6～8	2	2	1.2	1.0
>8～10	3	3	1.8	1.4
>10～12	4	4	2.5	1.8
>12～17	5	5	3.0	2.2
>17～22	6	6	3.5	2.6
>22～30	8	7	4.0	3.0
>30～38	10	8	4.5	3.3
>38～44	12	8	5.0	3.5
>44～50	14	9	5.5	3.8
>50～58	16	10	6.0	4.3

根据列表数据的特点，可用4个一维数组b[ ]、h[ ]、t[ ]、t1[ ]来分别存储 b、h、t、t_1；用数组d1来标识数表中轴径 d 的界限值，这里取上限值。另外再用条件语句if判定所属的尺寸分段，就可以编制出存储及检取此表数据的子程序。

程序变量符号说明如下：

d——轴的设计尺寸；

bb——检取得到的键宽(b)；

hh——检取得到的键高(h);

ta——检取得到的轴的键槽深(t);

tb——检取得到的轮毂的键槽深(t_1)。

如图 10-2 所示为查表程序的流程图,用 C 语言编制的子程序片段如下:

```
float bb,hh,ta,tb;
int skey(d)
float d;
{ int i;
  float dl[11] = {6.0,8.0,10.0,12.0,17.0,22.0,30.0,38.0,40.0,50.0,58.0};
  float b[10] = {2.0,3.0,4.0,5.0,6.0,8.0,10.0,12.0,14.0,16.0};
  float h[10] = {2.0,3.0,4.0,5.0,6.0,7.0,8.0,8.0,9.0,10.0};
  float t[10] = {1.2,1.8,2.5,3.0,3.5,4.0,4.5,5.0,5.5,6.0};
  float t1[10] = {1.0,1.4,1.8,2.3,2.8,3.1,3.3,3.5,3.8,4.3};
  if(d > dl[0] && d <= dl[10])
  { for(i = 0; i < 10;i++)
      if(d <= dl[i + 1])
      { bb = b[i];
        hh = h[i];
        ta = t[i];
        tb = t1[i];
        break;
      }
    return(1);
  }
  else
  {
    printf("error: 直径 d 超出范围!");
    return( - 1);
  }
}
```

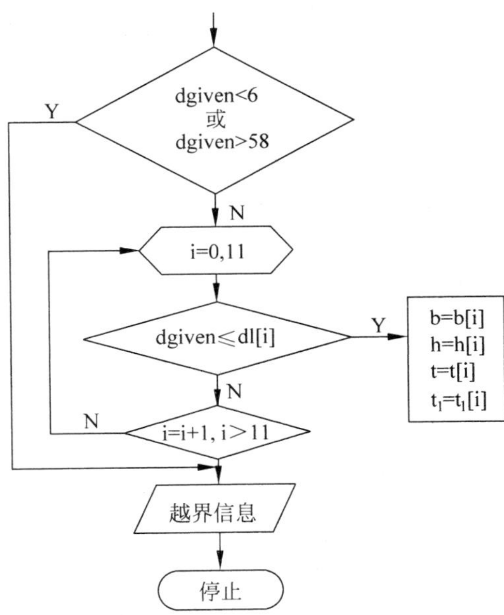

图 10-2　平键、键槽尺寸查表流程图

CAD 程序运行时，计算得到某直径 dx，需要检取与 dx 相应的平键尺寸及键槽尺寸时，可调用上述子程序，即可获得与 dx 相对应的尺寸 b、h、t、t_1。

10.1.2 二维数表

二维数表的特征是有两个变量，在设计资料中这种情景常见。例如齿轮传动的工况系数、滚动轴承的规格、各种螺钉的规格等。

例 10-2 齿轮传动的工况系数 k_a 数表如表 10-2 所列，原动机工况和工作机工况的载荷特性各有 3 种情况对 k_a 产生影响。

表 10-2 齿轮传动工况系数 k_a

工作机械载荷特性 / 工况系数 / 原动机载荷特性			工作平稳	轻度冲击	中等冲击
			$j=1$	$j=2$	$j=3$
			kk(i,1)	kk(i,2)	kk(i,3)
工作平稳	$i=1$	kk(1,j)	1.0	1.25	1.75
轻度冲击	$i=2$	kk(2,j)	1.25	1.5	2.0
中等冲击	$i=3$	kk(3,j)	1.5	1.75	2.25

将表 10-2 中的数据存入一个 3×3 的二维数组 kk[ ][ ]中，通过数组下标 i 和 j 即可检索出齿轮传动的工况系数 k_a。图 10-3 所示为齿轮传动工况系数 k_a 存储和检取的流程框图。

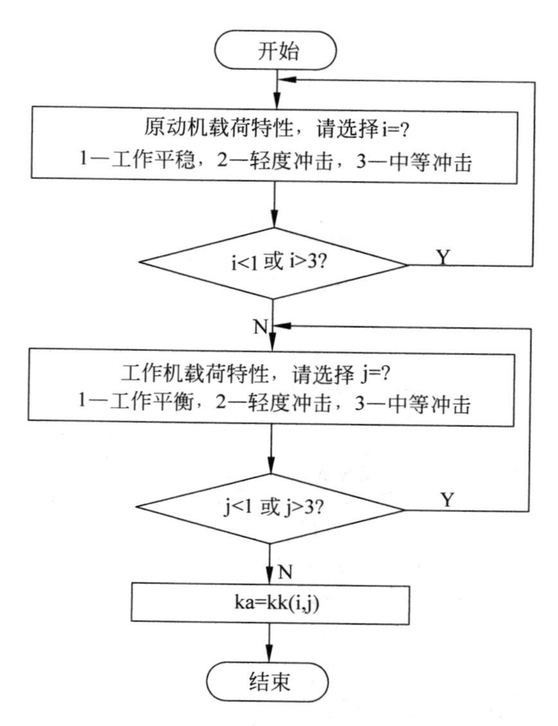

图 10-3 齿轮传动工况系数查表流程框图

用 C 语言编制的检取程序段如下：

```
int i,j;
float ka;
float kk[3][3] = {1.0,1.25,1.75,1.25,1.5,2.0,1.5,1.75,2.25};
while(1)
{ printf("1 -- 工作平稳");
  printf("2 -- 轻度冲击");
  printf("3 -- 中等冲击");
  scanf(" % d",&i);
  if(i >= 1 && i <= 3)
    break;
}
while(1)
{ printf("1 -- 工作平稳");
  printf("2 -- 轻度冲击");
  printf("3 -- 中等冲击");
  scanf(" % d",&j);
  if(j >= 1 && j <= 3)
    break;
}
ka = kk[i - 1][j - 1];
……
```

10.1.3　多维数表

变量个数大于 2 的数表就是多维数表，工程手册中以三维数表为多。

例 10-3　渐开线圆柱齿轮的齿形公差 f_f 数表如表 10-3 所列，渐开线圆柱齿轮的齿形公差 f_f 取决于齿轮直径、法向模数和精度等级 3 个变量，是一个三维查表问题。

表 10-3　齿形公差 f_f　　μm

d	m_n	精度等级											
		1	2	3	4	5	6	7	8	9	10	11	12
≤125	1～3.5	2.1	2.6	3.6	10.8	6	8	11	14	22	36	56	90
	>3.5～6.3	2.4	3.0	10.0	5.3	7	10	14	20	32	50	80	125
	>6.3～10	2.5	3.4	10.5	6.0	8	12	17	22	36	56	90	140
>125～400	1～3.5	2.4	3.0	10.0	5.3	7	9	13	18	28	45	71	112
	>3.5～6.3	2.5	3.2	10.5	6.0	8	11	16	22	36	56	90	140
	>6.3～10	2.6	3.6	5.0	6.5	9	13	19	28	45	71	112	180
	>10～16	3.0	10.0	5.5	7.5	11	16	22	32	50	80	125	200
	>16～25	3.4	10.8	6.5	9.5	14	20	30	45	71	112	180	280
>400～800	1～3.5	2.6	3.4	10.5	6.5	9	12	17	25	40	63	100	160
	>3.5～6.3	2.8	3.8	5.0	7.0	10	14	20	28	45	71	112	180
	>6.3～10	3.0	10.0	5.5	7.5	11	16	24	36	56	90	140	224
	>10～16	3.2	10.5	6.0	9.0	13	18	26	40	63	100	160	250
	>16～25	3.8	5.3	7.5	10.5	16	24	36	56	90	140	224	355
	>25～40	10.5	6.5	9.5	14	21	30	48	71	112	180	280	450

续表

d	m_n	精度等级											
		1	2	3	4	5	6	7	8	9	10	11	12
>800～1600	1～3.5	3.0	10.2	5.5	8.0	11	17	24	36	56	90	140	224
	>3.5～6.3	3.2	10.5	6.0	9.0	13	18	28	40	63	100	160	250
	>6.3～10	3.4	10.8	6.5	9.5	14	20	30	45	71	112	180	280
	>10～16	3.6	5.0	7.5	10.5	15	22	34	50	80	125	200	315
	>16～25	10.2	6.0	8.5	12	19	28	42	63	100	160	250	400
	>25～40	5.0	7.0	10.5	15	28	36	53	80	125	200	315	500

将表 10-3 中数值 f_f 记录在一个 4×6×12 的三维数组 ff[ ][ ][ ]中。用一维数组 dd[ ]来存储齿轮直径 d 的界限值，这里取上限值；用另一个一维数组 mn[ ]来存储齿轮法向模数 m_n 的界限值，也取上限值；用一个整型变量 i 来标识齿轮精度等级。于是可以编制存储及检取此三维数表中数据的子程序。

用 C 语言编制的程序段如下：

```
float dd[4] = {125,400,800,1600};
float mn[6] = {3.5,6.3,10,16,25,40};
float ff[4][6][12] = {{{2.1,2.6, … ,90}{2.4,3.0, … ,125}{2.5,3.4, … ,140}
                        {0,0, … ,0}{0,0, … ,0}{0,0, … ,0}}
                       {{2.4,3.0, … ,112}{2.5,3.2, … ,140}{2.6,3.6, … ,180}
                        {3.0,10.0, … ,200}{3.4,10.8, … ,280}{0,0, … ,0}}
                       {{2.6,3.4, … ,160}{2.8,3.8, … ,180}{3.0,10.0, … ,224}
                        {3.2,10.5, … ,250}{3.8,5.3, … ,355}{10.5,6.5, … ,450}}
                       {{3.0,10.2, … ,224}{3.2,10.5, … ,250}{3.4,10.8, … ,315}
                        {3.6,5.0, … ,315}{10.2,6.0, … ,400}{5.0,7.0, … ,500}}};
```

这类三维查表问题可以降维为二维查表问题进行处理，本例可先由齿轮直径及法向模数查出表中一行数据，再根据精度等级进行一维查表。前面的二维查表问题也可化为两个连续的一维查表问题。总之，在实际程序化时可灵活掌握。

10.2 线图的程序处理

在机械设计资料中，有些参数之间的函数关系是用线图来表示的，如螺旋角系数 z_β、齿形系数、三角胶带传动的选型图等，供机械工程设计中查找系数或参数使用，有些还以曲线族形式给出。如图 10-4 所示是根据齿轮在轴上的布置方式，由齿宽系数查找齿轮荷载系数 K_β 的一族曲线。线图的特点鲜明直观，变化趋势显而易见。但是线图本身不能直接存入计算机，因此，在开发 CAD 软件时，必须将线图变换成相应数据形式存储，然后供 CAD 设计检索。处理线图时，可以先将其转换成为数表，再将其程序化；也可将线图公式化，在设计程序中直接调用公式计算。

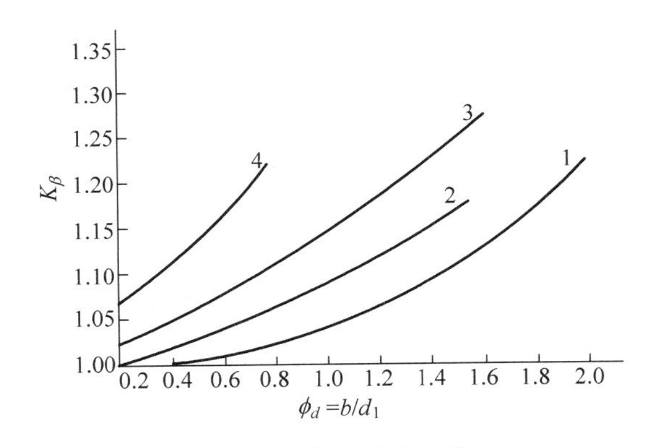

图 10-4　齿轮荷载分布系数 K_β

1—齿轮在轴上对称布置；2—非对称布置，轴刚性较大；3—非对称布置，轴刚性较小；4—悬臂布置

d_1—分度圆直径，mm；b—齿宽，mm

10.2.1　直接采用理论公式

线图所表示的各参数之间本来就有计算公式，只是由于计算公式复杂，为便于手工计算将公式绘成线图，以供工程技术人员设计时查用。因此在用计算机 CAD 设计计算时，找到线图的原始公式，直接将公式编入程序是最精确的程序化处理办法。

例如齿轮传动接触强度计算中的螺旋角系数 z_β，常常是以线图形式给出，如图 10-5 所示。而该线图是根据 $z_\beta=\cos\beta$（β 为齿轮分度圆螺旋角）绘制的。因此，在编制 CAD 程序时，可直接使用 $z_\beta=\cos\beta$ 公式进行编程。

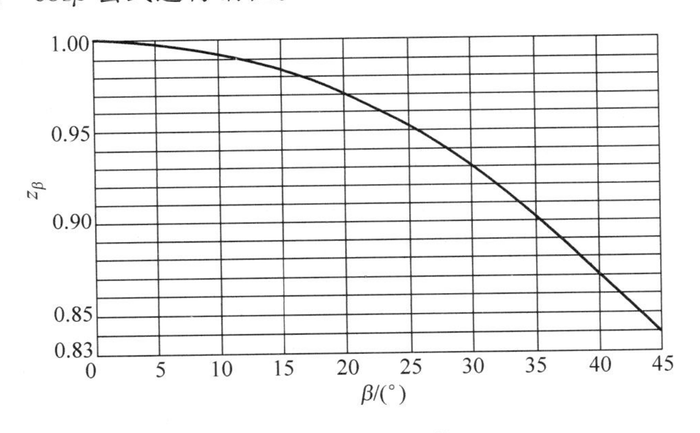

图 10-5　螺旋角系数 z_β

10.2.2　线图的数表化处理

若线图所表示的各参数之间没有或找不到计算公式，则可以对线图进行表格化处理，将线图离散化为数表，再对数表进行程序化处理。为了将线图变换成为数表，可以在曲线上取一些节点，把这些节点的坐标值列成一张数表。节点的选取随着曲线的形状而异，选取的基

本原则是使各个节点函数值之间相差不是很大。在具体操作中应考虑以下几点。

(1) 将曲线离散化取点，获取坐标值，形成数据表格；

(2) 单根曲线用一维表格，一组曲线则用二维表格；

(3) 对于曲线均匀变化的情况，则均匀离散取值，否则非均匀离散取值；

(4) 对于复杂曲线，一般采取分段处理的方案；

(5) 生成表格后，按前述方法进行表格的计算机处理。

这种方法的优点是可以进行插值，离散点越密则精度越高。其缺点是只能依靠人工进行处理，量大、繁琐、精度低。

如图 10-6 所示为渐开线齿轮的一种齿形系数曲线图。图中横坐标表示齿轮的齿数 z，纵坐标表示齿形系数 y。根据不同的齿数 z 即可从图中找到相应的齿形系数 y。

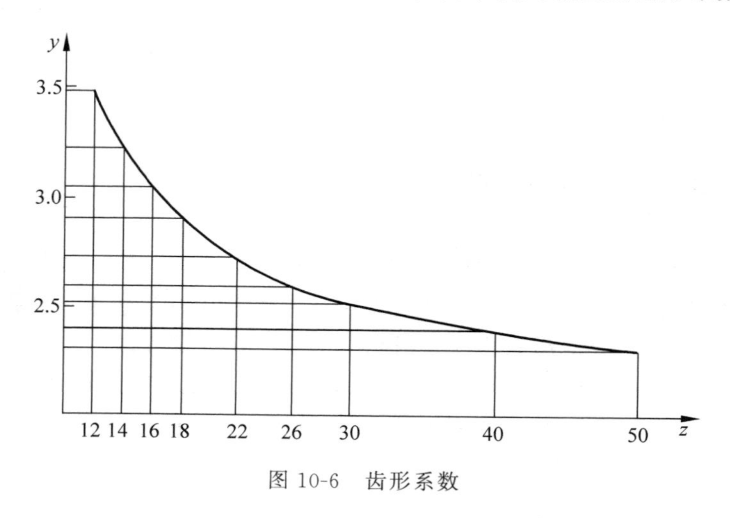

图 10-6 齿形系数

为了把曲线图变成数表，可以在曲线上取一些节点，并把节点的坐标值列成一张一维数表，如表 10-4 所列。其中节点的选取随曲线形状而异，选取的基本原则是相邻两节点的函数差均匀，以提高列表函数精度和降低插值误差。分析图 10-6 中的曲线，z 值较小时，z 对齿形系数影响较大，节点的区间应取得小些；而齿数 z 较多时，z 对齿形系数影响较小，节点的区间可以取得大些。当所取的 z 点不在数表所列的节点上时，可用函数插值的方法来处理。

表 10-4 渐开线齿轮的齿数 z 和齿形系数 y 的关系

齿数 z	12	14	16	18	22	26	30	40	50
齿形系数 y	3.48	3.22	3.05	2.91	2.73	2.60	2.52	2.40	2.32

10.2.3 线图的公式化处理

机械工程设计手册中的线图有时是比较复杂的，在程序化时要根据具体情况，确定具体的程序化方法。对于直线图插值，一般采用直角坐标系线性插值或者对数坐标系线性插值；二者的区分方法主要看取值间距的大小，取值间距大时，宜采用对数坐标系线性插值。对于曲线图能够构建公式的情况，利用曲线函数采用插值逼近的方法拟合建立公式，用曲线拟合方法求出线图的经验公式，再将公式编入程序。

例 10-4　设计 V 形三角胶带，需要按计算功率和小带轮线速选择胶带的型号。如图 10-7 所示为简化后的三角胶带选型图。

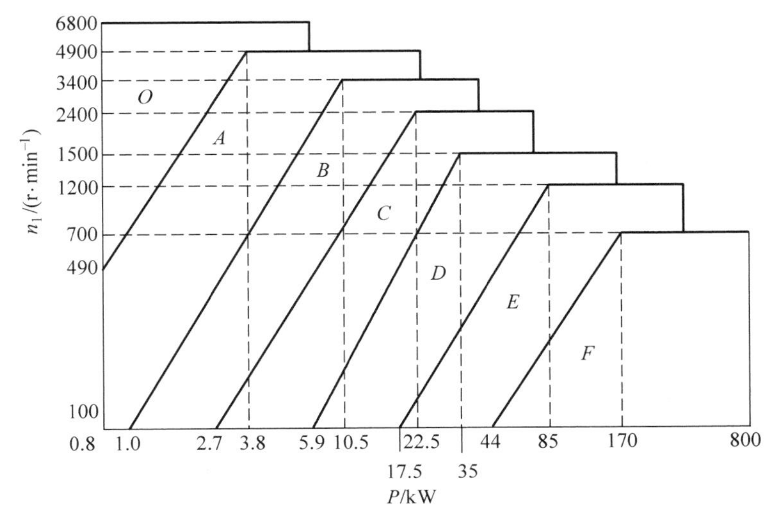

图 10-7　三角胶带选型图

由图 10-7 可知，区别各种胶带型号的边界线均为直线，因此可以运用直线方程来确定边界线上的坐标。注意到该线图为对数坐标系，如图 10-8 所示，可写出如下数学模型：

$$\frac{\lg P_B - \lg P_A}{\lg N_B - \lg N_A} = \frac{\lg P_K - \lg P_A}{\lg N_K - \lg N_A}$$

故

$$\lg N_K = \lg N_A + \frac{(\lg N_B - \lg N_A)(\lg P_K - \lg P_A)}{\lg P_B - \lg P_A} = C$$

即

$$N_K = 10^C$$

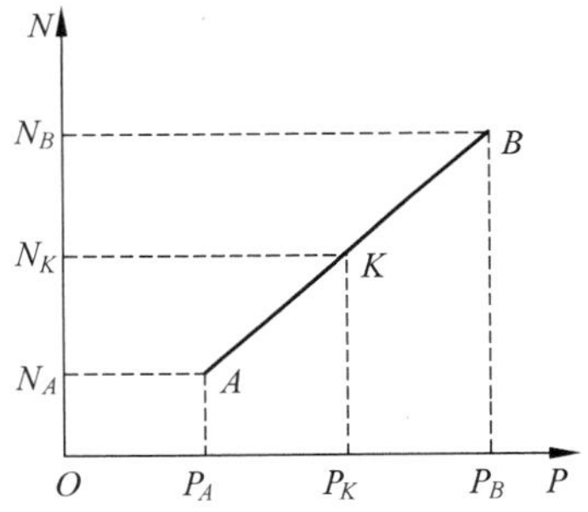

图 10-8　对数坐标系参考图

经过这样的分析便能编制该线图的查取程序。程序中的符号说明如下：

p——计算功率，输入参数；

n1——小带轮线速，输入参数；

k——三角胶带型号代码，输出参数；k=1、2、3、4、5、6、7 分别代表三角带型号 O、A、B、C、D、E、F。

用 C 语言编制的程序如下：

```
int k;
int model(p,n1)
float p,n1;
{ if (n1 > = 4900)
      k = 1;
```

```
        else
        { c = (log10(490) + (log10(4900) - log10(490)) * (log10(p)
              - log10(0.8))/(log10(3.8) - log10(0.8)))/log10(10);
          if (n1 >= pow(10,c))
            k = 1;
          else if (n1 >= 3400)
            k = 2;
          else
          {
            c = (log10(100.) + (log10(3400.) - log10(100.)) * (log10(p)
              - log10(1.))/(log10(10.5) - log10(1.)))/log(10.);
            if (n1 >=  pow(10,c))
              k = 2;
            else if (n1 >= 2400)
              k = 3;
            else
            {
              c = (log10(100.) + (log10(2400.) - log10(100.)) * (log10(p)
                - log10(2.7))/(log10(22.5) - log10(2.7)))/log10(10.);
              if (n1 >=  pow(10,c))
                k = 3;
              else if (n1 >= 1500)
                k = 4;
              else
              {
                c = (log10(100.) + (log10(1500.) - log10(100.)) * (log10(p)
                 - log10(5.9))/(log10(36.) - log10(5.9)))/log10(10.);
                if (n1 >=  pow(10,c))
                  k = 4;
                else if (n1 >= 1200)
                  k = 5;
                else
                {
                  c = (log10(100.) + (log10(1200.) - log10(100.)) * (log10(p)
                    - log10(17.5))/(log10(85.) - log10(17.5)))/log10(10.);
                  if (n1 >=  pow(10,c))
                    k = 5;
                  else if (n1 >= 700)
                    k = 6;
                  else
                  {
                    c = (log10(100.) + (log10(700.) - log10(100.)) * (log10(p)
                      - log10(410.))/(log10(170.) - log10(410.)))/log10(10.);
                    if (n1 >= pow(10,c))
                      k = 6;
                    else
                      k = 7;
                  }
                }
              }
            }
          }
        }
    }
```

10.3　设计数据的插值处理

在机械工程设计中，列表函数很多，如三角函数表、对数表等。对于没有在表中列出的点对应的函数值要通过列表函数插值的方法来确定。

如表 10-5 所列为用数据表格给出的列表函数 $y=f(x)$。由于列表函数只能给出节点 $x_1,x_2,\cdots,x_i,\cdots,x_n$ 处的函数值 $y_1,y_2,\cdots,y_i,\cdots,y_n$，当自变量为相邻节点之间的某个值时，就要用插值法求取其函数值。

表 10-5　列表函数

x	x_1	x_2	…	x_i	…	x_n
y	y_1	y_2	…	y_i	…	y_n

插值法的基本思想是在插值点附近选取几个合适的节点，过这些节点构造一个简单函数 $g(x)$，在此小段上用 $g(x)$ 代替原来函数 $f(x)$，这样，当精度满足要求时，插值点的函数值就用 $g(x)$ 的值来代替。因此插值的实质是如何构造一个既简单又具有足够精度的 $g(x)$。

10.3.1　一元列表函数的插值

一元列表函数的插值，从几何意义上讲是通过二维空间某一小段内的几个指定点，构造一条曲线 $g(x)$，用此曲线近似地表示原先离散点表示的曲线 $f(x)$。因此在小段内任一点的函数值就可以近似地用 $g(x)$ 的函数值来代替。

1. 分段线性插值，即用直线段插值

线性插值就是构造一个线性函数 $g(x)$ 来代替原函数 $f(x)$。构建函数的方法就是利用相邻二节点，用直线方程分段构造函数 $g(x)$，如图 10-9 所示，就是用相邻二节点的连接直线替代该两点之间的区域内的原函数 $f(x)$。条件是给定 x，求其函数值 $y=g(x)$。插值步骤如下。

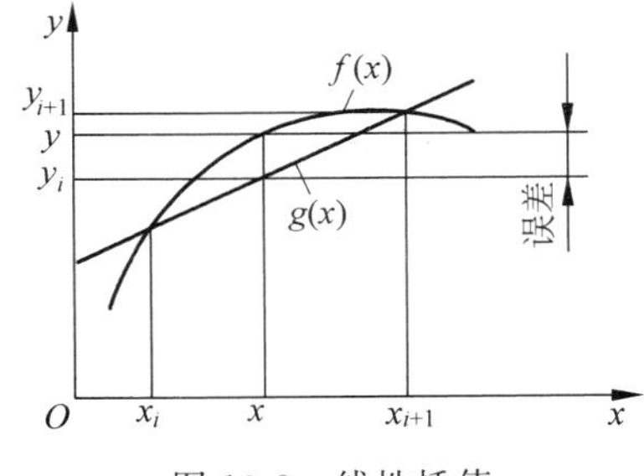

图 10-9　线性插值

(1) 从表格中选取两个相邻的自变量 x_i 与 x_{i+1} 满足下列条件：

$$x_i < x < x_{i+1}$$

(2) 过 (x_i,y_i)，(x_{i+1},y_{i+1}) 两点连直线 $g(x)$ 代替原有函数 $f(x)$，则 x 的函数值 y 为

$$y=g(x)=f(x)=f(x_i)+\frac{f(x_{i+1})-f(x_i)}{x_{i+1}-x_i}(x-x_i) \tag{10-1}$$

为了与后面的抛物线插值公式在形式上取得一致，可将式(10-1)改写成

$$f(x)=\frac{x-x_{i+1}}{x_i-x_{i+1}}f(x_i)+\frac{x-x_i}{x_{i+1}-x_i}f(x_{i+1}) \tag{10-2}$$

从图 10-9 中可看出，这种插值代替原函数值存在一定误差，当表格中自变量值变化间隔较小，而插值精度又不要求很高时，线性插值的精度可以满足使用要求。在人工计算的场合常用线性插值。

线性插值的程序流程框图如图 10-10 所示。符号说明如下。

x(n)、y(n)——一维数组，存放列表函数中 x、y 值；

n——列表函数中节点数；

xx、yy——已知的 x 插入值及求出的函数值。

C 语言中一维数组下标是从零开始的。如图 10-10 中的下标均从 1 开始，最简单的办法是在定义 C 语言数组时，设其长度为 n+1，不使用下标为零的数组元素。

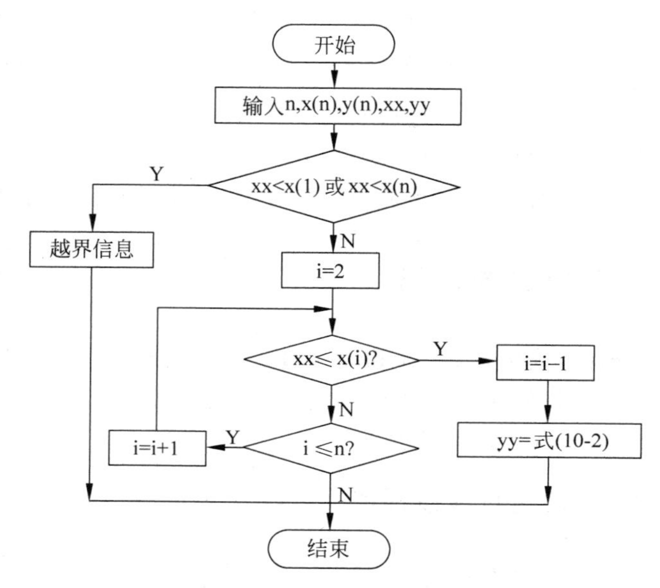

图 10-10　线性插值程序框图

2. 分段抛物线插值，或称二次插值法

抛物线插值函数方法是利用相邻 3 节点，用抛物线方程分段构造抛物线函数。如图 10-11 所示，在 $f(x)$上取邻近的 3 点，过此 3 点作抛物线 $g(x)$，用 $g(x)$来替代$f(x)$，显然可以获得比线性插值精度高的结果。

如已知插入值 x，过 3 点(x_{i-1},y_{i-1})，(x_i,y_i)，(x_{i+1},y_{i+1})作抛物线方程，则

$$y=\frac{(x-x_i)(x-x_{i+1})}{(x_{i-1})(x_{i-1}-x_{i+1})}y_{i-1}+\frac{(x-x_{i-1})(x-x_{i+1})}{(x_i-x_{i-1})(x_i-x_{i+1})}y_i+\frac{(x-x_{i-1})(x-x_i)}{(x_{i+1}-x_{i-1})(x_{i+1}-x_i)}y_{i+1} \tag{10-3}$$

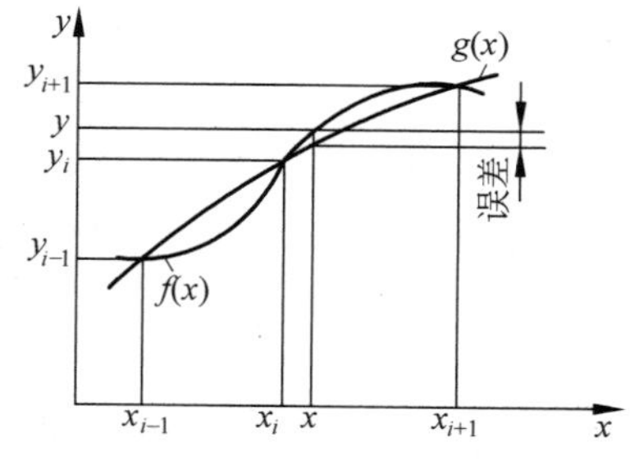

图 10-11　抛物线插值

在抛物线插值中，关键是要根据插值点 x 选取合适的 3 个点，选取方法归纳如下：

设插值点为 x，且有 $x_{i-1}<x\leqslant x_i(i=3,4,\cdots,n-1)$，求 y。

(1) 从已知函数表格中选取二点 x_i 及 x_{i+1}，它们满足下列条件：

$$x_i<x_{i+1}$$

① 若 $|x-x_{j-1}|\leqslant|x-x_j|$，即 x 靠近 x_{j-1} 点，则选 x_{j-2}、x_{j-1}、x_j 3 个点，这时式(10-3)中的 $i=j-1$。

② 若 $|x-x_{j-1}|>|x-x_j|$，即 x 靠近 x_j 点，则选 x_{j-1}、x_j、x_{j+1} 3 个点，这时式(10-3)中的 $i=j$。

(2) 比较 $x-x_{i-1}$ 和 $x_{i+1}-x$ 的值，取其值小者作为取点延伸方向，从表格中选取第三点作为抛物线方程经过的点。

当 $x-x_{i-1}\leqslant x_{i+1}-x$，即 x 靠近 x_i，则取 x_{i-1}，x_i，x_{i+1} 3 个点；

当 $x-x_{i-1}>x_{i+1}-x$，即 x 靠近 x_{i+1}，则取 x_i，x_{i+1}，x_{i+2} 3 个点。

(3) 若 $x_1\leqslant x\leqslant x_2$，即 x 靠近表头，则选 x_1，x_2，x_3 3 个点，这时式(10-3)中的 $i=2$。

(4) 若 $x_{n-1}\leqslant x\leqslant x_n$，即 x 靠近表尾，则选 x_{n-2}，x_{n-1}，x_n 3 个点，这时式(10-3)中的 $i=n-1$。

抛物线插值程序流程框图如图 10-12 所示。符号说明如下：

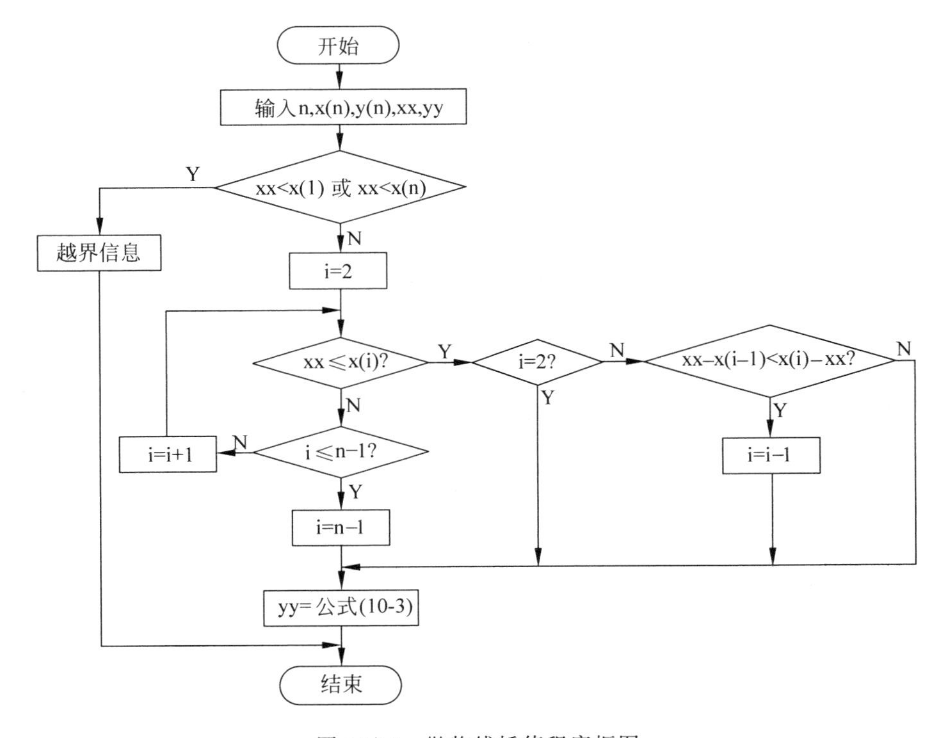

图 10-12 抛物线插值程序框图

x(n)——n 个元素的一维实型数组，存放给定的表格函数自变量，输入参数。

y(n)——n 个元素的一维实型数组，存放给定的表格函数的函数值，输入参数。

n——整型变量，表格函数的节点数，输入参数。

xd——实型变量，插值点，输入参数。

yd——实型变量，插值结果，输出参数。

用 C 语言编制的抛物线插值源程序如下：

```
/* 抛物线插值程序 */
int  lagr(float *x, float *y, int n, float xd, float *yd)
{
  int i = 0,k = 0,j = 0;
  float x_right,x_left,t;
  n--; *yd = 0.0;
  if(xd < x[0]||xd > x[n])
  {
       printf("error:");
       return(0);
  }
  while(xd > x[i]&&i < n) i++;
  i--;
  x_right = x[i + 1] - xd;
  x_left = xd - x[i];
  if(x_right > x_left) i--;
  if(i < 0) i = 0;
  if(i >= n - 1) i = n - 2;
  for(k = i;k <= i + 2;k++)
  {
      t = 1.0;
      for(j = i;j <= i + 2;j++)
      {     if(j!= k)
            { t = t * (xd - x[j])/(x[k] - x[j]);}
      }
   *yd = *yd + t * y[k];
  }
 return(1);
}
```

例 10-5　已知如表 10-6 所列的列表函数，求 $x=0.57891$ 处的函数值。

表 10-6　列表函数

x	0.4	0.5	0.6	0.7	0.8	0.9
y	0.38942	0.47943	0.56464	0.64422	0.71736	0.80341

用 C 语言编制的主程序如下：

```
#include <stdio.h>
static float x[6] = {
                0.4,0.5,0.6,0.7,0.8,0.9};
static float y[6] = {
                0.38942,0.47943,0.56464,0.64422,0.71736,0.80341};
int lagr(float *x,float *y,int n,float xd,float *yd);
void main()
{
```

```
    float x1,y1;
    printf("\n x 取 0.10 -- 0.9 \n x = ");
    scanf(" % f",&x1);
    if(lagr(x,y,6,x1,&y1))
    {
        printf("\n y = % 9.5f",y1);
    }
}
```

3. 拉格朗日插值

已知函数 $y=f(x)$的 $n+1$ 个值 $y_k=f(x_k)(k=0,1,2,\cdots,n)$，过 $n+1$ 个点$(x_k,y_k)$$(k=0,1,2,\cdots,n)$做 n 次多项式 $P_n(x)$，满足 $P_n(x_k)=y_k$，$P_n(x)$叫拉格朗日插值多项式，如下：

$$P_n(x)=y_0l_0(x)+y_1l_1(x)+\cdots+y_nl_n(x)=\sum_{k=0}^{n}y_kl_k(x) \tag{10-4}$$

其中基函数

$$l_i(x)=\frac{(x-x_0)(x-x_1)\cdots(x-x_{i-1})(x-x_{i+1})\cdots(x-x_n)}{(x_i-x_0)(x_i-x_1)\cdots(x_i-x_{i-1})(x_i-x_{i+1})\cdots(x_i-x_n)},\quad i=0,1,2,\cdots,n$$

当 $n=1$ 时，线性插值

$$P_1(x)=y_kl_k(x)+y_{k+1}l_{k+1}(x)$$

其中基函数

$$l_k(x)=\frac{x-x_{k+1}}{x_k-x_{k+1}},\quad l_{k+1}(x)=\frac{x-x_k}{x_{k+1}-x_k},\quad k=0,1$$

当 $n=2$ 时，得到二次多项式，就是二次抛物线插值。分段线性插值和抛物线插值可作为其特例。

10.3.2 二元列表函数的插值

对于具有两个自变量的二元函数的插值，从几何意义上讲是在三维空间内，通过数据列表的若干已知数值节点构造一个二元函数 $g(x,y)$，二元列表函数的几何意义为曲面，如图 10-13 所示。为了获得曲面上任一点的函数值，用 $g(x,y)$近似地代替在该区间内的原曲面 $f(x,y)$。

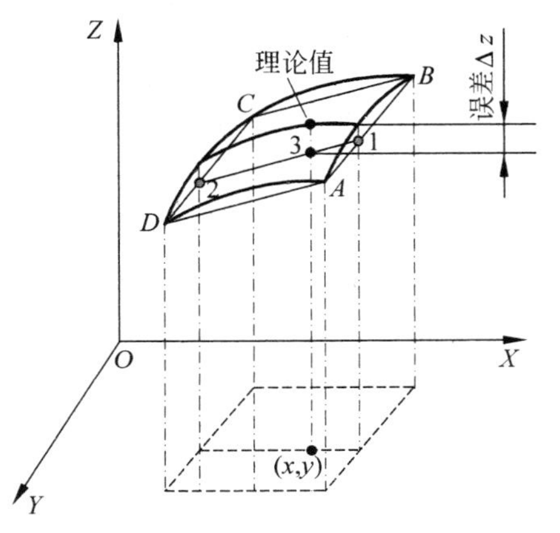

图 10-13 二元函数插值

表 10-7 所列为二元函数 $f(x,y)(i=1,2,\cdots,n)$的离散变量(x_i,y_i)与函数 $f(x_i,y_i)$之间的列表关系，(x_k,y_k)为插值点。从几何意义上，二元列表函数的插值是在三维空间内选定几个点，通过这些点构造一曲面 $g(x,y)$，用它近似表示在这一区间内原有曲面 $f(x,y)$，从而得到插值后的函数值 $z_k=g(x_k,y_k)$。

表 10-7 二元列表函数和插值点的函数值

	…	y_{i-1}	y_k	y_i	y_{i+1}	…
…	…	…	—	…	…	…
x_{i-1}	…	$f(x_{i-1},y_{i-1})$	—	$f(x_{i-1},y_i)$	$f(x_{i-1},y_{i+1})$	…
x_k	—	—	$g(x_k,y_k)$	—	—	—
x_i	…	$f(x_i,y_{i-1})$	—	$f(x_i,y_i)$	$f(x_i,y_{i+1})$	…
x_{i+1}	…	$f(x_{i+1},y_{i-1})$	—	$f(x_{i+1},y_i)$	$f(x_{i+1},y_{i+1})$	…
…	…	…	—	…	…	…

因此，二元函数插值的实质是如何来构造 $g(x,y)$。插值函数 $g(x,y)$有以下不同的构造方法：双线性插值、线性-抛物线插值、抛物线-抛物线插值。

1. 双线性插值

双线性插值，又称为双线性内插或直线-直线插值。在数学上，双线性插值是有两个变量的插值函数的线性插值扩展，其核心思想是在两个方向上分别进行一次线性插值。

如图 10-14 所示，已知 A、B、C 和 D 4 个点的坐标(x_a,y_a)、(x_b,y_b)、(x_c,y_c)、(x_d,y_d)及对应的函数 $f(x_a,y_a)$、$f(x_b,y_b)$、$f(x_c,y_c)$、$f(x_d,y_d)$，求插值函数值 $z_k=f(x_k,y_k)$。

首先找出 K 点在曲面 $f(x,y)$哪一个区域内。在图 10-15 中可以看出 K 点处在 $abcd$ 区域内。过 a、b、c 和 d 4 点作一柱状面 $g(x,y)$，即以直线 AB 和 CD 为导线，经过这两条导线作平行于 yOz 平面运动的直母线，直母线的运动轨迹构成柱状面 $g(x,y)$。用 $g(x,y)$代替 $f(x,y)$，其插值步骤如下：

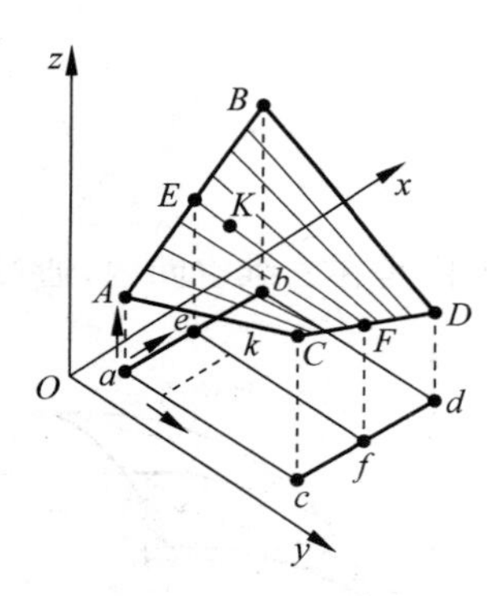

图 10-14 直线-直线插值

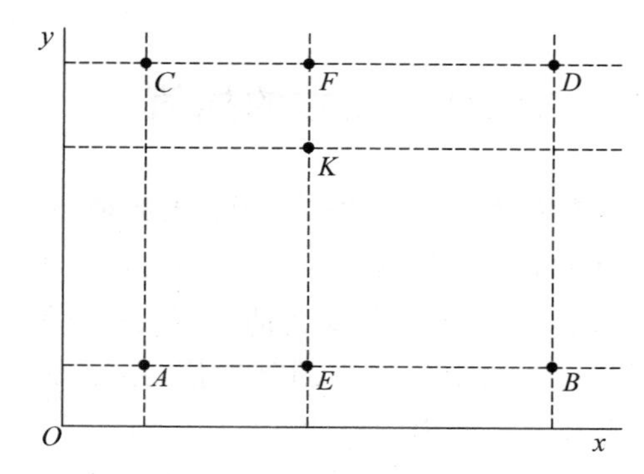

图 10-15 双线性插值投影图

(1) 根据 K 点的投影 k 的坐标(x_k,y_k)点从已知数表中选取周围 a,b,c,d 4 点，它们的坐标分别为 $a(x_a,y_b)$，$b(x_b,y_b)$，$c(x_c,y_c)$，$d(x_d,y_d)$。而对应的空间 4 点 A、B、C、D 的坐标分别为 $A(x_a,y_a,z_a)$，$B(x_b,y_b,z_b)$，$C(x_c,y_c,z_c)$，$D(x_d,y_d,z_d)$。并且有下列关系式：

$$x_a=x_c;\quad x_b=x_d$$

$$y_a = y_b;\quad y_c = y_d$$

$$x_a < x_k < x_b;\quad y_a < y_k < y_c$$

(2) 过点 A 和 B 用线性插值法求 E 点的值。过 C 点和 D 点用线性插值法求 F 点的值。即求出导线上 E 点(x_k, y_a)和 F 点(x_k, y_c)的函数值 $z_e = g(x_k, y_a)$和 $z_f = g(x_k, y_c)$。

(3) 再过 E 点和 F 点用线性插值法求 K 点的函数值 $z_k = g(x_k, y_k)$。

在误差允许时,此值 $g(x_k, y_k)$即为所求,可代替曲面 $f(x, y)$上 k 点的函数值。这种方法的优点是简单。

2. 线性-抛物线插值

线性-抛物线插值的核心思想是在两个方向上各进行一次抛物线插值和一次线性插值。如图 10-16 所示,将直线-直线插值中的两条直线段 $\overline{AB}$ 及 $\overline{CD}$ 分别改为抛物线以提高插值精度,为此需要有 6 个已知点。而 EF 段仍为直线段。

插值步骤对照图 10-16 和图 10-17 所示,说明如下。

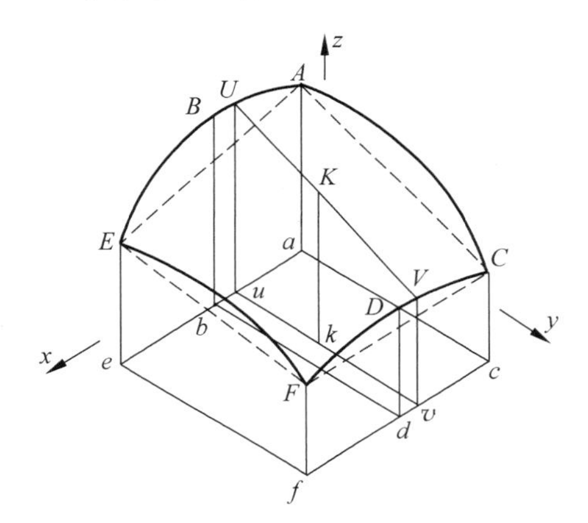

图 10-16　线性-抛物线插值示意图

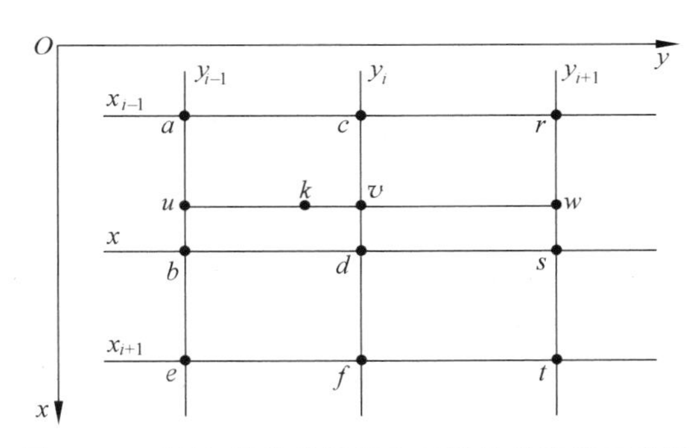

图 10-17　线性-抛物线插值与双抛物线插值示意图

(1) 根据 k 点的坐标(x_k, y_k)找出周围 4 个点 a, b, c, d。并根据抛物线插值中的取点方法增加 e, f 2 个点,这样共有 6 个点 a, b, c, d, e, f 参与抛物线插值运算。

(2) 根据 k 点对应的 x 坐标值,过 a, b, e 3 个点用抛物线插值求得 u 点对应的函数值 $g(x_u, y_u)$,根据 k 点对应的 y 坐标值,过 c, d, f 3 个点用抛物线插值求得 v 点对应的函数值 $g(x_v, y_v)$。

(3) 过 U、V 两点用线性插值求 k 点对应的函数值 $g(x_k, y_k)$,即为所求结果 $k(x_k, y_k, z_k)$。

此方法的原理和步骤与直线-直线插值相近似,仅仅是第一步的直线改为抛物线,用 3 个点产生插值抛物线,以提高插值精度。

3. 抛物线-抛物线插值

抛物线-抛物线插值又称为双抛物线插值,双抛物线插值的原理和步骤与直线-直线插值相似,不同之处在于此时把柱状面的导线和母线全部由直线改为抛物线,因此,第一轮插值形成的导线由 2 根抛物线增加为 3 根，如图 10-17 所示，分别为 abe、cdf、rst。同时把母线也由直线改为经过这 3 根导线且平行于 yOz 平面的抛物线 uvw。这种方法需要 9 个已知点。

其插值步骤对照图 10-17 所示说明如下。

(1) 根据 k 点的坐标(x_k, y_k)找出周围 4 个点 a,b,c,d，并根据抛物线插值中的取点方法增加 e,f,r,s,t 这样的 5 个点，这样共得 9 个点。

(2) 找出对应上述 9 个点的 a,b,c,d,e,f,r,s,t 点，分别求取 3 条抛物线导线及其插值点，过 a、b、e 用抛物线 ABE 插值求得 U 点(对应 u)的函数值 $g(x_u,y_u)$，再过 c、d、f 用抛物线 CDF 插值得 V 点(对应 v)的函数值 $g(x_v,y_v)$，过 r、s、t 用抛物线 RST 插值求得 W 点(对应 w)的函数值 $g(x_w,y_w)$。显然，$x_u=x_v=x_w=x_k$。

(3) 过 u、v、w 用抛物线 uvw 插值求得 K 点(对应 k)的函数值 $g(x_k,y_k)$，即为所求。

二元函数插值程序流程图如图 10-18 所示。该流程图把上述 3 种方法合在一起，由变量 ii 控制，当 ii=1 时为直线-直线插值，ii=2 时为线性-抛物线插值，ii=3 时为抛物线-抛物线插值。

源程序符号说明如下：

x——m 个元素的一维实型数组，存放二元列表函数的 x 方向变量，输入参数。

y——n 个元素的一维实型数组，存放二元列表函数的 y 方向变量，输入参数。

z——$m\times n$ 的二维实型数组，存放二元列表函数的函数值，输入参数。

m——整型变量，自变量 x 的个数，输入参数。

n——整型变量，自变量 y 的个数，输入参数。

xk——实型变量，插值点的 x 值，输入参数。

yk——实型变量，插值点的 y 值，输入参数。

zk——实型变量，插值点的函数值，输出参数。

ii——控制用整型变量。

其余如 i、j、k、ki、l 等均为下标变量，ia、ib 为中间控制变量。

用 C 语言编制的二元函数插值源程序如下：

```
int lar(float * x,float * y,float z[50][50],int n,int m,float xk,float yk,float * zk,int ii)
{
   int i = 0,ix = 0,iy = 0,j = 0,k = 0,ia = 0,ib = 0,ki = 0;
   float t,y_right,y_left,x_right,x_left,zx[3],p;
   n -- ;m -- ;
if(xk < x[0]||xk > x[m])
     { printf("\nerror: x");return(0);}
   if(yk < y[0]||yk > y[m])
     { printf("\nerror: y");return(0);}
while(yk > y[iy]&&iy < n)
     iy++;
   iy -- ;
   while(xk > x[ix]&&ix < n)
     ix++;
   ix -- ;
   switch(ii)
```

```
{
  case 1:  /* 直线 - 直线插值 */
     ia = 2;ib = 1;
     if(ix < 0) ix = 0; if(ix >= m - 1) ix = m - 2;
     if(iy < 0) iy = 0; if(iy >= m - 1) iy = m - 2;
     break;
   case 2:  /* 线性 - 抛物线插值 */
     ia = 2;ib = 1;
     x_right = x[ix + 1] - xk;x_left = xk - x[ix];
     if(x_right > x_left)  ix--;
     if(ix < 0) ix = 0; if(ix >= m - 1) ix = m - 2;
     if(iy < 0) iy = 0; if(iy >= m - 1) iy = m - 2;
     break;
   case 3:  /* 抛物线 - 抛物线插值 */
     ia = 3;ib = 2;
     x_right = x[ix + 1] - xk;x_left = xk - x[ix];
     if(x_right > x_left)  ix--;
     if(ix < 0) ix = 0; if(ix >= m - 1) ix = m - 2;
     y_right = y[iy + 1] - yk;y_left = yk - y[iy];
     if(y_right > y_left)  iy--;
     if(iy < 0) iy = 0; if(iy >= m - 1) iy = m - 2;
     break;
}
for(ki = 0;ki < ia;ki++)
{  zx[ki] = 0;
   for(k = ix;k <= ix + ib;k++)
   {
      t = 1.0;
      for(j = ix;j <= ix + ib;j++)
      {
        if(j!= k)
        { t = t * (xk - x[j])/(x[k] - x[j]);}
      }
      p = z[k][iy + ki];
      zx[ki] = zx[ki] + t * p;
   }
}
ia--;
*zk = 0;ki = 0;
for(k = iy;k <= iy + ia;k++,ki++)
   {
      t = 1.0;
      for(j = iy;j <= iy + ib;j++)
      {
        if(j!= k)
          t = t * (yk - y[j])/(y[k] - y[j]);
      }
      *zk = *zk + t * zx[ki];
   }
  return(1);
}
```

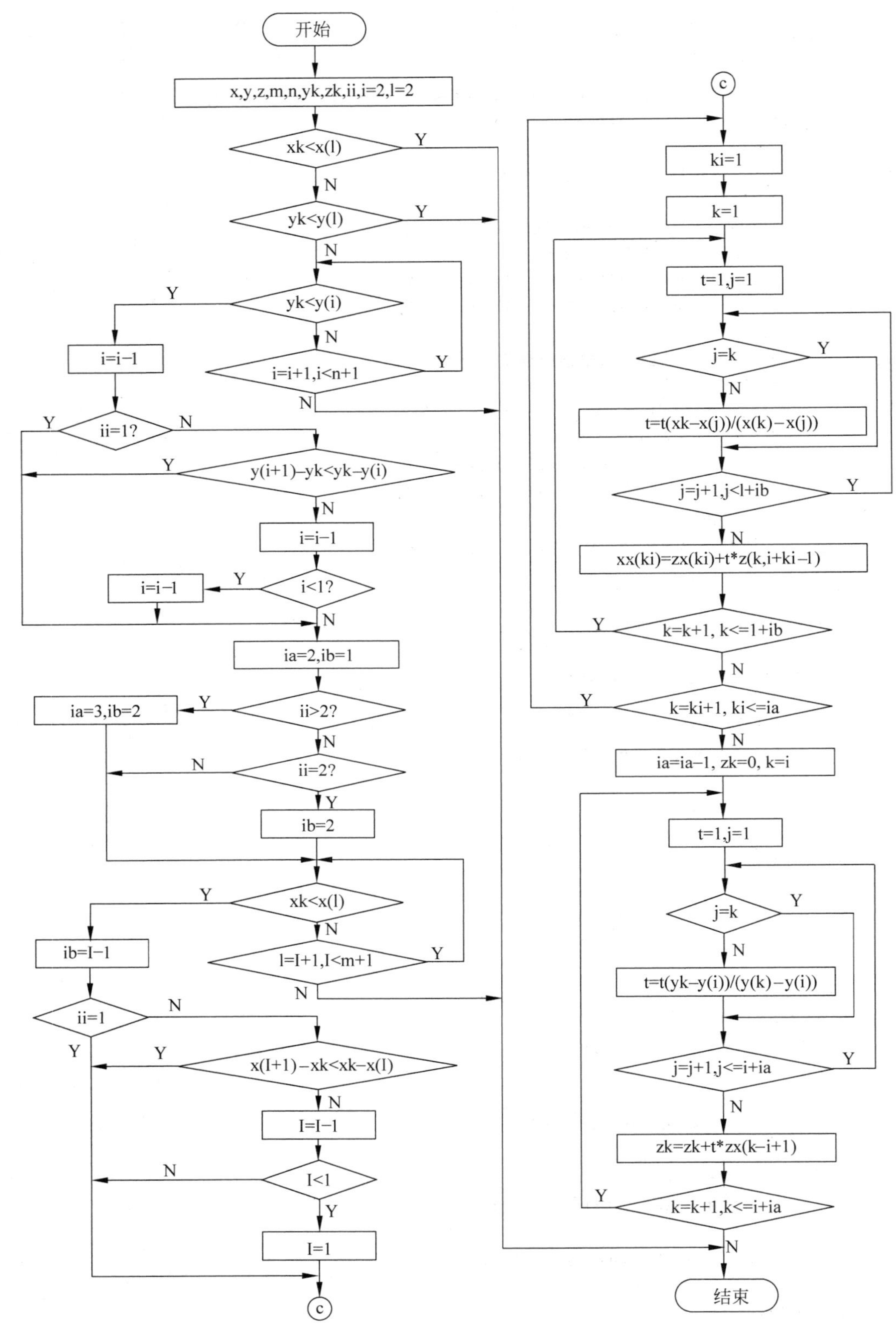

图 10-18　二元函数插值流程框图

例 10-6 函数关系：$Z(x,y)=x^2+xy+y^2-2x+3y+7$ 用表格形式表示如表 10-8 所列。求 $x=y$ 分别为 0.3、0.5、0.7、0.9 时的函数值，为了比较 3 种插值方法的插值误差，故用上述 3 种方法分别求其插值，并且求出函数的理论值。计算结果如表 10-9 所列，表中 ii 为 0 项表示函数的理论值，1、2 和 3 为 3 种插值方式的插值结果。

表 10-8 二元数据列表

x \ y	0.2	0.4	0.6	0.8	1.0
0.2	7.32	7.08	6.92	6.84	6.84
0.4	8.08	7.88	7.76	7.72	7.76
0.6	8.92	8.76	8.68	8.68	8.76
0.8	9.84	9.72	9.68	9.72	9.84
1.0	10.84	10.76	10.76	10.84	11.00

表 10-9 3 种插值方法计算结果

ii \ (x,y)	(0.3,0.3)	(0.5,0.5)	(0.7,0.7)	(0.9,0.9)
0	7.57	8.25	9.17	10.33
1	7.59	8.27	9.19	10.27
2	7.59	8.23	9.15	10.27
3	7.57	8.25	9.17	10.33

用 C 语言编制的主程序如下：

```
#include <stdio.h>
float x[5] = {0.2,0.4,0.6,0.8,1.0};
float y[5] = {0.2,0.4,0.6,0.8,1.0};
float z[50][50] = {
            {7.32,7.08,6.92,6.84,6.84},
            {8.08,7.88,7.76,7.72,7.76},
            {8.92,8.76,8.68,8.68,8.76},
            {9.84,9.72,9.68,9.72,9.84},
            {10.84,10.76,10.76,10.84,11.00}
            };
int lar(float *x,float *y,float z[50][50],int n,int m,float xk,float yk,float *zk,int ii);

void main()
{
  float sj_x,sj_y,sj_z;
  int cz_ff;
  printf("\n 请输入!\n");
  printf("\n1 ——直线 - 直线插值\n2 ——线性 - 抛物线插值\n3 ——抛物线 - 抛物线插值\n");
  scanf("%d",&cz_ff);
  printf("\n 输入 x = ");scanf("%f",&sj_x);
  printf("\n 输入 y = ");scanf("%f",&sj_y);
  if(lar(&x[0],&y[0],z,5,5,sj_x,sj_y,&sj_z,cz_ff))
```

```
    printf("\nz = %10.5f",sj_z);
}
```

10.4 列表函数的公式化拟合

由于实际工程问题的复杂性，有些工程问题参数之间的关系无法从理论上推导计算公式。例如切削力的计算，轴上应力集中系数的计算，此时只能用实验方法求出各参数间的关系，再把它们绘成曲线或表格。在编制程序时可以用数组形式存入内存，使用时再查取，但这比用公式直接计算的程序要复杂，而且占内存也多。因此，如果有办法求出计算公式是最理想的事情。求经验方程就是设法确定一个能近似地表示表格函数或曲线函数关系的方程式。这种建立经验公式的过程也称为曲线拟合。最小二乘法是最常用的一种曲线拟合方法。

列表函数的公式化拟合是指公式对测试数据的逼近的意思，它与插值的概念有别。

由于实际工程问题的复杂性，很难求得理论公式。时常需要用一定的数学方法将一系列测试数据或统计数据拟合成近似的经验公式。这种以测试数据为根据用曲线拟合建立相应的经验公式的过程称为曲线拟合。这样，就可以运用经验公式获取相应的设计参数数据。因此，要求建立的经验公式不必通过指定点，但应反映数据的变化趋势，尽可能逼近大部分测试数据。

10.4.1 常用拟合函数

通常采用何种拟合方法分析测试数据点的分布规律，根据具体情况进行具体分析。只要测试数据真实可靠，数据量足够，就可以根据确定的拟合方程的形式，将测试数据代到方程中，将有关的方程式联立求解，将常数、系数确定后，即可得到对应的拟合公式。常用的拟合方式有以下几种。

1. 线性拟合

在直角坐标系中，测试数据点大致呈线性分布(图 10-19)，方程为

$$y(x)=a_0+a_1x$$

2. 幂函数或指数函数拟合

根据情况还可以采用：

(1) 幂函数　$y=ax^b$

(2) 指数函数　$y=ab^x, y=a\mathrm{e}^{bx}$

(3) 对数函数　$y=\log_a x$

如果测试数据点阵呈指数函数分布(图 10-20(a))时，可以采用的拟合方程为

$$y(x)=ab^x$$

在对数坐标系中，测试数据点大致呈线性分布(图 10-20(b))。

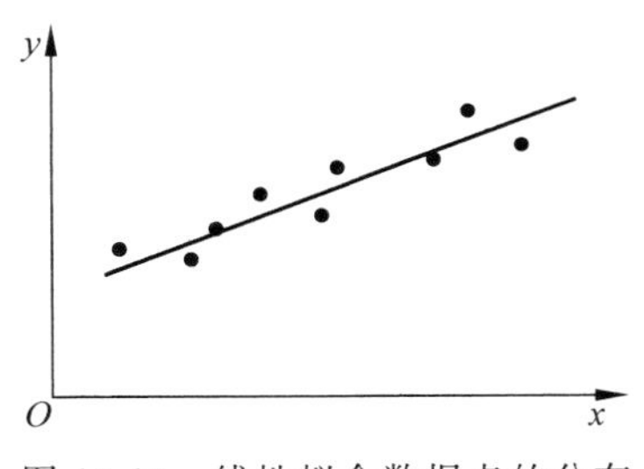

图 10-19　线性拟合数据点的分布

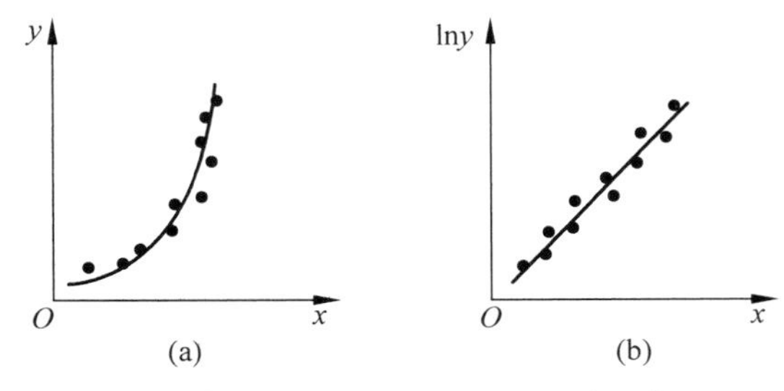

图 10-20　指数函数和对数函数拟合

例如，若已知 m 对数据(x_i, y_i)，$i=1,2,\cdots,m$，假设采用指数函数 $y=ab^x$，两边取对数

$$\lg y = \lg a + x\lg b$$

令 $y'=\lg y$，$u=\lg a$，$v=\lg b$，则可写成

$$y' = u + vx \tag{10-4}$$

求解时，先将已知数据(x_i, y_i)换算成(x_i, y'_i)，再对线性方程(10-4)用最小二乘法拟合，求得系数 u 和 v，然后，根据 $u=\lg a$，$v=\lg b$ 求出指数函数中真正的系数 a 和 b。

3. 多项式拟合

多项式拟合方程为

$$y(x) = \sum a_j x_j,\quad j=0,1,2,\cdots,m$$

10.4.2　最小二乘法拟合的基本思路

采用最小二乘法进行曲线拟合能使误差得到有效控制。如图 10-21 所示，图中的 1～9 点为已知点，$y=f(x)$是拟合所得的曲线；它不一定通过所有的已知点，但它是尽可能地接近这些点，因此，它可以反映所给数据的趋势，比较符合实际规律。

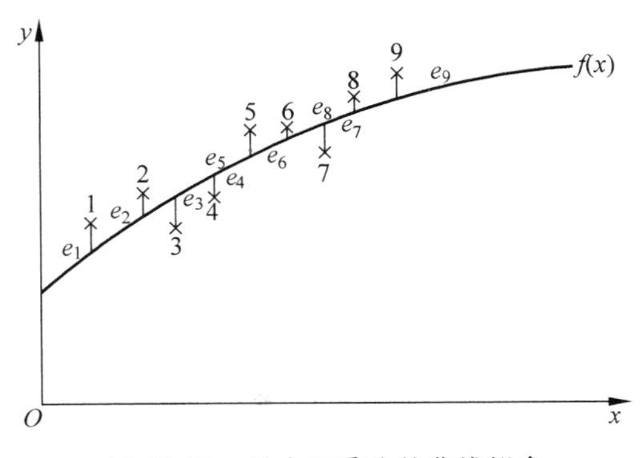

图 10-21　最小二乘法的曲线拟合

如图 10-21 所示，设由线图或实验所得 m 个点

$$(x_1, y_1), (x_2, y_2), \cdots, (x_m, y_m)$$

构造拟合公式为

$$y=f(x)$$

则每一点处存在残差

$$e_i=f(x_i)-y_i,\quad i=1,2,\cdots,m$$

残差的平方和为

$$\sum_{i=1}^{m}e_i^2=\sum_{i=1}^{m}[f(x_i)-y_i]^2$$

最小二乘法的基本思路就是要令

$$\min\sum_{i=1}^{m}e_i^2=0$$

要求所构造的拟合公式 $y=f(x)$ 保证残差的平方和为最小，这就叫最小二乘法的曲线拟合。取满足上述条件的相应的拟合公式 $y=f(x)$ 为经验公式。

拟合公式的类型通常可以选取线性方程、代数多项式，或其他初等函数等。这一工作由编程人员根据线图或实验数据分布形态来决定，一般先将实验数据画在方格纸上，然后根据线图或实验数据分布形态判断所采用的函数类型。

10.4.3 用最小二乘法求线性方程

现有 m 个点，$(x_1,y_1),(x_2,y_2),\cdots,(x_m,y_m)$。设线性方程为

$$y=bx+a$$

则所构造函数的残差为

$$e_i=f(x_i)-y_i$$

根据最小二乘法原理有

$$\sum_{i=1}^{m}e_i^2=\sum_{i=1}^{m}[f(x_i)-y_i]^2=\sum_{i=1}^{m}(bx_i+a-y_i)^2$$

应使此方程值为极小。由于 x_i,y_i 为已知数据，a 和 b 是待求系数，为未知量，因此

$$\sum_{i=1}^{m}e_i^2=F(a,b)$$

使其值为极小。这是一个二元函数求极小值的问题，故可用对自变量 a 和 b 分别求偏导数的方法求解出 a 和 b 的值，即

$$\begin{cases}\dfrac{\partial F(a,b)}{\partial a}=0\\[2ex]\dfrac{\partial F(a,b)}{\partial b}=0\end{cases}$$

得

$$\begin{cases}2\sum\limits_{i=1}^{m}(a+bx_i-y_i)=0\\[2ex]2\sum\limits_{i=1}^{m}(a+bx_i-y_i)x_i=0\end{cases}$$

$$\begin{cases} ma + b\sum_{i=1}^{m} x_i = \sum_{i=1}^{m} y_i \\ a\sum_{i=1}^{m} x_i + b\sum_{i=1}^{m} x_i^2 = \sum_{i=1}^{m} x_i y_i \end{cases}$$

求解此方程组，可得 a 和 b 值。

例 10-7　现以表 10-10 中的数值为例，求此线性方程。

表 10-10　一组实验数据

i	x_i	y_i	x_i^2	$x_i y_i$	$f(x_i)$	$f(x_i)-y_i$	$[f(x_i)-y_i]^2$
1	1	0	1	0	0.4	0.4	0.16
2	2	2	4	4	1.5	−0.5	0.25
3	3	2	9	6	2.6	0.6	0.36
4	4	5	16	20	3.7	−1.3	1.69
5	5	4	25	20	10.8	0.8	0.64
$\sum$	15	13	55	50	13	0	3.10

表 10-10 同时给出了计算过程中各项数据，把结果代入上述方程，可得方程组：

$$\begin{cases} 5a + 15b = 13 \\ 15a + 55b = 50 \end{cases}$$

求解得

$$\begin{cases} a = \dfrac{-7}{10} \\ b = \dfrac{11}{10} \end{cases}$$

因此，得线性方程 $f(x)$ 如下：

$$f(x) = \frac{1}{10}(11x - 7)$$

10.4.4　最小二乘法的多项式拟合

已知 m 个点的值 $(x_1, y_1), (x_2, y_2), \cdots, (x_m, y_m)$。设拟合方程形式为

$$y = f(x) = a_0 + a_1 x + a_2 x^2 + \cdots + a_n x^n$$

但必须保证 $m \gg n$，则残差 e_i 为

$$e_i = f(x_i) - y_i$$

其平方和为

$$\begin{aligned} \sum_{i=1}^{m} e_i^2 &= \sum_{i=1}^{m} (f(x_i) - y_i)^2 \\ &= \sum_{i=1}^{m} [(a_0 + a_1 x_i + a_2 x_i^2 + \cdots + a_n x_i^n) - y_i]^2 \end{aligned}$$

$$=F(a_0,a_1,a_2,\cdots,a_n)$$

即残差平方和为$(a_0,a_1,\cdots,a_n)$的函数。为使其值极小，则$F(a_0,a_1,\cdots,a_n)$对各自变量的偏导数应等于零，即

$$\frac{\partial F}{\partial a_j}=0,\quad i=0,1,2,\cdots,n$$

即

$$\frac{\partial\sum_{i=1}^{m}[(a_0+a_1x_i+a_2x_i^2+\cdots+a_nx_i^n)-y_i]^2}{\partial a_i}=0$$

求各个偏导数并加以整理得

$$\sum_{i=1}^{m}a_0x_i^j+\sum_{i=1}^{m}a_1x_i^{j+1}+\sum_{i=1}^{m}a_2x_i^{j+2}+\cdots+\sum_{i=1}^{m}a_nx_i^{j+n}=\sum_{i=1}^{m}y_ix_i^j,\quad j=0,1,2,\cdots,n$$

式中的 j 表示对 a_j 求偏导数。公式中待求的系数 $a_0,a_1,\cdots,a_n$ 共有 $n+1$ 个，方程也是 $n+1$ 个，因此组成线性联立方程组，解此线性联立方程组，就可以求得各系数值。

例 10-8 有一组实验数据，如表 10-11 所列，它有 7 个点，现要求用二次多项式拟合。

表 10-11 一组实验数据

点号	1	2	3	4	5	6	7
x_i	−3	−2	−1	0	1	2	3
y_i	4	2	3	0	−1	−2	−5

经验方程形式如下：

$$y=a_0+a_1x+a_2x^2$$

根据上述公式可以知道在此情况下 $m=7,n=2$，故得如下 3 个方程。

$$i=0\text{ 时},\quad \sum_{i=1}^{7}a_0+\sum_{i=1}^{7}x_ia_1+\sum_{i=1}^{7}x_i^2a_2=\sum_{i=1}^{7}y_i$$

$$i=1\text{ 时},\quad \sum_{i=1}^{7}x_ia_0+\sum_{i=1}^{7}x_i^2a_1+\sum_{i=1}^{7}x_i^3a_2=\sum_{i=1}^{7}x_iy_i$$

$$i=2\text{ 时},\quad \sum_{i=1}^{7}x_i^2a_0+\sum_{i=1}^{7}x_i^3a_1+\sum_{i=1}^{7}x_i^4a_2=\sum_{i=1}^{7}x_i^2y_i$$

把 x_i,y_i 用表 10-11 中数值代入得

$$\begin{cases}7a_0+0a_1+28a_2=1\\0a_0+28a_1+0a_2=-39\\28a_0+0a_1+196a_2=-7\end{cases}$$

求解得

$$\begin{cases}a_0=\dfrac{2}{3}\\a_1=\dfrac{-39}{28}\\a_2=\dfrac{-11}{84}\end{cases}$$

最后得到经验方程为

$$y=\frac{1}{84}(56-111x-11x^{2})$$

用最小二乘法求多项式的流程图如图 10-22 所示。

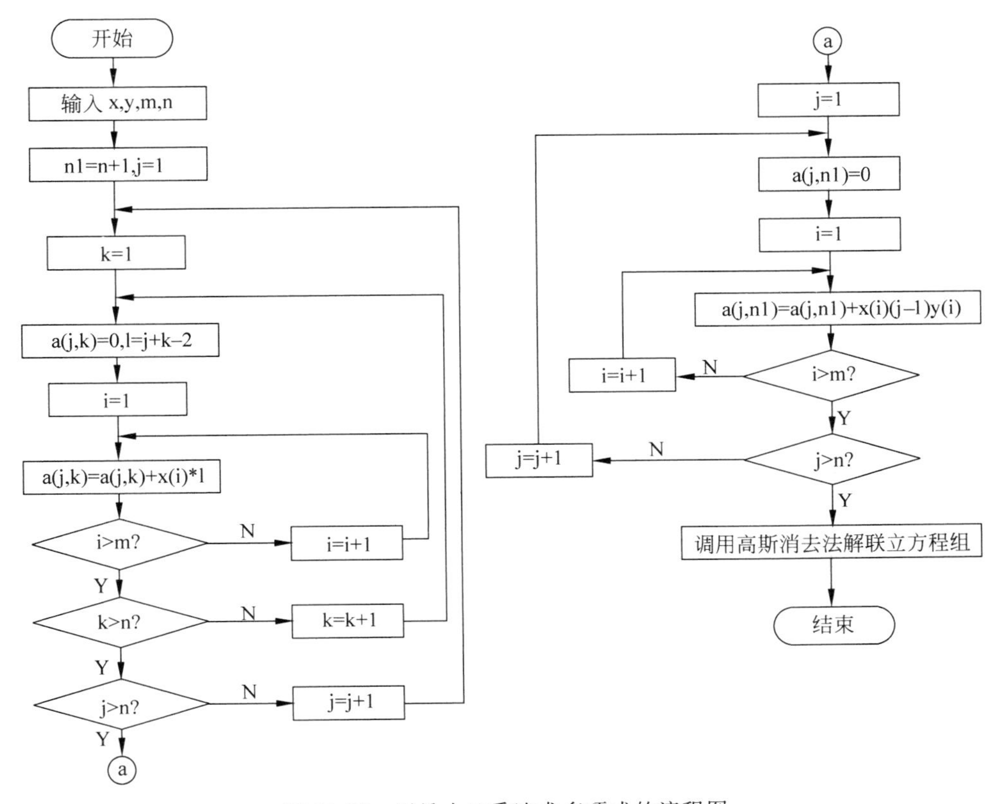

图 10-22　用最小二乘法求多项式的流程图

用最小二乘法求经验方程(多项式形式)源程序变量说明：

x——实型数组,函数自变量,输入参数。

y——实型数组,函数值,输入参数。

m——整型变量,输入点的个数,输入参数。

n——整型变量,多项式的幂次,输入参数。

n_1——整型变量,多项式系数的个数,输入参数。$n_1=n+1$。

a——实型数组,运算时存放系数矩阵,运算结束时 n_1 列存放多项式系数值,开始时为输入参数,结束时输出系数值。

程序开始时根据输入的坐标数值用最小二乘法产生系数矩阵,然后调用高斯消去法求解此方程组。

用 C 语言编制最小二乘法求多项式的源程序如下：

```
int empequ(float * x,float * y,int m,int n,int n1,float a[20][20])
/* 最小二乘法求多项式
  m -- 数据总数
```

```
    n -- 多项式项数   n1 -- 多项式项数 + 1 */
  {
    int i,j,k,l,ii;float t;
    for(j = 0;j < n;j++)
    {
       for(k = 0;k < n;k++)
       {
          a[j][k] = 0.0;
          for(l = 0;l < m;l++)
          {
             t = 1.0;
             for(ii = 0;ii <(j + k);ii++)
                t = t * x[l];
             a[j][k] = a[j][k] + t;
          }
       }
    }
    for(j = 0;j < n;j++)
    {
       a[j][n1 - 1] = 0.0;
       for(l = 0; l < m;l++)
       {
          t = 1.0;
          for(ii = 0;ii < j;ii++)
             t = t * x[l];
          a[j][n1 - 1] = a[j][n1 - 1] + y[l] * t;
       }
    }
    if(gauss(&a[0][0],n,n1))
       return(0);
  }
```

采用最小二乘法的多项式拟合时,要注意以下问题。

(1) 多项式的幂次不能太高,一般小于7。在具体应用时可以先使用较低的幂次,如误差较大时,则再将幂次提高。

(2) 从实验中所得的数据或线图有时不一定能用一个经验方程多项式表示其全部过程,此时应根据具体数据情况适当分段来处理。分段大都发生在拐点或转折点处。此外,如欲提高某区间的拟合精度,则应在该区间上采集更多点。在不同的分段上,可以采用不同类型的拟合方程进行拟合,以提高拟合精度。

10.4.5 列主元素高斯消去法求解线性联立方程组

线性方程组求解是工程设计实践中经常会碰到的问题。通常求解线性联立方程组有两种方法,即消去法(直接解法)和迭代法(间接法)。所谓消去法,就是经有限次算术运算求得方程组的精确解;迭代法在理论上要进行无限次算术运算才能得到精确解,而实际上是经有限次运算,当获得满足精度要求的解时就停止。由于在最小二乘法的多项式拟合中用到高斯消去法,故仅对此作一简单介绍。

现设有 n 阶线性方程式：

$$\begin{cases} a_{11}^{0}x_1+a_{12}^{0}x_2+\cdots+a_{1n}^{0}x_n=b_1^{0} \\ a_{21}^{0}x_1+a_{22}^{0}x_2+\cdots+a_{2n}^{0}x_n=b_2^{0} \\ \qquad\qquad\vdots \\ a_{n1}^{0}x_1+a_{n2}^{0}x_2+\cdots+a_{nn}^{0}x_n=b_n^{0} \end{cases}$$

其矩阵形式为

$$\boldsymbol{A}^{0}\boldsymbol{X}=\boldsymbol{B}^{0}$$

其中

$$\boldsymbol{A}^{0}=\begin{bmatrix} a_{11}^{0} & a_{12}^{0} & \cdots & a_{1n}^{0} \\ a_{21}^{0} & a_{22}^{0} & \cdots & a_{2n}^{0} \\ \vdots & \vdots & & \vdots \\ a_{n1}^{0} & a_{n2}^{0} & \cdots & a_{nn}^{0} \end{bmatrix},\quad \boldsymbol{B}^{0}=\begin{bmatrix} b_1^{0} \\ b_2^{0} \\ \vdots \\ b_n^{0} \end{bmatrix}$$

矩阵元素为 a_{ij}^{k}，其中，i 表示第 i 行元素，j 表示第 j 列元素，k 表示第 k 次消元后的元素。

因此经过第一次消元后，则可得如下等价方程式：

$$\boldsymbol{A}^{1}\boldsymbol{X}=\boldsymbol{B}^{1}$$

其中

$$\boldsymbol{A}^{1}=\begin{bmatrix} a_{11}^{1} & a_{12}^{1} & \cdots & a_{1n}^{1} \\ 0 & a_{22}^{1} & \cdots & a_{2n}^{1} \\ \vdots & \vdots & & \vdots \\ 0 & a_{n2}^{1} & \cdots & a_{nn}^{1} \end{bmatrix},\quad \boldsymbol{B}^{1}=\begin{bmatrix} b_1^{1} \\ b_2^{1} \\ \vdots \\ b_n^{1} \end{bmatrix}$$

经过 n 次消元后就可得到等价的上三角形方程组：

$$\boldsymbol{A}^{n}\boldsymbol{X}=\boldsymbol{B}^{n}$$

其中

$$\boldsymbol{A}^{n}=\begin{bmatrix} a_{11}^{n} & a_{12}^{n} & a_{13}^{n} & \cdots & a_{1(n-1)}^{n} & a_{1n}^{n} \\ 0 & a_{22}^{n} & a_{23}^{n} & \cdots & a_{2(n-1)}^{n} & a_{2n}^{n} \\ 0 & 0 & a_{33}^{n} & \cdots & a_{3(n-1)}^{n} & a_{3n}^{n} \\ \vdots & \vdots & \vdots & & \vdots & \vdots \\ 0 & 0 & 0 & \cdots & a_{(n-1)(n-1)}^{n} & a_{(n-1)n}^{n} \\ 0 & 0 & 0 & \cdots & 0 & a_{nn}^{n} \end{bmatrix},\quad \boldsymbol{B}^{n}=\begin{bmatrix} b_1^{n} \\ b_2^{n} \\ b_3^{n} \\ \vdots \\ b_{n-1}^{n} \\ b_n^{n} \end{bmatrix}$$

通过回代过程，就可得到方程的解。

现设经过 $k-1$ 次消元后得到等价的上三角形方程组：

$$\boldsymbol{A}^{k-1}\boldsymbol{X}=\boldsymbol{B}^{k-1}$$

其中

$$
\boldsymbol{A}^{k-1}=\begin{bmatrix}
a_{11}^{k-1} & a_{12}^{k-1} & a_{13}^{k-1} & \cdots & a_{1(k-1)}^{k-1} & a_{1k}^{k-1} & \cdots & a_{1n}^{k-1} \\
0 & a_{22}^{k-1} & a_{23}^{k-1} & \cdots & a_{2(k-1)}^{k-1} & a_{2k}^{k-1} & \cdots & a_{2n}^{k-1} \\
0 & 0 & a_{33}^{k-1} & \cdots & a_{3(k-1)}^{k-1} & a_{3k}^{k-1} & \cdots & a_{3n}^{k-1} \\
\vdots & \vdots & \vdots & & \vdots & \vdots & & \vdots \\
0 & 0 & 0 & \cdots & a_{(k-1)(k-1)}^{k-1} & a_{(k-1)k}^{k-1} & \cdots & a_{(k-1)n}^{k-1} \\
0 & 0 & 0 & \cdots & 0 & a_{kk}^{k-1} & \cdots & a_{kn}^{k-1} \\
\vdots & \vdots & \vdots & & \vdots & \vdots & & \vdots \\
0 & 0 & 0 & \cdots & 0 & a_{nk}^{k-1} & \cdots & a_{nn}^{k-1}
\end{bmatrix},\quad
\boldsymbol{B}^{k-1}=\begin{bmatrix}
b_1^{k-1} \\ b_2^{k-1} \\ b_3^{k-1} \\ \vdots \\ b_{(k-1)n}^{k-1} \\ b_{kn}^{k-1} \\ \vdots \\ b_n^{k-1}
\end{bmatrix}
$$

在 $\boldsymbol{A}^{k-1}$ 矩阵中主对角线元素 $a_{ii}^{k-1}=1(i=1,2,\cdots,k-1)$。当进行下一次(第 k 次)消元时,矩阵中诸元素 a_{ij}^k 和 b_{ij}^k 要根据其所在位置的不同而用不同的计算式,分 3 种情况。

(1) $\boldsymbol{A}^k$ 矩阵中其行号或列号小于 k 的各元素其值不变。在 $\boldsymbol{B}^k$ 向量中行号小于 k 的各元素其值不变,即

$$a_{ij}^k=a_{ij}^{k-1},\quad i<k \text{ 或 } j<k$$

$$b_i^k=b_i^{k-1},\quad i<k$$

(2) $\boldsymbol{A}^k$ 矩阵和 $\boldsymbol{B}^k$ 向量中其行号等于 k,同时 $\boldsymbol{A}^k$ 矩阵中元素的列号大于或等于 k 的各元素按下列公式计算:

$$a_{kj}^k=a_{kj}^{k-1}/a_{kk}^{k-1},\quad j=k,k+1,\cdots,n$$

$$b_k^k=b_k^{k-1}/a_{kk}^{k-1}$$

(3) $\boldsymbol{A}^k$ 矩阵中其行号大于 k,并且其列号大于 $k-1$ 的各元素和 $\boldsymbol{B}^k$ 向量中行号大于 k 的各元素按下列公式计算:

$$a_{ij}^k=a_{ij}^{k-1}-a_{ik}^{k-1}\cdot a_{kj}^k,\quad i=k+1,k+2,\cdots,n;\ j=k,k+1,\cdots,n$$

$$b_i^k=b_i^{k-1}-a_{ik}^{k-1}\cdot b_k^k,\quad i=k+1,k+2,\cdots,n$$

当经过 n 次消元后,$\boldsymbol{A}^k$ 矩阵将是一个上三角矩阵,其主对角线上各元素皆等于 1。再通过回代过程就可求出方程组的解。回代公式如下:

$$x_n=b_n^n$$

$$x_i=b_i^n-\sum_{j=i+1}^{n}a_{ij}^n x_j,\quad i=n-1,n-2,\cdots,1$$

在上述消元过程中,要用主对角线上的元素 a_{kk}^{k-1} 作为除数。当 a_{kk}^{k-1} 的绝对值很小时,由于机器的舍入误差会影响计算精度,因此产生了列主元素消去法和全主元素消去法。

全主元素消去法在每次消元时,取系数矩阵中系数绝对值最大的未知量作为消去元,绝对值最大的系数所在的行作为保留行。这样经过 $n-1$ 次消元就可成为三角方程组,再经回代过程就可求出方程的解。由于全主元素消去法每次都要在全部系数中找最大值,占用机时较多,通常用列主元素消去法。它仅在消去列找绝对值最大的系数,并以此行作为保留行,这样可以保证精度,节省机时。

如图 10-23 所示为列主元素高斯消去法的流程图。图中各符号含义如下:

a——实型变量,方程组的系数矩阵,其最后一列存放 $\boldsymbol{b}$ 向量。为 n 行、n_1 列矩阵。输

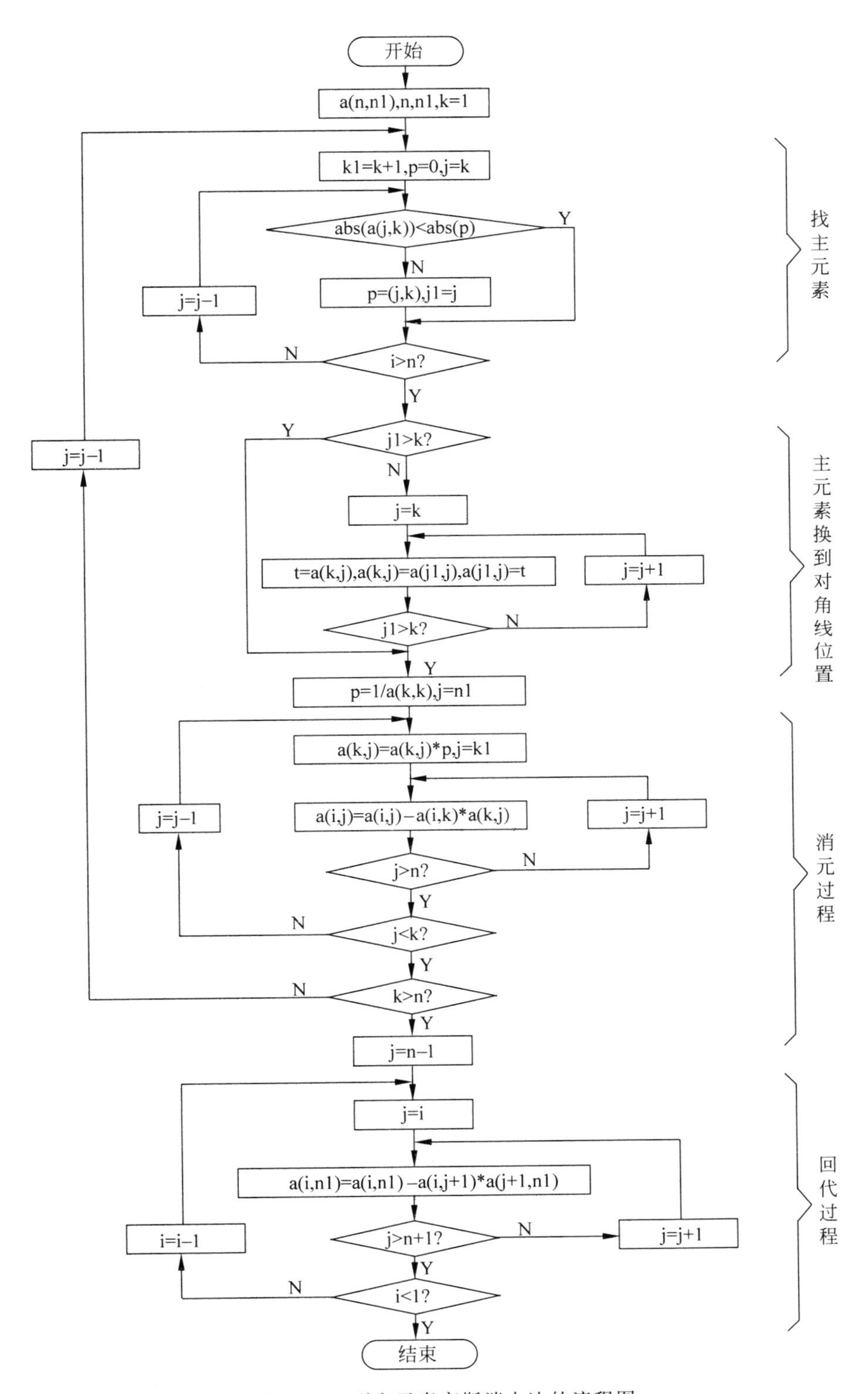

图 10-23　列主元素高斯消去法的流程图

入参数。

n——整型变量，方程组的未知数的个数。输入参数。

n_1——整型变量，等于 $n+1$，输入参数。

a 矩阵的第 n_1 列输入时，存放方程的常数项——***b*** 向量；求解完毕后存放 ***x*** 向量的解。

用 C 语言编写的列主元素高斯消去法子程序如下：

```
int gauss(float a[20][20],int n,int n1)
/* 方程组的系数矩阵 */
/* 方程组的未知数个数 n,n1 = n + 1 */
{
 int j,j1,k,k1,i;
float p,t;
 for(k = 0;k < n;k++)
 {
     k1 = k + 1;p = 0.0;
     for(j = k;j < n;j++)                          /* 寻找列主元(最大值) */
     {
        if(fabs(a[j][k])> fabs(p))
        {
           p = a[j][k];j1 = j;
        }
     }
if(j1!= k)
 { for(j = k;j < n1;j++)                           /* 将列主元换到对角线位置 */
       {
        t = a[k][j];a[k][j] = a[j1][j];a[j1][j] = t;
         }
     }
     p = 1/a[k][k];
     for(j = n1 - 1;j > = k;j -- )                 /* 消元过程 */
     {
        a[k][j] = a[k][j] * p;
        for(i = k1;i < n;i++)
        a[i][j] = a[i][j] - a[i][k] * a[k][j];
     }
  }
  for(i = n - 2;i > = 0;i -- )                     /* 回代过程 */
  {
     for(j = i;j < n - 1;j++)
        a[i][n1 - 1] = a[i][n1 - 1] - a[i][j + 1] * a[j + 1][n1 - 1];
  }
  return(1);
}
```

10.5 数据文件的处理

键盘输入或对话框输入，对用户操作不方便，且每次都得输入，数据多时不出错几乎不可能；程序输入，程序中对数组初始化会很不方便，用户无法更改数据，程序长，交给用户后无法维护,运行时占用内存多,运行结果无法保存。某些 CAD 系统利用文件系统存储标准设计数据和设计结果,并作为各个模块之间交换信息的手段。在程序语言的文件系统功能支持下,通常把数据文件与应用程序分开,单独建立数据文件,存放在外存中使用。当应用程序需要用到有关数据时,可通过读语句和相应的控制语句,把所需的文件打开并将数据读入内存供应用程序采用,可以十分方便地存取、修改文件中的数据。

10.5.1 文件及其操作

在程序中,文件是一个具有名字的信息组合。文件的内容可以根据其逻辑关系划分成为若干逻辑记录。所谓记录就是逻辑上相关的一组信息。因此,文件可以称为是若干个逻辑记录组成的信息集合。

每一个文件都有确定的名字。文件名分为主名和后缀名,文件的主名通常简称为文件名,它是由若干个有效字符组成的区别于其他文件的主要标示名称;文件的后缀名用来区分文件的类型和特点,一般由 3 个或更多的特定字符组成,并且具有确定的含义。例如,A. FOR 为 FORTRAN 语言的源程序文件,B. TXT 为文本型的数据文件,W. DOC 为 WORD 文本文档文件,等等。

每一种编程语言都提供了具有一定功能的文件系统,其中包含了多种文件操作命令。这些文件操作可分为 3 类:用于目录管理的命令,例如建立文件路径和目录、检索文件路径等命令;用于文件管理的命令,例如建立文件、定义文件结构、打开文件、关闭文件、删除文件等命令;用于文件编辑传输的命令,例如读文件记录、写文件记录、复制文件等命令。为了能够在程序中进行文件操作,程序语言必须提供文件操作语句。

例如,在 FoxPro 中,提供了强大的文件访问处理命令和语句。

1. 访问现有数据库文件

FoxPro 提供了 open database 命令和语句访问一个现有的数据库。

2. 查看数据库文件的内容

FoxPro 提供了 modify database 命令和语句,调出现有的同名数据库,并将数据库中的每个表单文件显示出来。

3. 向数据库中添加表单文件

FoxPro 提供了 add table 命令和语句,可以将表单文件添加到一个数据库中。

4. 关闭数据库文件

FoxPro 提供了 close database 命令和语句,实现关闭一个数据库的操作。

5. 创建数据库

FoxPro 提供了 create database 命令和语句,用来创建数据库文件。

6. 创建表单文件

FoxPro 提供了 create table 命令和语句,用来创建一个表单文件。

10.5.2 采用数据文件的特点

采用文件的方式存储大量的数据,相比较在程序中写入数据,或者在程序运行过程中以交互方式临时输入数据而言,具有明显的优越性。

(1) 采用文件存储数据,只是在需要有关数据时才打开相应的数据文件,在不需要这些数据时,就可以将相应的数据文件关闭,这样占用机器的内存少。

(2) 当数据发生变化时,只需要修改相应的数据表单文件,而不需要对程序进行任何改动。

(3) 可以用文件的形式暂存程序运行过程中的中间结果或最终结果,使分析结果可根据需要保存下来,这是文件存储大量结果数据的主要应用方面。

但是,单纯独立的文件用来保存数据,往往缺乏安全性。因此,数据库系统的出现,克服了单纯文件系统的缺陷,使文件系统的应用空间进一步扩大。

10.5.3 顺序文件与随机文件

1. 顺序文件

顺序型文件系统是以排队方式访问的数据文件。这种文件中的数据内容,根据写入的顺序加以保存。在调用或访问时,必须按照相应的顺序进行访问。因此这种文件结构简单,提供的存取方式简便,但是对数据内容存取、查询、编辑、编程工作量大,处理速度较慢。

2. 随机文件

随机型文件系统是一种允许根据数据记录顺序号进行随机访问的数据文件。这种文件中的数据内容往往以记录的形式加以保存。在调用或者访问时,只要制定相应的记录号就可以访问相应的数据内容。因此,这种文件结构复杂,在创建这类数据文件时,要对数据文件中纪录的结构进行定义,利用提供的存取方式直接对每个记录进行灵活的调用处理。因此,这种数据文件形式对数据内容的存取、查询、编辑十分方便灵活,处理速度快。

10.5.4 数据转化为数据文件

将数据转化为数据文件时,要根据相关数据的特点和应用规律,合理选用数据文件的类型。在具体写入建立数据文件时,通常要确定建立数据文件和访问处理数据文件这两个不同环节上的数据内容和类型的对应关系和结构关系,否则,会造成数据文件访问失败,或者使数据内容造成混乱。

目前,在处理大量、频繁、无规律的数据的过程中,比较多地采用随机文件。但是在存取顺序规律性明显的场合，顺序文件是一种高效、简洁的存取数据的理想方式。

10.6　有关数据的处理

在设计过程中，经常遇到取整数、取较大值、取标准值、恒等比较、四舍五入等问题，要让程序准确无误地处理这些问题，应该注意语句的安排。

10.6.1　恒等比较

由于计算机的舍入误差影响，特别要注意实型变量间的比较，在程序中不能直接用 x=y 这样的恒等式来作为转向语句的判断条件，应改写成 abs(x−y)≤e 来作为判断条件，e 是一个误差控制数，例如取 $e=10^{-8}$。

10.6.2　度与弧度的转换

根据圆为 360°，弧度(rad)为 2π，即 360°=2π，角度与弧度之间转换关系如下：

(1) 角度转弧度

2π/360=π/180≈0.0174rad，即 1°≈0.0174rad。

(2) 弧度转角度

360/2π=180/π≈57.3°，即 1rad≈57.3°。

10.6.3　数字的圆整

在设计过程中，有时对计算出的参数要求取整数(如齿数、皮带根数)，或者要求圆整到标准值(如中心距、直径等)，程序中可以通过内部函数 ifix(x)来灵活处理。对于需要圆整的参数 A，设其为实数，而且 $x>0$，则

(1) 圆整到小于计算参数 A 的最大整数，可用 n=ifix(A)语句来实现；int N=int(A)；

(2) 按照四舍五入原则圆整，用 c=ifix(A+0.5)语句实现；int N=int(A+0.5)；

(3) 若标准值为每档 0.5 时，用 c=ifix(A)+ 0.5 语句实现；

(4) 增大方向圆整为 2～9 的倍数：if(A/x! =int(A/x))int N=(int(A/x)+1) * x；

(5) 小数点后某一位上按四舍五入圆整：int(A · pow(10,n−1)+0.5)/pow(10,n−1)。

10.6.4　取标准值

为使设计符合国家标准，对于某些标准系列的参数，计算后必须取标准值，如三角胶带轮标准直径的选取以及齿轮标准模数的选取。

例 10-9　三角胶带轮的标准直径(50～2240 区段)的数列为 50，53，56，60，63，…，2240 共 60 个数值，如果将通过计算所得的带轮直径 dd 圆整为最接近的标准值，可以先将标准直

径数值读入数组 sd(60)中,然后从小到大依次与 dd 比较,最后在两个邻近的标准值中找到最接近计算值的 d。

用 C 语言编写的子程序如下:

```
/ * 取标准值函数(以三角胶带轮的标准直径数据为例) * /
float beltd(float dd)
{
   float sd[60] = {50.0,53.0,56.0,60.0, … ,2240.0};
   float d;
   while(dd > sd[i]&&i < 60)
    i++;
    i--;
   if(fabs(dd - sd[i - 1])< fabs(dd - sd[i]))
     d = sd[i - 1];
   else
     d = sd[i];
   return(d);
}
```

例 10-10 齿轮标准模数序列在不同的数值区段有不同的级差,如表 10-12 所列。在作编程处理时,既不能简单取整,也不能用统一的公式来表达不同区段的数值。

表 10-12 齿轮标准模数 mm

<table>
<tr><td>标准模数</td><td colspan="3">1 1.25 1.5 1.75 2 2.25 2.75 3</td><td colspan="2">3.5 4 10.5 5 5.5 6</td></tr>
<tr><td>级差</td><td colspan="3">0.25</td><td colspan="2">0.5</td></tr>
<tr><td>标准模数</td><td>7 8 9 10</td><td>12 14 16 18 20 22</td><td>25</td><td>28 32 36 40</td><td>45 50</td></tr>
<tr><td>级差</td><td>1</td><td>2</td><td>3</td><td>4</td><td>5</td></tr>
</table>

设 c 为模数计算值,级差为 x,根据标准模数特点,可编写出如下处理程序。

用 C 语言编写的程序段如下:

```
if(c <= 3.0) x = 0.25;
else if(c <= 6.0) x = 0.5;
else if(c <= 10.0) x = 1.0;
else if(c <= 22.0) x = 2.0;
else if(c <= 25.0) x = 3.0;
else if(c <= 40.0) x = 10.0;
else if(c <= 50.0) x = 5.0;
m = floor(c/x) * x + x;
```

第 11 章

专用 CAD 功能的开发

目前，商品化 CAD 工具软件系统的功能和专业应用领域非常广泛，面对产品技术发展和产品开发工程师工作领域的专业需求，譬如重型汽车、金属切削机床等不同机械产品的设计开发工程领域，通用型 CAD 系统往往无法满足特定机械产品设计资料和工作环境的要求，因此基于商品化 CAD 系统平台进行二次专业开发是很普遍的需求。

11.1 AutoCAD 二次开发技术

AutoCAD 软件是一个具有多层接口的开放架构应用程序，以其全开放性及二次开发工具齐全等优点，成为用户最多的二维 CAD 软件二次开发平台。

AutoCAD 提供了包括 ActiveX 和 VBA(Visual Basic for Application)编程的 3 个基本元素。第一个元素是 AutoCAD 本身，提供了丰富的 AutoCAD 图元、数据和命令的对象集。第二个元素是 AutoCAD ActiveX Automation 接口，它建立与 AutoCAD 对象的消息传递(通信)。第三个元素是 VBA 编程环境(integrated development environment，IDE，集成开发环境)，具有自己的对象组、关键词和常量等，能提供程序流、控制、调试和执行等功能。

11.1.1 AutoCAD VBA 基本概念

Microsoft VBA 是一个面向对象的编程环境，可提供类似 Visual Basic(VB)的丰富开发功能。VBA 和 VB 的主要差别是 VBA 和 AutoCAD 在同一进程空间中运行，为 AutoCAD 提供了智能的、非常快速的编程环境。

1. VBA 工程

VBA 通过 AutoCAD ActiveX Automation 接口将消息发送到 AutoCAD。AutoCAD VBA 允许 VBA 环境与 AutoCAD 同时运行，并通过 ActiveX Automation 接口对 AutoCAD 进行编程控制。AutoCAD、ActiveX Automation 和 VBA 的这种结合方式不仅为操作 AutoCAD 对象，而且为向其他应用程序发送或检索数据提供了功能极为强大的接口。

AutoCAD VBA 工程是许多代码模块、类型模块和窗体的集合，它们一同运作，执行给定的功能。工程可以存储在 AutoCAD 图形中，也可以作为独立的文件存储。

内嵌工程存储在 AutoCAD 图形中。在 AutoCAD 中打开包含这类工程的图形时，会自动加载它们。由于内嵌工程只能在所在的文档中运行，不能打开或关闭 AutoCAD 图形，内嵌工程的用户不需要在运行程序之前查找和加载工程文件。全局工程存储在独立的文件中，由于这类工程可以在任何 AutoCAD 图形中运行并能打开和关闭所有 AutoCAD 图形，因此用途更广，但在打开图形时它不会被自动加载。用户必须知道哪一个工程文件包含自己需要的宏，然后要先加载该工程文件才能运行宏。然而，全局工程比较容易与其他用户共享，因此，可以将常用的宏作为库文件保存备用。用户可以随时将内嵌工程和全局工程加载到它们的 AutoCAD 任务中。

AutoCAD VBA 工程与独立的 Visual Basic 工程不兼容。但可以使用 VBA IDE 中的 IMPORT 和 EXPORT VBA 命令在工程之间互相交换窗体、模块和类型。

2. VBA 管理器

VBA 管理器是一个 AutoCAD 工具，它允许装载、卸载、保存、创建、嵌入和分离 VBA 工程，也可以查看装载在当前 AutoCAD 进程中的所有 VBA 工程。

1）打开 VBA 管理器

打开 VBA 管理器有两种方法：一是选择下拉菜单“工具(T)”→“宏(A)”→“VBA 管理器(V)…”，如图 11-1 所示。二是在 AutoCAD 命令行中执行 VBAMAN 命令，VBA 管理器界面如图 11-2 所示。

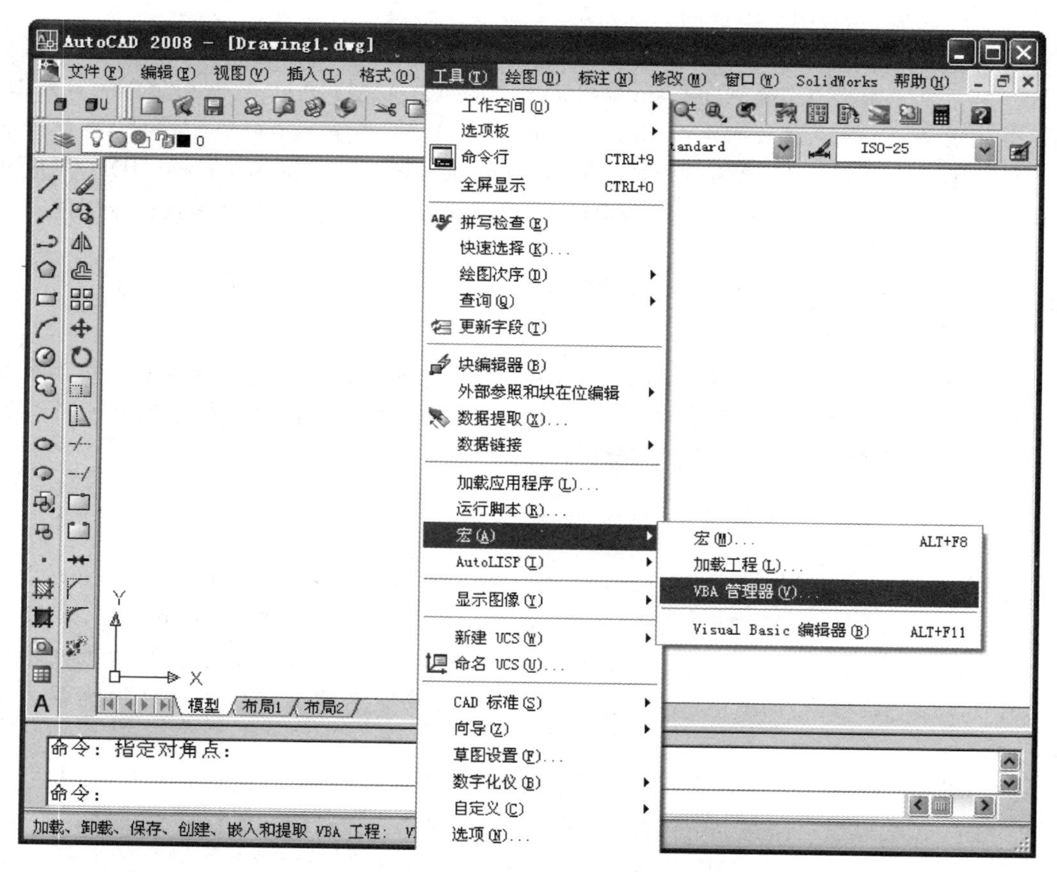

图 11-1　通过下拉菜单打开 VBA 管理器

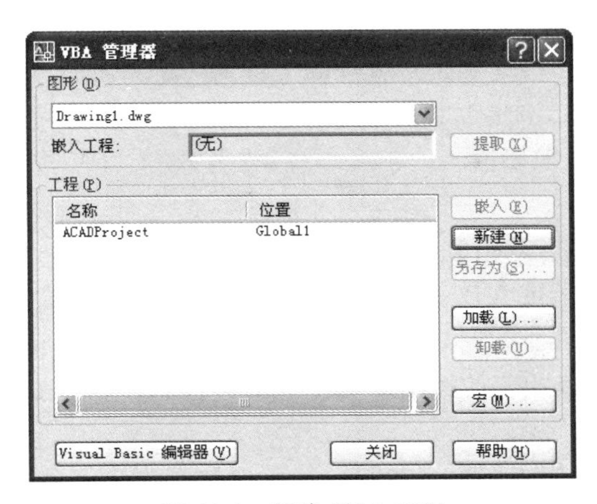

图 11-2　新建 VBA 工程

2）创建新工程

在 VBA 管理器中创建新工程时，工程将作为未保存的全局工程，用户可以将工程嵌入图形中，也可将其保存为工程文件。在 VBA 管理器中单击“新建(N)”按钮，即创建一新的工程。新创建的工程将使用默认的工程名称 ACADProject。用户只有在 VBA IDE 中才可以更改工程名称。

3）加载已有工程

当把工程加载到 AutoCAD 中时，所有的公用子程序，即所谓的“宏”都可以使用。必须指出嵌入图形中的工程在该图形打开时就被加载，而保存为 *.dvd 文件的工程必须单独加载，因为这些工程存在于专用的文件之中。

在 VBA 管理器中，单击“加载(L)…”按钮，弹出“打开 VBA 工程”对话框，如图 11-3 所示，在该对话框中选择要加载的工程文件，即可以加载已有的 VBA 工程文件。

图 11-3　“打开 VBA 工程”对话框

4）嵌入工程

当用户嵌入一个工程时，其实质是将全局工程的一个副本置于图形数据库中，而后当所包含工程的图形被打开或关闭时，工程也会随之被加载或卸载。

在VBA管理器中，选取要嵌入的工程，然后单击“嵌入(E)”按钮，即完成嵌入工程。

5）保存工程

由于嵌入工程和该图形是相关联的，因此在保存图形时同时也保存了嵌入工程。全局工程必须使用VBA管理器或VBA IDE进行保存。

在VBA管理器中保存工程时，首先选取要保存的工程，然后单击“另存为(S)…”按钮，打开“另存为”对话框，完成相应的操作即可。

6）提取与卸载工程

所谓提取工程就是将嵌入图形中的工程从图形数据库中删除，同时系统将提示用户是否将工程保存为外部文件。

卸载工程可释放内存，并使已加载工程的列表保持在易于管理的长度。内嵌工程或被其他已加载的工程引用的工程不能卸载。

提取与卸载工程都可在VBA管理器中完成，单击相应的按钮便可完成相应的操作。

3. 宏

宏是一个公用的(可执行)子例程。通常每个工程至少包含一个“宏”。与设置VBA工程选项一样，“宏”对话框允许用户创建、编辑、运行和删除宏。打开“宏”对话框的操作方法有几种：一种方法是选择下拉菜单“工具(T)”→“宏(A)”→“宏(M)…”，另一种方法是在AutoCAD命令行中执行VBARUN命令，也可在VBA工程对话框中单击“宏(M)…”按钮，“宏”对话框如图11-4所示。

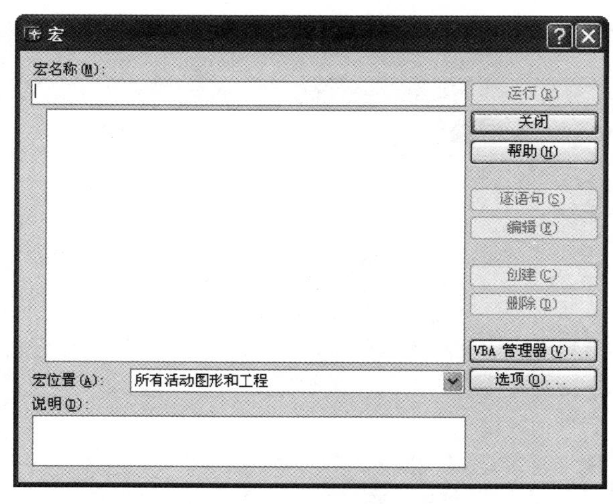

图11-4 “宏”对话框

1）创建新宏

建立新宏是开发应用程序的第一步，用户可以按照如下步骤创建一个空的新宏。

在“宏名称”输入框内输入新宏的名称，然后在“宏位置”下拉列表中选择所创建宏要存在的位置，最后单击“创建(C)”按钮，完成新宏的创建，系统将自动进入 VBA IDE 环境。

2）运行宏

运行宏就是在当前 AutoCAD 进程中执行宏代码。当前图形是宏开始执行时已打开的图形。所有在全局工程的宏中所涉及的 ThisDrawing 对象将指向当前图形。在嵌入工程中，ThisDrawing 对象总是指向嵌入该宏的图形。

在“宏”对话框中选择要运行的宏，然后单击“运行(R)”按钮，便执行所选取的宏。

3）编辑及调试宏

在“宏”对话框中选择要编辑的宏，然后单击“编辑(E)”按钮，系统便进入 VBA IDE 环境。在 VBA IDE 代码窗口中可以对宏的代码进行编辑与调试。

4. VBA IDE 开发环境

当工程加载到 AutoCAD 后，用户可以使用 VBA 交互开发环境编辑其代码、窗体以及进行引用，用户也可在 VBA IDE 中调试和运行工程。

打开 VBA IDE 的方法：在 AutoCAD 命令行中执行 VBAIDE 命令；选择下拉菜单“工具(T)”→“宏(A)”→“Visual Basic 编辑器(B)”；在 VBA 管理器对话框中单击“Visual Basic 编辑器(V)”按钮。打开后的 VBA IDE 编辑环境如图 11-5 所示。

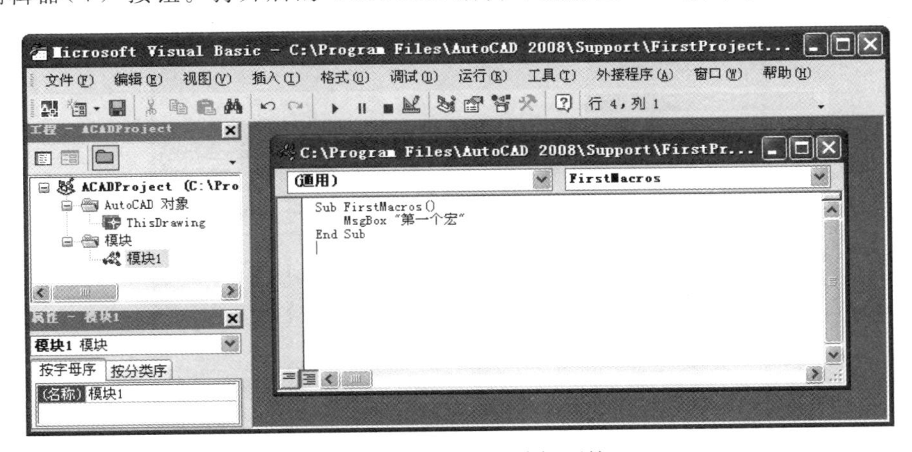

图 11-5　VBA IDE 编辑环境

1）定义工程中的组件

每个工程可以包含许多不同的组件，这些组件有对象、窗体、标准模块、类模块和引用。

对象组件代表 VBA 代码将访问的对象或文档的类型。对于 AutoCAD VBA 工程，此对象代表当前的 AutoCAD 图形。

窗体组件包含由用户构造的、用于工程的自定义对话框。

标准模块也称为代码模块，或简称模块。代码模块组件包含用户的常用过程和函数。

类模块组件包含用户自己定义的所有对象。

引用组件包含对其他工程或库的所有引用，即对其他工程或程序的使用参考。

2）添加新的组件

用户可在工程中添加新的模块、窗体和类模块。用户需要更新所有组件的属性，并在其中写入适当的程序代码。

添加新的组件到工程的操作：在 VBA IDE 的工程窗口中，选择用户要添加组件的工程，如图 11-6 所示，选择“插入(I)”下拉菜单，再选择用户窗体、模块或类模块以添加新的组件到用户工程中。图 11-7 所示是添加了用户窗体后的情况。

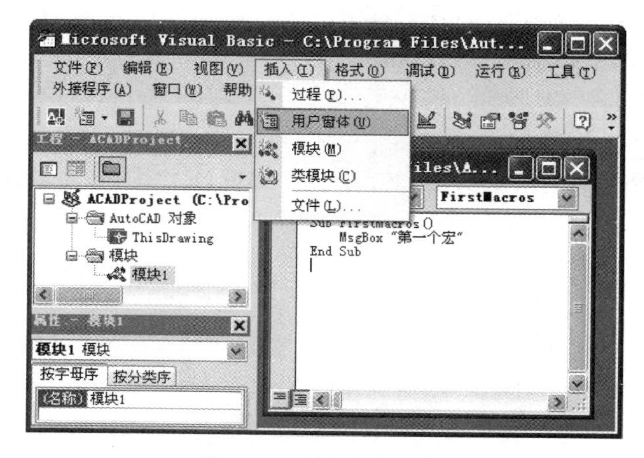

图 11-6 添加新的组件

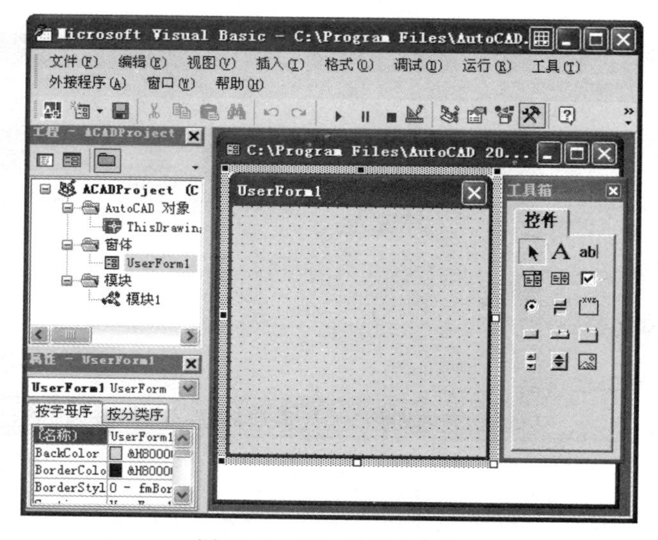

图 11-7 添加了用户窗体

3）输入现有组件

输入功能使用户可以向工程中添加现有的组件。用户可以输入窗体、模块或类模块。窗体输入为 FRM 文件，模块输入为 BAS 文档，类模块输入为 CLS 文件。输入现有组件的操作：单击“文件(F)”下拉菜单，选取“导入文件(I)…”选项，打开“导入文件”对话框，在该对话框中选择所要导入的文件，然后单击“打开”按钮，完成现有组件的输入。

在输入组件文件时，是将输入文件的副本添加到工程中，原始文件保持不变。用户对输入组件所做的更改不会改变原始的组件文件。

如果输入的组件与现有组件同名，则组件添加到工程中时会在其名称后附加编号。

输入的组件将添加到工程中并显示在“工程”窗口中。要编辑组件的特性，则在“工程”

窗口选择该组件。选定组件的特性将会显示在“特性”窗口中并可以对其进行编辑。

4）编辑组件

在 VBA IDE 中，可以编辑标准模块、类模块和窗体。标准模块和类模块均在“代码”窗口中编辑，窗体则在“用户窗体”窗口中使用特殊的工具箱进行编辑。组件的编辑操作有属性编辑、代码编辑和对象编辑。

如果要编辑组件的属性，首先在“工程”窗口中选取该组件，则所选组件的属性将显示在“属性”窗口中，在“属性”窗口中就可编辑修改所选组件的属性，如图 11-8 所示。不同的组件，“属性”窗口显示的内容是不同的。

图 11-8　“属性”窗口

如果要编辑标准模块和类模块，先在 VBA IDE 的“工程”窗口中选取要编辑的组件，然后单击“工程”窗口中的“查看代码”按钮，打开程序代码窗口，如图 11-9 所示，在程序代码窗口中即可编辑修改程序代码。

如果要编辑窗体，首先在 VBA IDE 的“工程”窗口中选取要编辑的组件，然后单击“工程”窗口中的“查看对象”按钮，显示窗体窗口和相关的工具箱，如图 11-10 所示。用户可以在窗体窗口上增删对象以及编辑它们的属性。如果要编辑与窗体关联的程序代码，则可以双击窗口中的控件，与该控件相关的程序代码就会在代码窗口中打开。

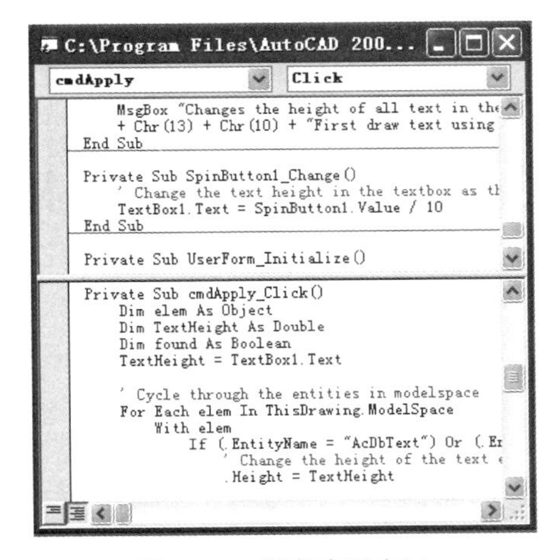

图 11-9　程序代码窗口

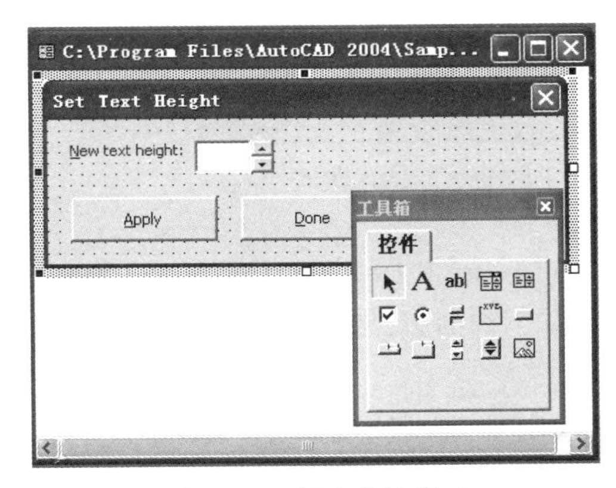

图 11-10　用户窗体窗口

5）工程的命名与保存

（1）命名工程

工程名称和存储工程的 dvb 文件名称是不同的。存储工程的 dvb 文件的名称在保存工程时创建，而工程名称则在 VBA IDE 的“属性”窗口中设置。

如果用户没有设置工程名和文件名，AutoCAD 将自动指定工程名为 ACADProject，文件名为 Project. dvb。

（2）保存工程

在 AutoCAD 的 VBA 工程中，没有直接的保存命令。保存命令被置于 VBA IDE 的文件菜单中和 VBA 管理器中。在 VBA IDE 中选取了“保存”命令时，或者在 VBA 管理器中选择了“另存为”按钮，或者在 VBA 工程没有保存的情况下结束或退出 AutoCAD 时，如果 VBA 工程中进行了更改，将弹出保存 VBA 工程对话框，从而实现保存工程。

5. VBA 开发过程

开发一个 VBA 应用程序的一般过程，首先建立一个新的 AutoCAD 图形，然后在该图形中绘制一个图形，最后保存图形。操作步骤如下：

(1) 在 AutoCAD 中选择下拉菜单：“工具(T)”→“宏(A)”→“Visual Basic 编辑器(B)”，打开 VBA IDE 开发环境。

(2) 在 VBA IDE 窗口的“视图”菜单中选取“代码窗口”菜单项，打开程序代码窗口。

(3) 从 VBA IDE 窗口的“插入”菜单中选择“过程”菜单项，在工程中添加新过程。此时弹出“添加过程”对话框，在对话框中设置新过程的名称、类型和范围，如图 11-11 所示。

(4) 单击“添加过程”对话框中的“确定”按钮，在代码窗口中创建过程 FirstExample，如图 11-12 所示。过程的第一行和结束行自动生成。

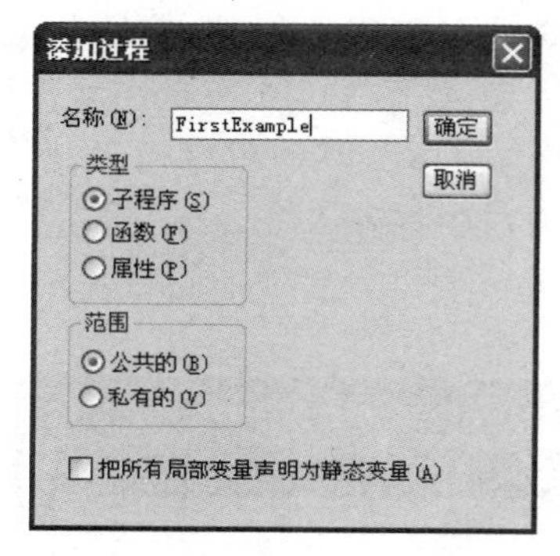

图 11-11 “添加过程”对话框

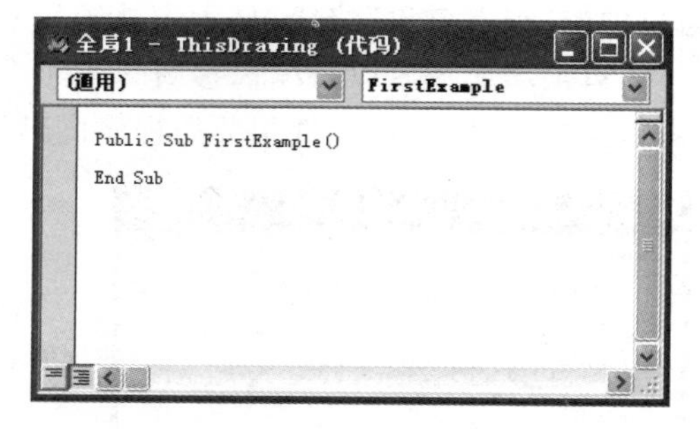

图 11-12 代码窗口

(5) 在程序代码窗口中，在第一行 Public Sub FirstExample()和最后一行 End Sub 之间输入如下的画圆程序代码：

```
ThisDrawing.Application.Documents.Add
Dim CenterPoint(0 To 2) As Double
Dim Radius As Double
Dim LineObject As AcadCircle
CenterPoint(0) = 300
CenterPoint(1) = 150
CenterPoint(2) = 0
Radius = 100
Set LineObject = ThisDrawing.ModelSpace.AddCircle(CenterPoint, Radius)
ThisDrawing.SaveAs ("FirstVBA")
```

上面第 1 行代码用于打开一个新的图形，第 2、3 行定义圆心及其半径的变量，第 4 行定义圆的实体变量，第 5 行至第 8 行定义圆心和半径的值，第 9 行生成圆实体，第 10 行保存图形。

(6) 在 VBA IDE 的“运行”菜单中单击“运行子过程/用户窗体”菜单项，执行上面的程序。

(7) 将窗口切换到 AutoCAD 窗口，这时可看到所生成的圆，如图 11-13 所示。

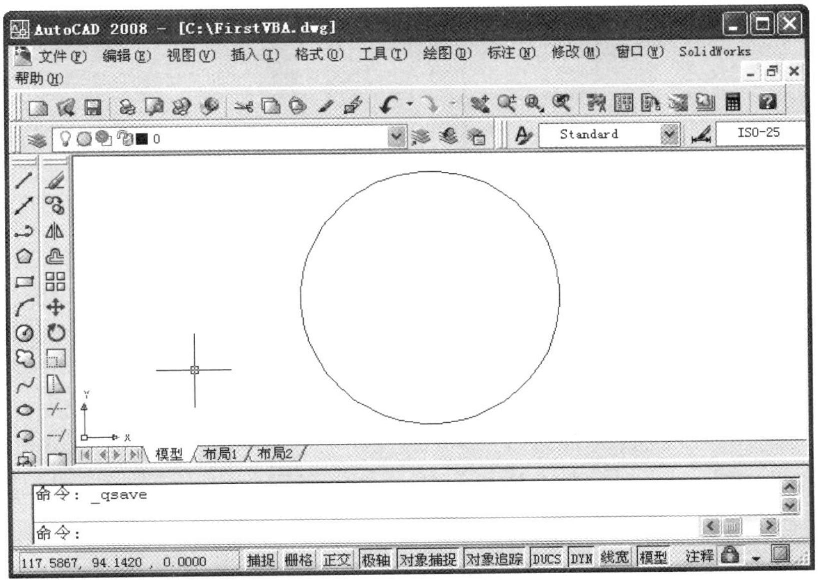

图 11-13　运行结果

11.1.2　AutoCAD ActiveX 基础

AutoCAD ActiveX 使用户能够从 AutoCAD 内部或外部以编程方式来操作 AutoCAD。它是通过将 AutoCAD 对象显示到“外部世界”来实现的。这些对象一旦被显示，许多不同的编程语言和环境以及其他应用程序(如 Microsoft Word VBA 或 Excel VBA)就可以访问。要有效地使用 AutoCAD ActiveX 自动操作，就必须熟悉 AutoCAD 图元、对象及与所开发应用程序类型相关联的特性。

1. AutoCAD 对象模型

对象是 AutoCAD ActiveX 接口的主要构造块。每一个显示的对象均精确代表一个 AutoCAD 组件。AutoCAD ActiveX 接口中有许多不同类型的对象。例如：图形对象(如直线、圆弧、文字和标注等)、样式设置(如线型与标注样式等)、组织结构(如图层、编组和块)、图形显示(如视图、视口等)都是对象；甚至图形、AutoCAD 应用程序本身也是对象。

对象按照分层结构来组织，其根是 Application 对象。这种层次结构的视图称为“对象模型”。对象模型给出了上级对象与下级对象之间的访问关系。

1) 应用程序对象

应用程序(Application)对象是 AutoCAD ActiveX Automation 对象模型的根对象。通过 Application 对象，可访问任何其他的对象或任何对象指定的属性和方法。应用程序对象模型如图 11-14 所示。

例如，Application 对象具有 Preferences 属性，该属性返回 Preferences 对象，通过此对象可以访问“选项”对话框中存储在注册表中的设置。通过 Application 对象的其他属性，用

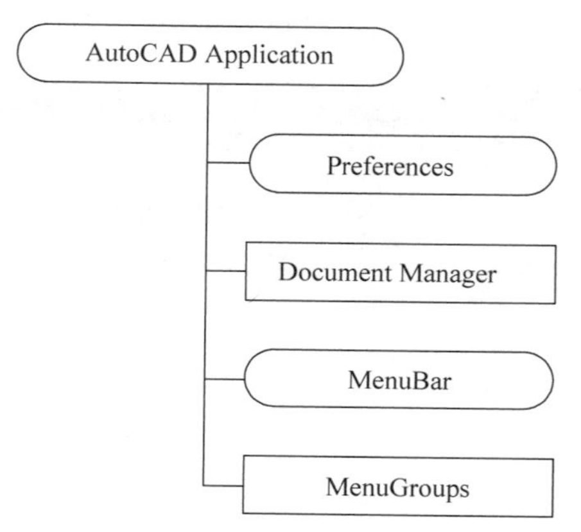

图 11-14　应用程序对象模型

户可以访问与应用程序相关的数据，例如应用程序的名称和版本，以及 AutoCAD 大小、位置和可见性。Application 对象的方法可以执行与应用程序相关的操作，例如列表显示、加载和卸载 ADS 与 ARX 应用程序，以及退出 AutoCAD。

Application 对象还提供通过 Document Manager(文档)集合链接到 AutoCAD 图形、通过 MenuBar(菜单条)和 MenuGroups(菜单组)集合链接到 AutoCAD 菜单和工具栏，以及通过 VBE 属性链接到 VBA IDE。

Application 对象还是 ActiveX 接口的全局对象，这就是说 Application 对象的所有方法和属性都可用于全局名称空间。

2）文档对象

文档(Document)对象，实际上就是 AutoCAD 图形，它位于 Document(文档)集合中，并提供对所有图形及大部分非图形对象的访问。通过 ModelSpace(模型空间)和 PaperSpace(图纸空间)提供对图形对象的访问，如访问直线、圆、圆弧等。通过 Layers(图层)、Linetypes(线型)和 TextStyles(字样)等同名集合提供对非图形对象的访问，如图层、线型和字样等。Document 对象还提供对 Plot(打印图纸)和 Utility(实用工具)对象的访问。文档对象模型的结构如图 11-15 所示。

3）图形和非图形对象

图形对象，也称为图元，是组成图形的可见对象，例如直线、圆、光栅图像等。创建这些对象，可用相应的 Add<图元名称>方法。修改或查询这些对象，可使用对象自身的方法或属性。每一个图形对象都为应用程序提供了执行大部分 AutoCAD 编辑命令的方法，例如复制、删除、移动、镜像等。这些对象还提供了一些方法，用来设置和检索对象的扩展数据，高亮显示和更新对象，以及检索对象边框。图形对象具有诸如 Layer(图层)、Linetype(线型)、Color(颜色)和 Handle(句柄)这样典型的属性。它们也具有特殊的依赖于这些对象类型的属性，如 Center(圆心)、Radius(半径)和 Area(面积)等。

非图形对象是图形的一部分，是不可见的对象，例如 Layers(图层)、Linetypes(线型)、DimStyle(标注样式)、SelectionSets(选择集)等。要创建这些对象只能在其父集合对象中使用 Add(添加)方法。而修改或查询这些对象，可使用对象自身的方法和属性。每一个非图形对象都有用于特定目的的方法和属性以实现对其自身进行修改和查询。所有对象都有

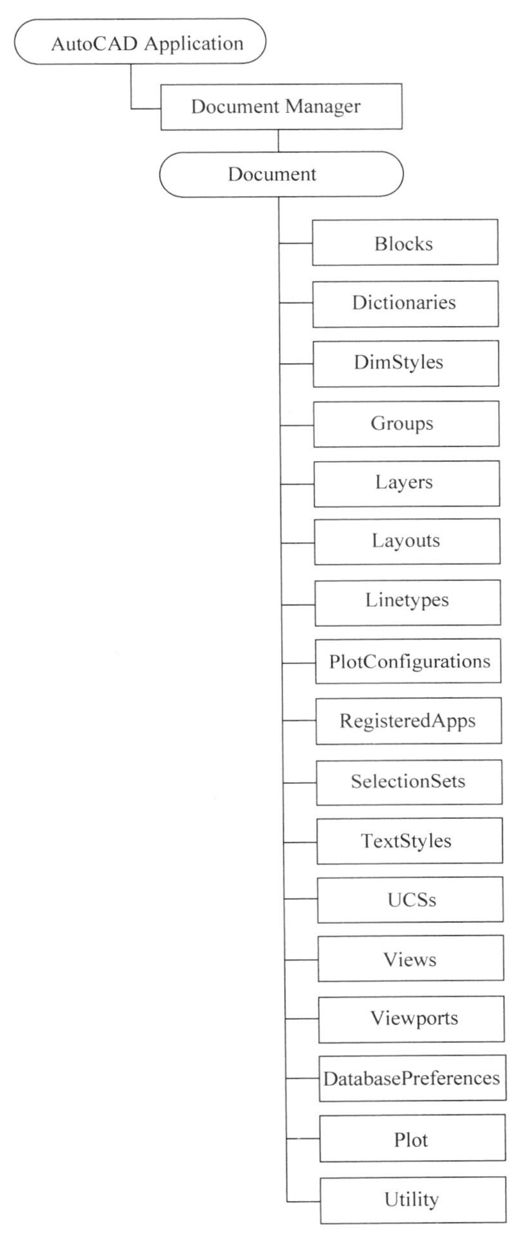

图 11-15　文档对象模型

方法可以设定及返回扩展数据。

2. 对象层次结构

从 VBA 内部访问对象层次结构非常方便，因为 VBA 与当前的 AutoCAD 任务在同一个进程内运行，所以不需要使用额外的步骤将 VBA 链接到应用程序。

VBA 通过 ThisDrawing 对象链接到当前 AutoCAD 进程的当前图形。使用 ThisDrawing，用户可以快速访问当前的 Document 对象及其所有方法和特性，还可以访问层次结构中的所有其他对象。

ThisDrawing 用于全局工程时，通常是指 AutoCAD 中的当前文档；用于内嵌工程时，通常是指包含该工程的文档。例如，全局工程中的以下代码行将保存 AutoCAD 中当前图形的所有内容：

```
ThisDrawing.Save
```

1）引用对象层次结构中的对象

用户可以直接或通过自己定义的变量来引用对象。如果要直接引用对象，在调用的层次结构中应包含该对象。例如，以下语句将在模型空间中添加一条直线，层次结构必须从 ThisDrawing 开始，然后是 ModelSpace（模型空间）对象，最后才是 AddLine 方法。

```
Dim StartPoint(0 To 2) As Double, EndPoint(0 To 2) As Double
Dim LineObject As AcadLine
StartPoint(0) = 0 : StartPoint(1) = 0 : StartPoint(2) = 0
EndPoint(0) = 30 : EndPoint(1) = 20 : EndPoint(2) = 0
Set LineObject = ThisDrawing.ModelSpace.AddLine(StartPoint, EndPoint)
```

通过用户定义的变量引用对象，首先将变量定义为所需类型，然后设置为相应的对象。例如，以下代码定义类型为 AcadModelSpace 的变量（moSpace），并将其设置为等于当前的模型空间：

```
Dim moSpace As AcadModelSpace
Set moSpace = ThisDrawing.ModelSpace
```

下面的程序语句利用该用户定义的变量将直线添加到模型空间中：

```
Dim startPoint(0 To 2) As Double, endPoint(0 To 2) As Double
Dim LineObj as AcadLine
startPoint(0) = 0: startPoint(1) = 0: startPoint(2) = 0
endPoint(0) = 30: endPoint(1) = 20: endPoint(2) = 0
Set LineObj = moSpace.AddLine(startPoint,endPoint)
```

2）访问 Application 对象

ThisDrawing 对象提供了与文档（Document）对象的链接，应用（Application）对象在对象层次中位于文档对象的上一层次，文档对象中的应用程序（Application）属性可提供与应用程序对象的链接。通过这种关系可以访问根对象。例如，更新应用程序对象可以通过下面的程序语句实现：

```
ThisDrawing.Application.Update
```

3. 集合对象

集合对象是一种预定义的对象。常用的集合对象有 Documents 集合（包含所有在当前 AutoCAD 进行中打开的文档）、ModelSpace 集合（包含模型空间中的所有图形对象）、PaperSpace 集合（包含当前图纸空间布局中的所有图形对象）、Block 集合（包含特定块定义中的所有图元）、Blocks 集合（包含图形中的所有块）、DimStyles 集合（包含图形中的所有标注样式）、Layers 集合（包含图形中的所有图层）、Linetypes 集合（包含图形中的所有线型）、

SelectionSets 集合(包含图形中的所有选择集)、TextStyles 集合(包含图形中的所有文字样式)等。

1）访问集合对象

大多数集合对象通过 Document 对象来访问。Document 对象包含每个集合对象的属性。下面的程序语句代码定义一个变量并将其设定到当前图形的图层集合中。

```
Dim layerCollection as AcadLayers
Set layerCollection = ThisDrawing.Layers
```

Documents、MenuBar 和 MenuGroups 集合都可以通过 Application 对象来访问。下面的程序语句代码定义一个变量,并将其设置为应用程序的 MenuGroups 集合。

```
Dim MenuGroupsCollection as AcadMenuGroups
Set MenuGroupsCollection = ThisDrawing.Application.MenuGroups
```

2）向集合对象中添加新的成员

添加新成员到集合中使用 Add 方法。下面的程序代码创建一个新图层并添加到 Layers 集合中。

```
Dim newLayer as AcadLayer
Set newLayer = ThisDrawing.Layers.Add("MyNewLayer")
```

3）遍历集合对象

选择集合对象中的一个指定成员,使用 Item(项目)方法。Item 方法需要一个标识符,该标识符可以是指定集合内部项目位置的索引号或是描述项目名称的字符串。下面的程序代码是遍历 Layers 集合,并显示集合中所有图层的名称。

```
Sub Ch2_IterateLayer()
    '遍历集合
    On Error Resume Next
    Dim I As Integer
    Dim msg As String
    msg = ""
    For I = 0 To ThisDrawing.Layers.count - 1
        msg = msg + ThisDrawing.Layers.Item(I).Name + vbCrLf
    Next
    MsgBox msg
End Sub
```

4）删除集合对象成员

删除集合对象中指定的成员,使用 Delete 方法。下面的程序语句代码删除图层“ABC”。

```
Dim ABCLayer as AcadLayer
Set ABCLayer = ThisDrawing.Layers.Item("ABC")
ABCLayer.Delete
```

11.1.3　AutoCAD VBA 环境图形文件操作

基于 AutoCAD 的 VBA 程序管理图形文件,Documents 集合和 Document 对象提供了访问AutoCAD文件的功能。使用Documents集合中的方法，创建一个新的图形或打开现存的图形。如：Add方法创建一个新的图形文档，并将该文档添加到Documents集合中；Open方法打开一个现存的图形；Close方法关闭在AutoCAD中打开的所有图形；Save、SaveAs方法保存在AutoCAD中打开的图形文件。

1. 打开图形

使用Open方法打开一个现有图形。下面的程序段中使用Visual Basic中的Dir函数在打开文件之前检查该文件是否存在。

```
Sub OpenDrawing()
    Dim dwgName As String                    '定义变量
    dwgName = "d:\VBA App\First.dwg"         '输入文件路径
    If Dir(dwgName) <> "" Then
        ThisDrawing.Application.Documents.Open dwgName
    Else
        MsgBox "文件" & dwgName & "不存在."
    End If
End Sub
```

2. 创建新图形

使用Add方法创建一个基于默认模板的新图形，具体的程序代码如下：

```
Sub Create_NewDrawing()
    Dim docObject As AcadDocument
    Set docObject = ThisDrawing.Application.Documents.Add
End Sub
```

3. 保存当前的图形

保存图形可使用Save或SaveAs方法。下面的程序代码先用当前名称保存当前图形，然后再用新名称保存该图形。

```
Sub SaveActiveDrawing()
    ThisDrawing.Save                         '用当前名称保存当前的图形
    ThisDrawing.SaveAs "MyDrawing.dwg"       '用新名称保存当前的图形
End Sub
```

4. 测试图形是否有未保存的更改内容

在退出AutoCAD进程之前或开始绘制新的图形之前，一般都应检查当前图形是否有未保存的更新的内容。使用Saved属性可以确定当前图形是否包含未保存的更改。

下面的程序代码就是检查是否存在更新的内容，并验证用户是否选择“确定”以保存更新后的图形。如果用户选择“确定”，将保存当前图形，如果用户选择“取消”，则直接跳到结尾处。

```
Sub Ch3_TestIfSaved()
```

```
    If Not (ThisDrawing.Saved) Then
        If MsgBox("Do you wish to save this drawing?", vbYesNo) = vbYes Then
            ThisDrawing.Save
        End If
    End If
End Sub
```

11.1.4 AutoCAD 应用程序窗口控制

控制应用程序窗口功能使开发人员可以灵活地创建高效智能的应用程序。使用 Application 对象中的方法和属性，用户可以更改 AutoCAD 应用程序窗口的位置、大小和可见性，用户也可以最大化或最小化应用程序窗口，以及检查当前状态。

1. 更改应用程序窗口的位置

使用 WindowTop、WindowLeft、Width 和 Height 属性设置 AutoCAD 应用程序窗口的位置和大小。下面的程序实现应用程序窗口放在屏幕的左上角，并将其大小调整为宽 512 像素、高 384 像素。

```
Sub PositionApplication Window()
    ThisDrawing.Application.WindowTop = 0
    ThisDrawing.Application.WindowLeft = 0
    ThisDrawing.Application.width = 512
    ThisDrawing.Application.height = 384
End Sub
```

在运行上述程序时，AutoCAD 窗体不能处于最大化或最小化状态。

2. 最大化或最小化 AutoCAD 窗口

使用 WindowState 属性对 AutoCAD 窗口进行最大化和最小化操作，程序语句代码为：

```
ThisDrawing.Application.WindowState = acMax   '最大化 AutoCAD 窗口
ThisDrawing.Application.WindowState = acMin   '最小化 AutoCAD 窗口
```

3. 查询 AutoCAD 窗口的当前状态

使用 WindowState 属性可以查询 AutoCAD 窗口的当前状态。下面的程序代码是查询应用程序窗口的状态，并将该状态以消息框的形式显示给用户。

```
Sub Query_CurrentWindowState()
    Dim CurrWindowState As Integer
    Dim msg As String
    CurrWindowState = ThisDrawing.Application.WindowState
    msg = Choose(CurrWindowState, "正常", "最小化", "最大化")
    MsgBox "应用程序窗口为" + msg
End Sub
```

11.1.5 AutoCAD 图形窗口控制

与 AutoCAD 应用程序窗口一样，用户可最小化、最大化、变更大小、调整位置和检查任何文档窗口的状态，还可通过使用 View(视图)、Viewpoint(视点)和 Zooming(缩放)方法更改图形在窗口中的显示方式。

AutoCAD ActiveX 提供了许多显示图形视图的方法，用户可控制图形显示到不同区域，可进行缩放或通过平移调整视图在图形中的位置。

1. 更改文档窗口的位置和大小

使用 Document 对象更改文档窗口的位置和大小。下面的程序代码使用 Width 和 Height 属性设置当前文档窗口的宽、高分别是 512 像素和 384 像素。

```
ThisDrawing.Width = 512
ThisDrawing.Height = 384
```

2. 最大化、最小化文档窗口

```
ThisDrawing.WindowState = acMax      '最大化当前文档窗口
ThisDrawing.WindowState = acMin      '最小化当前文档窗口
```

3. 缩放图形窗口

更改视图常用的方法是使用 AutoCAD 的 Zoom 项，它可放大或缩小显示于图形区域中的图形。

1) 定义缩放窗口

用户通过指定对角点快速缩放某一区域。通过指定对角点放大某一区域，可用 ZoomWindow 和 ZoomPickWindow 方法。ZoomWindow 方法由程序定义对角点，而 ZoomPickWindow 方法是程序在执行过程中由用户在 AutoCAD 绘图环境中交互输入两个角点。下面的程序代码可以实现两种方法。

```
Sub VBA_ZoomWindow()
    'ZoomWindow
    MsgBox "Perform a ZoomWindow with:" & vbCrLf & _
            "1.3, 7.8, 0" & vbCrLf & _
            "11.7, -2.6, 0", , "ZoomWindow"
    Dim point1(0 To 2) As Double
    Dim point2(0 To 2) As Double
    point1(0) = 1.3: point1(1) = 7.8: point1(2) = 0
    point2(0) = 11.7: point2(1) = -2.6: point2(2) = 0
    ThisDrawing.Application.ZoomWindow point1, point2
    'ZoomPickWindow
    MsgBox "Perform a ZoomPickWindow", , "ZoomPickWindow"
    ThisDrawing.Application.ZoomPickWindow
End Sub
```

2）显示图形界限和范围

要根据图形边界或图形中对象的范围显示视图，可使用 ZoomAll、ZoomPrevious 方法。ZoomAll 用于显示整个图形。如果对象超出界限，ZoomAll 将显示对象的范围。如果对象绘制在界限内，ZoomAll 将显示界限。ZoomPrevious 将当前视口缩放到前一个范围。

11.1.6　AutoCAD 图元创建和编辑

在 VBA 环境下，可创建各类对象，包括简单的线、圆、圆弧、正多边形、样条曲线和关联填充区域等。一般情况下使用 Add 方法添加对象到模型空间，也可在图纸空间或图块中创建对象。

1. 创建对象

在 AutoCAD 中，通常有多种不同的方法创建相同的图形对象，但是 ActiveX Automation 对每种对象只提供一种创建方法。例如，在 AutoCAD 中用户可以用 4 种不同的方法来创建圆，而 ActiveX Automation 只提供了一种创建圆的方法：圆心和半径。

1）确定图形对象

图形对象是在 ModelSpace 集合、PaperSpace 集合或 Block 对象中创建的。

ModelSpace 集合由 ModelSpace 属性返回，而 PaperSpace 集合由 PaperSpace 属性返回。

用户可以直接引用这些对象，也可通过用户定义的变量来引用这些对象。要直接引用对象，应将对象包含在调用层次结构中。在模型空间中添加一条直线的程序语句为：

```
Set lineObj = ThisDrawing.ModelSpace.AddLine(startPoint,endPoint)
```

要通过用户定义的变量来引用对象，应将变量定义为 AcadModelSpace 或 AcadPaperSpace 类型，然后将变量设置为当前文档的适当属性。下面的程序语句定义两个变量，分别将其设置为当前模型空间和图纸空间。

```
Dim moSpace As AcadModelSpace
Dim paSpace As AcadPaperSpace
Set moSpace = ThisDrawing.ModelSpace
Set paSpace = ThisDrawing.PaperSpace
```

使用变量在模型空间中添加一条直线的程序语句如下：

```
Set lineObj = moSpace.AddLine(startPoint,endPoint)
```

2）创建直线

直线是 AutoCAD 中最基本的对象。一般情况下，默认线型为 Continuous，通过指定坐标点来绘制直线。常用的创建直线的方法有 AddLine（通过两点创建直线）、AddLightweightPolyline（通过顶点列表创建二维多段线）、AddMLine（创建多线）、AddPolyline（创建二维或三维多段线）等。

标准直线和多线都是在 WCS 的 XOY 平面上创建的，而多段线则是在对象坐标系（OCS）中创建的。下面的程序段使用 AddLine 方法通过三维点（0，0，0）、（200，100，0）创建一条直线。

```
Sub User_AddLine()
    Dim ObjectLine As AcadLine
    Dim StartPoint(0 To 2) As Double
    Dim EndPoint(0 To 2) As Double
    '定义起止点
    StartPoint(0) = 0: StartPoint(1) = 0: StartPoint(2) = 0
    EndPoint(0) = 200: EndPoint(1) = 100: EndPoint(2) = 0
    '在模型空间中创建一条直线
    Set ObjectLine = ThisDrawing.ModelSpace.AddLine(StartPoint, EndPoint)
    ThisDrawing.Application.ZoomAll
End Sub
```

3) 创建曲线对象

在 AutoCAD 中创建曲线对象，包括样条曲线、圆、圆弧和椭圆，都是创建于当前 WCS 的 XOY 平面上。创建曲线使用的方法有 AddArc(给定圆心、半径、起点角度和端点角度来创建圆弧)、AddCircle(给定中心点和半径来创建圆)、AddEllipse(给定中心点、长轴上的一点和半径比例来创建椭圆)、AddSpline(创建二次或三次 NURBS(非一致有理 B 样条)曲线)等。

下面的程序以点(100,100)为圆心，半径为 50，起点、端点角度分别是 45°、180°创建一圆弧。

```
Private Sub User_createArc()
   Dim CPoint(0 To 2) As Double
   Dim Radius As Double
   Dim SAngle As Double: Dim EAngle As Double
   Dim ArcObject As AcadArc
   CPoint(0) = 100: CPoint(1) = 100: CPoint(2) = 0
   Radius = 50
   SAngle = 45 * 3.1415926 / 180
   EAngle = 3.1415926
   Set AcadArc = ThisDrawing.ModelSpace.AddArc(CPoint, Radius, SAngle, EAngle)
   ThisDrawing.Application.ZoomAll
End Sub
```

2. 编辑对象

如果要修改图形对象的可视属性，可使用 Update 方法刷新屏幕上的对象。

1) 使用选择集

选择集是作为独立单元进行处理的指定 AutoCAD 对象的组合。选择集可由单个对象组成，也可由非常复杂的对象组成。例如，某一图层上所有对象的集合。定义选择集分为两步：首先，创建新的选择集并将其添加到 SelectionSets 集合中；然后，把要处理的对象添加到选择集中。

(1) 创建与删除选择集

要创建命名的选择集，使用 Add 方法。下面的程序语句创建一个新的选择集。

```
Sub User_CreateSelectionSet()
    Dim selectionSet1 As AcadSelectionSet
    Set selectionSet1 = ThisDrawing.SelectionSets.Add("NewSelectionSet")
End Sub
```

如果已存在同名的选择集，AutoCAD 将返回一条错误信息。

使用 Delete 方法删除选择集，程序语句如下：

```
ThisDrawing.SelectionSets.Item("NewSelectionSet").Delete
```

(2) 添加对象到选择集

可向当前选择集添加对象，常用的方法有 AddItems(向指定的选择集添加一个或多个对象)、Select(选择对象并将其放到当前的选择集中)、SelectOnScreen(提示用户在屏幕上拾取的对象并将其添加到当前的选择集中)、SelectByPolygon(选择位于选择栏内的对象并将其添加到当前的选择集中)、SelectAtPoint(选择穿过给定点的对象并将其放到当前的选择集中)等。

下面的程序段提示用户选择对象，然后添加这些对象到选择集，将选择集中的对象改为蓝色。

```
Sub User_AddToASelectionSet()
    '创建新的选择集
    Dim sset As AcadSelectionSet
    Set sset = ThisDrawing.SelectionSets.Add("SS1")
    '提示用户选择对象,并将其添加到选择集中
    '要完成选择,请按回车键
    sset.SelectOnScreen
    '循环处理选择集中的每一对象,将其颜色修改为蓝色
    Dim Entry As AcadEntity
    For Each Entry In sset
        Entry.color = acBlue
        Entry.Update
    Next Entry
End Sub
```

2) 复制对象

复制对象有 3 种方法：偏移、镜像和阵列。可在当前图形中复制单个或多个对象。复制单个对象，可使用 Copy 方法创建由原始对象复制的新对象。

下面的程序段创建一条直线，然后复制这一直线并平移，随后修改其颜色为蓝色。

```
Sub User_CopySingleObject()
    Dim SPoint(0 To 2) As Double : Dim EPoint(0 To 2) As Double
    Dim ToPoint(0 To 2) As Double
    Dim LineObject As AcadLine : Dim CopyObject As AcadLine
    SPoint(0) = 0: SPoint(1) = 0: SPoint(2) = 0
    EPoint(0) = 100: EPoint(1) = 100: EPoint(2) = 0
    Set LineObject = ThisDrawing.ModelSpace.AddLine(SPoint, EPoint)
    Set CopyObject = LineObject.Copy
```

```
        ToPoint(0) = 100: ToPoint(1) = 50: ToPoint(2) = 0
        CopyObject.Move SPoint, ToPoint
        CopyObject.color = acBlue
        CopyObject.Update
End Sub
```

3）偏移对象

偏移对象是在原始对象指定距离的位置创建新对象。偏移对象使用 Offset 方法，只需输入一个偏移距离参数即可，可偏移的图元有圆、圆弧、椭圆、直线、多段线、样条曲线和构造线。

下面的程序段创建多段线，然后对其作偏移，将偏移形成的多段线的颜色改为蓝色。

```
Sub User_OffsetPolyline()
    '创建多段线
    Dim PlineObject As AcadLWPolyline
    Dim Points(0 To 11) As Double
    Points(0) = 50: Points(1) = 50: Points(2) = 50
    Points(3) = 100: Points(4) = 100: Points(5) = 100
    Points(6) = 150: Points(7) = 100: Points(8) = 200
    Points(9) = 200: Points(10) = 200: Points(11) = 50
    Set PlineObject = ThisDrawing.ModelSpace.AddLightWeightPolyline(Points)
    PlineObject.Closed = True
    '偏移多段线
    Dim OffsetObject As Variant
    OffsetObject = PlineObject.Offset(10)
    OffsetObject(0).color = acBlue
    ZoomAll
End Sub
```

4）删除对象

使用 Delete 方法删除单独的对象。在 ActiveX Automation 操作中的 Collection 对象也有 Delete 方法，但是，定义在类型库中的如 ModelSpace 集合、Layers 集合和 Dictionaries 集合不能被删除。

下面的程序段创建一段细多段线，然后将其删除。

```
Sub User_DeletePolyline()
    '创建多段线
    Dim PlineObject As AcadLWPolyline
    Dim Points(0 To 11) As Double
    Points(0) = 50: Points(1) = 50: Points(2) = 50
    Points(3) = 100: Points(4) = 100: Points(5) = 100
    Points(6) = 150: Points(7) = 100: Points(8) = 200
    Points(9) = 200: Points(10) = 200: Points(11) = 50
    Set PlineObject = ThisDrawing.ModelSpace.AddLightWeightPolyline(Points)
    PlineObject.Closed = True
    '删除多段线
    PlineObject.Delete
    ThisDrawing.Regen acActiveViewport
    ZoomAll
End Sub
```

3. 图层、线型和颜色设置

1）图层和线型查询

所有图层和线型都保存在其上级集合对象 Collection 中。图层保存在 Layers 集合中，线型保存在 Linetypes 集合中。用户可在这些集合中查找图形中的所有图层和线型。

下面的程序代码是遍历 Layers 集合，提取图形中所有图层的名称，并将其显示在消息框中。

```
Sub User_IteratingLayers()
    Dim LayerNames As String
    Dim Entry As AcadLayer
    LayerNames = ""
    For Each Entry In ThisDrawing.Layers
        LayerNames = LayerNames + Entry.Name + vbCrLf
    Next
    MsgBox "图形中的图层有：" + vbCrLf + LayerNames
End Sub
```

2）创建和命名图层

绘制一个新图，AutoCAD 将自动创建一个名为 0 的特定图层，该图层的颜色号被设置为 7，线型为 Continuous、默认线宽以及普通打印方式。图层 0 不能更名也不能删除。

用户可以创建新图层，并指定这些图层的颜色和线型、线宽和打印样式等属性。创建图层时可指定图层名称，也可以在创建图层之后使用 Name 属性更改图层的名称。每个图层都是 Layers 集合的一部分。使用 Add 方法可以创建新的图层，并将其添加到 Layers 集合中。

下面的程序代码创建一个圆和一个新图层，新图层的颜色设置为蓝色，线宽设置为 0.3mm。然后将圆指定到该图层上，此时圆的颜色和线宽将按照图层的设置而改变。

```
Sub User_CreateLayer()
    '创建圆
    Dim CircleObject As AcadCircle
    Dim CPoint(0 To 2) As Double
    Dim Radius As Double
    CPoint(0) = 100: CPoint(1) = 100: CPoint(2) = 0
    Radius = 50
    Set CircleObject = ThisDrawing.ModelSpace.AddCircle(CPoint, Radius)
    '将圆的颜色、线宽均指定为"随层",圆自动拾取所在图层颜色和线宽
    CircleObject.color = acByLayer
    CircleObject.Lineweight = acLnWtByLayer
    '创建新图层"粗实线"
    Dim LayerObject As AcadLayer
    Set LayerObject = ThisDrawing.Layers.Add("粗实线")
    '将"粗实线"图层的颜色设置为蓝色,线宽设置为 0.30mm
    LayerObject.color = acBlue
    LayerObject.Lineweight = acLnWt030
    '将圆指定到"粗实线"图层
    CircleObject.Layer = "粗实线"
```

```
    CircleObject.Update
End Sub
```

3）设置当前图层

将某一图层设置为当前图层后，用户可以在该图层上创建新对象并且使用该图层的颜色和线型。下面的程序语句使用 ActiveLayer 属性在当前图形中设置当前图层。

```
Dim newlayer As AcadLayer
Set newlayer = ThisDrawing.Layers.Add("LAYER1")
ThisDrawing.ActiveLayer = newlayer
```

4）设置图层的线型

设置图层的线型，必须首先将线型加载到图形中，可使用 Load 方法加载线型。

下面的程序段从 acad.lin 文件中加载线型“center2”。

```
Sub User_LoadLinetype()
    On Error GoTo ERRORHANDLER
    Dim linetypeName As String
    linetypeName = "CENTER2"
    '从 acad.lin 文件加载"CENTER2"线型
    ThisDrawing.Linetypes.Load linetypeName, "acad.lin"
    Exit Sub
ERRORHANDLER:
      MsgBox Err.Description
End Sub
```

设置图层的线型，使用 linetype 属性，该属性利用线型的名称作为输入。

下面的程序段代码调用函数加载线型，然后创建一个新的图层，设置其颜色、线型，并将其设置为当前图层，在当前图层上创建一个圆。

```
Sub User_CreateLayer()
    Call User_LoadLinetype  '调用加载线型函数
    '创建"中心线"图层,设置其颜色、线型,并将其设置为当前层
    Dim NewLayerName As String
    NewLayerName = "中心线"
    Dim LayerObject As AcadLayer
    Set LayerObject = ThisDrawing.Layers.Add(NewLayerName)
    LayerObject.color = acRed
    LayerObject.Linetype = "CENTER2"   '定义图层的线型
    ThisDrawing.ActiveLayer = LayerObject
    '在当前图层上创建一个圆
    Dim CircleObject As AcadCircle
    Dim CPoint(0 To 2) As Double
    Dim Radius As Double
    CPoint(0) = 100: CPoint(1) = 100: CPoint(2) = 0
    Radius = 50
    Set CircleObject = ThisDrawing.ModelSpace.AddCircle(CPoint, Radius)
End Sub
```

11.2　SolidWorks 二次开发技术

SolidWorks 是一套三维通用 CAD 软件，它以参数化和特征建模的技术，为设计人员提供了良好的设计环境。尽管如此，它只是一个通用设计软件，通用 CAD 设计软件不能完全满足企业的特殊需要，所以研究在通用 CAD 软件的基础之上进行二次开发十分必要。

SolidWorks 的应用编程接口(application programming interface，API)，是一个基于 OLE Automation 的编程接口，其中包含数以百计的功能函数，这些函数提供了程序员直接访问 SolidWorks 的能力，可以被 VB、C/C++等编程语言调用，从而可以对 SolidWorks 进行二次开发。

11.2.1　SolidWorks API

SolidWorks 应用程序设计界面(SolidWorks API)是指 SolidWorks 的用户编程接口，是与 SolidWorks 软件相关的 COM 程序设计界面。API 中包含了上千种可以在 Visual Basic (VB)、Visual Basic for Applications (VBA)、VB. NET、C++、C♯或 SolidWorks 宏文件中调用的功能。这些功能使程序设计员可以直接访问 SolidWorks 的功能。使用 SolidWorks API 可以对 SolidWorks 进行二次开发，可以调用 SolidWorks 中的很多对象、函数等，从而控制 SolidWorks 按照需要完成指定的工作。

正确调用 SolidWorks API 是完成 SolidWorks 二次开发中参数化设计的基础。调用 SolidWorks API 是指调用 SolidWorks 的事件、方法、属性，以及相关功能，从而完成零部件实体建模过程。

1. SolidWorks API 包含的内容

SolidWorks API 包含所有 SolidWorks 命令、函数、对象及其方法和属性，具体使用方法可以参见 SolidWorks 自带的 API 帮助，其中介绍了开发 SolidWorks 的步骤和方法，以及给出了一些简单参考实例等。例如，获得选中对象的长度的程序段如下所列：

```
'定义对象、变量; 与 SolidWorks 链接
Dim SelectionManager As Object
Dim SketchSegment As Object
Dim Length As Double
Sub main()
'定义 SolidWorks 工作的环境,定义对象的含义
Set swApp = CreateObject("SldWorks.Application")
Set Part = swApp.ActiveDoc
Set SelectionManager = Part.SelectionManager()
'选择"Parabola3@Sketch1"
Part.SelectByID "Parabola3@Sketch1", "EXTSKETCHSEGMENT", 0, 0, 0
Set SketchSegment = SelectionManager.GetSelectedObject2(1)
```

```
'得到选中对象的长度
Length = SketchSegment.GetLength()
End Sub
```

2. OLE Automation 接口技术

SolidWorks 的 API 接口分为两种：一种是基于 OLE Automation 的 IDispatch 技术；另一种是基于 Windows 基础的 COM 技术。

OLE(object linking embedding,对象的链接和嵌入)技术,是 Microsoft Windows 系统和 Visual Basic 的编程基础,它为应用程序之间的通信以及共享彼此的部件提供了一种方法。OLE 自动化允许通过使用高级的宏语言或脚本语言如 VB Script 和 Java Script 在一个应用程序内部操作另一个应用程序的属性和方法,这样可以来定制对象并提供应用程序间的互操作件。通过 OLE Automation 接口技术,面向对象的编程语言可以直接操纵 SolidWorks 的对象的属性和方法来满足二次开发的需要。

基于 OLE Automation 的 IDispatch 技术作为快速开发的手段,一般常用于 VB、Delphi 编程语言的接口,通过 IDispatch 接口暴露对象的属性和方法,以便在客户程序中使用这些属性并调用它所支持的方法。此种技术只能开发 EXE 形式的程序,所开发的 CAD 系统不能直接加挂在 SolidWorks 系统界面下,无法实现与 SolidWorks 系统的集成。

COM(component object model,组件对象模型)技术是 SolidWorks API 的基础,是 Microsoft 公司提出的并被大多数公司支持的一种标准协议,它建立了一个软件模块同另一个软件模块的连接,当这种连接建立之后,两个模块之间就可以通过接口来进行通信。COM 接口更为简洁高效,这种技术可以使用最多的 SolidWorks API 函数。

3. SolidWorks 对象模型树

SolidWorks 所提供的 API,是一个基于 OLE Automation 的编程接口,其中包含了数以百计的功能函数,这些函数提供了程序员直接访问 SolidWorks 的能力,可以被 VB、C/C++等编程语言调用。

不管是用 VC++、VB,还是用 VBA 来开发 SolidWorks 都是要在调用 SolidWorks 对象的体系结构基础之上进行的。在 SolidWorks 的 API 中,SolidWorks 的各种功能都封装在 SolidWorks 的对象中,和其他 VB 对象一样,具有自己独立的属性、方法。通过调用 SolidWorks 的对象的属性以及方法,可以实现各种功能。如图 11-16 所示为 SolidWorks API 通过面向对象思想组织所有的接口对象的对象模型树。

4. SolidWorks API 对象的种类

SolidWorks API 对象可以分为以下几个大类。

(1) 应用程序对象：应用程序对象包括 SldWorks、ModelDoc2、PartDoc、AssemblyDoc 及 DrawingDoc 对象。

(2) 配置文件对象：配置文件对象管理零件中不同模块(零件文档模式)与装配体中不同零件(装配体文档模式)的状态。

(3) 事件对象：SolidWorks API 接口中提供了对事件的支持,当前版本中支持的事件

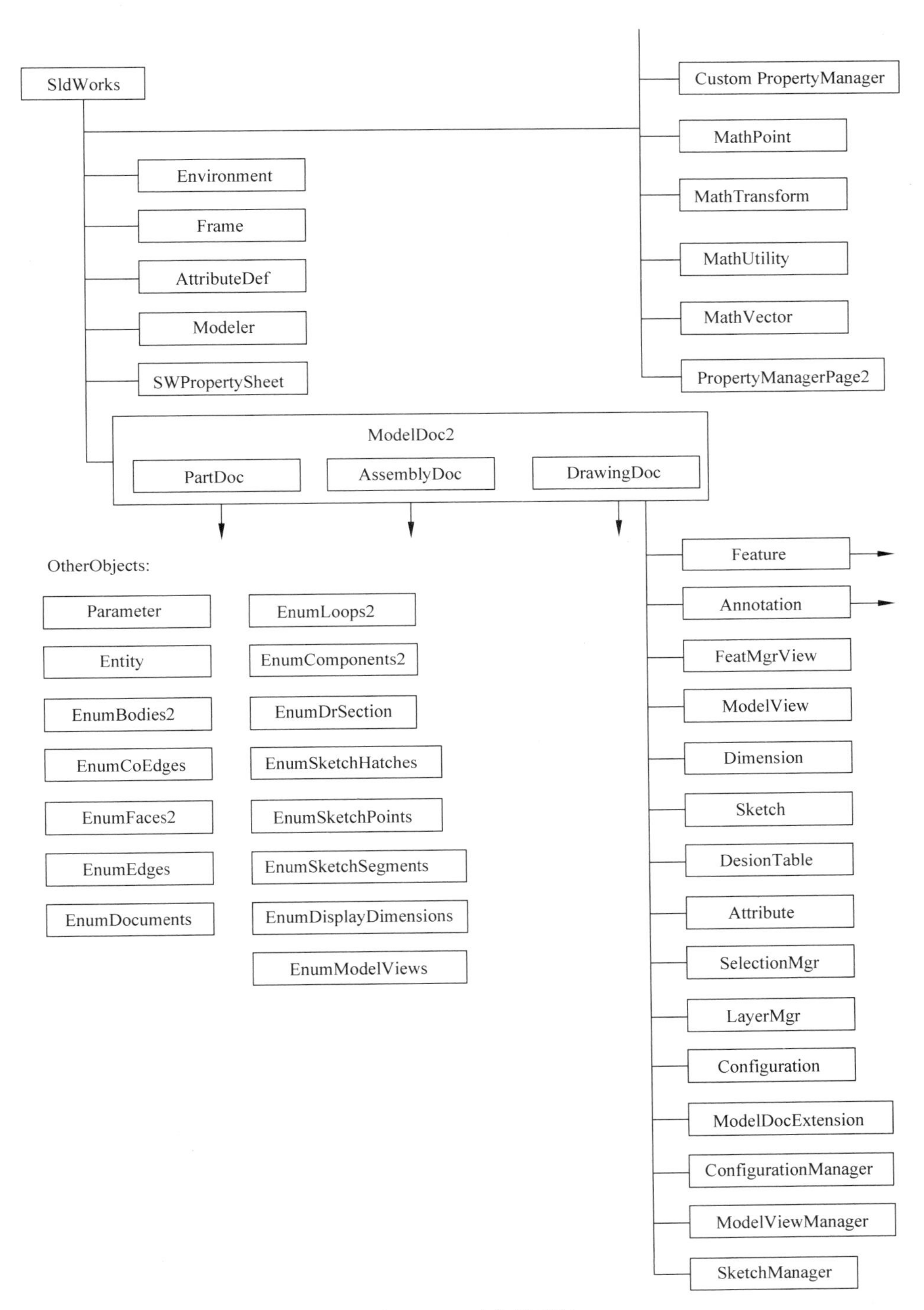
SldWorks
Environment
Frame
AttributeDef
Modeler
SWPropertySheet
Custom PropertyManager
MathPoint
MathTransform
MathUtility
MathVector
PropertyManagerPage2
ModelDoc2
PartDoc
AssemblyDoc
DrawingDoc
OtherObjects:
Parameter
Entity
EnumBodies2
EnumCoEdges
EnumFaces2
EnumEdges
EnumDocuments
EnumLoops2
EnumComponents2
EnumDrSection
EnumSketchHatches
EnumSketchPoints
EnumSketchSegments
EnumDisplayDimensions
EnumModelViews
Feature
Annotation
FeatMgrView
ModelView
Dimension
Sketch
DesionTable
Attribute
SelectionMgr
LayerMgr
Configuration
ModelDocExtension
ConfigurationManager
ModelViewManager
SketchManager

图 11-16　对象模型树

类型有 AssemblyDoc 事件、DrawingDoc 事件、FeatMgrView 事件、ModelView 事件、PartDoc 事件、SldWorks 事件及 SWPropertySheet 事件。

(4) 注解对象：注解对象管理文档的注解。

(5) 模型对象：模型对象描述 SolidWorks 内部数据结构。

(6) 特征对象：特征对象描述 SolidWorks 应用程序所提供的特征操作，这些特征对象与 SolidWorks 软件本身提供的特征操作相对应。

(7) 草图对象：草图对象包括管理所有的草图元素，如圆弧、长方形、样条曲线等。

5. SolidWorks API 对象简介

(1) SldWorks 对象：SldWorks 对象是所有其他对象的父类，提供了直接或间接访问其他所有 SolidWorks API 接口的方法，在二次开发中访问其他接口都要通过它。SldWorks 对象是二次开发中最重要的一个对象，通过它才能建立二次开发插件与 SolidWorks 应用程序之间的连接。

(2) ModelDoc 对象：ModelDoc 对象是 SldWorks 对象的子对象，同时也是所有文档模型对象(PartDoc 对象、AssemblyDoc 对象及 DrawingDoc 对象)的父对象，它封装了不同文档模型通用的属性和方法，包括文档打开、关闭、打印和保存等。同时，ModelDoc 对象提供了直接访问 PartDoc 对象、AssemblyDoc 对象和 DrawingDoc 对象的方法。

(3) PartDoc 对象：PartDoc 对象提供 Part 文档模式下的操作。

(4) AssemblyDoc 对象：AssemblyDoc 对象管理装配体的操作，是与装配相关的，如导入零部件、添加/取消装配关系、隐藏/现实零部件等。

(5) DrawingDoc 对象：DrawingDoc 对象管理工程图文档的操作，如创建、删除、对其视图等。

(6) SelectionMgr 对象：SelectionMgr 对象是选择管理对象，用于管理用户的选择操作，通过它可以获得指向当前用户在 SolidWorks 中选择的元素。

11.2.2 关于 DLL 技术

动态链接库，亦即 DLL(dynamic link library)是 Windows 操作系统提供的共享可执行代码数据的基本手段。利用 DLL 人们可以很容易地实现代码的数据共享，也很容易实现版本升级。必要时，开发者只需直接更新 DLL 而不需要对应用程序本身作任何改动，实现对应用程序的功能和用户接口的功能升级。DLL 通常作为进程内组件被实现，所以当它们被调入内存时，它们被装入与调用它们的应用程序相同的地址空间上。当运行时，DLL 文件被连接，但它并不绑定到 EXE 文件中。SolidWorks 支持使用 VB 或 VC++等语言开发的 DLL 库文件，并且以插件方式来加载。

1. DLL 技术

动态链接库(DLL)是可执行模块，但它没有自己的堆栈，必须在调用动态链接库函数的程序环境(如 SolidWorks)下运行。动态链接库不仅可以作为一个运行模块，包括函数代码，而且可以包含程序以外的任何数据或资源(位图、图标等)。动态链接库就是给应用程序提供函数或资源。

动态链接库的扩展名不但可以是 DLL，也可以是 EXE、DRV、FON、SYS，以及 OCX、SYS，动态链接库是 Windows 的系统程序，DRV 动态链接库是驱动程序，FON 动态链接库储存与字体资源有关的数据，OCX 则是提供控件服务的动态链接库。

动态链接技术是 Windows 的一种极其重要的技术。它使得开发人员可以通过编写动态链接库，按自己的意愿对操作系统进行扩展。

动态链接与静态链接是相对立的。静态链接的时候，可执行程序内包含了所访问的函数的代码，可执行程序占用空间较大，但运行时，不需要其他模块支持，从而速度相对较快。动态链接的可执行程序中不包含动态访问的函数代码，仅仅包含对它的参考，运行时需要其他模块（DLL）的支持，速度相对较慢。

一个应用程序常常是静态链接一部分代码，并保留对另外一些函数的动态链接参考，因此在运行期间仍要访问动态链接库，亦即混合使用静态链接和动态链接。实际上，Windows 程序总是需要 DLL 的支持，即使用户在开发程序时选择了静态链接。因为 Windows 本身是离不开动态链接库技术支持的，尤其是需要 Windows 的核心动态链接库 KERNEL32. DLL、USER32. DLL 以及 GDI32. DLL 的支持。

2. DLL 的特点

DLL 是一个可执行的二进制文件，可以被多个应用程序（exe）同时调用，可以在多个应用程序间实现共享。它与静态链接库相比，具有如下特点。

（1）可将应用程序分成多个组成部分。如果不采用动态链接库进行动态链接，在程序功能非常多的情况下，因为所有的执行代码都要加入到执行文件中，会使程序的主执行文件非常庞大，执行时占用庞大的内存，那么 Windows 的多任务优点就成了一句空话。如果不是采用 DLL，微机的内存恐怕连 Windows 操作系统本身都启动不了。

（2）可以节约大量的资源占用。把很多通用的功能放在 DLL 中，可以供多个应用程序调用，而不是每个应用程序在连接时都增加一个库中目标代码的拷贝。可以整体减少文件外部存储空间的占有量，并实现了代码共享。

（3）共享性，即 DLL 可以被多个应用程序同时调用。这个特性是 DLL 能够使用的基础，如果没有此特性，DLL 或许没有存在的意义。

11.2.3　菜单的加载方法

1. 插件（Add-Ins）概述

SolidWorks 允许在其中安装使用其他与 SolidWorks 兼容的应用软件，即插件。插件软件应用程序必须安装在电脑上。

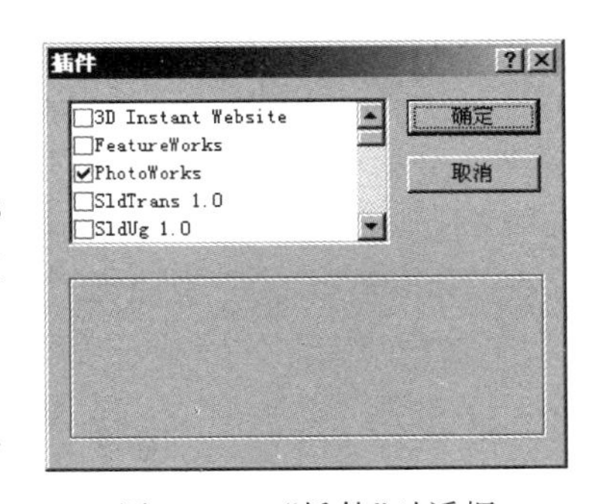

图 11-17　“插件”对话框

使用与 SolidWorks 兼容的其他应用软件的步骤：

（1）单击“工具”→“插件”，显示如图 11-17 所示“插件”对话框。

(2)“插件”对话框会显示出已安装的兼容软件的清单。

(3)从清单中选择一个或多个想使用的应用软件。

(4)单击“确定”按钮以添加所选应用软件。

有些插件应用程序会在 FeatureManager 设计树窗口中提供一个标签。如果安装使用某一个插件应用程序,在 FeatureManager 设计树底部标签上查找相关图标。标签包含与此插件有关的信息。图 11-18 是加入 PhotoWorks 插件之后,FeatureManager 设计树底部显示其标签。

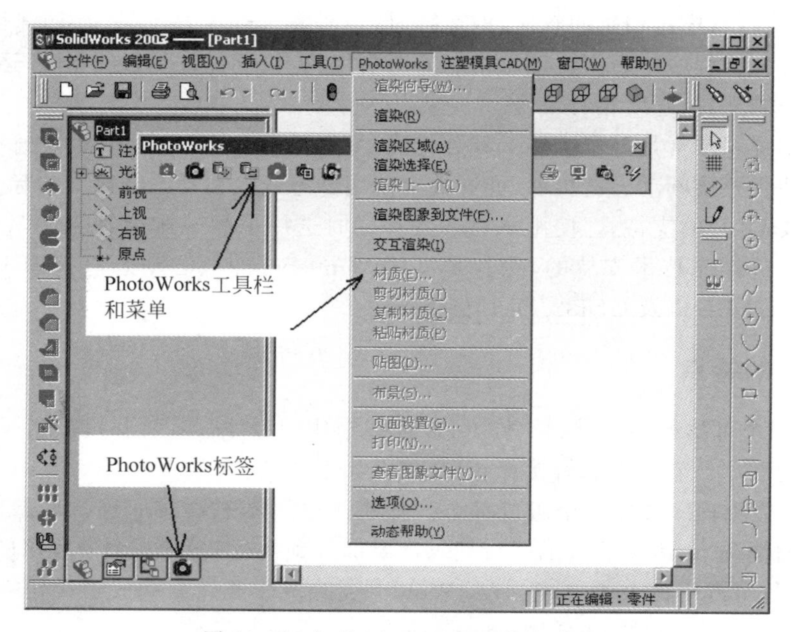

图 11-18 加载 PhotoWorks 后的画面

2. 菜单的加载

在 SolidWorks 中,主菜单的加载有两种方式:自动加载和使用插件加载。

1) 菜单的自动加载

在 SolidWorks 中,使用自动加载的菜单,非常简单方便,是菜单加载的一个非常重要的方法。下面介绍使用步骤。

(1) 使用 VB 或者 VC++编写程序,运行生成 DLL 文件。

(2) 将此 DLL 文件放在 SolidWorks 安装目录下面的“apps”文件夹中。

(3) 运行 SolidWorks 后,“打开”或者“新建”文件,即可加载菜单。

2) 使用插件加载菜单

在 SolidWorks 中使用插件加载菜单,是使应用程序和 SolidWorks 进行无缝链接的一个非常重要的方面。专业开发 SolidWorks 应用程序一般要用到这个功能。使用步骤如下:

(1) 使用 VB 或者 VC++编写程序,运行生成 DLL 文件,保存在文件夹中。

(2) 打开注册表,将 HKEY_LOCAL_MACHINE\SOFTWARE\SolidWorks\Applications 新建“CLSID”=“{42CF4A116-CC8F-11d0=9EC3-0060928F9FE}”。

（3）将 HKEY_CLASSES_ROOT\CLSID\{42CF4A116-CC8F-11d0＝9EC3-0060928F9FE}中的值修改为要显示的插件名字。

（4）在 HKEY_CLASSES_ROOT\CLSID\{42CF4A116-CC8F-11d0＝9EC3-0060928F9FE}\INProcsen er32 中将默认值设定为在第 1 步中创建的 DLL 文件的路径和名称。

（5）运行 SolidWorks，在“工具”菜单中单击“插件”。这时就可以看到新增加的插件在“插件”对话框中。

3. 在 SolidWorks 中增加菜单项

在不加载主菜单的情况下，可以对 SolidWorks 原来的菜单进行扩充和修改，也就是在 SolidWorks 原来的菜单中加载菜单项。步骤如下。

（1）打开 SolidWorks 应用程序，单击“工具”中的“自定义…”菜单项。出现如图 11-19 所示的“自定义”对话框。

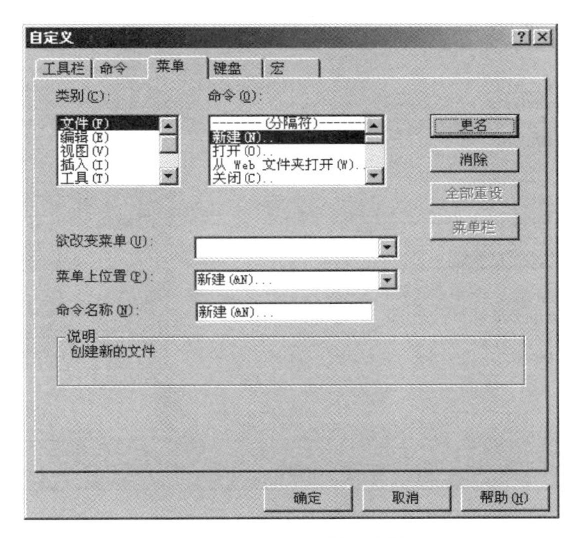

图 11-19　“自定义”对话框

（2）在“类别”中选择要修改的菜单，然后在“命令”中选择要添加的命令，如果不想添加“命令”里面的命令，可以不选择。

（3）在“欲改变的菜单”上选择将要改变的菜单，在“菜单上的位置”中选择将要添加的菜单项在菜单上的位置，在“命令名称”上面输入菜单的名称即可。如果在“类别”中选择“宏”，就是使用“宏”改变菜单。

11.2.4　使用 VB 进行二次开发

使用 VB 进行二次开发，方法有两种：使用“宏”菜单，或者使用 DLL 文件。

（1）使用“宏”菜单开发 SolidWorks，主要方法如下。

① 打开 VB 生成需要的 EXE 文件。

② 生成一个 Macro，用来调用 VB 的 EXE 文件。

③ 利用"工具"中的添加宏命令使宏与 SolidWorks 的菜单联系起来。

这种方法只能在原来菜单的基础上添加菜单项。如果要进行主菜单的开发设计，则必须使用 DLL 文件。

(2) 使用 VB 进行 DLL 文件的开发，主要步骤如下。

① 打开 VB 生成需要的 DLL 文件。

② 加载 DLL 文件即可生成插件菜单。

11.2.5 使用 VC++进行二次开发

可以使用 AppWizard 开发一个 SolidWorks 应用程序，如图 11-20 所示。

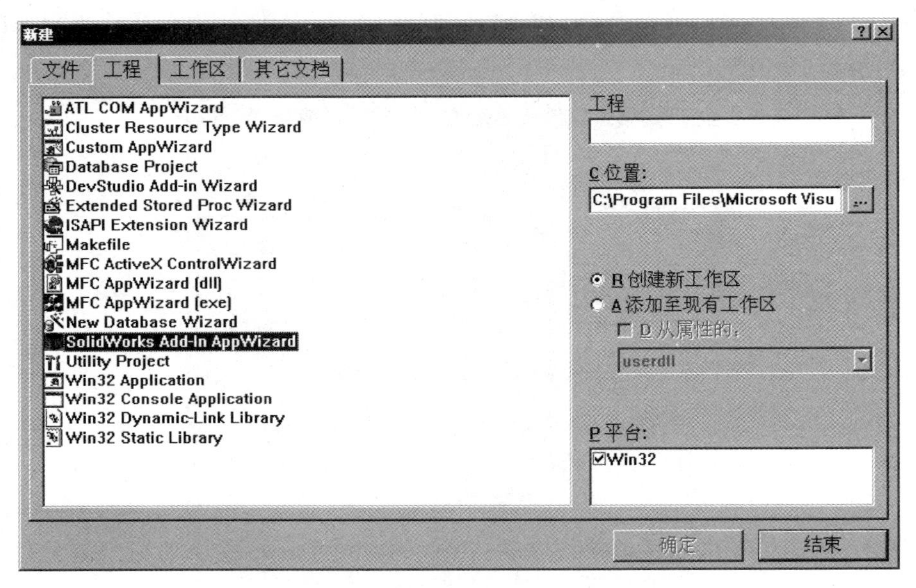

图 11-20 使用 AppWizard 建立工程

(1) 打开 VC++生成 DLL 文件的基本开发框架，也可以使用 SolidWorks 提供的基本框架的例子。

(2) 修改菜单以及添加资源，包括菜单、对话框、函数、变量，等等。

(3) 运行生成需要的 DLL 文件。

(4) 将 DLL 文件放在 SolidWorks 的安装目录下面的 VC 文件夹下面。

(5) 加载 DLL 文件即可生成插件菜单。

(6) 运行 SolidWorks 即可。

11.2.6 螺栓设计的具体开发实例

下面是一个具体的实例，过程是在 VB 中开发的。

具体步骤如下。

(1) 打开 VB，新建工程，编辑一个对话框，其中控件的布局如图 11-21 所示。

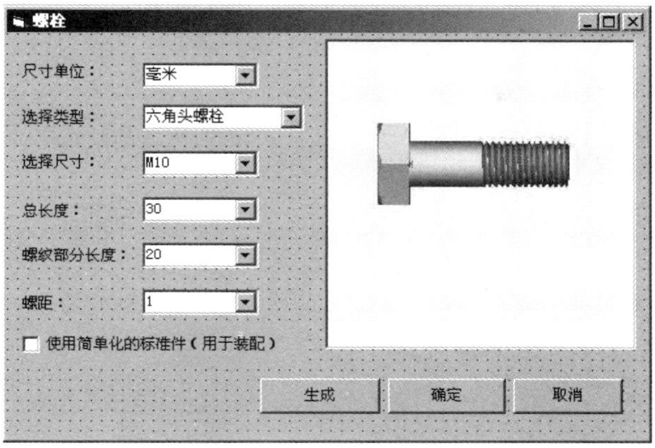

图 11-21　螺栓开发的例子

(2) 生成菜单程序。

```
Private Function SwAddin_Connect To SW(ByVal ThisSW As Object, ByVal Cookie As Long) As Boolean
    '与 SolidWorks 链接
    Set iSldWorks = ThisSW
    iCookie = Cookie
    iSldWorks.SetAddinCallbackInfo App.hInstance, Me, iCookie
    '加入用户菜单
    iSldWorks.AddMenu swDocPART, "标准件库(&E)", 6
    iSldWorks.AddMenuItem2 swDocPART, iCookie, "螺栓(&I)...@标准件库(&E)", -1, "OnMenuLS",
"", "开始生成螺栓……"
'函数 OnMenuLS()
Public Sub OnMenuLS()
    luoshuanform.Show
    'Shell "LUOSHUAN.exe", vbNormalFocus
End Sub
```

(3) 下面是生成命令按钮控件的代码。

```
Private Sub shengcheng_Click()
'定义 SolidWorks 对象
Dim swApp As Object
Dim Part As Object
Set swApp = CreateObject("SldWorks.Application")
If Err Then
Err.Clear
Set swApp = CreateObject("SldWorks.Application")
End If
'打开螺栓系列库零件
Set Part = swApp.opendoc("C:\ " + "\combo1.text" + "\combo2.text" + ".SLDPRT", 1)
Set Part = swApp.ActivateDoc("1")

If Part Is Nothing Then
myexit = MsgBox("错误,没有找到标准件零件!",vbCritical + vbYesNo + vbDefaultButton1,"退出")
If myexit = vbYes Then
```

```
End
End If
End If
XH = Combo3.Text
Part.ShowConfiguration XH                    '修改当前的配置
Part.EDITREBUILD                             '重新建模
Part.VIEWZOOMTOFIT2                          '视图整屏显示
End
```

（4）编译生成需要的 DLL 文件。

（5）加载 DLL 文件即可生成插件菜单。

第 12 章

SolidWorks 基本建模技术

SolidWorks 是一套三维机械设计 CAD 软件，利用这套工具，机械设计工程师能快速地按照其设计思想绘制草图，运用各种特征与不同尺寸，生成模型和制作详细的工程图。SolidWorks 充分利用 Microsoft Windows 图形用户界面，以其优异的性能、易用性，极大地提高了机械设计工程师的设计效率，现在已经发展到 SolidWorks 2021 版本，本章以 2016 版为例进行讲解。

12.1 SolidWorks 启动与用户界面

12.1.1 SolidWorks 启动

在 Windows 系统环境下启动 SolidWorks，系统初始化完成之后进入如图 12-1(a)所示界面，单击“新建”按钮，出现“新建 SolidWorks 文件”对话框，如图 12-1(b)所示，可以在 3 种建模工作模式中选择其一，单击“确定”按钮进入相应的建模工作模式。若选择或者双击“零件”模式按钮，系统进入零件建模工作模式。

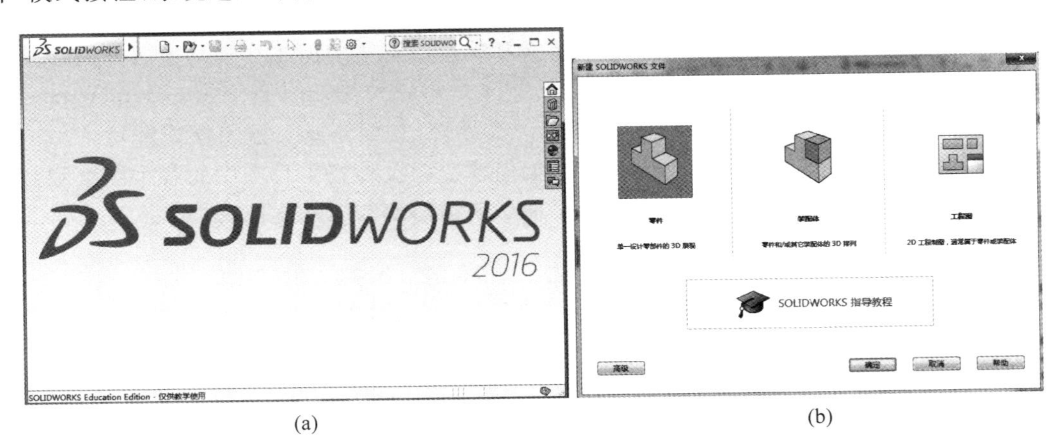

图 12-1 启动 SolidWorks

12.1.2 SolidWorks 用户界面

SolidWorks 用户界面内容丰富，功能强大，设置灵活，通常系统默认的用户界面工具条和功能按钮比较简洁。用户可按照自己的习惯和设计工作的需要个性化设置 SolidWorks 工作界面。

如图 12-2 所示为进入装配模式后的工作界面，其主要内容为菜单栏、命令管理器(Command Manager)、配置管理器(Configuration Manager)、属性管理器(Property Manager)、设计特征树(Feature Manager)、搜索助理、状态栏、任务窗格、工具栏、图形工作区域。

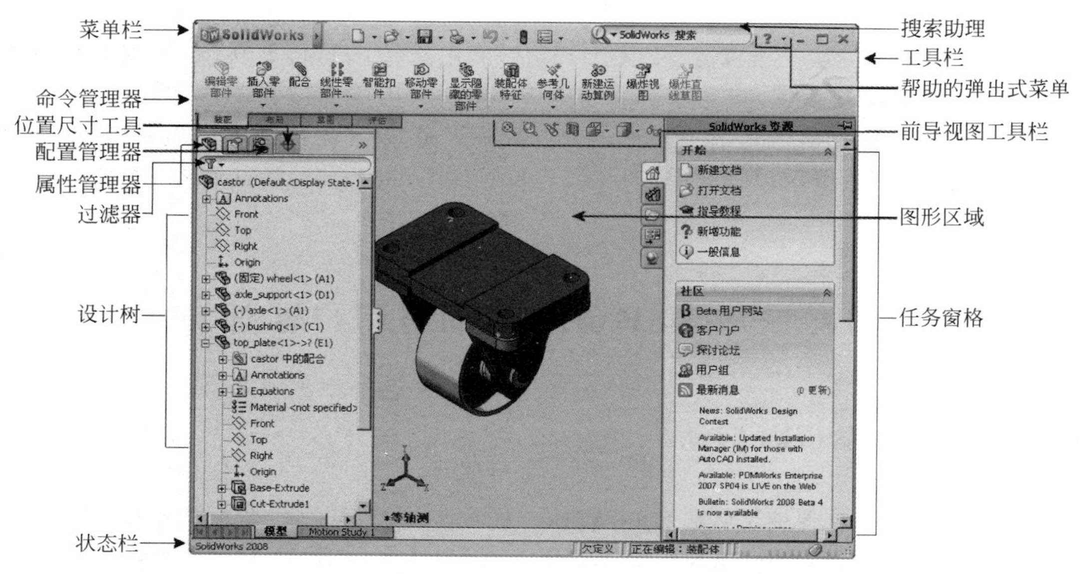

图 12-2　SolidWorks 用户界面

菜单栏中的菜单包括了 SolidWorks 常用命令，菜单和菜单项可根据活动的文档类型和工作流程进行用户化设置和自定义使用。命令管理器包含了当前工作模式下所需要的基本建模命令，它可以根据用户需要对工具栏中的命令条目进行动态设置更新。SolidWorks 窗口左边的设计树(Feature Manager)提供和记录在零件、装配体或工程图模式环境中每一步操作的纲要列表。这将使浏览模型或装配体如何建造以及检查工程图中的各个图纸和视图更加容易。设计树中的每一步纲要和图形区域中的模型特征为动态链接。

12.2　基准特征与草图绘制

在三维建模系统中创建一个特征通常是先绘制一幅二维图形，然后在此基础上实施拉伸、切除、旋转等操作，从而获得一个三维立体对象，该立体对象称为特征，所绘制的二维图形称为“草图”，绘制草图的平面称为“基准平面”。因此，“草图”是生成“特征”的基础。

12.2.1　基准面

正确选择和建造基准面是绘制草图的前提，在 SolidWorks 中基准面大致有 3 种类型，用户可使用基准面来绘制草图，生成模型的剖面视图，用于拔模特征中的中性面，等等。

1. 系统公共基准面

公共基准面是由系统自动生成的系统坐标系决定的基准面，通常分别称作前视、上视、右视基准平面。进入零件建模工作方式后，系统界面如图 12-3 所示。此时系统自动创建了 3 个基准面，即“前视基准面”、“上视基准面”和“右视基准面”。这 3 个基准面可直接作为绘制草图的草图平面。基体草图的绘制都是从公共基准面开始的。

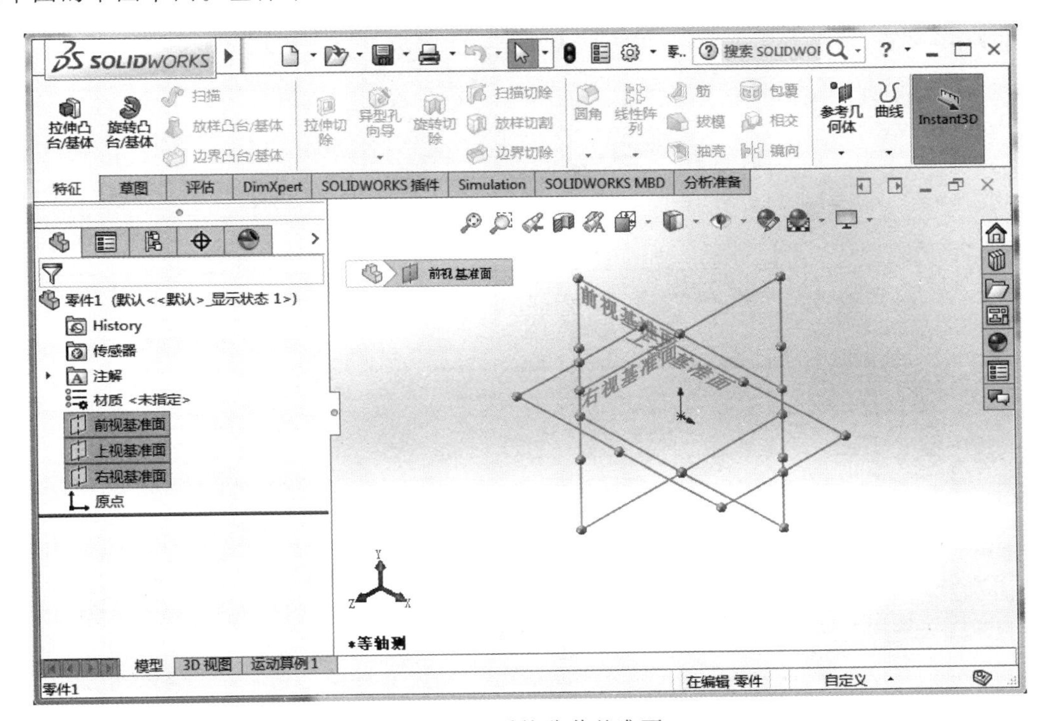

图 12-3 系统公共基准面

2. 临时基准面

临时基准面是指用户临时选择用作基准使用的处于实体特征上的平面。在 SolidWorks 中，选择已建立的实体特征上的平面为基准面，意味着一个无限平面基准面，用户可以自由地在此基准平面中的任何位置绘制草图，如图 12-4 所示。

3. 用户基准面

用户根据需要，以已有的基准面、线、点为参照体建立的基准面，称为用户基准面。用户基准面的生成方法：用户可以在工具栏中单击“基准面”按钮之前预选项目，SolidWorks 自动给出对应的基准面类型，用户可以在其中决定选择某种类型的基准面。

(1) 在特征工具栏中，单击参考几何体指令中的“基准面”按钮，会出现“基准面”属性框，如图 12-5 所示。

(2) 在选取参考引用和约束栏中，指定用户生成的基准面的“第一参考”“第二参考”“第

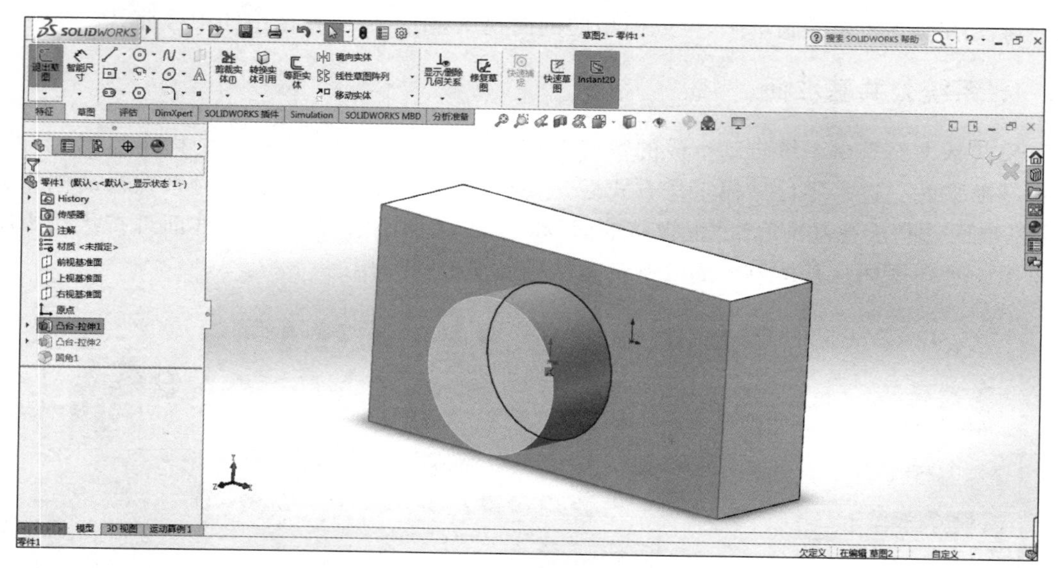

图 12-4 选择临时基准面绘制草图

图 12-5 用户基准面设置属性

三参考”引用几何要素(模型中的几何特征点、线等),对于每一项参考指定约束条件,系统会预览显示给定条件下的用户基准面的情形;通过选项可以选择改变基准面的法线方向。

(3) 满足用户需要时,单击“确定”按钮✔,即可生成用户自定义的“基准面”。

建立的用户基准面出现在图形区域并列举在设计树中。欲取消操作,单击“取消”按钮✖。

12.2.2　绘制草图指针的变化

在 SolidWorks 中，指针形状在执行不同命令时呈现不同的状态，每一种状态都有特定的含义。在绘图过程中注意指针形状变化可以给出当前任务、指针的位置和智能几何关系的反馈信息。

(1) 绘制草图状态下，移动指针时，指针依次出现以下不同形状的状态。

① 指针常态：如图 12-6(a)所示。

② 端点指针：指针捕捉点处在曲线的端点。如图 12-6(b)所示，表示捕捉到曲线端点。

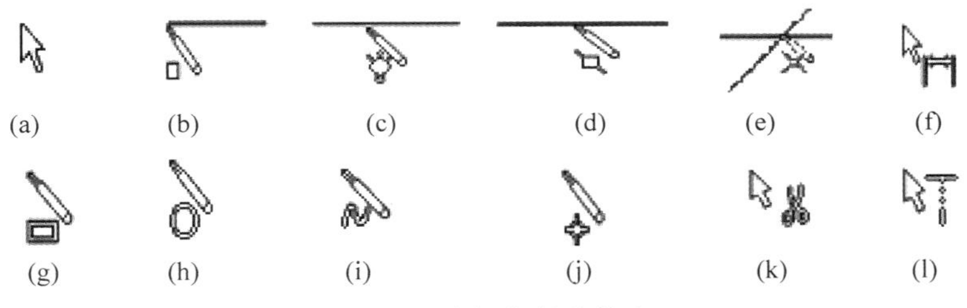

图 12-6　光标指针的状态

③ 曲线上指针：指针的捕捉点正处在曲线上。如图 12-6(c)所示，表示捕捉点在曲线上。

④ 中点指针：指针的捕捉点正处在中点上。如图 12-6(d)所示，表示捕捉点在中点上。

⑤ 两条直线相交时，指针形状指示交叉点。如图 12-6(e)所示，表示捕捉点在直线相交点。

在绘制直线或圆弧时，指针提供关于尺寸的信息，例如草图实体的长度、角度或半径等。在指针的旁边显示相应信息，如图 12-6(f)所示。

(2) 在选择不同的草图绘制命令或尺寸标注工具时，指针呈现相应的状态符号。

图 12-6(g)～(l)列举了矩形、圆、样条曲线、点、剪裁、延伸等，除此之外还有许多其他形状的指针。

当用户绘制圆弧时，指针在沿圆弧移动时改变形状，分别表示圆弧、1/4 圆、半圆、3/4 圆，如图 12-7 所示。

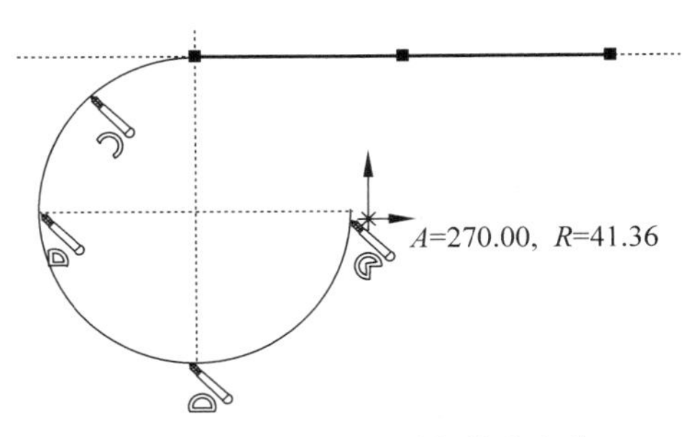

图 12-7　绘制圆弧时指针的变化

12.2.3　草图绘制模式

在二维草图绘制中有两种模式：鼠标的单击-拖动或鼠标的单击-单击(即双击)。SolidWorks 根据用户的不同操作确定模式如下。

(1) 单击-拖动模式：如果单击第一个点并拖动，则进入单击-拖动模式；

(2) 双击模式：如果单击第一个点并释放指针，SolidWorks 则识别为双击模式。

当直线和圆弧工具处于双击模式时，用户单击时会生成连续的线段(链)。若要终止草图链,可执行如下4种操作之一。

① 双击以终止草图链并保持工具为激活状态;

② 单击右键并选择结束草图链,这与双击的作用相同;

③ 按Esc键以终止草图链并释放工具;

④ 将指针移到视图窗口外以停止拖动,然后可以选择另一工具,将终止链。

12.2.4 在新零件中生成新草图

欲在新的零件中生成新的草图,需要按下列方法操作。

(1) 选择草图所属的基准面或平面。

(2) 单击标准视图工具栏中的图标或单击"视图"→"视图定向"→双击"正视于",使所选择的要绘制草图的面平铺在屏幕上。

(3) 单击菜单栏中的"插入"命令,选择"草图绘制"命令或单击"草图绘制"工具栏上的"草图绘制"图标,"草图绘制"工具栏和标注几何关系的工具栏会处于激活状态。SolidWorks窗口底部的状态栏中出现正在编辑草图信息。此外,如果打开草图网格线,网格线出现在图形区域。

(4) 使用草图绘制工具和标注几何关系工具栏中的工具来绘制草图及标注其尺寸。

(5) 当草图绘制完成后,再次单击"草图绘制"按钮或单击"插入"→"退出草图"命令来关闭草图,或单击基于草图的特征命令之一(例如"拉伸凸台/基体")由草图生成特征。

12.2.5 绘制草图的命令

单击"草图绘制"工具栏中的图标,即可实现草图绘制的各种命令。图12-8所示为"草图绘制"工具栏,其中包含与草图绘制和编辑相关的各种命令。

图12-8 "草图绘制"工具栏

1. 草图绘制命令

绘制一直线　　生成与直线相切的圆弧

绘制圆　　插入三点圆弧:根据起点、终点和圆弧点生成一圆弧

绘制抛物线　　以圆心、起点和终点创建中心点圆弧

绘制点　　绘制样条曲线

绘制多边形　　中心线

绘制矩形　　绘制平行四边形

绘制椭圆

2. 草图编辑命令说明

文字　在零件的面上添加文字,以及拉伸和切除文字;

转换实体引用　通过将边线、环、面、曲线、外部草图轮廓线、一组边线或一组草图曲线投影到草图基准面上，可以借用已有的几何关系在草图上生成一个或多个草图实体；

交叉曲线　用于打开一张草图并在交叉处生成草图曲线；

草图镜向　生成和已有草图关于中心线对称的新的图形；

草图圆角　在两个草图实体的交叉处剪裁掉角部，从而生成一个切线弧；

绘制倒角　将倒角应用到相邻的草图实体，倒角可以由角度距离或距离-距离指定；

等距实体　可从一个或多个所选的草图实体、边线、环、面、曲线、一组边线或一组曲线等距特定的距离来生成草图曲线；

草图剪裁　可裁剪草图线段；

草图延伸　可以延伸草图线段；

分割曲线　可将一个草图实体进行分割来生成两个草图实体；

构造几何线　可将草图上或工程图中的草图实体转换为构造几何线；

线性草图排列和复制　生成参数式和可编辑的草图实体线性阵列；

圆周草图排列和复制　生成参数式和可编辑的草图实体圆周阵列；

套合样条曲线到所选实体　将两个或两个以上实体套合成样条曲线，即生成新样条曲线。

12.2.6 尺寸标注

使用尺寸标注工具可以给草图实体和其他对象标注尺寸。尺寸标注的形式取决于所选定的实体项目。对某些形式的尺寸标注(点到点、角度、圆)，尺寸所放置的位置也会影响其形式。在尺寸标注工具激活时可以拖动或删除尺寸。

单击标注几何关系工具栏上的“标注尺寸”，或光标在屏幕图形区，单击鼠标右键，弹出屏幕菜单，然后选择“标注尺寸”。默认尺寸类型为平行尺寸。可以在“修改”对话框中改变零件、草图、装配体或工程图中的尺寸。更改尺寸的具体操作如下。

(1) 双击一尺寸，打开“修改”对话框，如图 12-9 所示。

图 12-9　尺寸修改

(2) 使用上下调整尺寸箭头或在尺寸文本框中输入具体数值来更改尺寸值，在尺寸文本框中直接输入数值和算术符号，计算结果会作为修改尺寸。

(3) 如果模型具有多种配置，可以应用新数值到仅此配置、所有配置或可指定配置。

(4) 使用如下按钮：

保存当前的值并退出。

恢复原始值并退出。

以当前值重建模型。如果模型没在另一文件中编辑可在工程图中重建模型。

重设选值框增量值。

12.2.7 添加几何约束

用户在草图实体之间或草图实体与基准面、基准轴、边线或顶点之间生成几何关系，这些几何关系与用户绘制草图及使用镜像草图实体工具时所自动生成的几何关系相同。

(1) 单击标注几何关系工具栏上的"添加几何关系"或单击"工具"→"几何关系"→"添加"。

(2) 在草图中选择一个或多个项目。在多个几何关系中,用户可以选择多于两个项目。

至少有一个项目必须是草图实体。其他项目可以是草图实体、一条边线、面、顶点、原点、基准面、轴,或从其他草图的线或圆弧映射到此草图平面所形成的草图曲线。

所选项目会在所选实体方框中显示。如要移除一个项目,再次单击该项目。如要移除所有项目,在图形区域上右击选择"清除选项"。选择要添加的几何关系,然后单击"应用"按钮。

草图是由线段、圆、圆弧及曲线这些图元组成的,可使用命令管理器中草图工具栏内的相关按钮来绘制这些图元,也可以在图形工作区内右击,选取快捷菜单中的对应项来激活命令。

图元本身有大小要求,图元及图元之间又有位置关系。位置关系又可分为两种:一种是距离(尺寸)关系,另一种是几何关系,如水平、竖直、相切、平行、垂直、同心等。如图 12-10 所示,该草图由 5 个图元组成,图中给出了圆弧②、④的半径尺寸,以及两圆弧的定位尺寸。图中还包含了图元如下的几何关系:①和②相切、②和③相切、③和④相切、①和④相切、②和⑤同心、④和⑤半径相等、②的圆心与坐标原点重合、②和④的圆心在同一水平线上。在绘制草图时,可以使用"添加几何关系"添加图中的图元几何关系。其实,SolidWorks 是一个智能型的软件,用户在绘制草图时,只要巧妙地控制好鼠标,软件便可自动添加相应的几何关系,并且将已经存在的几何关系标记在图中。

12.2.8 草图设计实例

下面通过实例介绍草图绘制的相关命令及绘图技巧。

例 12-1 绘制图 12-10 所示的草图。

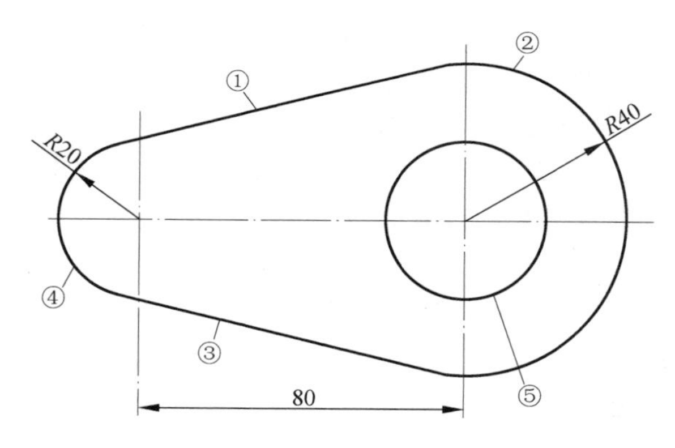

图 12-10 图元几何关系分析

(1) 进入零件建模方式后,在设计树中选取"上视基准面",然后单击"草图"按钮,开始在上视基准面上绘制草图,如图 12-11 所示。

(2) 单击草图工具栏中的"圆"按钮,激活两点画圆命令。当激活画圆命令后,在屏幕左侧可选择画圆的方式,在绘图区中将光标移动到坐标原点处,当屏幕上出现重合标记时,单击,确定圆心点(圆心点与坐标原点重合)。然后移动光标到适当位置标识圆的半径,单击即

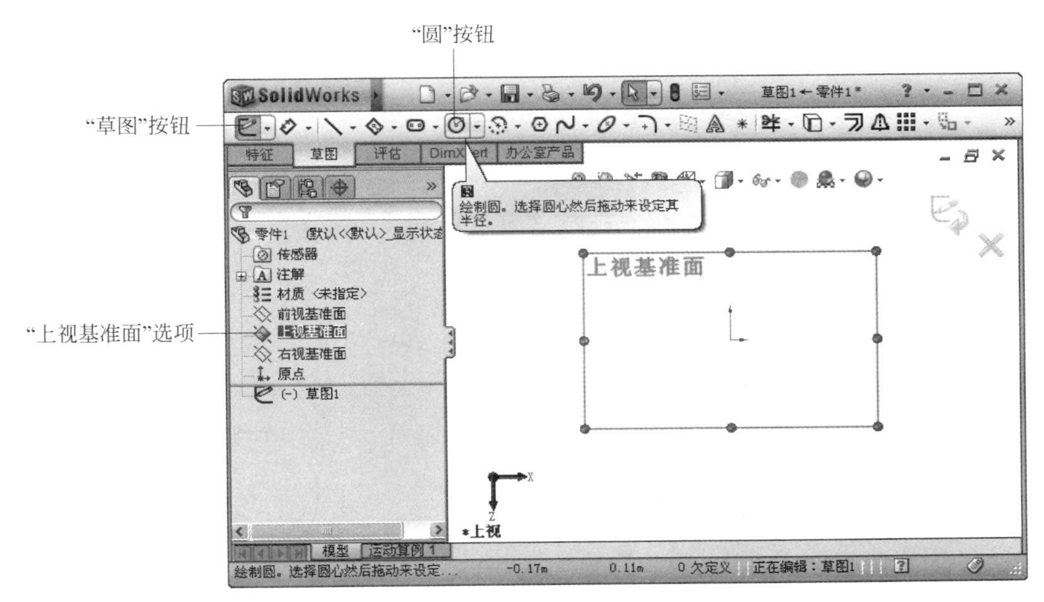

图 12-11　开始绘制草图

可绘制一个圆。重复画圆命令，再在屏幕上可视位置添加两个圆。

（3）单击草图工具栏中的"直线"按钮，激活画直线命令，绘制如图 12-12 所示的两公切直线。当画直线命令激活后，移动光标靠近其中一圆的拟作直线的切点附近，但需避开该圆的象限点，当光标右下角出现重合标记时，单击鼠标，输入直线起点。然后移动光标靠近另一个圆，当光标右下角同时出现重合和相切的标记时，双击鼠标，输入直线终点。用同样的方法绘制另一条直线。

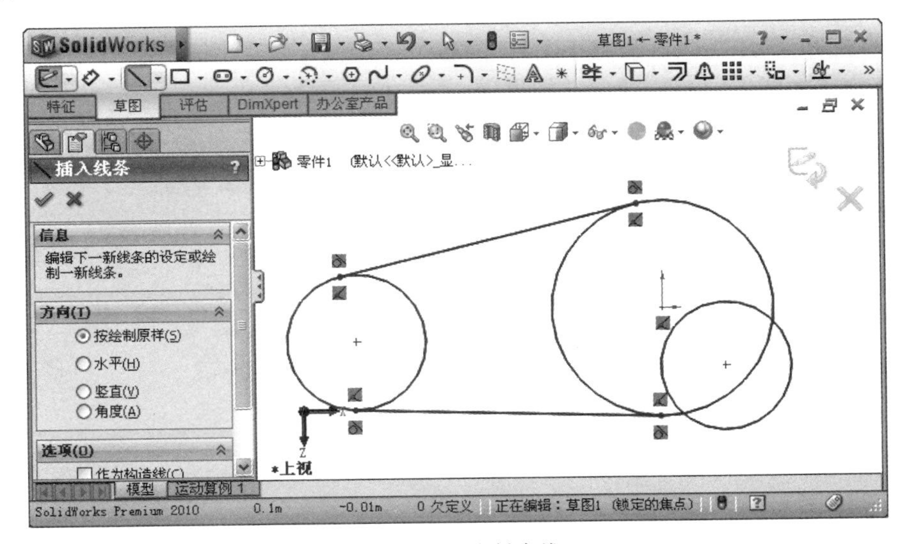

图 12-12　绘制直线

如果在绘图过程中没出现相应标记，则所绘制的直线就不会与圆相切，这样就需在后续的操作中给相关的几何元素添加约束关系（比如添加直线与圆相切的几何关系）。

(4) 单击草图工具栏中的“剪裁实体”按钮，并选择“强劲剪裁”方式，然后利用鼠标的选择键移动光标划过拟剪除的圆弧部分，就可以对两个圆以公节点为界实施剪裁，从而得到如图 12-13 所示的结果。

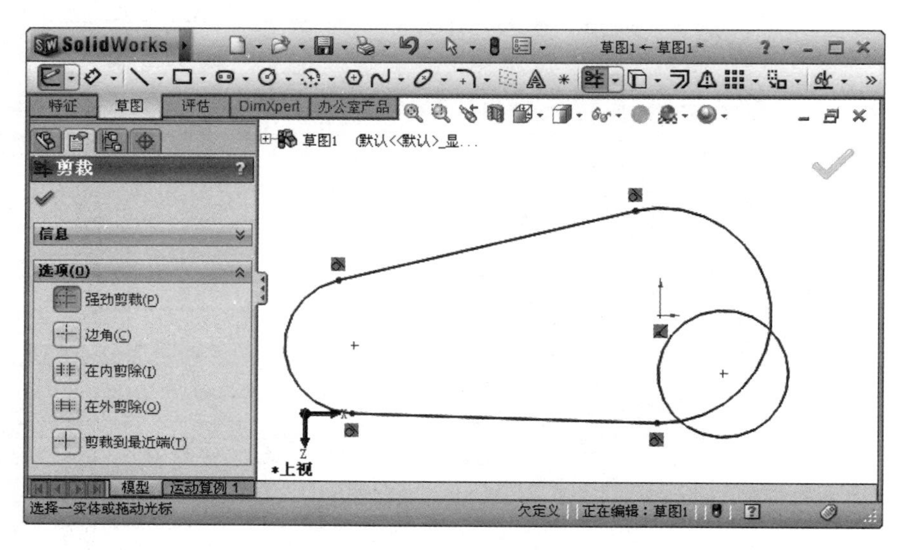

图 12-13 剪裁圆弧实体

(5) 将光标保持在图形工作区，右击弹出快捷菜单，选取“添加几何关系”项，然后选取左、右两个圆弧，此时屏幕状态如图 12-14(a)所示，在屏幕左下方显示可以添加的几何关系有“水平”“竖直”“固定”“合并”。选择“水平”项，使两圆圆心处于同一水平线上。由于右边大圆弧的圆心在绘制时与坐标原点重合，因此左边小圆弧的圆心将移动到与大圆弧圆心在同一水平线上。然后单击“确定”按钮，完成一次几何关系的添加。

用同样的方法，添加大圆弧与小圆的“同心”几何关系，以及小圆与小圆弧半径“相等”的几何关系，获得如图 12-14(b)所示的结果。

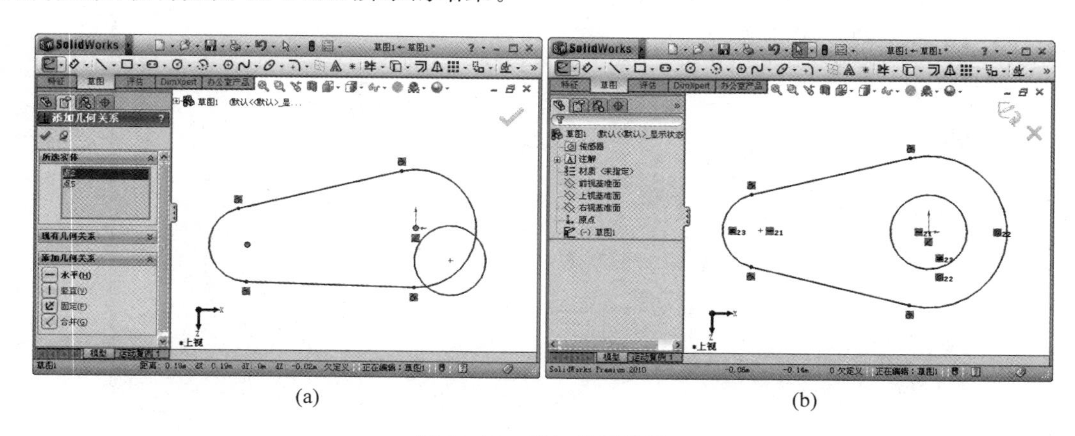

(a) (b)

图 12-14 添加几何关系

(6) 在草图工具栏中单击“智能尺寸”按钮，标注两圆弧的中心距。移动光标分别选中小圆弧圆心和大圆弧圆心，然后移动光标到适当位置单击会显示标注尺寸，同时，系统弹出尺寸"修改"对话框,如图 12-15(a)所示显示的即时尺寸为 96.720,在对话框中输入"80",单击"确定"按钮,完成该尺寸的标注修改。

用同样方法标注出大圆弧、小圆弧的半径,完成的结果如图 12-15(b)所示。

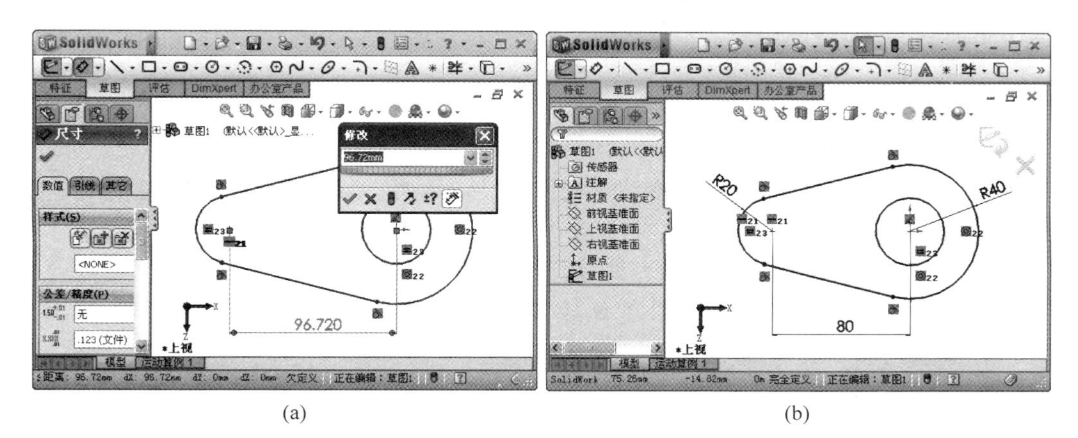

(a)　　　　　　　　　　　　　　(b)

图 12-15　标注草图尺寸

当完成了全部尺寸标注后,在状态栏中将显示"完全定义"的字样,且绘图区的草图显示颜色也发生了改变,如图 12-15(b)所示。在此之前状态栏中的字样是"欠定义",在欠定义状态下,用户可以选中某一图元对其进行拖动或增大、缩小。

利用 SolidWorks 提供的尺寸驱动和添加几何约束的灵活特性,可非常方便地实现草图绘制、零件三维模型及产品装配体的参数化设计。

12.3　基于特征的零件实体建模技术

SolidWorks 建造的机械零件实体通常是由多个特征合并组成的。所谓特征是指可以用参数驱动的单一几何元素,SolidWorks 采用基于特征的建模技术,零件实体模型的设计建造过程就是特征的累积过程。在 SolidWorks 中,通常按特征的性质分为绘制特征和应用特征,绘制特征是基于草图的特征,即需要绘制草图,然后对草图实施拉伸、切除、旋转、扫描和放样等特征操作,从而获得特定的几何实体特征。应用特征则是使用 SolidWorks 提供的标准特征功能来实现建造所需要的几何特征,比如建模过程中的各种倒角、抽壳、异形孔等操作所获得的特征。

在零件实体建模过程中生成的第一个特征,称为基体,该特征是生成其他特征的基础,基体特征都是绘制特征。

三维零件模型是由各种特征组成的,可以根据零件的不同形状和结构特点选择相应的特征命令。比如:复杂的机械零件模型通常采用基体拉伸、切除特征;回转体零件模型可以采用旋转特征命令;对于零件上的倒角,可根据倒角的功能要求选择圆弧倒角或者直角边倒角特征命令来完成。

12.3.1 视图工具栏

SolidWorks的视图工具栏为，其功能如下：

视图定向　显示视图定向对话框。

上一视图　返回上一视图。

整屏显示全图　重新缩放视图，使整个零件、工程图或装配体都可见。

动态放大/缩小　动态地改变整个图像的显示比例。如要放大图像，向上拖动；如要缩小图像，向下拖动。

局部放大　拖动鼠标形成边界框，放大视图的局部。

放大选取范围　放大模型、装配体或工程图中所选的部分。选择要放大的实体，或按住Ctrl键选择多个实体，然后单击放大选取范围。

旋转视图　当用户移动指针时，零件或装配体的图像就会动态地围绕视图中心旋转。

平移　在屏幕上拖动指针动态地移动图像。

12.3.2 特征工具栏

SolidWorks提供了丰富的特征命令，如图12-16所示为特征工具栏里包括的基本特征命令。

图12-16　特征工具栏

1. 拉伸凸台/基体

1）定义

（1）凸台：凸台是在零件上增加材料的特征。

（2）基体：每个零件所生成的第一个特征是基体特征（零件只有一个基体特征）。

2）生成拉伸凸台/基体特征的步骤

（1）保持草图为激活状态（此时草图高亮度显示），在特征工具栏中单击"拉伸凸台/基体"按钮，或单击"插入"→"凸台/基体"→"拉伸"命令。

（2）在"方向1"下，执行如下操作：

选择"终止条件"。检查预览，如果需要，单击"反向"按钮向另一个方向拉伸。输入深度。如有必要，选择"拔模开/关"按钮给特征添加拔模。输入拔模角度，如有必要，选择"向外拔模"复选框。

（3）如有必要，选择"方向2"复选框将拉伸应用到第二个方向。遵循以上步骤(2)来完成。

2. 拉伸切除

1）定义

拉伸切除是将实体与拉伸特征作布尔减运算的结果。

2）生成拉伸切除的操作步骤

（1）保持草图为激活状态，在特征工具栏中单击"拉伸切除"按钮，或单击"插入"→

“切除”→“拉伸”命令。

(2) 在“方向 1”下,执行如下操作:

选择终止条件。检查预览,如果必要,单击“反向”按钮以向另一个方向拉伸。如有必要,选择“反侧切除”复选框。

单击“拔模开/关”按钮可以给特征添加拔模。输入拔模角度,选择“向外拔模”复选框以更改拔模方向。如有必要,选择“方向 2”复选框可以将切除拉伸应用到第二个方向上。

3. 旋转凸台/基体

1) 定义

通过绕中心线旋转草图来生成旋转基体、凸台等。系统默认的旋转角度为 360°。

2) 生成旋转的基体、凸台的步骤

(1) 绘制一条中心线和轮廓。

(2) 在特征工具栏上单击“旋转凸台/基体”按钮或单击“插入”→“凸台/基体”→“旋转”命令,或者单击“旋转切除”按钮或单击“插入”→“切除”→“旋转”命令。

(3) 在旋转参数下,执行以下操作:

选择旋转类型(单一方向、两侧对称或两个方向),指定旋转角度。如果用户选取两侧对称作为旋转类型,则在草图基准面的两侧平均分配角度。如果用户选择两个方向为旋转类型,指定每个方向的角度。如果使用方向键指定角度,预览会显示旋转的方向。如果用户想要向相反方向旋转特征,单击“反向”按钮。

(4) 单击“确定”按钮。

4. 圆角特征命令

1) 定义

用户可利用“圆角”命令生成不同类型的圆角。Property Manager 根据用户生成的圆角类型(等半径圆角、变半径圆角、面圆角)动态显示合适的选项。

2) 生成一个等半径圆角的步骤

(1) 单击特征工具栏上的“圆角”按钮,或单击“插入”→“特征”→“圆角”命令。

(2) 在图形区域选择要作圆角的边线、环和面。或右击“特征”然后选取“选择特征”将特征上的所有边线圆角化。

(3) 在圆角类型下选择“等半径”。

(4) 在圆角项目下,执行如下操作:

用户要作圆角化的项目显示在“边线”方框。如有必要,选择“多半径圆角”复选框。接着高亮显示每个边线,然后指定边线的半径。默认设置为切线延伸。这样,将圆角延伸到所有与所选面相切的面。如有必要,清除“切线延伸”复选框。

5. 倒角特征命令

1) 定义

倒角特征是在所选的边线或顶点上生成一条倾斜的边线。

2）生成倒角的步骤

（1）单击特征工具栏上的“倒角”按钮，或单击“插入”→“特征”→“倒角”命令。

（2）在倒角参数下，执行如下操作：

单击边线和面或顶点，在图形区域选择一实体；如图 12-17 所示有 3 种选择项：

① “距离-距离”：在左侧倒角参数栏中输入两个距离值或选中“相等距离”选项，并指定一个数值，如图 12-17(a)所示。

② “角度-距离”：如图 12-17(b)所示，在倒角的 Property Manager 栏中或图形区域的弹出参数栏中输入距离和角度值，将显示一个箭头指示距离所计算的方向。

③ “顶点”：在所选倒角顶点附近弹出参数栏中，输入 3 个距离值或在倒角参数栏中单击“相等距离”选项并指定一数值，如图 12-17(c)所示。

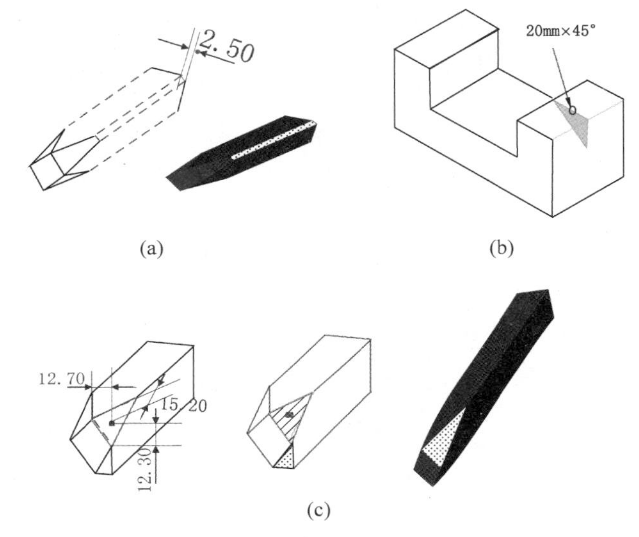

图 12-17 倒角特征命令选项

6. 抽壳特征命令

抽壳工具会掏空零件的内部，使所选择的面敞开，在剩余的面上生成薄壁特征。如果没选择模型上的任何面，可抽壳一实体零件生成一闭合、掏空的模型。生成抽壳特征的步骤如下：

（1）单击特征工具栏上的“抽壳”按钮或单击“插入”→“特征”→“抽壳”命令。

（2）要使用统一厚度进行抽壳，在“参数”栏中，输入厚度来控制壁厚。单击要移除的面，如图 12-18(a)所示，如果用户想用抽壳特征来增加零件的外部尺寸，选择壳厚朝外。用户也可使用多个厚度来抽壳模型。

（3）单击“确定”按钮，抽壳结果如图 12-18(b)所示。

7. 扫描特征命令

1）定义

扫描通过沿着一条路径移动轮廓（截面）来生成扫描基体、凸台等。

2）扫描命令的规则

扫描特征命令是一种复杂的实体成型命令，在完成命令操作时，需要遵守一些规则。

（1）对于曲面扫描特征，则轮廓可以是闭环也可以是开环。

（2）路径可以是一张草图中的一组草图曲线、一条曲线或一组模型边线，也可以为开环或闭环。

（3）路径的起点必须位于轮廓的基准面上。

（4）不论是截面、路径或形成的实体，都不能出现自相交叉。

3）扫描特征命令的操作过程

（1）在一基准面上绘制一个闭环的非相交轮廓，如图 12-19 所示。

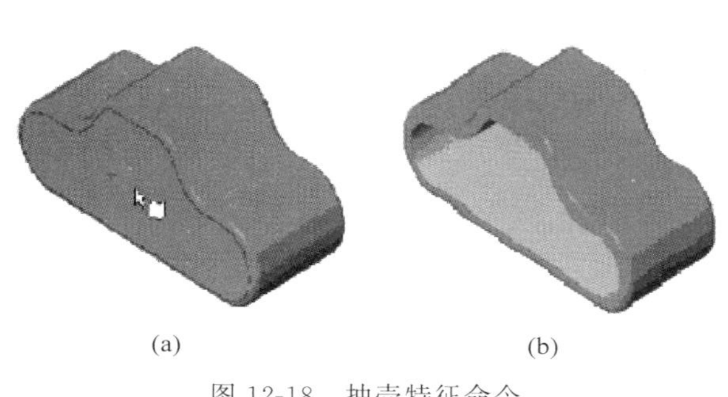

图 12-18 抽壳特征命令

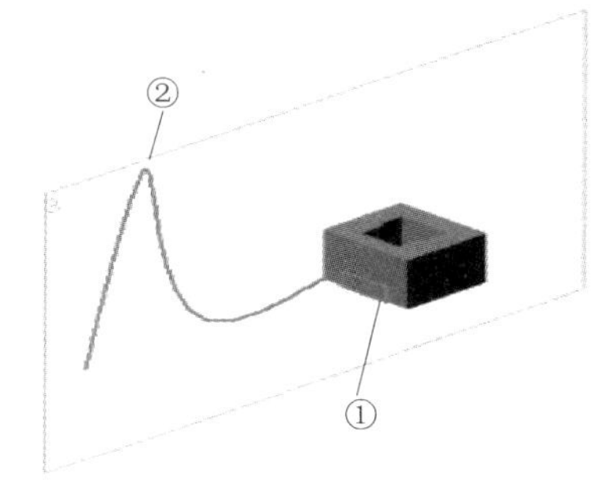

图 12-19 扫描路径与轮廓

（2）指定生成轮廓将遵循的路径，可使用草图、现有的模型边线或曲线。

（3）单击特征工具栏上的“扫描”按钮，或单击“插入”→“凸台/基体”→“扫描”命令，或单击“插入”→“切除”→“扫描”命令，或单击曲面工具栏上的“扫描曲面”按钮，或单击“插入”→“曲面”→“扫描”命令。

（4）在轮廓和路径下，执行如下操作：

单击“路径”按钮，然后在图形区域中选择路径草图。

单击“轮廓”按钮，然后在图形区域中选择轮廓草图。

如果用户预选轮廓草图或路径草图，草图将显示在 Property Manager 适当的方框中。

（5）如果需要，应用扫描选项（图 12-20）。

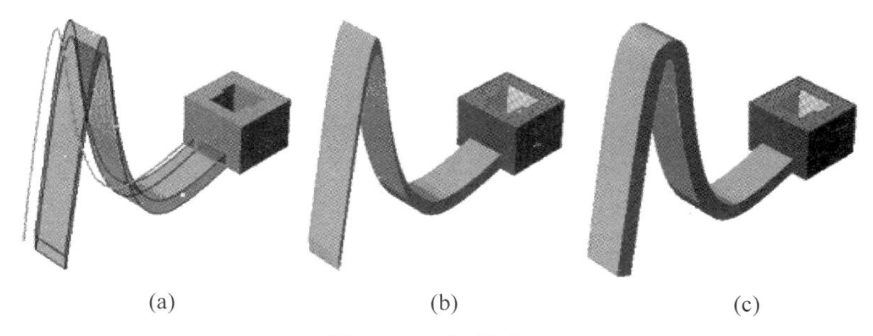

图 12-20 扫描选项

(a) 扫描预览；(b) 方向/扭转保持法向不变；(c) 方向/扭转随路径变化

（6）在选项下，如果不想显示扫描的上色预览，则消除显示预览。

（7）在方向和扭转控制下，只有保持法向不变和随路径变化适用于简单扫描，其他选择只适用于使用引导线的扫描。

(8) 如果需要，应用“起始处/结束处相切”。

(9) 还可生成薄壁特征扫描，如图 12-21 所示。

(10) 单击“确定”按钮。

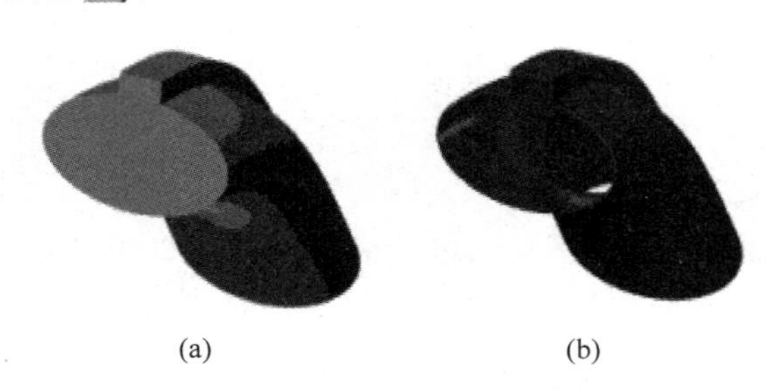

(a) (b)

图 12-21 使用不同的特征扫描

(a) 使用实体特征；(b) 使用薄壁特征

12.3.3 零件实体建模实例

本节以零件三维建模实例为线索，讲述三维建模的相关命令及方法。

例 12-2 创建如图 12-22 所示的电气盒盖零件模型。

(1) 创建一个长方体。首先，使用“中心矩形”命令，在上视基准面上绘制一个 120mm×70mm 的矩形，使矩形的中心与坐标原点重合，并标注出矩形的尺寸。然后，单击特征工具栏中的“拉伸凸台/基体”按钮，系统进入凸台-拉伸参数设置界面，如图 12-23 所示。在“方向 1”参数设置框的“终止条件”下拉列表中选取“给定深度”，在“深度”文本框中输入拉伸深度为 20mm，单击“终止条件”下拉列表左侧的“方向”按钮，将拉伸方向设置为如图所示的垂直向上，最后单击“确定”按钮，完成长方体的建模。

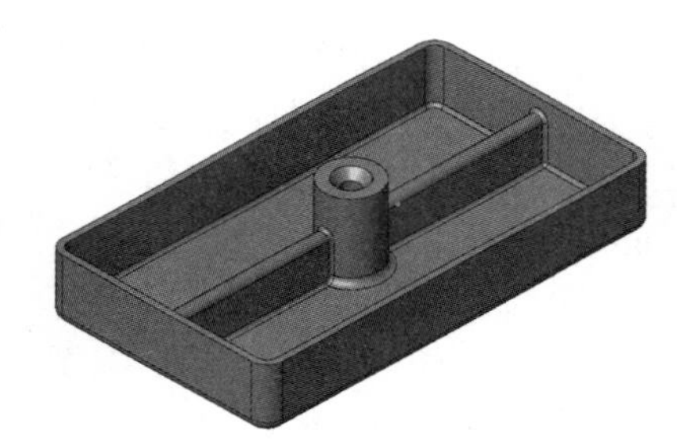

图 12-22 电气盒盖模型

(2) 圆角。首先，对长方体铅垂方向的四条边线圆角，其半径是 5mm。单击特征工具栏上的“圆角”按钮，系统进入圆角参数设置界面。如图 12-24(a)所示，设置圆角类型为等半径，圆角半径为 5mm，然后用鼠标依次单击四条竖直的边线，被选中的线段将显示在圆角项目下的被选框中，如果要取消某一被选边线，则右击被选框中该直线，在弹出的快捷菜单中选取“取消选择”项即可。完成圆角边线的选取后，单击“确定”按钮即可。

其次，对长方体底面周边圆角。进入圆角参数设置界面后，输入圆角半径为 3mm，然后用鼠标单击任意一条底面的边线，如图 12-24(b)所示。此时，与被选中的边线相邻的线也自动作为圆角线，最终，底面的所有边线都将作为圆角线，这也是期望目标。因此，单击“确定”按钮，完成圆角。实际上，在此的圆角也可不用选取边线，而直接用鼠标单击长方体底面，选取底面作为圆角对象也是可以的。

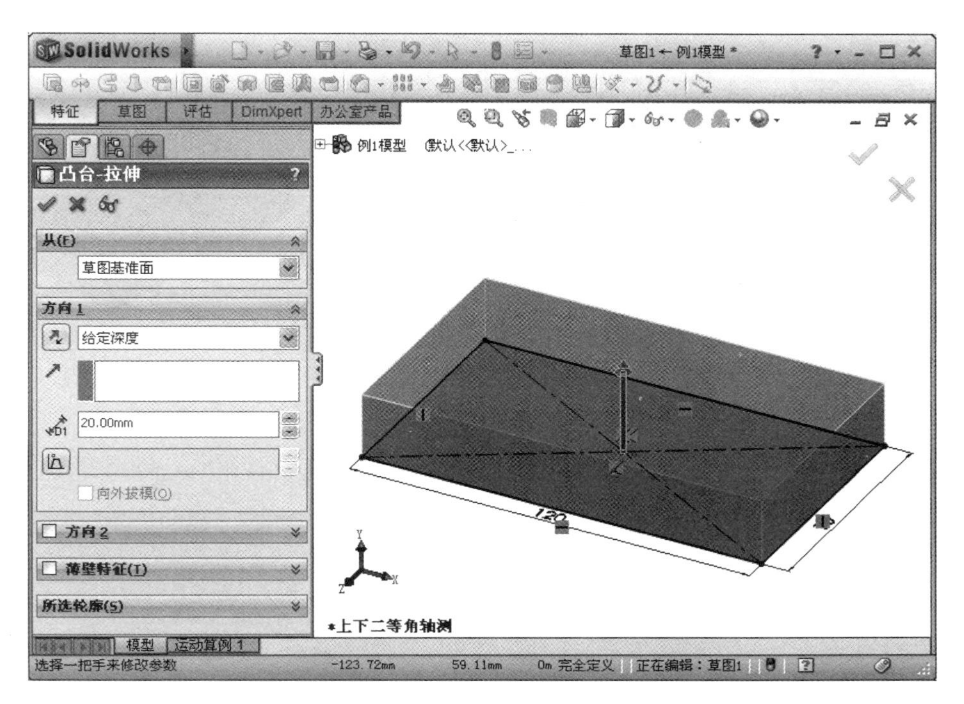

图 12-23　拉伸长方体

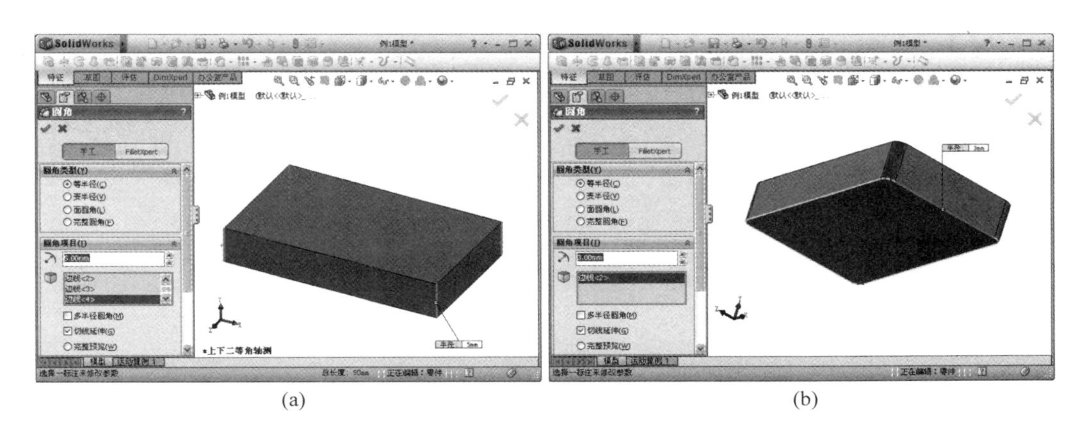

(a)　　　　　　　　　　　　(b)

图 12-24　圆角生成

为了便于操作，将长方体翻转一定的角度，将其底面转到前半侧来。为此，将光标移到绘图区空白处，右击弹出快捷菜单，选取“旋转视图”项，然后按住鼠标左键，移动鼠标便可旋转立体。再右击，选取“旋转视图”项，退出旋转视图。

(3) 抽壳。单击特征工具栏中的“抽壳”按钮，在如图 12-25(a)所示的界面中，设置厚度参数为 2mm，然后单击长方体上表面，设定为移除面，然后单击“确定”按钮，完成抽壳，结果如图 12-25(b)所示。

(4) 创建筋板。选择“右视基准面”为草图平面，绘制草图，如图 12-26(a)所示。然后，单击“拉伸凸台/基体”按钮，将方向 1 的终止条件设置为“成形到下一面”、勾选“方向 2”，并

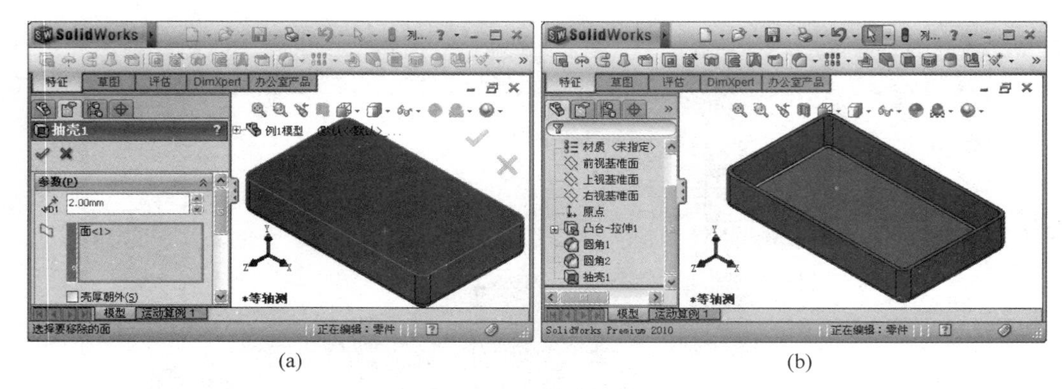

图 12-25 抽壳生成

将其终止条件设置为“成形到下一面”，如图 12-26(b)所示，最后单击“确定”按钮，完成筋板的建模。

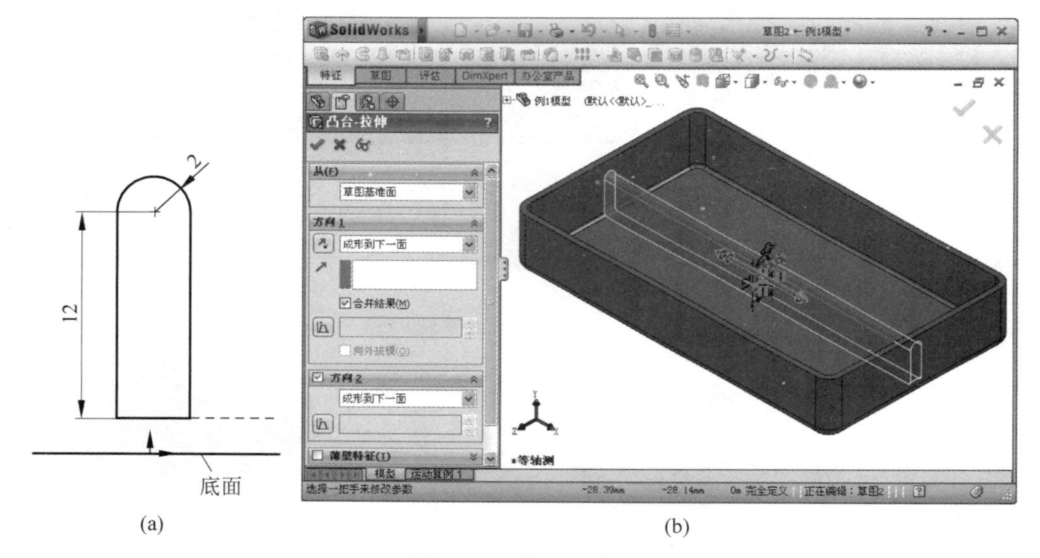

图 12-26 筋板的建模
(a) 筋板草图；(b) 拉伸参数设置

(5) 创建凸台特征。选取箱体底部的上表面作为草图基准平面绘制草图。该草图只有一直径为 17mm 的圆，且其圆心与坐标原点重合。然后单击“拉伸凸台/基体”按钮，“终止条件”设置为给定深度，设置深度为 25mm。拉伸结果如图 12-27 所示。

(6) 生成过渡圆角。首先，对凸台与底面之间圆角，半径为 2mm。其次是筋板与其他特征的全部交线的圆角，半径为 1mm。

(7) 建立锥形沉孔特征。采用异形孔特征进行建造。在特征工具栏中选取“异形孔向导”，进入异形孔建造环境中，如图 12-28 所示，先选择异形孔的类型，确定直径和深度参数之后，接着选择孔的位置，将光标放置在模型凸台的顶面圆心位置，单击“确认”按钮即可完成异形喇叭口孔的建造。至此，完成零件实体全部特征的建模。

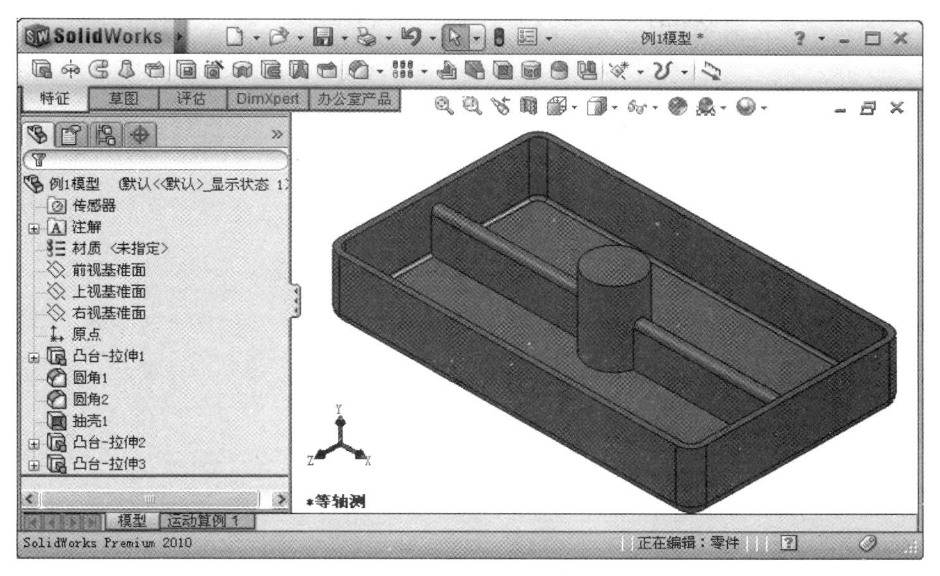

图 12-27　凸台建模结果

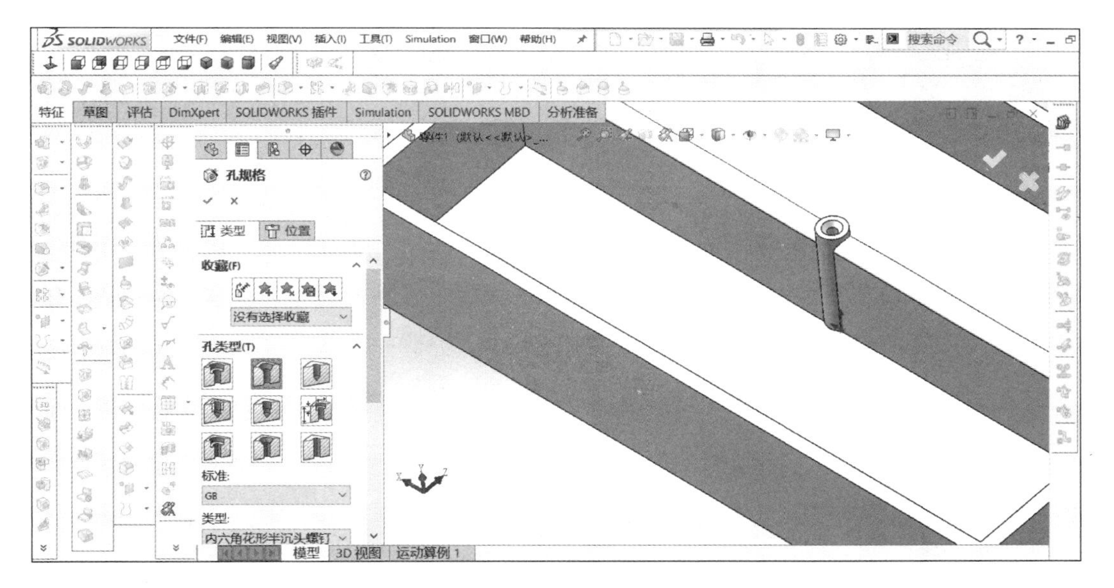

图 12-28　异形孔向导的应用

12.4　装配体建模技术

SolidWorks 装配体是包含两个或两个以上的零件实体的组合体模型，也可以是几个零件与几个子装配体的组合体模型。通过零部件之间添加几何约束关系（又称作配合）来确定零部件之间的位置和方向。下面通过实例介绍构建装配体模型的方法。

例 12-3 创建止回阀产品的装配体模型。

在“新建文件”对话框中选取“装配体”模式，进入 SolidWorks 装配体工作环境界面，如图 12-29 所示。

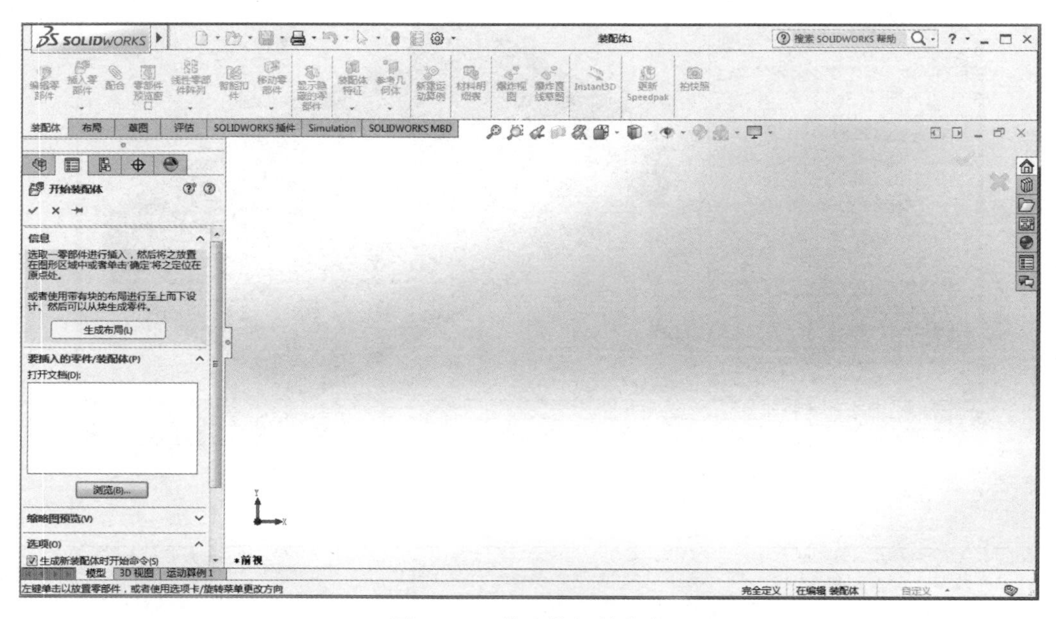

图 12-29 装配体初始状态

（1）插入第一个零件。

在左侧“开始装配体”管理器中，单击“浏览”按钮，系统弹出“打开”对话框，在对话框中选取要插入的零件“阀体”，单击“确定” 按钮，移动光标拖动阀体零件在绘图区中移动，将光标放置在坐标原点处，然后单击，于是便将阀体固定在装配体中。通常，在装配体环境中系统将第一个装入的零件实体设定为固定状态，结果如图 12-30 所示。

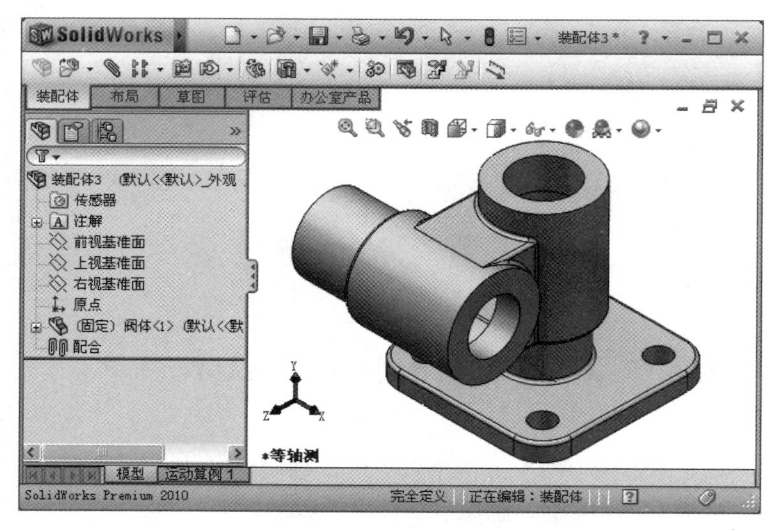

图 12-30 插入并固定阀体零件

（2）插入阀杆。

选择“插入已有零部件”命令，在插入零部件参数对话框中选取“浏览”按钮，在“打开”对话框中选中“阀杆”文件，单击“确定”按钮，将阀杆零件拖动并置于装配体中，释放后单击“确认”键，结果如图 12-31 所示。

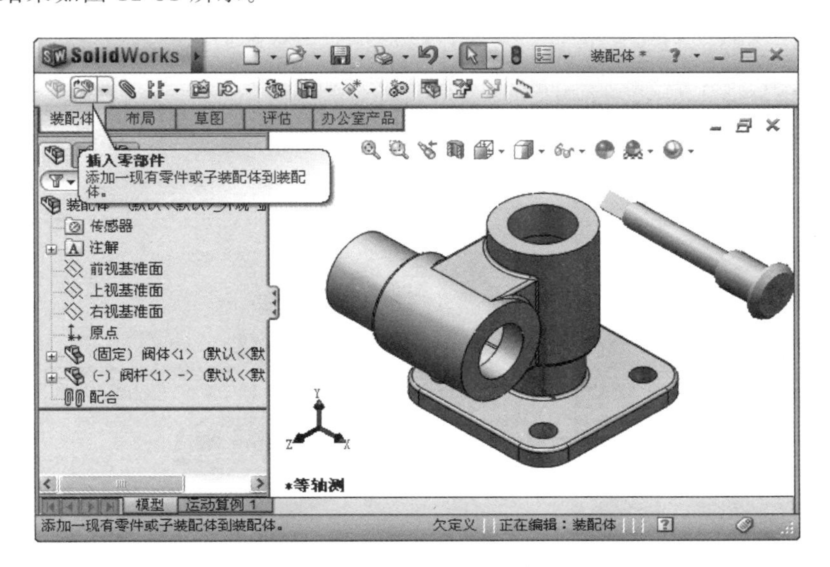

图 12-31 插入阀杆零件

（3）添加阀体与阀杆的配合关系。

为了便于操作，选取“视图”→“临时轴”菜单项，使系统显示出各零件中的临时轴，如图 12-32 所示在实体模型中显示的点画线。

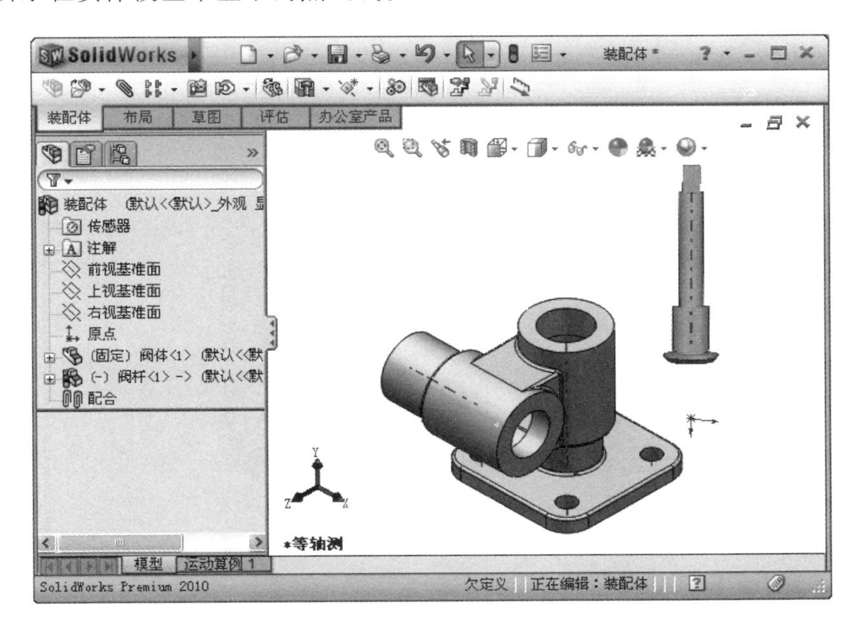

图 12-32 转动阀杆零件

添加铅垂轴线重合的配合关系。单击“配合”按钮，其界面如图12-33所示。然后依次选取阀体铅垂轴线和阀杆轴线，系统自动添加两轴线重合的配合关系，并移动阀杆使两轴线重合。同时系统也显示出可以添加的配合关系有平行、垂直、锁定、距离、角度等。在此需要添加的是重合，直接右击即可完成。

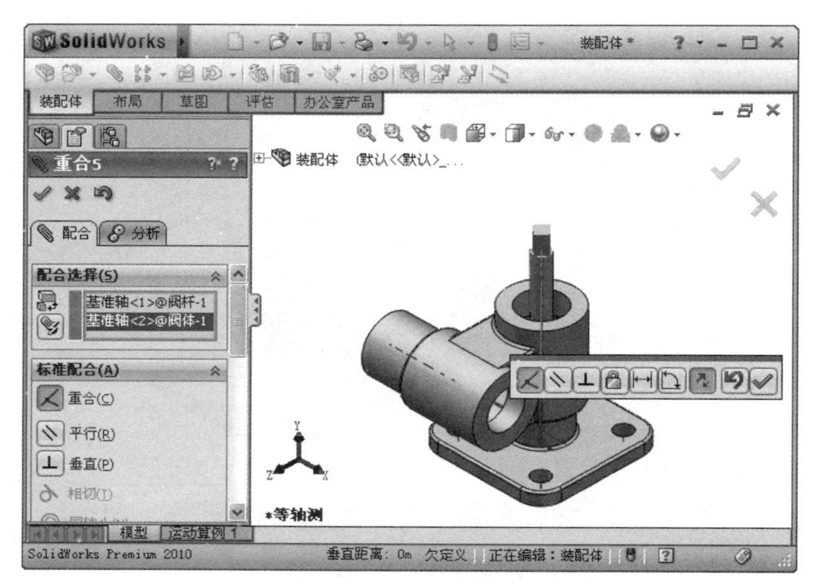

图12-33 添加两铅垂轴线重合的配合

添加锥孔重合的配合关系。为了便于操作，先对两零件做剖切。首先单击“右视基准面”节点，然后单击“剖面视图”按钮，单击如图12-34所示的“反转截面方向”按钮，设置剖切方向，单击“确定”按钮，完成剖面视图的设置。添加阀杆下侧锥面与阀体锥孔处重合的配合关系，其操作界面如图12-35所示。

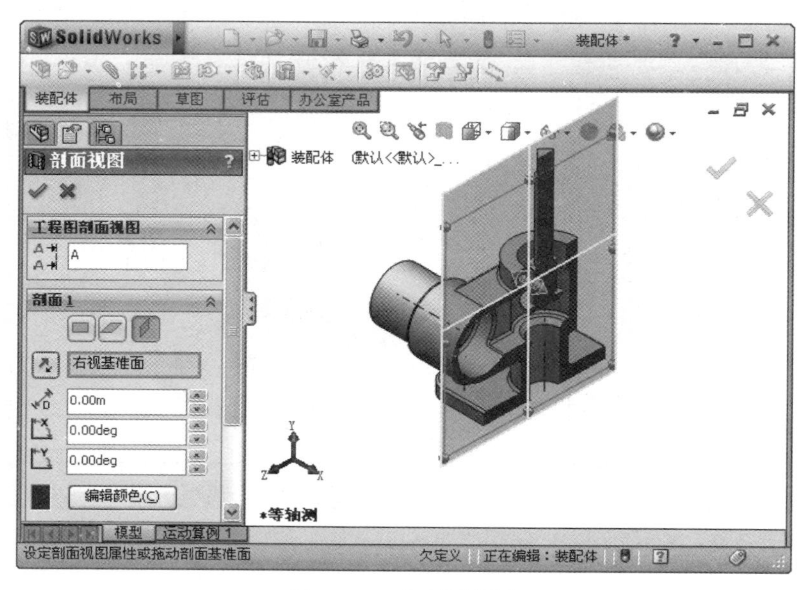

图12-34 作剖面视图

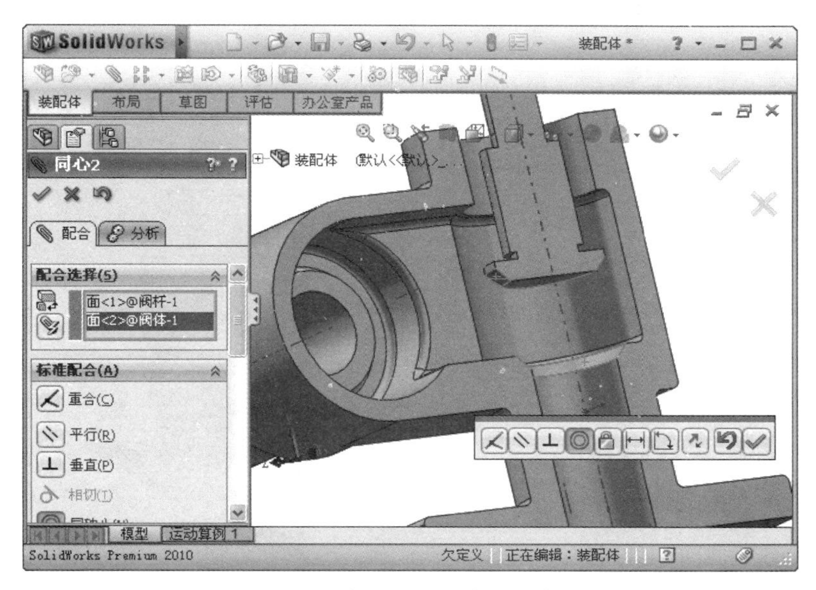

图 12-35 添加两锥面重合的配合关系

(4) 插入填料涵并添加配合。配合关系有填料涵轴线与阀杆轴线重合、阀体上端面与填料涵端面重合，结果如图 12-36 所示。

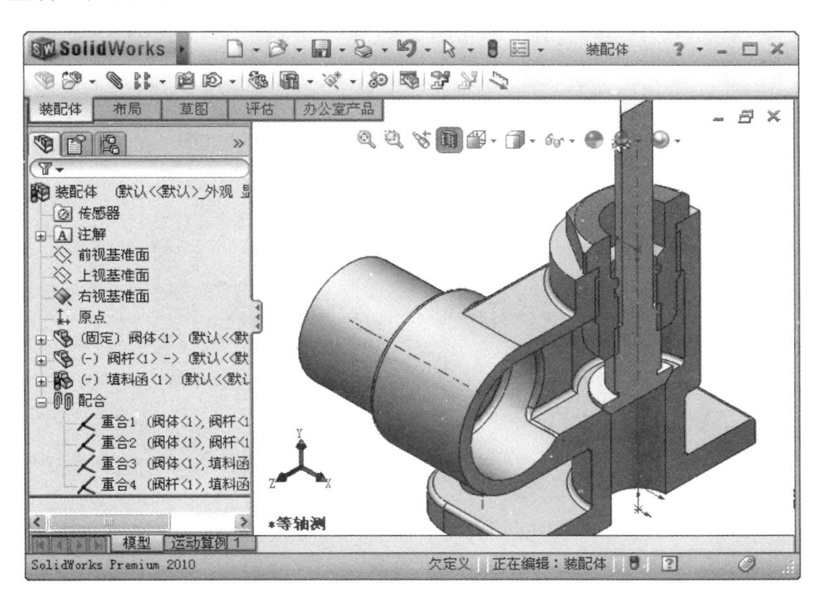

图 12-36 装配填料涵

(5) 插入填料并添加配合。配合关系有轴线重合、填料锥面与填料涵锥面重合，结果如图 12-37 所示。

(6) 装配压盖螺母。配合关系有螺母外圆面与阀体孔面同心、螺母锥面与填料锥面重合，结果如图 12-38 所示。

(7) 装配阀瓣。配合关系有阀瓣外圆柱面与阀体孔面同心、阀瓣端面与阀体孔端面重

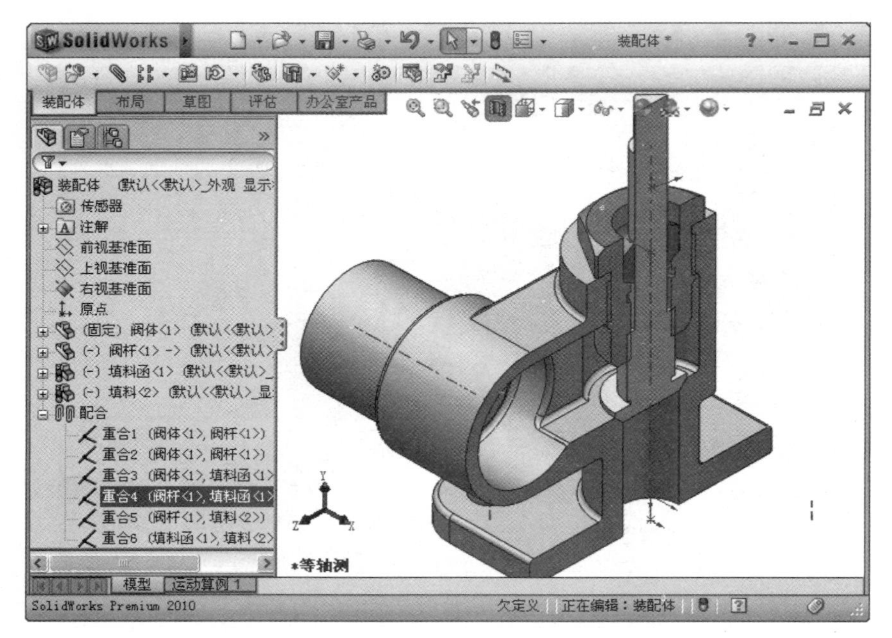

图 12-37　装配填料

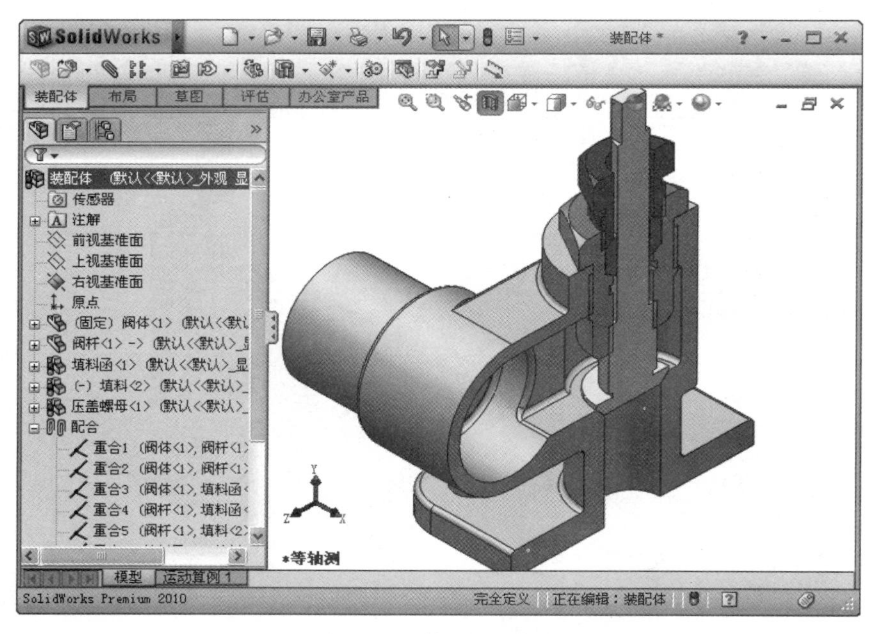

图 12-38　装配压盖螺母

合，结果如图 12-39 所示。

(8) 装配压簧。配合关系有阀瓣轴线与压簧基准轴重合、阀瓣端面与压簧端面重合，结果如图 12-40 所示。

(9) 装配调节螺母。配合关系有柱面与孔面同心、两端面重合，结果如图 12-41 所示。

至此，止回阀装配体已全部构建完成，结果如图 12-42 所示。

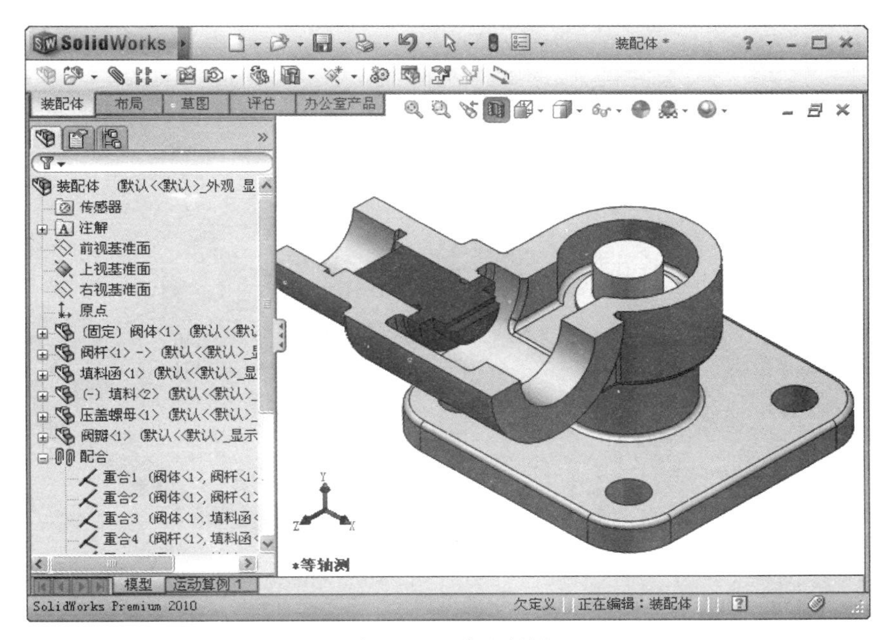

图 12-39　装配阀瓣

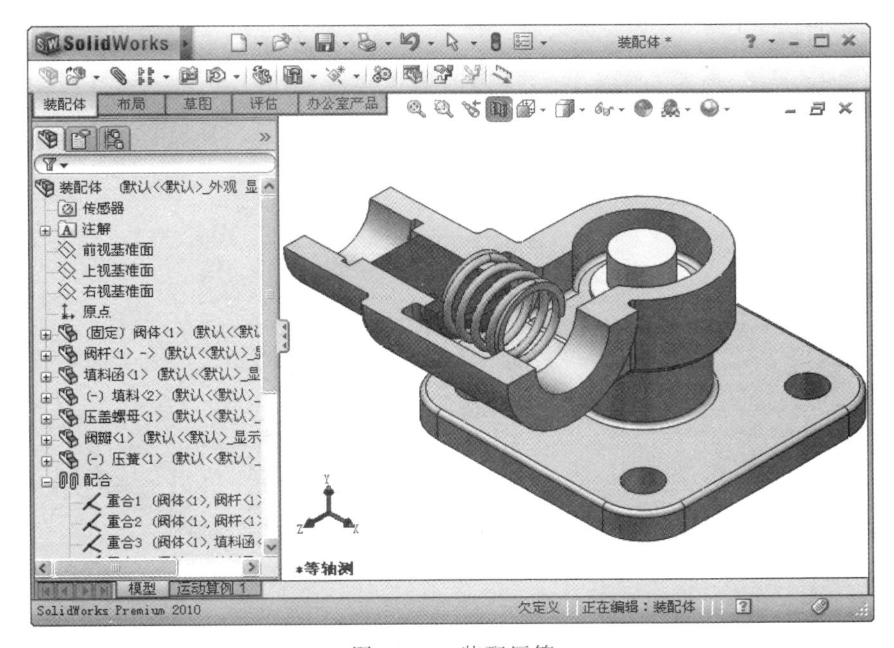

图 12-40　装配压簧

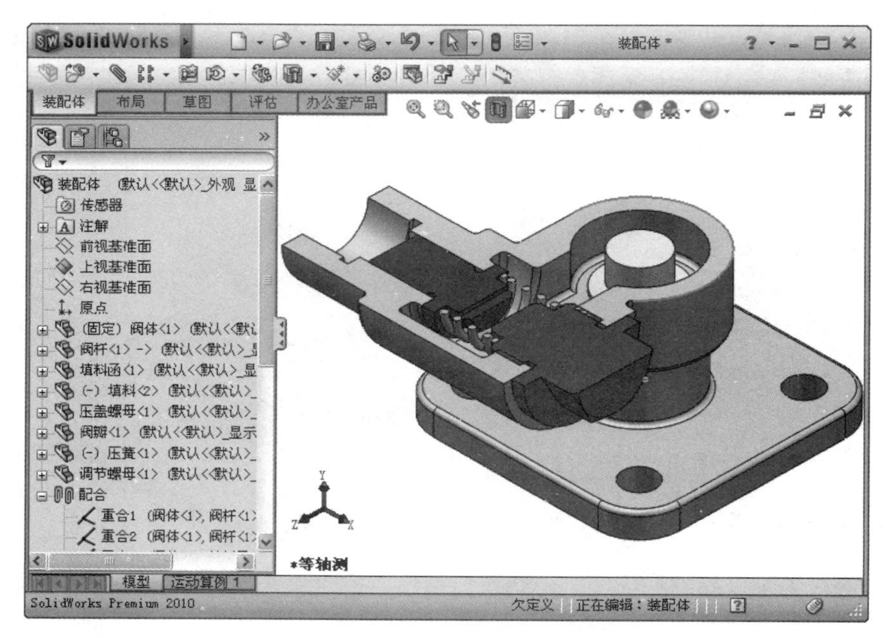

图 12-41　装配调节螺母

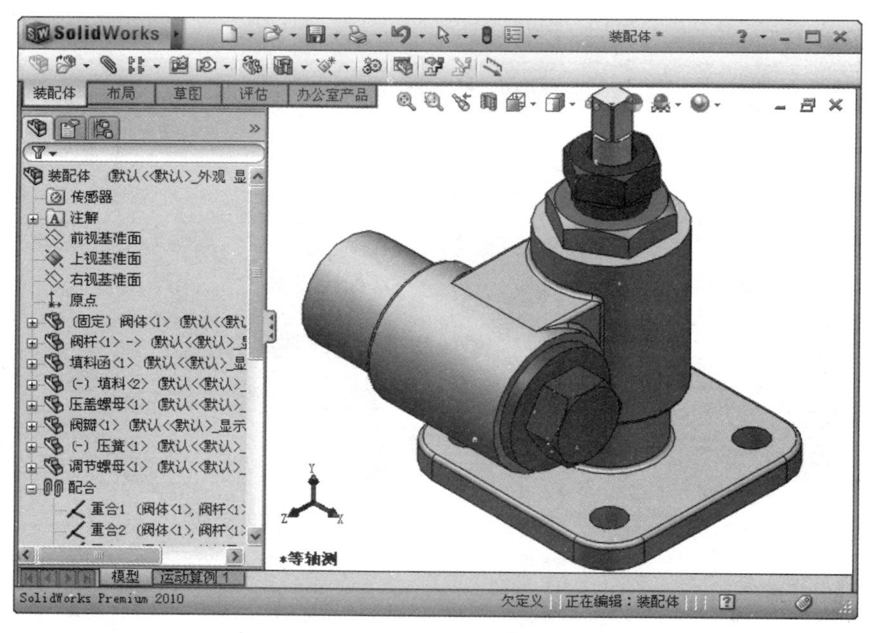

图 12-42　止回阀装配体

12.5 工 程 图

SolidWorks 零件实体模型与工程图是相互无缝链接的，利用已完成的零件实体或者装配体模型可以直接转化生成为工程图。

12.5.1 图纸格式

在新建 SolidWorks 文件的对话框中选取“工程图”模式，单击“确定”按钮后，会弹出“使用的图纸格式”对话框，如图 12-43 所示。

对话框中有 3 种选择：①标准图纸格式；②用户图纸格式；③无图纸格式。用户可以根据自己的需要选择。一般在产品设计时，用户总是需要有自己特定的工程图纸模板。

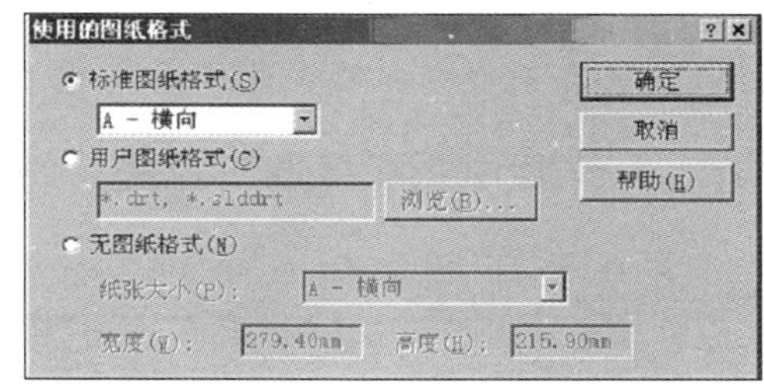

图 12-43 “使用的图纸格式”对话框

建立用户工程图模板文件时，“浏览”按钮处于被激活的状态，在弹出的“打开文件”对话框中可以选择符合需要的图纸规格和类型。用户可以根据需要对标题栏格式、内容进行编辑和修改，并可以将修改过的图纸格式选择作为自己专用的工程图模板保存起来，在生成新的工程图时，打开使用。

在工程图工作模式中，可以对工程图格式进行编辑修改。将光标移至绘图区内，右击，选择“编辑图纸格式”，进入工程图模板编辑状态，利用草图绘制和文字命令对工程图纸模板内容进行编辑。获得满意的结果之后单击“确认”按钮可以保存为工程图模式。

12.5.2 生成标准三视图

根据三视图原理，一般工程图通过若干个视图，再附加一些辅助视图就可以表示零件部件的实际结构。在 SolidWorks 系统中可以利用各种工程图命令来生成与零部件的实体模型一一对应的工程图。

利用 SolidWorks 生成新的工程图文件时，通常套用某种工程图格式，然后打开要生成工程图的零部件实体的文件或浏览所需的模型文件；利用各种工程图视图命令，选择实体模型的某些面作为合适的投影面，以生成合适的三视图，准确地表达出零件实体的结构和形状。

“标准三视图”命令(Standard 3 View)能为所显示的零件或装配体同时生成 3 个默认正交视图。“主视图”与“俯视图”及“侧视图”有固定的对齐关系，“俯视图”可以竖直移动，“侧视图”可以水平移动。可以使用多种方法来生成标准三视图。

1. 使用标准方法生成标准三视图

(1) 打开零件或装配体文件，或打开包含所需模型视图的工程图文件。

(2) 打开一张新工程图。

(3) 单击工程图工具栏上"标准三视图"按钮或单击"插入"→"工程视图"→"标准三视图"命令，指针形状变为。

(4) 用以下方式选择模型：

① 如要从零件窗口中添加零件视图，单击零件的一个面或图形区域中的任何位置或单击设计树中的零件名称。

② 如要从装配体窗口中添加装配体视图，单击图形区域中空白区域或单击设计树中的装配体名称。

③ 如要从装配体窗口中添加装配体零部件视图，单击零件的面或在设计树中单击单个零件或子装配体的名称。

④ 在工程图窗口中，在设计树或图纸上，单击包含所需零件或装配体的视图。

工程图窗口再度回到前面，并且三视图放置在工程图中。

2. 从文件中生成标准三视图

可以在不打开模型文件时，生成它的工程图。

(1) 在工程图中，单击"标准三视图"按钮。

(2) 右击图形区域，再选取从"文件插入"。

(3) 浏览到所需的模型文件，然后单击"打开"按钮。

3. 直接拖放实体文件生成标准三视图

拖放零件或装配体实体到工程图绘图窗口内，所生成的默认视图为标准三视图。

(1) 打开新的工程图窗口。

(2) 将零件或装配体文件从资源管理器或设计树窗口拖放到工程图窗口中；或者将打开的零件或装配体文件的名称从设计树顶部拖放到工程图窗口中。

对应实体的视图就会添加到工程图上。

12.5.3 投影视图命令

"投影视图"命令是通过已有的视图，选择合适的投影方向生成的投影直交视图，可在图纸设定对话框中指定使用第一角或第三角投影法。一般采用第一角投影法。生成投影视图的方法如下。

(1) 单击工程图工具栏上的"投影视图"按钮，或单击"插入"→"工程视图"→"投影视图"命令。

(2) 选择一投影用的视图，指针的形状会变为。

(3) 欲显示表明投影方向的箭头，选择显示视图箭头。如有必要，输入名称(最多两个字符)。

如要选择投影的方向，将指针移动到所选视图的相应一侧，将显示捕捉到最近投影的视图的预览。如要取消捕捉功能，在移动预览时按住 Ctrl 键。如要在拖动时恢复捕捉功能，释放 Ctrl 键。

（4）当视图位于所需的位置时，单击以放置视图。

投影视图与用来生成它的视图呈对齐关系，并且放置在工程图区域中。根据系统默认，用户只能沿投影的方向来移动投影视图。投影视图是从子视图到父视图链接的。

12.5.4 命名视图命令

用户可以使用“命名视图”命令，从模型文件中选择视图名称来生成命名视图。

1. 命名视图

命名视图可以由以下几种情况生成：

（1）标准正交的视图（前视、上视、等轴测等）。

（2）当前的模型视图。

（3）通过缩放、旋转模型生成的自定义视图，如果需要，激活“透视图”，然后命名并保存此视图。

2. 插入命名视图

（1）单击工程图工具栏上的“命名视图”按钮，或单击“插入”→“工程视图”→“命名视图”命令。出现命名视图属性管理器（Property Manager），指示选择一模型。方法与标准三视图中方法相同。指针形状会变为。

（2）选择模型。命名视图属性管理器（Property Manager）将显示一清单，其中包含所有标准视图的名称以及当前模型视图和在模型中生成的所有自定义视图的名称。

（3）从清单中选择一命名视图，指针形状会变为。

（4）在工程图窗口中，移动光标选择放置视图的位置（会显示视图的预览）。默认情况下，命名视图不与其他的视图对齐，可以随意在工程图图纸上移动。

3. 更改命名视图的投影方向

（1）选择一命名视图。出现命名视图属性管理器（Property Manager）。

（2）双击一标准投影方向或自定义投影方向。

12.5.5 相对视图命令

“相对视图”（Relative to Model View）是一个正交视图，由模型两个直交平面或基准面及各自的具体方位定义。这种视图类型也可以用于设定工程图中的第一个正交视图。

欲插入相对视图，在工程图工具栏中选择“相对视图”按钮，或单击“插入”→“工程视图”→“相对视图”命令，指针形状变为。

使用标准三视图中所述的方法选择模型，模型显示在屏幕上。

在模型的面上单击用户想要的特定方位，视图定向对话框出现。

选择一个方向（前视、上视、左视等），然后单击“确定”按钮。

选择一个与第一个面垂直的面，指定这个面的方向，然后单击“确定”按钮，指针形状会变为。

在工程图窗口中，移动光标选择需要放置视图的位置(会显示视图的预览)。在默认情况下，相对视图不与其他的视图对齐，可以随意在工程图纸上移动。

相对视图命令和投影视图相结合使用可以生成合适的三视图来正确表达零部件实体的结构和外形。通常先运用相对视图命令根据实际情况灵活选择投影面，确定投影方向，生成主视图，再利用投影视图命令生成主视图的投影视图，生成俯视图和左视图。

12.5.6 辅助视图的添加

在生成工程图时，仅用3个标准视图通常并不能完全清楚地表达出零部件的结构特点，需要添加一些辅助视图(如局部视图、剖视图等)来表达标准三视图中无法表达的一些结构细节。

1. 局部视图

用“局部视图”命令可以在工程图中生成一个局部视图来显示一个视图中的某个部分(通常是以放大比例显示)。局部视图可以是正交视图、三维视图或剖面视图。

如果要生成局部视图，首先要激活现有的某个视图。然后，单击工程图工具栏的“局部视图”按钮或单击“插入”→“工程视图”→“局部视图”命令。出现局部视图属性管理器(Property Manager)，在草图工具栏中单击“画圆”命令；在视图中需要局部显示的部位绘制一个圆；将光标移出放置在工程图窗口的适当位置；可以选择合适的缩放比例，在该位置上显示局部视图，同时显示局部视图的名称和比例尺。

2. 剖面视图

零部件内部结构的表达，需要借助剖视图的方式。在SolidWorks中，剖视图命令可以生成完整的剖视图、局部的剖视图，也可以生成只显示曲面的剖视图。另外，在装配体生成工程图时，要反映装配体内部的零部件以及零部件之间的关系，也需要用剖视图的命令来完成相关的操作。在某些零部件的工程图中，不需要将零部件全部剖开，运用断开的剖视图命令，可以在同一个视图中同时表达零部件的外部结构和内部结构。

1)“剖面视图”的属性参数

在工程图中生成剖面视图，或选择一现有剖面视图时，剖面视图属性管理器(Property Manager)打开。属性管理器(Property Manager)控制以下属性：

(1) 直线选项

“反转方向”：改变箭头所指示的剖切方向。

“随模型缩放比例”：剖面线在模型改变尺寸时，随模型改变比例。

“名称”：编辑与剖面线或剖面视图相关的字母。

(2) 视图选项

局部剖视图：如果剖面线没完全穿过视图，则会出现提示信息——告诉用户剖面线小于视图几何体，并问用户是否想使之成为局部剖切。

只显示曲面：只有被剖面线切除的曲面出现在剖面视图中。

(3) 自定义比例

选择此复选框来更改显示比例，然后输入所选视图的比例。

(4) 更多属性

在生成新视图或选择现有视图之后，可单击更多属性来打开工程视图属性对话框。

2) 装配体的剖面视图

当生成装配体的剖面视图(或旋转剖视图)时，可以指定剖面范围来排除(不剖切)所选的零部件，需要设定剖面视图对话框中剖面范围标签上的“自动打剖面线”。

(1) 从装配体的剖面视图中排除零部件。

① 激活一个视图，然后按照剖面视图或旋转剖视图所述生成剖切线。

② 单击工程图工具栏上的“剖面视图”按钮或“旋转剖视图”按钮，或单击“插入”→“工程视图”→“剖面视图”或“旋转剖视图”命令。剖面视图对话框的剖面范围标签出现。

③ 在激活的工程视图或设计树的相同视图中，单击用户想从剖面视图排除的零部件。所选零部件在排除的零部件列表中列出。也可以从清单中选择移除其中的零部件，然后按Delete键。

④ 如果所选的零部件在装配体中不只使用一次(例如，如果它是阵列的成员，或是作为多个子装配体的零部件使用)：

如要排除所选零部件的所有实例，单击排除的零部件清单中的零部件名称，然后选择“不剖切所有实例”复选框。在生成的视图中，所选零部件的所有实例都不剖切。

如要只排除所选实例，请不要选择“不剖切所有实例”复选框。在生成的视图中，只有所选的实例不剖切，未被选中的其他实例都会被剖切。

(2) 单击“确定”按钮，获得装配体的剖面视图。

在生成的剖面视图中，不剖切被排除的零部件。它们可以在视图中显示，或者可以设定剖面视图属性只显示切割剖面，从视图中移除它们。

3) 控制自动打剖面线

在剖视图中的相邻零部件之间采用相同剖面线样式默认的系统自动调整；在剖面范围对话框中选择“自动打剖面线”复选框。剖面线使用的角度将自动以90°增量依次改变。如果仍有相邻剖面使用相同的剖面线样式，将调整剖面线的间距。

如果不使用自动打剖面线，可以手动调整相邻零部件上的剖面线角度和间距。

从装配体剖面视图生成的局部视图，使用其母视图的剖面线样式。

4) 断开的剖视图

断开的剖视图为现有视图的一部分，不是单独的视图。闭合的轮廓，通常用样条曲线来定义断开的剖视图。剖切面的位置位于指定的深度以展现内部细节。可通过设定一个数或在相关视图中选择一边线来指定深度。

使用“断开的剖视图”命令，按照下面的步骤生成断开的剖视图：

(1) 单击工程图工具栏上的“断开的剖视图”按钮，或单击“插入”→“工程视图”→“断开的剖视图”命令。

断开的剖视图 Property Manager 出现，指针显示样条曲线工具被激活。用户需要按照提示绘制一闭合样条曲线。

如果想要样条曲线以外的轮廓(如矩形),单击"断开的剖视图"工具前生成并选择一闭合轮廓。

(2) 在 Property Manager 中设定断开剖视图的深度。选择预览可在更改深度时查看剖视的效果。

(3) 单击"确定"按钮,则接受预览的结果。

12.5.7 视图的编辑

1. 剪裁视图命令

除了可生成局部视图或爆炸视图外,还可以对工程视图进行裁剪。由于无需建立新的视图,裁剪视图可以节省步骤。例如,不必建立剖面视图然后建立局部视图,再隐藏不需要的剖面视图,可以直接裁剪剖面视图。但不能从裁剪视图生成局部视图。

1) 使用裁剪视图命令裁剪视图

(1) 激活现有的视图。

(2) 使用诸如圆的草图绘制工具绘制闭环轮廓。如图 12-44(a)所示,圆被画在此剖面视图上。

(3) 单击工程图工具栏上的"裁剪视图"按钮,或单击"工具"→"裁剪视图"→"裁剪"命令。封闭轮廓以外的视图消失,如图 12-44(b)所示,裁剪后只显示圆以内的视图。

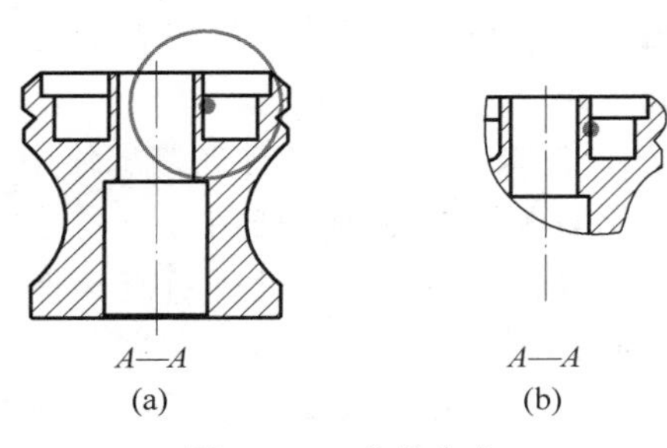

图 12-44 剪裁命令

2) 编辑裁剪视图

(1) 右击视图,然后选择"裁剪视图"→"编辑裁剪"命令或单击"工具"→"剪裁视图"→"编辑剪裁"命令。

(2) 编辑封闭轮廓。

(3) 单击"重建模型"按钮,将更新由新的封闭轮廓生成的裁剪视图。

3) 删除裁剪视图

右击视图,然后选择"裁剪视图"→"删除裁剪"命令或单击"工具"→"剪裁视图"→"删除剪裁"命令。剪裁视图效果被删除,视图返回到其未剪裁之前的状态。

2. 移动工程视图

将指针移到视图边界上以高亮显示边界,或选择视图。当移动光标出现时,可以将视图拖动到新的位置。

在标准三视图中,主视图与其他两个视图有固定的对齐关系。当移动主视图时,其他的视图也会跟着移动。其他两个视图可以独立移动,但是只能沿水平或垂直方向相对于主视图移动。

辅助视图、投影视图、剖面视图和旋转剖视图与生成它们的母视图之间呈对齐关系,只能沿投影方向移动。

断裂视图遵循断裂之前的视图对齐状态。剪裁视图和交替位置视图保留原视图的对齐。

命名视图、局部视图、相对视图和空白视图可以在图纸上自由移动，在默认情况下它们不与任何其他视图对齐。

3. 旋转视图

“旋转视图”命令将所选边线设定为水平方向或竖直方向，也可以绕视图中心点旋转视图，以将视图设定为任意角度。

1）绕模型边线旋转工程视图

（1）在工程图中选择一条线性模型边线。

（2）单击“工具”→“对齐视图”→“水平边线”或“竖直边线”命令。

视图会旋转，使所选的边线成为水平状态或竖直状态。如果用户用这种方式改变了一个视图，由此视图投影得到的任何视图会更新以维持它们之间的投影关系。

2）围绕中心点旋转工程视图

（1）单击视图工具栏上的“旋转视图”按钮，右击视图，然后选择“视图”→“旋转视图”命令，出现旋转工程视图对话框。

（2）拖动视图到所需的旋转位置。视图以 45°增量捕捉，但是可以拖动视图到任意角度。角度以度为单位出现在对话框中。在对话框中的工程视图角度方框中输入角度，选择或取消选择“相关视图反映新的方向”复选框，单击应用以观看旋转效果。

（3）单击“关闭”按钮以关闭对话框。如要使视图回到它原来的位置：右击“视图”，然后选择“对齐”→“默认对齐关系”命令。

如果解除了该视图与另一视图的默认对齐关系，同样会恢复原来的对齐关系。

12.5.8　工程图尺寸标注和格式

1. 将尺寸添加到工程图中

SolidWorks 工程图中的尺寸标注与模型相关联，模型中的尺寸变更同样会反映到工程图中。

在默认情况下，插入的尺寸显示为黑色。这包括零件或装配体文件中呈蓝色的尺寸（例如拉伸深度）。参考尺寸以灰色显示，并带有括号。

将尺寸插入到所有视图中时，要在最适当的视图中标注尺寸。要在部分视图（例如局部视图或剖面视图）的特征上首先标注尺寸。

当将尺寸插入所选视图时，可以插入整个模型的尺寸，也可以有选择地插入一个或多个零部件（在装配体工程图中）的尺寸或特征（在零件或装配体工程图中）的尺寸。

可以从一个视图中删除尺寸，然后将其插入另一个视图中，或者将其移动或复制到另一个视图中。

2. 工程图中尺寸标注格式的编辑

在用插入模型项目的方法将尺寸插入工程图中之后，从美观整齐或者工程设计的表达惯例的角度而言，尺寸插入后的形式可能与实际不符，比如尺寸文字的大小、箭头的类型、尺寸所在视图的位置以及尺寸的排列等。这时就需要做一些编辑工作。

在菜单的"工具"→"文件属性"→"出详图"→"尺寸标注"的选项对话框中，可以对尺寸文字的大小以及箭头的形式进行设定或修改。

1）对齐和分组平行尺寸

（1）在工程视图中，按住 Ctrl 键并选择两个或多个用户要对齐的尺寸。用户同时可以借助按住鼠标并在尺寸周围拖动出一个矩形选框来选择一组尺寸。

（2）单击"平行/同心对齐"按钮，或单击"工具"→"标注尺寸"→"平行/同心对齐"命令。排列的尺寸将带有间距相等的平行箭头，如图 12-45 所示。同时这些尺寸分成一组，当移动时会保持平行等间距。

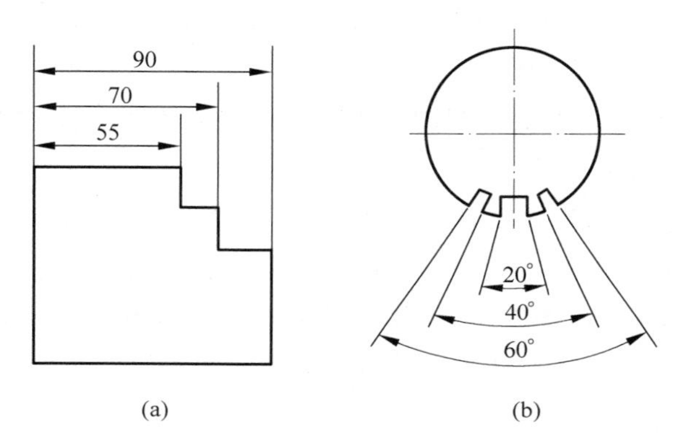

图 12-45　平行同心对齐

（a）平行对齐；（b）同心对齐

2）径向对齐尺寸

在工程视图中，对齐并组合所选线性、径向或角度工程图尺寸。所选尺寸必须为同一类型，如图 12-46 所示。对齐并组合要共线的尺寸的操作：

（1）在工程视图中选择一组尺寸。

（2）单击按钮或单击"工具"→"标注尺寸"→"共线/径向对齐"命令。

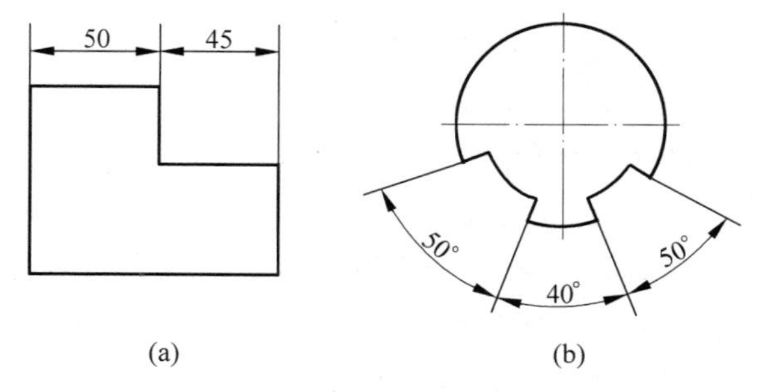

图 12-46　尺寸的共线径向对齐

（a）共线对齐；（b）径向对齐

所选尺寸排列在一条直线上，同时它们被组合为组，并在移动时保持直线排列。

3）移动及复制尺寸

尺寸在工程图中一旦显示，用户即可在视图中移动它们或是将它们移动到其他视图中。当用户将尺寸从一个位置拖动到另一个位置时，尺寸会重新附加到模型。只能将尺寸移动或复制到方位适合该尺寸的视图中。

如要在视图中移动尺寸，将该尺寸拖动到新的位置。

如要将尺寸从一个视图移动到另一个视图中，在将尺寸拖动到其他视图时按住 Shift 键。

如要将尺寸从一个视图复制到另一个视图中，在将尺寸拖动到其他视图时按住 Ctrl 键。

如要一次移动或复制多个尺寸，在选择时按住 Ctrl 键。

12.5.9　基准特征符号

1. 用户可以将基准特征符号附加于以下项目

（1）零件或装配体中的模型平面或参考基准面。

（2）工程视图中显示为边线（而非侧影轮廓线）的表面或者剖面视图表面。

（3）形位公差方框。

2. 插入基准特征符号

（1）单击注解工具栏上的“基准特征符号”按钮，或者单击“插入”→“注解”→“基准特征符号”命令。

（2）在基准特征符号属性对话框中，根据需要编辑选项。

（3）在图形区域中单击以放置该符号。

（4）根据需要继续插入多个符号。在插入符号之前在对话框中编辑每个符号的属性。

（5）单击“确定”按钮。

3. 基准特征符号属性

基准特征符号属性对话框控制基准特征符号的以下属性：

（1）名称。若要改变标签名称，输入一个新的字母。所有的字母必须为大写。

（2）图层。如果工程图包括命名视图，用户可从清单中选择图层。

（3）基准显示类型。选择文件默认、方形或圆形。

（4）对于方形符号，可使用的属性有：显示填充三角形，即选择以其基底上填充的三角形显示符号；显示折线，即选择以折线（水平引线）的方式显示符号。

（5）对于圆形符号，所选实体的符号方向可以选择总是垂直、总是竖直、总是水平。

12.5.10　形位公差的标注

1. 形位公差的添加

（1）单击“形位公差”按钮，或单击“插入”→“注解”→“形位公差”命令。

（2）输入数值并选择符号，添加项目时，会显示其预览。

（3）单击以放置符号。

① 根据需要单击多次以放置多个相同符号。

② 如果符号带有引线，请首先单击以放置引线，然后再次单击以放置符号。

③ 用户可以在对话框中更改每个符号实例的文字和其他项目。

在拖动符号时（放置其之前）按住 Ctrl 键。注释停止移动，但引线继续延长。仍按住 Ctrl 键的同时，单击以放置引线。根据需要单击多次以放置附加的引线。释放 Ctrl 键并单击以放置符号。

（4）单击“确定”按钮可以获得结果，关闭对话框。

2. 形位公差选项

用户可指定所选的形位公差符号引线、箭头以及字体的属性。

（1）附加箭头。箭头的选项有以下选择：

① 总是显示引线。

② 自动引线。如果用户单击实体将添加引线；单击图纸或视图则不添加引线。

③ 无引线。

④ 用折断引线显示。在选择此项的同时，用户还可以选择全周的引线。

⑤ 垂直引线。

⑥ 全周引线。表明轮廓公差可一直延伸到此公差应用的特征周围。

（2）箭头。选择智能显示将默认的箭头样式（在“工具”→“选项”→“文件属性”→“出详图”中指定）用到符号所连接的项目类型。要选择不同的箭头样式，则取消此复选框并从箭头清单中选择一种箭头样式。

（3）定位点。从最近端、左端、右端的选项中选择引线的落点。

（4）字体。选择“使用文档字体”来使用默认的字体，或消除此复选框，并且单击“字体”按钮来选择字体及其大小和样式。

单击“确定”按钮以返回到形位公差属性对话框。

12.5.11 添加文字注释

在所有类型的 SolidWorks 模型文件中，注解的行为方式与尺寸相似。用户可以将所有类型的注解添加到工程图文件中；也可以将大多数类型的注解添加到零件或装配体文件中，然后将其插入工程图文件中。然而对于某些类型的注解（例如，中心符号线、区域剖面线和块），只能将它们添加到工程图文件中。

12.6 自上而下的产品设计开发

在产品设计开发中，有自上而下和自下而上两种基本工作方法。传统的自下而上设计过程中，一般首先设计生成所有的零件，然后将其插入装配体，根据设计要求配合零件。当用户使用以前生成的不在线零件时，自下而上的设计方案是首选方法。使用自下而上的设计法可以让设计者专注于单个零件的设计，此方法较适用于用户不需要控制零件大小和尺寸参考关系的时候。

但是，一个新产品的开发过程中，重复和反复设计是不可避免的。往往要在装配过程中对出现的各种问题进行及时调整和修改。在装配结构设计过程中，利用装配过程中各个相关零件之间的有关约束条件进行零件的补充设计，是一种新的现代设计方法思路。CAD 软件系统提供的这种方法称为自上而下的设计方法。SolidWorks 实现的自上而下的设计方法允许用户在没有全部完成所有零件设计构思的前提下进行产品装配设计，并对缺少部分进行装配环境下的追加设计、编辑和修改，或者利用相关的装配约束信息回到零件设计模式下进行整个零部件的设计操作。

当用户将一个设计好的零部件(单个零件或子装配体)放入装配体中时，这个零部件文件会与装配体文件链接。这时，零部件出现在装配体中，零部件的数据还保持在源零部件文件中。对零部件文件所进行的任何改变都会更新装配体。

例 12-4　滑雪摩托车产品开发实例

图 12-47 所示为某种型号的滑雪摩托车的设计效果图，此产品由 2000 多个零部件构成。在初步设计过程中，往往采用自下而上的设计思路，首先专门对各个零部件进行设计开发，对需要外购的配套零部件，比如发动机、刹车泵、履带等零部件，只需要进行选型和对其外形结构进行设计绘图，然后再对所有的零部件进行装配调试，从而完成滑雪摩托车的总体结构设计。

图 12-47　滑雪摩托车原型设计效果

在设计装配过程中，会发现完成的零部件设计存在许多在独立设计中无法发现的问题，有些问题往往对产品的整体质量产生直接的影响，而有的问题可能是致命的，因而必须进行改进。

1. 滑雪摩托车装配结构分析

在产品试制装配试车过程中，发现驱动轮毂和刹车系统在装配调试过程中极不方便，发生故障时维修拆卸困难，因此需要对刹车部分以及轮毂零部件原始结构设计进行改进。为了了解原始设计的基本情况，打开滑雪车的装配体文件，并将零部件爆炸开，以便于对其内部结构进行分析观察。

在工具菜单栏中，单击"打开文件"按钮，弹出文件打开对话框，在"文件类型"选项中，选择装配体文件(文件后缀为 sldasm)，打开文件 Snowmobile2020. SLDASM。

单击"爆炸"按钮，爆炸后的滑雪摩托车的结构图如图 12-48 所示。

单击"局部放大"按钮，放大刹车装配体部分、传动轴部分等。刹车轮毂零件出现在图形区域，图 12-49 为放大后的刹车系统部分，其中刹车片、刹车轮毂是需要改进的部位。

打开刹车轮毂零件的文件(brake flange. sldprt)，关闭滑雪车总装配文件 Snowmobile2020. SLDASM。可以仔细分析轮毂零件的结构和改进方案。

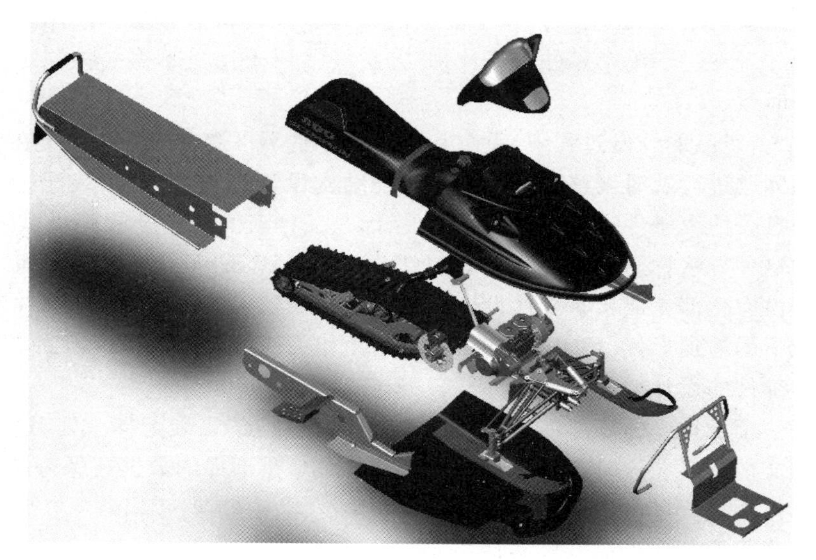

图 12-48　滑雪摩托车结构爆炸图

图 12-49　刹车部分

2. 轮毂改进设计

开始建立一个新的轮毂零件设计文件。针对原始轮毂的整体设计结构，为了解决前述分析的问题，采用新的分离结构设计。

1）创建基体特征

打开并最大化新的轮毂文件的窗口，单击“绘制草图”按钮；

单击“中心线”按钮，绘制垂直的中心线，从原点开始向绘图区域的顶端绘制；

单击“镜像”按钮；

单击“直线”按钮，从原点开始向右绘制水平线，然后以该水平线的右端点为起点绘制一条斜向上的直线；

单击“圆点/起点/终点三点圆弧”按钮，以原点为圆心，以斜向上的直线的终点为起点，终点与垂直的中心线相交。得到如图 12-50(a)所示的轮毂基体草图；

单击“基体拉伸”按钮，选择“确定”按钮，获得如图 12-50(b)所示的基体特征；

单击特征树中“基体拉伸”的名称两次，此时“基体拉伸”的名称处于可编辑的状态，输入[基体]名称“基板”作为特征名称，单击“确定”按钮。

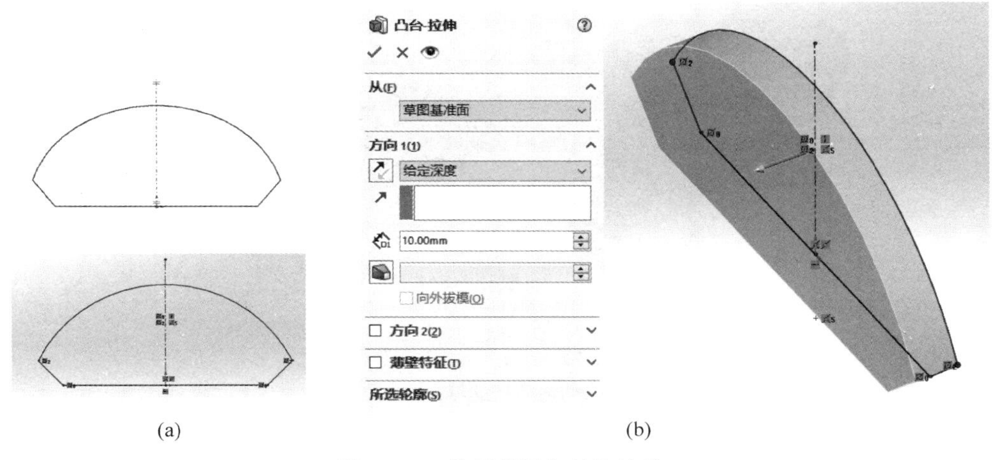

(a)　　(b)

图 12-50　轮毂草图与基体拉伸

2）通过动态编辑来修改轮毂

(1) 单击（动态修改特征，移动或修改尺寸），如图 12-51(a)所示。选择草图的顶点，动态地拖动草图，初定轮毂基体的基本形状。

(2) 编辑草图——为草图添加约束，在图形绘制窗口中为草图添加尺寸标注。标注水平线长度为 120mm，斜直线的倾角为 45°，圆弧半径为 75mm，如图 12-51(b)所示。

(3) 单击"圆角"按钮，选择倒角半径为 10mm，选择斜直线的两个较高的顶点，单击"重新建模"按钮，如图 12-51(b)所示。

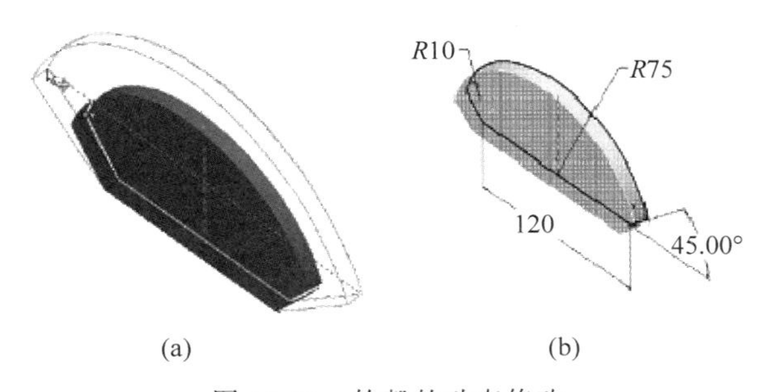

(a)　　(b)

图 12-51　轮毂的动态修改

(4) 单击按钮，退出动态编辑状态。

3）创建半圆凸台（轮毂）

选择基体特征的前表面为草图的基准面，如图 12-52(a)所示。单击"草图绘制"按钮；单击"圆点/起点/终点三点圆弧"按钮，以原点为圆心，绘制中心角为 180°的圆弧，且两个端点与零件的边线重合。

在草图绘制窗口中，为该圆弧添加尺寸 $R40$；单击"基体拉伸"按钮，给定深度为 40mm，单击"确定"按钮。

4）对基体特征和半圆凸台（轮毂）特征拔模

按住 Ctrl 键，同时选择基体特征的前表面（Face＜1＞）、基体特征的圆柱面（Face＜2＞）和凸台特征的圆柱面（Face＜3＞），如图 12-53 所示。

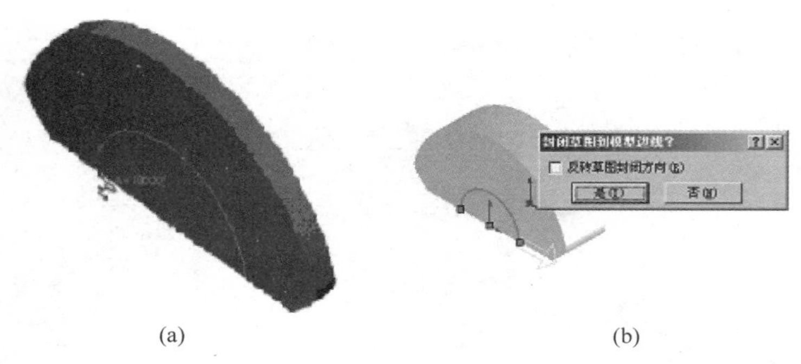

(a) (b)

图 12-52 创建半圆凸台

单击"拔模"按钮，拔模角度设置为 3°，选择"中性面"，沿切面生成，单击"确定"按钮。

5）插入筋特征

单击菜单中的工具 Feature Palette，选择 Scorpion Demo/Palette Features，选取 Ribs；将 Feature Palette 文件夹中已进行过拔模的筋特征拖放到基体特征的前表面，拖动圆弧凸台边线处的控制圆点到边缘处，将定位角度选定为 60°，单击"应用"按钮，完成一个筋特征的建模，如图 12-54 所示。

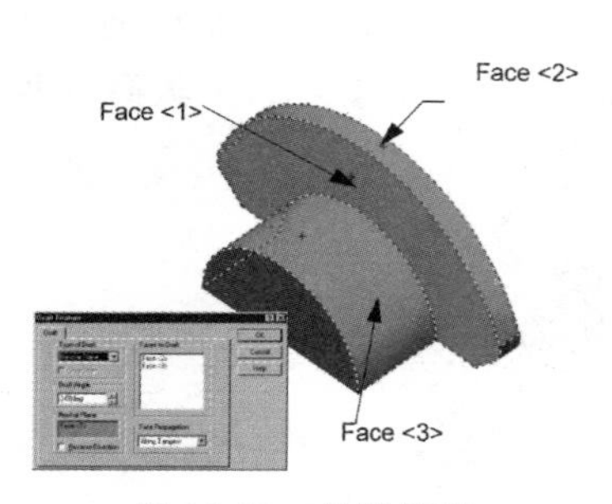

图 12-53 拔模斜度

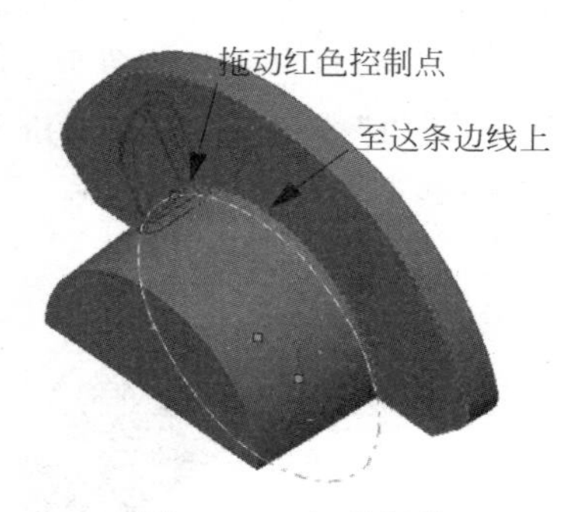

图 12-54 加筋操作

6）阵列筋特征

选择已拔模的筋特征 Rib1，如图 12-55 所示。单击"圆周阵列"按钮，或者选择"插入"，选取其中的"阵列/镜像"，选中"圆周阵列"命令；单击要修改的尺寸：选择 60°，并且选定旋转方向；在参数框中，选择"相等间距"；在检验框中，总角度选为 120°，实例数指定为 3，单击"确定"按钮，即可获得均匀布置的 3 个筋特征。

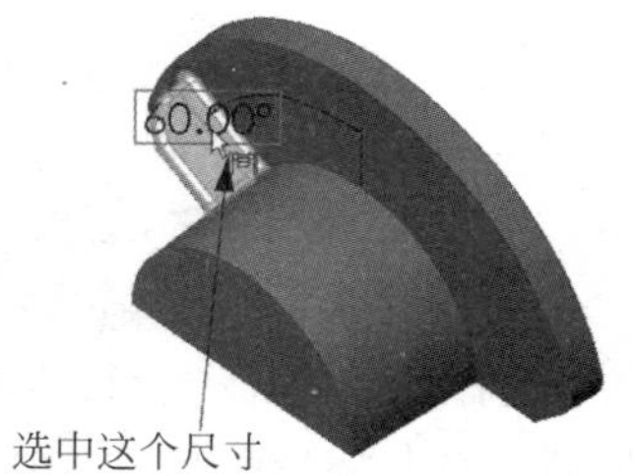

图 12-55 阵列筋特征

7）做减重孔

选择基体特征的前表面为基准面，单击"草图绘制"按钮，绘制减重孔的草图，如图 12-56(a)所示。

按住 Ctrl 键，同时选择相邻的两个圆角的边线、基体与轮毂凸台的边线，单击"等距实体"按钮，指定等距距离为 5，选择方向为"反向"，单击"应用"按钮完成。

选择基体特征的圆弧边线，单击“应用”按钮完成。

单击“圆角”按钮，选取半径为 10mm，选择由等距实体生成的草图中的四个顶点，单击“确定”按钮，如图 12-56(b)所示。

单击“拉伸切除”按钮，类型选为“完全贯穿”，点选“拔模同时切除”，角度设置为 3°，单击“确定”按钮，如图 12-56(c)所示。

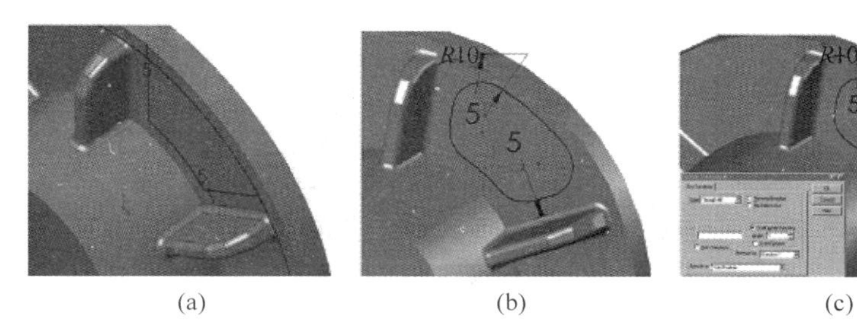

(a) (b) (c)

图 12-56 阵列筋特征

8）棱边倒圆角

选择要倒圆角的边线，如图 12-57 所示，单击“圆角”按钮，选取半径为 2，单击“确定”按钮。

9）镜像切除和圆角特征

在特征树中，按住 Ctrl 键，选择减重孔的切除和圆角特征。图形显示如图 12-58 所示。单击“镜像特征”按钮，或者单击“插入”按钮，选择“阵列/镜像”中的“镜像特征”命令，选择右视面为镜像面，单击“确定”按钮完成。

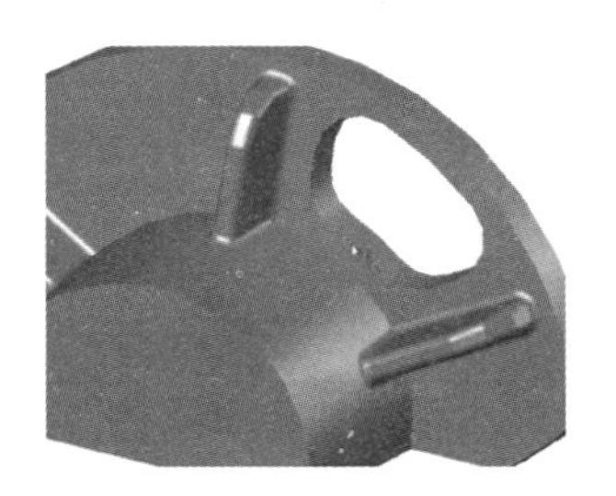

图 12-57 棱边倒圆角

图 12-58 镜像特征

10）添加用户属性

在如图 12-59 所示“自定义”标签中，选择“绘制者”，输入你的姓名，单击“添加”按钮，单击“确定”按钮完成。

11）生成轮毂零件的工程图

(1) 打开建立新的工程图文件

单击“新建文件”按钮，双击“工程图”模式，选择标准图纸格式-A1-横向，单击“确定”按钮。

(2) 添加零件的视图

① 添加三视图

在主菜单中选择窗口下拉菜单，单击纵向平铺窗口，将轮毂零件实体造型窗口和工程图

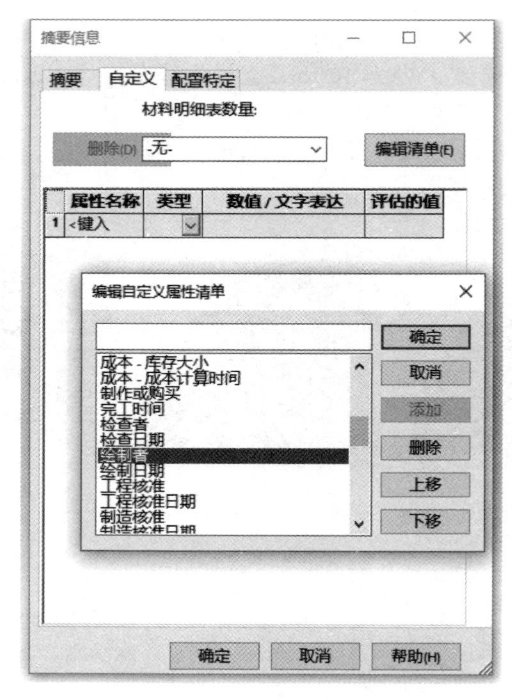

图 12-59　用户属性

窗口左右平铺在工作区域内。拖动轮毂零件实体并将其放置到工程图纸中，在标准三视图选项中选中并生成三视图，移动摆放轮毂零件在工程图中正视图的位置，如图 12-60 所示。

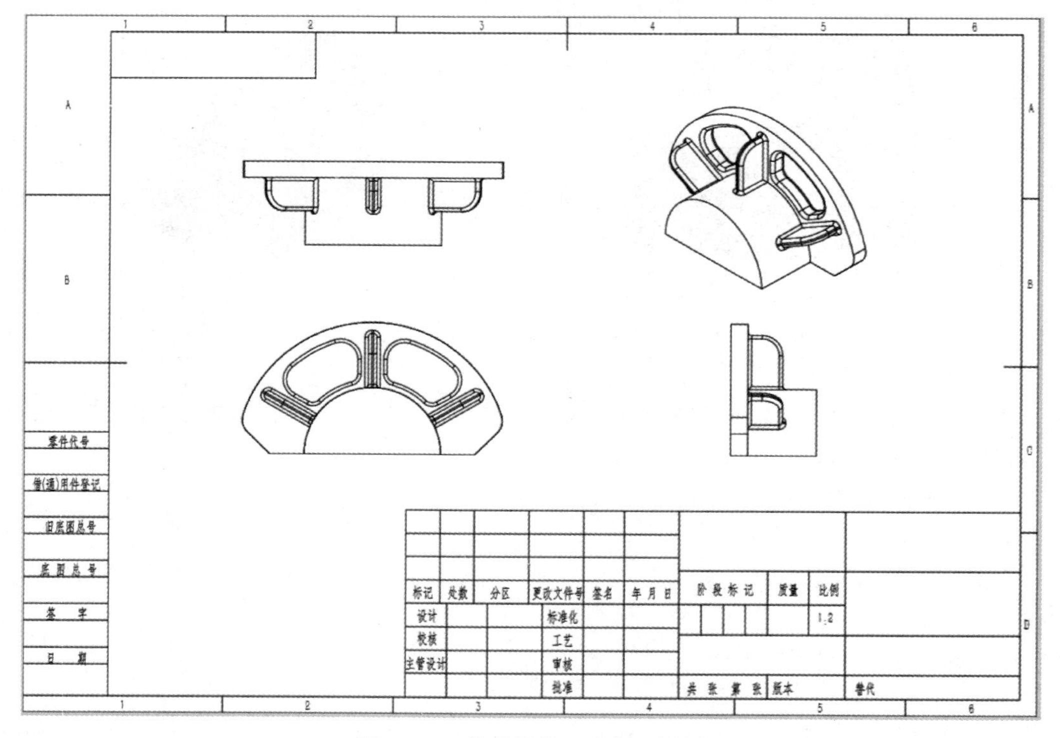

图 12-60　轮毂零件工程图三视图

② 插入等轴测视图

在视图布局菜单中，单击“命名视图”按钮 或者单击“投影视图”命令，任意选择 3 个视图中的一个视图，视图的投影方向沿右上角对角线拖动，生成满足投影关系的等轴测视图，单击“确定”按钮，生成如图 12-60 所示轴测图结果。

③ 插入模型尺寸

在主菜单中选择“插入”命令，选取模型项目命令，来源设置为整个模型，勾选“将项目插入到全部视图”，确定其他的选项参数，单击“确定”按钮，工程图中各个视图中标注出有关的模型尺寸，如图 12-61 所示。可以人工摆放和整理工程尺寸的位置。

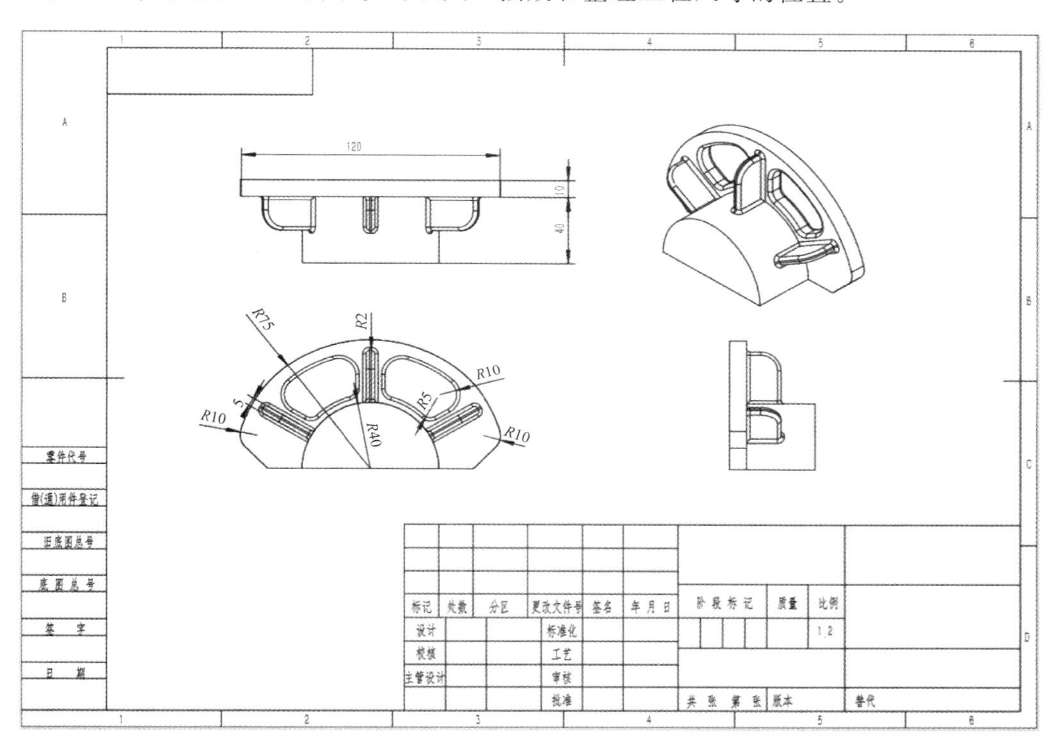

图 12-61 工程图中的模型尺寸

④ 添加剖视图

在视图布局菜单中选取“剖面视图”命令，在命令属性栏中选择“切割线方向”，拖动光标单击选中“通过主视图中心的垂直线”；接着拖出光标，在工程图的适当位置单击鼠标确认键，通常将剖视图放置于主视图的右方。

⑤ 修改视图

双击俯视图中 $R75$ 的尺寸，在尺寸修改对话框中将该尺寸修改为 90mm，如图 12-62 所示，单击“确定”按钮（保存当前值并关闭该对话框），按住 Ctrl 键同时按 B 键（重新建模）。对比零件窗口和工程图窗口，可以观察到修改之后零件和工程图的变化效果。

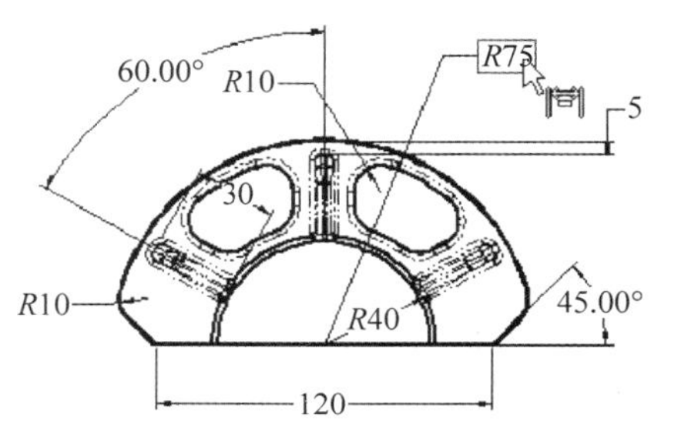

图 12-62 视图的修改

12）完成对轮毂零件的设计建模

在轮毂零件实体的窗口中继续建模：

（1）凸台拉伸

如图 12-63 所示，选择基体特征的前表面作为草图基准面，单击“草图绘制”按钮。在草图工具栏中单击“绘制平行四边形”命令，在基体前表面上绘制矩形；分别捕捉左右两边线的终点作为绘制平行四边形时的第一、第二点。

在草图绘制状态中进行尺寸标注，标注右边的垂直线长度为 30mm；单击空格键（会弹出视图定向对话框），显示实体模型的等轴测观察效果，如图 12-64 所示。在特征工具栏中单击“凸台/基体拉伸” 命令，输入给定拉伸深度为 35mm，单击“确定”按钮。

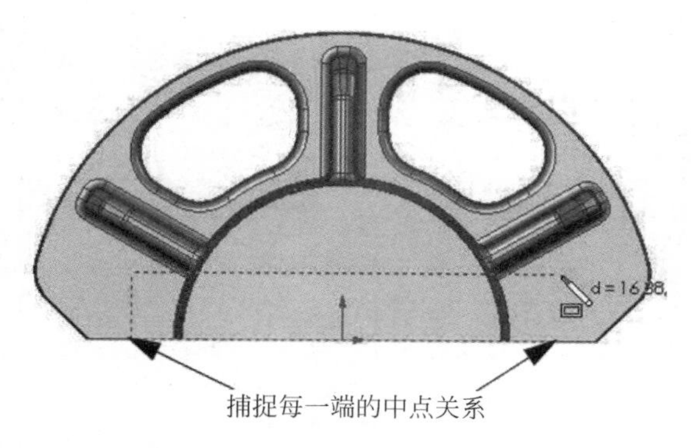

图 12-63 凸台拉伸

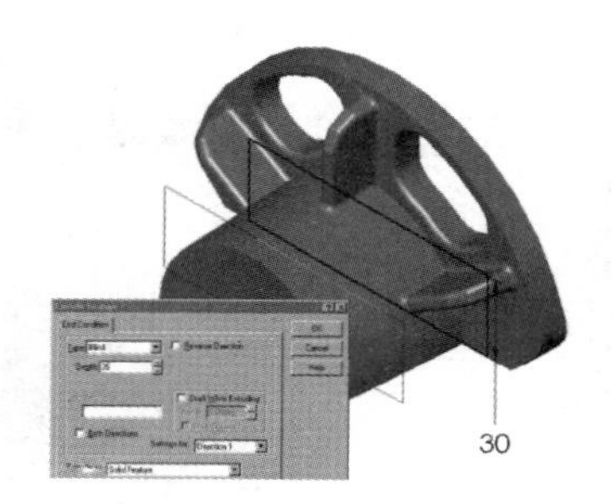

图 12-64 等轴测凸台拉伸

（2）倒半径为 10mm 的圆角

如图 12-65 所示，按住 Ctrl 键，分别选择长方体凸台外侧的两条边线以及长方体凸台和圆柱体凸台相交处的边线，单击“圆角”按钮，取半径为 10mm，单击“确定”按钮。

（3）倒半径为 2mm 的圆角

如图 12-66 所示，按住 Ctrl 键，分别选择圆柱凸台外侧的边线、长方体凸台和圆柱凸台相交的边线；单击“圆角”按钮，取半径为 2mm，单击“确定”按钮。

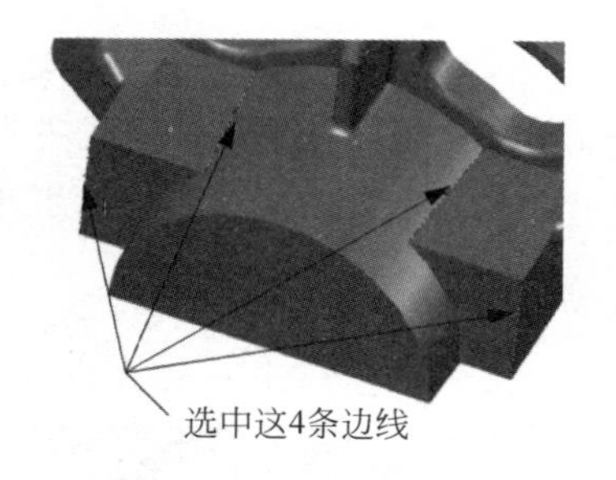

图 12-65 倒半径为 10mm 的圆角

图 12-66 倒半径为 2mm 的圆角

（4）拖放并复制圆角

按住 Ctrl 键，拖放最后完成的圆角，并将其分别放置到凸台左边的边线和左边的顶面上以及右边的边线和右边的顶面上，如图 12-67 所示。这样，这两条边线和两个面相关的过渡棱边会倒成半径为 2mm 的圆角。

(5) 通过"异形孔向导"建立一个螺栓阶梯孔

在特征工具栏中，选择"异形孔向导"特征，在异形孔属性栏中选择螺栓孔的类型为阶梯孔和尺寸规格参数；选择摆放孔的位置，光标放到长方体凸台左边顶面上的合适位置，单击，可以标注尺寸控制阶梯孔中心的确切位置，如图 12-68 所示，单击"确定"按钮完成。

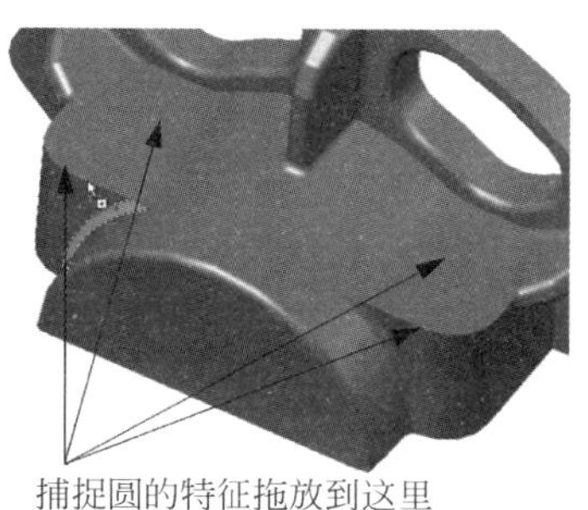

图 12-67　拖放复制圆角

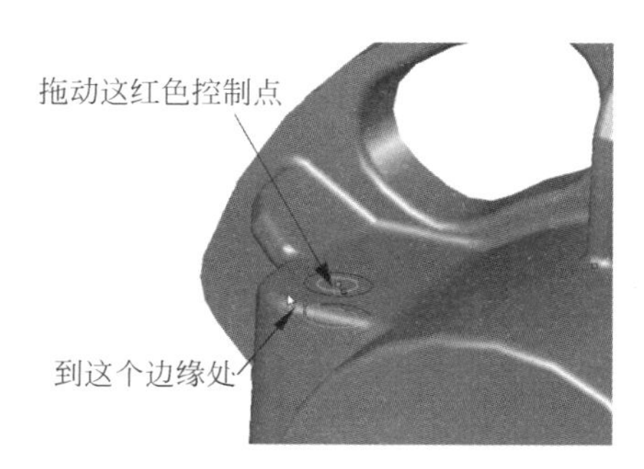

图 12-68　异形孔向导作螺栓阶梯孔

(6) 生成螺纹孔

如图 12-69 所示，选择"异形孔向导"命令，在异形孔属性栏中选择螺栓孔的类型为螺纹通孔以及其尺寸规格参数；选择"摆放孔的位置"，光标放到长方体凸台右边的平面上的合适位置单击确认，可以标注尺寸控制阶梯孔中心的确切位置，如图 12-69 所示，单击"确定"按钮完成。

(7) 从刹车轮毂中拖放花键

在主菜单中选择窗口下拉菜单，选择其中已经打开过的"Brake Rotor Flange"实体零件文件，选择 V(两个需要的绘图窗口，纵向平铺在显示绘图区)。

将 36 键的花键特征从刹车轮毂(Brake Rotor Flange)的特征树中拖放到新建的轮毂中，放置在前表面上，如图 12-70 所示，关闭刹车轮毂。

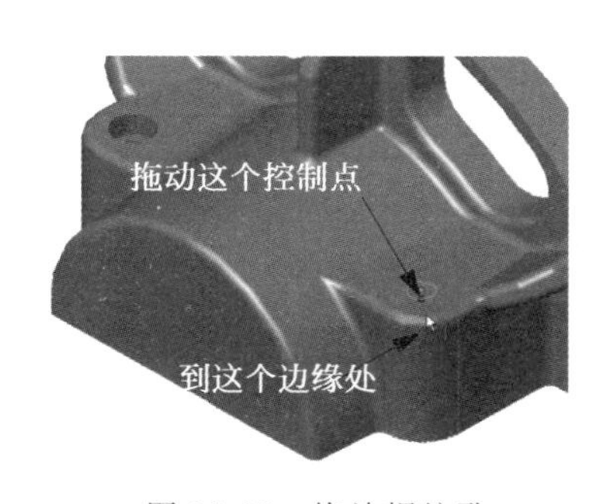

图 12-69　拖放螺纹孔

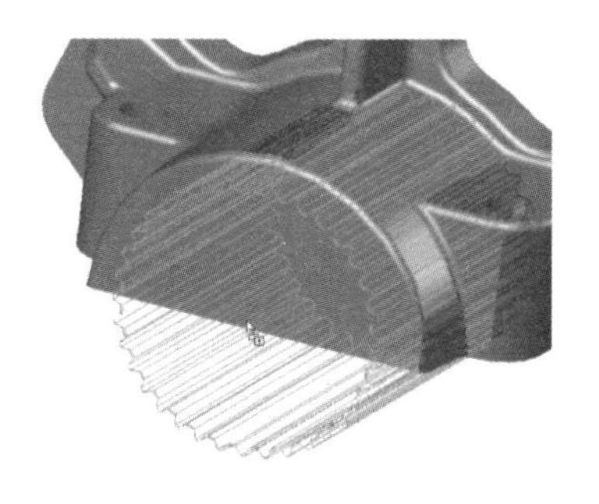

图 12-70　拖放花键

在设计树中打开名为 Libfeat 4 的特征，右击 CutExtrude 6 特征，选择"编辑草图"命令，选择花键草图中的圆，并向实体模型中的圆柱凸台边线拖放至圆心与红色的控制点重合，如图 12-71 所示。同时按下 Ctrl+B 键(重新建模)，如图 12-72 所示。

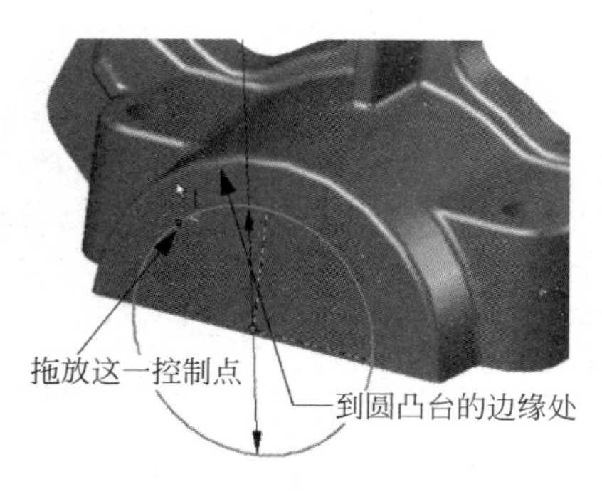

图 12-71　花键定位

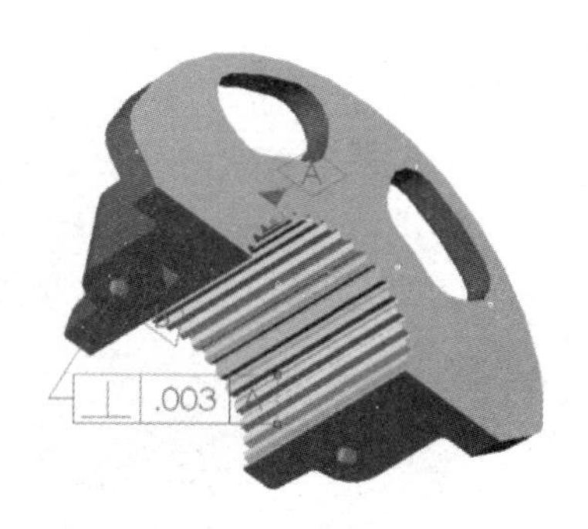

图 12-72　标注基准

（8）添加基准和形位公差

单击“基准特征符号”按钮，选择基体特征的后表面，单击“确定”按钮，如图 12-72 所示。

选择零件轮毂的底面，单击“形位公差”命令，选取公差符号为“垂直度”；公差 1 设置为 0.003，其他属性参数根据需要选取，单击“确定”按钮。

13）完成详细的工程图绘制

（1）添加轮毂零件工程图中局部视图

在轮毂零件工程图的显示窗口，选择“局部视图”命令，在俯视图中合适的位置绘制圆（单击确定圆心，拖放确定圆的半径）；将局部视图放置在俯视图的右边，动态拖放，可以相应显示出局部视图在不断更新，如图 12-73 所示，在局部视图中添加尺寸。

（2）添加螺孔的中心线

如图 12-74 所示，单击“中心符号线”按钮，在主视图中，分别选择完全贯穿的阶梯孔的边线和完全贯穿的螺纹孔的边线，将自动添加上孔的中心线。

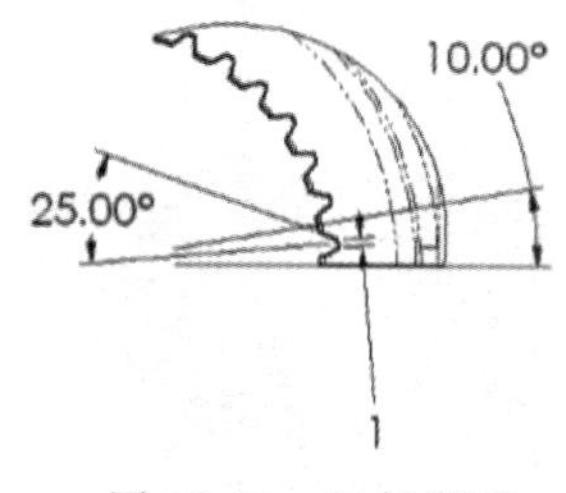

图 12-73　局部视图

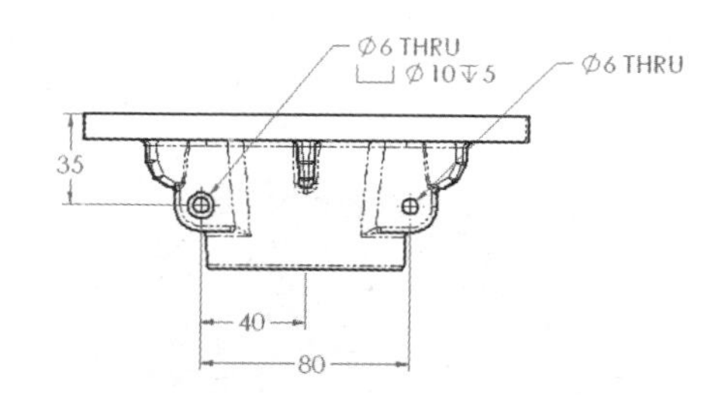

图 12-74　添加螺纹孔中心线

（3）为所有的孔添加尺寸

在工程图绘图区内，单击鼠标右键，选择更多尺寸标注，分别标注阶梯孔的中心线和顶端边线的垂直和水平距离，标注两个中心线之间的距离尺寸。双击俯视图底端的水平边线，捕捉中点，选择左边的孔，并添加水平尺寸。

（4）在俯视图中添加孔的编号

在注释工具栏中单击“孔标注”按钮，选择螺栓阶梯孔，光标拖出视图选择合适位置，单击“确定”按钮；选择螺纹孔，光标拖出视图摆放合适位置，单击“确定”按钮。

(5) 查看刹车与驱动装配体工程图

在窗口中，选择刹车与驱动装配体工程图(Brake and Drive Assy. SLDDRW)；查看材料明细表。

14) 装配刹车装置

在刹车装置子装配体中删除旧的转子法兰。右击绘图窗口，打开驱动部分子装配体文件(Drive Assy. sldasm)，在绘图窗口中选择刹车轮毂，单击“确定”按钮。

(1) 将新轮毂零件实体拖放到刹车装置装配体中

将相关的窗口纵向平铺，在驱动部分装配体中的窗口中放大刹车回转轴区域。选择新的轮毂零件的圆柱面，拖放到刹车回转轴的内圆柱表面，在捕捉到同轴心的光标时停止拖放，按Tab键改变配合的方向，放下新的轮毂，则完成了新轮毂的装配，如图12-75所示。最小化新的轮毂文件窗口，将驱动部分装配体的窗口最大化(DriveAssy)。

(2) 对刹车轮毂与刹车片两个面添加重合的配合关系

如图12-76所示，右击刹车轮毂零件，选择“其他”，选择刹车轮毂的后表面，按住Ctrl键继续选择刹车片的前表面；单击“配合”命令，选择“重合配合”，单击“确定”按钮。

图12-75 安装新的轮毂

图12-76 添加配合关系

(3) 建立平面之间的“重合配合”关系

选择刹车轮毂的顶表面和新轮毂的顶表面，单击“配合”命令，选择“重合配合”，单击“确定”按钮。

(4) 创建刹车部件的子装配体

在特征树中，右击装配体中的新刹车轮毂零件，选择“插入新的子装配体”命令，在对话框中选择刹车轮毂，单击“确定”按钮。

(5) 在刹车轮毂装配体中添加新轮毂和刹车片

在特征树中，将刹车片拖放到刹车轮毂子装配体中。

(6) 打开刹车部件

右击特征树中的“刹车轮毂”，打开“刹车轮毂装配体”。

(7) 生成轮毂零件的圆形阵列

在草图绘制窗口选择轮毂法兰面，如图12-77所示，在主菜单中选择“插入”命令，选取插入零部件阵列，定义新的阵列沿圆弧方向式排列(圆周)，单击“下一步”按钮；在DriveAssy窗口中单击A(轴向)，在沿边线/尺寸方向框中，在绘制窗口中选择“轴1方向”，阵列的步长为 180°,单击“确定”按钮完成。

(8) 切除拉伸(孔阵列)生成轮毂上的连接孔

右击新轮毂法兰,选择“编辑零件”命令。选择新轮毂法兰的前表面,单击“绘制草图”按钮,选择刹车转子的 3 个安装孔,单击“实体转换”按钮,如图 12-78 所示。

图 12-77　轮毂绕轴线圆周阵列

图 12-78　生成轮廓上的连接孔

单击“切除拉伸”按钮,选择“完全贯穿”方式,单击“确定”按钮。单击“编辑零件”按钮,结束零件编辑。

(9) 从标准件箱中拖放安装螺栓螺母

从标准件箱(Toolbox)中选择合适的米制螺母和螺栓;将螺栓拖放到装配体窗口,基于孔配合从一个孔移向另一个孔,如图 12-79 所示,当捕捉到孔配合关系的光标时,单击“确定”按钮。

(10) 通过零部件的阵列生成螺母阵列

在主菜单中选择“插入”,选择“插入零部件阵列”,单击“下一步”按钮;选择米制螺母;选择阵列特征列表框,选择刹车转子法兰孔,单击“确定”按钮完成。

① 返回刹车和驱动部件

在窗口中,选择模型文件驱动部件(Drive Assy. sldasm),使之在主窗口中显示。

② 利用动态特征按钮修改圆柱凸台

单击“动态修改特征”按钮,选择圆柱凸台的前表面,如图 12-80 所示。选择尺寸大小改变的控制点,拖放圆柱凸台的长度到 50mm。再单击按钮,退出动态修改特征。可以看出,轮毂与浮动轴上的花键配合尺寸不符合。

图 12-79　螺栓螺母装配

图 12-80　圆柱凸台动态修正

③ 修改轮毂零件上的半圆凸台

在绘制窗口中右击轮毂法兰，选择“编辑特征定义”，将特征拉伸类型改变为“拉伸到一指定面”，并且选择花键的前表面（位于装配轮毂的浮动轴上），如图 12-81 所示，单击“确定”按钮完成。

④ 编辑装配法兰的浮动轴

双击装配轮毂的浮动轴的前表面，双击尺寸 100mm，并将其改变到 80mm，如图 12-82 所示，单击“确定”按钮（保存当前值并退出该窗口），同时按住 Ctrl+B 键（重新建模）。

图 12-81　修改轮毂上的半圆凸台长度

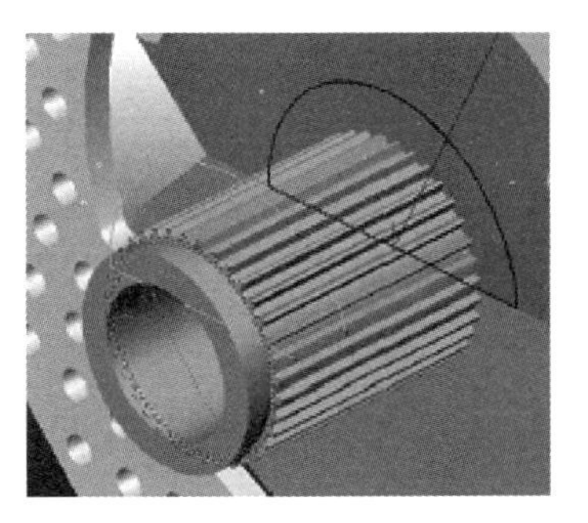

图 12-82　修改浮动轴上的尺寸

⑤ 显示在零件明细表和装配体中的改变

在主菜单中的窗口下拉菜单中，选取刹车和驱动部件图纸（Brake and Drive Assy-Sheet 1）；选择零件明细表，单击“放大所选范围”按钮，如图 12-83 所示（整屏显示全图）；单击“局部放大”按钮，放大刹车转子处的区域；观察发生的变化。

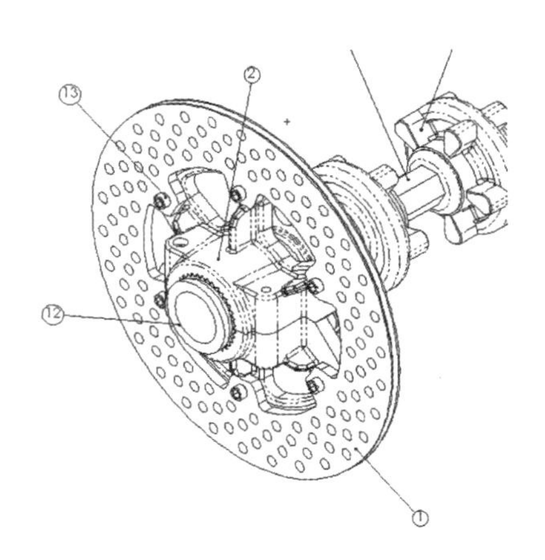

图 12-83　修改后的分体式轮毂结构

由此可以看出，经过修改后的驱动部分的整体结构合理，刹车轮毂的分体式结构能够满足重新设计修改的目标和要求。

第 13 章

CAXA 3D 实体设计基本建模

CAXA 3D(2020 版)实体设计软件集成了 CAXA 电子图板，设计人员可在同一软件环境下自由进行 3D 和 2D 设计，可以读写 DWG/DXF/EXB 等数据，利用二维资源创建三维模型。

13.1 CAXA 3D 实体设计启动与用户界面

13.1.1 CAXA 3D 实体设计启动

CAXA 3D 实体设计包含两个设计环境，如图 13-1 所示，一个是“3D 设计环境”，可以在其中进行零件设计、装配、渲染、动画制作等设计环节；一个是“图纸”也就是“2D 工程图环境”，可以在其中绘制 2D 工程图、投影生成 2D 视图、标注尺寸、生成明细表、标注序号等。

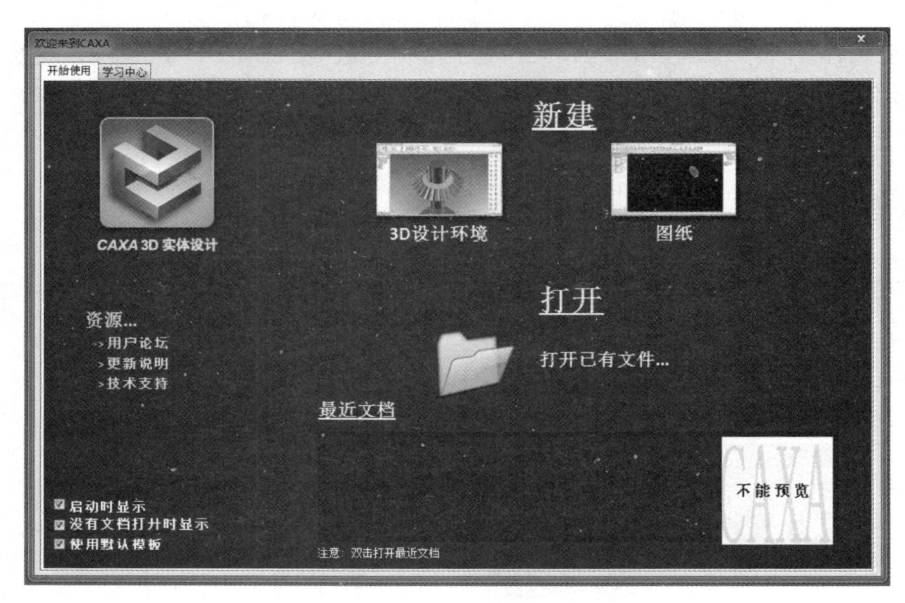

图 13-1 启动 CAXA 3D 实体设计

13.1.2 CAXA 3D 实体设计 3D 设计环境用户界面

CAXA 3D 实体设计的“3D 设计环境”是完成各种设计任务的窗口，提供了各种工具及条件。如图 13-2 所示为 CAXA 3D 实体设计的“3D 设计环境”。

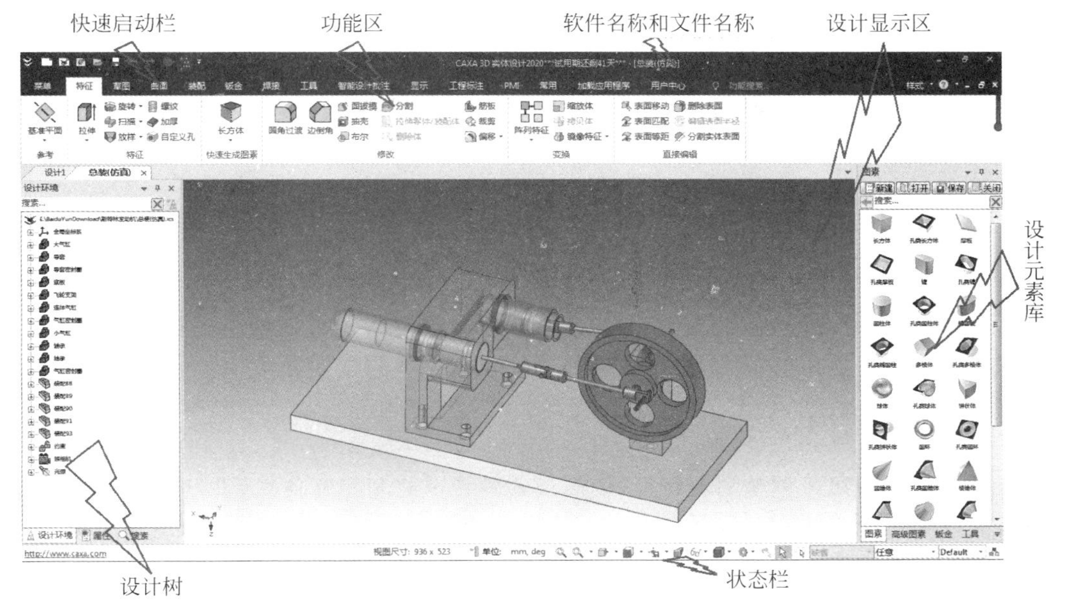

图 13-2　3D 设计环境

"3D 设计环境"最上方为快速启动栏、软件名称和当前文件名称。其下方是按照功能划分的功能区。中间是设计工作显示区域。工作显示区域上方为多文档标签页，左边显示设计树、属性等，右边是可以自动隐藏的设计元素库。最下方是状态栏，这里主要有操作提示、视图尺寸、单位、视向设置、设计模式选择、配置设置等内容。

13.1.3　CAXA 3D 实体设计 2D 工程图环境用户界面

"2D 工程图环境"可以读入实体设计"*.ics"文件生成标准工程图，可调整主视图角度，可以自动生成中心线、中心标志、螺纹简化画法、尺寸标注、明细表、自动序号等。如图 13-3 所示为"2D 工程图"界面。

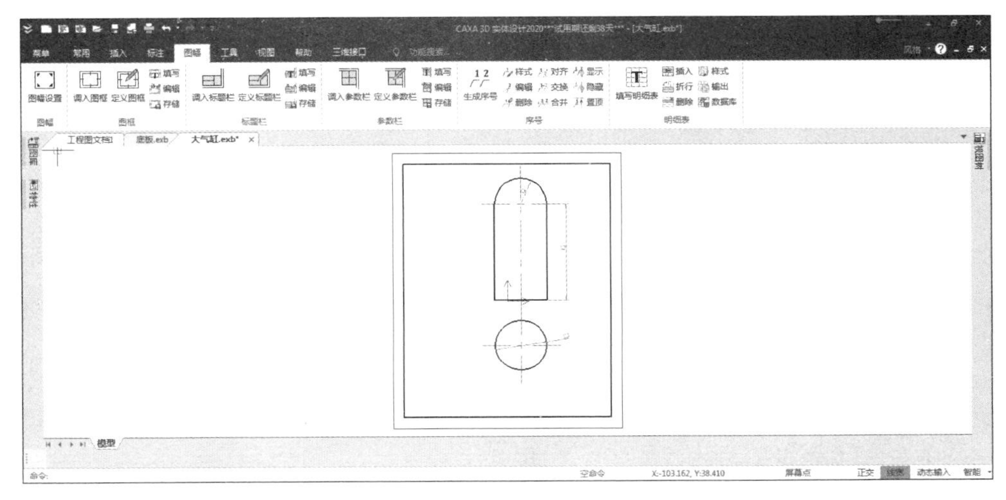

图 13-3　2D 工程图界面

13.2 设计模式

13.2.1 创新模式

创新模式是CAXA 3D实体设计特有的设计模式。零件中的图素之间没有严格的父子关系，可以自由设计，可以方便编辑其中的某些特征而不影响其他特征。创新模式具有简单、直接、快速的特点，是一种方便有趣的如同堆积木一样的设计方式。

1. 特征间父子依存关系

以原有特征为参考创建的新特征，创新模式的特征之间相互独立，工程模式下新特征与原有特征之间形成互相依存的父子关系。如果删除已有特征，创新模式下不影响新特征，工程模式下会弹出如图13-4所示提示，选择"是"将删除所有特征，选择"不"将不删除父特征和子特征。

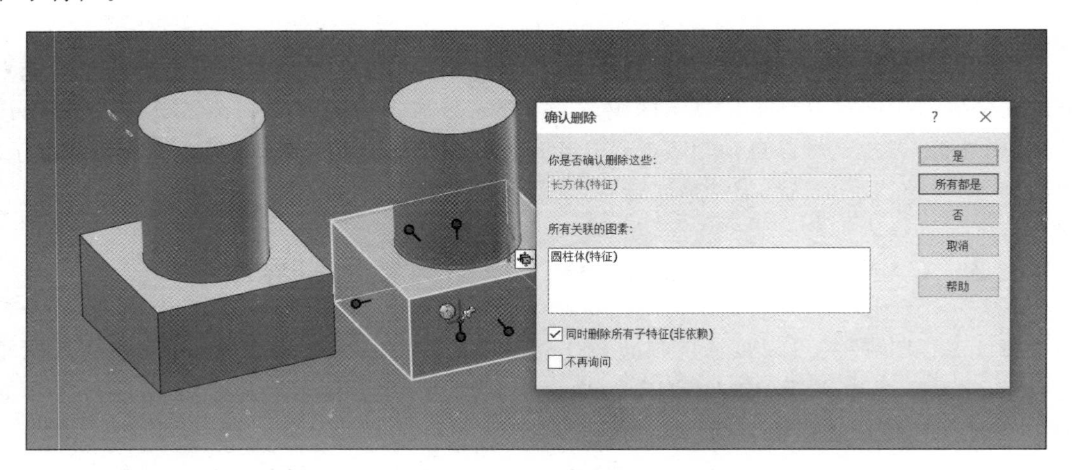

图13-4 零件相互依存关系

2. 特征间位置关系关联性不同

如图13-5所示，两个模式的零件均为圆柱体拖放到已有长方体的中心点。在创新模式下两者之间的位置关系没有关联，而工程模式下则默认在两者之间添加了位置关联。

此时如果分别拖放改变长方体的尺寸，则创新模式中圆柱体将留在绝对坐标系中的原位，而工程模式下圆柱体的位置则跟随长方体尺寸的改变而发生绝对值改变，但总保持在长方体的中心。

如果分别选中两种模式下零件中的圆柱体图素，然后打开三维球试图移动圆柱体图素的位置，会发现创新模式下可以自由移动，而工程模式下三维球无法移动圆柱体。这也是因为与父特征长方体之间位置关系关联性不同。

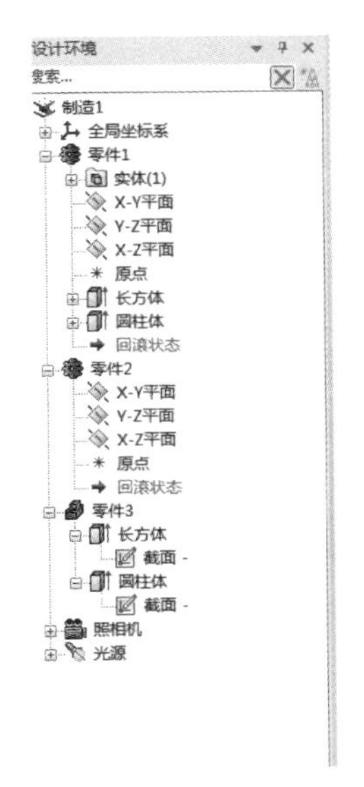

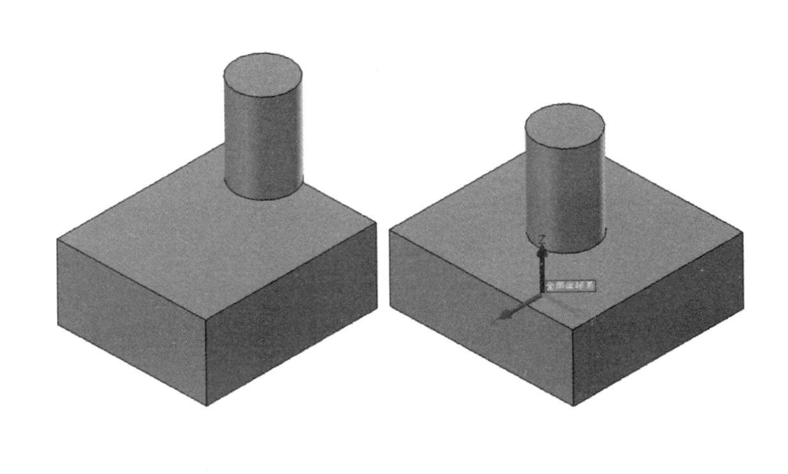

图 13-5　零件位置关系

3. 特征的历史顺序

创新模式的特征之间相互独立，工程模式下新特征与原有特征之间形成互相依存的父子关系。所以，创新模式特征之间的顺序可以调整。如图 13-6 所示，本来“键”在“孔类圆柱体”之后，左键拖动“键”将其置于“孔类圆柱体”之前，此时设计环境中实体也会发生改变，“孔类圆柱体”可以作用于改变到其前面的特征“键”上。

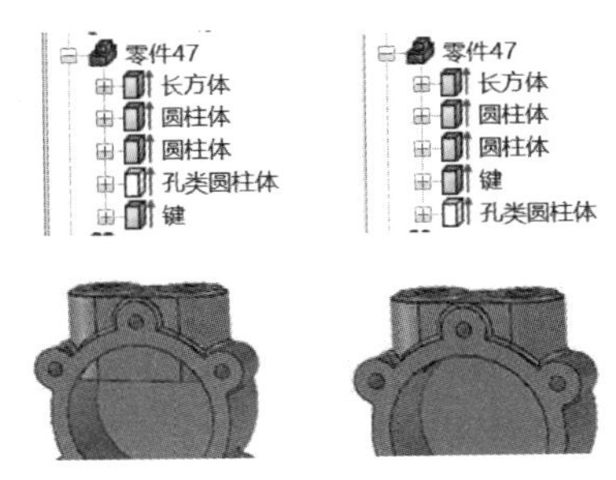

图 13-6　改变历史顺序

4. 创新模式示例

如图 13-7 所示，以轴类零件为例介绍典型的创新设计模式。

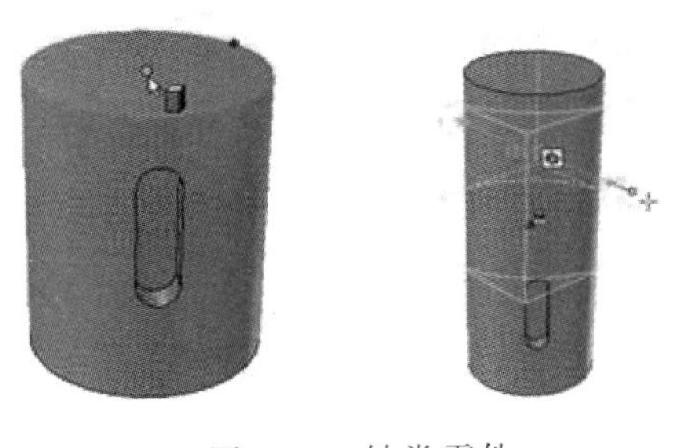

图 13-7　轴类零件

(1) 从设计元素库“图素”中拖入圆柱体。

从标准智能图素开始的零件创建采用了最简单的拖放技术，单击需要的“图素”，一直按住鼠标“左键”，把“图素”拖放到设计环境中的合适位置“松开鼠标”，就生成了这个标准智能图素。

(2) 拖放一个孔类键到圆柱体上。

从“图素”中选择“孔类键”，按住鼠标左键，拖放到圆柱体表面上。

(3) 孔类键的默认位置不符合要求。在孔类键为“智能图素”状态下，单击工具条上的“三维球”图标，或单击“F10”键，打开“三维球”。

(4) 单击"三维球"按钮,沿圆柱体径向的"外操作柄",然后绕该轴旋转 90°。

(5) 在孔类键上右击,在"包围盒"选项卡中将"时态锁定"设置为"所有"。然后通过拖放编辑孔类键的尺寸到合适大小。

(6) 再拖放一个圆柱体到原来圆柱体的上面,定位在原圆柱体的中心。单击圆柱体的"操作手柄",调整其半径和高度。

13.2.2 工程模式

工程模式建模是基于全参数化设计,使模型的编辑、修改更为方便。这是基于特征历史结构的设计,设计将遵循一个严格的顺序,从而按照自己的意图可预见的改变。在设计过程中,用户可以使用回滚条返回到设计的任一步骤去编辑该阶段所创建特征的定义,修改后所保留的特征将相应更新。

1. 工程模式下零件的状态

工程设计模式下,零件的状态分为激活状态和非激活状态。选择零件,从快捷菜单中选择"激活",则该零件处于激活状态,在设计环境中,该零件会显示一个局部坐标系,其他零件透明显示。在设计树上,激活零件名称会呈蓝色显示,如图 13-8 所示,激活零件后,所进行的操作均作用于此零件,比如添加特征,即使形体上是分离状态,也属于同一个零件。

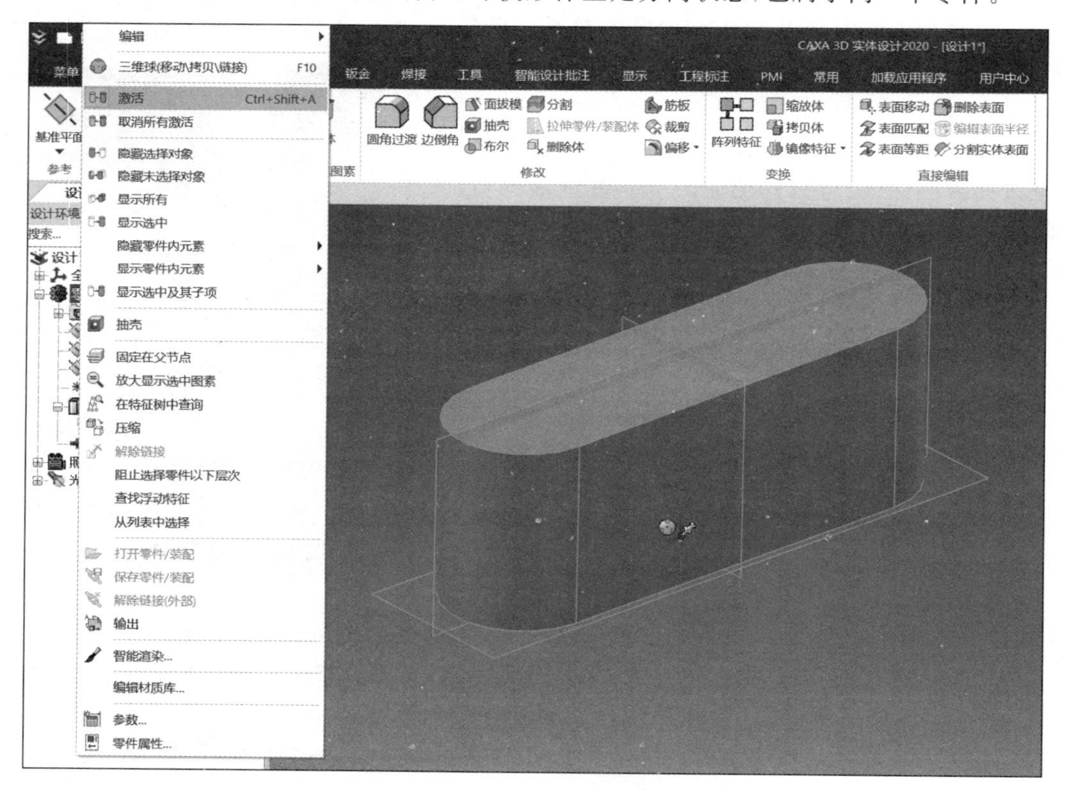

图 13-8 激活零件及其显示

激活其他零件会取消当前激活零件的激活状态。

如果在“装配”功能面板中选择“创建零件”，会弹出对话框询问是否激活新创建的零件，选择“是”，则新创建的零件会处于激活状态，而原来设计环境中激活的零件会变成非激活状态。

2. 拖放操作

CAXA 3D 实体设计的设计元素库在工程模式下的使用方法与创新模式基本相同，如图 13-9 所示，在工程模式下，使用左键从设计元素库中拖出图素，都直接作为激活零件的一个特征。

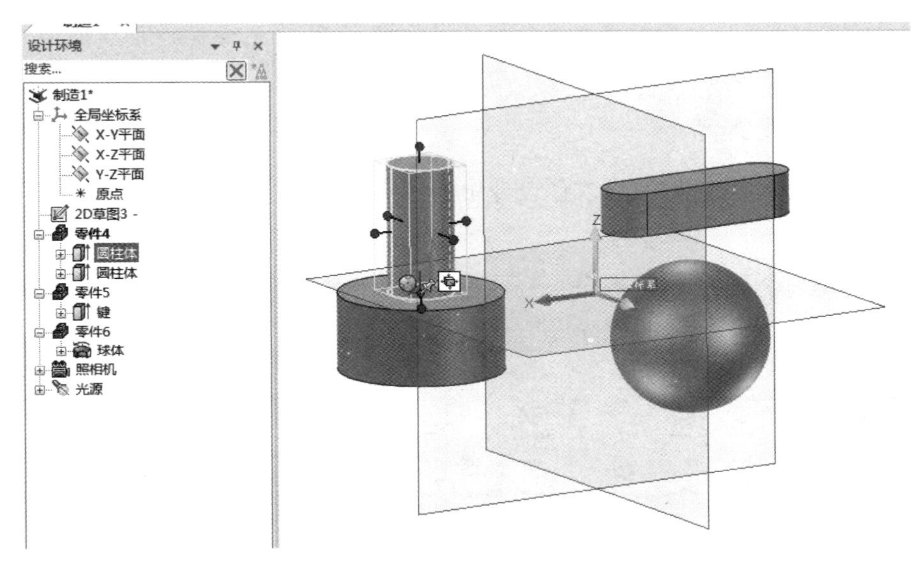

图 13-9　拖入图素会成为激活零件的特征

右键拖放智能图素到现有零件上，会弹出对话框询问“是否把特征应用到选中的体还是创建一个新的体?”。选择“是”，新图素与原有图素成为一个体；选择“否”，则新特征与原有图素成为不同的体。

3. 回滚条

工程模式下零件具有回滚条功能。可通过回滚条回溯到某个操作下，从而暂时撤销回滚条下方的操作，需要时，还可以通过调整回滚条恢复被暂时撤销的操作。

在工程设计模式下，默认条件下每个零件最下方都有一个“回滚状态”，拖动它到需要的位置，即可暂时撤销或者恢复某些操作。回滚条都位于零件的最末端。

13.3　设计元素库

13.3.1　设计元素库种类

CAXA 3D 实体设计的设计元素库包含图素、高级图素、钣金、工具标准件库、渲染、动画等,包括多种专用的标准件和设计工具,可生成自定义图素,在设计过程中方便地调用,达到知识和资源的重用。

设计元素库提供了很多现成的设计元素,可以直接拖放进设计环境中利用,犹如提供了若干不同形状的积木块,可以信手拈来,拼装组合,成为自己需要的产品模型。这样可以直接进行三维思维,不需要先考虑产品模型的二维草图。

如果设计元素库中的标准智能图素不能满足要求,不能作为基础创建新零件时,可以利用“二维绘图”工具,结合某个特征生成工具生成自定义智能图素。特征生成工具有拉伸、旋转、扫描、放样。自定义的智能图素可以添加到自定义设计元素库中以后调用。

CAXA 3D 实体设计还拥有强大的参数化设计能力,可以对零件进行详细的参数化设计,生成参数化、系列化的图库。

1. 标准设计元素库

如图 13-10 所示为 CAXA 3D 实体设计中的标准“设计元素库”,它们在软件运行时的默认状态为打开。

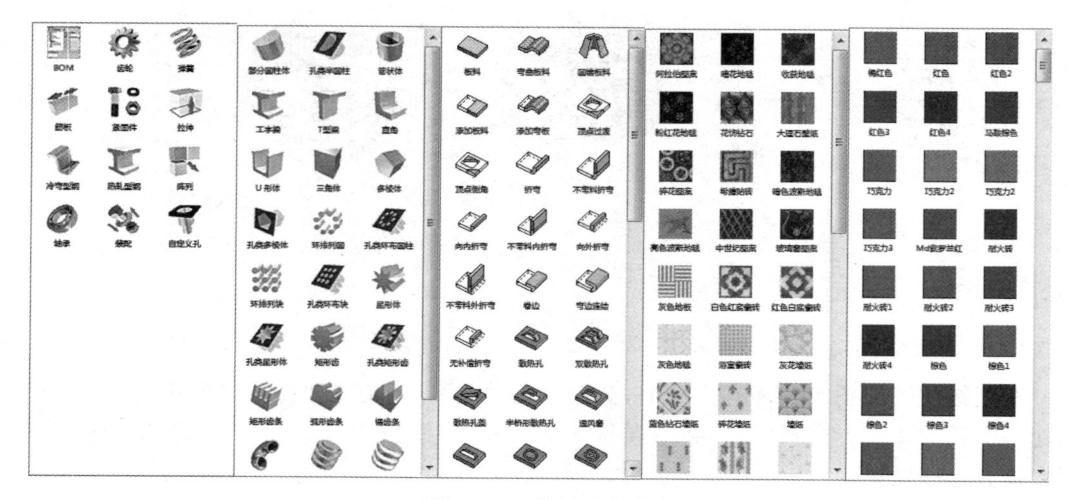

图 13-10 设计元素库

图素:基本的三维实体(如长方体和球),有些智能图素是实体去除部分后形成的孔类图素。

高级图素:包含更多复杂的图素,如工字梁和星形孔。

钣金:包括钣金设计中所用的智能图素,如板料、弯曲板料、折弯、各类冲孔和凸起。

工具:包括很多标准件和常用件,如齿轮、弹簧、轴承、紧固件、自定义孔等项目。

动画:可以为零件添加标准的动画。

表面光泽:包括反光颜色和金属涂层,可拖放应用于零件表面。

材质:应用于零件表面或设计环境背景。

凸痕:用于在图素或零件表面添加凸起纹理。

颜色:可将颜色添加到零件造型或图素表面以及设计环境背景。

2. 附加设计元素库

标准元素仅仅是常用的部分库，在软件中为默认打开的图库。CAXA 3D 实体设计中还包含一些附加元素库，包括抽象图案、背景、织物、颜色、石头、纹理、文本、金属、木头等。

在“设计元素”功能区单击“打开”按钮，将弹出一个对话框，选择“Scene”，即设计环境。所有的 CAXA 3D 实体设计元素库文件都有一个“icc”扩展名。选择其中一些设计元素库，单击“打开”按钮，即可将选择的设计元素库在设计环境中打开。

3. 设计元素库操作

在“常用”功能区中包含“设计元素”功能区，其中包括了对设计元素库的操作按钮，具体功能如下：

新建：新建一个设计元素库。

打开：打开显示一个已有的设计元素库，单击此按钮会弹出一个对话框，选择“Scene”，即设计环境，显示 CAXA 3D 实体设计安装路径下的库文件，此时可以同时打开多个设计元素库。

关闭：从设计环境中关闭当前选中的设计元素库。

关闭所有：关闭所有设计元素库。

自动隐藏：显示/隐藏设计环境右侧的设计元素库，在不需要拖放设计元素时设计元素库自动隐藏，光标移动到“设计元素库”位置时自动显示。

保存：保存一个设计元素库。

另存为：将选中的设计元素库另存。

保存所有：保存所有的设计元素库。

设计元素库集合：可编辑修改显示某设计元素库集合中的项目。目前仅有设计环境和工程图环境两种集合，用户可新建设计元素库集合。

13.3.2　工具标准件库

工具标准件库提供紧固件、轴承、齿轮和冷轧、热轧型钢等。此外，还可以在现有图素的基础上生成自定义孔和矩形阵列。CAXA 3D 实体设计还提供了其他可用于生成装配体的爆炸图和拉伸及筋板设计特征。

1. 工具标准件库介绍

CAXA 3D 实体设计的工具库放置在设计元素库的工具分类中，在每次打开 CAXA 3D 实体设计时默认显示。在“工具”设计元素库上单击即可，大多数“工具库”本身就是智能图素或由智能图素组成。这些智能图素可以拖放到设计环境中，生成新的零件和图素或添加到现有零件和装配体上。其中有些工具是与设计环境中的现有零件、图素或装配件结合使用的，有些用于添加图素和零件或者用作动画设计。自定义工具生成后，可根据需要对其进行修改。

2. 工具标准件库编辑

对大多数用工具库设计的零件而言，工具库图素都可以按照与 CAXA 3D 实体设计中其他智能图素的相同方式通过属性表、快捷菜单和编辑手柄进行编辑修改。此外，工具库右键的加载属性选项可用于重定义工具库图素。

如表 13-1 所示，当所有工具库图符在不同编辑状态下都有与其对应的快捷菜单时，其编辑方法就随工具库的不同而不同。

表 13-1 标准件智能图素

工具库	装配状态	零件状态	智能图素状态	包围盒手柄	图素手柄	从快捷菜单访问加载属性	
						零件	智能图素
阵列设计			×	×			×
装配爆炸							
拉伸设计							
弹簧		×	×	×			
热轧型钢		×	×		×	×	
冷弯型钢		×	×		×	×	
紧固件		×	×		×	×	
齿轮		×	×		×		
轴承	×	×	×		×	×	
筋板							
自定义孔		×	×	×		×	×
自定义螺纹		×	×	×	×	×	×

注：×表示没有该项功能。

除包含一个不同的变量属性表外，装配件、零件和智能图素属性表与其他标准智能图素使用的属性表相同。利用这个属性表可编辑选定零件或图素的各个变量。

各个编辑状态下使用的快捷菜单与 CAXA 3D 实体设计的图素、零件和装配件显示的弹出菜单是相同的，只是多了“加载属性”选项。在图素编辑状态提供的修改手柄可用来修改图库。

因为对应“加载属性”的操作是不可撤销的，因此，在应用“加载属性”编辑前保存设计环境文件是一种良好的习惯。如果对编辑结果不满意，可以在不保存所作改变的情况下关闭该文件，然后重新打开已保存的文件并重新编辑。

13.4 二维草图

13.4.1 创建草图

如果设计元素库中所包含的图素不能满足特殊零件造型，还可以采用特征生成工具生成自定义图素。在草图上绘制二维平面图，再将二维平面图延伸成三维实体或曲面。

1. 生成基准面

CAXA 3D 实体设计在设计环境存在图素时,提供了 10 种草图基准面的生成方式。

(1) 点:当设计环境为空时,在设计环境中选取一点,就会生成一个默认的与 XY 平面平行的草图基准面。当设计环境中有实体模型时,生成基准面时系统提示"选择一个点确定二维草图的定位点",那么拾取面上需要的点就在这个面上生成基准面。当在设计环境中拾取三维曲线上的点时,在相应的拾取位置上生成基准面,生成的基准面与曲线垂直。当在设计环境中拾取二维曲线时,生成的基准面为过这个二维曲线端点的 XY 平面。

(2) 三点平面:拾取三点建立基准面,生成的基准面的原点在拾取的第一个点上。这三个点可以是实体上的点和三维曲线上的点。如果是二维曲线,可以利用快捷菜单中的"生成三维曲线"来实现二维曲线到三维曲线的转换。

(3) 过点与面平行:生成的基准面与已知平面平行并且过已知点。该平面可以是实体的表面和曲面。拾取的点可以是实体上的点和三维曲线上的点。如果是二维曲线可以利用快捷菜单中的"生成三维曲线"来实现二维曲线到三维曲线的转换。

(4) 等距面:生成的基准面由已知平面法向平移给定的距离而得到。生成基准面的方向由输入距离的正、负符号来确定。平面可以是实体上的面和曲面。

(5) 过线与已知面成夹角:与已知的平面成给定的夹角并且过已知的直线。这里的线和面必须是实体的面和棱边。

(6) 过点与柱面相切:所得到的基准面与柱相切,并且过空间一点。柱面可以是曲面和实体的表面;空间一点可以是三维曲线和实体棱边上的点。如果是二维曲线可以利用鼠标右键功能快捷菜单中的"生成三维曲线"来实现二维曲线到三维曲线的转换。

(7) 二线、圆、圆弧、椭圆确定面:两条直线、圆、圆弧和椭圆都可以唯一地确定一个平面,那么直接拾取它们就可以生成所需要的基准面。这两条直线、圆、圆弧和椭圆必须是三维曲线和实体上的棱边。如果是二维曲线可以利用鼠标右键功能中的"生成三维曲线"来实现二维曲线到三维曲线的转换。

(8) 过曲线上一点的曲线法平面:选择曲线上的任意一点,所得到的基准面与曲线上这一点的切线方向垂直,使用最多的是选择曲线的端点。这个曲线可以是三维曲线、曲面的边、实体的棱边。如果必须使用二维草图曲线可以利用鼠标右键功能中的"生成三维曲线"来实现二维曲线到三维曲线的转换。

(9) 过点与面垂直:选择一点,再选择一个表面,得到通过此点与表面垂直的基准面。

(10) 平面/表面:选择一个平面/表面,所得到的基准面就在这个平面/表面。

2. 快速生成基准面

如果设计环境中存在局部坐标系统,如图 13-11 所示,选择"显示"下拉菜单中的"局部坐标系统"按钮,这时屏幕上出现一个局部坐标系的 XYZ 三维图标。

如图 13-12 所示,在屏幕上用鼠标选择一个坐标系平面并在四角任一小红方块处或在设计树上相应的坐标平面处右击,弹出快捷菜单。通过快捷菜单可以对基准面进行如下操作。

隐藏平面:对所选定的基准平面是否隐藏。

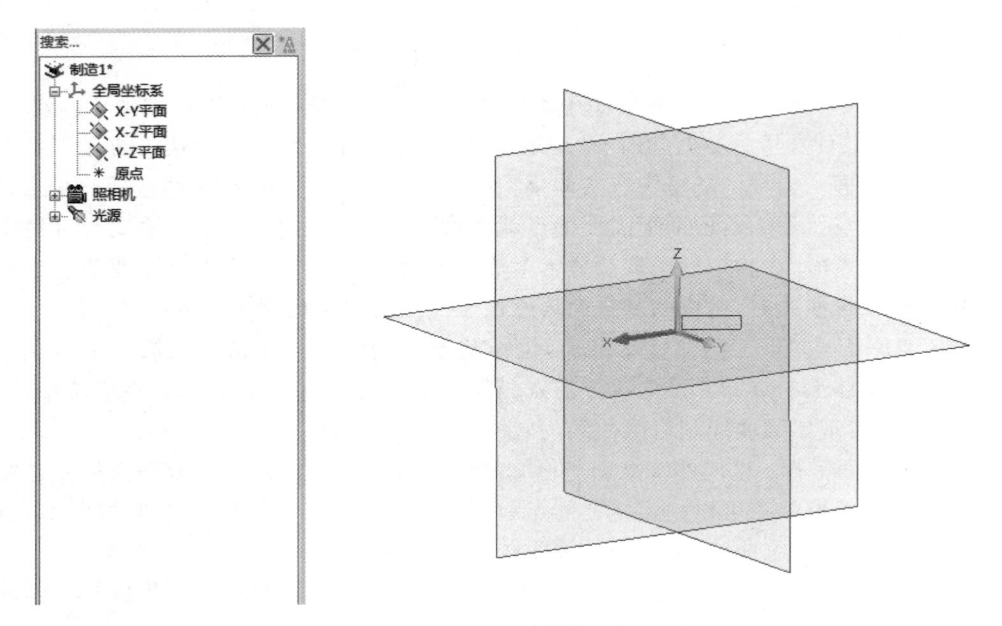

图 13-11　局部坐标系

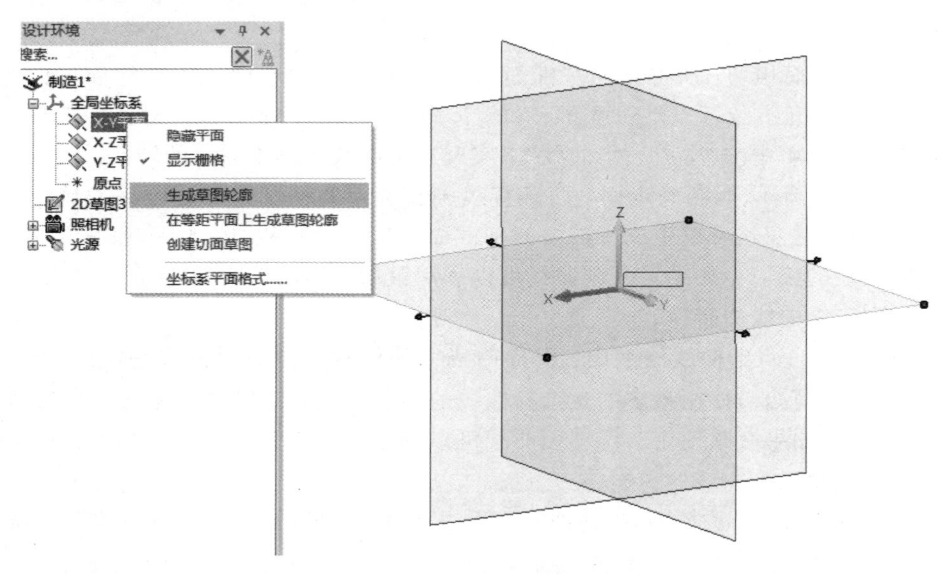

图 13-12　确定草图平面

显示栅格：对所选定基准平面上的栅格是否显示进行控制。

生成草图轮廓：在所选择的基准平面上绘制二维草图。

在等距平面生成草图轮廓：在所选择的基准平面的等距面上绘制二维草图。等距的方向由所对应的坐标轴和输入值的正、负来决定。

坐标系平面格式：对基准面的各项默认参数进行设置，内容包括栅格间距（分为主刻度和副刻度）、对栅格是否进行捕捉、基准面尺寸（分为固定尺寸和自动尺寸）。

3. 基准面重新定向和定位

（1）利用草图的定位锚可以对草图进行拖动，重新定位。

（2）CAXA 3D 实体设计利用三维球工具可以更为便捷、快速地对基准面进行定向和定位。打开已经生成的基准面的三维球，利用它的旋转、平移等功能对其所附着的基准面进行定向和定位操作。

13.4.2 草图检查

每次从二维草图生成三维造型时，CAXA 3D 实体设计都会进行草图检查。如果轮廓敞开或为任何形式的无效草图，那么在试图将该几何图形拉伸成三维图形时，屏幕上就会出现一条信息，如图 13-13 所示。这时无法将二维草图生成三维造型，原因在对话框中的“细节”中显示，对应的草图问题区会以大红点显示。

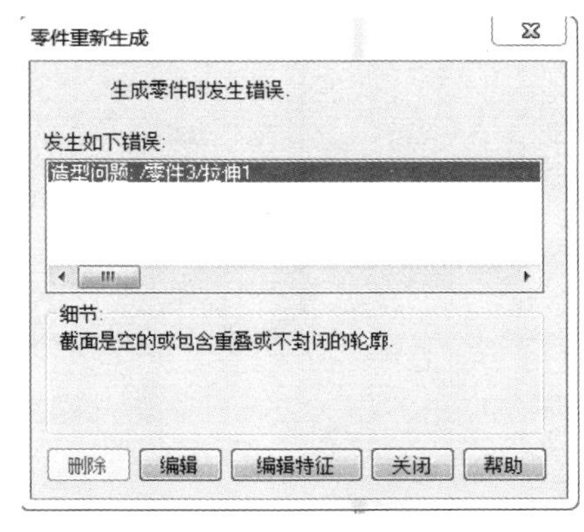

图 13-13 草图检查

CAXA 3D 实体设计包含“删除重线”的功能。框选需要检查重线的草图部分图线，然后从菜单中选择“工具”→“编辑草图”→“删除重线”选项即可，如图 13-14 所示。

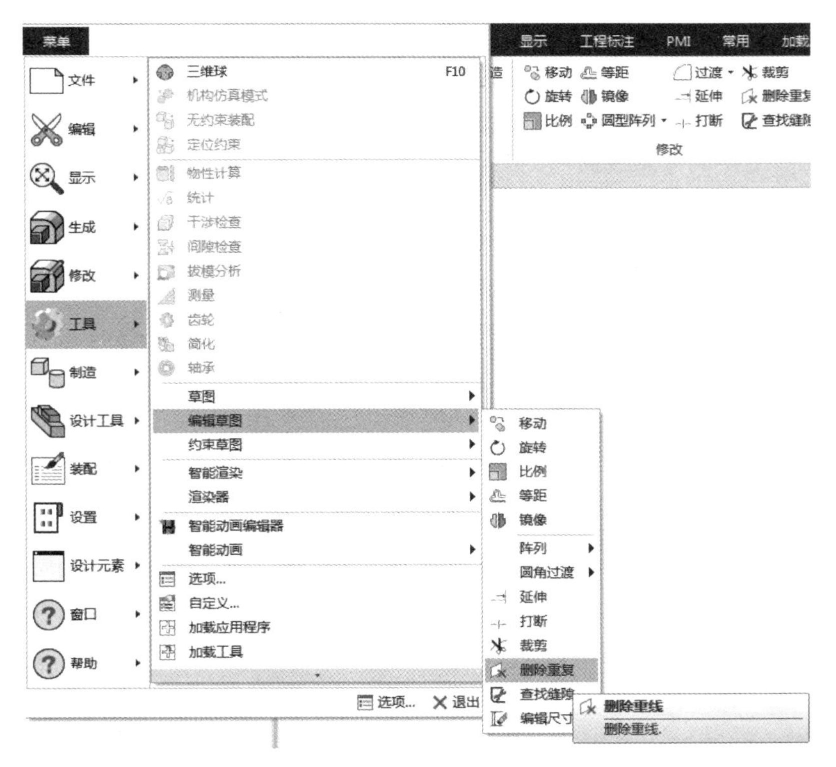

图 13-14 删除重线选项

删除重线主要是针对在进行草绘过程中，图形比较复杂，在绘制或者修改的过程中对没有裁剪掉的多余重线进行删除，以免在特征操作的过程中出现错误，导致不能生成实体或者其他特征。

在绘制完草图以后，我们框选绘制的草图。再单击"删除重复"图标。当有多余的重线的时候会弹出如图 13-15 所示的"删除重线"对话框。再单击对话框中的"确定"按钮即可。

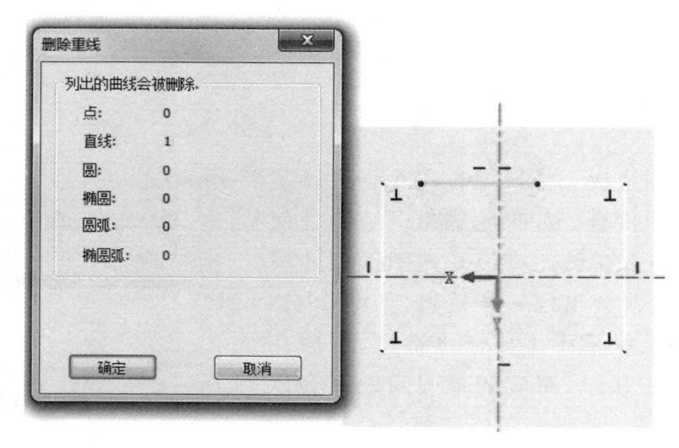

图 13-15 "删除重线"对话框和加量显示

13.4.3 选择对象

在绘制草图时，需要选择多个曲线、圆弧、圆或其他几何图形，然后同时对它们实施同一操作。为此，CAXA 3D 实体设计提供了如下功能选项。

(1) Shift 键。在按住 Shift 键的同时选择各个几何图形。

(2) 框选。按住鼠标左键框选，从左上向右下选择，可框选全部包含在框中的图素；从右下向左上选择，可框选部分包含在框中的图素。

(3) "选择外轮廓"工具。利用此工具可以在草图中快速选择与某一曲线相连的曲线。

右击任何一个单独但与一系列其他几何图形相连的几何图形，直线与样条曲线，如图 13-16 所示，从弹出的菜单中选择"选择外轮廓"，CAXA 3D 实体设计就会选中与所选单个几何图形相连的所有几何图形。

(4) 双击鼠标左键。双击鼠标左键与"选择外轮廓"工具具有同样的功能，可快速选中与所选单个几何图形相连的所有几何图形。

全部选中所需要的几何图形后，就可以将它们作为一个群组予以快速操作，从而节约生成二维草图的时间。例如，可以将这些选中的几何图形作为

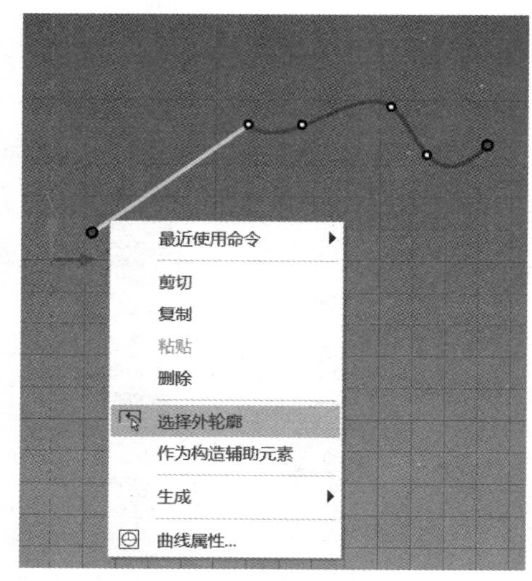

图 13-16 选择外轮廓

一个整体进行移动、旋转或缩放；或将它们拖动到一个目录中；或将它们剪切、复制并粘贴到一个新位置；或者将它们删除。

13.5　实体特征的构建

13.5.1　特征生成

CAXA 3D 实体设计在实体特征的构建方面是延伸草图的设计概念，通过草图中所建立的二维草图截面，利用设计环境所提供的功能，建立三维实体。为了加强特征的细部外形设计，实体设计还提供了修改和编辑功能，对三维实体特征进行编辑与修改。草图是二维的平面绘图，实体特征就是草图的三维立体完成图。

实体特征的构建为二维草图轮廓延伸到三维实体提供了各种功能，CAXA 3D 实体设计提供以下几种实体构造功能：

（1）由二维草图轮廓延伸为三维实体，如拉伸、旋转、扫描等。

（2）对实体特征中的零件、面和边的编辑功能，如圆角过渡、倒角、拔模、抽壳、布尔运算等。

（3）对实体特征的变换功能，如拷贝/链接、镜像、阵列等。

1. 拉伸

（1）单击"拉伸"按钮，则出现命令管理栏。

（2）此时可以在设计环境中选择一个零件，在其上添加拉伸特征；也可以创建一个新的零件。单击"确定"按钮以后，进入下一个界面。

（3）如果此时设计环境中存在拉伸需要的草图，则单击该"草图"，它的名称出现在"选择草图"下。如果不存在，可以单击"创建草图"来创建一个新草图进行拉伸。草图绘制完成以后，选择该草图。此时设计环境中会有该拉伸的预显，可以根据预显再进行其他选择。

（4）拔模：可以勾选"向内拔模"，然后输入"拔模值"，在拉伸的同时进行拔模，生成一个有拔模斜度的拉伸零件。

（5）方向选择：选择拉伸方向。

反向：将进行目前预显的反方向拉伸。

方向深度：选择该方向上的拉伸深度。可以用高度值表示，也可以选择某特征，如盲孔、到顶点、到曲面、中面等选项。

2. 旋转

（1）单击"旋转"按钮，则出现命令管理栏询问是新建一零件还是在原有零件上添加特征。

（2）选择一个选项，然后单击"确定"按钮。

（3）单击如图 13-17 所示"创建草图"按钮，按照创建草图的过程绘制一草图。然后选择一根线作为旋转轴，如果选择合理，此时会在设计环境中预显旋转结果，此时用户可以进行更改。

(4) 设置完成后,单击"确定"按钮。在工程模式下生成旋转体,需要新建一个零件并激活它,然后在此零件基础上绘制草图。或者是选择了"旋转"操作以后,在创建旋转体的属性栏中单击"创建草图"。在工程模式下,不能选择未激活的草图作为截面创建旋转体。

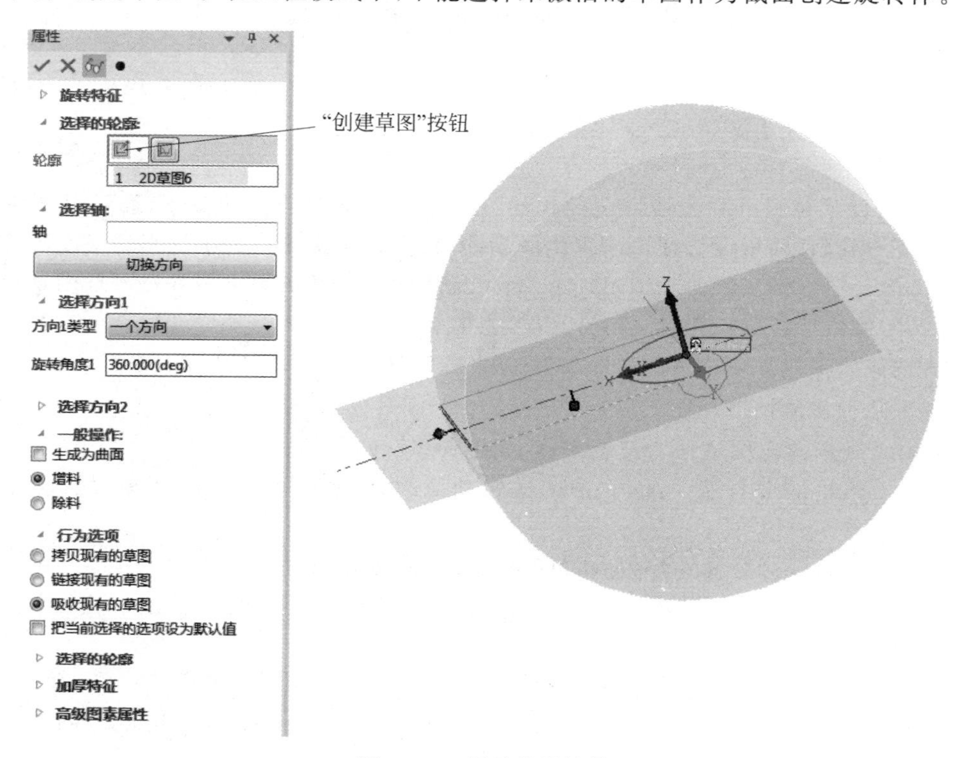

图 13-17 预显旋转结果

3. 扫描

(1) 单击"扫描"按钮,则出现命令管理栏询问是新建一零件还是在原有零件上添加特征。

(2) 选择一个选项,然后单击"确定"按钮。

(3) 然后单击如图 13-18 所示"创建草图"按钮,按照创建草图的过程绘制一草图。或者选择已有草图作为轨迹。如果选择合理,此时会在设计环境中预显扫描结果,此时用户可以进行更改,也可以选择一条三维曲线作为轨迹生成扫描特征。

4. 放样设计

(1) 单击"放样"按钮,则出现命令管理栏询问是新建一零件还是在原有零件上添加特征。

(2) 选择一个选项,然后单击"确定"按钮。

(3) 单击"创建草图"按钮,按照创建草图的过程绘制一草图。或者选择已有草图或平面作为截面。生成放样特征时,可以选择多个截面草图。

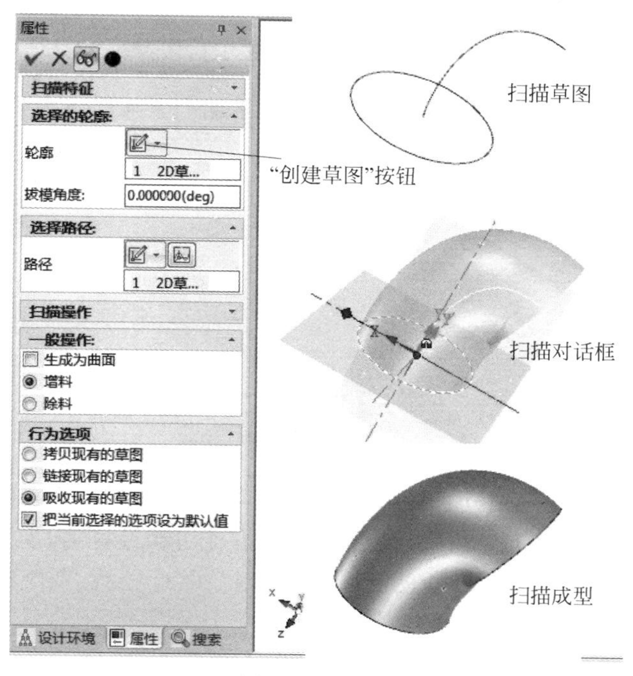

图 13-18 扫描

(4) 设置起始及末端条件。

起始端条件：无、正交于轮廓、与邻接面相切。

末端轮廓约束：无、正交于轮廓、与邻接面相切。

这两个条件下面有 3 个选项可供选择。

无：即放样实体的生成处于自由状态。

正交于轮廓：与草图轮廓垂直正交，下面的“起始向量长度”可以设置正交的向量长度，设置的值越大，将有更大的长度保持与起始截面垂直。

与邻接面相切：当选择的截面为同一个零件的两个平面时，选择此选项，生成的放样特征起始或末端与所选平面的邻接面相切。

(5) 中心线：可以选择一条变化的引导线作为中心线。所有中间截面的草图基准面都与此中心线垂直。中心线可以是绘制的曲线、模型边线或曲线。

(6) 引导线：单击“引导线”按钮，可以创建一草图或一条三维曲线作为放样特征的引导线，引导线可以控制所生成的中间轮廓。选择已有草图作为轨迹。如果选择合理，此时会在设计环境中预显扫描结果，此时用户可以进行更改。也可以选择一条三维曲线作为轨迹生成扫描特征。

(7) 生成曲面：放样得到一个曲面，而不是实体。

(8) 增料/除料：该次放样对已有零件进行增料或者除料操作。

(9) 封闭放样：自动连接最后一个和第一个草图，沿放样方向生成一闭合实体。

(10) 合并连续的面：如果相邻面是连续的，则在所生成的放样中进行曲面合并。

(11) 当预显满意后，设置完成，单击“确定”按钮，则生成预显中的放样。

如图 13-19 所示为另一放样实例(工程模式)。

放样草图

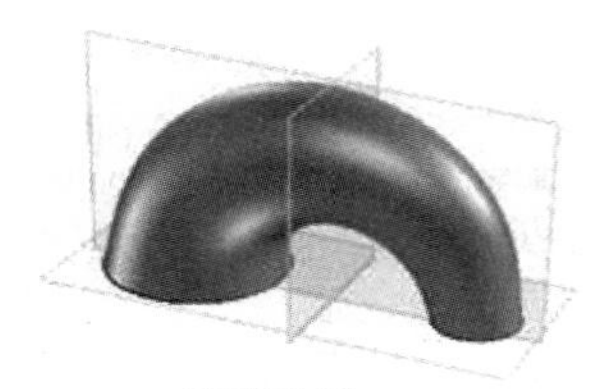
放样实例

图 13-19 放样设计

13.5.2 实体修改

1. 圆角过渡

单击“圆角过渡”命令，将启动过渡命令管理栏，在该命令管理栏中，可对零件的棱边实施凸面过渡或凹面过渡。在对话框中，能够可见地检查当前设置值、实施需要的编辑操作/添加新的过渡。CAXA 3D 实体设计提供等半径过渡、两点过渡、变半径过渡、指定半径面过渡、指定边界面过渡和三面过渡 6 种过渡方式。

1）等半径过渡

等半径过渡可以实现在实体的边线进行圆角过渡，加工上的意义就是将尖锐的边线磨成平滑的圆角，步骤如下：

（1）在设计环境中绘制一个三维实体造型。

（2）在“特征”→“修改”功能面板中单击“圆角过渡”按钮，在工作窗口左边弹出圆角过渡命令管理栏。

（3）选择需要过渡的边。

（4）在“圆角过渡”命令管理栏中，选择过渡类型和设定圆角半径尺寸。

2）两点圆角过渡

两点圆角过渡是变半径过渡中最简单的形式，过渡后圆角的半径值为所选择的过渡边的两个端点的半径值，步骤如下：

（1）在设计环境中绘制一个三维实体造型。

（2）在“特征”→“修改”功能面板中单击“圆角过渡”按钮，在工作窗口左边弹出圆角过渡命令管理栏。

（3）在“圆角过渡”命令管理栏中选择两点过渡类型，设定过渡半径尺寸。

（4）选择需要过渡的边。

3）变半径过渡

变半径过渡可以使一条棱边上的圆角有不同的半径变化。方法如下：

（1）在设计环境中绘制一个三维实体造型。

（2）在“特征”→“修改”功能面板中单击“圆角过渡”按钮，在工作窗口左边弹出圆角过渡命令管理栏。

（3）选择需要过渡的边。

（4）选择“变半径”，出现变半径圆角过渡命令管理栏。

4）等半径面过渡

生成等半径面过渡，步骤如下：

（1）在设计环境中绘制一个三维实体造型。

（2）在“特征”→“修改”功能面板中单击“圆角过渡”按钮，在工作窗口左边弹出圆角过渡命令管理栏。

（3）选择“等半径面过渡”，出现等半径面过渡命令管理栏。

5）指定边线面过渡

指定边线面过渡是生成一个通过指定边或曲线与另一个面相切的面，步骤如下：

（1）在设计环境中绘制一个三维实体造型。

（2）在“特征”→“修改”功能面板中单击“圆角过渡”按钮，在工作窗口左边弹出圆角过渡命令管理栏。

（3）选择“指定边线面过渡”，出现指定边线面过渡工具条。

6）三面过渡

三面过渡功能将零件中某一个面，经由圆角过渡改变成一个圆曲面，如图 13-20 所示为三面过渡命令管理栏，步骤如下：

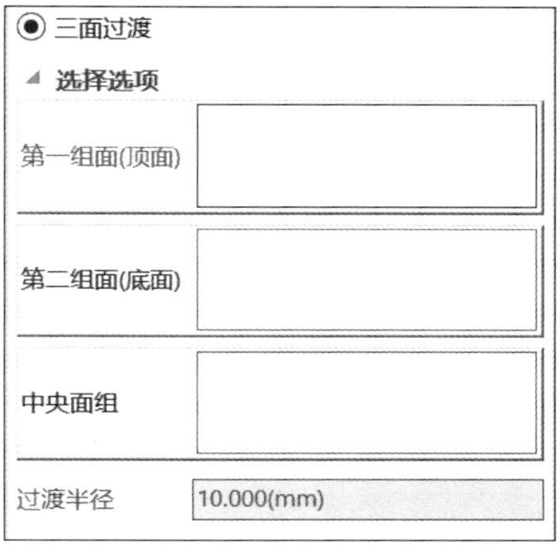

（1）在“特征”→“修改”功能面板中单击“圆角过渡”按钮，选择“三面过渡”类型。

（2）选择第一或顶部面：选择用来过渡的第一个面。

（3）选择第二或系列面：选择用来过渡的第二个面。

（4）选择中心面：选择过渡的两个面中间的那个面，这个面将变形为半圆面。不再需要在工具条中输入圆角的半径值。

三面过渡
选择选项
第一组面(顶面)
第二组面(底面)
中央面组
过渡半径　10.000(mm)

图 13-20　三面过渡

2. 面拔模

面拔模可以在实体选定面上形成特定的拔模角度。实体设计可以生成中性面、分模线、阶梯分模线 3 种面拔模形式。

1）激活面拔模命令

（1）从“特征”功能面板的“修改”中选择“面拔模”按钮。

（2）从“特征生成”工具条选择“面拔模”按钮。

（3）从下拉菜单栏中选择“修改”→“面拔模”。

（4）在实体智能图素状态下，选择“智能图素属性”，在“棱边编辑”标签里选择“圆角过渡”并设置过渡边。

2）中性面拔模

中性面拔模是面拔模的基础。与“拔模特征”命令用法及作用相同，其操作步骤如下：

（1）绘制一个实体模型，并激活“面拔模”命令。

(2) 在拔模类型中,选择"中性面"。

(3) 选择中性面,在实体设计中以棕红色显示。

(4) 选择需要拔模的面,在实体设计中以棕蓝色显示。

(5) 在角度文本框中,输入拔模角度。

(6) 单击"预览"按钮,如果拔模方向与设想的相反,可以在拔模角度前添加负号,则拔模角度变反。

(7) 单击"确定"按钮,完成拔模操作。

3) 分模线拔模

分模线拔模可以在分模线处形成拔模面。分模线可以不在平面上。要在分模线处形成拔模面,需要在表面插入一条分模线(使用分割实体表面命令,目前工程模式下,零件处于激活状态时,"分割实体表面"命令为灰色状态),或者使用已存在的模型边。步骤如下:

(1) 绘制一个实体模型,并激活"面拔模"命令。

(2) 在拔模类型中,选择"分模线"。

(3) 选择要拔模的中性面、拔模方向,在实体设计中以蓝色箭头显示。

(4) 选择分模线,将出现一个黄色的箭头指示拔模的方向,移动鼠标到箭头上,当箭头变为粉色时,单击箭头,拔模方向即反向。

(5) 在角度文本框中输入拔模角度。

(6) 单击"确定"按钮,完成拔模操作。

4) 阶梯分模线拔模

阶梯分模线拔模是分模线拔模的一种变形。阶梯拔模生成选择面的旋转,这是生成小平面,即小阶梯。使用阶梯分模线的步骤与分模线拔模类似。

(1) 在"面/编辑"工具条上或修改菜单上选择面拔模命令。

(2) 在拔模类型中选择"阶梯分模线"拔模。

(3) 选择要拔模的中性面、拔模方向,在实体设计中以蓝色箭头显示。

选择已存在曲面会将拔模中性面附着于曲面上。如果原曲面移动了位置,则拔模中性面作为连接部分也将移动。

(4) 移动鼠标到箭头上,当箭头变为粉色时,单击箭头,拔模方向即反向。也可以使用三维球工具来改变拔模的方向。

(5) 选择分模线,或者使用面选择筛选器以帮助确定面生成。

(6) 在箭头上选择面为每一个分模线段面设定不同的拔模方向,设定拔模角度。

(7) 在"角度"文本框中输入拔模角度。

(8) 单击"确定"按钮,完成拔模操作。

如图 13-21 所示,阶梯分模线将在分模线处形成一个明显的台阶。

5) 拔模的编辑

若要编辑拔模,在"设计树"中右击其图标,从弹出的菜单中选择"编辑选项"。这将重新打开"面拔模"对话框,以便编辑。也可以通过直接在零件上选择该拔模来打开编辑对话框,此时,右击并从弹出菜单中选择"编辑"选项。

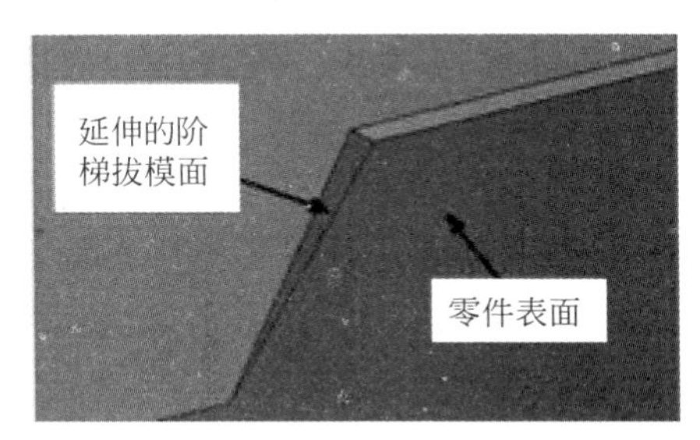

图 13-21　阶梯分模线和分模线拔模

3. 布尔运算

在创新设计中，在某些情况下，需要将独立的零件组合成一个零件或从其他零件中减掉一个零件。组合零件或从其他零件中减掉一个零件的操作称为“布尔运算”。可以在“设计树”上选择多个零件，然后单击功能区中的“布尔运算”按钮。

布尔运算包括以下操作类型。

加：选中的零件/体相加成为一个新的零件。此项为默认选项。

减：被减的零件/体将减掉后一个选项框中的零件/体。操作后减法体如同在被减体上形成一个孔洞。

相交：选择此选项并操作后，选中的零件/体之间共有的部分将保留。

在工程模式下，将同一零件内部的不同的体组合成同一个体，也称为“布尔运算”。不同的工程模式零件不能进行布尔运算。

4. 分割零件

此命令目前仅适用于创新模式下的零件。

可通过两种方法分割选定零件，即利用缺省分割图素分割零件和利用另外一个零件来分割。

CAXA 3D 实体设计提供了默认形状和其他零件作为分割工具两种分割零件的方法，每一种激活方法只能用于实现其中一种的分割方法。

1）激活分割零件命令

选择一个创新模式下的零件，然后：

（1）从“特征”功能面板的“修改”中选择“分割零件”按钮。

（2）从“特征生成”工具条上选择“分割零件”按钮。

（3）选择另外一个零件分割零件，则选择两个零件后，从“修改”菜单下选择“分割零件”选项。

2）利用功能面板或工具条分割零件

（1）选择需要分割的零件。

（2）在功能面板或工具条上选择“分割零件”按钮。

（3）单击在零件上选择用于定位分割图素的点。

此时将出现一个带尺寸确定手柄的灰色透明框，用以说明包围零件上被分割部分的分割图素。

(4) 利用该尺寸确定手柄、三维球和必要的相机工具重新设置分割框的尺寸/位置，以包围住零件需要分割的部分。

(5) 选择“完成造型”。

此时，零件的两个分割部分都出现在设计环境中，而在“设计树”中则出现一个新的零件图标。

3) 利用菜单分割零件

此方法需要两个零件，一个作为分割零件，一个作为被分割零件。

(1) 在零件编辑状态下选择用作分割实体的零件。

(2) 激活三维球工具并重新定位分割实体，使其嵌入被分割零件中，可能延伸其上、下表面。

(3) 取消对三维球工具的选定。

(4) 若有必要，在智能图素编辑状态选择分割实体，并拖动其上、下包围盒手柄，直至分割实体延伸到被分割零件的上、下表面。

(5) 单击设计环境背景取消对零件的选定。

(6) 按住 Shift 键，先选择被分割零件，然后选择分割实体。

(7) 在菜单栏选择“修改”→“分割零件”。

此时，在设计环境中将出现被分割后生成的两个零件，而一个新的零件图标则出现在“设计树”中。

4) 曲面分割实体

也可以通过“分割零件”命令，用曲面去分割实体。

在设计环境中有一个实体零件、一个曲面。先选择实体零件，按住 Shift 键，再选择曲面，如图 13-22 所示，然后单击“分割零件”按钮。

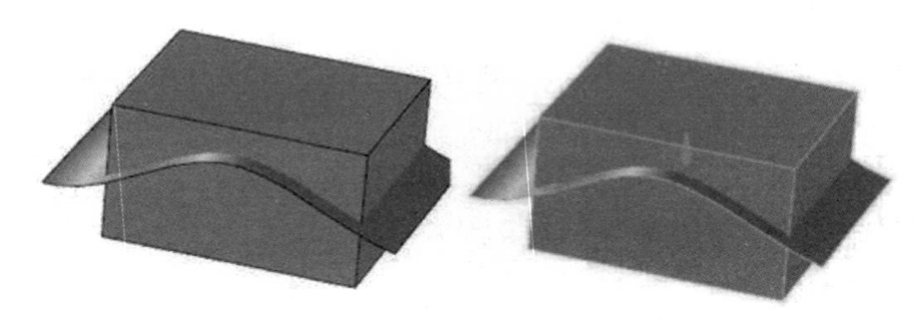

图 13-22 实体和曲面

分割零件的结果如图 13-23 所示。原来的实体零件已经分割成两个。

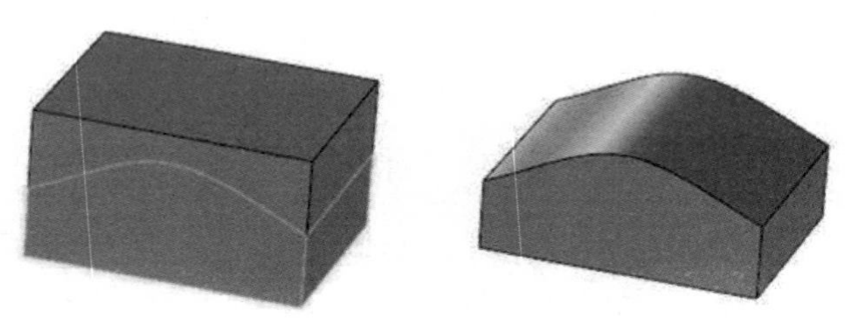

图 13-23 分割结果

13.6　曲线曲面造型

13.6.1　3D 空间点

CAXA 3D 实体设计提供了丰富的曲面造型手段，构造曲面的关键是搭建线架构，在线架构的基础上选用各种曲面的生成方法，构造所需定义的曲面来描述零件的外表面。

在 CAXA 3D 实体设计中构造曲面的基础是线架构，搭建线架构的基础是 3D 曲线，而生成 3D 曲线的基础是建构 3D 空间点，所以在介绍曲线曲面之前，先介绍一下 3D 空间点。

1. 生成点

1）读入点数据文件

点数据文件是指按照一定格式输入点的文本文件。文件的格式为每行是 *X*、*Y*、*Z* 3 个坐标值的 txt 文件，坐标值用逗号、Tab 键或空格分隔。使用时先在“曲面”功能面板上选择“三维曲线”按钮，再选择菜单“文件”→“输入”→“3D 曲线中输入”→“导入参考点”，在弹出的“导入参考点”对话框中输入点数据文件所在的路径，即可读入点数据文件并生成 3D 点。全局坐标系中的点：如果勾选这个选项，导入的点就按全局坐标系导入，否则就按当前的局部坐标系导入。

2）插入参考点

根据输入的 3D 坐标值约束点的精确位置。在三维曲线命令管理栏中，单击“插入参考点”按钮，然后在下方坐标输入位置中输入坐标值。

输入坐标值的格式为：“X 坐标，Y 坐标，Z 坐标”，如 30 40 50 或 30，40，50，坐标值之间用空格或逗号隔开，不可加入其他字符，坐标值不可省略。回车即可确定点。

使用局部坐标系：勾选这个选项，输入的点坐标使用局部坐标系，否则使用全局坐标系。

3）任意点及相关点

CAXA 3D 实体设计提供了在三维空间任意绘制点的方式，再加上智能捕捉及三维球变换的功能可绘制出通常 3D 软件所提供的曲线上点、平面上点、曲面上点、圆心点、交点、中点、等分点等生成点的方式。

2. 编辑点

一般设计中会出现很多反复设计的过程，当绘制完成的几何元素需要更改时，希望通过编辑的方式进行修改后重新生成。

CAXA 3D 实体设计提供了 3 种编辑点的方式。

1）快捷菜单编辑

如图 13-24 所示，在曲线编辑状态下，选中 3D 点，在快捷菜单中可修改点的坐标值。使用“移除所有”命令可以删除当前 3D 曲线中的所有点。

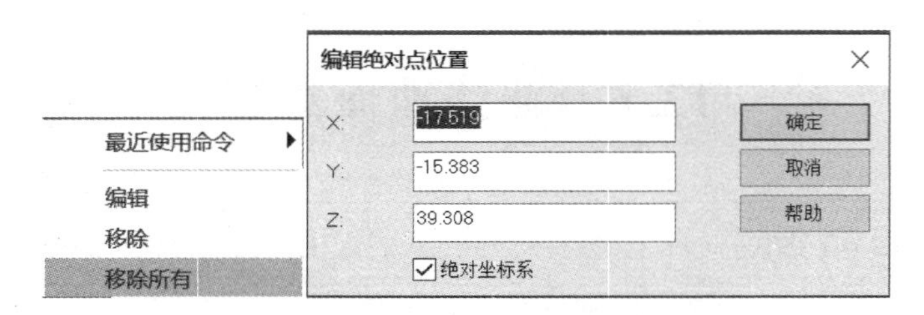

图 13-24　利用"快捷菜单"编辑点坐标值

2）三维球编辑

选中3D点，按"F10"键或单击"三维球"按钮激活三维球，指向三维球中心点右击，在弹出菜单中选择"编辑位置"，可修改点的坐标值，如图13-25所示。

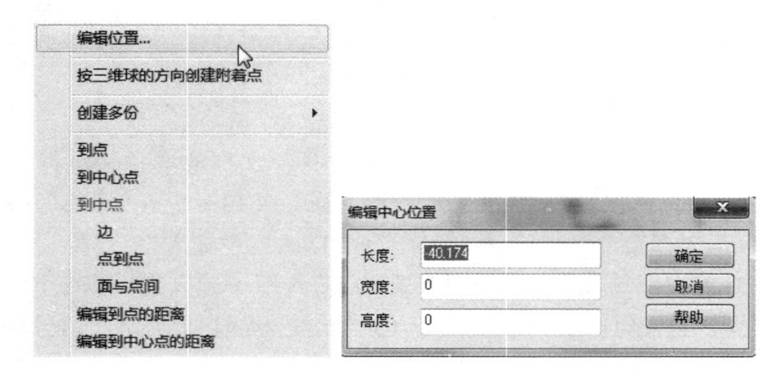

图 13-25　利用"三维球"编辑点坐标值

3）3D曲线属性表编辑

CAXA 3D实体设计的3D点属于3D曲线中的几何元素，可通过在3D曲线上单击鼠标右键调出"3D曲线"属性表对其进行位置的编辑，如图13-26所示。

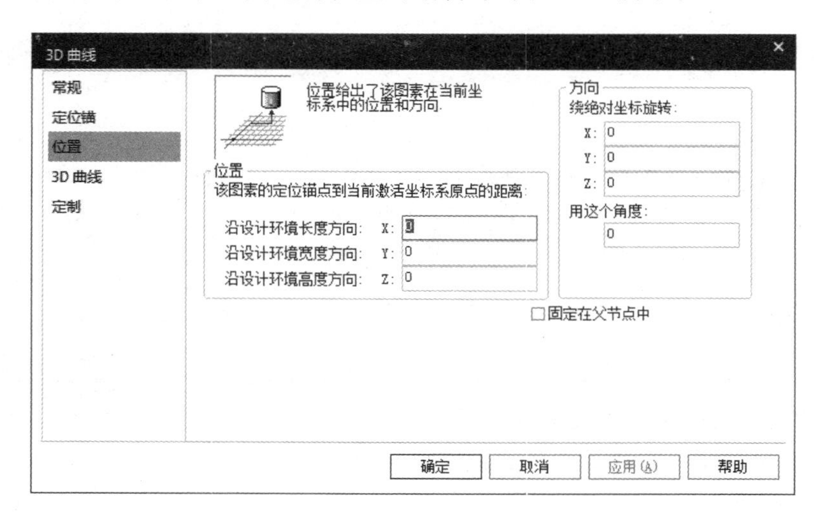

图 13-26　通过"3D曲线属性表"编辑点坐标值

13.6.2　3D 曲线

1. 3D 曲线设计

在 CAXA 3D 实体设计中可以通过两种途径进入 3D 曲线的设计。

(1) 选择"3D 曲线"按钮。在"曲面"功能面板上，有多种生成 3D 曲线的方法：三维曲线、提取曲线、轮廓曲线、曲面交线、等参数线、公式曲线、组合投影曲线、曲面投影线、包裹曲线、桥接曲线。也可以打开"3D 曲线"工具条使用这些按钮，如图 13-27 所示。

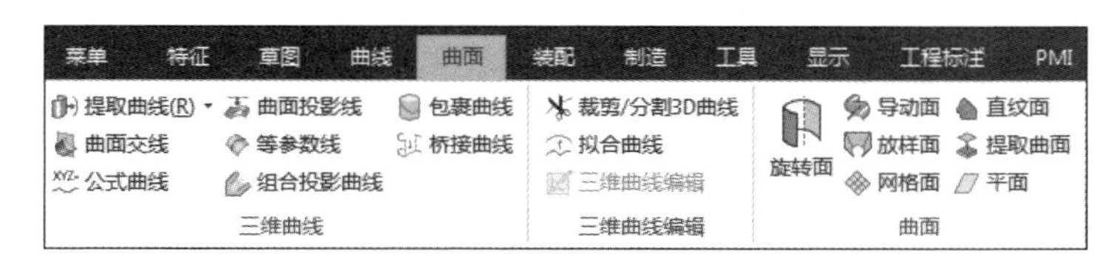

图 13-27　"3D 曲线"功能面板和工具条

(2) 选择"生成"下拉菜单中的"曲线"，同样出现上述生成 3D 曲线的几个选项。选择"修改"→"三维曲线"命令，下拉菜单中出现 3 种编辑 3D 曲线的选项。

2. 生成 3D 曲线

在"3D 曲线"功能面板上，单击"三维曲线"按钮，屏幕左侧出现"三维曲线"命令管理栏。

1) 插入样条曲线

单击"插入样条曲线"按钮进入样条曲线输入状态。插入样条曲线有 4 种方法可以选择。

方法 1：捕捉 3D 空间点绘制样条曲线

利用 3D 空间点作为参考点，以捕捉参考点的方式生成样条曲线。3D 空间点可以是绘制的 3D 点、实体和曲面上能捕捉到的点、曲线上的点等。

方法 2：借助三维球绘制样条曲线

利用三维球在三维空间可以灵活、方便并直观地连续绘制三维曲线，且提供了任意绘制及精确绘制两种方式，成为实体设计独有的一种绘制样条曲线的方式。

方法 3：输入坐标点绘制样条曲线

根据输入的三维坐标点自动生成一条光滑的曲线。输入坐标值的格式为："X 坐标　Y 坐标　Z 坐标"，如：30　40　50 坐标值之间用空格隔开不可加入其他字符，坐标值不可省略。

方法 4：读入文本文件绘制样条曲线

读入样条数据文件。样条数据文件是指包含形成三维样条的拟合点的文件。文件的格式为每行是 X、Y、Z 三个坐标值的文本文件，坐标值用逗号、Tab 键或空格分隔。使用时选择左上角三维曲线下拉菜单中的"输入样条曲线"，在弹出的"输入 3D 样条曲线"对话框中输入样条数据文件所在的路径，即可读入样条数据文件并生成样条曲线。

2) 插入直线

单击"三维曲线"命令管理栏上的"插入直线"按钮输入空间直线的两个端点。这两个点可以输入精确的坐标值,可以拾取绘制的3D点、实体和其他曲线上的点。

通常情况下,当绘制管道时,需要把导动曲线绘制出来,通过扫描的方式完成管道的绘制。为了灵活、方便、直观并精确地绘制管道的空间导动曲线,可以借助三维球在空间连续绘制。

3）插入多义线

单击“三维曲线”命令管理栏上的“插入多义线”按钮,进入绘制连续直线状态。单击鼠标依次设置连续直线段的各个端点,可以生成连续的直线。在多义线线段中间端点的手柄处右击,选择弹出菜单中的“编辑”选项可以设置线段端点的精确坐标值;选择“断开连接”选项,可以将连续直线断开成为不相干的多个直线段。在多义线端点的手柄处右击,选择弹出菜单中的“延伸”选项,可以将多义线延伸。

4）插入圆弧

单击“三维曲线”命令管理栏上的“插入圆弧”按钮,进入插入圆弧状态。首先指定圆弧的两个端点,再指定圆弧上的其他任意一点来建立一个空间圆弧。圆弧半径的大小是由指定的这三点来确定的。这3个点既可以输入精确的坐标值,也可以拾取绘制的3D点、实体和其他曲线上的点。

5）插入圆

单击“三维曲线”命令管理栏上的“插入圆”按钮,进入插入圆状态。首先指定圆上两点,再指定圆上的其他任意一点来建立一个空间圆。圆半径的大小是由指定的这三点来确定的。这3个点既可以通过输入精确的坐标值来确定,也可以拾取绘制的3D点、实体和其他曲线上的点。

6）插入圆角过渡

单击“三维曲线”命令管理栏上的“插入圆角过渡”按钮进入插入圆角过渡状态。插入圆角过渡时要求两曲线是具有公共端点的两条直线。

7）用三维球插入点

“三维曲线”命令管理栏上的“三维球插入点”按钮,在借助三维球绘制曲线的状态下能够被激活使用。它能够配合三维球实现空间布线的功能。

8）插入螺旋线

单击“三维曲线”命令管理栏上的“插入螺旋线”按钮,在设计环境中选择一点作为螺旋线的中心。在弹出对话框中设置螺旋线的参数并单击“确定”按钮,即可生成螺旋线。拖动螺旋线的中心可以改变螺旋线的位置,拖动起始处的方向手柄可以改变螺旋线的旋转方向。选择螺旋线,在中心点或起始点的手柄上右击,可以根据快捷菜单编辑螺旋线中心点或起始点的坐标值。选中状态下在螺旋线上右击鼠标或双击左键,可以进入“生成螺旋线”的编辑对话框,在这里可以对已生成的螺旋线进行修改。

类型:定义螺旋线的方式,包括高度和节距、高度和圈数、圈数和节距、涡状线4种类型。

节距:定义节距类型,包括等节距和变节距。

半径:定义半径类型,包括等半径和变半径。

属性:定义螺旋线的旋转方向,顺时针或逆时针。

9）曲面上的样条曲线

单击“三维曲线”命令管理栏上的“曲面上的样条曲线”按钮,可在平面或曲面上绘制样条曲线,如图 13-28 所示。拖动样条曲线上的控制点可以改变控制点的位置。在样条曲线控制点的手柄上右击,可以根据快捷菜单编辑控制点精确的坐标值。

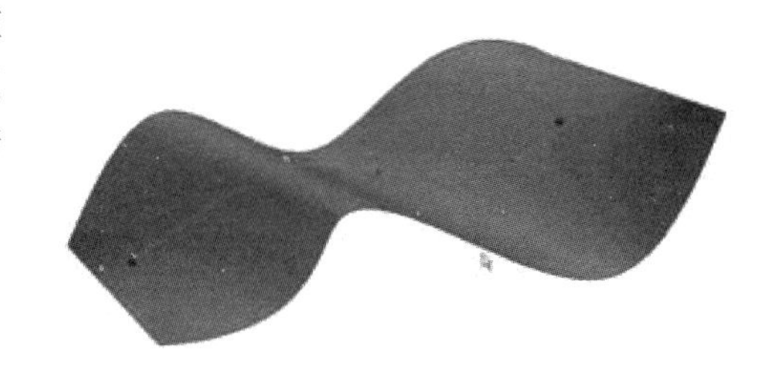

图 13-28　在曲面上绘制样条曲线

3. 提取曲线

提取曲线主要用来通过曲面及实体的边界来创建 3D 轮廓。也可以先选中曲面或实体的边界,然后通过鼠标右键来调出这个命令。

相对参考固定:选择这个选项,提取的曲线和相对的曲面或实体边界是关联的。

注意:“相对参考固定”这个选项只支持工程模式零件。

提取曲面和实体的边界线能够提取一条、多条及整个边界。具体操作方式如下所示:

(1) 当需要提取曲面的一条边界线时,先将选择工具条中的筛选方式选择为“边”→“选中曲面边界”→右击→生成 3D 曲线。

(2) 当需要提取曲面上的多个边界时,可利用同样的方式,同时选中多条曲面边界→右击→生成 3D 曲线。

同时选中多条曲面边界的方式:先选中一条曲面边界线→按住 Shift 健→拾取其余曲面边界。

(3) 单击鼠标右键→生成 3D 曲线。

(4) 当需要提取曲面整个边界时,先将选择工具条中的筛选方式选择为“面”→选中整张曲面→右击→在弹出的菜单中选择生成 3D 曲线。

(5) 实体设计的图素库中提供了丰富的特征类型,可采用拖放的形式灵活、反复地进行存储及调用,这就是知识重用的一种设计方式。当需要在空间建立一些 3D 轮廓的类型时(如六边形、椭圆形等),可从图素库中将这样的特征类型拖出来,利用提取实体边界线的功能即可实现。这个建构 3D 轮廓类型的方式正是实体设计的一大特色。

4. 曲面交线

两曲面相交,求出相交部分的交线。单击“三维曲线”功能面板上的“曲面交线”按钮出现“曲面交线”命令管理栏。根据左下部提示区的提示,分别选取两曲面或实体的表面,单击✔按钮即可完成两曲面求交线的工作。

5. 等参数线

“三维曲线”功能面板上提供了“等参数线”的功能。

曲面都是以 ***U***、***V*** 两个方向的参数形式建立的,对于每一个确定的 ***U***、***V*** 参数都有一条曲面上的确定的曲线与之对应。生成曲面等参数线的方式有过点和指定参数两种。在生成指定参数值的等参数线时,给定参数值后只需选取曲面即可。在生成曲面上给定点的等参数线时,先选取曲面再输入点即可。

单击“三维曲线”功能面板上的“等参数线”按钮,出现命令管理栏,输入点状态。在这种状态下既可以输入曲面上的坐标点,也可以直接拾取曲面上的点。操作时注意左下方提示区的提示，先拾取曲面，再拾取曲面上一点。作出的曲线是 ***U*** 向还是 ***V*** 向可以从曲面角点处的红色箭头看出，可以通过选择“切换参数方向”按钮来切换方向。完成操作后单击命令管理栏上的✔按钮，等参数线即可生成。

6. 公式曲线

公式曲线是用数学表达式表示的曲线图形，也就是根据数学公式绘制出相应的曲线，公式的给出既可以是直角坐标形式的，也可以是极坐标形式的。公式曲线提供了一种更方便、更精确的作图手段，以适应某些精确的形状、轨迹线形的作图设计。只要交互输入数学公式，给定参数，系统便会自动绘制出该公式描述的曲线。

7. 组合投影曲线

如图 13-29 所示，组合投影曲线就是两条不同方向的曲线沿各自指定的方向做拉伸曲面，这两个曲面所形成的交线即是组合投影曲线。

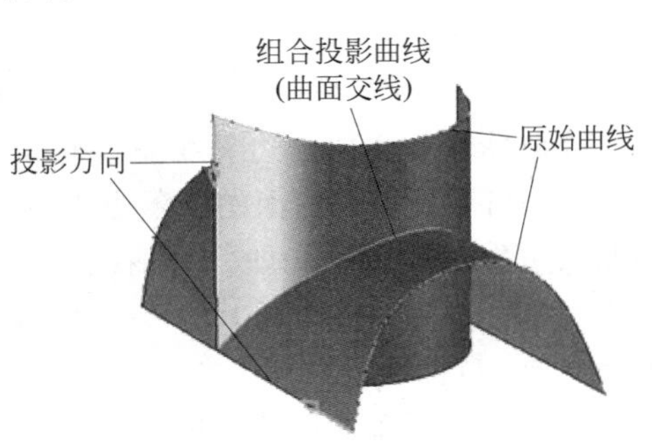

图 13-29　组合投影曲线

8. 曲面投影线

曲面投影线功能支持将一段或多段线投影到一个或多个面上。

9. 包裹曲线

在曲线功能中增加了“包裹曲线”功能。将草图曲线或位于同一平面内的三维曲线包裹到圆柱面上。

13.6.3　曲面生成

“曲面”功能面板上的“曲面生成”类按钮如图 13-30 所示。

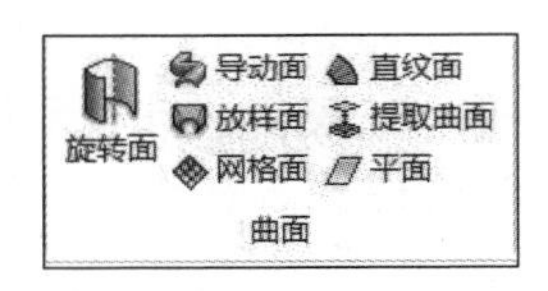

图 13-30　“曲面生成”类按钮

曲面生成功能在创新模式中和工程模式中的使用略有不同：

在创新设计环境下，如果屏幕上已经存在一个曲面并且需要把将要做的网格面与这个面作为一个零件来使用，那么选择这个曲面同时把“增加智能图素”按钮按下，系统会把这两个曲面作为一个零件来处理。

在工程模式下，选择“缝合到”，系统会将新生成的曲面作为激活零件或曲面的一个体来处理。

下面将主要介绍创新设计环境中曲面的生成。

1. 旋转面

按给定的起始角度、终止角度将曲线绕一旋转轴旋转而生成的轨迹曲面。

操作步骤

(1) 首先使用草图或 3D 曲线功能绘制出直线作为旋转轴，并作出形成旋转面的曲线。

（2）单击“曲面”功能面板上的“旋转面”按钮。屏幕上会出现“旋转面”命令管理栏。

轴：选择一条草图线或一条空间直线作为旋转轴。

曲线：拾取空间曲线为母线。

旋转起始角度：生成曲面的起始位置。

旋转终止角度：生成曲面的终止位置。

反向：当给定旋转的起始角和终止角后，确定旋转的方向是顺时针还是逆时针。如不符合要求，选择此按钮。

拾取光滑连接的边：如果旋转面的截面是由两条以上光滑连接的曲线组成，按下此钮，将成为链拾取状态，多个光滑连接曲线将被同时拾取到。

增加智能图素：创新模式下把两个曲面合为一个零件时选用此项。

缝合到：工程模式下把两个曲面合为一个体时选用此选项。

设置完毕单击按钮即可生成旋转面。

注意：选择方向时的箭头方向与曲面旋转方向两者遵循右手螺旋法则。

2. 网格面

以网格曲线为骨架，蒙上自由曲面生成的曲面称为网格曲面。网格曲线是由特征线组成横竖的相交线。

网格面的生成思路：首先构造曲面的特征网格线确定曲面的初始骨架形状。然后用自由曲面插值特征网格线生成曲面。

由于一组截面线只能反映一个方向的变化趋势，还可以引入另一组截面线来限定另一个方向的变化，这就形成一个网格骨架，控制住两方向（***U*** 和 **V** 两个方向）的变化趋势，使特征网格线基本上反映出设计者想要的曲面形状，在此基础上插值网格骨架生成的曲面必然将满足设计者的要求。

操作步骤

（1）首先使用草图或 3D 曲线功能绘制好 ***U*** 向和 **V** 向网格曲线，如图 13-31 所示，注意 ***U*** 向和 **V** 向曲线必须有交点。

（2）单击“曲面”功能面板上的“网格面”按钮，屏幕上会出现“网格面”命令管理栏。如果屏幕上已经存在一个曲面并且需要把将要做的网格面与这个面作为一个零件来使用，那么选择这个曲面的同时把“增加智能图素”按钮按下，系统会把这两个曲面作为一个零件来处理。

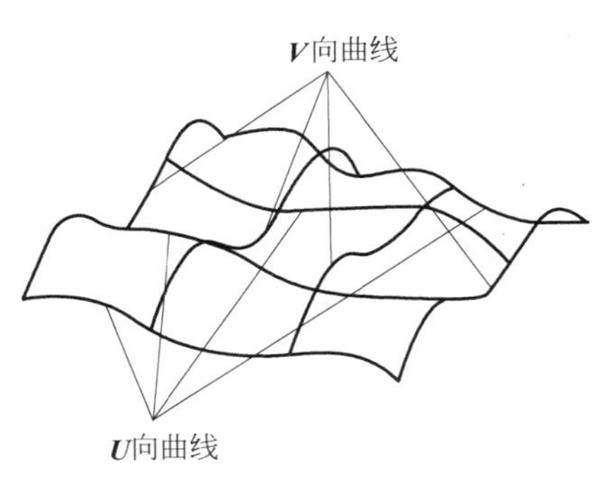

图 13-31　网格曲线

3. 导动面

让特征截面线沿着特征轨迹线的某一方向导动生成曲面。导动面生成方式有平行导动、固接导动、导动线＋边界线、双导动线。

生成导动曲面的基本思想：选取截面曲线或轮廓线沿着另外一条轨迹线导动生成曲面。为了满足不同形状的要求，可以在导动过程中，对截面线和轨迹线施加不同的几何约束，让截面线和轨迹线之间保持不同的位置关系，就可以生成形状变化多样的导动曲面。在截面线沿轨迹线运动过程中，可以让截面线绕自身旋转，也可以绕轨迹线扭转，还可以进行变形处理，这样就产生了形状变化多样的导动曲面。

导动面的类型共分为4种，它们是平行、固接、导动线＋边界线和双导动线。

拾取光滑连接的边：如果旋转面的截面是由两条以上光滑连接的曲线组成，按下此按钮，将成为链拾取状态，多个光滑连接曲线将被同时拾取到。

1）平行导动

平行导动是指截面线沿导动线趋势始终平行它自身的移动而扫动生成曲面，截面线在运动过程中没有任何旋转。

2）固接导动

固接导动是指在扫动过程中，截面线和导动线保持固接关系，即让截面线平面与导动线的切矢方向保持相对角度不变，而且截面线在自身相对坐标架中的位置关系保持不变，截面线沿导动线变化的趋势扫动生成曲面。

固接导动有单截面线和双截面线两种，也就是说截面线可以是一条或两条。

3）导动线＋边界线

截面线按以下规则沿一条导动线扫动生成曲面(这条导动线可以与截面线不相交，可作为一条参考导动线)，规则如下：

(1) 运动过程中截面线平面始终与导动线垂直。

(2) 运动过程中截面线平面与两边界线需要有两个交点。

(3) 对截面线进行放缩，将截面线横跨于两个交点上。截面线沿导动线如此运动时，就与两条边界线一起扫动生成曲面。

4）双导动线

如图13-32所示，将一条截面线沿着两条导动线匀速地扫动生成曲面，导动面的形状受两条导动线的控制。如图13-33所示，将两条截面线沿着两条导动线匀速地扫动生成曲面，导动面的形状受两条导动线和两条截面线的控制，双导动线扫动支持等高导动和变高导动。

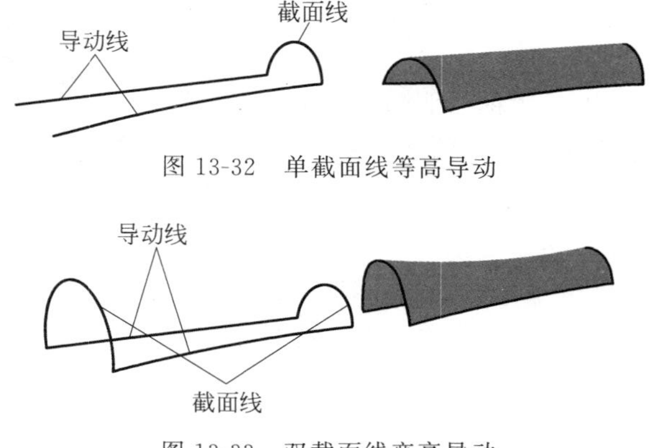

图13-32　单截面线等高导动

图13-33　双截面线变高导动

4. 直纹面

直纹面是由一条直线两端点分别在两曲线上匀速运动而形成的轨迹曲面。直纹面生成有 3 种方式：曲线-曲线、曲线-点和曲线-曲面。

操作步骤

（1）单击“曲面”功能面板上的“直纹面”按钮，屏幕上会出现如下“直纹面”命令管理栏。

拾取光滑连接的边界：如果放样面的截面是由两条以上光滑连接的曲线组成，按下此按钮，将成为链拾取状态，多个光滑连接曲线将被同时拾取到。

增加智能图素：创新模式下把两个曲面合为一个零件时选用此项。

缝合到：工程模式下将两个曲面合为一个体的时候选用此项。

（2）根据直纹面的生成条件，可分为 4 种生成的方式：曲线-曲线、曲线-点、曲线-曲面、垂直于面。

曲线-曲线：在两条自由曲线之间生成直纹面，如图 13-34 所示。

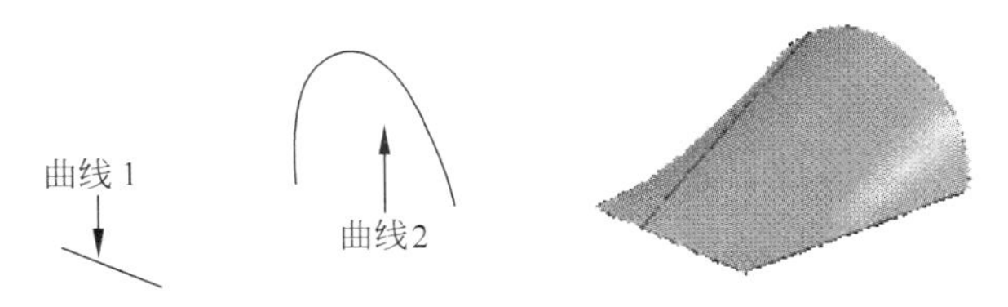

图 13-34　曲线之间生成直纹面

5. 放样面

以一组互不相交、方向相同、形状相似的特征线（或截面线）为骨架进行形状控制，过这些曲线蒙面生成的曲面称为放样曲面。

操作步骤

（1）首先使用草图或 3D 曲线功能绘制好放样面的各个截面曲线。

（2）单击“曲面”功能面板上的“放样面”按钮，屏幕上会出现“放样面”命令管理栏。在创新模式下，如果屏幕上已经存在一个曲面并且需要把将要做的放样面与这个面作为一个零件来使用，那么选择这个曲面同时在“增加智能图素”中选择原来存在的曲面，系统会把这两个曲面作为一个零件来处理。当设计环境中有激活的工程模式零件或曲面时，最后一项和创新模式下不同，为“缝合到”，可以选择一个曲面，使两个曲面成为一个体。

拾取光滑连接的边：如果放样面的截面是由两条以上光滑连接的曲线组成，按下此按钮，将成为链拾取状态，多个光滑连接曲线将被同时拾取到。封闭放样：勾选此选项，则把形成环状的若干截面生成一个封闭的放样面；如不勾选此选项，生成的放样面是不封闭的。如图 13-35 所示为用同样的 4 个截面生成不封闭放样面和封闭放样面的情况。

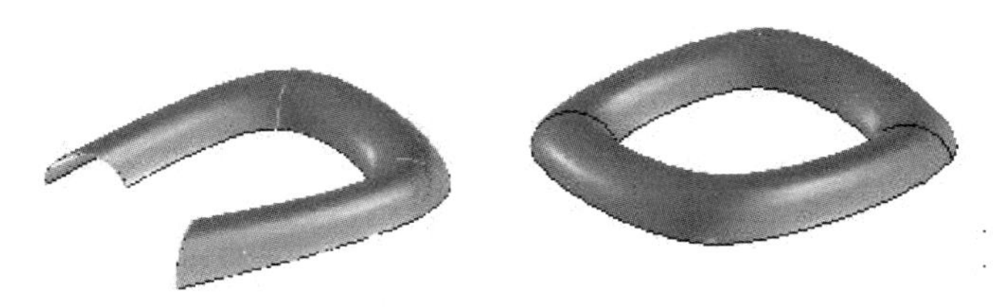

图 13-35　不封闭放样面和封闭放样面

6. 提取曲面

从零件上提取零件的表面,生成曲面。

操作步骤

(1) 单击“曲面”功能面板上的“提取曲面”按钮,屏幕上会出现“提取曲面”命令管理栏。从零件上选择要生成曲面的表面,这些表面名称会列在“几何选择”下方的框中。

(2) 完成拾取后单击“确定”按钮。相对参考固定:勾选这个选项后,提取的曲面和提取源几何是关联的。

强制生成曲面:如果不勾选“强制生成曲面”选项,提取的曲面能够构成一个封闭曲面时,系统会自动将其转换为实体。

7. 平面

可以通过三点平面、向量平面、曲线平面、坐标平面等多种方式创建指定大小的平面。

平面类型:指定创建平面的方式。

中心线选择:确定曲面中心法线的坐标。

选择操作:选择合适的几何图素来确定平面的位置。

参数:指定平面的长度和宽度以及相对 X 轴的旋转角度。

13.7 装配设计

13.7.1 创建零件

CAXA 3D 实体设计可以生成装配件,在装配件中添加或删除图素或零件,或同时对装配件中的全部构件进行尺寸重设或移动。

首先选定装配需要的多个图素/零件,然后从“装配”功能面板或者菜单中选择“装配”,如图 13-36 所示,或者在“装配”工具条中选择“装配”工具,就可以将零件组合成一个装配件。“装配”菜单和工具条中还包括其他的选项:创建零件、解除装配、打开零件/装配、存为装配件/装配以及访问“装配树输出”、爆炸,以及定位工具。

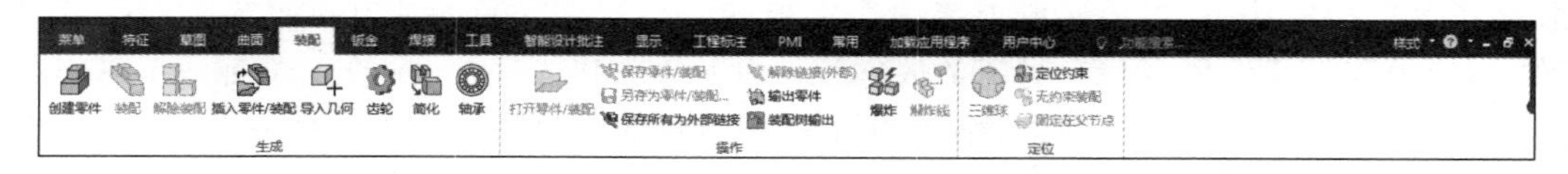

图 13-36 “装配”菜单和功能面板

另外,单击“设计树”按钮,在设计环境的左边将出现“设计树”窗口。选择“属性”查看栏,也可以找到“装配”的各种工具按钮。

如果没有需要的零/组件,这就需要新创建零/组件。创建的方法很多,可以拖放设计元素库中的图素,利用各种编辑方法进行修改。或者生成二维草图,再通过拉伸等特征生成方法生成三维图素。

单击“装配”功能面板中的“创建零件”按钮,会出现“创建零件”对话框。选择“是”,则新建的零件默认为激活状态。此时添加的图素都会属于该零件。如果选择“否”,则新建的零件默认为非激活状态,此时添加的图素是另外一个零件。

13.7.2　装配定位

在实体设计中,除了零部件之间形成装配关系外,还需要通过零件定位的方式确定零部件之间的位置关系。这个过程有很多方法,可以根据零部件形状特点选择使用。

1. 三维球工具定位

1）使用三维球的定向控制柄对零件进行定位

如图 13-37 所示,右击“定向控制柄”,从弹出的菜单中选择“与轴平行”。接着单击圆柱形的表面,这将使轴体的选定轴线与孔的轴线平行。在这种情况下,选择孔的内表面而不是外表面,而结果则是相同的。

2）使用三维球的中心点定位零件

要将轴体移动到孔中心的上方,右击三维球的中心,然后从弹出的菜单中选择“到中心点”。接着单击圆形边缘。这将使三维球中心(和轴体)移动到选择的目标的“虚拟”中心点。

3）暂时约束三维球的一条轴线

现在先单击顶部外侧的三维球控制柄,将轴体向下滑动到孔的底部。这项操作将使三维球的垂直轴线突出显示为黄色,这意味着三维球现在暂时受到约束,只能沿着/围绕这条轴线平移/旋转。现在将三维球的中心拖至下面的圆形边缘。轴体将沿着受约束的垂直轴线向下“滑动”,并刚好捕捉定位到与孔的底部对齐的位置上。

4）与边平行命令

方法是右击定向控制柄,然后从弹出的菜单中选择“与边平行”。然后单击目标零件的边缘。这将使选定的三维球轴线,通过围绕三维球中心点旋转,而与目标边缘对齐。

5）与面垂直命令

选择定位键,然后打开三维球。如图 13-38 所示,右击“定向控制柄”,然后从弹出的菜单中选择“与面垂直”,将定位键与键槽对齐。接着单击底座的顶面,这将使选定的三维球轴线垂直于目标表面。

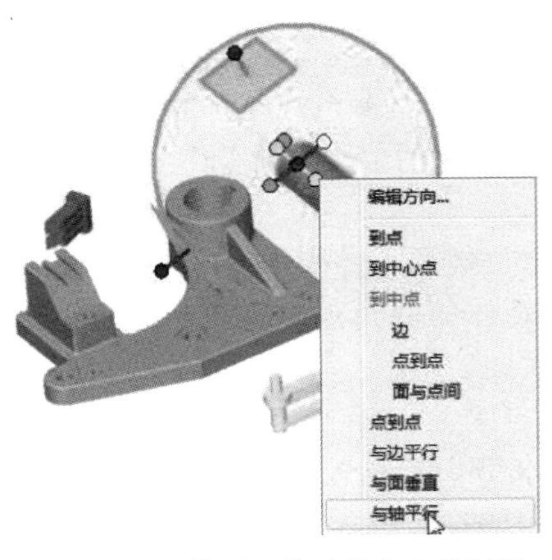

图 13-37　使用三维球的定向控制柄

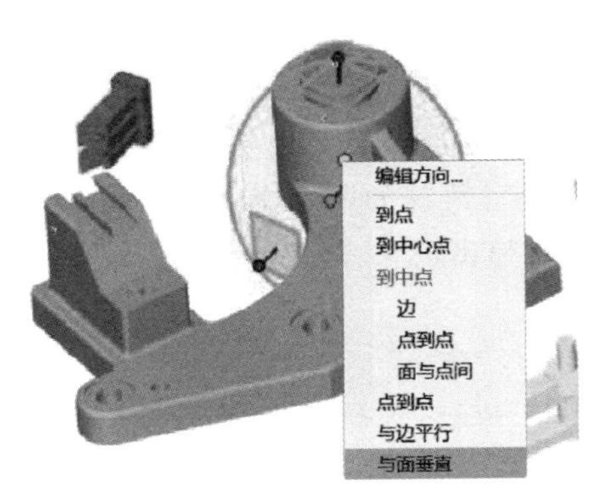

图 13-38　与面垂直命令

6）对三维球进行重新定位

按空格键，改变三维球在零件上的位置。三维球的颜色现在将变成白色，表明它处于“分离”状态，可以独立于零件而移动。现在，将三维球的中心拖至定位键的一角（如果必要可以放大）。然后再次按空格键，使三维球重新附着于零件（颜色变回蓝色）。

（1）按空格键（三维球的颜色变成白色）。

（2）将三维球中心拖至定位键的一角。

（3）再按空格键，三维球的颜色变回蓝色。

7）到点命令

将三维球的中心拖至轴体的隅角点，将定位键放入键槽。也可以右击三维球的中心，然后从弹出的菜单中选择“到点”，接着选择轴体的隅角点。这两种方法的结果是相同的。

8）移动并生成关联拷贝

首先，选择智能图素孔，然后打开三维球。接着，单击外侧的三维球控制柄，这项操作将使三维球的轴线突出显示为黄色，表明它现在暂时受到约束，只能在这条轴线上移动/旋转，如图13-39所示。按住鼠标左键，同时按住Shift键，三维球应该沿受到约束的轴线“滑动”，当左边圆形过渡面呈绿色时松开鼠标，现在，智能图素孔移到了左边过渡面的中心。

如图13-40所示，按住鼠标右键，同时按住Shift键，再将三维球的中心拖至图示右边圆形过渡的中心点（右边圆形过渡面呈绿色时松开鼠标）。松开鼠标右键，然后从弹出的菜单中选择“链接”，最后单击“确定”按钮，生成该智能图素孔的一个链接。

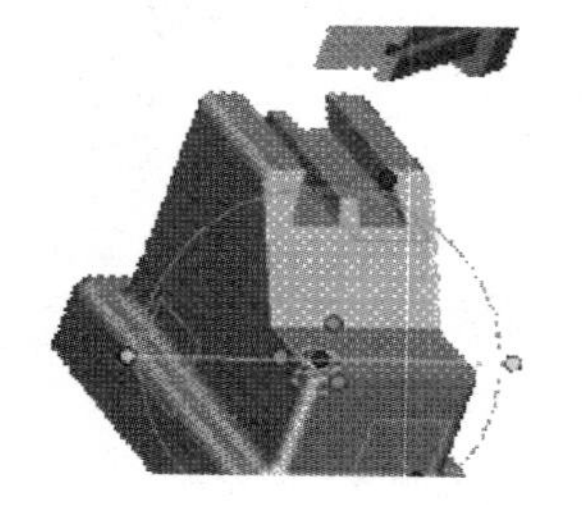

图13-39　三维球轴线约束

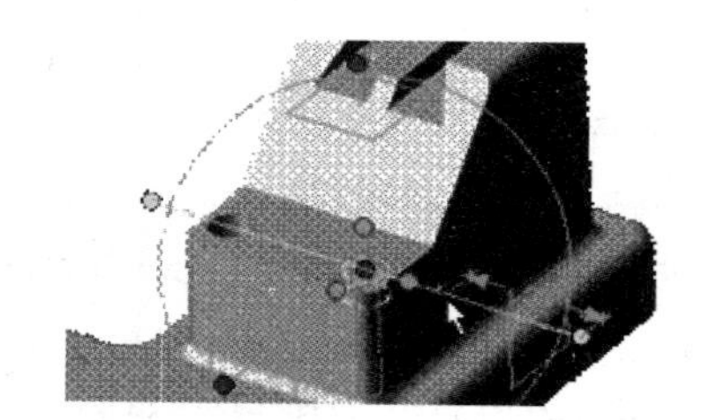

图13-40　生成链接孔

9）使用到点命令重新定位三维球

（1）单击设计环境的空白处，取消对选定轴线的选择。

（2）按空格键，改变三维球在零件上的位置。三维球的颜色现在将变为白色，表明它处于“分离”状态，可以独立于零件而移动。现在，将三维球的中心拖到零件角上。然后再次按空格键，使三维球重新附着于零件（颜色变回蓝色）。

（3）将三维球的中心拖至轴体的隅角点，将定位键放入键槽。也可以右击三维球的中心，然后从弹出的菜单中选择“到点”，接着选择轴体的隅角点。这两种方法的结果是相同的。

10）反转命令

关闭三维球，选择零件，然后打开三维球。右击顶部定向控制柄，然后从弹出的菜单中选择“反转”。这将使零件在选定轴线方向上翻转180°。

11）点到点命令

要使销子与孔对齐，首先右击如图13-41所示的定向控制柄，然后从弹出的菜单中选择

“点到点”。接着,按图示的顺序,单击图示孔的两个中心点。这将使选定的三维球轴线平行于两个目标点中间的一条虚拟直线。

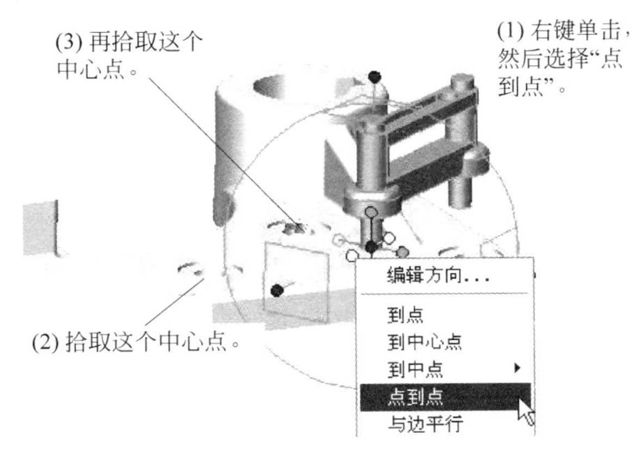

图 13-41　点到点命令

12）重新定位/约束三维球

(1) 按空格键,改变三维球在零件上的位置。三维球的颜色现在将变成白色,表明它处于“分离”状态,可以独立于零件而移动。下一步,单击顶部外侧的三维球控制柄。这项操作将使三维球的垂直轴线突出显示为黄色,表明三维球现在暂时受到约束,只能在这条轴线上移动/旋转。现在将三维球的中心拖至底下的圆形边缘。三维球将沿着受约束的垂直轴线向上“滑动”,并刚好捕捉在与销子的底部对齐的位置上。现在,再次按空格键,使三维球重新附着于零件(颜色变回蓝色)。

(2) 单击设计环境的空白处,取消对选定轴线的选择。

(3) 要将选择放入孔,只需将三维球的中心拖至孔的中心。同样,也可以采用另一种方法：右击三维球中心,然后从弹出的菜单中选择“到点”,接着单击孔的中心。

2. 无定位约束

采用“无定位约束”工具可参照源零件和目标零件快速定位源零件。在指定源零件重定位/重定向操作方面。

单击激活“无定位约束”工具并在源零件上移动光标,会显示黄色对齐符号。源零件相对于目标零件作点到点移动。

无定位约束定位工具适用于零件形状规则、容易找到特征点的情况下。

无定位约束功能增加了一个显示附着点有效范围的识别圈,拖曳零部件到附着点附近,如果附着点在识别圈范围内,附着点就会自动吸附到对应的位置上。如图 13-42 所示,可以通过按空格键切换无定位约束的显示及识别范围。

在本例中使用无定位约束将套筒放置到旋转件中。

(1) 打开“无定位约束”,单击左套筒使之处于零件编辑状态。

(2) 在“标准”工具栏上选定“无定位约束”工具。

(3) 如图 13-43 所示,单击左套筒的内圆边,一个带箭头的圆点将出现,用来指示参考轴的位置和方向。

图 13-42　无约束工具定位零件

(4) 如图 13-44 所示，将光标移动到旋转件的孔中心。此时将会出现一个蓝色边框的左套筒轮廓，提示将出现的装配结果，如果出现的参考轴的方向不正确，按 Tab 键使其反向。单击左键，然后取消“无定位约束”。

图 13-43　轴的位置和方向

图 13-44　无定位约束源零件图

(5) 激活右套筒，选定“无定位约束”工具，单击内部边缘。移动视图，使旋转件的右部可见，将光标移动到孔中心，确定目标点。同样，如果出现的参考轴的方向不正确，按 Tab 键使其反向。然后关闭“无定位约束”。

3. 约束定位

CAXA 3D 实体设计的“定位约束”工具采用约束条件的方法对零件和装配件进行定位和装配。“定位约束”工具类似于“无定位约束”工具，但是，“定位约束”能形成一种“永恒的”约束。利用“定位约束”工具可保留零件或装配件之间的空间关系。激活“定位约束”工具并选定一个源零件单元，即可显示出可用定向/移动选项的符号，该选项可通过空格键切换。显示出需要的移动/定向选项并选定需要的目标零件单元后，就可以应用定位约束条件了。

“定位约束”工具形成的装配关系是一种“永恒的”约束，当制作机构运动动画时，需要使用“定位约束”工具。

下面通过一个装配实例说明如何利用“约束”工具进行零件定位。

1) 使用“贴合”工具定位右支架

(1) 如图 13-45 所示，单击右支架使其处于零件状态。要使右支架的底面与底座右侧的面贴合。

(2) 如图 13-46 所示，单击标准工具栏中的“定位约束”按钮，将在设计环境的左边出现“约束”命令管理栏，从约束类型下拉菜单中选择“贴合”。

(3) 单击右支架的底面，然后单击底座右侧的面，最后单击“约束”命令管理栏中的“应用并退出”按钮。

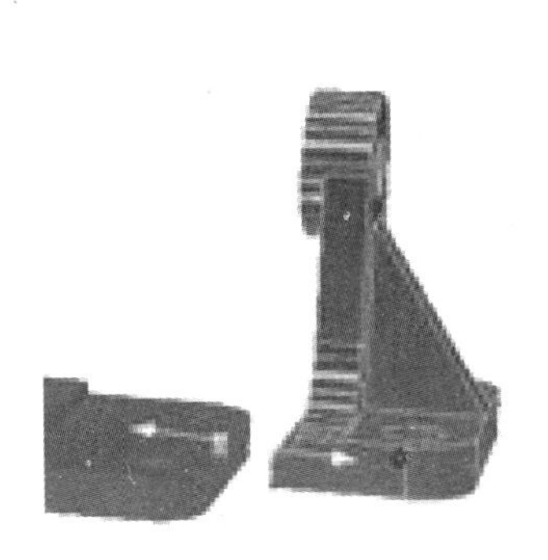

图 13-45　右支架与底座图

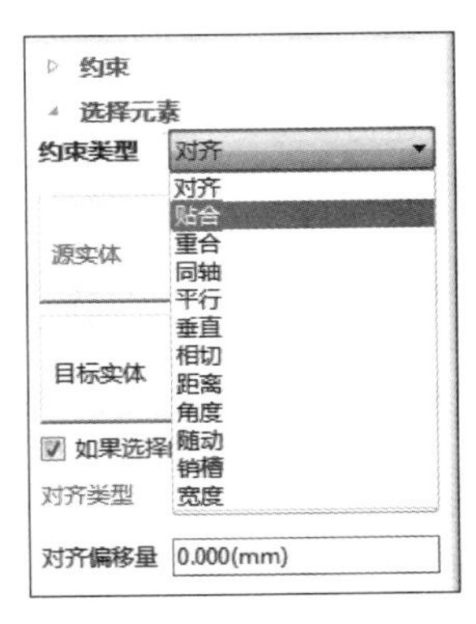

图 13-46　贴合命令

2）添加辅助的约束定位右支架

（1）单击右支架的侧面，在下拉菜单中选择"对齐"，然后单击底座右侧面中心位置，最后单击"约束"命令管理栏中的"确定"按钮即可完成定位右支架。

（2）重复上面(1)的操作步骤定位左支架。

3）使用定位约束定位左右轴衬

（1）放大显示右轴衬，单击使其处于零件状态。

（2）单击标准工具栏中的"定位约束"按钮，从约束类型下拉菜单中选择"贴合"。单击右轴衬端面。

（3）旋转视图，放大显示右轴衬要贴合的右支架的面，然后单击拾取该面。最后单击"约束"命令管理栏中的"贴合"。

（4）使用共轴约束对齐轴衬和右支架的轴。单击右轴衬使其处于零件状态，然后单击标准工具栏中"定位约束"按钮，从命令管理栏约束类型下拉菜单中选择"同轴"。

（5）拾取轴衬的轴线，再拾取右支架的轴，然后单击"选择-约束"工具条中的"确定"按钮即可。

（6）重复上面的操作定位左轴衬与左支架。

（7）使用"对齐"和"共轴"命令，完成轴的定位，结果如图 13-47 所示。

（8）使用"共轴"和"贴合"命令，定位滚轮，最后结果如图 13-48 所示。

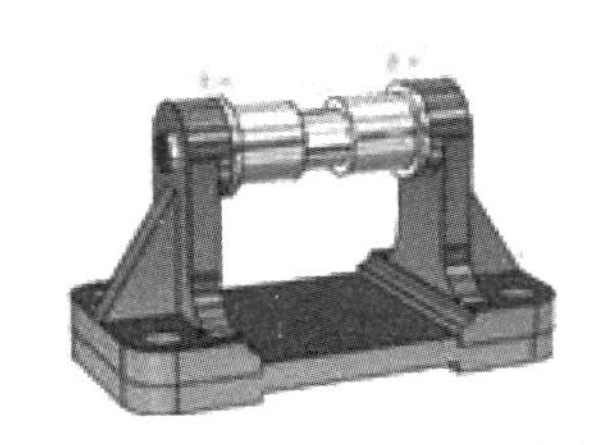

图 13-47　轴衬和支架的定位

图 13-48　定位约束结果

参 考 文 献

[1] 童秉枢，吴志军，李学志，等. 机械 CAD 技术基础[M]. 北京：清华大学出版社，2008.
[2] 赵洪雷. AutoCAD 2020 中文版从入门到精通[M]. 北京：电子工业出版社，2020.
[3] 李学志. Visual LISP 程序设计[M]. 北京：清华大学出版社，2010.
[4] 孙家广，胡事民. 计算机图形学基础教程[M]. 北京：清华大学出版社，2009.
[5] 李长勋. AutoCAD VBA 程序开发技术[M]. 北京：国防工业出版社，2004.
[6] 黄尧民. 机械 CAD[M]. 北京：机械工业出版社，1995.
[7] 黄少昌，曹为宁，童秉枢. 计算机辅助机械设计技术基础[M]. 北京：清华大学出版社，1988.
[8] 肖斌，胡仁喜，刘昌丽. Solidworks 2016 中文版从入门到精通[M]. 北京：机械工业出版社，2017.
[9] 冉瑞江，等. CAD/CAM 曲线和曲面造型[M]. 北京：海洋出版社，1995.
[10] 胡顺安，等. CATIA 工程设计基础教程[M]. 西安：西安电子科技大学出版社，2020.
[11] 孙江宏，陈秀梅，等. UG/CAD 工程设计基础教程[M]. 北京：清华大学出版社，2002.
[12] 林清安. Pro/ENGINEER Wildfire 2.0 零件设计高级篇(上)[M]. 北京：清华大学出版社，2006.
[13] 塔里木，等. Solid Edge 实例精华[M]. 重庆：重庆大学出版社，2001.
[14] 孙江宏，陈秀梅，等. UG/CAD 工程设计基础教程[M]. 北京：清华大学出版社，2001.
[15] 宋伟，吴建国，等. 中文 Visual Basic 6.0 高级编程[M]. 北京：清华大学出版社，1999.
[16] 王炽鸿，欧宗瑛. 计算机辅助设计[M]. 北京：机械工业出版社，1994.
[17] 施法中. 计算机辅助几何设计与非均匀有理 B 样条[M]. 北京：北京航空航天大学出版社，1994.
[18] 孙文焕，等. 机械 CAD 应用与开发技术[M]. 西安：西安电子科技大学出版社，1996.
[19] 关志超. 计算机图形处理及设计[M]. 北京：化学工业出版社，1998.
[20] 李学志. 计算机辅助设计与绘图[M]. 北京：清华大学出版社，2007.
[21] 肖刚，等. 机械 CAD 原理与实践[M]. 北京：清华大学出版社，2006.
[22] 严蔚敏，等. 数据结构[M]. 北京：清华大学出版社，1997.
[23] 何玉洁. 数据库原理应用[M]. 北京：机械工业出版社，2007.
[24] 闪四清. SQL Server 实用简明教程[M]. 北京：清华大学出版社，2005.
[25] 赵汝嘉. CAD 基础理论及其应用[M]. 西安：西安交通大学出版社，1995.
[26] 郑怀远，等. 工程数据库技术[M]. 北京：机械工业出版社，1995.
[27] 孙家广，杨长贵. 计算机图形学[M]. 北京：清华大学出版社，1997.
[28] 李凯岭. 计算机辅助设计与制造技术高级教程[M]. 兰州：兰州大学出版社，2003.
[29] 梁维. Visual C++ 6.0 编程使用教程[M]. 北京：中国水利水电出版社，1999.
[30] 钟日铭. CAXA 3D 实体设计 2020 基础教程[M]. 北京：机械工业出版社，2020.